루이스는 왜
노벨상을 못 받았을까?

Cathedrals of Science

The Personalities and Rivalries That Made Modern Chemistry

루이스는 왜 노벨상을 못 받았을까?

현대 화학의 토대를 완성한 라이벌 과학자들 이야기

Patrick Coffey 지음
김창민 옮김

자유아카데미

고대에 지어진 대성당에 들어서면 신성함뿐만 아니라 경건함과 경외심을 느끼게 된다. 호기심으로 방문한 관광객조차도 목소리를 낮추고, 진지한 이야기를 조심스럽게 속삭인다. 그 속삭임이 천장의 아치에 부딪혀 되돌아올 때면, 울림 속에 신비로운 메시지가 담겨 있는 것처럼 들린다. 여러 세대에 걸친 건축가와 장인들의 노력은 잊힌 지 오래다. 발판은 치워졌고, 잘못 만들어진 부분은 닳아 없어졌거나 수 세기에 걸친 먼지에 덮여버렸다. 우리는 오직 완성된 건물의 완벽함만을 보고는, 초인적인 존재가 만들었다고 감탄하게 된다. 하지만 아직 공사 중인 곳을 지나게 되면, 망치질 소리, 담배의 악취, 인부들의 쓰잘머리 없는 농담들을 접하게 된다. 그러면 이러한 위대한 건축물도 평범한 인간들이 설계하고 만들어낸 결과라는 것을 깨닫게 된다.
과학의 대성당도 다르지 않다. 몇몇 건축가와 수많은 노동자의 노력으로 만들어진…

– 길버트 뉴턴 루이스,

『화학 물질의 열역학과 자유 에너지』의 서문에서.

역자 서문

과학자들은 자신의 연구 성과를 인정받고 싶어 한다. 연구 성과를 인정받는 가장 보편적인 방법은 전문 학술지에 논문을 투고하여, 관련 연구자의 심사를 거쳐 논문으로 발표하는 것이다. 더 많은 과학자가 구독하는 저명한 학술지에 게재될수록 연구 성과는 높게 평가된다고 할 수 있다. 또 다른 방법은 권위 있는 상을 수상하는 것이다. 권위 있는 상을 받게 되면, 관련 분야의 과학자뿐만 아니라 일반인에게도 연구 성과가 알려지며, 사회적인 명성을 얻는 기회가 된다.

과학 분야의 가장 권위 있는 상은 노벨 물리학상, 화학상, 생리의학상이다. 매년 10월이면 스웨덴 왕립과학원은 각 부분의 노벨상 수상자를 선정하여 발표한다. 수상자들은 일반적으로 학계에 잘 알려진 뛰어난 업적의 과학자들이지만, 의외의 인물이 상을 받기도 한다. 노벨상을 받을 자격이 충분히 있다고 여겨지는 과학자들이 끝내 상을 받지 못하는 경우도 많다. 노벨 위원회는 수상자의 선정 과정을 철저하게 비밀로 하고 있어서, 왜 어떤 과학자는 수상자가 되었지만 비슷한 업적의 다른 과학자는 수상에서 제외되었는지에 대한 의문이 남게 된다.

하지만 50년이 지나면 어떤 과학자가 노벨상 대상으로 지명되었으며 어떤 과정을 거쳐 수상자로 선정되었는지에 대한 과정을 공개하고 있다. 이 책의 중심인물 중의 한 사람인 길버트 루이스는 화학 결합, 열역학, 동위원소, 광화학 등의 분야에서 선도적인 연구를 하여 현대 화학의 이론을 정립한 미국의 과학자이다. 루이스는 1922년부터 1946년까지 총 41번이나 노벨 화학상 후보로 추천되었지만 끝내 노벨상을 받지 못하고 실험실에서 비극적으로 생을 마감하였다. 루이스가 노벨상을 받지 못한 정확한 이유는 알 수 없지만, 이 책을 읽으면 그 의문이 어느 정도 해소될 수 있을 것이다.

화학은 물질의 특성과 그 변화를 원자와 분자 수준에서 연구하는 학문이다. 화학자들은 1800년대 초에 물질이 원자로 이루어졌다는 원자론을 받아들이면서, 그 당시까지 알려졌던 화학적 현상을 대부분 설명할 수 있었다. 또한, 새로운 화합물들을 속속 합성함으로써 19세기에 화학은 비약적으로 발전하였다. 화학자들은 일상생활에 유용한 물질, 생명체에서만 만들어질 수 있다고 생각되었던 유기화합물, 또는 새로운 특성의 매우 특이한 화합물들을 합성하여 그들을 형태와 특성에 따라 분류하였다. 하지만 왜 어떤 반응은 쉽게 일어나고 어떤 반응은 일어나지 않는지, 원자들이 결합하여 특정한 화합물이 만들어지는 이유는 무엇인지, 원자들을 붙잡고 있는 힘은 무엇인지 등에 대한 답은 알지 못하고 있었다. 1900년대 초까지도 화학적인 결합과 물리적인 결합의 차이도 명확히 설명하지 못하였다.

화학 반응과 물질의 결합에 대한 이러한 근본적인 문제를 물리학적 방법론에 기초하여 탐구하는 화학의 한 분야를 '물리화학'이라고 한다. 1800년대 말부터 시작된 물리화학은 화학 이론의 혁명적 변화를 이끌었으며, 1950년대에 그 토대가 완성되었다. 이 책은 그 기간에 물리화학의 발전에 선도적인 역할을 한 스반테 아레니우스, 발터 네른스트, 프리츠 하버, 길버트 루이스, 어빙 랭뮤어, 라이너스 폴링 등과 같은 위대한 화학자들의 이야기이다. 그들의 연구 내용뿐만 아니라 인간적인 면, 그리고 사회에 끼친 영향 등도 세계사의 흐름과 연관하여 심도 있게 다루고 있다.

이 책은 물리화학의 역사도, 과학자들의 전기도 아니지만, 두 가지 요소를 모두 포함하고 있다. 저자는 작은 일화를 통해 더 큰 주제를 묘사하는 방식으로 딱딱할 수도 있는 주제를 흥미롭게 풀어나갔다. 방대한 자료를 수집했을 뿐만 아니라, 생존해 있는 과학자들의 제자, 자식, 손자들을 직접 면담하여 과학자들의 업적과 인간적인 면모를 객관적으로 묘사하였다.

책에 등장하는 과학자들은 사심 없이 진리만을 추구한 완벽한 사람들은 아니었다. 그들은 때에 따라 협력하거나 대립하였고, 새로운 발견과 이론에 대한 우선권을 두고 격렬히 다투기도 하였다. 고등학교 수준에서 화학을 공부한 독자는 당연한 것으로 알고 있던 화학 이론과 법칙이 어떤 과정과 논쟁을 통해서 완성되었는지 그 이면을 들여다볼 좋은 기회가 될 수 있을 것으로 생각한다. 화학을 전혀 모르는 독자는 화학이라는 학문을 전반적으로 이해할 뿐만 아니라, 과학은 어떻게 발전해 가는가를 알 수 있을 것이다.

10여 년 전에 이 책을 처음 읽고, 화학을 전공하고 강의하는 역자도 새로운 사실을 많이 알게 되었으며 크게 감동하였다. 누군가 한국의 독자들에게도 소개해 주었으면 하는 바람이었는데, 결국 역자가 번역하게 되었다. 번역에서는 화학을 잘 모르는 독자도 이해할 수 있도록 쉽고 일반적인 용어를 사용하였다. 본문에는 편지나 보고서 등의 다양한 인용문도 포함되어 있는데, 저자는 원문의 느낌을 살리기 위해서 문법적으로 잘못되었거나 난해한 문장을 그대로 인용하였다. 그러나 번역 과정에서 이러한 느낌을 살리는 것은 불가능해서 이해하기 쉬운 문장으로 바꾸어 번역했음을 양해해 주기 바란다. 특정한 과학적 내용이 조금 어려운 독자도 있을 수도 있다. 이해하기 어려운 부분이 있으면 건너뛰고 읽어도 화학 이론의 발전 과정에 대한 전체 맥락을 파악하는 데 큰 어려움이 없을 것으로 생각한다.

책에서 언급되고 있는 서적과 문헌들은 한국어로 번역되지 않은 것이 훨씬 많지만, 읽기의 편의를 위해 제목을 번역하여 수록하였다. 원제목이 궁금하거나 좀 더 깊이 있게 책을 읽고자 하는 독자는 참고문헌을 찾아보기를 권한다. 책에 등장하는 사람들이 너무 많아서 헷갈릴 수도 있다. 그런 독자들을 위해 원저에는 없지만 간략한 소개를 담은 인명 색인도 수록하였다.

좋은 번역을 위해 최선을 다했지만 부족한 부분이 있을 수 있다. 이 점은 양해를 바라며 출간 후 나올 수 있는 수정사항은 자유아카데미 홈페이지(www.freeaca.com) 자료실에 제공할 예정이니 참고하기를 바란다.

끝으로 이 번역서의 출간을 위해 온갖 수고를 아끼지 않은 출판사 자유아카데미에 감사의 말을 전한다.

차례

프롤로그

토요일 오후, 한 무리의 학생들이 버클리 대학교의 화학 실험실에 모여 웅성거리고 있었다. 실험실을 가득 채웠던 사이안화 수소의 아몬드 향이 아직도 남아 있어서 학생들은 불안하게 킁킁거리고 있었다. 실험실 바닥에는 이마에 상처가 난 70살 노인이 숨이 멎은 채 누워있었다. 1946년 3월 23일의 일이었다. 학생들이 도움을 청하러 간 지 1시간이 지난 후, 마침내 구급대원이 도착하였다. 구급대원은 노인을 돌려 눕힌 후, 소리쳤다. "이분이 누군지 아는 사람 있나요?"[1]

'이분'은 현대 화학 이론을 정립한 과학자 중의 한 사람이며, 이 책의 주요 인물인 길버트 루이스였다. 1875년에 태어난 그의 일생은, 이 책의 주제인 화학 이론의 대변화 시기와 대체로 일치한다. 루이스가 태어날 즈음에, 화학자는 화합물을 합성한 후 형태와 특성에 따라 분류하였다. 하지만 당시의 화학자는 다음과 같은 기초적인 질문에 대하여서는 답을 하지 못하거나, 현재와는 매우 다른 결론을 내렸다.

원자들이 결합하여 특정한 화합물을 만드는 이유는?

원자들을 붙잡고 있는 힘은 무엇인가?

특정한 반응이 일어날 수 있는가? 그 반응은 완결될 수 있는가?

화학과 물리학의 접근 방법과 연구 방법에는 뚜렷한 차이가 있지만, 루이스가 죽은 1946년경에는 화학과 물리학이 같은 원리에 기초하게 되었다. 1946년 즈음에는 화학자는 위의 질문에 답을 할 수 있을 뿐만 아니라, 어떤 화학적 시스템도 양자 역학의 식으로 기술할 수 있었다. 물론 그 식을 다 풀 수 있는 것은 아니다. 이렇게 화학과 물리학의 융합이 일어났던 것처럼, 1950년대에 이르러서는 단백질과 DNA 구조를 규명하게 되면서 화학과 생물학의 융합이 일어나게 되었다.

화학과 물리학을 연결하는 화학의 한 분야를 '물리화학'이라고 한다. 오늘날 분자생물학처럼, 1920년대의 물리화학은 큰 주목을 받는 과학 분야였다. 나는 이 책에서 해리 이론, 열역학, 표면화학, 화학 결합, 단백질 구조 등 물리화학의 5개 분야를 다루고자 한다. 이 5개 분야가 물리화학의 모든 분야는 아니다. 이 책에서 동역학과 분광학은 전혀 다루고 있지 않다. 나는 물리화학을 통해 개개의 과학자, 과학의 형성, 과학과 더 큰 세계와의 관계를 조사하였다. 과학자들은 인문학적인 것과는 구분되는 객관적 사실을 연구한다. 하지만 과학도 인간의 일과 별반 다르지 않다. 모든 사람이 참여할 수 있는 것은 아니며, 게임의 규칙은 논쟁거리이고, 참가자들의 목적은 다 다르며, 성과가 항상 공정하게 나뉘는 것은 아니다. 이 책의 많은 부분은 과학적 발견에서의 개인적인 것과 과학적인 것 사이의 관계를 다루고 있다. 무엇이 과학적 발견으로 인정되는지, 그리고 누가 그 공로를 인정받아야 하는지에 대한 내용이다.

아서 쾨슬러는 17세기 과학 혁명에 관한 책인 『몽유병자들』을 썼다. 이 책에서 그는 "발견을 하는 심리적 과정은 사람의 창의적인 능력이 가장 간결하게 구현되는 것이며… 한편으로는 이미 알려진 너무나 명백한 진리를 오히려 보지 못하게 하는 역설적 과정이기도 하다"[2]라고 말했다. 어떤 과학자가 새로운 발견을 하는 과정은 흥미롭지만, 과학 공동체가 그 발견을 어떻게 인식하는지도 마찬가지로 흥미롭다. 발견은 처음에는 불가능해 보이다가, 받아들여지고, 명백해지며, 결국에는 구식으로 여겨지게 된다. 많은 발견은 나중에 다시 새롭게 발견되기도 하며, 때로는 여러 번에 걸쳐 재발견된다. 재발견한 사람들은 종종 원래 발견자의 업적을 인정하지 않으려고 한다. 또한, 발견하는 순간에는 그 발견이 어떻게 전개될지 알 수 없는 경우도 있다. 탁월한 통찰력이 반드시 그 타당성을 보장하는 것은 아니다. 이 책에는 매우 기발했지만 결국 실패한 이론들이 포함되어 있다. 그 이론을 지지하는 사람들은 발견의 순간을 기억하며, 자신들의 이론을 포기하는 것을 극히 싫어한다.

이 책에서 다루고 있는 1883년에서 1953년까지의 70년간, 과학은 서구 세계를 바꾸어 놓았고, 화학은 상업적 및 사회적으로 깊은 영향을 미쳤다. 나는 화학을 세계사의 큰 흐름 속에서 살펴보려 했다. 두 번의 세계대전, 공산주의와 나치즘의 출현, 핵무기 경쟁에 따른 냉전 등은 정치적인 지형을 완벽히 바꾸어 놓았다. 20세기 이전의 과학자 대부분은 그들의 연구가 사회에 미치는 영향에 대한 윤리적인 문제를 고려하지 않았다. 1914년에 시작된 제1차 세계대전은 과학자가 핵심적인 역할을 한 첫 번째 전쟁이었다. 공기 중의 질소에서 암모니아를 합성하는 하버-보슈 공정은 전쟁 시작 직전에 개발되었다. 이 공정 덕분에 영국 해군의 해상 봉쇄에도 불구하고, 독일은 4년 동안 군수품을 보급할 수 있었다. 또한, 이 전쟁에서 처음으로 화학 무기가 등장하였다. 이 책의 중심인물인 프리츠 하버, 발터 네른스트, 길버트 루이스는 모두 화학전과 관련이 있다. 그중 하버가 가장 열정적으로 이 일에 참여하였다.

1933년에 독일의 권력을 잡은 나치가 대부분의 유대인 과학자들을 즉시 해고하면서 또 다른 윤리적 문제가 대두되었다. 비유대인 독일 과학자들이 이러한 사태에 어떻게 대처해야 하는가가 그 문제의 본질이었다. 일부는 사직하고 독일을 떠났으며, 일부는 남아서 유대인들을 도왔고, 일부는 이러한 상황을 방관하였다. 또한, 일부 과학자는 나치의 열광적인 지지자가 되었으며, 일부는 유대인이 쫓겨나 공석이 된 교수 자리를 차지하게 되어 행복해했다. 과학자들은 제2차 세계대전 동안의 원자 폭탄 개발에 대해서도 다르게 행동했다. 일부는 열정적으로 참여하였고, 일부는 도덕적인 관점에서 반대하였으며, 또 어떤 과학자들은 자신의 경력에 미치는 영향을 더 중요하게 생각했다.

과학자 대부분은 자신의 과학적 방법론에 대해 깊이 성찰하지 않지만, 과학자들이 실제로 연구하는 방식을 비교하여 보면 배울 점들이 많다. 과학철학은 과학적 가설의 의미와 검증을 다루는 독립된 학문 분야이다. 과학적 방법론 중 하나는 가설에 이은 연역적 모델을 사용하는데, 과학자는 먼저 새로운 가설을 제시한다. 행성들이 태양을 중심으로 원 궤도를 그리며 공전한다는 코페르니쿠스의 가설이 한 예이다. 그 가설이 기존 이론이 설명하는 사실과 부합할 뿐만 아니라, 기존의 이론으로는 설명할 수 없었던 이례적인 결과도 설명할 수 있다면 가설은 이론이 된다. 코페르니쿠스의 모델은 프톨레마이오스의 지구 중심설에 따른 관측 결과를 설명할 수 있었고, 몇몇 행성의 역행 운동을 더 잘 설명할 수 있었다. 새로운 이론과 일치하는 관측 결과가 쌓일수록 그 이론은 점차 더 신뢰를 얻게 된다. 이론과 일치하지 않는 새로운 관찰 결과(예를 들어, 행성 궤도를 원이 아니라 타원으로 설명하는 것이 더 정확하다는 케플러의 관측)는 이론을 수정하거나 폐기하게 만든다. 실험이나 관찰로 검증할 수 없는 이론은 종종 "틀린 이론이라고는 할 수 없다" 정도로 규정지어질 수 있다. 과학적으로 맞거나 틀린 것도 아닌, 그냥 무의미한 것일 뿐이다.

그러나 모든 과학자가 이러한 방법론에 동의하는 것은 아니다. 이론 물리학자들은 종종 수학자들처럼 연구하며, 실험적 확인보다는 자신들의 이론에 내재된 일관성을 찾으려 한다. 예를 들어 현대의 끈 이론에서 예측하는 사실들은 은하 크기 정도의 입자 가속기 없이는 실험적으로 검증할 수 없으며, 물리학이라기보다는 형이상학의 영역에 속할 수 있다. 가설-연역적 모델은 재현 가능성에 중점을 두고 있다. 즉, 다른 과학자가 동일한 실험을 하거나 관측을 할 때, 동일한 결과가 얻어져야 한다. 하지만 이것은 물리학적 관점에서의 과학적 방법론이다. 로알드 호프만은 물리학이 아닌 화학에 기반한 과학적 방법론에 관해 이야기했다. "만약 과학적 방법의 모델이 수학적 운동 법칙이 아닌 화학적 합성이라면 어떻게 달라질까?"[3] 합성의 관점에서 보면, 각각의 구성 요소가 결합하고 분리되는 변화에 초점이 맞추어질 수 있다. 경제학에 비유해 보면, 경제 전체에 대한 수학적 분석 이전에 시장 참여자들의 상태 변화를 출발점으로 삼을 수 있다는 것이다. 또한, 의학 및 사회과학에서는 가설-연역적 모델이 적용될 수 없는 경우가 종종 있다. 예를 들어, 5년간에 걸친 약물 시험 결과는 물리 또는 화학 실험과 같은 방식으로 재현할 수 없으며, 통계 데이터로 상관관계가 입증된 관찰 사실들에 대한 인과관계를 명확히 증명하기 어려울 때도 많다. 그렇지만 "흡연이 암의 원인이 된다"라는 주장이 과학적으로 무의미하거나 입증되지 않았다고 말하는 사람은 거의 없다. 즉, 이 책에 등장하는 과학자들 모두가 공통된 과학철학이나 과학적 방법론을 공유한 것은 아니라는 뜻이다.

과학자는 여러 단계를 거쳐 성장해간다. 처음에는 학생이었다가, 자신의 이름을 알리려는 젊은 연구자를 거쳐, 명성을 얻은 성숙한 과학자로 발전해 간다. 대부분의 과학사 연구는 중요한 발견이 주로 이루어지는 중간 단계에 초점을 맞추지만, 처음과 마지막 단계 역시 흥미롭다. 학생들은 멘토와 결별하여 독립적인 입지를 구축하는 데 어려움을 겪으며, 그들의 성공적인 업적은 대개 40세 이전에 이루어진다. 이 단계에서 성공한 과학자는 동료들과 자신이 소속된 기관으로부터 인정을 받게 되고, 과학 공동체 또는 더 넓은 분야에서 정치적 영향력을 성취하게 된다. 이 경지에 오른 과학자들은 종종 새로운 도전을 찾아 나서지만, 그들이 항상 현명한 선택을 하는 것은 아니다.

물리화학은 연구 주제가 제한적이며, 학문의 역사가 길지도 않고, 언급하여야 할 과학자의 수도 그리 많지는 않다. 그래도 방대한 정보를 다루는 것은 매우 힘든 작업이었다. 이 책은 물리화학의 역사도, 과학자들의 전기도 아니지만, 두 가지 요소를 모두 포함하고 있다. 이 책의 집필에는 영국의 빅토리아 시대상을 묘사한 리튼 스트레치의 『뛰어난 빅토리아인들』, 미국 정부를 건립한 인물들의 이야기인 죠셉 엘리스의 『건국의 형제들』, 그리고 빅토리아 시대 부부들의 관계를 묘사한 필리스 로즈의 『비슷한 인생들』을 참조하였다. 이 책들은 모두 작은 일화를 통해 더 큰 주제를 묘사하는 방식을 취하고 있다. 이 작가들의 저술 방식에 따라, 나도 과학과 그 발전에 기여한 사람들의 정수를 담아내고자 한다.

이 책의 주요 등장인물로 6명의 과학자를 선택하였다. 스반테 아레니우스, 발터 네른스트, 길버트 루이스, 어빙 랭뮤어, 프리츠 하버, 라이너스 폴링이 그들이다. 다른 8명의 조연으로는 야코뷔스 반트호프,

빌헬름 오스트발트, 파울 에를리히, 시어도어 리처즈, 윌리엄 하킨스, 해럴드 유리, 글렌 시보그, 도로시 린치가 등장하며 또 다른 많은 인물이 엑스트라로 몇몇 장면에 등장한다. 이 책에 소개하는 인물들이 결코 모든 물리화학자를 총망라한 것은 아니다. 앙리 르샤틀리에, 피터 디바이, 제임스 프랑크, 에리히 휘켈, 루이스 해밋 등은 물리화학의 발전에 지대한 공헌을 했으나 이 책에서는 다루지 않았다. 아름답고 장엄한 중세의 대성당을 지은 이들이 성인이 아니었듯이 물리화학이라는 학문을 만든 물리화학자들도 성인은 아니었다. 그들은 서로 협력하기도 했으나 갈등하고 충돌할 때도 많았다.

스웨덴의 과학자 스반테 아레니우스는 많은 물질이 물에 용해되면서 전하를 띤 이온으로 해리된다는 혁명적인 화학 이론을 개발하였다. 그는 빌헬름 오스트발트와 야코뷔스 반트호프와 협력하였으며, '이온 과학자들'로 알려진 이들 세 과학자로부터 현대 물리화학의 혁명이 시작되었다. 아레니우스는 30대 후반에 대기 중의 이산화탄소 증가로 인한 지구온난화를 설명하는 온실효과의 정량적 모델을 개발하였다. 40대에는 그의 해리 이론을 면역화학에 적용하면서 파울 에를리히와의 논쟁에 휘말렸다. 파울 에를리히의 노벨상 수상을 저지하려는 아레니우스의 노력에도 불구하고, 에를리히는 결국 노벨 생리의학상을 받았다.

독일의 발터 네른스트는 물리화학의 초기 이론과 실험에서 많은 발전을 이끌었으며, 그의 가장 큰 업적은 '열역학 제3 법칙'으로 알려진 이론이다. 실용적인 측면에서도 전기 램프를 개발하였는데, 조명 시장에서 경쟁력이 있던 제품이었다. 네른스트와 아레니우스는 젊었을 때는 친구였지만, 중년이 되면서 적이 되었다. 아레니우스의 격렬한 반대 때문에 네른스트는 15년이나 기다린 후에야 노벨상을 받을 수 있었다. 네른스트는 제1차 세계대전 중 독일 황제와 참모 본부의 정치 자문 역할을 맡았으며, 이후 바이마르 공화국에서도 활동하였다. 네른스트는 아인슈타인의 표현대로 "아이 같은 허영심과 자아도취"에 빠져 있다는 평판을 받았다. 그러나 말년에 그는 독일 과학계에서 유대인을 추방하려는 나치에 어떤 협력도 거부하여 도덕적 인물이라는 평을 받게 되었다.

미국 화학자 길버트 루이스는 공유 결합의 개념을 제안하였고, 열역학을 실험 화학자들이 쉽게 사용할 수 있는 도구로 만들었다. 그는 하버드에서 시어도어 리처즈의 제자였으며, 리처즈가 자신의 아이디어에 대해 부당하게 공을 가로챘다고 믿었다. 루이스는 네른스트의 실험실에서 한 학기를 보냈고, 그 기간 서로 적대감을 키워 두 사람의 불화는 평생 이어졌다. 루이스는 과학계의 중심에 있는 것에 불편함을 느꼈고, 버클리에 자신만의 화학과를 세워 자신을 지원하는 시스템을 구축하였다. 그는 버클리에서 교육받은 과학자들로 대부분의 교수진을 구성하였다. 그는 노벨 화학상 후보로 무려 41번이나 지명되었지만, 끝내 노벨상을 받지 못했다. 노벨 화학 위원회에서 활동하던 네른스트의 친구가 교묘하게 그의 수상을 방해했을 가능성도 있다. 루이스는 48세에 물리화학 연구를 중단하고 빛의 파동-입자 이중성 문제를 해결하려고 도전했으나 성공하지 못했다. 10년 후 그는 다시 물리화학으로 돌아와 70세까지 이 분야에서 생산적인 연구를 이어갔다. 루이스는 사이안화수소로 가득 찬 실험실에서 사망했으며, 그가 우울증을 앓고 있다고 생각했던 동료들은 자살을 의심했다.

미국 화학자 어빙 랭뮤어는 제너럴 일렉트릭사에서 경력을 쌓으며, 오늘날 우리가 사용하는 가스 충진 백열전구를 개발하였다. 그는 물 위의 기름막과 같은 현상을 연구하는 표면화학 이론을 발전시켰으며, 1932년 노벨 화학상을 받았다. 이는 기업체에서 연구하는 화학자에게 수여된 첫 번째 노벨상이었다. 랭뮤어는 길버트 루이스의 화학 결합 이론을 확장하였는데, 그의 빼어난 발표 능력과 대중적 인기를 바탕으로 루이스의 아이디어에 대한 공로를 상당 부분 차지하게 되었다. 이로 인해 루이스는 평생 랭뮤어에 대한 원한을 품었지만, 랭뮤어는 이에 대응하지 않았다. 랭뮤어는 60대 후반에 인공 강우 실험을 시작하여 미국 전역의 강우 패턴을 바꿨다고 주장했지만, 기상학자들은 그의 실험 방법과 증거를 모두 인정하지 않았다.

프리츠 하버는 20세기의 가장 중요한 기술 혁신 중 하나로 꼽히는 공업적 '질소 고정' 공정을 개발한 유대계 독일 과학자다. 이 공정으로 인공 비료의 생산이 가능하게 되었으며, 오늘날 지구상에 사는 70억 명의 인구를 기아에서 벗어나게 하였다. 하버와 발터 네른스트는 당시 독일을 대표하는 물리화학자로, 경쟁자이자 친구인 복잡한 관계를 유지하였다. 하버는 스스로를 독일의 애국자로 생각했으며, 기독교로 개종하고 황제의 자문을 맡았고, 제1차 세계대전 동안 화학 무기를 개발하여 '화학전의 아버지'로 알려지게 되었다. 하버는 1918년 노벨 화학상을 수상하였는데, 그의 암모니아를 기반으로 한 탄약과 화학 무기로 고통을 받았던 연합군을 분노하게 하였다. 1933년 나치가 집권하자 하버는 망명길에 올랐고 얼마 지나지 않아 사망하였다.

라이너스 폴링은 미국의 화학자로, 물리학자들이 정립한 양자 이론을 화학에 적용하여, 이전에 길버트 루이스가 화학 결합에 관해서 했던 연구를 확장시켰다. 1930년대에 폴링은 새로운 분야인 분자생물학에 관심을 갖게 되었으며, 생명체의 중요한 화학 성분인 단백질의 본질과 구조를 밝히는 연구를 시작하였다. 그는 어빙 랭뮤어와 공동 연구를 하던 영국의 수학자 도리시 린치와 단백질 구조에 대한 "사이클롤" 이론을 두고 논쟁을 벌였다. 폴링은 자신의 영향력을 이용하여 린치가 연구비를 받는 것을 방해하였고 그녀를 과학계에서 고립시켰다. 10년 후 단백질에 대한 폴링의 이론이 대체로 맞았고 린치의 이론은 대부분 틀렸음이 밝혀졌다. 폴링은 화학 결합 연구로 1954년에 노벨 화학상을, 그리고 대기 중 핵 실험 반대 운동으로 1963년에 노벨 평화상을 받았다.

이 책에서 소개하는 과학자는 도로시 린치를 제외하면 모두 남성들이다. 여성은 화학과 물리학 분야에서 거의 조직적으로 배제되었는데 이런 경향은 특히 제1차 세계대전 이전에 더욱 강했다. 마리 퀴리나 리제 마이트너같이 매우 뛰어난 몇 명의 여성 과학자들은 힘겹게 자신들의 길을 개척하였다. 하지만 최초의 현대 표면화학자라고 할 수 있는 아그네스 포켈스의 경우에는 대학 입학이 허락되지 않았다. 그래서 그녀는 독학으로 공부하였으며, 자신의 부엌에서 실험하며 연구를 이어갔다. 물리화학이 시작되던 초기에 박사학위를 받았던 두 여성 과학자 소피아 루드베크와 클라라 임머바르는 각각 이 책의 주요 등장인물인 아레니우스와 하버의 부인이 되었다. 그들의 결혼 생활은 행복하지 못했다. 남편들은 자신의 부인이 과학자로서의 경력을 포기하고 전통적인 아내 역할만을 하기를 기대하였다. 루드베크는 첫 아이를 임신한 채 아레니우스를 떠났고 임머바르는 자살로 생을 마감하였다. 도로시 린치는 거만하고 남을 신랄하게 비판한다는 평가를 받았지만, 그녀가 받았던 개인적인 공격은 남자였다면 겪지 않았을 수도 있었다. 물리화학 분야에서의 인종 차별과 성적 차별에 관한 주제를 다루기에는 백인 남성이 아닌 과학자의 수 자체가 많지 않았다. 그러나 유대인 물리학자의 수는 상당히 많았으므로, 이 책에서는 과학 사회에서의 차별을 대표하는 사례로 반유대주의를 다루고자 한다. 1933년 나치가 집권하자마자, 유대인 과학자들은 독일 대학과 정부 연구소에서 모두 추방되었다.

내가 조사한 과학자들이 사심 없이 진리만을 추구한 연구자들은 아니었다. 그들은 새로운 발견을 하기를 갈망했으나 자신의 이름이 그 발견 앞에 붙여지기를 원했다. 흔히 말하는 우선권, 즉 처음으로 발견을 했거나 이론을 정립하였다는 공로를 인정받는 것이 그들에게 매우 중요했다. 아마도 과학만큼 공로, 우선권, 상을 중요하게 여기는 분야는 없을 것이다. 리처즈와 루이스는 루이스의 새로운 열역학 개념을 두고 갈등을 겪었다. 랭뮤어와 루이스는 화학 결합을, 랭뮤어와 하킨스는 표면화학을 두고 논쟁을 벌였다. 또한, 네른스트와 리처즈는 열역학 제3 법칙을 놓고 다투었다. (이러한 논쟁과 갈등은 물론 물리화학에서 시작된 것이 아니라, 적어도 17세기의 아이작 뉴턴, 크리스티안 하위헌스, 로버트 훅까지 거슬러 올라간다.)

과학자들이 받는 금전적 보상은 산업계, 의학, 법조계와 비교했을 때 그리 크지 않다. 이 책에서 소개하는 과학자 중에서 하버와 네른스트만이 돈에 관심이 있었던 것처럼 보인다. 또한, 대부분의 과학자는 일반적으로 사회적인 명성과는 거리가 멀다. 뉴턴, 다윈, 아인슈타인과 같은 몇몇 과학자들만이 드물게 자신이 살아있는 동안 널리 알려졌으며, 그조차도 일반 대중은 그들의 과학적 업적에 대해 제대로 이해하지 못하는 경우가 많았다.

과학자들은 동료들로부터 인정받기를 원하며, 1901년 시작된 노벨상은 그러한 인정의 궁극적인 상징이 되었다. 이 책의 많은 부분은 과학자들이 인정을 받으려는 다양한 시도를 다루고 있다. 반트호프, 아레니우스, 오스트발트, 하버, 네른스트, 랭뮤어, 유리, 시보그, 폴링 등은 모두 노벨 화학상을 받았다. 길버트 루이스가 노벨상을 받지 못한 것은 시사하는 바가 크다. 나는 노벨 화학 위원회 구성원 중 한 명이, 루이스가 상을 받지 못하도록 비윤리적 행동을 했다는 증거를 찾았다고 믿는다. 하지만 그것만이 상을 못 받은 이유는 아니었다. 만약 노벨 상을 받지 않는 방법에 대한 지침서가 있었다면, 루이스가 그 책을 썼을지도 모른다. 그는 적을 만들고, 여러 사람에게 원한을 품었다. 또한, 당시로써는 과학의 변방이었던 캘리포니아에 자신을 고립시켰고, 연구 분야를 너무 갑작스럽게 바꿔 그의 연구가 평가될 때쯤에는 더는 그 연구를 진행하고 있지 않았다.

과학자들의 경력처럼, 과학적 아이디어도 단계적으로 발전한다. 토머스 쿤은 기존 이론으로는 설명되지 않는 이례적인 결과를 기반으로 한 '혁명적 과학'과, 기존 이론의 틀 안에서 이루어지는 '정상 과학'을 구분한 바 있다.[4] 정상 과학도 혁명적 과학만큼 독창적일 수 있으며, 사회적으로 중요할 수 있다(예를 들어 질소 고정, 플루토늄 폭탄 등). 이 책에 기술된 열역학, 핵화학, 표면화학은 정상 과학이라고 할 수 있다. 아레니우스의 해리 이론, 루이스의 전자쌍 결합, 반트호프의 사면체 탄소 원자는 성공한 혁명적 과학으로, 린치의 단백질 구조에 대한 사이클롤 모델은 실패한 혁명적 과학으로 분류할 수 있다. 혁명적 과학은 종종 주류 과학자가 아닌 비주류 국외자들에 의해 이루어진다. 내부자들은 기존 이론에 더 익숙해 있기 때문이다. 아레니우스와 반트호프는 독일 유기화학의 주류에서 벗어난 외부자였다. 루이스는 기질상 외부자의 길을 택했으며 미국 과학의 중심지였던 동부 해안에서 멀리 떨어진 곳을 자신의 연구 근거지로 선택하였다. 영국인에 여성이며 수학자였던 도로시 린치는 미국 화학계에서는 세 가지 면에서 외부자였다.

물리화학은 비주류 외부자들에 의해 시작되었지만, 이 외부자들은 적어도 화학자였다. 내부자들과 공통의 언어를 사용하였으며 주류 분야에 대한 이해를 공유하고 있었다. 그러나 이 과학자들이 이미 정립되어있는 다른 분야에 진입하려 할 때는 훨씬 덜 성공적이었다. 아레니우스는 면역학에 질량 작용 법칙을 도입했으나 제한적인 성공만 거두었다. 루이스는 화학적 평형 개념을 물리학의 파동–입자 이중성에 적용하려 했지만, 아인슈타인에게 오류를 지적받았다. 랭뮤어는 기상학계에서 구름에 씨 뿌리기에 대해 과장된 주장을 하였다. 린치는 수학자로서 단백질에 대한 위상학적 모델을 제시했지만, 실험 결과와 모순된다는 비판을 받았다. 폴링은 비타민 C의 효능에 관한 주장을 펼쳤지만, 주류 생리학자와 의사들은 이를 받아들이지 않았다. 이 과학자들은 자신이 새롭게 진입하려는 분야의 논문들을 충분히 읽어보고 이해하려는 노력을 하지 않았고, 그 분야에서 인정된 연구 방법과 용어를 따르지 않았다. 기존에 정립된 분야에 새로 진입하는 것은 매우 어려운 일이다. 특히 이미 한 분야에서 명성을 쌓은 상태에서, 대학원생처럼 참을성 있게 학문적 지도를 받을 의사가 없다면 더욱 그렇다. 대부분의 기성 과학자들은 그러한 인내심이 부족하다. 이들 과학자 중 누구도 다른 분야에 뛰어들어 자신이 기대한 만큼의 성공을 거두지 못했다. 그 분야의 구성원들이 어떤 문제를 중요하게 여기는지, 또는 어떤 증거를 설득력 있게 받아들이는지를 충분히 이해하지 못한 경우가 많았다.

물리화학자들은 분자생물학 같은 신생 학문 분야에 대한 도전에서는 성공적인 결과를 얻을 수 있었다. 록펠러 재단의 워런 위버는 분자생물학의 정립에 큰 기여를 한 사람 중 한 명이었으며, 이 분야를 "인간의 과학"이라고 불렀다. 그는 록펠러 재단의 기금을 사용하여 의학 화학자, 생화학자, 유기화학자, 물리화학자, 생물학자, 생리학자, 수학자, 물리학자들을 규합하였다. 물리화학이 물리학의 많은 이론을 도입한 것처럼, 분자생물학은 화학에서 필요한 것들을 가져왔다. 1930년대의 분자생물학은 정립된 분야가 아니었으므로 외부자도 존재하지 않았다. 아레니우스가 제시한 온실효과 모델도 같은 맥락에서 외부자의 연구는 아니었다. 그 당시에는 지구화학이나 지구과학이라는 별개의 학문 분야가 존재하지 않았다.

과학을 고유한 특성에 따른 전문 분야로 나누는 과학의 사회학은 오늘날에도 계속되고 있다. 환경과학은 1946년 루이스가 사망한 이후 하나의 독립된 학문으로 발전했으며, 물리화학의 발전에 기여한 많은 과학자들이 환경에 영향을 미치는 중요한 문제들을 연구하였다. 온실효과에 대한 아레니우스의 정량적 모델은 산업 발달의 결과에 대한 경고로 해석될 수 있다(아레니우스 본인은 그런 의도로 제시한 것은 아니었다). 하버의 질소 고정은 지구상에 수십억 명의 인구가 추가로 생존할 수 있게 했으나, 1인당 오염 증가와 비료 과다 사용으로 인한 지표수의 부영양화를 초래하였다. 시보그의 지휘 아래 제2차 세계대전 중 플루토늄 정제를 위해 시작된 핸퍼드 핵발전소는 수 톤의 방사성 물질을 대기와 하천으로 방출하였다. 또한, 폴링과 유리는 대기 중 핵 실험이 환경에 미칠 수 있는 재앙적인 영향을 경고하였다. 오늘날 우리는 핵에너지, 오존층, 유전자 조작, 지구온난화와 같은 환경 문제에 직면해 있다. 데이비드 벤터 등이 구상하는 대로 이산화탄소를 생물학적으로 '고정'하여 메탄(methane)으로 전환하거나 격리하는 기술이 발전하면[5], 분자생물학과 생명 화학공학을 포함한 다양한 분야가 융합된 새로운 과학인 환경 복구 분야가 탄생할지도 모른다.

1장
이온 과학자들

아레니우스와 네른스트

1884년 봄, 졸업 예복을 입은 스웨덴 웁살라 대학의 교수와 졸업생들이 모여들었다. 사교성이 별로 없는 큰 덩치의 스반테 아레니우스도 박사 학위를 받고 줄을 맞춰 행진하고 있었다. 교수실의 문은 열려 있었고, 교수들은 밖으로 나와 새로 학위를 받은 학생들을 축하하고 있었다. 아레니우스는 지난 7년간 그의 연구를 지도한 페르 테오도르 클레베와 토비아스 탈렌 교수가 있는지 둘러보았다. 아레니우스가 그들을 발견했을 때, 수위가 그들이 예복을 벗고 코트로 갈아입는 것을 도와주고 있었다. 두 교수는 조금은 어색한 표정으로 아레니우스를 쳐다보고는 아레니우스를 세워둔 채 자리를 떠났다. 아레니우스는 그때의 모욕을 절대 잊지 않았다. 40년 후, 그는 그때의 일을 얘기하며 클레베와 탈렌이 "그를 경멸하였다"라고 말했다.[1] 후에 그의 아들은 "절대로 아물지 않는 상처를 준 것"이었다고 말했다.[2]

아레니우스는 후에, 자신이 '낙제점을 겨우 면한 점수를 받은'[3] 졸업논문으로 1903년에 노벨상을 받았다고 말하였다. 아레니우스 그리고 그와 관련된 과학자들의 이야기를 하기 전에, 1880년경의 과학적 연구 경향을 살펴볼 필요가 있다. 과학자들이 중요하게 여겼던 화학적 문제는 무엇이었고, 화학자들은 그러한 문제에 어떻게 접근하였을까? 다음에 나올 이야기에서, 아레니우스가 대학원 공부를 시작했을 무렵의 화학 이론을 개괄적으로 살펴볼 수 있을 것이다.

1880년의 화학

오늘날 학생들이 교과서에서 배우는 현대 화학의 역사는 그리 길지 않다. 17세기 후반에 뉴턴은 돌이나 행성 같은 물체에 보편적으로 적용되는 중력과 역학 이론을 정립하였다. '공간', '힘', '질량' 같은 개념을 정의하였으며, 이를 세 개의 운동 법칙으로 나타내었다. 물체의 특정한 형태나 크기는 무시하였고 개념적으로는 축소된 한 점으로 가정하였다. 그러나 화학적 개념의 정립은 훨씬 어려웠다. 뉴턴이 이끈 물리학의 혁명은 17세기 후반에 시작되었지만, 화학에서는 18세기 후반이 되어서야 라부아지에 등에 의해 두 개의 중요한 화학적 개념이 등장하기 시작하였다.

(1) 화학 '원소': 금, 주석, 산소 등과 같이 다른 원소로 변화시킬 수 없으며 서로 결합하여 화합물을 형성한다.

(2) 질량 보존의 법칙: 화학 반응 과정에서 반응물과 생성물의 전체 질량은 변하지 않는다. (핵반응에 의해 원소가 다른 원소로 바뀔 수 있으며, 상대성 이론에 따르면 화학 반응 과정에서 질량이 미세하게 변할 수 있다.)

뉴턴의 물리학 혁명을 모방하여, 원소에서 화합물이 어떻게 만들어지는가를 포괄적으로 나타내는 수학적 법칙을 찾아내려고 시도한 화학자들도 있었다. 뉴턴은 중력이 거리의 제곱에 반비례한다는 가정에 기초하여, 바위가 떨어지는 속도와 행성의 궤도를 구할 수 있었다. 마찬가지로 화학자들은 화학 반응이 일어나게 하는 화학적인 힘을 규명하여 수학적으로 나타내려고 시도하였다. 그들은 이 미지의 힘을 '화학 친화도'라고 불렀다. 만약 화학 친화도를 규명하여 정량화할 수 있다면, 어떤 화합물을 섞어놓으면 서로 반응하는 반면에, 어떤 조합은 반응하지 않는 이유를 설명할 수 있으리라 기대하였다. 왜 어떤 반응은 완결되지만 어떤 반응은 중간에 멈추는지, 어떤 산과 염기는 다른 것들에 비해 상대적으로 강한 이유는 무엇인지에 대한 답을 얻을 수 있을 것으로 생각하였다.

1720년경에, 게오르크 슈탈 등은 상대적인 화학 친화도에 대한 표를 개발하였다. 슈탈은 친화도를 나타내는 수학적 법칙을 만들지는 못했지만, 한 물질이 다른 물질을 대체하는 경향에 근거하여 표를 만들었다. 예를 들어, 금속 상태의 은은 질산에 녹지만, 충분한 양의 구리 금속을 이 용액에 넣으면 구리가 용해되면서 은은 석출되어 플라스크 바닥에 침전된다. 슈탈은 질산이 구리와 선택적으로 반응하는 현상을, 구리가 은보다 질산에 대한 친화력이 더 크다는 증거로 생각하였다. 1799~1803년에, 클로드 베르톨레는 화학 반응의 속도는 반응물과 생성물의 특성뿐만 아니라, 양이 얼마인지 즉, **질량**에도 영향을 받는다는 것을 발견하였다. 뉴턴은 중력이 물체의 질량에 비례한다는 것을 보여주었다. 베르톨레는 친화도도 중력과 유사한 힘이라고 생각하였다. 친화도는 크지만 질량이 작은 물질에 비해, 친화도가 작은 물질이라도 질량이 크면 화학적 영향이 더 커질 수 있다고 주장하였다. 하지만 베르톨레는 화학 친화도에 대한 어떠한 정량적 법칙도 찾아내지 못하였다. 그의 아이디어는 잠깐 관심을 끌었지만, 이후 50년 이상 거의 무시된 채로 남아 있었다. 그의 접근법이 주목받지 못한 것은, 부분적으로는 화학자들이 1803년에 발표된 존 돌턴의 원자론에 경도되어 있었기 때문이었다.

돌턴은 각각의 원소*는 다른 종류의 **원자**로 이루어져 있으며, 원자들은 정해진 비율로 결합하여 일정한 식을 만족하는 **분자**를 형성한다고 제안하였다. 예를 들어, 일산화 탄소(CO: 탄소 원자 1개와 산소 원자 1개)나 이산화 탄소(CO_2: 탄소 원자 1개와 산소 원자 2개)는 만들어질 수 있지만, $CO_{1.32}$와 같은 비율의 물질은 생성되지 않는다. 돌턴에 따르면, 각각의 원소의 원자는 고유한 **원자량**(돌턴이 원래 제안했던 원자량은 틀린 것으로 밝

* 원자는 물질을 이루는 기본 입자이며, 원소는 한 가지 종류의 원자로 이루어진 물질을 말한다. –역자 주

혀졌지만)을 갖고 있다. 원자들이 결합하여 분자를 형성하면, 성분 원자의 원자량을 합한 값이 **분자량**이 된다. 결국은 산소의 원자량이 16으로 할당되었고, 1960년까지는 측정된 다른 모든 원자의 원자량의 기준이 되었다. 19세기 동안, 정확한 원자량을 측정하는 것은 중요한 연구였으며 힘든 실험 과제로 남아 있었다.

물질은 다양한 비율로 결합하기 때문에, 고정된 비율의 결합에 기초한 돌턴의 이론이 처음부터 받아들여졌던 것은 아니었다. 예를 들어, 비커 속에 섞여 있는 알코올과 물, 공기 중의 산소와 질소의 혼합, 청동 합금 속의 구리와 주석 등의 경우와 같이, 두 물질은 어떤 비율로도 자유롭게 혼합된다. 현재는 화학적 조합(특정한 비율로 만들어지는 물질의 결합)과 물리적 조합(다양한 비율로 일어나는 합금이나 용액에서의 결합)의 차이를 구별할 수 있다. 그러나 이것은 정의에 따라 구분하는 것이다. 그 당시에는 명확한 구분이 없었기 때문에, 돌턴의 아이디어가 반대에 부딪혔다는 것은 놀랄만한 일은 아니다. 돌턴의 이론을 받아들이는 게 어려웠던 또 다른 걸림돌은 원자를 본 사람이 아무도 없다는 것이었다. 어떤 물질들은 일정한 비율로 결합한다는 것이 원자에 대한 유일한 증거였다. 그런데도 이 이론이 화학적 합성을 설명하고 예측하는 데 매우 유용했기 때문에 결국은 광범위하게 받아들여지게 되었다.

1807년에 험프리 데이비는 화학 용액에 전류를 흐르게 하는('전기분해'하는) 실험을 시작하였다. 그는 가성소다(수산화 나트륨) 용액에서 새로운 원소인 나트륨(sodium)을 분리하는 방법을 찾아내었다. 그는 이것이 화학 친화도는 전기적인 현상의 증거라고 생각하였다. 1819년에, 스웨덴의 화학자 옌스 베르셀리우스는 '이원론'이라고 알려진 전기 이론을 개발하였다. 즉, 원자들은 전기를 띠고 있으며, 양전하와 음전하를 띠고 있는 원자들의 정전기적 인력으로 분자가 형성된다는 것이다. 길버트 루이스를 비롯한 과학자들이 화학 결합(5장 참조) 아이디어를 정립하기 전까지의 100여 년 동안, 다양하게 변형된 베르셀리우스의 이원론은 원자들이 모여 분자를 형성하는 데 대한 주된 설명이었다.

화학자들은 전공 분야에 따라 분류되기 시작하였다. '유기화학자'는 탄소 원자를 포함한 화합물의 특성을 연구하였는데, 대부분 생명체는 이러한 화합물로 이루어져 있다. '무기화학자'는 종종 '광물화학자'라고 불리기도 하였는데, 탄소 화합물을 제외한 모든 물질이 그들의 연구 대상이었다.

초기에는, 돌턴의 원자 가설에 따라, 두 물질을 이루는 원소들의 비율이 서로 같으면 그 두 물질은 화학적 특성이 같을 것으로 생각하였다. 그러나 1830년경에 이성질체의 개념이 도입되었다. 에틸 알코올과 다이메틸 에테르의 실험식은 둘 다 C_2H_6O로 원소들의 성분 비가 서로 같지만, 화학적 성질은 매우 다르다. 이런 화합물들을 이성질체라고 불렀고 원자들의 배열이 다르기 때문으로 생각되었다. 이성질 현상의 발견으로 두 개의 원자를 연결하는 화학 결합의 개념이 확립되었다. 즉, 서로 다른 이성질체는 원자들이 다른 구조로 배열되어 있으며, 화합물의 구조는 원자 간의 결합에 의해 결정된다.

1858년에, 아우구스투스 케쿨레는 원자의 **원자가** 개념을 제안하였다. 그는 한 원자에 연결될 수 있는 결합의 수를 원자가라고 정의하였

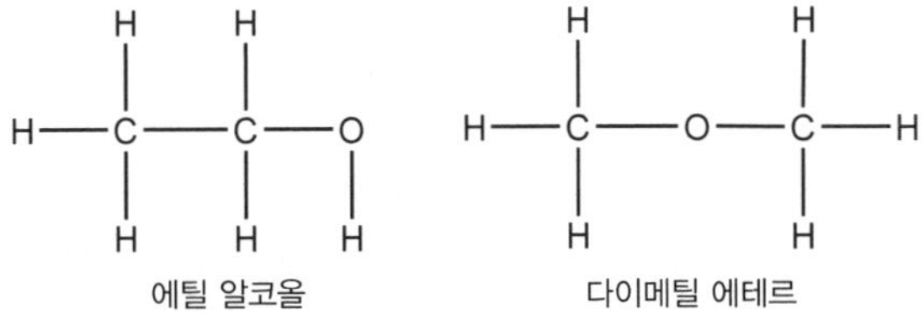

그림 1-1 C_2H_6O 이성질체의 구조

다. 케쿨레는 탄소 원자는 다른 원자들과 4개의 결합을 형성할 수 있으므로 원자가는 4가 된다는 것을 제안하였다. 또한 어떤 결합들은 두 개 또는 세 개의 가능한 결합을 사용하여 각각 2중 또는 3중으로 결합되어 있다는 것도 알게 되었다. 화학자들은 단일, 이중, 삼중 결합으로 원자들을 연결하여 복잡한 구조의 분자를 그리기 시작하였다. 각각의 결합은 단일(−), 이중(=), 삼중(≡)으로 나타내었으며, 화학자들은 복잡한 유기 화합물을 합성하고 그 구조를 추정할 수 있게 되었다. 구조를 알고 있는 간단한 분자에서 시작하여 새로운 분자를 합성하고, 어떤 반응으로 합성되었는가에 기초하여 새롭게 합성된 화합물의 구조를 추정하였다. 이렇게 합성된 새로운 화합물을 다른 반응에 사용하여 또 다른 화합물을 합성하고 그 구조를 추정하였다. 그 후 100여 년에 걸쳐, 유기 화학자들은 체계적인 합성법으로 수십만 가지의 화합물을 합성하고 그 구조를 결정하였다. 어떤 화합물들은 자연계에 존재하지 않았던 물질들이었다. 이러한 모든 것이 불안전한 건축물처럼 보이기도 했지만, 20세기 중반에 이르러 화합물의 구조를 확인할 수 있는 장비들이 발명되면서 초기에 추정한 구조들이 견고한 토대 위에 만들어졌음이 밝혀졌다. 현대의 화학자들은 분자의 구조를 즉시 밝혀낼 수 있으며, 1860년대의 화학자가 썼던 방법대로 화학 결합을 그리지만, 현대 화학자들이 이해하는 화학 결합의 **본질**은 근본적으로 다르다. 이 책은 많은 부분에서 화학 결합에 대한 개념의 변화를 다루고 있다.

1860년대 후반에, 몇몇 과학자들은 원소를 원자량의 순서로 나열하면, 화학 및 물리적 특성이 유사한 원소가 주기적으로 나타나는 것에 주목하였다. 예를 들어, 산소, 황, 셀레늄, 텔루륨이 포함된 그룹의 원소들은 일반적으로 원자가가 같으며, 다른 원소와 유사한 화합물을 형성하였다. 또한 불소(flourine), 염소, 브로민, 요오드(iodine)를 포함하는

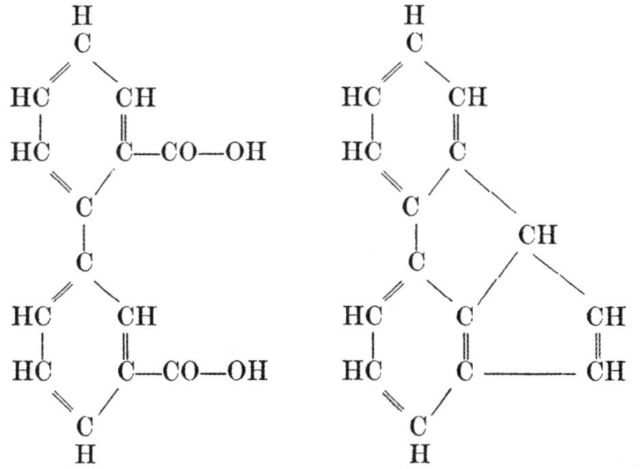

아이소다이펜 산 플루오란텐

그림 1-2 1879년에 발간된 『미국 화학회지』 창간호에 표기된 화학식. 화학적 표기법은 이후 크게 바뀌지 않았다. "아이소다이펜 산과 플루오란텐의 구조에 관하여", 『미국 화학회지』 1 (1879), p170.

그룹의 원소들과 비교해볼 때, 끓는점, 녹는점 등이 변하는 경향이 비슷하였다. 1869년에 러시아의 화학자 드미트리 멘델레예프는 원소의 주기율표를 고안하였으며, 이것이 최초의 근대적 주기율표로 인정받고 있다. 그는 그때까지 알려져 있던 63개 원소의 정보를 카드에 적은 후, 마치 솔리테어 카드 게임을 하듯이 테이블에 늘어놓았다. 그는 특성이 비슷한 원소가 적힌 카드를 원자량이 커지는 순서에 따라 세로로 늘어놓았다. 그는 자신의 표에 여러 개의 빈칸이 생기는 것을 발견하였고, 새로운 원소들이 발견되리라 예측하였다. 또한 주위에 있는 원소들에 기초하여, 앞으로 발견될 원소들의 물리적 특성도 예측하였다. 그 후 멘델레예프의 표에서 빠져있던 원소들이 속속 발견되었으며, 새로 발견된 원소들은 그가 예측했던 특성을 갖고 있었다. 화학자들이 화학적 특성을 합리적으로 설명할 수 있는 새로운 도구를 갖게 된 것이다. 주

Tabelle II.

Reihen	Gruppe I. — R^2O	Gruppe II. — RO	Gruppe III. — R^2O^3	Gruppe IV. RH^4 RO^2	Gruppe V. RH^3 R^2O^5	Gruppe VI. RH^2 RO^3	Gruppe VII. RH R^2O^7	Gruppe VIII. — RO^4
1	H=1							
2	Li=7	Be=9,4	B=11	C=12	N=14	O=16	F=19	
3	Na=23	Mg=24	Al=27,3	Si=28	P=31	S=32	Cl=35,5	
4	K=39	Ca=40	—=44	Ti=48	V=51	Cr=52	Mn=55	Fe=56, Co=59, Ni=59, Cu=63.
5	(Cu=63)	Zn=65	—=68	—=72	As=75	Se=78	Br=80	
6	Rb=85	Sr=87	?Yt=88	Zr=90	Nb=94	Mo=96	—=100	Ru=104, Rh=104, Pd=106, Ag=108.
7	(Ag=108)	Cd=112	In=113	Sn=118	Sb=122	Te=125	J=127	
8	Cs=133	Ba=137	?Di=138	?Ce=140	—	—	—	— — — —
9	(—)	—	—	—	—	—	—	
10	—	—	?Er=178	?La=180	Ta=182	W=184	—	Os=195, Ir=197, Pt=198, Au=199.
11	(Au=199)	Hg=200	Tl=204	Pb=207	Bi=208	—	—	
12	—	—	—	Th=231	—	U=240	—	— — — —

그림 1–3 1871년에 완성된 멘델레예프의 주기율표.

주기율표 Periodic Table of the Elements

원소 기호 → C 6 ← 원자 번호
영어명 → Carbon
한글명 → 탄소
원자량 → 12.011

금속 (Metal)
준금속 (Semimetal)
비금속 (Nonmetal)

주기＼족	1	2	3	4	5	6	7	8	9	10	11	12	13	14	15	16	17	18
1	H 1 Hydrogen 수소 1.007																	He 2 Helium 헬륨 4.0026
2	Li 3 Lithium 리튬 6.941	Be 4 Beryllium 베릴륨 9.0122											B 5 Boron 붕소 10.811	C 6 Carbon 탄소 12.011	N 7 Nitrogen 질소 14.0067	O 8 Oxygen 산소 15.9994	F 9 Fluorine 플루오린 18.9984	Ne 10 Neon 네온 20.1797
3	Na 11 Sodium 소듐(나트륨) 22.9898	Mg 12 Magnesium 마그네슘 24.305											Al 13 Aluminium 알루미늄 26.9815	Si 14 Silicon 규소 28.0855	P 15 Phosphorus 인 30.9738	S 16 Sulfur 황 32.0650	Cl 17 Chlorine 염소 35.4533	Ar 18 Argon 아르곤 39.948
4	K 19 Potassium 포타슘(칼륨) 39.0983	Ca 20 Calcium 칼슘 40.078	Sc 21 Scandium 스칸듐 44.9559	Ti 22 Titanium 타이타늄 47.867	V 23 Vanadium 바나듐 50.9415	Cr 24 Chromium 크로뮴 51.9961	Mn 25 Manganese 망가니즈 54.938	Fe 26 Iron 철 55.845	Co 27 Cobalt 코발트 58.9332	Ni 28 Nickel 니켈 58.6934	Cu 29 Copper 구리 63.546	Zn 30 Zinc 아연 65.409	Ga 31 Gallium 갈륨 69.723	Ge 32 Germanium 저마늄 72.64	As 33 Arsenic 비소 74.9216	Se 34 Selenium 셀레늄 78.96	Br 35 Bromine 브로민 79.904	Kr 36 Krypton 크립톤 83.798
5	Rb 37 Rubidium 루비듐 85.4678	Sr 38 Strontium 스트론튬 87.62	Y 39 Yttrium 이트륨 88.9059	Zr 40 Zirconium 지르코늄 91.224	Nb 41 Niobium 나이오븀 92.9064	Mo 42 Molybdenum 몰리브데넘 95.94	Tc 43 Technetium 테크네튬 98.9063	Ru 44 Ruthenium 루테늄 101.07	Rh 45 Rhodium 로듐 102.9055	Pd 46 Palladium 팔라듐 106.42	Ag 47 Silver 은 107.8682	Cd 48 Cadmium 카드뮴 112.411	In 49 Indium 인듐 114.818	Sn 50 Tin 주석 118.71	Sb 51 Antimony 안티모니 121.76	Te 52 Tellurium 텔루륨 127.6	I 53 Iodine 아이오딘 126.9045	Xe 54 Xenon 제논 131.293
6	Cs 55 Cesium 세슘 132.9055	Ba 56 Barium 바륨 137.327		Hf 72 Hafnium 하프늄 178.49	Ta 73 Tantalum 탄탈럼 180.9479	W 74 Tungsten 텅스텐 183.84	Re 75 Rhenium 레늄 186.207	Os 76 Osmium 오스뮴 190.23	Ir 77 Iridium 이리듐 192.217	Pt 78 Platinum 백금 195.078	Au 79 Gold 금 196.9666	Hg 80 Mercury 수은 200.59	Tl 81 Thallium 탈륨 204.3833	Pb 82 Lead 납 207.2	Bi 83 Bismuth 비스무트 208.9804	Po 84 Polonium 폴로늄 208.9824	At 85 Astatine 아스타틴 209.9871	Rn 86 Radon 라돈 222.0176
7	Fr 87 Francium 프랑슘 223.0197	Ra 88 Radium 라듐 226.0254		Rf 104 Rutherfordium 러더포듐 261.1088	Db 105 Dubnium 더브늄 262.1142	Sg 106 Seaborgium 시보귬 266.1219	Bh 107 Bohrium 보륨 264.1247	Hs 108 Hassium 하슘 269.13	Mt 109 Meitnerium 마이트너륨 268.1388	Ds 110 Darmstadtium 다름스타튬 271.15	Rg 111 Roentgenium 뢴트게늄 272.1535	Cn 112 Copernicium 코페르니슘 (277)	Nh 113 Nihonium 니호늄 (284.18)	Fl 114 Flerovium 플레로븀 (289.19)	Mc 115 Moscovium 모스코븀 (288.19)	Lv 116 Livermorium 리버모륨 (293)	Ts 117 Tennessine 테네신 (294)	Og 118 Oganesson 오가네손 (294)

	주기															
란타넘족 (Lanthanides)	6	La 57 Lanthanum 란타넘 138.9055	Ce 58 Cerium 세륨 140.116	Pr 59 Praseodymium 프라세오디뮴 140.9077	Nd 60 Neodymium 네오디뮴 144.24	Pm 61 Promethium 프로메튬 146.9151	Sm 62 Samarium 사마륨 150.36	Eu 63 Europium 유로퓸 151.964	Gd 64 Gadolinium 가돌리늄 157.25	Tb 65 Terbium 터븀 158.9	Dy 66 Dysprosium 디스프로슘 162.5	Ho 67 Holmium 홀뮴 164.93	Er 68 Erbium 어븀 167.259	Tm 69 Thulium 툴륨 168.9342	Yb 70 Ytterbium 이터븀 173.04	Lu 71 Lutetium 루테튬 174.967
악티늄족 (Actinides)	7	Ac 89 Actinium 악티늄 227.0278	Th 90 Thorium 토륨 232.0381	Pa 91 Protactinium 프로트악티늄 231.0359	U 92 Uranium 우라늄 238.0289	Np 93 Neptunium 넵투늄 237.0482	Pu 94 Plutonium 플루토늄 244.0642	Am 95 Americium 아메리슘 243.0614	Cm 96 Curium 퀴륨 247.0703	Bk 97 Berkelium 버클륨 247.0703	Cf 98 Californium 캘리포늄 251.0796	Es 99 Einsteinium 아인슈타이늄 252.083	Fm 100 Fermium 페르뮴 257.0951	Md 101 Mendelevium 멘델레븀 258.0984	No 102 Nobelium 노벨륨 259.101	Lr 103 Lawrencium 로렌슘 262.1097

그림 1–4 현대의 주기율표.

기율표에 대한 현대 화학의 설명은 원소의 전자 구조와 원자 번호에 기초한다. 하지만 멘델레예프는 오직 화학 및 물리적 특성에 기초하여 표를 만들었다. 전자는 1897년이 되어서야 발견되었고, 1913년까지 원자 번호에 대한 개념은 존재하지 않았다.

19세기 중반까지, 옷감의 염료는 모두 천연에서 얻어졌으며, 그 가격이 너무 비싸 염색된 옷은 부자들만이 것이었다. 분자의 구조에 대한 지식이 축적되면서, 화학자들은 자홍색, 짙은 파란색, 자주색 같은 화려한 색의 염료를 합성할 수 있었다. 이러한 합성염료는 산업 혁명기의 방직공장과 맞물려, 서구 세계에서 옷을 입고 장식하는 방법을 바꾸어 놓았다. 섬유 산업으로 화학은 확고한 경제적인 위치를 갖게 되었다. 1870년대까지 화학은 합성 유기화학과 같은 뜻으로 쓰였으며, 특히 독일에서는 화학의 기초 위에 산업적인 부가 쌓여갔다. 대학들은 화학과를 설립하여 주로 유기화학 분야에서 학계와 산업계가 필요로 하는 새로운 화학자를 교육하게 되었다.

원자론으로 많은 성과를 냈음에도 불구하고, 대부분 화학자는 원자 이론을 계속 가설로만 인용하였다. 아마도 원자론을 의심하는 물리학자들을 존중하는 뜻에서였던 것 같다. 19세기 중반의 많은 화학 논문에는, 마치 강제적인 포기 각서처럼 다음과 같은 문구가 들어갔다.

> *제시된 화학 구조는 실제 원자가 존재한다는 것을 의미하지는 않는다.*
> 혹은
> *원자가 존재할지라도 공간에서의 실제 위치를 의미하지는 않는다.*

그러나 1860년대에 이르러서는, 많은 물리학자가 화학의 원자와 분자 개념을 받아들이기 시작하였다. 기체 상태의 물질에 대해, 분자들을 당구공처럼 생각하여, 뉴턴 역학에 따라 서로 충돌하거나 용기의 벽면에 부딪힌다고 생각하였다. 루돌프 클라우지우스와 루트비히 볼츠만 등은 돌턴의 원자 가설에 기초하여 기체 운동론을 개발하였다. 그들은 관찰되는 기체의 특성을 거의 만족시키는 식을 유도할 수 있었다. 1874년에, 두 화학자 야코뷔스 반트호프와 조제프 르벨은, 2차원으로 그리던 분자 구조를 3차원으로 나타냄으로써, 원자의 위치 지정을 금기시했던 관습을 깨뜨렸다. 반트호프와 르벨은 독립적으로, 서로 다른 4개의 원자와 결합하고 있는 탄소 원자는 왼쪽으로 돌거나 오른쪽으로 돌아가는 두 가지 형태의 사면체 피라미드 형태로 존재한다고 발표하였다. 두 구조는 서로 간에 거울에 비친 형태라고 제안하였다. 그림 1–5의 두 분자는 원자들 사이의 결합은 모두 같지만, 서로 간에 겹쳐지지 않는다. 마치 왼손과 오른손 장갑과 같은 형태이다.

이러한 구조를 제안했던 두 과학자 중의 한 사람인 반트호프는 유기구조화학 분야를 떠나 물리학의 방법을 적용한 화학 연구에 몰두하게 된다. 즉, 유기구조화학에서 거둔 성과로, 100년간 잊혔던 베르톨레의 아이디어로 다시 돌아간 것이다. 물리학적 방법을 화학에 적용하는 학문을 '이론화학' 또는 '일반화학' 등으로 부르기도 했지만, '물리화학'으로 굳어지게 되었다.

반트호프는 1852년에 네덜란드 로테르담의 중산층 가정에서 태어났다. 그는 1872년에 본 대학의 케쿨레 밑에서 유기화학을 공부하기 시

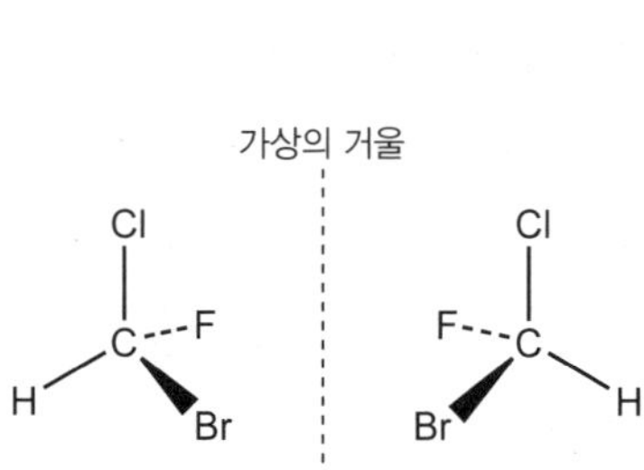

그림 1–5 왼쪽 및 오른쪽으로 돌아가는 형태의 두 분자는 같은 결합(연결)을 하고 있지만, 왼손과 오른손 장갑처럼 서로 간에 거울상 이미지이다. 두꺼운 쐐기 선은 결합이 종이 면의 앞으로 향한 것을 나타내고, 점선은 종이 면의 뒤쪽으로 향한 것을 나타낸다.

작했는데, 다른 독일 학생들의 환영을 받지 못하고 괄시를 당한다고 느꼈다. 그러자 다음 해에 네덜란드로 돌아와 위트레흐트 대학에서 박사과정 공부를 계속하였고, 아직 대학원생일 때 4면체 탄소에 대한 아이디어를 논문으로 발표하였다. 하지만 대부분의 화학자는 그의 아이디어에 전혀 관심이 없었다. 졸업 후에는 직장을 찾을 수 없었고, 고등학교 교사로도 갈 수 없었다. 그는 그 지역의 수의대에 조교로 취업할 때까지 가정교사로 일해야 했다. 저명한 유기화학자인 헤르만 콜베는 현대 화학의 잘못된 예로 반트호프에 대해 이렇게 비아냥대었다. "위트레흐트의 수의대에서 일하고 있는 반트호프 박사는 그의 취향에 맞지 않는 정밀화학 연구를 하는 것 같다. 페가수스*(수의대에 있다는 것을 빗대어 쓴 단어임이 분명함)에 올라타고 화학의 파르나소스**에 날아올라 원자들이 우주에 배열되어 있다고 선언하는 것이 그에게 더 어울릴 것 같다."[4] 아마도 이러한 비아냥 때문에 반트호프를 비롯한 몇몇 과학자들은 독일의 유기화학 기득권층에서 멀리 벗어나, 베르톨레의 오래된 문제인 화학 친화도에 관한 연구를 시작했던 것 같다. 반트호프는 1878년에 암스테르담 대학의 정교수로 지명되었고, 취임사에서 콜베의 말을 인용하였다.

아레니우스의 학위논문

이 장의 첫 부분에 언급된 그의 졸업식 장면처럼, 아레니우스는 화학에서의 아웃사이더였다. 당시 화학의 중심이었던 독일에 비하면 아레니

* 그리스 신화의 뮤즈가 타는 날개 달린 말 –역자 주

** 그리스 신화의 아폴로 신과 뮤즈의 영지 –역자 주

우스가 공부한 스웨덴은 변방이었다. 유기화학은 승진, 돈, 명성이 보장되었지만, 웁살라 대학의 화학 교수 페르 테오도르 클레베는 '광물화학자(무기화학자)'였다. 그는 그가 선택한 분야를 연구하려고 하는 학생에게만 관심이 있었다.[5] 아레니우스는 화학을 전공할지 아니면 물리학을 전공할지를 정하지 못하고 있었지만, 유기화학이나 무기화학처럼 끝없이 새로운 화합물을 합성하는 것에는 관심이 없었다. 그는 화학과 물리학의 경계선에 있으면서 화학 이론을 확장할 수 있는 혁신적인 연구를 하고 싶었다. 그는 화학자 클레베와 물리학자 토비아스 탈렌 두 명을 지도교수로 선택하였다. 하지만 두 교수가 제안하는 것에는 관심조차 기울이지 않았다. 탈렌의 물리 실험실은 협소했기 때문에, 아레니우스는 박사학위를 수여하지 않는 스톡홀름의 획스콜라 대학에서 대부

그림 1-6 젊은 시절의 아레니우스.

분의 실험을 해야 했다.[6] 탈렌은 획스콜라 대학의 에리크 에드룬드 교수에게 아레니우스를 소개하는 편지를 보냈다. 편지에 아레니우스에게 실험 장비를 제공해 주라고 요청하면서, 아레니우스는 게으르고 골치 아픈 학생이라는 말을 덧붙였다.[7] 획스콜라 대학에서 아레니우스는 물리학과의 에드룬드 교수와 화학과의 오토 페테르손 교수와 함께 일했으며, 그들과는 원만한 관계를 유지하였다. 하지만 획스콜라 대학에서는 그가 원하는 박사학위를 받을 수 없었다. 웁살라 대학의 클레베와 탈렌만이 그에게 박사학위를 줄 수 있었다.

아레니우스는 어떤 물질이 녹아있는 용액의 전기 전도도를 측정하여 그 물질의 분자량을 결정하는 실험을 계획하였다. 그것은 클레베가 절대 하지 말라고 얘기했던 실험이었다.[8] 분자량은 돌턴의 원자론과 직접 연관되어 있으며, 어떤 물질에서나 반드시 알아야 할 값이었다. 분자량을 측정하는 일반적인 방법은 기체 상태에서의 부피를 측정하는 것이었다. 그러나 모든 물질을 기체 상태로 만들 수 없다는 문제가 있었다. 예들 들어 설탕을 가열하면, 끓기 전에 분해되어 버리기 때문에 분자량을 측정하는 새로운 방법이 절실히 필요했다. 아레니우스가 학위논문에 사용한 아이디어는 설탕이 전해질의 특성에 미치는 영향을 측정하는 것이었다. 전해질은 소금이나 산같이 물에 녹아 전기를 통하게 하는 물질을 말한다. 전해질을 물에 녹인 후 전지의 두 단자를 용액에 담그면, 전기를 얼마나 잘 전도하는가의 척도인 전도도를 측정할 수 있다. 설탕 같은 비전해질을 이 용액에 넣으면 전도도가 감소한다. 아레니우스는 전해질의 감소 정도는 비전해질 물질의 분자량과 연관이 있을 것으로 생각하였다.

그러나 아레니우스가 이 일을 시작하기도 전에, 설탕 같은 물질의 분자량을 결정하는 문제는 이미 해결되어 있었다. 아마 그가 관련 논문을 읽지 못했던 것 같다. 1882년 봄에 프랑스와 라울은 설탕 같은 용질(녹아있는 물질)의 분자량은 용액의 어는점이 낮아지는 정도를 측정하여 구할 수 있다는 것을 발견하였다.[9] 라울의 연구 결과를 모르던 아레니우스는 농도를 바꾸어가며 44종류의 서로 다른 전해질의 전도도를 측정하여 데이터를 축적하였다. 그는 첨가하는 설탕의 분자량뿐만 아니라, 전해질 자체의 농도에 따라 전도도가 달라진다는 것을 발견하였다. 아레니우스는 문제를 풀기 위해서 전도도가 전해질의 농도에 따라 어떻게 변화하는가를 먼저 이해해야 한다고 생각하였다. 그러나 그가 전해질의 농도에 대한 분석을 시작했을 때, 혼동되는 결과를 얻게 되었다. 전해질의 농도가 전도도에 미치는 영향이 훨씬 흥미로웠기 때문에, 아레니우스는 원래의 연구 목적이었던 분자량 측정 연구는 더는 계속하지 않았다. 아마도 라울의 논문을 읽었을 수도 있다. 혼동되는 결과가 나왔을 때, 대부분의 과학자는 원래의 문제를 해결하는 다른 방법을 찾게 되지만, 비정상적인 결과 자체에 흥미를 더 느끼는 과학자도 있다. 다른 사람들이었으면 일관성없는 무의미한 데이터라고 생각했을 결과를 보고, 아레니우스는 잠시 멈추고 면밀하게 조사해보는 냉철함을 갖고 있었다. 다음 장부터 소개되는 랭뮤어를 비롯한 몇몇 과학자들도 예상하지 못한 결과가 얻어졌을 때, 기꺼이 원래의 연구 주제에서 벗어나 그 이유를 탐구하였다.

아레니우스는 전해질을 두 종류로 분류하였다. 하나는 전기를 잘 통하게 하는 염화 나트륨(소금)이나 황산 같은 '강'전해질, 다른 하나는 전기 전도도가 훨씬 낮은 아세트산(식초)이나 암모니아 같은 '약'전해질이다. 강전해질의 경우에는 용액을 아무리 묽혀도 전해질 질량당 전도도가 거의 변하지 않았다. 약전해질의 경우는 매우 달랐다. 용액을 묽히면 전체 전도도는 낮아졌지만(예상했던 대로), 전해질 질량당 전도도는 조금씩 변하다가 아주 묽은 용액이 되면 무한히 증가하여 어떤 한계치에 천천히 접근하였다.

산의 상대적인 화학 친화도는 산의 세기와 밀접한 연관이 있었다. 예를 들어, 염산을 아세트산 나트륨(아세트산의 염) 수용액에 넣어주면 염화 나트륨이 만들어지면서 아세트산이 염산을 대체하기 때문에, 염산은 아세트산보다 강한 산으로 여겨졌다. (이것은 질산 용액에서 구리가 녹고 은이 석출되기 때문에, 구리는 은보다 질산에 대한 친화도가 높다고 1720년에 슈탈이 주장한 것과 같은 논리이다.) 아레니우스는 그의 데이터를 검토하면서, 산의 세기와 전도도 사이에 강한 상관관계가 있다는 것을 발견하였다. 그는 전도도를 측정하여 산뿐만 아니라 다른 물질의 화학적 친화도도 예측할 수 있을 것으로 생각했다.

아레니우스는 전해질의 '활동' 상태라는 개념을 정의하였다. 즉, 전해질 분자는 활동 상태에 있을 때만 전기를 통하게 하고, 이러한 활동 상태가 전해질 물질의 화학적 친화도의 근원이라는 것이다. 전도도는 측정 가능한 값이기 때문에 친화도의 정량적인 값을 구할 수 있을 것으로 기대되었다. 아레니우스는 활동 상태가 정확히 무엇을 의미하는지는 모호하게 이야기했다. 단지 "아마도, 비활동 부분으로 이루어진 화합물이 용매에 녹은 것일 수 있다. 또는 분자 복합체가 만들어지면 비활동적으로 될 수도 있다. 또는 활동 부분과 비활동 부분의 차이는 순수하게 물리적 원인일 수도 있다."[10]라고 언급했을 뿐이다. 그는 활동 상태에 있는 분자의 비율을 활동도 계수라고 정의하고 α라고 명명하였다(활동도 계수 1은 모든 분자가 활동 상태에 있다는 것을 의미했다). 그는 일반적인 경향을 발견하였다. 질산 같은 강전해질은 어떤 농도에서도 활동도 계수가 1에 가깝다. 아세트산 같은 약전해질의 활동도 계수는 아주 작은 값이지만, 극단적으로 묽혀주면 1에 근접하게 된다. 무한히 묽혀주면, 모든 전해질은 강하고 약함에 관계없이 완벽한 활동 상태가 된다고 아레니우스는 결론 내렸다.

아레니우스의 지도교수였던 클레베와 탈렌은 그의 실험 결과를 좋아하지 않았다. 아레니우스는 온도를 조절하지 않았으며, 물의 순도가 의심스러웠고, 농도도 정확히 맞추지 않았기 때문에, 그의 실험은 정밀하지 않아 보였다. 그는 적은 수의 화합물만을 연구하였으며, 두 교수가 모두 좋아하지 않는 물리와 화학의 경계에 있는 주제를 선택하였다. 주지하였듯이 그의 활동도 개념이 모호하기도 했다. 결국 불충분해 보이는 증거를 기초로, 정립된 이론과 상충되는 이론을 제안한 셈이다. 그리고 그는 스스로 정했던 연구 목표, 즉 전도도를 이용하여 분자량을 결정하는 연구 목표를 달성하지 못했다. 그의 학위논문은 지도교수들로부터 '전적으로 칭찬하는 것은 아님'이라는 등급을 받고 간신히 통과되었다. 그 등급으로는 대학에서 강의할 수 있는 과학자를 말하는 **도슨트**(대학 강사 자격)가 될 수 없었고 **김나지움**(고등학교)의 교사로만 일할 수 있었다. 졸업식 날, 클레베와 탈렌은 아레니우스의 앞에 멈추지도 않고 걸어감으로써 그를 경멸한다는 것을 보여 주었다.

이온 과학자들이 함께 모이다

굴욕적인 졸업식이 끝난 후, 아레니우스는 미래에 대한 희망이 거의 없이 웁살라에 있는 가족의 집으로 돌아왔다. 웁살라는 스톡홀름의 북쪽에 있는 작은 도시로, 스웨덴에서 가장 오래된 웁살라 대학은 도시 상류 계급의 중심에 있었다. 아레니우스는 대학의 장엄한 의식과 대학의 예복들을 보고 자랐다. 그의 아버지는 대학에 고용되어 있었지만, 집세를 받는 일을 했다. 아레니우스는 교수 계급이 되기를 열망하였지만, 교수들은 그를 거부하였다. 아레니우스가 클레베와 탈렌에게서 받은 냉대는 어쩌면 그의 출신 계급 때문일 수도 있다. 웁살라에서 교수는 사회적인 엘리트였지만, 아레니우스는 중하위 계층에 속해 있었다. 반면에 아레니우스가 활발하고 생산적인 연구를 했던 스톡홀름의 획스콜라 대학의 에드룬드 교수는 소작농의 아들이었다.[11]

아레니우스가 졸업할 무렵 아버지의 건강이 나빠지기 시작했다. 그의 아버지는 다음 해에 죽었고, 아레니우스는 아버지를 간호하고 유산을 정리하느라 그해 대부분을 보냈다. 아레니우스는 당장 일자리를 구해야 할 필요가 없을 정도도 충분한 유산을 물려받았다. 그는 자신의 전해질 이론이 계속 연구할 가치가 있다고 믿고 있었다. 하지만 졸업논문 성적이 낮았기 때문에, 대학 연구소에는 취업할 수 없었다. 웁살라 지역을 벗어나면 그의 이론이 제대로 평가받을 수 있다고 생각한 아레니우스는 자신이 존경하는 과학자들에게 졸업논문 사본을 보냈고, 오직 한 사람에게서만 호의적인 답장을 받았다. 독일 유기화학의 주류에서 벗어난 연구를 하고 있던 빌헬름 오스트발트였다. 그는 독일 태생으로, 러시아 제국에 있는 리가 공과대학의 29살 된 교수였다.

아레니우스는 예의가 없고 따지기를 좋아하는 성격이었지만, 오스트발트는 다른 사람에게 관심을 보이고 격려하는 타고난 지도자였다. 아레니우스처럼, 오스트발트도 80여 년 전에 베르톨레가 연구하던 화학 친화도를 측정하는 문제에 몰두하고 있었다. 오스트발트만이 그러한 연구를 했던 것은 아니었다. 독일 화학의 중심으로부터 변방인 노르웨이의 두 명의 화학자 카토 굴드버그와 페테르 보게는 베르톨레의 아이디어에 적합한 정량적 식을 만들어 내었다. 즉, 생성물과 반응물의 **질량**이 친화도를 결정하는 데 중요한 요소라는 것이며, 이것을 **질량** 작용 법칙으로 나타내었다. 굴드버그와 보게는 그들의 법칙을 절대 질량이 아닌, 농도(용액의 단위 부피당 분자의 개수)로 나타내었다. 즉, 각 반응이 평형(반응물이나 생성물의 농도가 더 이상 자발적으로 변하지 않는 상태)에 도달하면, 질량 작용 법칙에 따라 반응물과 생성물의 농도로 나타낸 간단한 수학식의 값이 그 반응의 고유한 평형 상수와 같아지게 된다. 따라서, 반응물이나 생성물을 첨가하거나 제거해서 반응물이나 생성물의 농도가 바뀌면, 다시 평형 상태로 돌아가는 방향으로 반응이 일어나게 된다. 그러나 굴드버그와 보게는 노르웨이어로 논문을 발표하였고, 오스트발트 같은 몇몇 아웃사이더를 제외하고는 그 결과에 관심을 두는 과학자는 거의 없었다. 그들의 연구 결과는 주목받지 못한 채 잊혀갔다. 그러나 보게는 아레니우스의 친구이자 화학에 대해 조언을 해 주던 스톡홀름 대학의 오토 페테르손과 학문적 교류를 하고 있었고, 아마도 이것이 아레니우스의 연구에 영향을 주었던 것 같다.[12]

화학 평형을 결정하는 것은 실용적 그리고 경제적 측면에서 중요하다. 앙리 르샤틀리에는 1888년에 다음과 같이 말했다.

> 용광로 내에서 산화 철은 일산화 탄소에 의해 다음 반응식과 같이 환원된다.
>
> $$Fe_2O_3 + 3CO = 2Fe + 3CO_2$$
>
> 그러나 굴뚝으로 빠져나가는 기체에는 상당량의 일산화 탄소가 포함되어 있으며, 사용되지 않은 많은 양의 열이 같이 빠져나가게 된다. 불완전한 반응의 원인은 일산화 탄소와 철광석이 충분한 시간 동안 접촉하지 못하기 때문으로 여겨져서, 용광로를 크게 만들어왔다. 영국에서는 크기가 30 m에 이르는 용광로도 만들었지만, 빠져나가는 일산화 탄소의 비율은

줄어들지 않았다. 이것은 일산화 탄소에 의한 산화 철의 환원은 불완전한 반응이라는 것을 확인하기 위해 수십만 프랑을 낭비한 비싼 실험을 한 것에 불과하다. 화학 평형 법칙을 이해한다면, 훨씬 신속하면서도 훨씬 경제적으로 같은 결론에 도달할 수 있다.[13]

굴드버그와 보게의 질량 작용 법칙을 이용하면, 어떤 반응의 평형 상수를 알고 있을 때 다른 반응에서의 평형 농도를 구할 수 있다. 오스트발트는 리가 대학에서 많은 실험을 통해 질량 작용 법칙이 유기산의 활동도에 적용될 수 있다는 것을 확인하였다. 또한, 산의 화학적 친화도는 반응 속도(반응이 얼마나 빠르게 일어나는가에 대한 척도)와 연관성이 있다는 것도 발견하였다. 아레니우스와 편지를 주고받은 후, 오스트발트는 아레니우스의 전도도 접근법을 시도해 보았다. 그는 자신이 사용한 유기산들이 모두 약전해질이었으므로 아레니우스의 방법을 적용할 수 있을 것으로 생각하였다. 오스트발트는 지역의 전화 회사에서 전기 장비들을 빌려와서 그가 모아놓았던 모든 산의 전도도를 측정하였다. 전도도 측정값은 반응 속도 결과와 거의 정확히 일치하였고, 이제 그는 친화도를 추정하는 두 가지 방법을 갖게 되었다. 그리고 아레니우스의 전도도 측정법이 그 자신의 방법보다 훨씬 쉽고 빠르다는 것을 알게 되었다.

전해질 반응은 너무 빨라서 평형 상태를 측정하는 것이 불가능하므로, 대부분 과학자는 질량 작용 법칙이 전해질에는 적용될 수 없다고 생각했다(실제로 강전해질의 경우에는 질량 작용 법칙을 적용하기가 매우 어려운 것으로 밝혀졌다). 과학자들 간의 교류도 문제의 원인이었다. 질량 작용 법칙을 연구하는 과학자 그룹은 전해질은 다루지 않는 반면에, 전해질을 연구하는 그룹은 상대적으로 전도도가 낮은 약전해질에는 별 관심이 없었다. 하지만 오스트발트와 아레니우스는 약전해질인 아세트산이나 암모니아 같은 산과 염기에 질량 작용 법칙이 잘 적용된다는 것을 보여 주었다. 오스트발트는 아레니우스가 그의 졸업논문에서 주장했던 결론에 동의하였다. "산과 염기의 경우, 갈바니(전기적) 활동도는 화학적 활동도에 따른다."[14] 아레니우스와 오스트발트는, 아레니우스가 말한 '활성화 상태'를 정확히 설명할 수는 없었지만, 그것이 화학적이며 전기적인 작용이라는 것을 알게 되었다.

그해 가을, 오스트발트는 웁살라에 있는 아레니우스를 찾아갔다. 오스트발트는 교수였고 아레니우스는 학생 신분이었지만, 두 사람은 죽이 잘 맞았다. 오스트발트는 아레니우스에게 집안에 작은 실험실을 만들 것을 권유하였다. 또한, 웁살라 대학을 방문하여 아레니우스의 전 화학 지도교수 클레베를 만난 오스트발트는 아레니우스를 높게 평가했고, 클레베는 아레니우스에 대한 그의 생각을 바꾸기 시작하였다. 클레베는 아레니우스가 웁살라 대학의 물리화학 분야 도슨트로 지명될 수 있도록 주선하였다. 하지만 화학과나 물리학과에 속하지 않은 비공식 자리였다. 그것은 봉급도, 학생도, 실험실도 주어지지 않는 자리였다.[15]

오스트발트는 아레니우스의 연구 결과에 감동해서 그를 방문했지만, 그의 인간적인 면에 대해서는 좋은 평가를 하지 않았다. 오스트발트는 그의 부인 헬렌에게 쓴 편지에서 "아레니우스는 붉은 얼굴에 짧은 수염, 짧은 머리를 한 뚱뚱한 체격의 사람이에요. 그는 비상한 아이디어를 가진 이론 화학자라기보다는 농부 같아요."[16]라고 썼다. 그러나 오스트발트는 아레니우스를 진심으로 격려하였다. 두 사람은 그해 가을 마그데부르크에서 개최된 대규모 과학 학술대회에 참가하였다. 오스트발트는 아레니우스가 그의 연구 결과를 발표할 수 있도록 자신에게 주어진 발표 순서를 아레니우스에게 기꺼이 양보하였다. 두 사람은 의기

투합하여 오스트발트가 주장했던 "화학의 개혁"에 매진하였다. 즉, 새로운 물질들을 합성하여 단순히 분류하기보다는, 화학 반응의 본질에 관한 연구를 시작했다. 오스트발트의 도움으로, 아레니우스는 외국에서 1년간 연구할 수 있는 연구비를 받게 되었다. 아레니우스는 리가의 오스트발트, 암스테르담의 반트호프, 뷔르츠부르크의 프리드리히 콜라우시 등 전해질 연구의 모든 전문가와 함께 연구할 계획을 세웠다.[17] 1883년에 박사학위를 받은 아레니우스는 1891년에 스웨덴으로 다시 돌아올 때까지 봉급을 받는 직업을 갖지 못했다. 그는 8년 동안 오스트발트를 비롯한 여러 과학자의 연구실에서 무급으로 연구를 하게 된다.

뷔르츠부르크에 머물던 1886년에, 아레니우스는 그보다 5살 어린 독일의 과학자 발터 네른스트를 만나게 된다. 네른스트는 프로이센의 중산층 가정 출신이며, 그의 아버지는 판사였다. 네른스트는 잘생기지는 않았지만, 배우가 되고 싶어 했고 희곡을 쓰기도 했다. 네른스트의 관심사는 일반 학생과는 전혀 달랐으며, 대학의 긴 방학 동안 산과 숲에서 방랑 생활을 하기도 했다. 네른스트는 대학에서의 처음 2년간 학생 전투단의 단원이었고 결투로 흉터가 생기기도 했지만, 후에 공부로 돌아왔다고 그의 학생이었던 로버트 밀리컨은 증언한다.[18] 그 후의 네른스트는 육체적인 활동은 일관되게 피했다. 등산한 경험은 일생에 한 번이면 충분하다고 네른스트는 말했다.[19]

아레니우스, 반트호프, 오스트발트와는 다르게 네른스트는 아웃사이더가 아니었으며, 새로운 독일의 건국을 선도한 프로이센 왕국의 시민이었다. 그가 전면에 등장할 무렵에는 물리적인 방법론을 화학에 적용하려는 관심이 새롭게 대두되고 있었다. 뷔르츠부르크에서 아레니우스를 만나기 전에, 네른스트는 취리히, 베를린, 그라츠에서 화학과 물리학을 공부했다. 그는 독일의 과학계에 들어가기 위해서 변방에서

그림 1-7 1895년 무렵의 발터 네른스트. 출처: www.nernst.de/

싸울 필요가 없었다.

네른스트와 아레니우스는 만나자마자 서로에게 깊은 인상을 받았다. 아레니우스는 열전달에 관한 네른스트의 연구에 대해 "오랫동안 어떤 실험실 전문가가 한 것보다 훌륭한 것"이었다고 썼다.[20] 네른스트 역시 아레니우스가 오스트발트와 함께한 연구에 대한 설명에 매료되어서, 가능하면 빨리 리가 대학으로 가서 오스트발트 밑에서 공부하겠다고 결심하였다. 아레니우스와 네른스트는 한가한 시간에는 항상 같이 붙어 다녔다. 뷔르츠부르크 실험실이 6주간 문을 닫은 봄방학 동안, 두 사람은 그라츠로 떠났다. 그곳에서 네른스트는 그의 스승이었던 루트비히 볼츠만을 아레니우스에게 소개해 주었다. 네른스트에 대한 아레니우스의 칭찬에 오스트발트도 네른스트에게 호감을 갖게 되었다. 1887년에 오스트발트가 리가 대학에서 독일의 라이프치히 대학으로 옮길 때, 그는 네른스트에게 조교 자리를 제안하였다.[21] 네른스트가 새로

그림 1-8 1887년에 그라츠에서 볼츠만(테이블에 앉아있는 사람)과 함께 있는 네른스트(왼쪽에 서 있는 사람)와 아레니우스(뒷줄 오른쪽에서 두 번째). (Public domain/Wikimedia Commons)

운 학문인 물리화학의 중심부로 초청을 받은 것이었다. 그는 "루벤스가 자기 화실의 공동작업자로 나를 지명한 것"과 같이 느꼈다고 말했다.[22]

라이프치히에 있는 동안, 아레니우스와 네른스트는 과학에서의 공동연구자일 뿐만 아니라 술친구이기도 했다. 아레니우스는 네른스트가 술에 취해 저질렀던 "낭만적"인 사건들에 관해 이야기하는 것을 즐겼다. 한번은 네른스트가 밤새 술을 마신 후 만취하여 아레니우스 집의 문을 두드렸다. 아레니우스는 네른스트가 경찰에 체포되기 직전에 간신히 도망쳐왔다는 이야기를 만들어 내었다. 그 말을 믿은 네른스트가 한 달 동안 전전긍긍하게 만든 다음에야 아레니우스와 그의 친구들은 지어낸 이야기라고 말해주었다.[23]

그 무렵, 아레니우스는 반트호프가 스웨덴 학술지에 투고한 과학 논문들에 대해 알게 되었다. 반트호프는 유기화학을 떠나, 아레니우스와 같이 용액의 특성 연구에 관심을 두기 시작하였다. 아레니우스는 그의 학위논문 사본을 반트호프에게 보냈고, 두 사람은 편지로 교류하기 시작하였다. 반트호프는 열역학의 새로운 과학적 발견을 화학 친화도에 적용하려 하고 있었다.

열역학은 에너지가 열과 일의 형태로 전이되는 것을 연구하는 과학 분야이다. 열역학 연구의 원동력은 증기기관의 개발이었다. 증기기관은 석탄이나 나무를 태워 발생시킨 열을 보일러와 피스톤을 이용하여 외부에 작용하는 일로 바꾸어줌으로써, 기관차가 달리거나 광산의 물을 퍼 올리는 데 이용되었다. 증기기관의 관점에서는 일은 유용한 에너지인 반면, 방출되는 열은 낭비되는 에너지로 생각되었다. 중요한 문제는 투입된 열을 이용하여 얼마나 많은 일을 할 수 있는가였다. 이러한 물음에 답을 할 수 있는 열역학의 두 법칙은 1824~1860년 사이에 정립되었다. 열역학 제1 법칙은 고립계에서 열과 일을 합한 값인 에너지가 보존된다는 것이다. 즉, 에너지는 창조되거나 소멸되지 않으며, 한 형태에서 다른 형태로 바뀔 뿐이다. 증기기관에서처럼 열과 일의 순환이 일어날 때 일은 모두 열로 바뀔 수 있지만, 열의 일부분만 일로 바뀔 수 있다는 것이 열역학 제2 법칙이다. 제1 법칙은 종종 "무엇도 무료로 얻을 수는 없다."라는 것을 의미하며, 제2 법칙은 "본전을 뽑을 수 없다."라고 이야기할 수 있다.

화학 친화도를 결정할 수 있는 두 가지 가능한 접근법이 있었다. 첫 번째는 고전 역학에서의 뉴턴의 운동 법칙과 같이, 원자 간의 상호작용을 기술하는 법칙을 발견하는 것이다. 이러한 접근법은 1920년대까지 실질적으로 성공적인 결과를 보여 주지 못했다. 두 번째 방법은 열역학을 이용하는 것이다. 열역학은 계 안에서 어떤 일이 일어나고 있는가에 대한 정보를 요구하지 않으며, 원자 이론조차 필요하지 않다.

그림 1-9 오스트발트, 아레니우스, 반트호프. 니콜라 포시시드의 사진. 출처: 에드거 파스 스미스 컬렉션, 펜실베이니아 대학 도서관.

관련된 식은 측정 가능한 변수인 온도, 압력, 부피, 질량으로 나타낼 수 있다. 화학자 대부분은 열역학이 화학과 어떤 관계가 있는지를 명확히 알지 못했다. 하지만 화학 반응에서는 열이 발생하거나 흡수되며, 화학 반응으로 일을 하게 할 수 있고(예를 들어, 증기기관의 피스톤을 움직이게 하거나, 배터리에서 전압을 발생시키는 것과 같이), 반응의 진행은 압력, 온도, 부피에 따라 달라진다.

반트호프와 아레니우스가 교류하다

다른 과학자들처럼 반트호프도 열역학을 이용해 화학 시스템을 연구하고자 시도하고 있었다. 물에 녹아있는 설탕과 같이 큰 분자의 연구에서 열역학을 분자의 특성에 적용하기 위해서는 압력을 측정해야 했다. 하지만 아레니우스가 그의 학위논문 실험에서 문제점으로 지적했던 것처럼 설탕은 증기압이 매우 낮을 뿐만 아니라, 기화되기 전에 분해되어 버린다. 그러나 반트호프는 사용 가능한 다른 압력을 발견하였다. 식물학자들이 연구하고 있던 삼투압이었다. 그림 1-10은 삼투 작용과 삼투압을 보여 준다. 삼투압을 관찰하기 위해서는 두 가지 조건이 필요하다. 녹아있는 물질(용질)의 농도가 다른 두 용액이 차단막을 사이로 분리되어 있어야 한다. 보통 한 쪽에는 순수한 물을, 다른 쪽에는 용질이 녹아있는 용액을 채운다. 차단막은 용매(물)는 통과시키지만 용질은 통과시키지 않는 기능이 있다. 이러한 차단막을 **반투막**이라고 한다. 삼투압은 매우 큰 값이 될 수 있으며, 발목이 삔 자리에 생긴 부기를 빠지게 해 주는 엡솜염(황산 마그네슘)의 기능을 설명해 준다. 엡솜염 포화 용액이 피부의 바깥쪽에 접촉하게 되면, 피부 안쪽의 발목 세포에 삼투압이

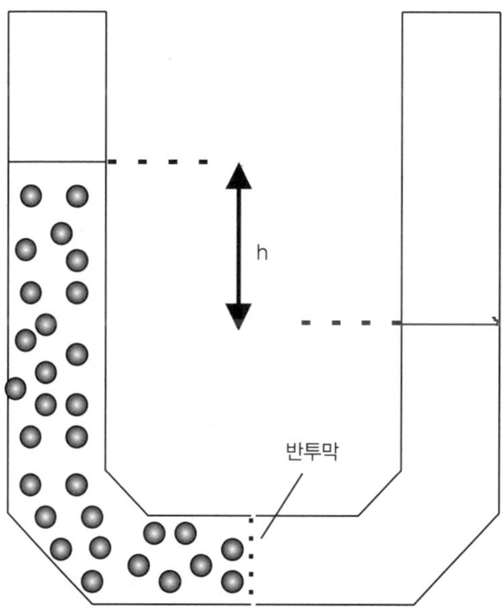

그림 1-10 삼투압. 물과 같은 용매는 차단막을 통과할 수 있으나, 녹아있는 용질 입자는 통과할 수 없다. 염이 녹아있는 수용액은 왼쪽에, 순수한 물은 오른쪽에 들어있다. 염 분자가 막의 왼쪽 면에 부딪히며 압력이 생기게 되고, 이 압력을 상쇄시키기 위해 물이 오른쪽에서 왼쪽으로 막을 통해 흘러가게 된다. 압력은 염의 농도(분자의 수)와 온도(분자의 운동 속도)에 비례하여 증가한다. 막의 양쪽에 들어있는 용액의 높이 차이(h)를 측정하면 이 압력을 구할 수 있다.

생기게 되어 과도하게 발생한 액체를 피부 바깥으로 밀어내게 된다.

반트호프는 삼투압이 기체의 압력 법칙과 유사한 법칙을 따른다는 것을 발견하였다. 기체의 압력이 기체의 양과 온도에 비례하여 증가하는 것과 같이, 삼투압은 녹아있는 물질의 양과 온도에 비례하여 증가하였다. 심지어 많은 물질에서 기체 압력에 대한 식과 삼투압에 대한 식의 비례 상수가 서로 같다는 것도 발견하였다. 그러나 삼투압에 대한 비례 상수가 모든 물질에 대해 같은 값은 아니라는 사실 역시 발견하였다. 따라서 반트호프는 삼투압에 대한 그의 식에 물질에 따라 달라지는 임의의 인자 i를 도입하여야 했다.

반트호프의 결과를 검토한 아레니우스는, 설탕이나 알코올 같은 비전해질의 경우에는 임의의 인자 i가 항상 1인 반면에 전해질의 경우에는 항상 1보다 큰 값이 됨을 발견하였다. 그는 만약 전해질 분자가 여러 조각으로 분해된다고 가정하면 높은 삼투압을 설명할 수 있다는 사실을 깨닫게 되었다. 더 많은 조각이 막에 부딪히면 압력이 높아질 것이다. 아레니우스는 반트호프의 값 i와 자신의 활동도 계수 α를 연관 짓는 간단한 식을 개발하였다. 어떤 물질의 i 값을 알면 α 값을 예측할 수 있고 반대의 경우도 성립했다. 아레니우스는 졸업논문을 작성할 때는 그가 언급한 '활성화 상태'를 명확하게 정의할 수 없었지만, 반트호프의 실험 결과로 그것을 설명할 수 있었다. i 값이 달라지는 이유는 전해질이 여러 조각으로 분해되기 때문이며, i 값은 그의 α 값으로부터 유도할 수 있으므로 그의 활성화 상태는 전해질의 조각들로 구성되어있음이 분명했다.

하지만 조각들이라는 것은 도대체 무엇인가? 전해질은 전류를 흐르게 하는 분자들로 정의되고 있었다. 그 당시의 이론은 전해질이 전류의 영향을 받아 전기적으로 충전된 이온이 만들어진 후, 용액을 가로질러 전류를 통하게 한다는 것이었다. 그러나 그 이론에 의하면 용액을 가로질러 전압을 가하지 않으면, 극히 적은 수의 분자만이 이온 상태로 존재하며, 전압에 의해 이온이 만들어진다. 또한, 전압을 가하더라도 매우 적은 수의 이온만이 만들어질 것으로 예측되었다. 전류는 체인이 연결된 것처럼 흐른다. 배터리의 한쪽 단자에서 용액 속의 한 분자가 대전 되어 이온이 만들어진 후, 이웃하는 분자에 전하가 전달되어 새로운 이온이 만들어지고 원래의 이온은 충전되지 않은 상태로 되돌아오게 된다. 새로운 이온은 같은 과정을 반복하여 결국은 용액을 가로질러 반대쪽 단자까지 전류가 흐르게 된다.

아레니우스도 학위논문을 작성할 당시에는 이 이론을 받아들여 "과학에서 이것보다 보편적으로 받아들여지는 이론은 거의 없다."[24]라고 이야기했다. 하지만, 반트호프의 삼투압 실험 결과를 보고 생각을 바꾸게 된다. 그는 이제 '활성화 상태'는 전해질의 조각들로 이루어져 있으며, 그와 반트호프의 조각들은 같은 것이라고 믿게 된다. 반트호프의 실험에서는 어떠한 전압이나 전류도 관련되지 않았기 때문에, 조각들은 전압에 의해서 만들어지는 것이 아니라는 것이었다. 아레니우스는 전류를 측정하여 그가 말한 활성화 상태를 확인하였으므로, 조각들은 전하를 띤 이온들이라고 추론하였다. 처음에는 많은 과학자가 그의 새로운 아이디어를 터무니없는 이론으로 생각하였다. 순수한 나트륨과 염소로부터 만들어지는 염화 나트륨의 화학 결합 에너지는 매우 크다. 이렇게 강한 분자 내의 화학 결합이 전류의 영향도 없이 물속에서 깨어져서, 수용액 속에는 염화 나트륨은 존재하지 않고, 양전하를 띤 나트륨 이온과 음전하를 띤 염소 이온만이 존재한다는 사실을 쉽게 받아들이지 못했다.

1887년에, 반트호프와 아레니우스는 오스트발트가 발간하는 독일의 새로운 학술지 『물리 화학지』의 창간호에 그들의 연구 결과를 각각 따로 발표하였다. 이후에 오스트발트는 아레니우스의 전해질 해리 이론을 받아들인 후, 질량 작용 법칙에 적용하여 오스트발트의 희석 법칙으로 알려진 이론을 개발하였다. 이 이론은 넓은 농도 범위에서 용액의 화학 및 물리적 특성을 예측할 수 있게 해 주었다. 그러나 이 이론은 아세트산이나 암모니아 같은 약전해질에는 잘 적용되지만, 염화 나트륨이나 질산 같은 강전해질에는 잘 맞지 않았다. 질량 작용 법칙에서 벗어나는 강전해질의 예외적인 특성은, 그후 30년간 물리화학자들에게 수수께끼로 남아 있게 된다.

오스트발트는 라이프치히 대학의 교수로 자리 잡은 후, 새로운 물리화학에 관심이 있는 과학자들이 연구하고 논문을 발표할 기회를 제공하게 된다. 많은 독일 학생과, 미국을 비롯한 외국 학생들은 오스트발트에게서 학위를 받거나 박사후연구원으로 일하게 되었다.[25]

이온 과학자 야전군과 '자유 에너지'

반트호프는 내성적이고 은둔자 같은 면모도 있는 사람이었지만, 오스트발트, 아레니우스, 네른스트는 논쟁을 즐겼다. 이 네 사람은 '이온 과학자 야전군'으로 알려지게 되었다. 그들은 새로운 물리화학의 핵심인 해리 이론을 방어하기 위한 전투를 할 준비가 항상 되어 있었고, 어떤 경우에는 거침없이 침략하는 몽골 부대처럼 보이기도 했다. 1889년에 오스트발트에게 보낸 편지에서 아레니우스는, 네른스트가 적을 '몰살' 시키기 위한 '전쟁터'로 한 학술지를 선택하였으며, 네른스트가 '공격을 개시'하기까지 그는 '만일의 사태에 대비'하겠다고 썼다.[26] 그러나 실제로는 화학자들, 특히 독일의 화학자들은 비교적 신속하게 해리 이론을 받아들이고 있었다. 1890년에 핀란드의 화학자 에드바르드 헬트는 “1887년에 체계화된 전해질 해리 이론처럼 빠른 성공을 거둔 이론은 거의 없다. 그 이론에 일부의 화학자들이 처음엔 무관심했지만, 심한 반대의 표적이 된 적은 없었다.”라고 말했다.[27] 그 이론을 반대했던 대표적인 사람들은 영국의 화학자 헨리 암스트롱, 피커링, 그리고 주기율표를 처음으로 고안했던 러시아의 드미트리 멘델레예프였다. 아레니우스는 1889년에 많은 과학자의 존경을 받고 있던 멘델레예프를 통렬하게 공격하는 논문을 발표하였다. 이온 과학자들은 자신들을 복음 전도자로 생각했다. 심지어 네른스트는 새로운 용액 이론에 대한 그의 1890년 강의를 교황의 세미나라고 불렀다.[28] 독일의 화학자들은 그 이론을 빠르게 받아들였지만, 저명한 헤르만 폰 헬름홀츠가 이끄는 독일의 물리학자들을 쉽게 확신시키지는 못했다. 헬름홀츠는 베를린 대학에 물리화학 학과장 자리를 신설하는 것에 반대하였다. 그러나 이온 과학자들은 주 분야인 화학에서는 빠르게 성공적인 결과를 얻었으며, 많은 대학에서 물리화학 분야의 교수 자리가 새롭게 생겨났다.[29]

아레니우스는 이온 해리에 관한 연구를 시작했을 때, 화학 친화도를 정량적으로 측정할 수 있는 방법을 찾고 있었다. 당시 그는 알지 못했지만, 그가 학위논문을 쓸 무렵 화학 친화도의 척도에 대한 기초 이론이 제안되었다. 그것은 ‘자유 에너지’로, 화학 반응 과정에서 방출되는 전체 에너지의 일부이며, 이상적인 환경에서는 유용한 일로 바뀔 수 있는 에너지를 말한다. 자유 에너지를 최초로 언급한 과학자는 미국 예일 대학의 윌러드 깁스였다. 그러나 이 개념을 실제로 적용한 논문을 발표하지 않았으므로, 그의 아이디어는 10년 가까이 아무런 주목을 받지 못했다. 베를린 대학의 헬름홀츠는 독립적인 연구를 통해 화학 반응에서의 자유 에너지의 주요성에 대해 깁스와 같은 결론에 도달하였다. 헬름홀츠는 1882년에 그것을 자유 에너지라고 명명하였다. 그는 또한 자유 에너지와 배터리에서 뽑아낼 수 있는 일의 양 사이의 관계에 대해 다음과 같이 정리하였다.

> 이제 우리는 화학적 힘이 열을 발생시킬 뿐만 아니라 다른 형태의 에너지, 예를 들어 갈바니 전지에 의한 일과 같은 에너지를 만들어낼 수 있다는 것을 알게 되었다. 그렇다면 화학적 과정도, 친화력에 의한 힘을 일과 같은 에너지로 바꿀 수 있는 부분과 열만 발생시킬 수 있는 부분으로 나누어 생각해야 한다는 것은 의심할 여지가 없다. 나는 이러한 두 종류의 에너지를 '자유 에너지'와 '구속 에너지'로 구분하고자 한다.[30]

물리학자들은 이미 1880년대에 자유 에너지의 중요성을 이해하기 시작했지만, 화학자들이 이를 인식하기 위해서는 시간이 더 필요했다. 전도도에 관한 실험을 했던 아레니우스와 같이, 화학자들은 여전히 화학 친화도와 연관 지을 수 있는 어떤 특성을 찾고 있었다. 열역학 과학자인 코펜하겐의 율리우스 톰센과 파리의 마르슬렝 베르텔로는 수백 종류의 화학 반응에서 발생하는 열을 측정하여, 화학 친화도와 열의 상관관계를 찾으려고 하였다. 1903년에 반트호프는 반응열과 화학 친화도 사이에는 연관성이 있지만, 그 연관성이 보편적이지는 않다는 것을 다음과 같이 지적한다.

> 이러한 가정[자유 에너지는 활용 가능한 일의 최댓값에 해당하며, 화학 반응의 원동력이고, 또한 화학 친화도의 척도라는]은… 자명한 사실로 받아들일 수 있다. 자연 상태에서 어떤 변화가 일어나 일을 할 때는, 변화

에 반대되는 힘을 극복하여야 한다. 이제 일을 하는 것과 열을 발생시키는 것이 같은 과정을 의미하는 것이 아니라는 것을 알아야 한다. 화약이나 다이너마이트의 폭발이 일어날 때는 일을 하면서 열이 발생한다. 이러한 물질들은 화학 반응을 통해 일을 하면서 동시에 많은 양의 열을 발생시키는 좋은 예이다. 다른 예도 있다. 단단한 고체인 염화 포스포늄(PH_4Cl)은 상온에서 많은 열을 흡수하며[주위가 냉각되며] 포스핀(PH_3)과 염화 수소(HCl) 기체로 분해된다. 이 물질이 분해되면 압력이 20기압까지 올라가며 일을 하게 된다. 이 화학 반응은 일을 하는 것과 열이 발생하는 것이 동시에 일어나지 않는 예이다. 일을 할 수 있는 잠재력이 변화의 방향을 결정하는 것은 명확하다.[31]

자유 에너지는 화학 반응으로 일을 하게 할 수 있는 능력과 연관이 있다. 화학 반응이 배터리의 에너지원이 되는 것은 화학 반응이 일을 하는 것과 같다. 자유 에너지를 전압과 연관시키려는 시도를 처음 한 화학자는 반트호프였지만, 관련된 식에 이름이 들어간 것은 네른스트였다.[32] 1888년 라이프치히 대학에서 오스트발트의 조교로 일하면서, 네른스트는 아레니우스의 해리 이론을 공부하고, 이온들의 거동을 조사하고 있었다. 네른스트는 증기의 압력이 증가하면 피스톤을 밀어 일을 하듯이, 이온의 농도가 증가하면 배터리의 전압을 높여 전기 모터가 작동되며 일을 하게 된다고 생각하였다. 이러한 추론은 앞의 인용에서 볼 수 있듯이 완전히 독창적인 것은 아니었다. 헬름홀츠가 1882년에 자유 에너지라는 용어를 도입할 때 그와 같은 아이디어를 언급하였고, 1885년에는 반트호프도 같은 아이디어를 발표하였다. 1888년 1월, 24세의 네른스트는 베를린에 새롭게 설립된 연방 물리기술연구소 소장이며 '독일 과학의 대통령'으로 여겨지던 68세의 헬름홀츠에게 만남을 요청하였다. 헬름홀츠의 강의에 학생으로 참가한 적이 있었던 네른스트는 헬름홀츠에게 그의 아이디어를 설명하였다. 만남 후에 헬름홀츠에게 보낸 감사 편지에서, 네른스트는 그와의 대화를 잊지 못할 것이라고 썼다.[33] 1년 후, 네른스트는 배터리의 에너지원이 되는 반응이 일어날 때 배터리 단자 사이의 전압을 측정하면 화학 반응의 자유 에너지를 구할 수 있다는 것을 보여 주는 식과 실험 결과를 발표하였다. 그것은 헬름홀츠가 제안했던 방법이었다. 실제 적용에는 어려운 점들이 있지만, 많은 화학 반응들이 배터리의 에너지원으로 사용될 수 있다. 다른 물질로 만들어진 두 개의 전극을 전해질 용액에 담그면 배터리가 된다. 화학 반응에 의해 두 전극 사이에 전압 차가 발생하고, 이것은 전기 모터를 구동하는 등의 일에 사용될 수 있다. 한 예로, 자동차 배터리에서는 다음 화학 반응으로 전기가 발생한다.

$$Pb + PbO_2 + 2H_2SO_4 = 2PbSO_4 + 2H_2O$$

납(Pb) 전극과 산화 납(PbO_2) 전극을 황산 용액에 담가 전지를 만든 후, 전압을 측정하면 위 반응의 자유 에너지를 구할 수 있다. 네른스트는 전압과 자유 에너지는 비례 관계가 있다는 것을 증명하였고, 이 관계식이 흔히 알려진 '네른스트식'이다. 아레니우스는 전도도 측정값이 화학 친화도라는 모호한 개념과 강한 상관관계가 있다는 것을 보여 주었지만, 네른스트는 한 걸음 더 나아갔다. 그는 자유 에너지가 화학 친화도의 이론적인 수치이며 전압을 이용하여 자유 에너지를 측정할 수 있다는 것을 보여 준 것이다.

아레니우스와 비교하면, 네른스트는 문제를 논리적으로 풀어나가는 데에 더 집중했다. 네른스트는 수학과 물리학에 능통했지만, 아레니우스는 그러지 못했다. 하지만 토머스 쿤의 관점으로 보면 친화도에 대한 네른스트의 업적은 혁명적인 것은 아니었다. 쿤의 구분에 따르면 '혁명'적 과학은 그 당시 받아들여지고 있던 이론을 벗어난 설명에 초점을 맞추고, '정상'의 과학은 받아들여지고 있는 이론 안에서 이루어진 업적을 의미한다.[34] 아레니우스가 학위논문에 제시한 이론은 혁명적 과학이지만, 네른스트의 법칙은 정상의 과학이다. 그것은 깁스와 헬름홀츠의 자유 에너지 개념과 아레니우스의 학위논문 이론을 단순히 합친 실험과 이론 결과일 뿐이었다.

독일의 네른스트와 스웨덴의 아레니우스

1890년에 이르러 네른스트와 아레니우스는 유명한 과학자가 되어있었다. 그즈음에 새로운 학문 분야인 물리화학의 교수 자리가 생겨나기 시작했다. 1891년에 네른스트는 조교수가 될 수 있다는 약속을 받고 괴팅겐 대학의 강사가 되었다. 그때 기센 대학이 물리화학 교수를 찾고 있었으며 아레니우스와 네른스트를 염두에 두고 있었다. 프로이센 교육부 장관은 장래가 촉망되는 젊은 과학자로 인정받고 있던 네른스트를 빼앗기고 싶지 않았으므로, 그에게 괴팅겐 대학의 조교수 직을 빠르게 제안하였다. 네른스트는 그 제안을 받아들였다. 그는 기센 대학의 교수 후보에서 사퇴하며 그의 친구 아레니우스를 추천하였다. 아레니우스는 스웨덴으로 돌아가기를 간절히 바랐다. 그를 모욕했던 웁살라 대학은 물론 아니었다. 그는 기센 대학의 제안을 미끼로, 박사학위 연구를 수행했던 스톡홀름의 획스콜라 대학에 압력을 넣었다. 1891년에 획스콜라 대학은 그를 물리학과 강사로 임용하였으며,[35] 실험실과 조교를 제공하였다. 1895년에는 그를 새롭게 만들어진 물리학과 학과장으로 승진시켰다. 내부의 이견이 없었던 것은 아니었으나, 아레니우스는 독일 물리학자들과 화학자들의 강력한 추천으로 승진을 할 수 있었다.[36] 그는 독일 과학의 큰 호수를 포기하고 스웨덴의 작은 연못을 선택하였다. 하지만 그를 모욕하고 획스콜라 대학에서의 승진을 방해했다고 생각한 스웨덴의 '웁살라 물리학자들'을 계속 경멸했다.

스웨덴으로 돌아온 아레니우스는 소피아 루드베크와 사랑에 빠졌다. 웁살라 대학에서 과학을 전공한 그녀는 아름답고 사교적인 젊은 여인으로, 1892년에 획스콜라 대학의 화학 및 광물학과의 대학원을 다니고 있었다. 그때는 스웨덴에서 여성 해방운동이 일어나면서 여성들이 고등교육을 받기 시작할 때였고, 획스콜라는 인기 있는 대학이었다. 아레니우스는 루드베크를 조교로 채용한 후, 곧 그녀에게 완전히 반해버렸으며 그녀에게 사랑의 시를 보냈다. 그녀는 뛰어난 젊은 교수의 구애에 우쭐해졌다. 학기가 끝날 무렵 두 사람은 약혼했다. 엘리자베스 크로퍼드가 쓴 아레니우스의 전기에는 다음과 같은 내용이 있다.

> 그해 여름, "바람과 같이 날아" 웁살라 근교의 호수로 수영을 하러 가기 위해 자전거 타는 것을 배우고 있다고 쓴 그녀의 편지는 애정으로 가득 차 있었다… 그녀는 또한 네른스트의 새로운 책『이론화학』을 어떻게 공부하고 있는지, 그리고 모든 것을 이해하기 위해서 두 번째 읽고 있다는 내용을 중계하듯이 썼다. 아레니우스의 답장에는 애정을 표현하면서도 명령하는 듯한 내용을 발견할 수 있다. 예를 들어, 획스콜라 대학의 임용에 관한 것이나 대학원생으로서 하여야 할 일 등에 관한 내용이 있다. 아레니우스의 답장에서 볼 수 있는 짜증이 나는 듯한 표현을 볼 때, 그녀가 그를 간섭한다고 느끼고 있었던 것 같다… 그는 그의 장인이 대출받는 데 연대보증을 서 줄 것을 요구받기도 했다. 소피아가 고집하여 작성한 혼전

> 계약서에는, 결혼 후 그녀가 갖고 오는 재산과 미래에 받을 수입은 그녀가 관리한다고 명시되어 있었다… 그러나, 후에 [아레니우스는] 오스트발트에게 "제가 눈이 멀었던 것 같아요."[37]라고 말했다.

루드베크는 그녀 자신의 과학적 경력을 원했고, 남편의 비서나 사교 모임의 동반자 역할에는 관심이 없었다. 그녀는 신비주의자였고 금주 및 금연을 고집하였으며 아레니우스의 논문에 새로운 표음식 철자법을 사용하기를 원했다. 아레니우스는 그녀의 요구를 아무것도 받아들이지 않았다. 1895년 가을에 루드베크는 집을 나와 스톡홀름의 한 섬에 있는 작은 시골집으로 거처를 옮겼다. 그 이후, 그녀는 남편을 다시 보지 않은 채, 11월에 아들을 낳았다. 1896년 7월에 두 사람은 이혼했다.

아레니우스는 그의 연구실을 방문하는 물리화학 분야의 과학자들과 학생들을 환영했지만, 스웨덴으로 돌아오면서 물리화학을 더는 연구하지 않았다. 대신에 그가 '우주물리'라고 불렀고 지금은 지구과학으로 알고 있는 분야에 몰두하였다. 1894년에 아레니우스는 처음으로 대기 중의 이산화 탄소 함량이 기후에 미치는 영향에 관한 정량적인 온실효과 모델을 만들었다. 그는 계절별로 위도 10도마다 이산화 탄소 농도를 측정하여 기록하는 정교한 계산을 수행하였고, 달의 반사율을 관찰하여 태양 복사 에너지의 기준으로 삼았으며, 이산화 탄소 농도와 지표면 온도의 상관관계에 대한 모델을 개발하였다. 지표면 온도는 이산화 탄소 농도의 제곱에 따라 변하고, 그 효과는 겨울보다는 여름에 더 컸다. 그는 이산화 탄소 농도가 2배가 되면 평균 온도를 6℃ 상승시킬 것으로 예측하였는데, 현재의 예상치 3~5℃와 큰 차이가 없다. 그의 관심은 산업화의 위험성을 경고하는 것이 아니었고, 빙하기의 원인을 찾는 것이었다. 그는 지구 온난화에 대해 언급하기도 했지만, 그것은 지구 최북단 주민의 견해를 반영한 것이었다. 화석 연료를 연소시키면 3,000년 후에 그 농도가 두 배가 될 것이고, "먼 훗날의 이야기지만, 우리 후손은 우리가 물려받는 것보다 따뜻한 기후와 더 이상 혹독하지 않은 환경에서 살 수 있을 것이다"[38]라고 아레니우스는 언급하였다. 그는 온난화의 결과를 완전히 이해하지는 못했던 것 같다. 해수면이 상승하여 '북방의 베니스'라고 부르는 스톡홀름이 물에 잠길 수 있다는 것에 대한 걱정은 전혀 없었다. 그 후에 네른스트도 지구 온난화에 호의적이었다. 그는 공기 중으로 이산화 탄소를 배출하기 위해 폐탄광의 지하에 불을 놓을 것을 제안하며, 선제적으로 대응하자고 주장하였다.[39]

괴팅겐에 정착한 네른스트는 1892년에 엠마 로메이어와 결혼을 하였다. 엠마 로메이어의 아버지는 대학의 외과 교수였고, 엠마가 16살 때 아내와 사별하였다. 두 사람이 결혼할 때, 엠마는 21살이었고 네른스트는 28살이었다. 주변 사람들의 이야기에 따르면, 그는 엠마에게 헌신적이었고 그녀 또한 마찬가지였다. 그들은 12년간 두 아들과 세 딸을 낳았다. 네른스트는 강의실에서는 오만하고 그의 직원과 학생들을 혹사시키는 것으로 유명했지만, 그 당시 일반적인 교수와는 다르게 여성 과학자와 학생들을 환영하였다.[40] 그는 장난기와 유머 감각이 있었고, 이야기할 때면 순진하고 진지한 표정으로 대화 주제에 관심을 끌게 하는 능력이 있는 것으로 알려져 있었다. 이러한 성격을 갖고 있었기 때문에 그는 사람들이 생각하는 것과는 다르게 같이 지내기에 편한 사람이었던 것 같다. 그는 자식들을 사랑했고, 가족 식사를 즐겼으며, 매일 집으로 와서 점심을 먹고 낮잠을 잤다.[41] 괴팅겐에 있었던 1890년에서 1905년까지는 과학적으로나 개인적으로나 네른스트에게는 전성기였다. 그는 그곳에서 결혼하였고 그의 자식들은 모두 그곳에서 태어났다.

그는 1893년에 그곳에서 『이론화학』을 집필하였고 대학에서의 지위도 빠르게 올라갔다. 1894년에 뮌헨 대학에서는 볼츠만의 뒤를 이을 교수로 네른스트를 초빙하였다. 프로이센의 교육부 장관은 그를 괴팅겐에 붙잡아두기 위해 정교수로 승진시켰으며, 새로운 물리화학과의 학과장으로 임명하였고, 새로운 전기화학 연구소의 건립을 약속하였다. 연구소는 1895년에 완공되었다.[42]

그 자신의 학문 영역과 연구소를 갖게 된 네른스트는 오스트발트와 거리를 두기 시작했다. 오스트발트는 '에너지론'이라는 새로운 과학철학 분야에 관심을 두고 있었다. 1895년에 이르러서는, 화학자들처럼 원자의 물리적 실체를 구체적으로 언급하는 것은 아니었지만, 대부분의 물리학자도 물질은 원자로 이루어졌다는 것을 인정하고 있었다. 하지만 에너지론자들은 극단적인 위치를 고수하고 있었다. 그들은 원자는 실험적으로 발견되지 못했을 뿐만 아니라 질량 자체의 측정도 중요한 것은 아니라고 생각했다. 그들은 과학의 본질은 다른 종류의 에너지(예를 들어, 열과 일) 사이의 변환에 있다고 보았다. 원자의 거동을 이론적으로 설명한 아레니우스, 반트호프, 네른스트 등을 지지하여 명성을 얻은 오스트발트가 반원자 철학의 최선봉 대변인이 되었다는 것은 놀라운 일이지만, 그런 일은 종종 일어나기도 한다. 1895년에 뤼베크에서 있었던 공개 토론에서, 오스트발트와 에너지론을 체계화한 수학자 게오르크 헬름은 원자 이론을 받아들인 루트비히 볼츠만 및 막스 플랑크와 대결하고 있었다. 객석에 있던 네른스트는 오스트발트를 반대하고 원자론자들을 지지하였다. 논쟁은 오스트발트와 에너지론자들에게 불리하게 진행되었고, 그들이 완패한 것으로 보였다. 그 논쟁 후 한동안 오스트발트가 발간하는 학술지에서 네른스트의 이름을 찾을 수 없었다.[43] 1896년에 반트호프는 오스트발트에게 쓴 편지에서 네른스트가 오스트발트를 합당하게 존중하지 않는다는 의견을 피력했다.

> 제가 네른스트를 개인적으로 만났을 때는, 그가 매우 예의 바르다는 인상을 받았습니다. 하지만 그의 행동에 대한 이런저런 이야기를 들었습니다. 그가 교수님에게 얼마나 많은 신세를 졌는지를 깨닫고 고마움을 표시했으면 하는 바람입니다. 우리 분야의 모든 연구자는 교수님께 큰 도움을 받았다는 것을 알아야 합니다. 특히, 저술과 연구 활동에서뿐만 아니라 개인적인 친분으로 큰 은혜를 입은 네른스트는 경우에는 더욱 그러합니다. 그를 만나면 그에게 충고해 주어야 할 것 같습니다.[44]

1893년에 네른스트가 저술한 교과서, 『아보가드로의 법칙과 열역학의 관점에서 본 이론화학』 또한 오스트발트의 뺨을 때린 것과 같았다. 아보가드로의 법칙은 원자론의 핵심이었다. 그러나 네른스트가 오스트발트와 완전히 결별한 것은 아니었으며 두 사람은 결국 관계를 회복하였다.

네른스트에게는 현실적인 면이 있었다. 그는 이론적으로 흥미 있는 문제를 선택하기도 했지만, 명성을 얻을 수 있거나 돈이 되는 일들을 찾기도 했다. 1893년에 그는 전등에 관한 연구를 시작하였다. 1880년대 초반에 에디슨이 상업적인 백열전구 발명에 성공했지만, 그 당시는 아직 가스등이 보편적인 조명 수단이었다. 에디슨의 전구는 어둡고, 깨지기 쉬우며, 수명이 짧은 문제 등 개선의 여지가 많이 있었다. 네른스트가 새롭게 발명한 전등에는 상온에서는 부도체이지만, 높은 온도에서는 전도성이 있는 물질이 사용되었다. 산화 세륨을 함유한 유리는 외부에서 열을 가해주면 전도체가 되면서 밝은 백색광을 내는 것을 네른스트는 발견하였다. 한 번 빛을 내기 시작하면, 전류가 흐르면서 충분한 열이 발생하기 때문에 더는 가열해줄 필요가 없었다. 1897년에 네른스트는 특허를 출원하고 독일의 대표적인 전기 회사들인 지멘스와 알그마이너 전기 회사(AEG)를 시연회에 초청하였다. 지멘스는 초청을 거절했지만, AEG의 회장인 에밀 라테나우는 감명을 받고 100만 마르크(2007년 기준 약 450만 달러)에 특허를 구입하였다. 네른스트의 제자 2명이 AEG에서 개발하여 생산한 전구는 현재 가정용 전구의 2배 크기로, 산화 세륨 봉과 예열 장치, 과열을 방지하는 전자기 차단 장치를 갖추고 있었다. 그 전구는 백열전구보다 훨씬 밝았고, 백색광에 더 가까웠으며, 루멘당 단가가 더 낮았고, 수명이 더 길었다. 하지만 생산 단가가 높았으며 스위치를 켠 후 90초 정도의 예열 시간이 필요했다. 그것은 불을 자주 켰다 끌 필요가 없는 사무실이나 상점의 내부 조명에 가장 잘 맞았다. 네른스트의 전구는 한동안 유럽과 미국에서 상업적인 성공을 거두었다. 웨스팅하우스는 특허에 대한 사용권을 받아 1901년에 네른스트 전구 회사를 설립하여 피츠버그에 공장을 건설했다. 1900년 파리 만국박람회에서의 독일 전시관은 800개의 네른스트 전구로 환하게 불을 밝혔다. 1898년 네른스트가 미국에서 에디슨을 방문했을 때, 에디슨은 네른스트와 몇몇 과학자를 예로 들며, 과학자들이 세상이 필요로 하는 기술에 집중하지 않고 추상적인 연구에 시간을 낭비하면서, 사업적인 것을 이해 못 하고 상아탑에 갇혀있다는 등등의 강연을 하고 있었다. 몇 분 동안 듣고 있던 네른스트는 그의 귀에 꽂고 있던 나팔형 보청기에 대고 소리를 질렀다. "당신은 전등 특허로 얼마나 벌었나요?" 에디슨이 특허료를 받지 못했다고 대답하자 네른스트는 다시 "나는 100만 마르크를 받았어요! 에디슨, 당신의 문제는 뛰어난 사업가가 아니라는 거에요."라고 소리 질렀다. 하지만 네른스트는 에디슨의 서가에 그의 『이론화학』 책이 꽂혀있는 것을 발견하고는, 에디슨은 틀림없이 훌

륭한 과학자라고 언급하기도 했다.[45]

그의 특허를 AEG에 매각한 후, 네른스트는 괴팅겐의 호텔과 카페 N으로 알려지게 된 레스토랑 그리고 지방의 땅에 투자하였다. 그는 경제, 정치, 과학 분야의 엘리트들과 어울리며 그의 경험담을 이야기하는 것을 즐겼다. 그는 1900년경 당시 76세의 영국 열역학의 대가 켈빈경과 33세의 미모의 마리 퀴리가 참석한 과학 리셉션에서 강연을 하였다. 바로 전에 라듐을 발견했던 퀴리는 켈빈과 네른스트에게 라듐 시료를 가지고 왔다고 보여 주었다. 하지만 밝은 방에서는 라듐이 빛을 내는 것을 볼 수 없었다. 세 사람은 이중문 사이의 어두운 공간에 비비고 들어가 눈이 어둠에 적응하기를 기다렸다. 갑자기 누가 노크를 하였는데 켈빈 여사였다. 네른스트는 "그녀는 누구보다 배려심이 깊은 배우자"였다고 말했다.[46]

알프레드 노벨의 유언이 아레니우스를 무대 중심으로 불러들이다

네른스트가 독일에서 명성을 쌓아가고 있을 때, 아레니우스의 불행한 결혼은 파국으로 끝나게 되었다. 그러나 아레니우스가 빛을 보게 되는 일이 갑자기 일어났다. 1896년에 스웨덴의 사업가 알프레드 노벨이 죽으면서, 그가 남긴 막대한 유산으로 물리학, 화학, 의학 또는 생리학, 문학, 평화 분야의 국제적인 상을 제정하도록 유언을 남겼다. 물리학상과 화학상은 스웨덴 왕립 과학원에서 선정하여 수여하도록 요청하였다. 1891년에 아레니우스가 손을 떼면서 정체되어있던 스웨덴의 과학이 다시 중요해졌고, 아레니우스가 중앙 무대로 돌아갈 수 있는 길이 만들어졌다. 노벨의 유언장은 불명확하고 혼동되게 작성되었었다. 그는 재산 대부분을 아직 존재하지도 않는 재단에 기부했던 것이다. 그후 1900년까지의 4년간은 유언장에 대한 소송, 불만에 찬 노벨의 원래 상속자들과의 협상, 노벨 재단의 설립, 수상자를 추천하고 선정하는 규칙 제정 등에 허비되었다. 아레니우스는 이러한 모든 일에 관여하게 되었고 많은 부분에서 이해가 상충되었다. 그는 노벨 유산에 대한 변호사인 칼 린드하겐의 친구였으며, 유언장 판결에 대해 자문을 하기도 했다.[47] 그 자신이 노벨 물리학상과 화학상의 후보이기도 했다. 그는 추천과 선정 규정을 만드는 데 관여하면서, 추천 과정에 스웨덴 밖의 외국 과학자들을 포함시켜야 한다고 강력하게 주장하였다. 아마도 '웁살라 물리학자들'과의 관계는 소원한 반면에, 획스콜라 대학의 교수가 될 때 독일의 지원을 받았었던 것이 그 이유였던 것 같다.[48] 매년 상금의 25%를 스톡홀름에 있는 노벨 연구소 지원에 사용해야 한다고 주장했는데, 노벨 연구소는 그가 1896년에 총장으로 지명된 획스콜라 대학과 연관되어 있었다.[49] 그는 노벨 물리학 위원회의 위원이 되었으며, 죽기 전까지 화학 위원회의 사실상의 위원이었다. 그는 1901년의 첫 번째 상부터 1927년 그가 죽을 때까지 물리학상, 화학상, 심지어 의학상 선정에도 영향력을 행사하였다. 그는 노벨상과 재단을 이용하여 개인적인 지배력을 확장하였다. 앞으로 소개하는 것과 같이, 그의 친구에게 상을 주거나 적을 응징하는 데 그의 힘을 사용하였다.

1900년경에 아레니우스와 네른스트의 우정은 쓰라리게 깨어졌다. 1896년 여름에 두 사람이 스톡홀름에서 만났을 때를 아레니우스는 "좋았던 옛 시절"이라고 말했지만, 그는 이온 이론에 대한 네른스트의 최신 연구 결과를 이해하는 데 어려움이 있었다. 1897년에 네른스트가 다시 방문했을 때, 그는 아레니우스에게 보여 주려고 그의 신형 전구를 가지고 왔다. 그 전구가 그들이 머물고 있던 호텔의 모든 퓨즈를 끊어

버렸을 때, 아레니우스는 조금은 과하게 웃음을 터트렸다. 전구가 마침내 작동했을 때도 그는 적절한 칭찬을 하지 않았다. 네른스트는 돌아온 후 아레니우스에게 분노의 편지를 쓰고 아레니우스의 업적을 공개적으로 공격하기 시작했다. 네른스트는 아레니우스의 획스콜라 대학이 과학적으로 침체된 곳이라고 깎아내렸으며, 아레니우스의 면전에서 그 대학이 얼마나 형편없는 곳인가는 그를 보면 알 수 있다고 말하였다. 네른스트는 다시 투고를 시작한 오스트발트의 학술지에 자신의 전압 측정법이 아레니우스의 전도도 측정법보다 훨씬 우수하다고 자랑하였다. 아레니우스는 전압 측정에 대한 네른스트의 일은 헬름홀츠의 이전 연구를 확장한 것에 불과하다고 답을 했다.[50] 1901년 오스트발트에게 보낸 편지에서 네른스트는 다음과 같이 썼다.

> 많은 증거에 비추어 볼 때, 스웨덴에서는 노벨의 유산을 갖고 매우 추잡한 사기극이 자행되고 있다고 저는 강하게 믿고 있습니다. 노벨상이 아무 이유 없이 5~6년간이나 지연되고 있는 것으로 볼 때, 노벨의 재산이 원래의 목적보다는 완전히 다른 용도로(연구소 운영비 등에) 사용될 것 같습니다. [아레니우스는] 이러한 일에 대한 저의 견해를 알고 있지만, 그는 불행히도 노벨 재산을 유용하는 파국의 길로 들어서고 있습니다. 왜냐하면, 그는 말 그대로 도적질한 돈으로 건립하려는 연구소의 소장이 되려고 하기 때문입니다.[51]

젊은 과학자로서의 아레니우스와 네른스트는 이온 과학자 야전군의 동지였다. 아무 주저 없이 과학 기득권층과의 대결에 함께했다. 그러나 중년이 되면서 그들의 관심사는 더는 일치하지 않게 되었다. 아레니우스는 화학 친화도를 정량적으로 구할 수 있는 토대 위에 올려놓고는, 그 분야를 네른스트에게 넘겼다. 네른스트는 화학 친화도에 대한 견고한 이론과 물리학적 기반으로 아레니우스를 넘어섰다. 네른스트의 이론화학은 그 분야의 표준 교과서가 되었지만, 아레니우스는 그에 필적할 만한 책을 저술하지 못했다. 네른스트는 이제 독일 과학의 중심에 우뚝 섰지만, 아레니우스는 변방에서 바라볼 뿐이었다. 아레니우스는 노벨의 유산을 물리화학 분야에서의 그의 존재감과 지배력을 유지하는 방편으로 받아들였고, 그 상을 받기를 원하던 네른스트는 아레니우스의 음모를 비난하였다. 두 사람은 모두 공개적인 비난을 참는 자제력이 없었다.

아레니우스와 최초의 노벨상

최초의 노벨상이 1901년에 수여되었다. 아레니우스는 이온 과학자들(물론 네른스트는 제외하고)이 가장 강력한 후보자라고 생각했음이 틀림없다. 아레니우스가 경멸한 학위논문 지도교수 중 한 사람인 클레베와 아레니우스의 오랜 후원자인 오토 페테르센은 반트호프와 아레니우스가 화학상을 공동 수상할 것을 제안하였다. 그러나 그해 아레니우스는 화학상 수상을 원하지 않았고 반트호프를 지지하였다. 그는 물리학상을 받기를 희망했다. 그것은 그의 최근 연구 방향과도 일치할 뿐만 아니라, 탈렌과 '웁살라 물리학자들'에 대한 복수로 그에게 큰 만족감을 선사할 수 있을 것이었다. 그는 또한 공동수상으로 상금과 명예를 나누고 싶지 않았다. 1901년 화학상은 반트호프가 단독으로 받았으며, 1902년 화학상은 독일의 유기화학자 에밀 피셔에게 돌아갔다. 물리학 위원회의 위원이었던 아레니우스는, 물리학상 추천 대상에서 제외되어야 했다.

1903년이 되었을 때, 물리학 위원회에서 아레니우스를 수상자로 선정하지 않을 것이 확실해지고 있었다. 화학 위원회에서는 약간의 논쟁 끝에 아레니우스를 단독으로 추천하였고, 왕립 과학원은 절차에 따라 상을 수여하였다.[52]

노벨상을 받으면서 아레니우스는 최악의 모습을 보여 주었다. 그는 스스로 쓴 노벨상 개인 이력에서, '낙제점 바로 위의 등급을 받은' 그의 학위논문이 노벨상이라는 왕관을 씌워주었다고 썼다.[53] (이것은 잘못된 언급이었다. 그는 1887년까지, 그가 노벨상을 받은 연구 업적인 해리 이론에서의 "활성화 상태"라는 말을 사용하지 않았다. 그것은 학위논문을 작성하고 4년 후의 일이었다.) 그는 스톡홀름의 획스콜라 대학의 '평범한 자리'로 가기 위해서 외국의 교수 자리를 거절하였으며, '그를 쫓아내려는 마지막 시도'를 이겨내고 마침내 교수가 되었다고 말했다.[54] 노벨상 축하연에서 아레니우스는 클레베 교수의 사과를 무시하였으며, 웁살라 대학에 빚진 것이 아무것도 없다는 것을 분명히 하였다.[55]

반트호프와 아레니우스가 상을 받은 후, 최초 3명의 이온 과학자 중 오스트발트만 수상을 하지 못하고 남아 있었다. 하지만 오스트발트의 수상 자격에는 논란이 있었다. 그는 물리화학과 점점 더 멀어지고 있었고, 1906년에는 라이프치히 대학의 교수직에서 은퇴한 상태였다. 그는 에너지 이론을 수용하며 원자론을 부정하였다. 그리고 그는 조직의 리더 역할을 선호하고 잘 수행했지만, 그 자신이 혁신적인 연구 결과를 내어놓은 것은 아니었다. 그럼에도 불구하고 아레니우스는 우여곡절 끝에 그에게 노벨상의 영광을 안겨주었다. 다만, 오스트발트가 원자론으로 전향한다고 발표한 후였다. 오스트발트는 1904, 1907, 1908년의 과학원 화학 위원회의 보고서에서는 제외되었지만, 1909년에는 위원회의 한 위원이 제출한 보고서에 기초해서 촉매에 관한 연구 업적으로 노벨 화학상을 수상하였다.[56] 그 보고서는 사실 아레니우스가 작성하였다. 그 당시 과학자들은 오스트발트의 수상 소식에 의아해했고, 그 후의 역사가들도 같은 기조를 유지하였다. 그들은 "오스트발트는 촉매에 대한 이론을 갖고 있지 못했기 때문에, 피상적인 유추에 따른 설명만을 제안하였으며," 촉매에 관해서 "오스트발트가 제공한 확실한 답은 없다."[57]라고 쓰고 있다.

아레니우스와 에를리히, 그리고 면역화학

네른스트가 물리화학의 영역을 확대하고 있었던 반면에, 아레니우스는 1901년에 또 다른 새로운 분야인 면역 체계의 생리 화학에 뛰어들었다. 그는 면역 반응 이론을 개발한 의학 교수 파울 에를리히와의 논쟁을 시작하였다. 유기화학자들이 합성한 아닐린 염료는 독일 화학 산업을 일으켜 세웠고, 섬유 산업을 세계적인 산업으로 발전시켰으며, 생물학에서도 그 용도가 발견되었다. 생물학자들은 세포의 종류나 부분에 따라 다른 색을 내는 염료들을 사용하여, 현미경으로 관찰할 조직 시편을 착색하기 시작하였다. 처음에는 무작위로 염료를 선택했지만, 에를리히는 그의 의학 박사학위 논문에서 염료의 효과를 화학 구조에 기반하여 과학적으로 설명하려고 시도하였다. 많은 합성염료는 기본 골격 구조는 같지만, '곁가지'(기본 골격에 결합된 화학적 단위)만이 다를 뿐이다. 에를리히에 따르면, 생물학적 세포에 있는 특정한(그 당시에는 알려지지 않은) 수용체에, 염료 분자의 특정한 곁가지가 화학적으로 결합하여 다른 색으로 착색되게 된다는 것이었다.[58] 에를리히는 이러한 접근법으로 화학 구조와 약의 생리학적 기능의 관계를 찾는 연구를 계속하였다. 그는 에밀 피셔가 제안한 '자물쇠와 열쇠' 이론을 이용하여, 두 원자 사이에 화학적 결합이 이루어지는 것과 같이, 약의 구조가 세포 표면에 존재하는 수용체의 구조에 적합할 때 결합이 만들어진다고 생각하였다. 에를리히가 1891년에 쓴 논문의 첫 구절은 오늘날의 구조 기반 약물 설계에 대한 설명에도 사용될 수 있다.

> 약의 효능을 확인하게 되면, 약효가 있는 물질들의 구조가 치료 작용과 어떤 관계가 있는가에 대해 숙고하게 된다⋯ 이러한 지식으로 새로운 약을 합성하는 목적을 달성할 수 있을 것이다⋯ 약의 본래 효능에는 영향을 주지 않으면서, 주위의 다른 장기에는 손상을 주지 않는 조합을 찾는 것이 실제로 가능해질 것이다.[59]

에를리히는 면역 시스템, 특히 독소-항독소 관계에 집중하여 연구를 진행하였다. 동물의 몸에 어떤 독성 화학 물질(독소)이 들어오면, 몸은 독소 작용에 대응하는 항독소를 만드는 경우가 있으며 장기간에 면역이 유지될 수 있다. 이것이 광견병, 디프테리아, 파상풍 예방주사의 근본 원리이다. 예를 들어, 약화시킨 독소 계열의 물질을 환자에게 주사하여 신체에 항독소가 생기게 하면, 신체는 스스로 항독소를 계속해서 만들어낸다. 1897년에는 면역학의 곁가지 이론을 제안하였다. 세포 표면에는 다양한 항체(수용체)가 존재하며, 독소 분자는 특정한 항체에 결합하는 곁가지를 갖고 있다는 것이었다. 또한 많은 독소 분자가 특정 항체에 결합하면, 이에 반응해서 세포는 더 많은 항체를 표면에 만들게 되며, 세포는 과량의 항체를 핏속으로 흘려보내고, 핏속에 항독소가 존재하게 된다고 보았다.[60] 독소의 독성 작용과 결합 기능은 분리될 수 있음이 실험적으로 입증되었다. 약화된 독소 분자도 항독소에 결합할 수는 있지만 더 이상 독성 작용은 일어나지 않으며, 이것이 백신의 원리이다. 독소 분자에는 독성에 원인이 되는 **독성기**와 항체에 결합하는 **결합기** 등 두 개의 다른 곁가지가 있다고 가정하여 에를리히는 이 원리를 설명하였다. 그러나 그는 이러한 접근법을 실험 데이터로 증명하는 것 이상을 원했다. 그의 데이터에 수학적인 식을 부여하기 위해, 그 자신이 변성독소, 톡쏜, 유사변성독소, 위변성독소, 이중변성독소, 삼중변성독소 등등으로 이름 지은 다양한 가상의 물질들을 만들어내었다. 그리고는 이러한 가상의 물질들을 이용하여 실험 결과를 설명하는 식을 개발하였다. 그가 더 많은 물질을 정의할수록 식에 더 잘 들어맞는다는 것이 그의 식이 성립한다는 유일한 증거였다. 아레니우스는 그가 정의한 물질들을 새로운 객체들의 '동물원'이라고 비아냥대었다.

면역학 학계에서, 에를리히의 경쟁자들은 과정을 중요시하는 생물학적 접근법을 선호했지만, 그는 지극히 화학적인 접근법을 사용하였다. 그러나 에를리히의 접근법은 새로운 물리화학이 아닌 유기화학에, 즉 분자의 독특한 화학적 구조에 대한 아이디어에 기초를 두고 있었다. 1902년에 코펜하겐에서 에를리히를 만난 아레니우스는 연구에 대한 논의를 시작하였다. 에를리히는 아레니우스에게 물리화학의 관점에서 면역 반응을 연구해 보라고 제안하였고, 그의 연구소로 아레니우스를 초청하였다. 에를리히는 그후 그 초청을 후회했을 것 같다.

아레니우스와 에를리히는 과학적 배경이 달랐고 스타일도 달랐다. 아레니우스는 독소-항독소 상호 작용을 산-염기 중화 반응과 같은 가역적 과정으로 보았다. 따라서 질량 작용 법칙을 따라야 하며 그가 해리 이론에 적용한 것과 같이 단순한 수학적 분석으로 이해할 수 있다고 생각했다. 에를리히는 독소-항독소 상호 작용 과정에서 세포의 변화가 수반되기 때문에 비가역적이라고 믿었다. 아레니우스는 가정을 최소화하는 것이 중요하다고 강조했으며, 임의로 만들어낸 다양한 화학 물질이 포함되는 에를리히의 자의적 해석에 거부반응을 보였다. 에를리히는 대부분 살아 있는 동물로 연구를 하였지만, 아레니우스는 시험관과 배양 접시를 사용한 연구를 선호하였으며 그와 같은 실험이 가능한 파상풍 독소만을 연구하였다. 에를리히는 면역 반응이 얼마나 복잡한지를 알고 있었으며, 아레니우스의 단순한 이론은 관찰되는 특성을 대부분 설명할 수 없다고 생각하였다. 또한, 그는 파상풍 외에 아브린, 리신, 디프테리아, 그 외 다른 독소들도 연구하였다.

에를리히의 초청으로 아레니우스는 1903년부터 1904년까지 프랑크푸르트 연구소를 여러 차례 방문하였다. 그곳은 아레니우스가 있는 스톡홀름의 획스콜라 대학과는 매우 달랐다. 에를리히는 유대인이었고, 그 밑의 연구원들도 대부분 유대인이었다. 아레니우스는 점심시간에 이루어지는 과학적 대화가 탈무드 논쟁으로 바뀌는 것을 종종 목격하였다. 에를리히는 특이한 성격의 소유자였다. 그의 사무실은 천정까지 쌓아 놓은 책과 학술지로 가득 차 있었다. 그는 퉁명하였으며, 부하직원들을 대할 때는 은둔자이면서도 독재자처럼 행동했다. 매일 아침 연구원들이 출근하기 전에 지시사항을 써서 책상 위에 놓아두었으며, 자신의 의견에 동의하지 않는 연구원은 즉시 해고해 버렸다. 아레니우스는 과학적 자율성이 전혀 없는 환경을 참고 있는 과학자들을 경멸하였고, 에를리히의 연구원들을 '노예' 그리고 '사회적으로 그리고 과학적으로 무례한 사람들'이라고 불렀다.[61]

두 사람 간의 과학적 논쟁은 이 책에서 다루기에는 너무 복잡하다. 관심 있는 독자는 아서 실버스타인의 『파울 에를리히의 수용체 면역학: 아름다운 집착』[62] 또는 프란츠 루텐베르거의 논문[63]을 참조하기 바란다. 아레니우스와 에를리히의 성격으로 볼 때, 두 사람 사이의 논쟁은 매우 격렬하였다.

아레니우스는 1903년에 노벨상을 수상한 후, 유럽과 미국으로 순회강연을 다니면서 그의 면역학 이론을 자세히 설명하였다. 싸움을 절대로 마다하지 않는 네른스트는 이것을 에를리히 편으로 뛰어드는 기회로 삼았다. 1904년 본에서 개최되었던 아레니우스의 첫 강연은 에를리히와의 공개적인 논쟁이 되었다. 네른스트는 자리에서 일어난 후, 파상풍에 대한 아레니우스의 데이터는 질량 작용 법칙에 부합하지 않는다고 언급하면서 아레니우스의 물리화학을 공격하였다. 아레니우스는 항독소가 독소와 반응하여 추가적인 부산물이 생성된다면 그의 데이터는 식을 만족한다며 적당히 논점을 벗어나려고 했다. 그러자 네른스트는, 아레니우스는 에를리히가 식이 성립하도록 새로운 물질들을 임의로 만들었다고 비난했으면서, 자신도 같은 짓을 하고 있다고 지적하였다. 아레니우스의 순회강연은 계속되었으며 캘리포니아(버클리) 대학에서 끝났다. 그곳에서 그는 자신의 강연 내용을 모아, 우연히 그가 작명하게 된 『면역화학』이라는 제목의 책을 집필하였다. 그러나 아레니우스의 이론은 그 시대 면역학에 거의 영향을 주지 못했다. 구조는 물론 분자량조차 모르는 물질에 대해 아레니우스는 정량적인 방법을 적용하려고 시도했다. 유일한 정량적 분석법은 미지의 항독소에 대해 미지의 독소를 적정하는 것이었다. 또한 그가 말하는 물리화학 언어를 이해하는 면역학 종사자들은 거의 없었다. 반면에, 이론에는 결점이 많았을지라도 에를리히는 본질적이면서도 실질적인 연구 성과를 내고 있었다. 그는 독소와 항독소를 확인하고 정제하였고, 백신을 안정하게 보관하고 효능을 평가하는 방법을 개발하였으며, 1909년에는 최초의 효과적인 매독 치료제인 살바르산을 합성하였다.

과학사학자의 기본적인 격언은, 과학의 역사를 '사실'(현재 우리가 알고 있는 과학적 설명에 의한)에 기초하여 판단하면 안 되고, 그 시절의 사고방식과 지식의 측면에서 평가하여야 한다는 것이다. 이러한 기준으로 판단해 보자. 에를리히의 곁가지 이론은 한물간 이론이지만, 독성의 원인이 되는 독성기와 결합을 하는 결합기의 두 가지 화학 그룹이 같이 존재한다는 그의 주장이 본질적으로 맞는다는 것이 증명되었다. 하지만 그의 식에 억지로 맞추기 위해 그가 창조해낸 다양한 이름의 물질들은 폐기되었다. 독소-항독소 반응이 가역적이라는 아레니우스의 믿음은 사실로 밝혀졌지만, 질량 작용 법칙을 정량적으로 적용하기 위해서는 관련된 화합물에 대한 보다 자세한 정보가 필요했다.[64]

아레니우스, 길버트 루이스, 도로시 린치, 어빙 랭뮤어, 라이너스 폴링은 모두 이미 확립되어있는 학문 영역에 입문하며 그 분야의 전문가보다 더 많이 알고 있다는 태도를 취했다. 그 결과는 예측할 수 있듯이 항상 초라한 결말이었다. 그나마 아레니우스의 경우가 가장 성공한 예이다.

아레니우스가 에를리히의 노벨상 수상을 막다

1901년부터 에를리히는 노벨 (생리)의학상 추천을 받기 시작했고, 1902, 1904, 1906년에는 수상이 유력시되었었다. 의학상 수상자를 선정하는 카롤린스카 연구소는 여러 가지 선정 원칙을 정하였다. 그중 하나는, 논란이 있는 연구의 경우에는 문제가 완전히 해결되어 '완결된 업적'이라고 인정받을 경우에만 수상 대상이 된다는 것이었다. 에를리히의 이론에 대해서는 아레니우스가 계속 이의를 제기하고 있다는 이유로, 위원회는 에를리히에 대한 강력한 지지자인 칼 뫼르네르 위원의 주장을 기각하고 그의 수상을 미룰 이유가 있었다.

물리학 위원회의 위원인 아레니우스는 의학상에 거의 영향을 줄 수는 없었다. 하지만 1907년에 욘스 요한슨이 노벨 생리의학 위원회의 임시 위원으로 선출되었다. 요한슨은 카롤린스카 연구소의 생리학 교수로 아레니우스의 친한 친구였다. 1905년에 아레니우스가 그의 여동생과 재혼하면서 아레니우스의 처남이 되었다. 위원회의 1907년 심의에서 뫼르네르는 에를리히를 지지하는 보고서를 제출하였다. 뫼르네르는 아레니우스의 데이터를 다시 계산하여, 아레니우스의 오류와 네른스트의 반론을 지적하며 그 데이터는 에를리히 또는 아레니우스의 논거를 모두 확정적으로 뒷받침할 수 없다는 것을 보여 주었다. 화학 반응 속도론을 잘 모르던 요한슨은, 아레니우스가 다른 곳에서 발표하면서 에를리히에 대해 지적했던 내용을 그대로 인용하여 보고서를 제출하였다. 아레니우스의 전기작가 엘리자베스 크로퍼드는, 그 보고서에 요한슨이 서명을 했지만, 아레니우스가 썼을 것이라는 결론을 내렸다.[66] 요한슨의 보고서에 근거하여 에를리히의 수상은 다시 한번 무산되었다.

1908년이 되면서 요한슨은 위원회에서 제외되었다. 심사위원 자격이 없었음에도, 요한슨은 카롤린스카 연구소의 교수들에게 메모를 돌리며 에를리히의 수상을 반대했지만 소용이 없었다. 에를리히는 다른 면역학자인 엘리 메치니코프와 공동으로 노벨 의학상을 수상하였다. 에를리히는 아레니우스에 대해 결정적인 발언을 하였다. 아레니우스는 그의 실험에 변성 독소 한 가지만을 사용한 반면에, 에를리히는 '짜 맞추기 위한 화합물들의 동물원'이라고 아레니우스가 부른 수많은 독소 물질들을 창조해 내었다. 에를리히는 노벨상 수상 연설에서 하나의 변성 독소만을 꼭 집어서 "이것은 저의 친구이자 제가 존경하는 아

레니우스 교수님도 그의 수많은 실험에 사용했던 물질이다."라고 비꼬았다.[67]

아레니우스는 에를리히의 수상을 7년 동안 힘겹게 연기시켰지만, 결국은 그의 수상을 막을 수는 없었다. 의학 분야에서 그는 개인적인 권위나 명성이 거의 없었고, 그의 처남과의 공모로 7년간 간신히 연기시켰을 뿐이었다. 그러나 화학과 물리학 분야에서 아레니우스의 영향력은 막강했고, 이제 그는 네른스트에 대한 적개심이 더욱 커졌다. 그에게 네른스트는 에를리히의 편에 서서 그의 물리화학에 대해 의문을 제기하며 그를 당황하게 했던 인물이었다. 1906년에 네른스트는 그의 연구에서 가장 중요한 발견인 열역학 제3 법칙을 발표하게 된다. 아레니우스는 무려 15년간 그 업적이 노벨상에 적합한지를 평가하는 심사위원 역할을 하였다.

2장
미국에서의 물리화학

루이스와 랭뮤어

미국의 두 물리화학자 루이스와 랭뮤어는 1908년 7월 코네티컷주의 뉴헤이븐에서 개최된 미국 화학회(ACS) 학술대회에서 처음 만났다. 그때 길버트 루이스는 33세, 어빙 랭뮤어는 27세로 둘 다 젊은 과학자였다. 루이스는 이미 MIT의 물리화학 연구소에서 인정받는 과학자였다. 그의 상사는 MIT의 총장 직무대리인 아서 노예스 교수였으며, 루이스는 그 연구소의 임시 소장직을 맡고 있었다. 그 당시 루이스는 MIT에서 성공적인 연구 활동을 하고 있었지만, 박사학위를 받은 후 처음 시작했던 하버드에서의 강사 일은 순탄치 않았다. 그는 하버드의 그 강사 직책을 매우 싫어했으며, 돌연 하버드를 떠나 필리핀에서 미국 정부 기관의 일을 하기도 하였다. 1908년에 랭뮤어는 뉴저지주 호보켄에 있는 스티븐스 공대 강사직에서 빠져나오지 못하고 있었다. 둘 다 독일의 발터 네른스트 연구소에서 일한 경험이 있었다. 아마 이때 둘 다 자신들이 싫어하던 네른스트 이야기를 나누었을 것이다. 둘은 서로 죽이 잘 맞았던 것 같다. 그 당시 랭뮤어는 거의 모든 일을 카드에 정리하여 파일로 보관하고 있었다*. 그는 루이스에 대해 카드에 이렇게 적었다.

> Lewis, G. N.
>
> 교수, 물리화학, Mass. Inst. Tech.
>
> 1908년 7월 뉴헤이븐의 ACS 학술발표회에서 만남. 그를 좋아함 + 그(도) 나를 좋아함. 그는 라이프치히 + 괴팅겐 + 하버드에서 공부했고 하버드에서 강사로 일한 적이 있음. 1908년 12월 볼티모어에서 다시 만남. 09년 12월 보스턴에서 또다시 만남.[1]

---

* 나(저자)는 "T"로 분류된 몇 장의 카드를 찾아보았다. 랭뮤어 자신의 타이핑(Typing) 속도 개선, 텔루륨(Tellurium) 원소의 물리적 특성, 차이콥스키(Tchaikovsky) 작품의 연주를 들은 때와 장소, 그가 산 보온병(Thermos bottle)의 성능 테스트 등에 관한 것이었다. (워싱턴 국회 도서관에 소장된 어빙 랭뮤어 문서의 '랭뮤어 카드 파일'에서)

그 후 몇 년이 지나지 않아, 루이스와 랭뮤어는 미국 물리화학을 선도하는 과학자라는 명성을 얻게 된다. 두 사람은 유사한 점도 많지만 둘의 성격은 극명한 대조를 이루었다. 우디 앨런의 말을 빌리자면 "루이스와 자연은 별개"인 반면, 랭뮤어는 등산, 하이킹, 스키와 스케이트 타기 등을 즐겼다. 루이스는 내성적이었으나 랭뮤어는 외향적이고 사교적이었다. 루이스는 아름다운 글을 쓰는 데 능통하였으나, 랭뮤어는 말로 사람들을 사로잡는 재주가 있는 타고난 연사였다. 그들의 경력이 쌓이면서, 두 사람은 모두 이론 및 실험에서의 혁신적 과학자가 된다. 그러나 루이스는 자신의 연구 결과를 실용적으로 응용하는 데에는 거의 관심을 두지 않았다. 반면에 랭뮤어는 에디슨이 가는 길을 따르려고 했고, 제너럴일레트릭(GE)에서 가정용 및 산업용 제품을 개발하였다. 루이스는 가족과 소원한 관계였으나, 랭뮤어는 화목한 가정을 이루었고 자식들의 과학 교육에도 관심이 많았다.

물리화학이 미국으로 건너오다: 노예스, 휘트니, 리처즈

19세기 후반에는 미국에서 화학을 본격적으로 공부한다는 것은 독일에서 유학한다는 것을 의미했다. 특히 새로운 분야인 물리화학의 경우에는 이 말이 정확히 들어맞았다. 빌헬름 오스트발트나 네른스트 밑에서 공부하는 것만이 물리화학을 공부할 수 있는 유일한 방법이었다. 1902년에 루이스가 하버드에서 화학을 가르칠 무렵에는, 학생들은 독일어에 능통해야 했다.[2] 모든 중요한 화학 논문은 독일어로 쓰였고, 화학자가 독일어를 모르는 것은 목사가 성경을 모르는 것과 같았다. 루이스와 랭뮤어가 네른스트 밑에서 공부하기 전에도 독일에서 공부하고 돌아온 미국인들은 이온 과학자들에게서 받은 가르침대로 그들의 복음을 전파하였다. 1889년에서 1904년 사이에 오스트발트 연구실을 거쳐 간 미국인은 44명에 달했다.[3] 나는 그중 세 명의 과학자인 아서 노예스, 윌리스 휘트니, 그리고 시어도어 리처즈를 살펴보려 한다.

아서 아모스 노예스는 1886년에 당시 보스턴 공대로 알려진 MIT에서 화학 학사 학위를 받은 후, 바로 강의 교수로 임용되었다. 그 당시 MIT는 지금과 같은 명문 대학이 아니었다. 적은 기부금으로 운영되고 있었으며, 케임브리지시의 이웃한 하버드 같은 다른 아이비리그 대학들의 그늘에 가려져 있었다. MIT는 연구보다는 산업체에 필요한 화학자와 공학자를 양성하는 데 주력하였다. 노예스는 1888년의 연구년 기간에 MIT를 떠나 독일에서 공부를 시작하였다. 1890년에 라이프치히 대학에서 오스트발트 교수의 지도하에 박사학위를 취득한 후, MIT 교수로 복귀하였다. MIT로부터 재정적 지원을 받지 못했던 노예스는 최선을 다해 힘겹게 연구를 이어갔다.

윌리스 휘트니는 노예스보다 몇 년 늦은 1890년에 MIT에서 학사 학위를 받은 후, 곧바로 강사로 임용되었다. 하지만 독일에서의 공부를 위해 MIT를 떠났다. 1896년에 그도 오스트발트 지도하에 박사학위를 취득하고 MIT 교수로 복귀하였다. 노예스와 마찬가지로 휘트니도 연구를 계속하기를 원했다. 1898년에 노예스와 휘트니는 사진 인화지 생산 과정에서 발생하는 알코올과 에테르(ether)를 회수하는 산업 공정을 개발하였다. 그들의 연구 동기는 환경 문제가 아니었다. 솔벤트를 회수하여 재사용함으로써 생산비를 절감하고자 하는 경제적인 목적이었다. 1898년에는 산업공해에 관심 있는 사람이 거의 없었다. 노예스와 휘트니는 절감되는 비용의 4분의 1을 받는 조건으로, 미국 아리스토사에 기술을 이전하였다. 두 사람은 각각 월 1,000달러 이상을 받았는데, 교수

월급의 5배가 넘는 큰 액수였다. 아리스토사가 코닥과 합병한 후에는, 특허 소유권을 주식과 교환하였다.

재정적으로 여유로워진 노예스는 원했던 물리화학 분야의 기초 연구에 매진할 수 있게 되었다. 그는 연구소 건립 비용의 일부를 부담하는 조건으로 MIT와 협상하여 물리화학 연구소를 개설한 뒤 자신이 연구소장이 되었다. 그의 계획은 기초 연구에 전념하는 연구소를 만드는 것이었다. 교수에게는 학부 강의를 면제해 주고 8~10명의 연구원으로 이루어진 연구소를 만들고자 하였다. 처음에는 난색을 보였던 MIT도 노예스가 카네기 재단으로부터 추가적인 재정 지원을 받아 오자 그의 구상에 동의하였다. 1903년에 새로운 연구소 건립 기금이 조성되며 연구소가 건립되었다. 휘트니는 선임 연구원으로 참여하였다.

그러나 휘트니의 계획은 따로 있었다. 1892년에 에디슨의 에디슨 제너럴일렉트릭사와 톰슨-휴스턴사가 합병하여 제너럴일렉트릭(GE)이 되었다. GE사의 새로운 본사는 뉴욕주의 스키넥터리에 위치하였다. GE의 기술 이사인 라이스는 기초 연구를 위한 연구소 건립을 원했다. 산업체 연구소는 제품 품질 향상과 공정 관리가 주목적이던 그 당시로선 기초과학 연구소를 구상한 라이스의 생각은 혁명적이라 할 수 있다. 라이스는 휘트니를 GE의 연구 책임자로 영입하고자 했으나 휘트니가 이를 거절하였다. 그는 MIT에서 노예스와 함께 연구하며 만족스러운 생활을 하고 있었기 때문이다. 특허 매각으로 충분한 부를 축적하였으며 즐겁게 강의를 하고 있었다. 무엇보다 산업체에서 연구하면 지적인 자극을 받을 수 있을지가 의심스러웠다. 그러자 라이스는 휘트니에게 겸직을 제안하였다. 1904년이 되면서 휘트니는 GE에서 전업으로 일하는 것 역시 충분히 가치 있는 일이라고 생각을 바꾸게 되었다. GE는 미국 산업체 최초로 기초과학 연구소를 건립했고, GE 연구소의 성공은 전 세계 산업체 연구소의 모델이 되었다.

시어도어 리처즈는 1888년에 하버드에서 화학 박사학위를 받은 후, 하버드 대학의 교수가 되었다. 그는 원자량을 정확히 측정하여 명성을 얻게 되었다. 그 당시는 돌턴이 원자론을 발표한 지 90년이 되었지만, 원자량을 측정하는 것은 간단한 일이 아니었다. 산소의 원자량을 16으로 정의한 후, 다른 원소들의 원자량은 산화물의 질량을 직접 또는 간접적으로 측정하여 상대적인 값을 구하는 것이었다. 그러나 측정 과정에는 일련의 중간 화합물들이 관련되어 있어서 대부분의 측정은 간접적으로 이루어졌다. 관련된 중간 화합물들이 모두 순수하여야 하며, 수분이 완전히 제거되어야 했다. 리처즈는 화합물의 무게 측정, 순도 분석, 정제, 건조를 위한 정밀한 방법을 개발하였으며, 여러 방법으로 개개 원소의 질량을 측정하였다. 또한, 자신의 결과와 다른 연구자의 결과를 비교하여 오차와 차이점을 비교 분석하였다. 그는 가장 최신의 정확한 원자량 표를, 그가 회원으로 있는 『미국 예술 과학 아카데미 회보』에 매회 게재하였다.

1895년에 하버드 대학은 그를 유럽으로 파견하여, 오스트발트와 네른스트에게 최신의 물리화학을 배우도록 배려하였다. 그는 돌아와서 하버드 대학의 조교수가 되었다. 리처즈는 원자량 측정에 활용한 열화학 및 전기화학 분야에도 그의 꼼꼼하고 철저한 연구 방법을 도입하여, 정밀 기기인 열량계와 전극을 고안하였다. 1901년에 독일의 괴팅겐 대학이 그에게 물리화학 교수 자리를 제안한 것을 보면 그의 업적은 독일 연구자들에게도 깊은 인상을 주었음이 분명하다. 그 당시 미국인에게 이것은 대단히 영광스러운 자리였다. 하버드 대학은 리처즈를 잡아두기 위해서 신속하게 움직였다. 그를 정교수로 승진시켜 주었으며, 새로운 연구소 건립을 위하여 750,000달러를 보장하였고 그의 강의 부담을 줄여주었다. 리처즈는 하버드에 남았다.

노예스, 휘트니, 리처즈의 성장 배경은 서로 비슷하다. 그들은 1866~68년의 2년 사이에, 뉴잉글랜드의 양키 가정에서 태어났다. 이들 세 명을 포함해서 20세기 초반까지 오스트발트에게서 공부한 미국 과학자들은 미국에 다수의 물리화학 연구소를 설립하였다. 그리고 미국의 화학자들을 양성하고 고용하며 그들이 연구에 집중할 수 있도록 배려하였다.[4] 그들이 양성한 학생 중에 이 장의 중심인물인 루이스와 랭뮤어가 있었다.

길버트 루이스

또 한 명의 양키 물리화학자인 루이스는, 매사추세츠주의 웨이머스에서 1875년에 프랭크와 메리 루이스의 아들로 태어났다. 루이스가 9살일 때, 루이스 가족은 토지 붐이 일고 있던 네브래스카로 이주하였다. 길버트의 아버지 프랭크 루이스는 법률가였으며 후에 은행가가 되었다. 그는 아마 '서부 투자'라고 불리던 사업에 그의 운을 시험하고자 했던 것 같다. 후에 그가 저술한 『국영 보험』이라는 책에서 정부는 기본적인 사회 안전망을 제공할 의무가 있다고 주장한 것을 보면 그는 진보적인 사고의 소유자였던 듯하다. 길버트에게는 누나인 폴리와 훨씬 어린 남동생 로저가 있었다. 루이스의 어머니 메리는 네브래스카로 이주하기 전부터 아이들의 교육을 책임지고 있었다. 루이스는 초등학교 전 과정을 홈스쿨링으로 교육을 받았으며, 고등학교도 잠시만 다녔다. 아마 그의 어머니와 함께 고모 미리엄도 그를 가르쳤을 것이다. 미리엄은 후에 솔트레이크시의 학교 선생이 된다. 세 살 때 읽을 줄을 알았던 루이스는 기본적인 교육 외에 라틴어, 그리스어, 프랑스어, 독일어, 역사, 수학 교육을 받았다. 같은 교육을 받았던 누나 폴리는 후에 클리블랜드에 사립학교를 설립하였다. 루이스의 아들과 그의 전기 작가가 그 학교가 "아마도 부도덕한 일"로 폐교되었다고 말한 것을 보면 폴리의 교육 철학은 분명 논란의 여지가 있었던 것 같다.[5]

루이스의 일생을 보면 홈스쿨링의 영향을 잘 보여준다. 그는 빼어난 문장가였고(이 책 맨 앞에 있는 그의 글을 보라), 무표정한 얼굴로 점잖게 농담도 할 줄 알았다. 그는 폭넓고 다방면에 걸친 지식을 갖고 있었고, 스반테 아레니우스처럼 어떤 분야도 다 이해하고 그 분야에 기여할 수 있다는 자신감이 있었다. 실제로 루이스는 화학뿐만 아니라 이론 물리, 인류학, 지질학, 생물학, 경제학 논문을 발표하였다. 그러나 그는 또래와 같이 어울려서 논 경험이 없었으며, 그것이 그의 일생에 큰 영향을 주었던 것 같다. 아레니우스처럼, 그 역시 모욕을 받았거나 받았다고 느끼면 즉시 분노하였다. 그러나 분노하는 방법은 서로 달랐다. 아레니우스는 복수심에 불타서 정면으로 상대를 공격하였다면, 루이스는 함께 놀다가 공을 챙겨 혼자 집으로 가버리듯이 그 자리를 떠나버렸다. 물론 그를 공격한 사람에게는 비수를 꽂듯이 과학 논문으로 응징하곤 하였다. 루이스는 그가 신뢰하는 소수의 사람과는 잘 어울렸지만, 더 넓은 세상에 대해서는 항상 경계하는 마음을 갖고 있었다.

루이스는 네브래스카 대학 학부에 입학했지만, 1892년에 가족이 보스턴으로 이주하면서 하버드 대학으로 옮긴 후 1895년에 하버드 대학 화학과에서 학사 학위를 받게 된다. 그는 암기식 화학 과목에는 별 관심이 없었다(그는 4학년의 고급 유기화학에서 D 학점을 받았다).[6] 그러나 그는 수학과 물리학 그리고 실험 및 이론화학에서 두각을 나타내었다. 졸업 후 사립학교인 필립스 앤도버에서 강의를 시작했지만, 1896년 하버드 대학의 박사 과정 학생으로 돌아왔다. 그의 지도 교수는 루이스보다 단지 7살 더 많은 리처즈였다.

리처즈는 까다로운 스승이었다. 그는 후배 연구자들이 시행착오를 거쳐 학습하는 자유를 허락하지 않았다. 그는 "철저히 관리되지 않은 보조 연구원은 없느니만 못하다. 실험 결과에서 자연의 법칙을 찾아내기 전에, 연구원이 저질렀을지도 모를 실수를 찾아내야 하기 때문이다. 우수하지 않은 연구원은 지시를 잘 이해하지 못한다. 우수한 연구원이라도 통제되지 않으면 스스로 찾은 엉뚱한 길에서 헤매게 된다."라고 했다.[7] 루이스가 후에 캘리포니아 대학(버클리)에서 대학원생들을 지도할 때 거의 자유롭게 연구할 수 있도록 배려한 점을 보면 아마도 리처즈의 지도 방식과는 거리를 두려고 했던 것 같다.

리처즈와 루이스는 과학을 대하는 태도도 서로 달랐다. 수학에 관한 이 두 과학자의 견해는 근본적으로 현격한 차이가 있다.

> 리처즈는 자연과학 연구에서 수학을 활용하는 데 대해 두 가지 견해를 갖고 있었다. 한편으로는 수학이 때때로 필요한 도구임을 인정하였다. 그러나 다른 한편으로는 수학이 화학자 양성에 필수적으로 중요한 가치가 있다고는 전혀 생각하지 않았다. 사석에서 그는 수학을 과도하게 활용하는 과학자들의 연구 결과는 믿을 수 없다는 자신의 의심을 드러내기도 했다… 리처즈는 수학을 얼마나 알고 있었을까? 적어도 20세기의 물리 기준으로 보면 그의 수학 이해도는 낮은 수준이었다. 화학 열역학과 원자의 압축에 대한 그의 논문을 보면, 기초 미적분학에 힘들어하는 화학자의 모습을 발견할 수 있다.[8]

1925년에 하버드에서 리처즈의 물리화학 강의를 수강한 로버트 오펜하이머는, "리처즈는 초보적인 수학조차 두려워한다"[9]라고 말했다. 리처즈는 실험 물리화학 분야에서는 뛰어났지만, 이론적인 설명을 위해 필요한 수학적 배경 지식은 갖고 있지 못했다. 그러나 리처즈와 달리 루이스는 수학, 물리학, 열역학에 능통했다. 그는 이론 열역학의 선구자인 미국 과학자 깁스의 책을 공부했고, 유럽의 열역학 과학자들이 하고 있던 연구에 대해서도 잘 알고 있었다. 대학원에서 리처즈의 지도 하에 열역학 관련 연구를 시작한 지 얼마 되지 않아 루이스는 열역학에 대해 리처즈보다 훨씬 깊이 이해하게 되었다. 루이스는 대학원생 신분으로 '평형, 그리고 과포화와 과열의 평형' 및 '중력 이론'이라는 제목의 열역학 관련 미발표 논문 2편을 작성하였다.[10] 뉴턴은 거리 제곱에 반비례하는 중력 법칙을 역학적으로 설명하는 것을 주저했지만, 젊은 루이스는 그의 두 번째 논문에서 겁 없이 이 주제를 다루었다. 그의 이론은 근본적으로 18세기에 발표한 조르주 루이스 르 세이지의 '중력 밀기' 이론을 재발견한 것이라 할 수 있다.[11] 그러나 루이스는 그 이론이 이미 존재함을 인지하지 못하고 열역학적 추론에 따라 스스로 도출한 것이었다. 리처즈는 루이스의 중력 이론을 '우수한 학생'이 '엉뚱한 길'로 간 것 정도로 생각했던 것 같다. 루이스는 다음과 같이 썼다.

> 나는 중서부에 살다가 최고 수준의 과학을 대표한다고 믿었던 하버드로 공부하러 떠났다. 그러나 그 당시 물리학과나 화학과에서 과연 실제로 연구를 장려했는지에 대해서는 의구심이 든다. 1897년에 나는 홀라움*의 열역학[위에 언급된 중력에 관한 논문]에 대한 논문을 쓴 후, 그것을 화학과와 물리학과의 몇몇 교수들에게 보여주었다. 그들은 모두 그 연구가 쓸

* 벽에서 방출되는 복사 에너지와 평형 상태에 있는 구멍 −역자 주

모없는 짓이라고 했다. 특히 내가 가정했던 빛의 압력은 존재하지 않는다는 데 의견이 일치했다. 그들은 나에게 아무 성과도 얻을 수 없는 그런 연구에 시간을 낭비하지 말라고 강력하게 조언하였다.[12]

또한, 리처즈는 현재 루이스의 가장 위대한 업적으로 인정받고 있는 화학 결합 이론을 억눌렀다고 여겨진다. 1897년에 톰슨이 전자를 발견하자마자, 전자가 화학 결합을 이해하는 열쇠를 제공해 줄 것이라는 추론이 대두되었다. 이미 100여 년 전에 옌스 베르셀리우스는 결합에 대한 전기 이원론 가설을 주장하였고, 톰슨은 음으로 하전된 전자가 전기의 기본이 되는 아원자 입자라는 것을 입증하였다. 1940년대에 루이스의 마지막 대학원생이었던 마이클 카샤는, 루이스가 대학원생일 때 작성한 것으로 보이는 "전자와 분자"라는 논문을 읽은 적이 있다고 증

그림 2-1 젊은 날의 루이스. 캘리포니아 대학교(버클리) 화학대학 제공.

언했다. 불행히도 그 논문은 남아 있지 않다.[13] 뒤에 나올 리처즈의 코멘트를 보면, 리처즈는 루이스의 이러한 추론도 또 하나의 '엉뚱한 길' 정도로 여겼던 것 같다.

견해차는 컸지만, 루이스와 리처즈는 루이스의 박사학위 연구 주제에 동의하게 되었다. 루이스의 1899년 박사학위 논문은 두 부분으로 이루어져 있다. 아연과 카드뮴 아말감 전극의 특성에 대한 자세한 실험 연구 그리고 자유 에너지를 결정하기 위해서 루이스가 유도한 식에 대한 순수한 이론 연구였다.[14] 루이스 학위논문의 첫 번째 주제는 네른스트 연구의 단순한 연장 선상에서 전압과 자유 에너지의 관계를 연결하는 연구였다. 리처즈와 루이스는 개선된 전극을 개발하여 아연과 카드뮴을 포함하는 전기화학 반응의 전압을 좀 더 정밀하게 측정할 수 있었다. 이를 통해 네른스트처럼 자유 에너지 측정에 전압을 이용할 수 있다는 것을 보여주었다. 이 연구가 과학 학술지에 게재되었을 때 저자는 리처즈와 루이스 순서로 표기되었다.[15]

루이스의 박사학위 논문의 두 번째 부분은 루이스 단독으로 학술지에 게재되었다.[16] 네른스트는 '네른스트식'을 이용하여 전압 측정값으로부터 자유 에너지를 결정할 수 있다는 것을 보여주었는데, 루이스는 이보다 더 좋은 방법을 찾으려고 하였다. 루이스는 열을 측정하여 자유 에너지를 구하는 방법을 개발하였다. 그것은 전압 측정 방법과 비교하면 더 쉬우면서 보편적으로 이용할 수 있는 방법이었다.

루이스의 학위논문과 초기 경력

19세기의 물리학자 레일리 경은 다음과 같이 말한 적이 있다. "아마도… 자신에게 세상이 놀랄만한 비상한 능력이 있다고 믿는 젊은 과학자는, 쉽게 평가받을 수 있는 평범한 일을 먼저 하여 과학계의 호의적인 인정을 받은 후, 더 위대한 비행을 시작해야 할 것이다."[17] 만약 루이스가 이 충고를 들었다면 그대로 무시해 버렸을 것 같다. 루이스가 단독 처녀비행을 위해, 학위논문의 두 번째 부분을 학술지에 투고한 논문 제목은 "자유 에너지와 물리-화학 평형에 대한 일반식의 개발과 응용" 이었다. 아레니우스처럼 루이스도 자신의 학위논문으로 화학 이론이 바뀌는 것을 보고 싶어 했다. 루이스는 자신의 학위논문이 "열역학 제1 및 제2 법칙에서 유도된 관계를 가장 간편하고 보편적인 한 개의 식으로 나타내었으며, 이것은 현재까지 알려진 지식을 체계화하는데 기여할 것이다."라고 주장하였다.

그러나 이렇게 투고한 논문은 좋은 평가를 받지 못했다. 코넬 대학 화학과 교수이며 학술지『물리 화학지』의 편집인이었던 와일더 밴크로프트는 다음과 같이 비판하였다. "저자는 단일 식으로 모든 것을 예측할 수 있다고 주장하고 있다. 그러나 저자가 새롭게 발견한 것은 아무것도 없다… 물리화학에서 우리가 필요로 하는 것은 사실에 충실히 따르고 근사적인 이론은 최소화하는 것이다."[18] 루이스는 밴크로프트의 비평을 잊지 않았고, 이후 밴크로프트의 학술지에는 절대 논문을 투고하지 않았다.

루이스는 그의 식이 자유 에너지를 결정하는 새로운 방법이 되기를 희망하였다. 리처즈는 인정하지 않았지만, 루이스는 자신이 개발한 방법으로 화학적 친화도를 정확히 구할 수 있다고 믿었다.[19] 자유 에너지는 측정하기가 매우 어려웠으므로 새로운 방법이 반드시 나와야 할 때였다. 19세기 말에는, 화학 반응의 자유 에너지를 결정하는 방법은 단 두 가지밖에 없었다. 즉, 평형 상수로부터 계산하거나, 네른스트식을 이용하는 것이었다.

자유 에너지에 따라 화학 평형의 위치가 결정되므로, 반대로 화학 평형으로부터 자유 에너지를 구할 수 있다는 발상이 첫 번째 방법이었다. 먼저 반응이 화학 평형에 도달하게 한 후, 모든 성분의 농도를 측정한다. 그런 다음 용액을 점점 묽혀가며 농도를 측정하고, 이로부터 무한히 묽은 용액에서의 농도를 추정하여 평형 상수를 구한다. 그렇게 평형 상수가 구해지면 알려진 식을 이용하여 자유 에너지를 구하는 것이다. 이것은 매우 어렵고 힘든 과정이었다. 매우 묽은 농도의 용액을 사용하여야 하며, 실제로 평형에 도달했는지를 확인하여야 한다. 또한 농도를 측정하기 위해 각 성분을 추출하는 과정에서 평형 상태가 깨어지지 않음을 확신할 수 있어야 했다.

두 번째 방법(네른스트식의 이용)에서는 배터리로 에너지를 공급하여 반응이 일어나게 한 후, 외부에 해 준 일의 양(에너지)으로부터 자유 에너지를 구하게 된다. 불행하게도 자유 에너지를 측정하는 이 방법도 제한적으로만 사용할 수 있었다. 전지의 전극이 오염되지 않았으며, 원하는 반응만이 일어난다고 확신할 수 있어야 했기 때문이다. 루이스는 후에 다음과 같이 언급하였다. "열역학 계산에서 마주하는 많은 화학 반응에서, 단순히 [전압]을 측정하여 자유 에너지를 구할 수 있는 반응의 수는 매우 적다. 특정한 반응만이 일어나게 하는 갈바니 전지를 찾기가 매우 어려울 뿐만 아니라, 반응이 완벽한 가역반응 상태에 도달해야 하기 때문이다."[20]

19세기 말에 이르러 자유 에너지가 화학 친화도를 결정하는 열쇠라는 것을 알게 되었으나 실험적으로 자유 에너지를 구하는 것은 매우 힘든 일이었다. 그러나 반응열을 측정하기는 쉬웠다. 열량계(밀폐된 반응 용기가 물통에 잠겨있는) 내에서 반응이 일어나게 한 후, 반응 과정에서 물의 온도가 얼마나 올라갔는지 또는 내려갔는지를 측정하면 된다. 반응열 측정만으로 자유 에너지를 구하는 방법을 찾을 수 있다면! 그것이

가능하다고 루이스의 새로운 식은 제안하였다. 반응의 자유 에너지 변화량을 구하려면, 반응 온도에서부터 절대 0도(−273.15℃) 사이에서 일어나는 반응물과 생성물의 비열(온도 1℃ 올릴 때 필요한 열량) 변화를 연속해서 측정하면 된다.

루이스의 방법은 이론적으로는 맞았지만, 이 또한 실험적으로는 쉽지 않았다. 1900년의 저온 화학은 제한적이었다. 액체 질소가 끓는 온도(−195.8℃)까지 냉각하는 것은 상대적으로 쉬웠다. 하지만, 이보다 더 낮은 온도에서 비열이 어떻게 변하는지는 알려진 것이 별로 없었다. 그러나 극저온에서의 비열을 측정하는 것은 적어도 이론적으로는 가능하였다. 루이스의 방법에는 또 하나의 근본적인 문제가 있었다. 그가 제시한 새 식은 '적분 상수'를 포함하고 있었는데, 그 값을 결정할 방법이 없었다. 온도에 따른 자유 에너지 변화를 그래프로 그리면, 반응열에 대한 그래프를 구할 수 있다. 하지만 역으로는 가능하지가 않다. 반응열에 대한 그래프가 있어도, 자유 에너지 그래프를 계산해서 구할 수 없다. 마지막 식에 원하지 않는 미지의 적분 상수가 포함되기 때문이다. 루이스가 학위논문을 쓸 때는 몰랐지만, 1888년에 프랑스의 광산 기술자였던 헨리 르샤틀리에가 열의 측정값에서 자유 에너지를 구하는 문제의 핵심인 적분 상수에 대해 처음으로 언급했었다. "적분 상수는 구하려고 하는 물질의 어떤 물리량의 함수로 주어진다. 이 함수를 찾아내면 평형 법칙을 완벽하게 이해할 수 있다. 그것이 가능하면, 어떤 새로운 실험 데이터를 구할 필요 없이, 화학 반응에 대한 모든 평형 조건을 연역적으로 알아낼 수 있다."[21]

3장에서 언급하겠지만 1905년에 네른스트는 적분 상수를 구하는 데 성공하였고, 이것이 우리가 알고 있는 열역학 제3 법칙이 되었다. 그러나 1899년에 루이스가 그의 새로운(그러나 풀리지 않는) 식을 제안했을 때는 그 식을 실제로 적용할 수는 없었고, 그 당시 사용되던 다양한 열역학 식들처럼 근사적인 값만을 추정할 수 있을 뿐이었다.[22]

리처즈와 루이스는 연구 스타일과 문제에 대한 접근 방식이 달랐지만, 루이스가 박사 연구를 마칠 즈음에는 원만한 관계를 유지하고 있었다. 루이스가 리처즈에게 보낸 4통의 정중한 편지가 아직 보존되어 있다. 편지에서 보면, 리처즈는 자유 에너지 식에 관한 루이스의 첫 단독 논문의 출간 교정본을 검토해 주는 등 여러 면에서 루이스를 도와주고 있었다.[23] 학위논문을 완성한 후, 루이스는 하버드에서 1년간 강사로 근무하면서 열역학 이론에 관한 연구를 계속하였다. 루이스는 그가 나중에 '퓨가시티(fugacity)'라고 부른 개념에 대한 첫 논문을 투고하였다. 첫 논문에서는 이 값을 '이탈 성향(escaping tendency)'이라고 불렀다.[24] 그는 이온 과학자들이 열역학을 화학에 엉성하게 적용했다고 생각했으며, 퓨가시티가 열역학을 수학적 기반으로 설명하려는 그의 노력의 핵심 개념이라고 생각했다. 그는 퓨가시티를, 물이 액체에서 수증기로 또는 그 반대 방향으로 변하는 것처럼, 물질이 한 상에서 다른 상으로 이동하려는 경향이라고 정의하였다. 그는 퓨가시티가 온도와 같은 기본 개념이라고 믿었다. 온도의 차이가 열이 흘러가는 방향을 결정하듯이, 퓨가시티는 물질이 한 상에서 다른 상으로 변하려는 경향을 나타낸다고 생각하였다.

루이스도 리처즈처럼, 1900년 말에 라이프치히의 오스트발트와 괴팅겐의 네른스트 밑에서 공부하기 위해 유럽으로 떠났다. 그는 1902년에 하버드의 강사로 돌아올 계획이었다. 그는 라이프치히의 오스트발트 연구실에서 환영과 격려를 받았다. 리처즈에게 퓨가시티에 관한 그의 두 번째 논문과 함께 동봉한 편지에서, 루이스는 라이프치히에서 오스트발트와 루트비히 볼츠만을 포함한 청중들에게 그의 퓨가시티 개념을 발표한 내용을 상세히 설명하였다. 볼츠만은 열역학을 설명하기 위하여 통계학적 방법을 도입한 물리학자였다.

> 저는 정규적인 연구 말고도 독일어로 하는 강연에 불려 다니느라 바쁩니다. 아시다시피 독일인은 유머 감각이 전혀 없다고들 하잖아요. 저는 물리화학 세미나에서 발표해 달라는 요청을 받았습니다. 저는 예정에 없던 발표였지만 그 요청을 받아들이고, 열 압력 이론[퓨가시티]으로부터 도출된 표면 장력에 대해 45분간 발표하였습니다. 다음 발표까지 한 시간 동안 질의응답이 이어졌습니다. 오스트발트와 특히 볼츠만이 논의를 주도했어요. 50여 명의 독일 과학자들 앞에서 준비된 발표를 하는 것도 충분히 힘든 일이었지만, 즉흥적인 토의에 비하면 그것은 유치원 놀이 수준이었다고 할까요. 그 발표는 그리 큰 성공을 거두진 못했던 것 같아요. 한 독일 연구원은 제 독일어는 완벽히 알아들었지만, 제 물리화학 발표 내용은 잘 모르겠다고 이야기했습니다. 아마도 대부분의 청중이 우리가 토의했던 내용을 잘 이해하지 못하고 세미나장을 떠났을 것 같아요. 후에 저는 물리학회에서 저의 열 압력 이론[퓨가시티]을 다시 발표했습니다. 이때도 볼츠만은 두 시간 동안 토의를 이어나가기를 고집했습니다. 그래서 연이어 발표하기로 예정되어 있던 다른 연사들은 매우 불쾌해했어요. 분자의 운동 에너지가 온도의 척도는 아니라는 저의 주장을 포함하여 일반적으로 알려진 것과는 다른 개념들에 대해 볼츠만을 상대해야 했던 저는 신경을 곤두세우고 있어야 했습니다.[25] 그는 마지막으로, 지금은 더는 이의를 제기하지는 않겠지만 동의하는 것은 아니라는 말을 하였습니다. 위르데부르크를 포함한 몇몇은 부분적으로 제 이론을 지지했지만, 제 이론 전체를 받아들인 교수는 없었다고 생각합니다.[26]

리처즈가 루이스의 아이디어에 자신의 공로가 있음을 주장하다

라이프치히에 머무르는 동안, 루이스는 리처즈와 계속 편지를 주고받았다. 1901년 1월에는 퓨가시티에 대한 그의 두 번째 논문 초안을 리처즈에게 보냈다. 리처즈는 이때부터 루이스에게서 받은 편지를 보관하고 있었으며, 그가 루이스에게 보내기 전 심하게 수정한 연필로 쓴 편지 초안도 보관하고 있었다. 루이스가 리처즈에게 퓨가시티에 관한 그의 두 번째 논문 초안을 보내고 나서 얼마 되지 않아 리처즈가 보냈던 이 편지는 두 사람 간의 불화를 촉발하는 계기가 되었다. 리처즈의 편지 초안에는 '1901년 3월 16일' 도장이 찍혀 있다.

> 자네의 논문은 내가 2년 이상 가져왔던 생각과 직관을… 수학적 형식으로… 나타낸 것 같네. 나는 자네가 **압력**의 중요성에 대한 내 의견에 동의하게 되어 매우 기쁘네… 전에는 자네가 내 의견을 완전히 받아들이지 않았다고 생각해. 왜냐하면 내가 왜 '추진 성향(driving tendency)'에 대한 논문을 출간했는지 모르겠다고 자네가 이야기했던 것을 기억하기 때문이지… '추진 성향'에 대한 (자네에게 사본을 보냈던) 그 논문에서 내가 처음으로 언급했던 개념을 자네가 새 논문에서 잘 다듬어 좀 더 적절히 표현한 것 같군. 나는 강의에서도 상과 상 사이의 압력에 대해 '밖으로 나가려는 성향(outward tendency)'이라는 용어를 썼던 거로 기억하네.
>
> 아무튼 내가 자네 논문에서 발견한 유일한 결점은, 자네 아이디어가 어디에서 나왔는지 그 기원을 밝히지 않은 것이네. 자네 논문이 반트호프의 영향을 많이 받았다는 것은 확인할 수 있었지. 아주 솔직히 말하자면, 압력에 대한 관점도 자네 업적에 영향을 주었다고 생각하네. 이 점을 자네에게 상기시키는 것을 망설였지만, 명확히 밝히는 것이 필요하다고 생각하네.[27]

'압력에 대한 관점'은 리처즈가 자신의 업적을 언급한 것이었다. 루이스에게 보낸 편지 초안과 함께 리처즈가 자필로 쓴 다음 글도 같이 보존되어 있다. 아마도 이 글은 루이스가 그의 논문에 감사의 글로 넣어주기를 바랐던 리처즈의 생각을 정리한 내용 같다.

> '이탈 성향'이라는 개념의 중요성을 인식한 것은 부분적으로 리처즈의 영향을 받았다. 그는 1899~1900년의 강의에서 이것을 '밖으로 나가려는 성향'이라고도 불렀다. 그는 이 개념을 반트호프의 식에 적용하였고, "물리화학 반응에서의 추진 성향"이라는 논문에서 물리적 및 화학적 변화를 결정하는 요인이 된다는 점을 언급하였다. 그러나 그의 정의는 모호하며, 압력과 유사하다는 직관적인 설명에 불과한 것이었다. 그는 그 개념을 이상적인 조건에만 적용하였다. 이 논문은 모호하게 표현한 그의 아이디어를 [완성?]하고 응용할 수 있게 해 주었다.[28]

리처즈의 편지를 받고 루이스는 난처했다. 루이스는 그 편지 내용이 자신의 퓨가시티 개념의 성과를 학위논문 지도 교수가 나누어 갖자고 하는 것으로 받아들였다. 리처즈는 루이스가 강의하려고 계획하고 있던 하버드 대학 화학과의 학과장이며, 물리화학 학계에 루이스를 소개해 줄 것으로 내심 기대하고 있던 사람이었다. 더군다나 루이스로서는 리처즈가 각주로 넣어주기를 제안했던 감사의 글을 그대로 사용하기도 어려웠다. 무엇보다도 리처즈의 '밖으로 나가려는 성향'이라는 개념은 퓨가시티와 아무 관련이 없었다. 또한, 그의 개념이 실제로 모호했고 리처즈도 그렇게 써 달라고 요청했지만, 리처즈의 아이디어에 '모호하다'는 모욕적일 수 있는 용어를 쓸 수는 없었다.

리처즈가 언급한 '추진 성향'에 관한 논문은 그즈음 발표한 논문이었다.[29] 리처즈는 그 논문의 각주에서 루이스가 수학적인 내용을 검토해 준 것에 대해 감사하다고 썼지만, 사실 그 논문은 수학적으로 엉망이었다. 퓨가시티 개념에 대한 그의 공로를 주장한 편지에서, 리처즈는 그가 언급한 '추진 성향', '반응 성향', 또는 '밖으로 나가려는 성향'을 루이스의 '퓨가시티' 또는 '이탈 성향'과 혼동하고 있었다. 루이스는 그의 개념에 대한 용어를 첫 번째 논문의 '이탈 성향'에서 두 번째 논문에서는 '퓨가시티'로 바꿨다. 아마도 그의 첫 번째 논문 발표 직후에 발간된 리처즈의 논문과 혼동되지 않게 하려고 의도적으로 바꾸었을 가능성이 크다.

리처즈가 고의로 루이스의 아이디어를 도용한 것은 아닐 것이다. 리처즈가 남의 지식을 훔치려고 했을 리 없고, 루이스의 개념을 제대로 이해하지 못했거나 열역학 자체를 잘 몰랐을 가능성이 크다. 그러나 루이스는 퓨가시티 개념에 대한 자신의 공로를 인정해야 한다는 리처즈의 주장을 반박하는 편지를 바로 보냈다. 1901년 4월 3일에 로마에서 루이스가 리처즈에게 쓴 편지는 다음과 같다.

> 교수님의 솔직하고 친절한 편지에 감사드리며, 저도 솔직하게 말씀드리겠습니다. 이 연구에 관해 교수님께서 베풀어주신 무한한 은혜를 제가 충분히 표현하지 못한 것으로 생각하신 것에 대해 사과를 드립니다. 제가 알고 있는 화학 지식뿐만 아니라 제가 이루었거나 앞으로 이룰 성과의 많은 부분은 교수님의 친절한 도움과 조언 덕일 것입니다. 그런 점에서 제 논문이 교수님의 영향을 많이 받은 것은 사실입니다. 이 논문은 특히 교수님과 제가 각각 따로 생각했던 주제에 관한 내용으로, 교수님과의 대화가 큰 도움이 되었습니다.

어떤 아이디어가 어떻게 발전했는가를 추적하는 것은 항상 어려운

> 일입니다. 순간적으로 떠오르는 아주 하찮은 생각조차 어디에서 그런 생각이 시작되었는지 잘 모릅니다. 하물며 그물망처럼 수년간에 걸쳐 모여지고, 뒤엉키고, 갈라져서 마침내 정교하게 짜인 이론으로 정립된 아이디어의 원천을 찾는 것은 불가능한 일입니다.[30]

그리고 루이스는 그의 아이디어의 원천이 리처즈에게서 오지 않았다는 것을 주장하기 위하여, 리처즈와 다른 과학자들과의 대화에 대한 상세한 설명을 이어갔으며, 그의 실험 노트 내용을 인용하기도 했다. 그는 다음과 같이 결론을 내렸다.

> 제가 생각했던 것보다 편지가 너무 길어져서 죄송합니다. 교수님께서는 이 편지가 별 흥미가 없으시겠지만, 교수님 편지를 받으니 잊어버릴 뻔했던 몇 가지 사실이 기억나 이 편지를 씁니다. 교수님께서 이 편지를 보관해 놓으시면 앞으로 제가 다시 이 글을 보고 싶어질지도 모릅니다. 교수님께서 의미했던 압력이, 외부의 압력이거나 삼투압이거나 혹은 다른 어떤 종류의 압력이건 간에 그것과는 상관없이, '압력에 대한 관점'을 제가 무시하지 않았다는 것은 이제 충분히 설명되었다고 생각합니다. 제가 열 압력과 이탈 성향에 대한 이론을 개발하는 과정에서 저는 교수님의 논문이나 강의보다는 교수님의 조언과 격려에 더 많은 영향을 받았습니다. 당시 교수님은 많은 업무에 몰두하고 계셨기 때문에 저와 했던 대화를 잊어버리셨겠지만, 그러한 대화가 저나 교수님의 아이디어에 지대한 영향을 주었으리라 생각됩니다.
>
> 이러한 내용을 다음과 같이 각주에 넣었으면 합니다: … "이 이론을 더욱 확장하면, 퓨가시티 개념과 T. W. 리처즈가 제안한 화학 반응의 추진 성향과의 유사성을 발견할 수 있을 것이다… 퓨가시티(이탈 성향) 이론

을 처음 구상한 것은 리처즈 교수님의 조언과 격려 덕분이라는 것을 상기하는 것은 기쁜 일이다."

혹시 위 내용을 고쳐주시거나 다른 글을 주시면, 교정본을 수정할 때 기쁘게 고쳐 넣겠습니다.[31]

비록 루이스의 글은 정중했지만, 이 편지는 루이스가 퓨가시티 개념에 기여했다는 리처즈의 주장을 받아들이지 않겠다는 통보였다. 편지의 내용은 명확했다. 자신의 논문에 적는 감사의 글은 리처즈와 나눈 일반적 대화에 감사하는 것만으로 제한하고자 했다. 또한, 그도 리처즈의 아이디어에 영향을 주었다고 언급하고 싶어 했다. 또한, 루이스는 『미국 예술 과학 아카데미 회보』에 투고한 논문의 편집 교정본을 세심하게 검토하고자 했다. 리처즈는 그 학회지에 정기적으로 투고를 하고 있었으며 그 학회의 주요 직책을 맡고 있었기 때문에, 루이스는 감사의 글이 임의로 수정되지 않고 정확히 그가 쓴 대로 인쇄되는 것을 확인하고 싶었다. 리처즈는 루이스의 답변에 실망했음이 틀림없었지만, 루이스의 의견을 받아들인 것 같다. 퓨가시티에 관한 루이스의 두 번째 논문의 각주는 루이스가 쓴 문장 그대로 발간되었기 때문이다.[32] 이후 루이스가 독일에 머무르는 동안에 발간된 리처즈와 루이스의 논문에서는 두 사람 사이의 교류에 대한 언급이 없다. 앞에서 언급한 불쾌한 서신 교환을 끝으로, 두 사람은 더는 연락을 주고받지 않았던 것 같다.

아레니우스가 자신의 지도 교수였던 클레베와 탈렌의 부당한 대우 때문에 압박감을 느꼈던 것처럼, 루이스도 리처즈에게 이용당하고 있다고 느꼈다. 오스트발트가 원자론과 상충하는 에너지론을 주장해서 네른스트가 분노했던 것처럼, 루이스는 리처즈가 그의 퓨가시티 이론을 이해하거나 수용하지 못하는 것에 실망했다. 그래서 오스트발트와 절연했던 네른스트처럼 루이스도 리처즈와의 관계를 끊었다. 그러나 그로 인해 루이스는 네른스트보다 훨씬 곤란한 처지에 처하게 되었다. 네른스트는 1895년에 오스트발트와 절연했을 때 이미 정교수가 되어 있었으며 과학적 명성도 확고했었다. 하지만 루이스는 하버드의 강사 신분이었고 곧 리처즈의 밑에서 일해야 할 상황이었다. 더군다나 네른스트는 오스트발트의 에너지론을 잘못 이해한 이론으로 간주했지만, 개인적으로 그것을 지적하지는 않았다. 네른스트는 에너지론에 대한 토론 장소에서 오스트발트를 공격하면서 공개적으로 그와 단절했지만, 하버드로 돌아가야 하는 루이스는 리처즈와 공개적으로 절연할 수는 없었다.

리처즈는 이후 퓨가시티에 대한 자신의 공로를 주장하지 않았지만, 루이스는 다시는 리처즈를 신뢰하지 않았다. 루이스는 평생 이런 식으로, 그가 적이라고 생각하는(또는 적으로 만든) 과학자들을 멀리하였다. 뒷 내용에 나오는 리처즈, 네른스트, 랭뮤어, 유리와의 관계에서 그 예를 볼 수 있다.

루이스와 네른스트

리처즈와 편지를 주고받던 시기에 루이스는 오스트발트 연구소에서의 연구를 끝내고 괴팅겐에 있는 네른스트의 연구소로 갈 준비를 하고 있었다. 오스트발트가 리처즈에게 쓴 1901년 3월 30일 자의 편지에는 다음과 같은 내용이 있다. "루이스 박사는 통찰력과 폭넓은 지식을 갖고 있습니다. 저는 그를 높게 평가하며, 그가 뛰어난 업적을 이뤄낼 것을 확신합니다."[33] 오스트발트는 젊은 과학자들을 격려하는 것이 그의 의무라고 생각하고 그들을 반겼지만, 네른스트는 그렇지 않았다. 뒤에 나오는 것처럼, 랭뮤어는 네른스트의 무례함을 자세히 기록했다. 모욕적인 대우에는 랭뮤어보다 훨씬 민감하게 반응하는 루이스에게, 괴팅겐에서의 생활은 비참했음이 틀림없다. 루이스가 네른스트와 같이 있었던 시기의 편지는 남아 있지 않으며, 이 기간에 루이스는 한 편의 논문도 출간하지 못했다. 그곳에서 분명 무슨 일인가 벌어졌던 것 같다. 이후 루이스와 네른스트 사이에 평생 지속될 강한 적대감이 생겼음이 분명하고, 이것 때문에 루이스가 노벨상을 받지 못했을 수도 있다(7장 참조). 루이스에 대한 네른스트의 적개심은 그들이 미처 만나기도 전에 시작되었을지도 모른다. 리처즈가 1895년에 했던 것처럼, 루이스는 오스트발트와 네른스트의 연구실에서 각각 6개월씩 일할 계획으로 1901년 하버드에서 독일로 떠났었다. 오스트발트의 연구실에서 일하는 동안 루이스는 리처즈에게 보낸 편지에 네른스트가 아닌 반트호프의 연구실에서 일하는 것으로 마음을 바꾸었다고 썼다.

> 그러나 저는 다음 학기에는 반트호프 연구실에서 일하기로 결정했습니다. 베를린과 괴팅겐 둘 중에서 결정하는 것은 쉬운 일이 아니었지만, 이곳의 크리스마스 연회에 참석한 반트호프에게 제 생각을 이야기했습니다. 그는 작은 개인 연구실만 운영하고 있으며, 5~6명의 학생만 받아들이는데 곧 빈 자리가 생길 것 같다고 했습니다. 다만, 그곳에는 현재 진행되고 있는 연구를 위한 장비만 갖추어져 있기 때문에 그 연구를 할 용의가 있다면 다음 날 편지를 보내라고 이야기했습니다. 그 후, 저를 위해 자리를 남겨두겠다는 답장을 받았습니다.
>
> 저는 반트호프를 아주 좋아하며, 그의 작은 연구실에서는 그를 직접 만날 기회가 많을 것으로 생각합니다. 반면에, 네른스트 연구실에서는 더 좋은 연구 주제를 받을 수 있겠지만, 네른스트는 학생들에게 거의 관심이 없다는 이야기를 들었습니다. 그런 이유로 반트호프의 실험실로 가기로 했습니다.[34]

몇 주 후, 루이스는 생각을 바꾸었다.

> 다음 학기에 대한 제 계획이 불확실해졌습니다. 방금 반트호프의 편지를 받았습니다. 그는 다음 학기가 시작되자마자 베를린을 떠나 7월 말까지 자리를 비울 것이라고 합니다. 6월 16일 시카고 대학 개교기념일 기념 강연을 하고 미국에 2주간 머물 계획이라네요. 아마 시카고 대학에서 명예 박사 학위를 받을 듯합니다. 그가 전혀 언급하지 않아 얼마 전에야 그 사실을 알았습니다. 괴팅겐보다는 베를린에서 한 학기를 보내고 싶지만, 반트호프를 볼 수 있는 기간이 반으로 줄어든다면 그곳에 갈 가치가 없을 듯합니다. 네른스트 연구실에 자리가 남아 있다면, 그곳으로 가는 편이 더 나을 것 같아요.[35]

루이스가 반트호프와 먼저 접촉했던 것을 네른스트가 나중에 알았을 가능성이 있다. 그렇다면 자신이 루이스의 두 번째 선택이었다는 점을 좋아했을 리가 없다.

하버드에서 방황한 루이스

1902년에 루이스는 독일에서 리처즈가 선임자로 있는 하버드에 강사로 돌아왔다. 1901년에 리처즈는 괴팅겐 대학으로부터 교수로 초빙하겠다는 제안을 받았다. 리처즈는 그 제안을 하버드 대학과의 협상에 이용하여, 강의 부담을 일주일에 3번으로 경감받았다.[36] 루이스가 리처즈의 강의를 대신 떠맡을 수밖에 없었다. 1902년에 루이스는 강의를 세 과목이나 해야 했다. 한 과목의 강의는 리처즈와 공동으로 진행했기 때문에, 루이스는 리처즈와 정기적으로 협의를 해야만 했다. 루이스는 이 강의에서 특히 이온 결합에서의 원자가와 전자에 대한 그의 이론을 가르쳤다. 이것은 후에 문서로 출간된 1902년의 강의 노트에 기록되어 있다.[37] 반면에, 리처즈는 원자가 이론에 대한 그해의 강의 노트에 다음과 같이 적었다. "결합에 관한 헛소리: 화학 반응에 대해 알려진 사실을 표현하는 매우 피상적인 방법. 설명이 아닌 단순 묘사."[38] 루이스는 하버드 대학과 강의가 지겨워지기 시작했다. 교수들은 루이스의 아이디어에 전혀 관심을 보이지 않았고, 강의 부담이 너무 커서 연구할 시간이 전혀 없었다. 루이스는 독일에서 하버드로 돌아온 이후, 한 편의 논문도 발표하지 못했다. 이것은 그의 연구 일생에서 가장 긴 기간 동안 논문이 없었던 시기였다.

리처즈의 아이디어를 도용했다고 비난받은(적어도 루이스는 그렇게 생각했다) 루이스는, 독일에서 돌아온 이후 꼭 필요한 일이 아니면 리처즈를 피하려고 하였다. 1904년에 루이스는 돌연 하버드를 떠나 필리핀으로 가서 도량형 관리자 자리를 맡게 되었다. 미혼에 29살인 루이스는 일생에서 한 번 정도 1년간의 모험을 해보기로 작정했던 것 같다. 그때는 스페인-미국 전쟁에서 미국이 필리핀을 손에 넣은 직후였다. 이 시기는 많은 미국인이 '명백한 운명'*을 신봉할 때였으며, 루이스가 모험을 결심한 동기가 애국심이었을 수도 있다. 필리핀에 있는 동안 루이스는 싸구려 담배인 파이팅밥 시가(정가 10¢에 할인가는 5¢)를 피우기 시작했고, 나중에는 고급 담배인 또 다른 필리핀 시가 알함브라카지노를 피웠다. 그 이후 루이스는 골초가 되었다. 그러나 루이스가 필리핀 생활을 마냥 느긋하게 즐기기만 했던 것은 아니었다. 그는 업무의 일환으로 실험실을 차릴 수 있었고, 물리화학에 대한 실험을 다시 시작하였다. 이 시기에 그는 퓨가시티 논문 이후 처음으로 3편의 논문을 출간하였

* 19세기 중후반에 미국에서 유행한 말로, 미국은 북미 대륙을 정복하고 개발하여 번성시키라는 신의 명령을 받았다는 주장 - 역자 주

다. 그리고 그는 네른스트에 대한 분한 감정을 삭이고 있었다. 루이스가 필리핀에 가지고 간 유일한 책은 네른스트의 『이론화학』이었으며, 필리핀에 있는 동안 그 책에 있는 모든 오류를 찾느라 시간을 보냈다.[39]

1901년에 퓨가시티에 대한 논쟁 이후, 혹은 1904년에 루이스가 하버드를 갑자기 떠난 이후, 리처즈는 루이스에 대한 나쁜 감정을 계속 품고 있지는 않았던 것 같다. 물론 물리 유기화학자 루이스 해밋에 따르면, 자신이 하버드의 학생 시절이던 1915년에 리처즈가 루이스를 똑똑한 젊은 연구원이라고 평하는 것을 들었지만 그를 완전히 인정하지는 않았던 것 같다고 한다.[40] 1905년에 루이스가 필리핀에서 보스턴으로 돌아왔을 때, 미국 국립과학원은 그를 자유 에너지에 관한 정보를 모으는 공동 연구의 책임자로 지명하였다.[41] 그를 지명한 과학원 위원회 소속 세 명의 위원 중 한 명이 리처즈였다. 1924년에 리처즈는 루이스를 노벨 화학상 후보로 추천하기도 한다.[42]

리처즈는 모든 것을 용서했을지라도, 루이스는 그렇지 않았다. 리처즈가 원자량에 대한 업적으로 1914년에 노벨 화학상을 수상했을 때, 루이스는 그에게 형식적인 축하 편지를 보냈을 뿐, 퓨가시티에 대한 권리를 주장한 리처즈를 절대 용서하지 않았다.[43] 1940년대에도 루이스는 리처즈를 비난하고 있었다. 그의 대학원생이었던 제이콥 바이젤리센은 루이스가 “생각해 봐라. 대학원생의 아이디어를 훔치다니!”라는 말을 했다고 증언하였다.[44] 1928년에 리처즈가 사망했을 때, 해럴드 하틀리 경은 루이스에게 리처즈에 관한 정보를 요청하면서, 과학적인 내용으로 그의 부고를 써 줄 것을 부탁하였다. 루이스는 답장에서 리처즈는 “성실한”, “다가가기 쉬운”, “세심한”, “예의 바른”, 그리고 “이야기를 잘하는” 사람이었다고 언급하며 하틀리에게 리처즈의 부고를 쓸 다른 학생을 소개하였다.[45] 학술지 『사이언스』의 편집인도 리처즈의 가장 뛰어난 학생이었던 루이스에게 리처즈의 과학적 업적에 관한 조사를 써 달라고 부탁하였다.[46] 루이스는 답장을 보내지 않았고, 결국 리처즈의 다른 학생이 조사를 썼다.[47]

루이스, MIT에서 확고한 자리를 구축하다

루이스는 1905년에 보스턴으로 돌아와 MIT의 아서 노예스의 물리화학 연구소에서 일하게 되었다. 루이스는 하버드 교수직에도 다시 지원했었지만, MIT에서 정규직 자리를 보장받게 되자 하버드 지원을 철회하였다.[48] 그의 경력은 MIT에서 마침내 활짝 피어났다. 강의에서 면제되었으며, 노예스는 그에게 연구에 매진하도록 격려해 주었다. 1907년과 1908년에 노예스가 MIT의 총장 직무대리로 근무하는 동안 루이스는 연구소장 대리로 근무하였다. 그는 화학 열역학을 단단한 기반 위에 올려놓기 위한 연구를 계속하였으며, 이론 및 실험 연구의 범위를 확장하였다. 또한 미국 국립과학원이 주관하는 반응의 자유 에너지 데이터 취합을 위한 공동 연구의 책임자로 일했으며, 최초의 박사 과정 학생인 메를 랜달을 받았다.

루이스의 목표는 열역학을 체계적인 과학으로 확립함과 동시에 화학자가 쉽게 이해할 수 있는 학문으로 만드는 것이었다. 열역학에 관한 이론은 두 개의 다른 경로로 연구되고 있었다. 즉 물리학자들은 좀 더 수학적으로 표현하려 하였고, 화학자들은 실용적인 면을 강조하였다. 루이스는 이 두 접근 방법을 조화시키려 노력하였다. 화학자들에 의해 얻어진 결과를 인정하면서도, 엄격한 기준을 더하려 하였다. 그가 평생 추구한 연구 접근 방법이 MIT에서 시작된 것이다. 즉, 그는 정확한 식을 개발하려 하였으며, 정확한 값과 근삿값을 명확히 구분하고 분리하려고 하였다. 1907년에 루이스는 열역학에 대한 그의 접근 방법을 논문으로 발표하였다. 그의 박사학위 논문처럼 이 논문의 제목도 모든 것을 포괄적으로 아우르는 것이었다. "새로운 시스템의 화학 열역학 개요".[49] 이 논문은 다음과 같이 시작된다.

> 이론화학이 빠르게 발전하는 과정에서 두 개의 에너지 법칙이 매우 중요한 역할을 하였다. 열역학적 방법론에서는 두 가지의 방법이 광범위하게 사용되어왔다. 한 방법은 엔트로피와 열역학적 퍼텐셜에 대한 기본 식에 기초하고 있으며, 깁스, 뒤엠, 프랑크 등에 의해 정립되었다. 두 번째 접근법은 반트호프, 오스트발트, 네른스트, 그리고 아레니우스 같은 과학자들이 사용하였으며, 소위 말하는 순환 과정 같은 특수한 문제에 직접 적용하는 것이다.
>
> …지난 30년간 화학적 문제에 열역학을 적용하면서 이룩한 거의 모든 발전은 두 번째 접근법의 덕분이라는 사실을 인정해야 한다. 현재 연구자들이 주로 사용하고 있는 방법이며, 물리화학 교과서에도 실려있다.
>
> 그럼에도 불구하고 이 방법을 적용하는 것은 비체계적이며, 종종 부정확한 결과를 얻게 된다. 또한, 다수의 근사 기호가 포함된 동떨어진 식들을 양산해 내었다. 물리화학에 대한 법칙들을 조사해보면, 열역학을 적용한 대부분의 법칙과 식들에서 기체는 이상 기체이며 용액은 이상 용액이라는 가정을 하고 있다….
>
> …근사식만 얻을 수 있는 화학 열역학의 낡은 접근법에 우리는 더 이상 만족할 수 없다. 조금 난해하기는 하나 정교한 엔트로피와 열역학 퍼텐셜 식을 활용하거나, 아니면 정확한 답을 얻을 수 있는 방법으로 수정하여야 한다.
>
> 이 논문의 목적은 현재 우리가 사용하고 있는 것과 매우 유사하여 친근하지만, 완벽하게 정확하며 체계화된 열역학 식들을 개발하는 것이다.[50]

루이스가 반트호프와 오스트발트, 네른스트, 아레니우스의 이름을 거론하며 '낡은 근사식'이 통용되는 데에는 그들에게 책임이 있고, 그 식이 '비체계적'이고 '부정확'하며, '더 이상 만족할 수 없다'라고 비난한 것은 현명한 처사가 아니었다. 이것은 루이스가 용기 있어서라거나 순진해서 한 행동이라고 치부할 수도 있다. 하지만 루이스는 이러한 처신이 자신의 연구 경력에 어떤 영향을 주는지에 대해 숙고하지 않았다. 이러한 일은 그 후에도 자주 반복되었다.

그즈음, 루이스는 미국의 열역학을 선도하는 과학자로 알려지고 있었다. 새로운 방법론이 필요하다는 루이스의 주장은 그가 이전에 열역학 체계를 재설정하려고 시도했을 때보다 훨씬 진지하게 받아들여지고 있었다. 그러나 그의 논문은 그가 제목에서 밝혔듯이 새로운 화학 열역학 시스템을 설명한 개요일 뿐이었다. 그의 주장을 뒷받침할 실험 결과는 아직 나오지 않았다. 그의 논문은 연구 결과에 대한 보고서라기보다는, 앞으로 얻을 수 있는 매력적인 결과를 소개한 것에 더 가까웠다. 그는 이전에 이상적인 압력이라고 생각할 수 있는 퓨가시티 개념을 도입하였고, 이번 논문에서는 그의 가장 중요한 열역학 개념인 **활동도**(activity)를 소개하였다. 그러나 그 개념을 '활동도'라고 이름 지은 것은 적절한 선택은 아니었다. 20여 년 전 아레니우스가 '활성화 상태(active state)'라는 용어를 만든 후, 활동도라는 용어가 그 뜻이 모호한 채 이미 일반적으로 쓰이고 있었기 때문이다. 그러나 루이스가 말한 활동도는 일반적으로 사용되는 용어와 달리 아주 구체적인 개념이었다. 그는 활동도를 이상적인 농도라고 생각했고, 용해된 물질의 농도가 이상 용액의 법칙을 따르는 상태를 의미했다. 압력을 퓨가시티로, 농도를 활동도로 바꾸어주면, 물리화학자들이 개발한 거의 모든 열역학의 근사식이 정확한 식으로 바뀌게 된다. 그러나 어떤 성분의 활동도를 농도로부터 구하는 식이 없다면, 루이스가 제안한 방법은 문제를 단순히 변형시킨 것일 뿐, 새롭게 해결된 것이 아무것도 없게 된다. 그것은 후에 루이스가 인용했던 앙리 푸앙카레의 말처럼, 어려움은 해결해 주지 못한 채 기도만 해 주는 것과 같은 것이었다.[51] 그 후 15년 동안 루이스는 실험적으로 활동도를 구하는 방법을 개발하기 위하여 노력하였다.

루이스는 활동도가 이온 과학자들이 풀지 못하고 남겨두었던 문제(강전해질의 비정상적 특성)를 해결해 줄 것으로 생각하였다.[52] 아레니우스가 보여주었듯이, 강전해질(염화 나트륨, 황산, 수산화 칼륨 등)은 물에 녹으면 농도와 상관없이 완전히 해리된다. 반면에 약전해질(아세트산, 암모니아 등)은 농도를 묽혀도 부분적으로만 해리된다. 약전해질 용액은 질량 작용 법칙을 따르지만, 강전해질 용액은 이 법칙을 만족하지 않는다. 그러나 왜 이런 차이가 나는지에 대한 적절한 설명이 없었다. 이 현상은 물리화학에서 가장 시급히 해결해야 할 문제로 여겨졌고, 1921년까지 루이스에게 가장 중요한 연구 과제로 남아 있었다. 결국, 루이스는 '이온 세기'라는 개념을 도입하여 강전해질의 활동도를 결정하는 실제적인 방법을 찾게 된다(7장 참조).

루이스는 리처즈 및 네른스트와 지내면서 힘든 시간을 거쳐 왔다. 대부분은 그가 자초한 결과였다. 그러나 루이스가 1908년에 뉴헤이븐에서 어빙 랭뮤어를 만날 무렵의 그는 이미 미국 물리화학의 중추적 인물 중의 한 사람이 되어 있었다. 루이스보다 6살 적은 랭뮤어는 스티븐스 밑에 있으면서, 하버드에서 힘들어하던 6년 전의 루이스와 같은 처지에 있었다. 그도 억압적인 보스 밑에서 일하면서, 연구할 시간은 전혀 없고, 그의 아이디어를 인정해 주는 사람도 전혀 없어 보였다.

어빙 랭뮤어

어빙 랭뮤어는 1881년에 찰스와 사디 랭뮤어의 네 아들 중 셋째로 태어났다. 어빙의 아버지는 뉴욕 생명보험사의 중역이었다. 그의 가족은 스코틀랜드계로, 1840년대에 몬트리올로 이민 갔다가 다시 미국으로 이주하였다. 그들은 맨해튼의 이스트강 건너편 브루클린의 숲이 우거진 부유한 동네에서 살았다. 어빙의 맏형이자 화학자였던 아서는 어빙을 도와 집에 화학 실험실을 차려주었고, 어빙은 간단한 폭발 실험 장치를 만들며 시간을 보냈다. 어빙이 12살 때, 그의 아버지는 파리에 있는 뉴욕 생명보험사의 유럽 지점장으로 파견되었다. 어빙은 프랑스 학교에 다니면서 오페라와 클래식 음악에 심취하였다. 또한, 등산, 스키, 스케이팅 등의 취미생활에 몰두하였고, 평생 그런 취미활동을 즐겼다. 그는 방학 중 등반한 산의 고도와 등산하고 하산한 시간 등을 자세히 적은 일지를 쓰기 시작하였다. 어빙이 17세 때인 1898년에 그의 가족은 브루클린으로 돌아오기로 계획하고, 어빙과 그의 동생 딘을 학교 시작에 맞추어 먼저 미국으로 보냈다. 남은 가족이 귀국 준비를 하는 동안, 어빙의 아버지가 병이 나서 며칠 만에 갑자기 사망하였다. 어빙의 어머니는 많은 유산을 받았고, 그녀가 바랐던 세계 여행을 할 수 있었다. 어빙과 주고받은 편지를 보면, 그녀는 남은 생의 대부분을 증기선과 호텔에서 보냈던 것 같다. 1936년에 그의 어머니가 죽을 때까지 어빙은 어머니와 자주 편지를 주고받았다. 그가 어머니에게 보낸 솔직한 편지들은 그의 자료 중 가장 흥미로운 문서이다.

고등학교를 졸업한 후, 랭뮤어는 컬럼비아 대학의 광산공학과에 입학하였다. 후에 그는, "그 과에서 공부하려면 화학이 매우 중요했으며, 화학과보다 물리 과목이 더 많았고, 물리과보다 수학 과목이 더 많았다. 세 분야 모두 내가 원했던 것이었다."라고 썼다. 여름에는 캣스킬 산맥을 등반하거나 자전거를 타고 올랐다. 그를 인상 깊게 바라본 한 교수가 그에게 "자네가 가장 원하는 것을 할 수 있다면, 어떤 일을 하고 싶은가?"라고 물었을 때, 랭뮤어는 "켈빈 경과 같은 위치에서 원하는 연구를 자유롭게 하고 싶습니다."라고 대답했다.[53] 켈빈은 많은 업적을 이룬 영국의 유명한 과학자로, 열역학 제1 및 제2 법칙을 정립하는 데 기여하였고, 최초의 대서양 해저 전신 케이블 설치를 주도하기도 하였다.

랭뮤어와 네른스트

랭뮤어는 1903년에 컬럼비아 대학을 졸업한 후, 대학원에 진학하기 위해 독일로 향했다. 괴팅겐 대학의 네른스트에게 갈지 라이프치히 대학의 오스트발트에게 갈지는 아직 정하지 않은 상태였다. 독일 대학의 학생들은 한 대학에 계속 머무를 필요가 없었다. 어떤 대학에서나 강의를 들을 수 있으며, 한 대학을 선택해 졸업 논문을 제출하면 되었다. 괴팅겐 대학은 독일 수학의 중심이었다. 펠릭스 클라인, 다비트 힐베르트, 카를 룽게, 헤르만 민코프스키 같은 대수학자들이 괴팅겐 대학의 교수였다. 반면에 라이프치히 대학에는 오스트발트가 있었다. 랭뮤어는 먼저 괴팅겐 대학에서 네른스트의 강의를 들었다. 그는 네른스트의 독일어 강의를 이해할 수 있다는 사실에 스스로 놀랐다. 랭뮤어는 어머니에게 보낸 편지에 "아마도 네른스트 교수가 천천히 또박또박 말했기 때문일 거예요. 그는 분명히 훌륭한 교수님일 거예요."[54]라고 썼다. 랭뮤어는 괴팅겐의 네른스트 밑에서 공부하는 것과 라이프치히의 오스트발트 밑에서 공부하는 것의 장단점을 꼼꼼하게 표로 작성하여 어머니에게 보냈다. 그 표에서 그는 과학뿐만 아니라, 연극, 음악, 주변의 자연, 독일어 지역 사투리 등도 꼼꼼하게 비교하였다.[55] 랭뮤어가 라이프치히를 방문했을 때, 오스트발트는 거의 은퇴한 상태였으며, 대학은 미국에서 유학 온 학생으로 넘쳐난다는 것을 알게 되었다. 그것은 그가 바랐던 독일 생활이 아니었다. 또한, 과학 강의 수준이 괴팅겐 대학보다 못한 것 같았다. 그래서 그는 네른스트가 있는 괴팅겐 대학을 선택하였다.[56] 프랑스어를 완벽하게 구사하던 랭뮤어는, 얼마 되지 않아 독일어도 외국 억양이 거의 없이 유창하게 말할 수 있게 되었다. (루이스도 독일어를 읽고 말할 수 있었으나, 그의 억양은 "지독하고 끔찍"[57]했다.)

랭뮤어는 그해 여름 베르히테스가덴에서 등산을 즐긴 후, 가을에 괴팅겐에 정착하였다. 11월 말경에는, 주문했던 크로스컨트리용 스키가 뮌헨에서 도착했다. 그는 스키를 혼자 연습했고, 곧 독일 학생들을 가르칠 수 있는 수준이 되었다. 여름 동안에는 알프스의 가장 힘든 봉우리들을 등정하였다. 그의 형 아서는 "어빙은 가이드 없이, 손으로 잡을 수 있는 곳과 침니* 등이 적혀있는 가이드북을 참고하며 혼자 등반을 하였다. 한 침니 꼭대기 근처에서는, 다음 단계를 위한 발디딤대로 가기 위해서, 손가락 끝으로 몸을 지탱하다 몸을 날려 500피트 밑으로 뛰어내리기도 했다."라고 회상하였다. 랭뮤어의 1905년 6월 일기에는 시간당 평균 3.4마일의 속도로 하루에 52마일을 등반하여 4,940피트를 올라갔다고 적혀 있다.[58] 몇 년 후, 랭뮤어와 그의 친구들은 요트에서 물개 무리를 목격한다. 더 가까이에서 그들을 관찰하고 싶었던 그는 판초를 머리에 뒤집어쓰고 두 눈과 콧구멍이 나오도록 구멍을 뚫은 후, 텐트 끈으로 목을 묶었다. 그런 뒤 물에 뛰어들어 개헤엄으로 물개 무리에 다가가서 물개들과 한 무리가 되어 수영하였다. 랭뮤어는 물개들

* 암벽 등반에서 타고 올라갈 수 있게 세로로 갈라진 바위틈 – 역자 주

이 그를 의심의 눈초리로 쳐다보았다고 말했다.[59] 그러나 루이스가 독일에 있는 동안 어떤 운동을 했다는 이야기는 없다. 네른스트는 등산은 평생에 한 번만 하면 족하다고 했다. 루이스가 네른스트의 의견에 동의하는 것이 있다면 아마 그 점 하나일 것 같다.

괴팅겐에서 한 학기 동안 네른스트, 클라인, 민코프스키의 수업을 들은 후, 랭뮤어는 자격시험을 통과하였다. 그리고 1904년 봄부터 네른스트의 지도하에 박사 과정 연구를 시작하였다. 네른스트가 제안한 연구 주제는 네른스트 전구와 '질소 고정'에 관련된 것이었다. 질소 고정이란 대기 중의 질소로부터 화합물을 합성하는 것을 말한다. 네른스트가 랭뮤어에게 원했던 것은 기체 반응, 특히 질소와 산소 혼합물에서 일산화 질소가 합성될 때의 화학 평형을 연구하는 것이었다. 일산화 질소로 비료나 화약을 합성할 수 있으므로, 이 연구는 경제적인 잠재력이 매우 컸다. 일산화 질소 제조 공장은 미국 나이아가라폴스시와 노르웨이에 이미 건설되어 있었다. 랭뮤어가 어머니에게 보낸 많은 편지 중 이런 내용이 있다.

> [네른스트가] 두 가지 주제를 제안했어요… 한 주제는 그래도 흥미가 있어서 관련된 글을 읽고 있어요… 네른스트는 새로운 연구 주제에 관해 직접 쓴 짧은 논문을 저에게 주고 읽어 보라고 했어요.[60] 그래서 다 읽긴 했는데, 처음에 완전히 이해하지는 못했어요. 그래서 다시 주의 깊게 읽은 후 저와 다른 학생들의 메모를 비교해보니, 네른스트가 사소하지만, 바보 같은 오류를 범했다는 결론을 얻게 되었어요. 그래서 아주 곤란해요. 네른스트는 자신이 틀렸다는 사실을 지적받는 것을 좋아하지 않는 사람이거든요. 그렇다고 제가 이해하지 못했다고 하면, 저를 아무것도 모르는 바보라고 생각하겠죠. 물론 그가 유도한 식을 증명하는 연구를 아직 시작

한 것은 아니지만, 만일 그 식들이 맞는다면 그것이 의미하는 바가 무엇인지는 이미 알고 있어요. 네른스트가 제안한 주제는 양 끝의 온도 차이가 매우 큰 공간에서의 화학 평형을 연구하는 거예요. 그는 아직 구체적으로 무엇을 하라고 이야기하지 않았지만, 아마도 네른스트 전구의 필라멘트 주위에서 일어나는 물 분자의 분해에 관한 연구일 것 같아요. 연구 결과는 전기 아크나 네른스트 필라멘트를 이용하여, 공기 중의 질소로부터 질소 산화물을 생산하는 공정에 이용될 수 있을 거예요.[61]

질소와 산소로부터 일산화 질소를 합성하는 반응은 높은 온도에서만 일어난다. 네른스트의 아이디어는 반응 기체들이 고온의 고체 표면에서 서로 접촉하게 하는 것이었다. (처음에는 그의 전구 필라멘트를 사용하였으나, 나중에는 백금선을 사용하였다. 백금은 촉매로도 작용하여 반응 속도를 높

그림 2-2 19세의 어빙 랭뮤어. 화학 헤리티지 재단 제공.

이는 이점이 있다.) 일산화 질소가 만들어지면, 뜨거운 표면에서 차가운 공간 영역으로 이동할 것이다. 네른스트는 생성물과 반응물이 냉각되면서 반응 속도가 느려지고, 그 양을 측정할 때까지 생성된 양이 변하지 않기를 희망하였다. 처음에 네른스트는 이 실험에 대단한 열정을 보였다. 랭뮤어는 "이번 주에 실험을 시작했어요. 네른스트가 이 연구에 대단한 흥미를 보여서, 실험실에 연구 장비를 본인이 직접 설치했어요. 네른스트는 지난번에 제가 말한 두 가지 오류를 받아들였어요. 하지만 그를 이해시켜야 할 오류 두 개를 또 찾았네요."[62]라고 썼다. 그리고 다음주 편지에는 이렇게 썼다.

> 이번 주에 저는 거의 밤낮으로 일했어요. 매우 흥미로운 결과가 나올지는 아직 잘 몰라요. 그 연구 주제, 특히 네른스트 자신이 큰 관심을 두고 있는 연구 주제를 받았다는 것은 저로선 큰 행운이에요. 지난주에 제가 네른스트가 실험실에 직접 장치를 만들어 설치했다고 했죠. 처음 3일간은 거의 그와 함께 일했어요. 그 전의 몇 주간은 그를 전혀 볼 수 없었고, 그가 준 논문들을 읽으면서 시간을 보냈어요. 그리고 논쟁이 될 만한 부분을 다시 공부하여, 월요일에 그를 다시 만나면 무슨 말을 해야 할지 곰곰이 생각했어요. 월요일에 만났을 때, 네른스트는 곧 투고할 논문에 쓸 몇 가지 일반적인 결과가 필요해서 혼자서 제 연구 주제에 관한 일을 이미 시작했다고 했어요. 본인이 실험 장치를 직접 설치했고, 한 가지 예비 실험을 이미 한 상태였어요. 제가 장치의 남은 부분을 만들었어요. 그것은 네른스트 전구의 필라멘트로 공기가 흐르도록 하는 것과 만들어진 일산화 질소의 양을 측정하는 것이었어요… 네른스트는 다시 실험하여 2000℃로(한 실험에서는 2100℃로까지) 가열된 이리듐 튜브로 공기를 지나가게 한 후, 석영 모세관 속으로 통과시켜 온도를 급격하게 낮추었어요. 이

런 방법으로 그는 0.8%의 공기를 일산화 질소로 변형시켰어요. 저의 경우에는 필라멘트 온도를 2200℃까지 올렸지만 0.3%만 변환되었어요.

지난 토요일에 제 실험을 위한 장치를 제작해 설치했고, 내일 아침에는 실험을 시작할 수 있을 거예요. 네른스트는 틈만 나면 저를 찾아왔고 저는 필요한 모든 장치를 쉽게 구할 수 있었어요. 대부분의 다른 학생들은 그를 일주일에 한 번 보려고 기다려야 해요.[63]

랭뮤어가 연구하던 반응에서는 온도를 높여주면 일산화 질소의 생성을 증가시키는 방향으로 평형점이 이동했다. 하지만 불행하게도 생성된 일산화 질소의 온도를 급격히 낮춰주지 않으면, 열선을 떠난 일산화 질소가 바로 질소와 산소로 다시 해리되어 버렸다. 아마도 이러한 이유로 열선을 이용한 랭뮤어의 실험에서의 수득률이 0.3%에 그쳤던 것 같다. 반면에 가열된 이리듐 튜브를 이용한 네른스트의 실험에서는 생성물을 급격히 냉각시켜 0.8%의 수득률이 얻어졌다. 반면에 수증기와 이산화 탄소를 생성하는 반응에서는 급격한 역반응이 일어나는 문제가 발생하지 않았다. 결국, 이러한 반응 특성이 랭뮤어의 졸업 논문 주제가 되었다.[64] 그러나 수증기와 이산화 탄소를 만드는 반응은 경제적 가치가 전혀 없었기 때문에, 랭뮤어의 연구는 더 이상 네른스트의 관심을 끌지 못했다.

1904년 말에 네른스트는 괴팅겐 대학에서 베를린 대학으로 옮겨가겠다고 발표하였다. 그는 랭뮤어에게 뒤에 남아서 그의 후임 교수와 함께 연구를 마치라고 조언하였다.[65] 하지만 그의 후임 교수가 아직 정해지지 않아 1905년 봄까지 네른스트는 괴팅겐 대학과 베를린 대학을 오가며 학생들을 지도했다. 지도받는 학생 입장에서 보면 이는 별 도움이 되지 않았다. 랭뮤어는 어머니에게 이렇게 썼다.

네른스트는 같이 일하기 매우 어려운 사람이에요. 학생들은 실험실에서 일할 때 가능하면 그를 피하려고 해요. 그가 실험실을 둘러보지 않는 날이면 모두가 즐거워했어요.

홀로 있는 미국인으로서, 최악의 악당에게 퍼부을 수 있는 온갖 저주와 욕설도 네른스트에게는 부족한 것 같아요. 네른스트의 근본적인 문제는 그의 태도이며, 곤란에 처한 사람에 대한 동정심이 없다는 거예요.

실험실에 오며 그는 말합니다. "*Ja, Herr* ×××, *haben Sie neue Zahlen.*" [음, ××× 군, 새로운 숫자 있나?] ('Zahlen'은 단순한 '숫자'가 아니라 네른스트가 논문에 쓸 수 있는 정량적인 결과를 의미해요.) 아침에 실험 장치를 막 돌리기 시작했을 때, 그렇게 물어보는 거예요. 그 장치를 모두 완벽하게 설치하여 숫자(Zahlen)를 얻을 준비가 될 때까지 적어도 일주일은 필요할 텐데, 네른스트는 매일 아침 더 많은 결과를 요구해요. 그는 새로운 아이디어로 장치를 새롭게 개조해 훌륭한 결과를 얻는 것에는 관심이 없어요.

그는 실험 과정에 대해서는 전혀 관심이 없고 논문에 쓸 결과만을 요구해요. 새로운 장치를 스케치해 가면 흥미를 보이는 듯도 합니다. 하지만 그 장치를 얼마나 섬세하고 주의 깊게 다루어야 한다는 사실에는 전혀 관심이 없어요.

실제로 '숫자'를 얻어 보여주면 어느 정도 기뻐하며 몇 가지 제안을 하기도 해요. 중요한 제안이기는 하지만, 어떨 때는 전혀 엉뚱한 이야기를 하기도 해요. 제가 무슨 연구를 하고 있는지를 전혀 모르고 있던지, 아니면 다른 생각을 하고 있는 것이 아닌가 하는 느낌이 들어요.

네른스트에게 연구 결과를 보여주면 그는 그 결과에 대해 또는 무언가 다른 것을 생각하며 서 있습니다. 그에게 실험에서의 애로사항을 얘기하거나, 그가 예상했던 것과 다른 결과를 보여주면, 그는 갑자기 이렇게 얘기합니다. "Ach, ich habe keine Zeit, Adieu" [아, 지금은 시간이 없네. 잘 있게] 그리고는 돌아서 방을 나가 버립니다.

어떨 때는 사소한 일에 자제심을 잃고 극도로 화를 내며 아주 모욕적인 말들을 쏟아내곤 합니다. 하루는 메리엄이라는 미국 학생이 일하는 연구실에 들어와서는 문이 열려 있어 춥다고 느꼈던 것 같습니다. 네른스트는 그에 대해 언급하며, 어떻게 이렇게 추운 방에서 교수와 연구 결과에 대해 검토할 수 있으리라고 너는 생각하느냐고 메리엄에게 얘기했어요. 사실 메리엄은 연구 결과에 대해 토의하는 데 별 관심이 없었지만, 네른스트는 방이 충분히 따뜻해질 때까지 화가 끓어오른 채 5분 동안 방에 서 있었어요.[66]

루이스도 네른스트와 같이 지낼 때 그와 유사한 일들을 겪으며 거의 미칠 지경이었을 것이 분명하다. 랭뮤어는 네른스트의 무례함에 분개했지만, 네른스트가 모든 학생에게 그렇게 대했을 뿐이지 자신에게만 특별히 개인적인 감정이 있어서 그런 것은 아니라고 생각하며 스스로를 다스렸다.

네른스트의 후임으로 괴팅겐 대학에 부임한 프리드리히 돌레잘렉은 불과 몇 년 전까지 네른스트의 학생이었다. 랭뮤어는 돌레잘렉 교수와는 좋은 관계를 유지하였다. "저는 연구 과제의 첫 결과를 돌레잘렉 교수에게 제출했고, 교수님은 매우 훌륭한 결과라고 생각하는 것 같았어요. 특히 몇몇 결과를 설명하기 위해서 제시한 수학적 이론에 만족해 했어요. 그러나 그 과제는 완벽히 이해하기에는 너무 복잡하므로 계속 연구하기에는 적절하지 않다고 이야기했고 저도 동의했어요."[67] 졸업 논문을 작성하는 동안에도, 랭뮤어는 기체의 거동을 기술하는 식을 유도하기 위한 연구를 계속하였다. 그는 획기적인 내용이라고 할 수 있는 연구 결과를 얻었다고 생각했던 것 같다. 랭뮤어는 어머니에게 다음과 같은 편지를 썼다.

> 지난 몇 년간 지금처럼 행복한 적은 없었습니다. 몇 시간 전에 순수하게 이론적인 발견을 했어요….
>
> 네른스트는 처음에 네른스트 램프의 필라멘트를 이용한 실험을 공기 중에서 하라고 지시했었어요. 차가운 공기에서 측정하는 NO(일산화 질소)의 양이, 높은 온도의 필라멘트에서 처음 생성된 양과 같다는 그의 이론을 증명해 줄 것이라고 네른스트는 이야기했었어요. 하지만, 폭발 반응 같은 경우에 적용한 네른스트의 이 이론은 틀렸다는 것을 저는 실험과 이론으로 완벽하게 증명했어요.
>
> 실험 결과가 그의 이론과 다르다는 것을 확인하자 네른스트는 저에게 지시했던 연구에 흥미를 잃었어요. 그는 최고로 뜨거워진 백금 필라멘트에서 일어나는 수증기의 해리 반응에 관한 연구를 시작하라고 했어요. 그러나 저는 첫 번째 과제가 매우 흥미롭다고 생각했어요. 네른스트는 조급하게 재촉하고 실험은 매우 지루했지만 저는 한 달 이상 그 과제에 매달렸어요. 지금 생각해보면 그 과제에 좀 더 시간을 투자하지 않은 것이 후회되네요.[68]

랭뮤어는 그의 새로운 식들을 박사학위 논문에 포함시켰지만, 시간에 쫓겨 일산화 질소에 관한 실험을 다시 하지는 못했다. 돌레잘렉 교수는 랭뮤어의 박사 논문에 최고점을 부여하였다. 미국으로 돌아온 후, 랭뮤어는 이산화 탄소와 물의 생성에 관한 실험 결과와[69] 이론 결과를[70] 논문으로 발표하였다.

젊은 과학자들은 선배 과학자들이 틀렸다는 것을 증명할 때, 어떤 희열을 느낀다. 랭뮤어와 루이스도 예외는 아니었으며, 그 선배가 네른스트라 특히 더 그랬다. 랭뮤어의 경우에는 네른스트의 이론이 틀렸다는 것을 증명했을 때가(적어도 그는 그렇게 생각했다) 대학원 생활의 최고 순간 중의 하나였다. 네른스트의 모든 오류를 찾아내면서 필리핀에서의 1년을 보냈던 루이스는 그후 20여 년간 네른스트의 오류를 논문으로 발표하였다. 하지만 랭뮤어는 노골적으로 그런 일을 할 정도로 자제력이 없지는 않았다.

랭뮤어가 스티븐스 대학에서 표류하다

1906년에 박사학위 논문을 완성한 랭뮤어는 직장을 찾고 있었다. 기업체의 화학 기사였던 그의 형 아서는 랭뮤어가 산업체에 취업하도록 설득했으나, 랭뮤어는 동의하지 않았다. 1904년에 또 다른 형 허버트에게 보낸 편지에서, 랭뮤어는 대학에서 순수화학 연구를 할 것인지, 아니면 사업을 해서 돈을 많이 벌지 고민하고 있다고 썼다. 허버트는 랭뮤어에게 위대한 연구를 할 수 있는 능력이 있으므로 돈 버는 것은 잊어버리고 연구에 대한 열정을 이어가라고 조언하였다.[71] 허버트의 조언에 따라, 랭뮤어는 박사학위를 받은 후 뉴저지주 호보켄에 있는 스티븐스 공대의 교수로 가게 되었다. 랭뮤어는 스티븐스 공대가 새롭게 부상하는 명문 대학이라고 생각했다. 스티븐스 공대는 신설 공과대학이었으며, 화학과를 책임지고 있던 스틸만 박사는 랭뮤어에게 화학 강사 자리를 제안하며 900달러의 연봉을 제시하였다. 스틸만은 교수가 두 명인 학과의 학과장이었으며, 다른 교수는 폰드였다. 적어도 랭뮤어의 관점에서, 그의 일은 실험 수업을 준비하고 감독하는 등 모든 궂은일을 도맡아 하는 것이었다. 랭뮤어는 형에게 이렇게 썼다. "스틸만 교수는 나이가 많으며, 매일 오후 실험실을 2~3시간 걸어 다니며 쓸데없는 농담이나 하는 것 외에는 아무 일도 하지 않는 사람이야. 학생들은 실험에 대한 어떤 강의도 듣지 못하고, 무엇을 하는지도 이해 못 하는 형편이야. 그들은 단순히 실험 책에 쓰여 있는 순서에 따라 실험을 하고 있고 형편없는 결과를 얻을 뿐이야." 랭뮤어는 실험에 대한 이론 강의를 하려 했으나 학생들은 추가적인 공부라며 반발할 뿐이었다. 학생들은 실험실에서 소란스럽고 부주의했다. 랭뮤어가 대학 총장에게 봉급 인상을 요구하자 놀랍게도 연봉이 1,200달러로 인상되었다. 하지만 조교가 필요하다는 요청은 받아들여지지 않았다. 1908년에 랭뮤어는 자신의 연구를 위한 최소한의 연구 프로그램을 만들었고, 기체 반응에 대한 논문을 출간하였다. 스틸만은 은퇴를 앞두고 있었고, 폰드가 학과장을 이어받을 계획이었다. 랭뮤어는 두 가지를 원했다. 봉급 인상과 조교수로 승진하는 것이었다. 그해 여름 폰드는 영국에 있던 총장 알렉산더 험프리스를 방문하고 있었다. 랭뮤어는 봉급 인상과 조교수 승진에 대한 그의 요구를 담은 편지를 폰드에게 보내면서, 전보로 답해달라고 요청하였다. 전보로 짧게 답할 수 있도록 폰드에게 다음과 같이 썼다.

> 첫 번째 질문: 스틸만 박사가 은퇴할 경우, 험프리스 총장님에게 제 연봉을 1,800달러($1800)로 인상해 주라고 건의해 주시겠습니까?
> 두 번째 질문: 스틸만 박사가 은퇴할 경우, 제가 조교수로 승진하도록 험프리스 총장님에게 추천해 주시겠습니까?
>
> 교수님께서 간단히 "Yes, Yes"라고 전보를 보내 주시면, 첫 단어는 첫 번째 질문에 대한 답으로, 두 번째 단어는 두 번째 질문에 대한 답으로 이해하겠습니다.[72]

폰드는 곧 답을 했다. "NO NO $1400 건의."[73] 랭뮤어는 승진 없이 약간의 봉급 인상만 받을 수 있는 상황이었다.

형 아서는 화학 산업체에 취업하라고 조언했지만, 랭뮤어는 평생 힘들고 단조로운 일을 해야할 것 같아서 내키지 않아 했다. 랭뮤어는 뉴저지주 스키넥터디에 있는 제너럴일렉트릭(GE)에서 일하고 있던 콜롬비아 대학의 동문과 우연히 만나게 되었다. 그는 윌리스 휘트니와 같이 일하고 있었고, 그의 일을 즐기고 있었다. 랭뮤어는 휘트니에게 편지를 썼다. 휘트니는 랭뮤어를 GE에 초대하여 세미나를 하게 해 주었고 연구소를 둘러보게 하였다. 그는 랭뮤어에게 여름 동안 GE에서 일할 것을 제안했고, 랭뮤어는 그 제안을 받아들였다. 스티븐스 대학에서 곤란한 상황에 처해있던 랭뮤어에게는 산업체 취업이 더 매력적인 일로 다가왔다.

랭뮤어는 GE 연구소의 시설과 연구원들을 보고 감명을 받았다. 그곳에서 과학 연구의 꿈을 실현할 수 있을 것 같았다. GE 연구소가 가장 시급히 해결해야 할 문제는 백열전구(가정용 전구)를 개선하는 것이었다. 당시의 백열전구는 1879년에 에디슨이 발명한 전구와 큰 차이가 없었다. 백열전구에는 전도성이 있으며 녹는점(3,527℃)이 높은 탄소 필라멘트가 사용되고 있었다. 필라멘트의 산화를 방지하기 위하여 전구 내부는 고진공 상태여야 했다. 그러나 전류를 높이지 않으면 전구 빛이 너무 어둡고, 전류를 높이면 전구에 바로 검은 그을음이 생겼다. 또한, 탄소 필라멘트는 잘 부서지는 문제가 있었다. 다른 방식으로 빛을 내는 네른스트 램프, 니콜라 테슬라의 형광등, 탄소 아크등, 토륨 덮개를 씌운 가스등 등이 모두 실질적이고 잠재적인 백열등의 경쟁 제품들이었다.

GE에서 랭뮤어가 거둔 첫 번째 성공은 현재 사용하는 것과 근본적으로 같은 백열전구를 개발한 것이었다. 그 연구는 그해 여름부터 이어지는 3년 동안 진행되었다. 이 연구 과정은 랭뮤어가 연구에 어떻게 접근하는가를 보여주는 좋은 예이므로 조금 자세히 설명하려고 한다. 대부분의 과학자는 이미 정립된 이론을 증명하거나, 특정한 문제를 해결하기 위한 두 가지 목적으로 실험을 한다. 문제가 해결되거나, 문제의 답과는 다른 결과가 나올 것 같으면 실험을 중단하게 된다. 랭뮤어의 접근 방법은 달랐다. GE에서 일하면서 그는 항상 실질적인 문제의 해결에 주목하였지만, 그 과정에서 맞닥뜨리는 혼동되는 결과에 흥미를 느끼게 되도록 자신을 맡겼다. 마치 아레니우스가 분자량을 구하는 과정에서, 전해질 전도도의 이상한 결과에 혼란스러워지자 분자량을 구하는 문제에서 벗어나 전해질 연구에 집중했던 것과 같다. 랭뮤어는 적용 가능한 기본적인 화학과 물리를 자세히 이해하기 전까지는, GE 제품의 실질적인 개선은 불가능하다고 믿었다.

GE는 탄소보다 성능이 우수한 전구 필라멘트를 찾고 있었다. 그것은 녹는점은 높지만 잘 부서지지 않아야 하며, 그을음 문제도 없어야 했다. 텅스텐은 어떤 금속보다도 녹는점(3,422℃)이 높으므로 새로운 필라멘트의 가장 좋은 후보로 생각되었다. 하지만 텅스텐은 단단하고 부서지기 쉬워서 얇은 선으로 뽑아내기가 어렵다는 문제가 있었다. 휘트니와 마찬가지로 오스트발트에게서 공부했으며 GE로 오기 전까지 MIT 교수였던 윌리엄 쿨리지가 텅스텐을 필라멘트 형태로 가공하는 데 성공하였다. 그러나 텅스텐 필라멘트는 교류 전류만 흘려주면 잘 부서지는 현상이 발생하고, 결국은 가루가 되고 말았다. 하지만 수백 개의 텅스텐 필라멘트 중 3개는 유연성이 유지되는 뛰어난 결과를 보여주었다. 휘트니는 랭뮤어에게 여름 연구 과제를 선택하도록 했으며, 랭뮤어는 쿨리지의 좋은 필라멘트와 나쁜 필라멘트의 차이점을 연구하기로 결정하였다.

랭뮤어는 텅스텐 필라멘트가 부스러지는 문제는 아마도 텅스텐 표면에 기체가 흡착되는 것과 연관이 있을 것으로 생각하였다(흡착은 한 물질의 표면에 다른 물질이 달라붙는 현상을 말한다). 전구 필라멘트를 높은 온도로 가열하면 흡착된 기체는 떨어져 나갈 것이다. 좋은 필라멘트와 나쁜 필라멘트에서 탈착되는 기체를 비교해보면, 나쁜 필라멘트의 텅스텐이 왜 부스러지는지 규명할 수 있을 것으로 생각하였다. 랭뮤어는 두 종류의 전구에서 방출되는 기체를 포집할 수 있는 장치를 고안하였다.

전혀 이해할 수 없는 실험 결과가 얻어졌다. 좋은 필라멘트와 나쁜 필라멘트에서 모두 엄청난 양의 기체가 탈착되었다. 실제로, 며칠간 각 전구에서 방출되는 기체의 부피는 대기압하에서 필라멘트 부피의 7,000배에 달했다. 그렇게 많은 기체가 필라멘트에서만 방출될 수는 없었다! 랭뮤어는 원래의 문제(텅스텐 필라멘트가 부서지는)에 관한 연구를 계속하면서, 전구가 가열될 때 발생하는 기체를 조사하는 두 번째 연구를 시작하였다. 휘트니는 걱정하지 말고 그가 흥미를 느끼는 어떤 연구라도 하라고 격려하였다. (어쨌든 GE는 전구 사업을 하고 있었으므로, 전구 안에 있는 기체의 거동에 대해 좀 더 잘 이해하게 되는 것은 도움이 되는 일이었다.) 랭뮤어는 방출되는 기체는 필라멘트가 아니라, 전구의 유리 벽에 흡착되어 있던 기체라는 것을 밝혀내었다. 하지만 좋은 필라멘트와 나쁜 필라멘트의 차이점에 대한 원래의 문제에 관한 연구는 전혀 진전이 없었다. 원래의 문제는 해결하지 못했지만, 랭뮤어의 연구에 깊은 인상을 받은 휘트니는 여름이 끝나갈 무렵 그에게 정규직을 제안하였다. 랭뮤어는 그 제안을 받아들였고, 스티븐스 대학으로 다시 돌아가지 않았다.

에디슨의 백열전구 안에 산소가 존재한다면, 모두가 알다시피 탄소 필라멘트는 석탄(탄소로 이루어진)이 난로에서 연소 되듯이 타버릴 것이다. 따라서 토머스 에디슨의 해결책은 가능한 한 높은 진공이 되도록 기체를 뽑아내어 산소를 제거하는 것이었다. 랭뮤어가 GE에 왔을 때는 GE 연구원들도 같은 생각을 하고 있었다. 아주 높은 진공도만 달성할 수 있으면 그을음도 방지할 수 있을 것으로 생각하고 있었다. 전구 안에 남아 있는 산소 혹은 다른 기체와 탄소 필라멘트와의 반응으로 그을음이 발생한다는 것이 일반적인 생각이었다. 모든 것이 제거된 완벽한 진공은 이상적인 상태이다. 하지만 완벽한 진공에 도달하는 것은 실험적으로 불가능하며, 기체를 가능한 한 많이 제거하여 이상적인 상태에 근접한 "좋은" 혹은 "높은" 진공 상태를 만드는 것이 목표였다. 랭뮤어는 전구를 가열하여 유리벽에 흡착된 기체를 제거하면 진공도가 훨씬 좋아진다는 것을 알고 있었다. 하지만 높은 진공하에서도 그을음은 없어지지 않았다. 랭뮤어는 만약 잔류 기체가 문제라면, 기체를 더 많이 제거하기 위하여 진공도를 높이기보다는 특정한 기체를 한 번에 한 가지씩 주입하여, 각 기체가 전구에 미치는 영향을 연구하려고 시도하였다. 랭뮤어는 3년 동안, 진공도를 높이기보다는 체계적으로 진공도를 낮춰가면서 그 영향을 연구하였다. 랭뮤어는 후에 다음과 같이 적었다.

> 바람직하지 않은 요소들을 피하면 유용한 결과를 얻을 수 있지 않을까 생각되지만, 그것들을 피하기가 매우 힘들 때고 있다. 이럴 경우, 피하기보다는 각각의 요소를 의도적으로 증가시켜 나쁜 영향이 더 커지게 하면 오히려 친숙해지고, 그런 요소를 피하는 것이 실제로 가치가 있는 일인지 확인할 수 있게 된다. 예를 들어, 전구의 진공도를 원하는 만큼 높일 수 있지만, 진공도를 100배 높여주어도 전구의 성능이 개선될지 의심스러울 때가 있다. 이럴 때는 진공도를 높이는 장치를 개발하려고 애쓰기보다는, 알려진 방법을 이용하여 진공도를 의도적으로 낮추어 보는 것이다. 그러면 진공도를 높이는 것이 별 효과가 없는지, 혹은 얼마나 높은 진공도가

필요한지를 확인할 수 있을 것이다.[74]

이러한 방법은 랭뮤어 특유의 접근법이다. 당면한 문제에서 한 발 뒤로 물러나서 보통의 생각을 거부한 채, 기초가 되는 화학과 물리를 탐구하는 것이다.

전구 안의 기체를 조사하는 것은 그가 이미 알고 있는 연구 방법이었다. 괴팅겐 대학의 네른스트 연구실에서 사용했던 실험 장치는 근본적으로 전구였다. 뜨거운 필라멘트(백금 선)가 들어 있는 진공 장치 속으로 기체를 주입하며 그 영향을 연구하는 것이었다. 이러한 실험 장치로, 그는 괴팅겐 대학에서도 기체에 대한 거의 모든 특성을 조절하고 측정할 수 있었다. 그는 존재하는 기체의 종류, 기체의 압력, 금속 선의

그림 2-3 1912년경의 제너럴일렉트릭 연구소 실험실 광경. 왼쪽에서 오른쪽으로, J.A. 오렌지, 레너드 D. 뎀프스터, 어빙 랭뮤어, 조지 호텔링, 윌리스 휘트니, 윌리암 쿨리지. 제너럴일렉트릭 연구개발센터, AIP 에밀리오 세르지오 시각자료 보관소 제공.

온도(전류를 조절하면 됨), 전구의 온도 등을 측정하였는데, 온도에 따라 변하는 전기 저항을 측정하여 금속 선의 온도를 측정할 수 있었다. 그는 낮은 압력에서는 전구 내 기체의 온도는 전구 벽의 온도와 유사할 것으로 추정하였다. 평균적으로, 기체 분자는 아주 작은 필라멘트 또는 다른 분자와 충돌하기보다는, 전구 벽에 훨씬 자주 충돌하게 된다. 따라서 전구 자체의 온도를 조절하여 기체 온도를 조절할 수 있었다. 그는 액화 공기 속에 전구를 담가, 기체의 온도를 급격히 낮춰주기도 하였다.

랭뮤어는 과거 대학에서 사용했던 것과 거의 유사한 장치를 이용해서 전구 내에 존재하는 각 기체의 영향을 연구하였다. GE에는 네른스트의 연구실보다 훨씬 성능이 좋은 진공 장치가 있었으며, 텅스텐 필라멘트의 녹는점은 괴팅겐에서 사용했던 백금보다 훨씬 높았다. 따라서 네른스트 연구실에서 박사 과정 연구에 사용했던 것과 유사한 연구 장비(측정 장비로서의 전구)였지만, 랭뮤어는 훨씬 넓은 온도 범위와 압력 하에서 연구할 수 있었다.

그는 한 번에 한 종류의 기체만을 주입하는 연구를 시작하였다. 그가 수소 기체를 전구에 주입했을 때, 놀라운 현상이 관찰되었다. 그는 필라멘트가 가열될 때의 열 손실을 측정하고 있었다. 2,070℃까지 수소는 질소나 수은 증기와 유사했다. 하지만 온도를 더 높여주면 열 손실이 급격히 증가하고 수소 기체가 순식간에 사라지기 시작하였다. 수소 기체는 어디로 가버린 것이고, 열 손실의 원인은 무엇인가?

수소 기체는 두 개의 수소 원자(H)가 단일 결합으로 연결된 수소 분자(H_2) 형태로 존재한다. 랭뮤어는 수소 분자가 뜨거운 필라멘트에 닿으면 두 개의 수소 원자로 해리된다고 추정하였다. 그는 두 원자 사이의 결합이 깨어질 때 에너지가 소비되기 때문에, 열 손실이 관찰된다고 생각했다. 그러나 그 경우에는 수소 원자의 반응성이 매우 높기 때문에, 필라멘트에서 멀어지는 순간 재결합이 일어날 것으로 랭뮤어는 생각하였다. 수소 원자 간의 결합이 다시 형성되면, 해리 과정에서 흡수된 열이 방출될 것이다. 따라서 전구 안에서의 순수한 열 손실은 일어나지 않으며, 수소의 양도 변화가 없어야 한다. 하지만 실험 결과는 전혀 달랐다.

수소 기체는 어디로 사라지는 것일까? 텅스텐 필라멘트에 달라붙어 있는 것인가? 랭뮤어는 텅스텐이 거의 녹을 정도로 필라멘트를 가열했지만, 수소의 방출은 관찰되지 않았다. 남은 것은 전구의 유리뿐이었다. 그가 유리가 녹을 정도까지 전구를 구워주자 마침내 수소가 다시 나타났다. 랭뮤어는 다음과 같이 추론하였다. 수소 분자는 텅스텐 필라멘트에서 해리되어 원자 상태가 된 후, 필라멘트에서 전구의 빈 공간으로 날아간다. 전구 안은 높은 진공 상태이기 때문에, 튀어나온 수소 원자는 다른 분자와 충돌을 일으키지 않고 전구 유리벽에 부딪힌 후 유리에 달라붙게 된다. 랭뮤어가 전구를 충분히 가열했을 때 수소가 다시 나타났기 때문에, 그는 수소가 어디로 사라졌었는지를 알게 되었다.

그는 또 다른 것도 발견하였다. 수소를 계속 주입하면, 열 손실이 정상값으로 되돌아오고, 수소의 양도 더는 감소하지 않았다. 전구 유리는 일정량의 수소를 잡아둘 수 있지만, 그 이상의 수소는 받아들일 수는 없는 것처럼 보였다.

랭뮤어는 이러한 실험 결과를 설명할 이론을 제시하였다. 수소 원자는 전구 유리 표면에 정확히 한 원자 두께의 층을 형성한다. 전구 유리의 표면은 바둑판과 같으며 한 개의 사각형에 수소 원자 한 개가 자리할 수 있다. 유리에 붙어 있던 수소 기체의 부피와 유리의 표면적으로부터, 랭뮤어는 바둑판 사각형의 크기를 계산하였다. 그것은 2.8억분의 1 cm마다 한 개의 사각형이 배열된 것과 같았다. 모든 사각형이 수소로 채워지면, 두 번째 층은 형성되지 않는다. 더 이상의 자리가 없으면, 여분의 수소 원자는 전구 안에서 날아다니다 다른 수소 원자를 만나 수소 분자를 형성하게 된다. 분자가 만들어지면서, 필라멘트 표면에서 분자의 결합이 깨질 때 흡수했던 열이 다시 방출되게 된다. 충분한 수소가 주입되었을 때 수소가 사라지는 일이 더는 일어나지 않고, 열의 소모도 일어나지 않는 이유를 이것으로 설명할 수 있다. 이것은 놀라운 발견이었다. 전구 유리의 표면에 수소 원자 1개의 높이, 달리 말하면 약 1억분의 1 cm 두께의 수소 원자층이 만들어진다는 것이었다. 실험 결과는 랭뮤어의 이론과 잘 일치하였다.

한 분자 또는 한 원자 두께의 표면층에 대한 아이디어는 그 후 40년간 이어진 랭뮤어 연구의 핵심이었다. 이와 관련된 연구를 **표면화학**이라고 부르게 된다. 화학은 물질의 구조와 조성이 변화하는 것을 설명하는 과학이다. 화학적 변화는 플라스크 내에서 일어나는 반응과 같이 3차원적인 현상으로 여겨져 왔다. 랭뮤어는 많은 화학적 현상이 3차원보다는, 전구 유리 표면의 수소 원자처럼 2차원에서 일어난다고 제안하였다. 이러한 현상의 다른 예로는 물 위에 만들어지는 기름 필름, 고분자막, 단백질 막, 금속에 의한 촉매 반응 등을 들 수 있다. 이 분야에서의 연구 업적으로 랭뮤어는 1932년에 노벨상을 받게 된다. 하지만, 1912년의 랭뮤어는 개선된 전구를 만드는 과제에는 아직 성공하지 못한 상태에 있었다.

GE의 텅스텐 전구 시제품은 온도만 높여주면 밝은 백색광을 낼 수 있었다. 하지만 높은 온도에서는 탄소 필라멘트 전구와 마찬가지로 검은색 그을음이 쉽게 만들어졌다. 잔류 기체와 필라멘트의 반응 때문에 그을음이 생긴다는 것이 GE 연구진의 일반적인 믿음이었다. 기체를 한 가지씩 조사하여, 랭뮤어는 그을음을 발생시키는 것은 수증기뿐이라는 것을 확인하였다. 하지만 진공 상태의 에디슨 전구 내에 있는 수증기의 양은 매우 적었다. 가능성 있는 원인을 하나하나 제거해 가는 과정을 통해, 랭뮤어는 탄소와 텅스텐 전구 모두에서 유리에 생기는 그을음은 어떤 기체와의 반응에 의한 것이 아니며, 필라멘트 자체의 승화에 의한 것이라는 것을 밝혀내었다. 승화란 양지바른 언덕에 쌓인 눈이 사라지는 것과 같이, 고체가 액체 상태를 거치지 않고 바로 기체로 증발하는 현상을 말한다. GE에서 달성한 진공도는 기체의 반응에 의한 영향을 무시할 수 있을 정도로 충분히 높았다. 그을음을 방지하기 위해서는 다른 방안을 찾아야만 했다. 이것은 랭뮤어가 밝혀낸 전구와 직접 관련된 첫 번째 연구 결과였다. 그렇다고 그것이 해결책으로 바로 연결된 것은 아니었다. 그는 그을음의 원인은 밝혀냈지만, 그것을 어떻게 방지할 것인지는 알지 못했다. 거의 3년간 연구를 계속한 그는 어느 날 휘트니를 찾아갔다. "저는 정말 즐겁게 연구를 하고 있어요. 하지만 이 연구가 제너럴 일렉트릭사에 어떤 도움이 되는지는 전혀 모르겠어요."라고 말했다. 휘트니는 "그것은 내가 걱정할 일이지 당신이 걱정할 일이 아니에요"라고 대답했다.

랭뮤어는 질소를 포함한 다른 기체에 대한 실험을 계속하였다. 그는 드디어 전구 그을음 문제에 대한 해결책을 찾아내었다. 수소처럼, 질소도 동일한 두 개의 원자로 이루어져 있다. 그러나 H-H의 단일 결합에 비해 N≡N의 삼중 결합은 훨씬 강하다. 텅스텐 필라멘트 온도에서도 질소 분자는 거의 비활성이다. 즉, 질소 원자로 거의 해리되지 않으며 텅스텐 필라멘트와의 반응도 제한적이다. 그러나 전구를 질소로 채우면, 전구의 그을음이 현격히 줄어드는 것을 발견하였다. 질소의 압력이 증가할수록 더 적은 양의 그을음이 발생하였다. 랭뮤어는 전구에 질소가 채워져 있을 때도 텅스텐의 증발은 일어나지만, 증발된 텅스텐이 전구의 유리까지 도달하는 직선 경로가 질소 분자에 의해 막히게 된다는 것을 밝혀내었다. 상당량의 질소가 존재할 경우에는, 기화된 텅스텐 원자들이 전구 유리에 도달하기 전에 반응성이 없는 질소 분자와 충돌한다고 생각하였다. 질소 분자와의 충돌이 계속되면, 텅스텐 원자는 유리에 도달하기 전에 텅스텐 필라멘트에 충돌하게 되어 필라멘트에 다시 달라붙게 될 확률이 높아진다. 반응성이 없는 질소가 필라멘트 주위에 장막을 형성해서, 대부분의 텅스텐이 다시 집으로 돌아가도록 막아주는 역할을 하게 되는 것이다. 전구를 질소로 채우게 되면, 진공 상태일 때에 비해 그을음을 적게 하면서도 더 뜨겁고 밝게 작동시킬 수 있었다. 이후 순수한 질소 대신 아르곤을 첨가하면 순수한 질소에 비해 성능이 향상되는 것도 알게 되었다. 1895년에야 발견된 아르곤은 지구 대기에 1% 정도 있는 비활성 기체이다. 일부 질소는 기화된 텅스텐 원자와 반응하여 갈색의 질소화 텅스텐 잔류물이 만들어지지만, 아르곤은 반응하지 않는다. 랭뮤어는 휘트니에게 가서 지금까지의 생각이 잘못되었다는 것을 이야기했다. 더 좋은 전구를 위한 해결책은 더 좋은 진공이 아니고, 오히려 진공을 전혀 사용하지 않는 것이었다. 랭뮤어는 전구를 비활성 기체로 채우면, 훨씬 성능이 좋은 전구가 될 것이라고 제안하였다.

여름 동안의 임시 연구원이었던 랭뮤어의 임무는 어떤 텅스텐 필라멘트는 안정하지만, 대부분의 다른 필라멘트는 왜 불안정하고 잘 부스러지는지 그 이유를 규명하는 것이었다. 랭뮤어는 그 답을 찾지 못했다. GE의 다른 연구원들이 텅스텐에 이산화 토륨을 첨가하여 이 문제를 해결하였다. 랭뮤어는 본 연구보다는 여러 종류의 기체와 가열된 텅스텐 필라멘트와의 상호작용에 관심이 더 많았다. 하지만 휘트니는 쓸

모없어 보이는 실험을 하고 있는 랭뮤어를 지지했다. 목적이 불분명해 보이는 다년간의 연구 과제를 통해 랭뮤어가 발견한 결과는 전구 산업을 혁명적으로 바꾸어 놓았다. 랭뮤어는 기회가 있을 때마다, 휘트니에 대한 한결같은 존경심을 나타내었다. 휘트니는 네른스트가 매일 아침 물었던 '숫자(Zahlen)'를 절대 요구하지 않았다. 휘트니의 인사는 "잘 지내고 있지?"가 다였다. GE의 풍부한 자금력과 기초 연구에 대한 휘트니의 확고한 신념이 이룩한 결과는 이후 전 세계 기업체 연구의 모델이 되었다.

랭뮤어가 개발한 기체가 충진된 전구에는 한 가지 단점이 있었다. 필라멘트의 열이 비활성 기체의 전도와 대류에 의해 뜨거운 바람이 불 듯 전구 유리로 전달이 되었다. 진공일 경우에는 태양열이 지구에 전달되는 것과 같은 복사 현상에 의해서만 열이 전달된다. 전구의 목적은 빛을 내는 것이며, 열은 에너지의 손실일 뿐이다. 따라서 필라멘트의 온도가 같다면, 기체 충진 전구는 진공 전구와 비교하면 에너지 손실이 더 크다. 그러나 기체 충진 전구의 경우에는 그을음을 방지하기 위해 필라멘트의 온도를 낮게 유지할 필요가 없다. 온도를 높여주면 가시광선의 세기는 급격히 증가한다. 랭뮤어는 필라멘트의 지름을 크게 하고 촘촘한 코일 형태로 만들어 필라멘트의 유효 표면적을 작게 함으로써 텅스텐이 기화하는 것을 더욱 줄일 수 있었다. 또한, 기체의 대류가 적절한 방향으로 일어나게 전구의 디자인을 바꾸어, 기화된 텅스텐이 전구의 잘 보이지 않는 곳에 모여 쌓이도록 만들었다. 탄소 필라멘트를 사용하는 에디슨의 진공 전구와 비교하면, 기체가 충진된 텅스텐 필라멘트 전구는 잘 깨지지 않고, 같은 밝기의 빛을 낼 때 더 적은 에너지를 소비하며, 수명이 더 길었다. 그것은 본질적으로 현재 GE가 팔고 있는 것과 같은 전구였다. 새로운 전구로 GE는 막대한 이익을 거두었으며,

소비자는 매일 수백만 달러의 전기료를 아낄 수 있게 되었고, 네른스트의 전기등은 더는 쓸모가 없게 되었다. 랭뮤어는 당연히 GE의 영웅이 되었다. GE는 랭뮤어에게 하고 싶은 어떠한 연구도 자유롭게 할 수 있는 권한을 주었다. 원하는 연구를 자유롭게 할 수 있었던 켈빈 경과 같이 되고 싶다던 랭뮤어의 야망은 31살의 나이에 이루어졌다.

3장
제3 법칙과 질소

하버와 네른스트

1892년 11월, 24세의 유대계 독일 화학자 프리츠 하버는 독일 예나에서 가장 큰 루터 교회에서 세례를 받기 위해 단상에 서 있었다. 그는 사도 신경을 암송했다.

> 나는 전능하신 아버지 하나님, 천지의 창조주를 믿습니다.
> 나는 그의 유일하신 아들, 우리 주 예수 그리스도를 믿습니다.
> 그는 성령으로 잉태되어 동정녀 마리아에게서 나시고,
> 본디오 빌라도에게 고난을 받아 십자가에 못 박혀 죽으시고,
> 장사된 지 사흘 만에 죽은 자 가운데서 다시 살아나셨으며,
> 하늘에 오르시어 전능하신 아버지 하나님 우편에 앉아 계시다가,
> 거기로부터 살아있는 자와 죽은 자를 심판하러 오십니다.
> 나는 성령을 믿으며, 거룩한 공교회와 성도의 교제와
> 죄를 용서받는 것과 몸의 부활과 영생을 믿습니다.
> 아멘.

목사는 하버의 머리에 물을 부으며 "성부와 성자와 성령의 이름으로 세례 하노라. 아멘."이라고 말했다. 하버는 이제 기독교인이 되었으며, 또한 진정한 독일인이 되었다고 믿었다. 그로부터 40년이 지난 후 나치가 권력을 잡았을 때, 그는 독일에서 유대인이기를 포기하는 것이 그렇게 쉬운 일이 아니었다는 것을 깨닫게 된다.

프리츠 하버

프리츠 하버만큼 세계 경제와 인류 사회에 큰 영향을 준 물리화학자는

없다. 그는 공기 중의 질소를 암모니아로 변환하는 '질소 고정' 문제를 해결하였다. 그가 개발한 암모니아 합성법으로 중국과 인도의 기아 문제가 종식되었으며, 좋든 나쁘든 1900년에서 현재에 이르기까지 세계 인구가 4배로 증가하는 것이 가능하였다. 제1차 세계대전이 끝난 1918년에 하버는 노벨 화학상을 수상하였다. 그의 암모니아 합성 공정으로 독일은 비료를 생산하였을 뿐만 아니라 전쟁이 4년 이상 더 지속할 수 있게 만든 탄약도 생산할 수 있었기에 연합국들은 그의 수상에 분노했다. 그 기간에 2,000만 명이 전쟁으로 사망하였다. 하버가 독일의 독가스 살포를 주도했다는 것이 알려진 후 분노는 극에 달했다. 그는 '화학전의 아버지'라고 알려지게 되었다.

하버는 비스마르크 주도로 통일된 제2 독일 제국이 탄생하기 3년 전인 1868년에 프로이센(지금의 폴란드 브로츠와프)에서 태어났다. 그의 아버지는 염료와 양모 중개업을 하여 성공했으며, 아버지와 할아버지 대부터 내려온 사업을 하고 있었다. 그의 가족은 유대인이었지만, 그의 이름 하버와 아버지의 이름 지크프리트에서 알 수 있는 것처럼 유대 교리를 완전히 준수한 것은 아니었다. 그들은 독일인과 똑같이 생활했으며, 트리(아기 예수상은 빠졌지만)를 장식하며 크리스마스를 기념하였다. 하버의 어머니는 그가 태어난 지 3주 만에 죽었다. 아들이 아내의 죽음에 책임이 있다고 생각한 아버지 하버는 아들에게 냉랭하게 대했다. 5살까지 그는 고모와 이모 손에서 자랐다. 그의 아버지는 재혼하여 새 부인과의 사이에 3명의 딸을 낳았다. 하버는 새어머니의 사랑을 받고 자랐지만, 아버지와는 여전히 소원한 관계였다. 하버 부자는 기질적으로 맞지 않았다. 아버지는 보수적이며 자제력이 있는 반면에, 프리츠는 성격이 급하고, 모험심이 있으며, 산만하고, 말이 좀 많았다. 프리츠 하버가 10대가 되면서, 그의 아버지는 그를 술꾼에 막돼먹은 놈으로 간주하기 시작했던 것 같다. 프리츠는 우수하기는 하지만 탁월하지는 않은 성적으로 고등학교를 졸업한 후, 화학 공부를 위해 대학에 진학하기를 원했다. 하지만, 그의 아버지는 시간과 돈을 낭비할 뿐이라며 반대했다. 삼촌이 개입한 후에야 프리츠 하버는 아버지가 대학 학비를 지원해 주도록 설득할 수 있었다.

브로츠와프에도 대학이 있었지만, 집을 떠나고 싶었던 하버는 과거 프로이센의 수도였으며 지금은 독일의 수도인 베를린 근교 샤를로텐부르크에 있는 공과대학을 선택하였다. 그곳에서 헤르만 폰 헬름홀츠에게 물리학을, 아우구스트 폰 호프만에게 화학 강의를 들었다. 두 사람은 그 당시 독일을 대표하는 저명한 과학자들이었지만 이미 연로한 상태였다. 웅얼웅얼하는 그들의 강의에 하버는 만족하지 못했다. 그는 하이델베르크에 있는 대학으로 옮겨 로베르트 분젠(그도 이미 한창때를 지난 76세였다)에게 분광학을 배웠으며, 레오 쾨니히스베르거에게는 미적분학을 처음으로 배웠다. 하버는 하이델베르크의 전형적인 대학생처럼 행동했으며, 턱에 결투 상처를 갖게 되었다. 상처의 원인은 명확하지 않다. 흔하게 일어나는 싸움에서 생겼다는 말도 있고,[1] 술에 취해 유리문에 부딪혀 생겼다는 말도 있다.[2]

프로이센의 젊은 남성은 3년간 군 복무를 해야 하는 의무가 있었다. 그러나 말과 군 장비를 포함한 모든 비용을 스스로 부담하는 대학생은 1년만 복무해도 되었다. 하버의 아버지가 그 경비를 부담하였고, 하버는 1888년에 브로츠와프의 야전 포병연대에서 복무하였다. 그는 예비역 장교에 지원하였다. 프로이센에서 장교의 유니폼은 높은 신분의 상징이었다. 하지만 그의 장교 지원은 각하되었다. 그는 그 이유를 알고 있었다. 유대인이었기 때문이다. 의무부대를 제외하고 프로이센에서 유대인이 예비역 장교로 받아들여진 적은 없었다. 그러나 유대인을 배척하는 것은, 적어도 원칙적으로는, 새로운 독일 제도와는 부합되지 않는 것이었다. 1871년에 독일 제국이 통일되면서 유대인에 대한 모든 규제가 철폐되었다. 그들은 원하는 대로 예배를 드릴 수 있고, 일하고, 생활하고, 다른 인종과 결혼할 수 있게 되었다. 하지만 그 당시 독일에서의 반유대주의는 매우 보편적이었다. 물론 나치하에서의 유대인 탄압과 비교할 정도는 아니었다. 때로는 대학 강단에서도 공개적으로 차별을 이야기했다. 베를린 대학의 저명한 철학자이자 역사학자인 하인리히 폰 트라이치케는 "매년 독일의 동쪽 국경을 떼로 몰려 넘어오는 폴란드의 젊고 거친 바지 장사꾼들이 그들의 자식과 그 자식의 자식들을 데리고 독일의 증권 거래소와 신문 판매소를 정복하려 하고 있다"라고 연설하였다. 그리고는 마지막으로 "유대인은 우리의 재앙이다"[3]라고도 불평하였다. 하버는 그의 유대인 혈통을 멀리하고 진정한 독일인임을 증명하려고 평생을 노력하였다.

군 복무를 마친 후, 하버는 베를린 대학으로 돌아와 평범한 점수로 유기화학 박사학위 심사를 통과하였다. 그는 자신의 연구에 전혀 만족하지 못했다. 그가 친구에게 쓴 편지에는, "제과점의 빵처럼 양산해낸 새로운 화합물들의 반은 쓰레기이고, 수많은 부정적 결과들… 그리고 나는 실험 결과들이 많이 있지만, 논문으로 발표하지 못하고 있어. 유능한 화학자가 그 결과를 보게 되면 내가 무슨 말을 하고 있는지 모른다는 것이 밝혀질까 봐 두려워. 겸손해지는 것을 배우고 있어"[4]라는 내용이 있다. 대학에서의 마지막 해인 1891년, 그는 리하르트 아베크를 만나게 되었고 둘은 친한 친구가 되었다. 아베크는 새롭게 떠오르는 분야인 물리화학에 관심이 있었다. 그는 1893년에는 스반테 아레니우스 밑에서 공부를 했으며 1894년에는 발터 네른스트의 조수가 된다. 1891년에 아베크와 하버는 모두 빌헬름 오스트발트에게 그의 연구실에서 연구하고 싶다는 편지를 보냈다. 아베크는 받아들여졌지만, 하버는 그렇지 못했다.

대학을 졸업한 하버는 선택지가 별로 없었다. 그는 아버지가 주선해 준 독일, 폴란드, 헝가리에 있는 화학 공장에서 몇 달씩 머물렀다. 그는 화학 공장들에서 고립되어 있다고 느꼈지만, 현대 화학을 대규모로 활용하는 대형 공장의 효율과 역동성에 감명을 받았다. 그의 일생을 통해, 그는 실용화할 수 없는 이론에는 큰 관심을 보이지 않았다. 폴란드의 소다-암모니아 공장에 있을 때, 그는 다음과 같이 적었다. "이곳에서의 생활은 아주 단조롭다. 나는 생산 공정에 대해 배우며 기술의 실체와 문제점을 보는 안목을 키우고 있다… 사교 생활은 존재하지 않는다… 엄청난 자금력에 바탕을 둔 인상적이고 역동적인 지식이 넘쳐나는 이곳 소다 공장에서… 이곳에서 일할 기회를 얻은 것은 내가 행복하다고 생각해야 할 이유이다."[5]

하버는 1891년에 처음으로 온천을 찾게 되는데, 그는 후에 '신경쇠약'으로 요양원과 온천을 자주 방문하게 된다. 평생 그는 허풍을 잘 떨고 흥분을 잘하며 말이 너무 많았다. 그는 지쳐 쓰러질 때까지 일하고는, 안정과 치료를 위해 일을 중단하기를 반복하였다. 독일 사회에 환심을 사려는 노력과 힘겨운 가정사 사이에서 그는 지속적인 정신적 스트레스에 시달렸음이 분명하다. 그러한 부담이 그의 만성적인 질병에 얼마나 영향을 주었는지는 알 수 없다. 1933년에 독일에서 탈출한 유대인 한나 아렌트는 독일에 동화된 유대인의 심리 상태에 대해 다음과 같이 썼다. "비유대인 사회에 받아들여진다는 의미에서의 동화는 유대인이 다른 유대인 집단과 완전히 다르다는 것을 보여 줄 경우에만 허용된다. 그들은 일반 유대인과 매우 다르다는 기묘한 칭찬을 들었을 때, 그 말의 애매모호함(유대인이지만 유대인 같지 않다는)이 독일 사회의 문을 열어주는 열쇠라는 것을 잘 알고 있다."[6] 그러나 전향한 유대인도 독일 사회 속으로 완전히 녹아 들어가게 허용되지는 않았다. 그들은 유대인이었었기 때문에, 교화되었음을 증명할 수 있는지를 진보적인 독일인들에게 엄격하게 평가받는다. 교육받은 유대인은, 독일 사회에서 소외된 버림받은 사람이 되거나, 벼락출세하여 독일 사회의 분위기와 감정을 끊임없이 눈치 보는 사람이 될 것을 선택하도록 강요받게 된다. 하버는 후자를 선택하였다. 아렌트의 글은 계속된다.

> 평균적인 유대인은 그들의 사회적 운명을 결정할 권한이 영원히 없었다. 물론 사회가 유대인에게 선택을 강요하지는 않았다. 하지만 호감이 가는 유대인이 되기 위해서는 이와 같이 모호한 상황과 기질이 요구된다. 대부분의 동화된 유대인은 행복과 불행의 회색지대에서 살고 있었으며, 성공과 실패가 그들이 유대인이라는 사실과 불가분하게 연결되어 있다는 것을 분명히 알고 있었다. 유대인이라는 정체성은… 그들의 삶에 계속 맴돌고 개인적인 결정을 할 때 더더욱 잔인하게 영향을 미친다. "밖에서는 사람, 집에서는 유대인"이라는 말을 뼈아프게 인식하게 된다.[7]

1892년에 하버는 취리히로 옮겨 한 학기 동안 학교로 돌아가기 위해 다시 한번 시도했지만, 별 성과를 거두지 못했다. 그는 아버지의 회사에 들어가 기술적인 문제를 해결해 주는 판매원이자 구매 매니저로 일했다. 유기염료를 수입하고 유통하던 가족 사업은 독일 화학 공장에서 생산되는 저렴한 합성염료로 인해 큰 타격을 받고 있었다. 콜레라 확산이 함부르크를 강타한 1892년에 프리츠는 그의 가족 회사가 빠르게 큰돈을 벌 기회를 포착하였다. 그 당시 콜레라는 공기로 전염되는 '독소'로 인한 것으로 여겨졌으며, (현재는 가정용 표백제 용액으로 판매되는)

클로르 석회 가루로 표면을 닦으면 독소를 제거할 수 있다고 믿고 있었다. 그는 클로르 석회 수요가 폭발하리라 예상하고, 아버지에게 재판매용 클로르 석회를 대량 구입하도록 설득하였다. 대유행이 끝났을 때, 그의 아버지는 수요가 전혀 없는 클로르 석회 더미를 떠안게 되었다. 아버지는 프리츠를 해고하였다.

하버는 1892년에 예나에 있는 지역 대학에서 무급 조수로 일하며 오스트발트 밑에서 물리화학을 공부하려고 다시 한번 지원하였다. 이번에는 면접까지 볼 수 있었지만, 또다시 탈락하였다. 그가 기독교로 개종하려고 결심한 것은 예나에 있을 때였다. 그의 동기가 종교적인 것이 아님은 확실하다. 개종 전의 그가 독실한 유대교 신자가 아니었듯이, 개종 후의 그도 독실한 기독교 신자는 아니었다. 반유대주의가 그의 진로를 가로막고 있다고 믿었던 그는, 자신의 앞길에 도움이 될 것이라는 개인적인 야망에 개종을 결심했을 것이다. 그가 유대인이라는 것이 진로에 전혀 도움이 되지 않았다는 것은 사실이었다. "35살이 되기 전의 하버는 교수가 되기에는 너무 젊었고, 45살 이후에는 너무 나이가 많았으며, 그 사이에 그는 유대인이었다." 하버의 친구 중 한 사람의 말이다. 하지만 유대인이라는 사실이 학계에 진출하는 데 있어 극복할 수 없는 장애물은 아니었다. 후에 하버의 친구가 된 리하르트 빌슈테터를 비롯한 동시대의 많은 유대인이 개종하지 않고 대학의 화학 연구자로서 성공적인 경력을 쌓았다. 하버는 그의 아버지가 그를 버렸던 것처럼, 아버지와 결별하는 한 수단으로 개종을 선택했을 수도 있다. 그의 아버지는 아들의 개종을 조상에 대한 배신으로 생각했다고 하버의 두 번째 부인이 나중에 말했다.[8] 마지막으로, 그 당시의 시대정신인 새로운 독일에 대한 애국심이 개종의 한 동기였을 수도 있다. 독일의 진보적인 고전학자 테오도어 몸젠은 반유대주의자 트라이치케가 언급한 '유대인 문제'에 대한 답으로 유대인을 독일 사회에 동화시키자는 진보적인 해결책을 제시하였다. 새로운 독일 제국은 프로이센, 바이에른, 슈바벤, 그리고 그 외 다른 지역 사람들을 통합하여 만들어졌으며, 유대인도 받아들였다. 그러나 몸젠에게는 조건이 있었다. 유대인들은 그들이 특별하다는 생각을 버리고, 독일 시민들과 자신들을 분리하는 장벽을 스스로 제거해야 한다는 것이었다. 그가 의미한 '장벽'은 종교였으며, 그는 기독교도가 되는 것이 교양있는 독일인이 되는 것이라고 언급했다.[9] 하버는 독일인이 되기를 원했고, 1926년에 이르러서도 개종한 것을 후회하지 않는다고 말했다.[10]

하버가 확고한 자리를 잡다

하버는 28세가 되던 1894년에 카를스루에 공과대학 조교가 되면서 처음으로 봉급을 받는 학교 직원이 되었다. 카를스루에 대학에는 화학과가 둘 있었는데, 카를 엥글러와 한스 분테가 두 과를 각각 주도하고 있었으며, 모두 거대 화학기업 바스프와 긴밀한 관계를 맺고 있었다. 바스프는 염료 사업에 집중하고 있었으며 루트비히스하펜 근교에 공장이 있었다. 하버는 취업 된다는 보장 없이 카를스루에 대학에 가서 엥글러를 만났는데, 엥글러가 그를 분테에게 보냈고 분테가 그를 고용하였다. 독일 대학 시스템에서 대학 강사가 되기 위해서는 박사 후에 하빌리타치온 학위가 추가로 필요했으며, 하버는 그 과정을 이수하였다. 그의 학위논문은 열에 의한 유기화합물의 분해에 관한 것으로, 염료 산업에 바로 적용할 수 있는 실질적인 문제들을 다루었다. 하버는 그의 논문 사본을 오스트발트에게 보냈다. 오스트발트는 긍정적인 평가를 써 주었지만, 하버를 그의 연구실로 초대하지는 않았다.

하버는 물리화학을 배우고자 하는 자신의 갈망에 오스트발트가 더는 답이 될 수 없다는 것을 분명히 깨달았던 것 같다. 그는 홀로 물리화학을 공부하기 시작하였다. 그는 1897년에 카를스루에 대학의 조교로 일하면서 전기화학에 흥미를 갖게 되었다. 전기화학은 아레니우스가 자신의 학위논문 이론을 정립하게 하였던 분야이며, 그 후 네른스트가 괴팅겐 대학에서 발전시키고 있었다. 카를스루에 대학의 젊은 동료 교수인 한스 루긴은 스톡홀름에서 아레니우스와 같이 공부했던 적이 있었다. 그가 하버에게 공부할 책들에 대해 조언을 해주며 도와주었다. 1898년이 되었을 때, 하버는 첫 과제였던 나이트로벤젠의 전기화학적 환원에 관한 연구를 끝마칠 수 있었다. 그는 독일 전기화학회 학술대회 기간에, 오스트발트가 주재하는 회의에서 연구 결과를 발표하였다. 언제나 그렇듯이 하버는 확신에 찬 발표를 하였다. 본 대학의 자크 뢰브 교수가 하버의 연구를 신랄하게 공격했고 하버는 능숙하게 방어를 했다. 더 중요한 것은 오스트발트가 하버의 편을 들었다는 것이다. 그 이야기는 오스트발트의 자서전에 서술되어 있다.[11] 하버는 물리화학을 완전히 혼자 공부했음에도 전기화학 책을 저술하였으며 그 책은 좋은 평가를 받았다. 그는 카를스루에 대학의 특임 교수로 임용되었는데 정교수의 바로 아래 등급이었다.

하버는 프로이센 출신이었지만, 아레니우스, 오스트발트, 반트호프 등에 비해 여러 면에서 비주류 과학자였다. 그가 물리화학에 입문하려 할 즈음에는 물리화학은 이미 정립된 학문 분야였고, 전 세계의 과학자들이 오스트발트와 네른스트 밑으로 들어가려고 경쟁하고 있었다. 유대인인 데다가 평범한 학력인 하버는 오스트발트에게 세 번이나 거부당했다. 그는 자신의 의지와 노력으로 독학하여 인정받는 물리화학자가 되었다. 한번은 화학자들이 맥주를 마시며 위대한 물리화학자들의 강의 스타일에 대해 논쟁한 적이 있었다. 누군가가 하버에게 어떻게 생각하느냐고 물었을 때, 하버는 “나는 잘 몰라. 한 번도 물리화학 수업에 들어가 본 적이 없어”라고 대답하였다.

클라라와의 결혼

1901년 3월이 될 때쯤에, 하버는 화학 교수로서의 위치가 확고해졌고 결혼할 준비도 되어있었다. 하버는 오래전부터 브로츠와프 출신의 젊은 여성 과학자 클라라 임머바르에게 관심이 있었다. 그는 클라라를 10년 전에 만났는데, 그녀는 그의 친구이자 브로츠와프 대학의 교수인 리하르트 아베크 밑에서 일하고 있었다. 그는 두 사람에게 편지를 보내, 프라이부르크에서 개최되는 과학 학술회의에서 만나자고 초청하였다. 클라라는 브로츠와프의 유대인 공동체 출신으로 기독교로 개종한 상태였다. 그녀는 아베크의 지도하에 공부했으며 그곳에서 박사 학위를 받은 최초의 여성이었다. 아베크는 그녀를 자신의 조교로 고용했고, 두 사람은 가까운 친구가 되었다. 그녀가 그에게 보낸 편지들이 보존되어 있는데, 묘한 친밀감이 있었음을 보여준다. 그녀는 그를 3인칭인 “교수님”이라고 불렀지만, 소녀 같은 천진난만함을 보였고 근심과 열망이 편지에 그대로 드러나 있다. 아베크는 이미 결혼한 상태였으며 두 사람이 연인 관계였다는 증거는 없다. 하버와의 비참한 결혼 생활을 이어가는 동안, 클라라는 아베크가 1910년 비행선 사고로 죽기 전까지 계속 편지를 주고받았다(아베크는 아레니우스의 불행했던 첫 번째 부인 소피아 루드베크와도 절친한 사이였다). 클라라와 프리츠는 8월에 결혼하였다. 그 결혼은 거의 시작부터 불행했다. 클라라는 수줍음 많고 예민한 여성으로 교수의 부인이 되기 위하여 과학자로서의 경력을 포기해야 했다. 프리츠는 자신의 연구만을 생각했으며 그의 부인은 저녁 파티를 준비하고 신경쇠약인 그에게 상냥하게 대해 주기를 원했다.

1902년 6월 아들 헤르만이 태어나자마자, 하버는 미국 전기산업에 대한 정보를 수집하기 위하여 독일 전기화학회 대표로 4개월간의 미국 여행을 떠났다. 그의 보고서는 구두로 발표되었고 책자로도 만들어졌다. 독일은 그 보고서를 환영했지만, 미국에서는 극비로 보여주었던 자료들을 공개했기 때문에 산업 스파이 행위로 간주하였다.

카를스루에 대학에서 하버를 좌절시키는 일이 생겼다. 1901년에 막스 율리우스 르블랑이 카를스루에의 새로운 물리화학 교수가 되었는데, 하버는 그 자리가 자신에게 왔었어야 한다고 생각했다. 하버는 세미나에서 르블랑의 오류를 지적하거나, 뒤에서 그를 저격하여 그의 카를스루에 생활을 비참하게 만들었다. 1906년에 오스트발트가 대학 행정관리들과 말다툼을 벌인 후 50세의 나이로 라이프치히 대학의 교수직에서 은퇴하였을 때, 르블랑은 그곳으로 자리를 옮겼다. 아마도 하버에게서 가능한 한 멀리 떨어지려고 했던 것도 같다. 이제 공석이 된 카를스루에의 교수 자리에는 두 명의 유력한 후보가 있었다. 하버와 드레스덴 대학에서 이미 정교수로 재직 중이던 프리츠 포에스터였다. 교수 선정 위원회는 두 사람이 과학적으로는 우열을 가릴 수 없다고 평가했지만, '품성'에 기초하여 포에스터가 3 대 2로 유리하게 평가하였다.[12] 이 결정은 하버가 유대인이었기 때문일 수도 있지만, 하버가 르블랑을 상대하던 태도를 위원들이 좋지 않게 생각했던 이유 때문일 수도 있다. 그럼에도 불구하고, 하버의 장점을 잘 알고 있던 화학과 학과장 엥글러는, 투표 결과가 교육부 장관에게 보내지기 전에 하버의 이름이 명단의 맨 위에 오도록 손을 썼다. 마침내 독학으로 공부한 하버는 37세에 물리화학의 정교수 자리까지 오르게 되었다.

네른스트와 하버는 기체 반응, 특히 질소가 수소 또는 산소와 반응할 때의 자유 에너지 변화량을 구하는 연구에 대해 정보를 공유하고 있었다. 이 반응은 '질소 고정'과 관련이 있었으며 잠재적으로 어마어마한 부를 가져다줄 수 있는 과제였다. 2장에 기술한 것과 같이, 네른스트는 질소와 산소의 평형에 관한 연구를 랭뮤어에게 졸업 논문 주제로 주었었다. 랭뮤어의 초기 연구에서 기대한 결과가 나오지 않자, 네른스트는 그 접근법에 흥미를 잃었다. 하지만 그는 더 큰 문제를 계속 생각하고 있었다. 질소는 반응성이 매우 낮기 때문에, 질소 화합물이 생성되는 반응에서의 수득률이 너무 낮았다. 경제적으로 유용한 수준까지 수득률을 높이기 위해서는 비상한 방법이 필요했다. 수득률을 높인다는 것은 반응의 평형점을 이동시킨다는 것을 의미하며, 반응의 자유 에너지가 어떻게 변하는지에 대한 이해가 필요한 것이었다. 이것은 하버와 네른스트가 모두 관심을 두고 있던 연구 주제였다.

베를린의 네른스트와 제3 법칙

하버가 물리화학 교수 자리를 찾고 있을 때, 네른스트는 그의 연구의 정점에 있었다. 1905년에 네른스트는 괴팅겐을 떠나 독일 제국의 수도인 베를린으로 자리를 옮겼다. 이러한 이동 과정 중에 그는 길버트 루이스가 학위논문을 작성할 때 풀지 못했던 문제의 답을 찾아내었다. 2장에 기술된 것과 같이, 루이스가 "자유 에너지와 물리-화학 평형에 관한 일반식"이라고 불렀던 방정식의 적분 상수를 결정하는 문제였다. 루이스는 반응열을 측정하여 자유 에너지값을 구하는 방법을 찾으려고 노력하였다. 그것은 전압을 측정하는 네른스트의 방법보다 훨씬 쉽고 보편적인 방법이라고 생각했다. 하지만 적분 상수를 구할 수 없었던 루이스는 벽에 부딪혔다. 그 문제만 풀면 화학 반응의 평형점을 예측하는 것이 가능하였다. 1900년대 초반에 이를 무렵, 루이스, 반트호프, 하버, 그리고 네른스트 모두 이 문제에 관심이 있었다.

1905년 12월에 네른스트가 처음으로 적분 상수를 결정하는 문제의 답을 찾았다고 발표하였다. 그는 강의 중에 문득 답이 떠올랐다고 말했다. 그의 업적은 궁극적으로 열역학 제3 법칙으로 알려지게 되었다. 그러나 해답의 출처는 수년 동안 논쟁거리로 남아있게 된다. 시어도어 리처즈가 1902년에 다른 연구를 하는 과정에서, 자신이 적분 상수를 구하는 것과 유사한 일을 했다고 주장했기 때문이다. 리처즈는 원자의 압축률에 대한 논문을 작성하면서 그의 이론을 뒷받침하기 위해 이미 출간된 신뢰할 수 있는 자료들을 이용하였다. 그는 화학 반응에서의 반응열과 자유 에너지가 온도에 따라 어떻게 변화하는가에 대한 광범위한 데이터를 취합하였다.[13] 그의 이론 자체는 중요한 것이 아니었으며, 실제로는 그가 열역학을 근본적으로 잘못 이해하고 있다는 것을 보여줄 뿐이었다. 그는 자유 에너지는 화학 친화도의 실질적인 척도가 아니라고 결론지었다. 이것은 대부분의 열역학 분야 과학자들에게는 20여 년 전에 이미 해결된 문제였다. 그러나 중요한 것은 그가 정리한 데이터가 적분 상수를 어떻게 구할 수 있는가를 암시해 주고 있었다는 것이었다. 유능한 열역학 과학자라면 그의 데이터를 면밀히 관찰하여 네른스트의 아이디어와 같은 결과를 얻을 수 있었을 것이다.

리처즈는 데이터를 얻기 위해 어떤 실험도 하지 않았으나, 그가 신뢰할 수 있는 과학자들이 논문으로 발표한 데이터를 신중히 취합하여 제시하였다. 모든 데이터는 1899년에 루이스가 졸업 논문(리처즈가 지도는 했지만 잘 이해하지 못한 것이 분명한)을 작성할 무렵에 구할 수 있었던 것이었다. 만약 그 당시 리처즈가 루이스에게 같은 데이터를 조사해 보라고 제안했거나, 루이스 자신이 취합할 생각을 했다면 루이스는 아마도 그가 개발한 식의 적분 상수를 결정하는 방법을 찾아내었을지 모른다. 어떤 데이터는 매우 오래전에 얻어진 결과여서, 리처즈는 최신의 원자량을 사용하여 수정하였다. 2장에서 언급했듯이 원자량 측정은 리처즈의 전문 분야였다. 그는 반응에서의 자유 에너지와 열의 변화량을 온도의 함수로 도시한 후, 알려진 열역학 식을 이용하여 측정 데이터를 절대 0도(−273.15℃)까지 연장하여 그렸다. 그림 3−1의 결과가 놀라운 것은 절대 0도에서 반응 자유 에너지와 반응열이 일치한다는 것이 아니고(이것은 자유 에너지를 정의하는 수학식을 보면 명백하다) 온도가 절대 0도에 접근할 때 얼마나 빨리 서로 접근하는 가였다. 후에 루이스가 그린 그래프는 리처즈의 데이터가 보여주는 일반적인 패턴을 잘 나타낸다. 리처즈는 그 패턴을 찾아내지 못했다.

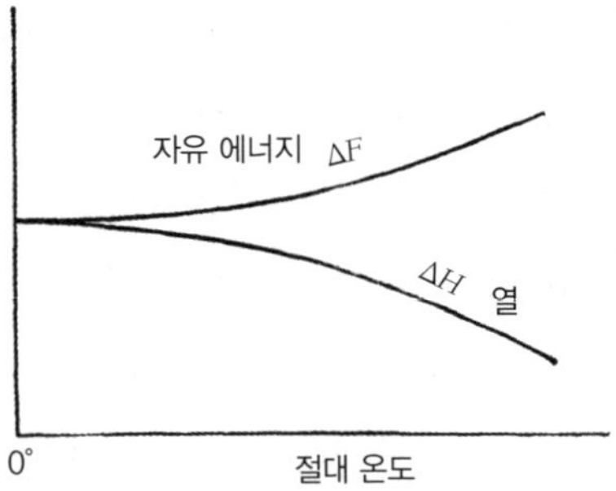

그림 3−1 리처즈 데이터의 패턴을 보여주는 그래프. 온도가 절대 0도에 가까워지면서, 두 곡선의 끝부분이 겹쳐지기 시작한다. 길버트 루이스와 메를 랜달 저, 『화학 물질의 열역학과 자유 에너지』, 뉴욕, 맥그로우힐(1923), p 437.

리처즈가 연구한 반응들에서 두 곡선의 끝부분이 서로 접근하여 낮은 온도에서는 x−축과 평형하게 된다. 이것을 수학적으로는 “기울기가 0인 점근선이 된다”라고 말한다. 모든 화학 반응이 이런 경향을 보여준다. 이러한 화학 반응에 대해, 루이스 학위논문의 식을 이용해서 수학적으로 간단히 몇 단계만 거치면, 루이스의 적분 상수는 0이 된다는 것을 알 수 있다. 그 발견에 네른스트가 사용한 수학은 간단한 것이었다. 발견의 열쇠는 네른스트가 했던 것처럼, 모든 화학 반응에 대한 자유 에너지와 반응열 곡선이 보여주는 이러한 점근성이 일반적인 경향이라고 가정하는 것이었다. 리처즈는 이 단계로 도약하지 못했다.

리처즈가 주위를 돌아보았다면, 그의 곡선들이 무엇을 의미하는지를 그가 이해하게 설명해줄 수 있었던 사람이 바로 복도 끝에 있었다. 1902년에는 루이스가 하버드로 돌아와 화학과에서 강사로 일하고 있었으며, 그는 분명히 두 곡선이 변하는 경향의 중요성을 이해했을 것이다. 리처즈도 루이스의 식이 그 경우에 적용될 수 있다는 것을 어느 정도 알고 있었다. 그는 그것을 그의 논문에 인용했지만 적용하는 데는 실패하였다. 리처즈는 데이터를 갖고 있었고, 루이스는 식과 이론적 통찰력을 갖고 있었다. 두 사람이 오후 한때, 같이 시간을 보내며 그 문제를 주제로 토론했다면, 결과는 매우 달라졌을 것이다.

그러나 루이스는 자신이 리처즈의 아이디어를 퓨가시티에 도용했다는 의심을 받은 후에는(2장 참조), 리처즈와는 어떤 토론도 피하려 했다. 두 사람은 상호 검토를 위해 서로의 논문을 더는 교환하지 않았음이 분명하다. 1900년에 발표된 이전 논문과는 달리, 리처즈의 1902년 논문에는 '수학적인 부분을 검토한 루이스에게 감사한다'라는 감사의 글이 없었다. 루이스는 리처즈와 하버드에 분노하여 필리핀으로 떠난 1904년까지 리처즈의 데이터를 보지 못했던 것 같다. 네른스트가 문제의 답을 찾아냈다고 발표했을 때, 루이스는 필리핀에 있었다. 어쨌든, 리처즈와 루이스는 제3 법칙을 발견할 수 있었던 기회를 놓치게 되었다.

반트호프와 하버는 반응열을 측정하여 자유 에너지를 구하는 문제에 1904년과 1905년에 각각 독립적으로 도전하였다. 두 사람 다 리처즈의 데이터를 검토했지만, 두 곡선이 점근하는 경향이 함축하는 의미를 찾아내는 데는 실패하였다. 반트호프는 두 곡선이 절대 0도를 향하여 갈 때에 가능한 두 가지 경향에 대해 논의하였다.

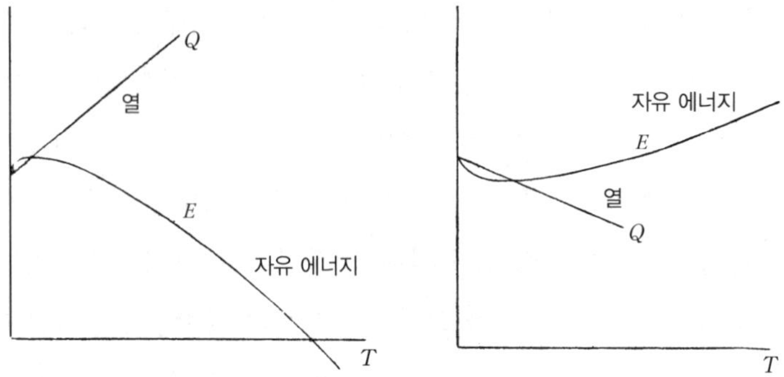

그림 3-2 절대 0도에 접근할 때, 자유 에너지와 반응열이 어떤 경향을 보이는가에 대한 반트호프의 아이디어. 그는 두 값이 기울기 0인 상태로 접근하게 되는 경우를 고려하지 않았다. 그것은 네른스트를 제3 법칙으로 이끈 단서였다. 야코뷔스 반트호프의 "일의 변환에 비열의 변화가 미치는 영향", 『루트비히 볼츠만 기념논문집』, 라이프치히: 요한 암브로시우스 바르트 출판사(1904), pp. 234–247에서 p. 237.

그러나 반트호프는 두 곡선이 점근적으로 서로 접근하는 중요하고 실제적인 경우를 조사해 보지 않았다.[14] 하버는 이 문제에 도전하기 위해서 다른 방법을 사용했다. 새로운 '화학 역학적' 온도 단위를 개발하려고 시도하였는데, 이 단위는 절대 영도보다 1도 높을 때 반응열과 자유 에너지가 같아지도록 정의하였다. 그는 기체의 거동을 실험적으로 조사함으로써, 새로운 온도 단위에서 1도의 크기를 결정하고 그로부터 적분 상수를 결정할 수 있을 것이라 기대했었다.[15]

1905년 12월, 네른스트는 모든 고체 및 액체에서 자유 에너지와 반응열 곡선이 낮은 온도에서 점근적으로 접근한다는 것을 "불현듯 깨달았다"라고 말했다. 그는 이 주장을 1906년 초에 논문으로 발표하였다.[16] 그의 주장은 그가 제시한 결과와 완전히 일치하지는 않았지만, 중요한 것은 문제 해결에 필요한 통찰력이었다. 그는 이것을 자신의 '열정리'라고 불렀지만, 이는 오히려 그의 '열 가설'이라고 하는 것이 더 나았을 것이다. 이는 이론적 설명에 기반하지 않은 단순한 주장이었다. 1907년에 이르러 아인슈타인이 플랑크의 양자 가설을 이 문제에 적용하여 이론적으로 설명하였다. 네른스트의 열정리는 직관적인 통찰력에 기초하고 있었다. 그가 리처즈의 논문을 인용하지는 않았지만, 아마도 리처즈가 이전에 논문으로 발표한 그림들을 검토한 결과였을 수도 있다. 물론, 다른 사람들의 발표물에서 새로운 결론을 도출하는 것은 도덕적으로 아무런 문제가 없다. 하지만 리처즈의 데이터가 네른스트 아이디어의 기초가 되었다면, 그는 자신의 출처에 대해 밝혔어야 했다.

그림 3-3 열정리를 발표한 무렵인 1906년의 발터 네른스트. 니콜라 페르샤이드의 사진.

네른스트가 열정리를 발표하기 전에, 그와 리처즈는 친밀한 관계를 유지하고 있었다. 리처즈는 1895년에 네른스트의 연구실에서 연구하였고, 두 사람은 동료로서 과학적 내용의 편지를 교환해 왔다. 네른스트는 열정리에 관한 1906년의 최초 논문에서는 리처즈의 연구를 언급하지 않았지만, 1906년 10월 예일 대학에서 열린 실리만 기념 강연에서는 잠시 언급하였다.

> 1902년에 시어도어 리처즈 교수는 "비열의 변화와 자유 에너지, 반응열, 부피, 그리고 화학적 친화력의 변화와의 관계"에 대한 매우 흥미로운 논문을 발표하였습니다… 저는 우리의 공식이 많은 경우에 리처즈의 결론과 정성적으로 일치한다고 말할 수 있어 기쁩니다. 이 자리에서는 정량적 관계에서의 차이점에 대해서는 논의하고 싶지 않습니다.[17]

리처즈가 처음부터 네른스트가 부적절한 일을 저질렀다고 생각한 것은 아니다. 리처즈는 1909년과 1910년에 노벨 화학상 후보로 네른스트를 연이어 추천하기까지 했다.[18] 그러나 6장에서 볼 수 있는 것처럼 리처즈는 결국 네른스트가 아닌 자신이 제3 법칙에 대한 공로를 인정받을 자격이 있다고 확신하게 되었다. 동료 과학자들이 그의 데이터를 보고 "그것을 어떻게 놓칠 수 있었나?"라고 반복하여 물었을 때, 중요한 일은 그가 데이터를 취합하여 체계화한 것이고 네른스트가 발표한 결론은 사소하고 너무 뻔한 일이었다고 믿게 되었을 것이다. 하지만 리처즈의 같은 그래프를 검토했음에도 반트호프와 하버는 그 의미를 찾아내지 못했다. 답을 안 후에 문제를 보면 풀이가 명백해 보이듯이, 네른스트의 처음 추론이 사소한 일은 아니었을 것이다. 리처즈는 루이스의 퓨가시티에 대해 생각했던 것처럼 네른스트의 열정리에 대해서도 같은 식으로 반응하였다. 두 경우 모두 리처즈는 수학이나 열역학에 대해 충분한 지식이 없어 문제나 답을 완전히 이해하지는 못했다. 하지만 그 자신이 먼저 연구를 시작했고 자신의 연구가 그 문제와 관련이 있으므로 자신의 업적이 인정을 받을 자격이 있다고 믿게 되었다.

열역학 제3 법칙은 어떤 물질에 적용되느냐에 따라 여러 가지 방식으로 나타낼 수 있다. 즉, 루이스의 방정식에서 적분 상수를 0으로 설정할 수 있다. 온도가 매우 낮아지면 자유 에너지와 반응열이 점근선 형태로 접근한다(네른스트가 선호하는 표현). 반응의 **엔트로피**(열과 원자의 분산으로 인한 무질서도를 나타내는 척도) 변화가 절대 영도에서 0이다. 열역학의 처음 두 법칙은 스팀 엔진이 어떻게 일 에너지를 만들어내는가를 조사하는 과정에서 개발됐지만, 제3 법칙의 개발은 열에너지를 측정하여 자유 에너지를 구하려는 화학적 동기에서 출발하였다. 앙리 르샤틀리에, 루이스, 리처즈, 반트호프, 하버 등은 모두 이 문제의 해결에 도전하였다. 리처즈는 네른스트에게 자신의 아이디어를 도둑맞았다는 생각에 점점 더 분개하게 되었다. 그는 절대 0도 근처에서 한 곡선은 양의 기울기, 다른 곡선은 음의 기울기를 갖게 된다는 것을 밝혀내었었다. 하지만 두 곡선이 점근선 형태로 접근한다는 가장 중요한 사실을 파악하는 통찰력은 결코 갖지 못했던 것 같다. 그는 루이스와의 협력 기회를 놓친 사실에 대해 언급하지 않았다. 루이스는 리처즈의 데이터를 언제 처음 보았는지 그리고 그 데이터에서 제3 법칙을 발견하지 못했었는지에 대해 말하지 않았다. 후에 루이스는 그의 열역학 책에서, "리처즈가 제시한 곡선들은, 나중에 열역학 제3 법칙에 포함되는 일반적인 경향을 거의 함축한다고 할 수 있다"[19]라고 언급하였다. 나중에 쓴 한 편지에서 루이스는 리처즈에 대해 "그는 열역학 제3 법칙과 매우 유사한 것을 가지고 있었지만, 무엇을 가졌는지를 깨닫지 못했다"[20]라고 썼다.

루이스도 기회를 놓친 것에 대해 자책했을 것이다. 그리고 하버는 평생 제3 법칙을 발견한 것이 자신이 아니라 네른스트였다는 사실을 애석해 했다.[21] 그러나 깨달음이 '스스로 다가왔던' 네른스트에게로 모든 공이 돌아갔다.

질소 고정

제3 법칙은 화학 이론에서의 획기적 발전이었으며, 네른스트는 즉시 이를 질소 고정화라는 실용적인 문제에 적용하고자 했다. 1898년에 영국 과학진흥아카데미에서 신임 회장인 영국의 화학자 윌리엄 크룩스의 강연이 있었다. 그의 강연은 현재의 지구 온난화에 대한 강의처럼, 경고가 그 목적이었다. 그의 메시지는 맬서스 이론에 따른 경고였다. 즉, 영국이 머지않은 미래에 기근에 직면할 것이며 유일한 희망은 화학에서 찾아야 한다는 것이었다. 19세기 동안 잉글랜드와 웨일스의 인구는 세 배 이상 증가하였고, 다른 유럽 국가들도 유사한 증가세를 보였다. 그러나 경지 면적의 증가는 미미했으며, 에이커당 수확량을 증가시키기 위해 수입 비료를 사용하여야 했다. 밀, 옥수수, 귀리, 호밀 등의 곡물은 성장에 필요한 필수 원소(주로 질소)를 토양에서 고갈시킨다. 토양의 질소는 전통적으로 작물을 순환 재배하고 거름을 살포하는 방식으로 보충하여 왔다. 순환 작물로는 공기 중의 질소를 이용할 수 있는 콩이나 완두콩과 같은 콩과 식물을 재배하였다. 순환 재배로 토양의 질소를 보충할 수 있지만, 수익성이 높은 곡물 생산량이 감소하게 된다. 그리고 거름을 주는 것은 토양에서 추출된 질소의 일부를 재활용하는 것에 불과했다. 도시가 성장함에 따라 질소의 재활용은 생계형 농업과 비교하여 그 효율이 점점 더 떨어지게 되었다. 농산물이 농장에서 도시로 이전되게 되면, 질소는 하수관이나 공중화장실에서 소실되어 토양으로 돌아가지 않는다. 크룩스는 당분간은 추가적인 질소가 외부로부터 닫힌 시스템 안으로 유입되고 있기 때문에, 영국이 국민을 먹여 살릴 충분한 곡물을 생산하고 있다고 지적했다. 질소의 공급원 중의 하나는 산업 혁명 그 자체였다. 석탄을 철강 산업에 필요한 코크스로 가공하는 과정에서 질소를 포함하고 있는 암모니아가 부산물로 생산되었다. 거기에 더해 페루 해안의 구아노로 뒤덮인 섬이나 칠레의 질산염 지층에서 캐낸 수천 톤의 질소가 매년 수입되고 있었다. 그러나 석탄 가공 시 얻어지는 질소만으로는 충분하지 않았고, 남아메리카에서 나오는 질소는 오늘날 우리가 말하는 '재생 불가능한 자원'이었다. 크룩스는 그것은 언젠가는 고갈될 것이고 기근이 닥칠 것으로 예측하였다. 다른 유럽의 사정도 영국과 전혀 다르지 않았다. 그러나 크룩스는 "과학 연구실이 궁극적으로 굶주림을 풍요로 바꿀 수 있을 것"[22]이라는 희망의 메시지를 전하였다.

질소 자체가 부족한 것이 아니고, 다른 원자에 화학적으로 결합된 혹은 '고정된' 질소가 부족한 것이다. 질소는 대기의 거의 80%를 차지할 정도로 공기 중에 가장 풍부한 원소이다. 그러나 공기 중에는 반응성이 거의 없는 질소 기체(N_2) 상태로 존재하기 때문에, 보통 식물은 사용할 수 없다. 크룩스의 희망은 공기 중의 질소를 수소, 탄소, 또는 산소와 반응시켜 비료로 바로 이용되거나 비료로 쉽게 전환될 수 있는 화합물을 만드는 것이었다. 암모니아(NH_3), 요소($(NH_2)_2CO$), 질산(HNO_3), 일산화 질소(NO) 등이 질소 고정 화합물의 가능한 대상이었다. 그러나 공기 중의 질소를 이용하여 이러한 화합물을 합성하는 알려진 방법에는 모두 너무 많은 에너지가 소모되기 때문에 경제적으로 가능하지 않았다. 문제는 실험실에서만 가능한 방법이 아니라, 질소 화합물을 이익을 보며 팔 수 있도록 수율이 높고 에너지 비용이 적은 반응을 찾아내야 한다는 도전적인 과제였다. 이와 같은 반응을 최종적으로 찾아낸 사람은 하버였지만, 그의 해결책에 관해 이야기하기 전에 다른 대안으로 시도되었던 방법을 살펴보는 것도 가치가 있을 것이다.

20세기 초반에는 고정된 질소의 산업적 공급원이 3가지 있었다. 첫 번째는 앞에도 언급한 석탄이었다. 석탄의 약 1~1.4%는 질소 화합물로 이루어져 있는데, 이는 석탄이 자연적으로 만들어질 때 유입되었던 식물이나 동물 단백질의 잔류물이다. 석탄을 태우면, 질소 화합물은 굴뚝을 통해 공기 중으로 날아가 버린다. 그러나 코크스 공장에서 하는 것처럼 적절하게 설계된 가마에서 공기를 차단한 채 석탄을 가열하면, 12~17%의 질소를 암모니아로 회수할 수 있었다. 석탄에서 질소를 추출하는 것은 중요했지만, 이러한 방법으로 얻어지는 질소는 최대한으로 잡아도 필요한 공급량의 3분의 1에도 미치지 못했다.

또 다른 방법은 사이안아마이드법으로 알려져 있었다. 산화 칼슘으로부터 시작하는 3단계 과정을 거쳐 공기 중의 질소로부터 암모니아를 합성할 수 있었다. 그 과정에서는 중간 생성물로 탄화 칼슘(CaC_2)이 합성되는데, 이 화합물은 반응성이 높아 공기 중의 질소와 결합하여 사이안아마이드화 칼슘($CaCN_2$)이 생성된다.

$$CaO + 3C \rightarrow CaC_2 + CO$$

$$CaC_2 + N_2 \rightarrow CaCN_2 + C$$

$$CaCN_2 + 3H_2O \rightarrow CaCO_3 + 2NH_3$$

그러나 이 과정이 완벽하게 완결된다고 가정해도, 탄화 칼슘 형성에 너무 많은 에너지가 소비되기 때문에 경제성이 없었다.

세 번째 산업적 방법은 전기 스파크를 이용하여 단순히 질소와 산소를 일산화 질소로 결합시키는 것으로 전기 아크 공정으로 불렸다.

$$N_2 + O_2 \rightarrow 2NO$$

이것은 네른스트가 랭뮤어에게 졸업 논문 과제로 지시했던 반응이었는데, 랭뮤어의 실험 결과가 그의 이론을 뒷받침하지 않자 그는 흥미를 잃었다(2장). 이 반응이 평형에 도달하면, 실제로는 두 개의 반응이 동시에 일어난다. 질소와 산소가 결합하여 일산화 질소가 만들어지는 것이 한 반응이며, 일산화 질소가 분해되어 질소와 산소로 다시 돌아가는 것이 또 다른 반응이다. 평형점은 두 반응이 같은 속도로 일어나는 지점으로, 반응물과 생성물이 계속 소모되고 생성되지만 순수한 양의 변화는 없다. 평형 개념은 모든 경우에 적용될 수 있다. 고속도로의 교통 부하를 예로 들면, 들어오는 차와 나가는 차의 수가 같을 때를 평형 상태라고 할 수 있다. 화학 반응에서의 평형점은 생성물의 수득률을 결정하며, 0~100%의 값을 갖게 된다. 반응 온도와 압력을 바꿔주면 평형점을 정방향 또는 역방향으로 움직일 수 있게 할 수 있다. 위 반응의 경우에는, 평형점을 오른쪽(정방향)으로 가게 하여 일산화 질소의 생성량을 증가시키는 것이 목표였다.

일산화 질소의 전기 아크 합성에서는 온도가 올라가면 평형점이 바람직한 방향으로 움직인다. 그러나 충분한 양의 일산화 질소가 만들어지게 하기 위해서는 온도를 3,000℃까지 올려야 했다. 랭뮤어와 네른스트가 그 반응을 2,100℃에서 시도했을 때, 그들은 1% 미만의 일산화 질소를 얻었을 뿐이었다. 그리고 일단 일산화 질소가 만들어졌어도, 또 다른 어려움이 있었다. 일산화 질소를 매우 빠르게 냉각시키지 않으면, 다시 질소와 산소로 되돌아가는 것을 랭뮤어의 실험에서 확인할 수 있었다. 사이안아마이드법과 마찬가지로 전기 아크 공정에 필요한 에너지는 경제적으로 엄두도 못 낼 정도로 큰 값이었다. 하버는 1902년에 미국에 갔을 때 나이아가라폴스시에 있는 전기 아크 공장을 방문한 적이 있었다. 그러나 그 공장은 이윤을 내기에는 그들의 제품이 너무 비싸서 1904년에 문을 닫았다.

가장 가능성 있는 방법은 원소 상태의 질소와 수소로부터 직접 암모니아를 합성하는 것이었다.

$$N_2 + 3H_2 \rightarrow 2NH_3$$

이 접근법의 문제는 수득률이 극히 낮다는 것이었다. 일반적인 반응 조건에서, 이 반응의 평형점은 극단적으로 왼쪽으로 치우쳐있기 때문에 실질적으로 암모니아를 얻을 수 없다. 일산화 질소의 경우와는 반대로, 온도를 낮춰주면 평형점은 오른쪽으로, 즉 더 많은 암모니아가 생성되는 쪽으로 이동한다. 이것은 일산화 질소 생산에서의 에너지 비용 문제를 피할 수 있기 때문에 희망적으로 보인다. 그의 노벨상 강연에서 하버는 네른스트의 새로운 열정리를 이용하여 계산한 표를 제시하였다(표 3-1). 이 표는 온도와 압력에 따라 암모니아의 평형 농도가 어떻게 예측되는가를 보여준다. 이 표를 볼 때, 암모니아 생산량을 늘리는 방법은 명확하다. 압력을 높이고 온도를 낮춰주는 것이다.

하지만 그것은 그렇게 간단한 문제가 아니었다. 최고 수준의 강철조차도 200기압의 압력을 견딜 수 없었다. 또한, 낮은 온도에서 반응시키는 것은 반응의 평형점을 원하는 방향으로 이동시키는 데는 좋은 방법이었지만, 반응의 속도 측면에서 보면 매우 불리한 방법이다. 많은 화학 반응은 열역학적 평형에 신속하게 도달하지 않는다. 예를 들어 수소와 산소로부터 물을 생성하는 반응의 평형점은 매우 오른쪽(물이 만들

표 3-1. 하버가 온도와 압력의 함수로 예측한 암모니아의 평형 농도

온도(℃)	1기압	30기압	100기압	200기압
200	15.30%	67.60%	80.60%	85.80%
300	2.18%	31.80%	52.10%	62.80%
400	0.44%	10.70%	25.10%	36.30%
500	0.13%	3.62%	10.40%	17.60%
600	0.05%	1.43%	4.47%	8.25%
700	0.02%	0.66%	2.14%	4.11%
800	0.02%	0.35%	1.15%	2.24%
900	0.01%	0.21%	0.68%	1.34%
1,000	0.00%	0.13%	0.44%	0.87%

출처: 『노벨 화학상 강연 1901-1921』, 스톡홀름, 엘세비어 출판사(1966). 프리츠 하버, "원소로부터의 암모니아 합성", 1920년 6월 20일의 노벨상 강연.

어지는 쪽)에 치우쳐있다. 그러나 수소와 산소의 혼합물은 물이 거의 만들어지지 않은 채로 수백만 년 동안 그대로 남아있을 수 있다. 많은 반응에서 실제로 반응이 일어나기 위해서는 시동을 걸어주는 무언가, 즉 **활성화 에너지**가 필요하다. 비유하자면 언덕 위에 정차된 차와 같다. 브레이크를 풀고 기어를 중립에 놓으면 차는 자연스럽게 언덕을 굴러 내려가 평형점에 도달할 것이다. 그러나 아무리 작은 언덕이라도 차가 언덕 아래 정차되어있으면, 차를 언덕 위로 밀어 올려주는 무언가, 즉 활성화 에너지가 필요할 것이다. 수소와 산소의 혼합물의 경우, 활성화 에너지는 스파크나 불꽃이 될 수 있다. 1937년 힌덴부르크 비행선의 폭발은 이에 대한 극적인 예가 될 수 있다. 그러나 질소는 산소보다 반응성이 훨씬 낮기 때문에, 단순한 불꽃으로는 질소와 수소에서 암모니아를 형성하는 반응이 일어나게 할 수 없다. 산소는 반응성이 높기 때문에, 질소와 산소로부터 일산화 질소를 만드는 반응의 경우에는 전기 스

파크로 활성화 에너지를 공급할 수 있으며, '전기 아크 공정'으로 이름이 붙여진 이유이다. 활성화 에너지를 공급하는 한 방법은 열을 가하는 것이다. 높은 온도에서 반응을 시키면 모든 분자가 빠르게 움직이게 된다. 하버는 그의 초기 연구에서는 이러한 접근법을 사용하여 1,000℃에서 극히 적은 양의 암모니아를 만들어 낼 수 있었다. 그러나 암모니아 합성 반응의 경우에는 온도가 높아지면 평형점이 반대 방향으로, 즉 암모니아 형성이 줄어드는 방향으로 움직이게 된다. 온도를 높이기 위해서는 많은 에너지가 소비되기 때문에 경제적인 이득을 얻기도 어려워진다. 반응이 일어나게 하는 또 다른 방법은 촉매를 사용하는 것이다. 촉매는 반응에 직접 참여하지는 않지만 필요한 활성화 에너지를 낮추어 줄 수 있는 물질이다. 언덕 위에 있는 자동차로 돌아가 보면, 촉매를 사용하는 것은 삽으로 깎아 언덕을 낮춰줌으로써 차가 올라가는 데 필요한 활성화 에너지가 줄어들게 하는 것과 유사하다. 촉매는 반응의 평형점을 변경하지는 않지만, 반응이 더 빨리 평형에 도달하도록 만든다. 많은 기체 반응에서(곧 설명할 암모니아 합성을 포함해서), 금속이 촉매로 작용한다. 예를 들어 자동차의 촉매 변환기에는, 배기가스에 포함된 일산화 탄소 및 질소 산화물들을 환경에 덜 해로운 화합물로 변환하기 위한 촉매로 백금, 로듐, 팔라듐이 사용된다. 가스 반응에서 금속을 촉매로 사용하면 기체 분자들은 금속 표면에 흡착되어 더 쉽게 반응을 일으킨다. 생성된 분자들이 금속 촉매 표면에서 떨어져 나가면, 다음 반응 분자들이 표면에 흡착되게 된다.

1900년, 오스트발트는 철 촉매를 사용하여 고온, 고압하에서 수소와 질소로부터 암모니아를 만드는 데 성공했다고 발표하였다. 그는 특허를 출원하고 회흐스트와 바스프 같은 거대 화학기업에 이를 알렸다. 바스프는 즉시 오스트발트와 합의하여 그의 공정을 조사하도록 했는데, 젊은 연구원 카를 보슈에게 이 조사를 맡겼다. 보슈는 오스트발트가 생산한 암모니아는 대기 중의 질소로부터 만들어진 것이 아니라, 오스트발트가 사용한 촉매의 불순물로부터 만들어진 것이라고 보고하였다. 오스트발트는 격분하여 "아무것도 모르고 경험도 없는 새내기 화학자에게 일을 맡기면 당연히 아무것도 나오지 않을 것이다"[23]라고 바스프에 말했다. 하지만 오스트발트는 결국 보슈가 옳았음을 깨달았고 특허 출원을 철회하였다. 후에 보슈는 하버와 협력하여 상업적인 암모니아 합성에 성공하게 되었고, 1931년에는 노벨 화학상을 수상한 최초의 화학 공학자가 된다.

앙리 르샤틀리에도 1901년에 암모니아 합성을 시도했지만, 그의 실험 장치가 높은 압력에 폭발한 후 실험을 포기하였다. 1904년에 기업체 소속 화학자인 비엔나 출신의 마르굴리스 형제는 암모니아 합성 문제 해결을 위한 자문을 위해 하버를 고용하였다. 하버는 오스트발트가 했던 것처럼 철 촉매를 사용하면서, 1,000℃에서 수소와 질소 간의 평형을 조사하기 시작하였다. 그는 만들어지는 암모니아를 즉시 제거하는 장치를 고안하였다. 암모니아를 제거하면 평형은 암모니아 생성 쪽으로 이동한다. 하버는 약 0.01% 정도의 매우 적은 양의 암모니아를 합성할 수 있었다. 그는 상업적인 암모니아 합성은 매우 높은 압력과 낮은 온도하에서만 가능하다는 것을 깨달았다. 그것은 철보다 좋은 촉매를 찾아야 한다는 것을 의미하였다. 그는 마르굴리스 형제에게 비관적인 내용의 보고서를 전달하고 1905년에 그 결과를 논문으로 발표하였다.

네른스트는 하버를 공격하고, 하버는 암모니아를 공격하다

1906년, 네른스트는 자신의 주장을 검증하기 위해서 자신의 새로운 열 정리를 다른 사람들이 발표한 데이터에 적용하느라 바빴다. 그는 하버가 1905년에 했던 암모니아 실험 결과가 자신의 예측에서 벗어나는 것을 발견하고 이러한 불일치에 대해 하버에게 편지를 썼다. 네른스트는 그 후 하버의 실험을 재현하여 하버보다 훨씬 많은 양의 암모니아가 생성됨을 발견했는데, 사실 그의 열정리로 예측한 값보다도 더 많았다. 카를스루에 대학 물리화학 교수로 임용된 직후였던 하버는 네른스트가 엉성한 연구라고 비난한 것을 불쾌하게 생각했으며, 즉시 같은 실험을 다시 시도하였다. 그는 네른스트 실험에서 얻은 양보다는 적지만 전 실험에서 얻었던 것보다 더 많은 양의 암모니아가 생성되는 것을 발견하였다. 하버의 실험에서 생성된 양은 거의 정확하게 네른스트가 예측한 이론적인 값과 일치하였다. 보통은 자신의 새로운 열정리가 맞는다는 것이 증명된 네른스트가 기뻐했을 것으로 생각할 수 있다.

그러나 네른스트는 역시 네른스트였다. 1907년의 한 과학 학술회의에서 그는 하버의 결과는 잘못되었고 암모니아의 상업적 합성은 불가능하다며 다시 한번 하버를 공격하였다. "하버의 주장과는 다르게, 극히 적은 양의 암모니아가 생성되는 쪽으로 평형이 이동한다는 것은 불행한 일이다. 하버는 매우 잘못된 수치에 근거하여, 질소와 수소로부터 암모니아를 합성하는 것이 가능하다고 우리를 현혹했다. 그러나 전에 생각했던 것에 비해 수득률이 3분의 1에 불과하다는 것은 암모니아 합성 반응이 불가능하다는 것을 더 분명하게 보여줄 뿐이다."[24] 네른스트에 대한 경쟁심이 전혀 수그러들지 않고 있던 스반테 아레니우스가 하버의 결과를 지지했지만, 무차별적인 네른스트의 공격은 유력한 젊은 물리화학자라는 하버의 명성을 크게 훼손시켰다. 하버는 공개적인 모욕을 당하고만 있을 수는 없다고 생각하였다. 네른스트는 암모니아 합성을 포기했지만, 하버는 카를스루에서 함께 일하는 영국 화학자 로버트 르 로시뇰과 함께 실험을 다시 반복하기 시작하였다. 이번에는 30

기압에서 반응을 시켰고 수득률이 28배나 증가하였다. 하버는 온도를 낮출 수 있는 촉매를 찾을 수만 있다면 암모니아 합성이 상업적으로 실현 가능할 수 있다고 믿기 시작했다. 그는 여러 요인을 고려한 뒤 200기압과 600℃에서의 반응을 목표로 하게 되었다. 그 조건이면 평형에서의 암모니아 수득률이 8%로 예측되었다(표 3-1 참조). 하버는 만들어진 암모니아를 바로 뽑아내면서, 반응하지 않은 질소와 수소를 재순환시키면 암모니아를 연속적으로 생산할 수 있으리라 생각하였다.

비슷한 시기에 하버는 질소 산화물을 만드는 전기 아크 공정을 개선하였고 바스프가 관심이 있다는 것을 알게 되었다. 하버의 교수 임용을 밀어붙였던 카를스루에 대학의 총장 카를 엥글러는 바스프의 이사회 임원이었다. 엥글러는 하버와 질소 고정 연구에 대한 계약을 체결하도록 바스프에 강력히 권고하였고, 하버는 1908년에 어떠한 공정이라도 개발할 시에는 그로부터 발생하는 이익의 10%를 보장한다는 계약을 체결하였다. 바스프의 관심은 전기 아크를 이용한 질소 산화물의 생산이었지만, 하버는 질소와 수소로부터 직접 암모니아를 합성하는 것이 가장 유망한 접근법이라고 믿었고, 그의 노력은 암모니아 합성에 집중되었다. 하버는 1909년에 오스뮴이 촉매의 기능을 한다는 것을 찾아내었다. 오스뮴은 전 세계에서 단 100 kg만이 분리되었던 희귀 원소였는데, 하버가 자문을 했던 조명 회사 아우어에서 전기 필라멘트로 사용되고 있었기 때문에 하버가 실험에 사용해 볼 수 있었다.

화학으로 해결할 문제는 일부에 불과했다. 아마도 이 연구는 대학에서 시도된 연구 중에 화학적으로나 기술적으로나 가장 어려운 과제였을 것이다. 암모니아는 만들어지는 대로 추출하여 제거하고, 반응하지 않은 물질은 재순환시키면서 200기압에서 작동할 수 있는 반응기를 설계하는 일은 대부분 르 로시뇰과 카를스루에의 기술자인 프리드리히

키르헨바우어의 작업이었다. 르 로시뇰과 키르헨바우어는 고압에 견딜 수 있는 새로운 원뿔형 밸브를 고안하였다. 또한, 반응기에서 나오는 뜨거운 기체가 다음 반응을 위해 주입되는 새로운 기체를 예열하도록 하여 에너지가 낭비되지 않도록 하였다. 암모니아는 만들어지는 즉시 반응기에서 제거되었고, 반응하지 않은 질소와 수소는 다시 반응기로 투입되었다. 1909년 3월 말에 하버와 르 로시뇰은 새로운 반응기에 오스뮴 촉매를 장착하고 질소와 수소를 투입하였다. 암모니아는 생산되자마자 끓는점 아래로 냉각되어 수거용 플라스크에 방울방울 떨어지기 시작했다. 하버는 연구소를 여기저기 뛰어다니며 모두에게 소리쳤다. "내려와 봐요! 암모니아가 나오고 있어요!"

하버는 바스프에 그 소식을 전하고 전 세계의 오스뮴 공급망을 장악하라고 권하는 편지를 썼다. 바스프의 처음 반응은 회의적이었다. 바스프는 전기 아크 공정에 주로 관심이 있었을 뿐만 아니라, 하버의 암모니아 합성에 필요한 고압이 전혀 실현 가능하지 않다고 생각했다. 엥글러의 중재로 바스프는 카를스루에 대학으로 반응 시연을 참관하러 오는 데 동의하였다. 바스프에서는 이사회 의장인 하인리히 폰 브룬크,

그림 3-4 질소와 수소로부터 암모니아를 합성하는 데 사용된 하버-르 로시뇰의 장치. 뮌헨 독일 박물관.

연구소장 아우구스트 베른트젠, 그리고 9년 전에 오스트발트의 특허 출원을 무산시켰던 카를 보슈가 참석하였다. 베른트젠이 필요한 압력이 얼마인지 의심스럽게 물었다. 하버는 사실대로 말하지 않고, "적어도 100기압"이라고 대답했다. 사실 이것은 그의 시연에서 사용할 압력의 절반에 해당하는 값이었지만 베른트젠을 경악시켰다. 그는 "100기압? 어제 우리의 고압 멸균기 중 하나가 7기압에서 폭발했어요!"라고 말했다. 그러나 철강 기술로 압력을 극복할 수 있다고 생각한 보슈가 "가능할 것 같습니다."라는 의견을 제시하자, 폰 브룬크는 공정 개발에 자금을 투입하기로 약속하였다.

촉매에 관한 연구를 계속한 하버는 우라늄도 오스뮴과 마찬가지로 효과적이라는 것을 발견하였다. 우라늄은 가격은 비싸지만, 훨씬 더 많은 양이 존재한다는 장점이 있었다. 바스프는 특허를 출원하려고 준비하면서 가능한 한 비밀을 유지하려 했지만, 하버는 바스프의 반대에도 불구하고 1910년 3월 10일 카를스루에 대학에서 열린 과학 회의에서 자신의 결과를 발표하였다. 그는 "화합물로 결합된 질소에 대한 농업 분야에서의 수요가 엄청나며, 폭약 산업에서는 그 수요가 훨씬 더 적다"[25]라고 말했다. 그러나 제1차 세계대전으로 이어지게 되는 거대한 군비 증강이 이미 진행 중이었기 때문에 이는 군사용 수요를 저평가한 말이었다. 질소는 비료 생산뿐만 아니라 폭약 제조에도 반드시 필요했다. 당시의 화약은 초석이라고 불리는 질산 칼륨으로 제조하였다. 테러범 티모시 맥베이가 미국의 오클라호마에서 비료 트럭 폭탄으로 보여준 것처럼, 질산염 기반의 비료와 무기 사이에 본질적인 차이는 없다. 하버는 전쟁 중에 영국의 봉쇄로 남미의 질산염 공급이 차단될 것을 우려하고 있었으며, 자신의 연구가 국가 방위에 필수적이라는 것을 잘 인식하고 있었다.

하버의 발표는 즉시 위대한 발견으로 평가되었으며, 화학기업들로부터의 제안이 쇄도하였다. 바스프는 그가 발표하지 않도록 설득하는 데는 실패했지만, 하버는 가능한 한 많은 세부 사항을 비밀로 하는 데 동의하였다. 그러나 소문은 퍼져 나갔다. 하버는 불가능한 것으로 여겨졌던 일을 해낸 것이었다.

하버가 황제의 고문이 되다

하버의 강연이 있은 지 두 달이 지나, 프로이센의 장관들이 산업계의 거물들을 소환한 회의에서 빌헬름 황제가 지시한 안건을 전달하였다. 그것은 미국의 록펠러와 카네기 가문의 예를 따라, 독일 그리고 독일의 과학이 선도적인 위치에 설 수 있도록 산업가들이 기금을 출연하여 과학 연구소들을 건립하자는 것이었다. 빌헬름 황제는 연구소들을 "카이저 빌헬름 연구소"로 부르는 것에 동의하였다. 하버에게 오스뮴을 제공한 조명 회사인 아우어의 경영자 레오폴트 코펠은 기회가 왔다고 생각했다. 그는 하버의 자문에 만족하였으므로, 회사의 연구 책임자 자리를 하버에게 제안한 적이 있었지만, 하버가 이를 거절했었다. 코펠은 두 가지 조건이 충족되면 베를린에 물리 및 전기화학 연구소 건립에 자금을 지원하겠다고 제안하였다. 조건은 하버가 소장이 되어야 하고, 연구소가 신청한 특허를 사용할 수 있게 하는 것이었다. 물론 코펠은 특허에 대한 유리한 위치를 기대하고 있었다. 그의 의도는 명확했다. 물리화학에 재정적인 지원을 하는 이유는, "내가 밀접하게 관여하고 있는 산업에 가장 직접적인 영향을 주는 학문 분야이기 때문이다"[26]라고 그는 말했다. 연구소 운영에 대한 재정적 지원은 코펠이 하지만, 하버를 포함한 연구원의 급여는 정부가 지불하는 것으로 결정되었다. 이러한 체계는 1933년에 나치가 모든 유대인 공무원을 해고하게 될 때 중요한 요인이 된다(6장 참조). 새로운 연구소의 발표 행사에서 생화학자 에밀 피셔가 기조연설을 했다. 비료 생산을 위해 공기에서 질소를 추출한 하버의 업적을 피셔가 언급하자 황제는 고개를 끄덕였다.[27]

하버의 가장 가까운 친구가 되는 유기 화학자 리하르트 빌슈테터는 하버의 연구소 옆에 있는 또 다른 카이저 빌헬름 연구소의 소장이 되었다. 그는 하버의 집 길 건너편에 자신의 집을 지었다. 하버와 마찬가지로 빌슈테터도 자신이 독일의 애국자라고 생각하는 유대인이었지만 기독교로 개종하지는 않았다. 빌슈테터는 하버가 연구소 소장으로 임명된 것은 "하버가 위대한 연구자에서 위대한 독일인으로의 변신을 완성한 것"[28]이라고 쓰기도 했다. 하버는 이제 목표로 했던 모든 것을 달성하였다. 그는 가족을 이루었다(비록 그의 아내 클라라는 질식할 것 같고 무시당한다는 느낌을 받고 있었지만). 그리고 세계적으로 인정받는 물리화학자가 되었다. 베를린 교외의 다렘에 위치한 최신의 카이저 빌헬름 물리 및 전기화학 연구소를 소유하였으며, 곧 암모니아 특허를 통해 부자가 될 것이었다. 그리고 그는 모든 면에서 독일인이었다. 그리고 그는 이제 황제의 자문위원인 게하임라트였다. 그는 새로운 독일 제국의 선도적인 과학자가 된 것이다.

공업적인 암모니아 합성: 카를 보슈

실험실에서 이루어진 하버의 암모니아 합성을 상업용 암모니아 공장으로 전환하는 것은 쉬운 일이 아니었다. 그렇게 높은 압력에서 가동되는 공장은 아무도 건설한 적이 없었기 때문에, 카를 보슈가 "가능할 것 같습니다"라고 한 것은 패기에 찬 말이었다. 보슈가 이 말을 한 것은 1909년으로, 당시 그의 나이는 35세였다. 그는 뛰어난 배관공의 아들이었으며, 인문계 학교인 김나지움이 아닌 실업계 학교인 오베레알슐레에서 중등 교육을 받았다. 졸업 후에는 제련 공장에서 주조공, 기계공, 목수, 자물쇠 제조공 등으로 1년 동안 견습생 생활을 하였다. 그 후 하버가 몇 년 전에 입학했던 샤를로텐부르크의 공과대학에 진학하여 금속공학과 기계공학을 공부하며 철강 공장에서 실무적인 경험도 쌓았다. 그다음 유기화학을 공부하여, 1898년에 라이프치히 대학의 요하네스 비슬리체누스 교수 밑에서 박사 학위를 취득하고 그의 조수로 1년 더 연구를 이어갔다. 그는 바스프에 제출한 입사 지원서에, 학문적 자격뿐만 아니라 현장 실습 경험도 명시하였다.[29]

암모니아의 공업적 합성은 하버-보슈 공정으로 알려지게 되었는데, 보슈는 이 공정에 이름을 올릴 충분한 자격이 있다. 이론에서 시작된 이 공정은 한 걸음 한 걸음씩 실제 공정으로 발전하였다. 하버는 열정리에 기초한 네른스트의 추정치에 대한 이론적 논쟁 직후에 본격적으로 암모니아 합성 연구에 뛰어들었고, 이론적인 계산에 근거하여 최적의 온도와 압력을 찾아내었다. 시행착오를 통해 하버는 목표로 하는 온도에서 반응이 일어나게 하는 촉매를 찾아내었으며, 하버, 르 로시뇰, 키르헨바우어는 암모니아 몇 방울이 만들어지는 시험용 장치를 개발하여 암모니아 제조 공정의 잠재력을 확인하였다. 그러나 상업적인 공정은 매일 수 톤의 암모니아를 생산해야 했다. 공업적 암모니아 합성 공정의 개발에는 수없이 많은 문제가 기다리고 있었으며, 보슈는 문제의 해결사였다. 보슈는 세 가지 주요 난관에 봉착했다. 첫째, 순수한 수소와 질소를 저렴하게 공급하여야 하고 둘째, 성능이 우수하면서도 저렴한 촉매를 찾아야 하며 셋째, 200기압의 압력을 견딜 수 있는 반응기를 고안해야 했다.

원료인 수소와 질소가 매우 순수하지 않으면, 유입되는 불순물이 어떤 촉매라도 오염시켜 촉매를 못 쓰게 만들 것이었다. 순수한 질소는 공기를 분별 증류하면 얻을 수 있었지만, 순수한 수소의 제조는 훨씬 어려웠다. 바스프는 석탄을 계속 공급받고 있었다. 보슈는 달구어진 코크스(공기를 차단하고 석탄을 가열하면 얻어지는 순수한 탄소)와 수증기를 반응시키는 다음 반응을 통해 수소를 제조하기로 결정하였다. 첫 번째 문제는 해결되었다.

$$C + H_2O \rightarrow H_2 + CO$$

촉매를 찾는 것은 더 큰 문제였다. 하버는 촉매로 오스뮴과 우라늄을 사용했지만, 어느 것도 상업용 공정에는 적합하지 않았다. 둘 다 비쌌으며, 오스뮴은 너무 희귀하고, 우라늄은 산소와 물에 의한 오염에 민감하였다. 보슈는 게오르크 슈테른에게 촉매 실험을 맡겼다. 슈테른은 잠재적인 촉매 2 g이 들어있는 카트리지를 신속하게 삽입할 수 있는 고압 장치를 고안해 냈다. 슈테른은 이와 같은 시험 장치 30개를 동시에 운영하며 그가 구할 수 있는 모든 금속 시료를 테스트했다. 그는 스웨덴의 한 광산에서 채굴한 철광석 시료 중 하나가 오스뮴이나 우라늄과 비슷한 성능을 나타내는 것을 발견하였다. 철광석에 들어있는 미량의 다른 물질이 성공적인 촉매 기능의 핵심으로 보였으며, 슈테른은 이를 조사하기 시작하였다. 그는 촉매 성능에 기여하는 조촉매뿐만 아니라, 촉매에 독이 되므로 엄격하게 배제해야 할 황, 인, 염소 등과 같은 물질도 찾아내었다. 결국, 슈테른은 많은 노력 끝에 가장 성공적인 촉매는 1900년에 오스트발트가 사용했던 것과 마찬가지로 철임을 발견하였다. 차이는 적절한 종류의 불순물을 포함한 철만이 제 기능을 한다는 것이었다. 두 번째 문제는 해결되었다.

보슈는 2개의 시험 반응기를 제작하였다. 안전을 고려하여 반응기 바깥에는 콘크리트 덮개를 씌웠다. 80시간 운전 후 두 반응기 모두 폭발하였다. 기술자들이 부서진 반응기를 조사한 결과 금속은 잘 부스러지게 변했고 균열이 생겨 있었다. 반응기는 고압을 견딜 수 있도록, 구할 수 있는 철 중 가장 강한 고탄소강을 사용하여 제작하였었다. 보슈는 강철 벽 안으로 확산되어 들어간 수소가 강철 속의 탄소와 반응하여 메탄, 즉 기체를 형성했다는 것을 알게 되었다. 200기압의 강철 반응기 벽 안에서 메탄이 만들어지면서 빠르게 벽을 붕괴시켰던 것이다. 이 문제에 대한 보슈의 해결책은 이중 튜브 반응기였다. 안쪽의 얇은 벽은 탄소가 없는 무른 철로 만들고, 바깥쪽에 고압을 견딜 수 있는 두꺼운 탄소강 덮개를 씌우는 방식이었다. 수소는 내벽 안으로 확산될 수 있지만, 탄소가 들어있지 않은 내벽에서는 메탄이 만들어지지 않기 때문에 손상이 생기지 않는다. 탄소강으로 되어있는 외벽에 도달한 수소는 외벽에 뚫어놓은 작은 구멍으로 빠져나가게 설계하였다. 마침내 세 번째 문제도 해결되었다.

보슈의 철학은 가능한 모든 것을 측정하는 것이었다. 압력과 온도 센서뿐만 아니라 생성물, 반응물, 그리고 불순물을 측정하는 기체 센서를 공정의 각 단계에 설치하여 반응기 내에서 무슨 일이 일어나고 있는지를 정확히 파악할 수 있게 하였다. 1910년 5월, 하버가 카를스루에 대학에서 시연한 후 단지 10개월 만에 연속 운전이 가능한 작은 시험 공장을 완성하였다. 1910년 12월이 되었을 때는 하루에 18 kg의 암모니아를 생산하는 더 큰 시험 공장이 완성된다.

특허 소송: 하버와 네른스트가 같은 편이 되다

하버와 바스프는 당연히 많은 수의 특허를 출원하였고 보슈가 기술적으로 개발하는 일에 대해서는 함구하였다. 그러나 바스프의 경쟁사들은 하버의 발견이 무엇을 의미하는지를 알고 있었고, 바스프가 이 새로운 기술을 독점할 것을 우려했다. 바스프의 경쟁사인 회흐스트는 하버의 핵심 특허, 즉 질소와 수소로부터 암모니아를 만드는 촉매 합성 특허는 1907년에 네른스트가 먼저 실험을 수행했기 때문에 무효라는 소송을 제기하였다. 회흐스트는 소송을 위해 오스트발트를 고문으로 고용하였다. 그는 이 특허가 단순히 네른스트가 사용한 저압을 고압으로 바꾼 것일 뿐이며, 이는 열역학 법칙을 적용하여 실험 없이 쉽게 예측할 수 있는 것이었다는 의견을 제시하였다. 오스트발트에 따르면, 하버가 한 모든 것은 단순히 공학적으로 개선한 것뿐이라는 것이었다.

소송에서 이겨야 하는 바스프가 자신들의 자문위원을 찾는다면 네른스트보다 더 나은 사람이 있었을까? 네른스트는 1907년에 "하버는 매우 잘못된 그의 수치에 근거하여, 질소와 수소로부터 암모니아를 합성하는 것이 가능하다고 우리를 현혹했다."라는 결론을 내린 후, 암모니아에 관한 연구에서 떠나있었다. 따라서 그는 암모니아 레이스에 쓸 경주마를 더는 갖고 있지 않았다. 그는 5년 동안 연간 10,000마르크(2007년 구매력으로 약 22만 5천 달러)를 받는 조건으로 바스프와 컨설팅 계약에 동의하였다.[30] 특허 재판 2일 전에 바스프 측은 자신들이 이 소송에서 불리하며 회흐스트가 이길 것으로 예상하였다. 그러나 재판이 시작되자 네른스트가 승리를 이끌었다. 회흐스트의 변호사였던 리하르트 바이들리히는 재판 전에 네른스트가 바스프에서 봉급을 받고 있다는 사실을 몰랐음이 분명하다. 그는 재판 후에 이렇게 말했다.

> 판결이 어떻게 날지는 매우 불확실했다… 구두 변론 중에 놀랍게도 네른스트가 하버와 팔짱을 끼고 나타났다. 나는 우리 소송이 타당한 이유에 대해 세세하고 철저하게 변론을 했지만 베르트젠(바스프 연구소장)은 간단하게 답변하고 끝냈다. 그리고 나의 가장 중요한 증인이었던 네른스트가

등장해서 열정적으로 증언을 했다. 나는 네른스트가 암모니아 합성에 핵심적인 기여를 했다고 바로 전의 변론에서 극찬했지만, 그는 자신의 일은 암모니아 합성과 어떠한 기술적 연관성도 없으며, 과학적인 흥미로 연구했을 뿐이라고 말했다. 하버만이 새로운 압력 범위를 연구하여 기술적 성공을 위한 전제 조건을 찾아냈다는 것이었다. 화학 기업가들이 그의(네른스트의) 연구에 관심이 없었다면, 그것은 이해할 만한 일이다. 그러나 어떤 기업가가 하버의 공정을 거부했었다면, 그는 눈이 멀었음이 분명하다고 네른스트가 말했다. 네른스트의 연설이 결정적인 영향을 주었음은 명백하다. 나도 영향을 받아, 옆에 있던 네른스트의 동료 뮐러-베르넥에게 우리는 빈손으로 집에 돌아가게 되었다고 귓속말을 했다.[31]

1912년 3월 12일, 바스프는 최종적으로 승소하였고 회히스트는 소송 비용 전액을 지불해야 한다는 판결을 받았다. 그리고 하버와 네른스트 간의 불화도 해결되었다. 네른스트는 적대적으로 했던 말들을 철회했고(물론 이에 대한 보상이 있었다), 이 과정에서 하버는 부자가 되었다. 하버는 특허가 유지되는 15년 동안 암모니아 1 kg당 0.015 마르크를 받기로 바스프와 합의하였다. 이는 1920년대 중반까지 수백만 마르크에 달하게 된다.[32] (당시 독일 마르크는 약 0.23달러의 가치가 있었으며, 2007년 구매력으로는 약 4.50달러에 해당한다.) 네른스트는 전구로, 하버는 암모니아 합성으로 대학의 과학자도 부자가 될 수 있다는 것을 증명하였다.

회흐스트와의 특허 소송이 마무리되면서, 바스프는 오파우에 엄청난 규모의 암모니아 공장을 건설하여 상업적인 생산에 나설 준비를 하게 되었다. 이 공장은 거의 모든 것을 자급자족할 수 있게 건설되었다. 공장은 공기와 물 이외의 원료로 단 한 가지, 즉 석탄만이 필요하였다. 석탄은 가열, 코크스 생산, 그리고 코크스와 수증기의 반응으로 수소를 생산하는 데 사용되었다. 오파우 공장은 1913년 말까지 하루에 10톤의 암모니아를 생산하였으며, 1914년에는 생산량이 두 배로 증가한다. 생산된 암모니아의 약 70%는 비료용으로 사용되었다.

그러나 1914년 6월 28일에 모든 것이 바뀌었다. 오스트리아-헝가리제국의 황태자 프란츠 페르디난트가 세르비아의 민족주의자 가브릴로 프린치프에게 암살당했다. 1914년 8월 1일에 제1차 세계대전이 발발하자, 오파우의 암모니아는 더는 비료가 아닌 군수용으로 사용되기 시작한다.[33]

4장

전쟁에서의 화학 연구자들

하버, 네른스트,
랭뮤어, 루이스

1915년 4월 22일 독일군 대위가 된 프리츠 하버는 이프르에 있는 독일군 참호에서 그가 속한 파이오니아 여단의 병사들이 6,000개의 염소가스통 밸브를 여는 것을 지켜보고 있었다. 가스는 연결관을 통해 7,000 m 떨어진 연합군을 향하고 있는 분사구로 흘러갔다. 염소가스가 방출되자 10~30 m 높이의 구름이 형성되었다. 구름은 차가운 가스가 새어 나올 때 응축된 물 때문에 처음에는 흰색이었지만 곧 황록색으로 변했다. 이 구름은 바람에 의해 천천히 걸어가는 정도의 속도로 확산되기 시작하였다. 프랑스군 참호에 있던 군인들은 알제리인이었다. 그들은 대포, 기관총, 박격포, 심지어 독일군이 T-스토프라 부르던 최루탄 가스에도 익숙했었지만, 이것은 완전히 새로운 무기였다. 프리츠 하버가 살인 가스 공격을 최초로 선보인 것이다.

전쟁 직전 하버는 담석증과 신경과민 증세 치료를 위해 칼스바트의 온천에서 요양 중이었다.[1] 발터 네른스트와 그의 아내 엠마는 남미에서의 강연 여행을 막 끝내고 독일로 돌아와 있었다. 네른스트는 남미에서 스페인어 공부를 했고 엠마는 자녀들에게 하듯 그의 숙제를 검사했다.[2] 전쟁이 시작되자 50세의 네른스트와 46세의 하버는 즉시 군을 위한 자원봉사에 나섰다. 둘 다 황제의 자문관 지위로 자신들이 잘 아는 화학을 전쟁에 활용하기 시작하였다. 3년 후 미국이 참전했을 때에는 길버트 루이스와 어빙 랭뮤어도 연합군의 전쟁 지원에 나섰다.

이 책의 앞부분 세 개의 장에서 과학자들의 다양한 연구 동기를 소개하였다. 자연을 이해하거나, 자신이나 자신이 속해 있던 기업을 위해 돈을 벌거나, 자신의 발전이나 인정 욕구를 충족시키기 위하여, 또는 과학자끼리의 경쟁심 때문에 과학자들은 연구를 계속하였다. 이 장에서는 과학자들이 보여준 또 다른 동기, 즉 군사적 애국심을 소개하려

한다. 제1차 세계대전에서는 그 전의 어느 전쟁보다 과학의 중요성이 부각되었다. 과학자들, 특히 화학자들은 전쟁에 참여하라는 국가의 부름을 받았다. 제1차 세계대전은 독가스를 이용한 대규모 화학전을 표준 전술로 삼은 유일한 국제 전쟁이었다. 물론 그 후에도 베트남전에서 미군이 사용한 고엽제 '에이전트 오렌지'나 사담 후세인이 이라크에서 국내 반대자들에게 사용한 독가스 등 전쟁에서의 독가스 사용이 완전히 사라지지는 않았다.

독가스 전쟁에 화학자들이 관여한 것은 불편한 이야기지만, 평화로울 때 그들이 했던 행동을 기술할 때와 마찬가지로 나는 그들이 전쟁 중에 했던 행동도 가감 없이 냉정하게 이야기하려고 한다. 나는 그들이 사용했었을 용어 그대로 사용할 것이다. 예를 들어, 그들이 "더 효과적으로 작용하는 개선된" 독가스라고 했다면 이는 더 치명적이고 더 효과적으로 살포되는 독가스를 지칭한다. 화학전에 관여했던 과학자들은 자신들이 적에게 해를 입히고 조국의 병사들을 보호하기 위하여 군대에서 필요로 하는 기술적 문제를 해결한다고 생각했었다. 이는 더 발전된 전기 램프를 발명하거나 개선된 암모니아 합성 방법 연구를 하는 것과 다를 바 없다는 논리였다. 그들이 전쟁 때 하던 연구 방법은 평화로울 때 하던 방법과 별반 다르지 않았고, 연구 동기 역시 평화 시와 마찬가지로 욕심, 야망, 경쟁심이라 할 수 있다. 다른 점이라면 평화 시에는 과학적 이해가 주요 연구 동기였다면 전시에는 애국심이 이를 대체했다는 것이다. 전쟁은 계속되었고 과학자들은 자신의 연구를 잠시 멈추고 모든 과정과 결과를 자세히 살펴볼 시간적 여유가 없었다.

독가스의 선택

질소, 산소 그리고 염소는 주기율표에서 인접한 위치에 있다(그림 1-4 참조). 유기화합물에 대한 세 원소의 반응성은 나열된 순서로 증가한다. 기체 상태의 질소(N_2 또는 N≡N)의 삼중 결합을 끊기 위해서는 산소(O_2 또는 O=O)의 이중 결합보다 2배의 에너지가 필요하다. 다른 화합물과 반응하기 위해서는 그 결합이 끊어져야 하므로 질소의 반응성은 산소보다 훨씬 낮다. 따라서 하버가 질소와 수소의 결합으로 암모니아가 만들어지게 한 것은 위대한 업적인 것이다. 염소(Cl_2 또는 Cl-Cl)의 단일 결합은 산소의 이중 결합과 비교하면 절반 정도의 에너지로 끊을 수 있다. 염소 결합이 깨어져서 만들어지는 염소 원자는 반응성이 매우 높아서 거의 모든 물질의 전자를 끌어당긴다. 염소 원자는 보호되지 않은 사람의 세포 조직과 접촉하면 즉각 반응을 일으킨다. 장시간 또는 집중적으로 노출된 피부나 눈은 심각한 화상을 입게 된다. 염소가스를 흡입하면 염소가 체액으로 차 있는 폐를 부식시킨다. 염소가스 중독은 해독제가 없다. 소량을 흡입했을 때에는 자연적으로 치유되지만, 심각하게 노출되면 희생자는 자기 자신의 체액에 빠져 익사하게 된다. 한 병사는 이렇게 묘사했다.

"폐를 물로 가득 채워 마치 마른 땅에서 익사하는 것 같다. 중독되면 머리가 깨질 듯 아프고, 엄청난 갈증을 느끼며(그러나 물을 마시면 즉사한다), 폐를 칼로 찌르는 듯한 통증이 있고, 위와 폐에서 나오는 녹색 거품을 토하게 되고, 정신이 혼미해지며 사망에 이른다. 하얗게 변했던 피부에 시커먼 녹색과 노란색이 도드라지고 눈의 초점이 사라진다. 정말 사람을 잔인하게 죽이는 방법이다."[3]

염소가스 사용을 제안한 사람은 하버였다. 이 방법은 여러 가지 장점이 있다. 염소가스는 산업용 화학 물질로 보통 실린더에 담아 운반할 수 있고, 독성이 강하며, 공기보다 무거워서 참호 밑으로 가라앉는다. 하버는 최초의 염소가스 구름이 프랑스군 참호 선에 접근하는 것을 지켜보았다. 전쟁에서 용감히 싸우던 알제리 병사들이 공포에 질려 도망갔다. 염소가스 구름이 독일군 기관총으로부터 가려주었으므로 병사들은 뛰어서 달아날 수 있었을 것이다. 그러나 염소가스로 인해 시야가 가려져서 방향 감각을 잃고 헤매었을 것이다. 가스 구름이 걷히자 독일군 병사들은 프랑스군이 버리고 간 진지로 머뭇거리며 4마일을 전진하였다. 방독면을 받지 못한 군인들은 젖은 천으로 얼굴만 가린 상태였다. 독가스의 무시무시한 효과에 프랑스군 못지않게 놀란 독일군도 그 지점에서 진격을 멈추고 군을 재편성했다. 어둠이 내렸고 독일군은 일차적인 목표를 달성하였다. 하버는 이때가 독일군이 전쟁에서 이길 기회를 놓친 시점이었다고 평생 주장하였다. 만일 이때 독일군 장군이 그의 말을 듣고 진격을 계속하였더라면 연합군을 궤멸시키고 전쟁을 끝내 평화조약을 맺을 수 있었으리라고 그는 믿었다.

1914년 8월 1일 전쟁이 선포되었을 때, 독일 황제는 자신이 독일 제국과 독일 국민의 화신이라고 선언하였다. 그가 "짐이 그대들을 영광의 시간으로 이끌 것이다"라고 연설했을 때, 청중들의 열광적 기립 박수에 화답하기 위하여 몇 번이나 궁전 발코니로 나와야 했다. 독일 참모부는 프랑스를 공격하러 가는 길에 중립국인 벨기에를 먼저 침공하는 속도전을 계획했다. 1870년 보불 전쟁 때처럼 프랑스로부터 빠르게 항복을 받아내면, 프랑스와 동맹국인 영국과 러시아도 어쩔 수 없이 협상 테이블로 나올 수밖에 없을 것이라고 독일 참모부는 믿었다. 그 계획은 거의 이루어질 뻔했었다. 그러나 1914년 9월 6일 파리 남동부에 있는 마른강에서 프랑스군의 반격이 시작되자 알렉산데르 폰 클루크 장군은 이 반격에 맞서기 위해 진격을 멈추게 되었다. 9월 9일에는 프랑스군에 밀려 폰 클루크 장군은 마른강을 건너 퇴각하게 되었다. 그 이후 서부 전선은 4년간의 지루한 참호전의 수렁으로 빠져들었다.

무기 개발의 동반자, 네른스트와 하버

자동차에 관심이 많았고 여러 대의 자동차를 소유하기도 했던 네른스트는 군대 운전병 자원봉사 임무를 맡았다. 8월 21일에는 작전 참모가 진격 중인 폰 클루크 장군에게 보내는 문서를 본인 차로 전달하라는 명령을 받았다. 마른강 전투 내내 폰 클루크 장군과 함께 있던 그는 독일군이 퇴각할 때 프랑스군에게 잡힐 위기에 처하기도 했다. 장기전이 되면 독일군은 승산이 없다고 믿었기 때문에, 그는 귀향했을 때 가까운 친구들과 가족에게 독일은 패배할 것이라고 말했다. 그는 더 이상 승리할 수 있다고 믿지 않았지만 그래도 최대한 버텨 보려고 전쟁이 계속되는 4년간 독일군을 위해 노력하였다. 그의 두 아들 루돌프와 구스타프는 전쟁이 시작되자마자 징집되었고 루돌프는 전쟁 첫해에 전사하였다.[4]

독일군은 신속한 승리를 확신했기 때문에 장기전에 대한 대비를 전혀 하지 않았었다. 참호전이 계속되어 엄청난 양의 포탄과 소총 탄환이 매일 매일 필요했지만, 독일군은 6개월 치 탄약만 보유하고 있었다. 영국 해군의 봉쇄 조치로 외국에서 군수품을 수입할 수도 없었다. 독일군 수뇌부는 전선에서 제대로 싸우기 위해서는 국가 경제가 어떻게 돌아가야 하는지에 대한 개념이 없었다. 전쟁 시작 3주 후, 아버지 에밀의 뒤를 이어 AEG사의 회장이 된 발터 라테나우의 주선으로 독일 전쟁성에서 회의가 소집되었다. AEG사는 네른스트의 전등 특허권을 샀던 회사였다. 라테나우 회장은 빨리 어떤 조치라도 이루어져야 한다고 참모총장인 에리히 폰 팔켄하인 장군을 설득했고, 라테나우 회장은 전쟁성의 전쟁 물자 담당 부서 책임자로 임명되었다. 전쟁 동안 군이 독일의 정권을 잡고 있었으므로, 이는 라테나우 회장이 독일 경제 책임자가 되었다는 의미였다. 전쟁에서 승리할 수 있다는 희망이 있으려면(아니면 몇 달이라도 더 버티려면) 조달할 수 없는 핵심 군수품의 대체품이 필요하였다. 또한 탄약의 지속적인 공급처를 찾아내고, 신무기를 개발하여야 했다. 라테나우 회장은 과학자들을 소집하였고 하버를 '하버 오피스'로 알려진 화학 부서의 책임자로 임명하였다.

제일 급한 것은 탄약의 원활한 공급이었는데, 하버-보슈 공정은 탄약 원료를 제공할 수 있는 열쇠였다. 독일군은 벨기에의 안트워프 항구를 점령했을 때 창고에 보관되어있던 20,000톤의 질산염을 발견하고 안도하였다. 그러나 그것은 한 달 분량밖에 되지 않았다. 영국 해군이 칠레의 질산염 광산으로부터 수입되는 질산염 선박의 항로를 차단해버렸기 때문에, 매달 20,000톤의 질산염을 독일에서 자체 생산해야 했다.

독일군이 하버 공정을 이용하여 탄약을 생산하려면 바스프사의 오파우 공장에서 생산되는 암모니아를 질산염으로 변환시켜야 했다. 이것은 힘들긴 하지만 가능한 일이었다. 빌헬름 오스트발트가 백금을 촉매로 암모니아를 산화시켜 질산염을 생산하는 공정을 이미 개발하였고, 바스프사는 백금보다 좀 더 저렴한 철을 촉매로 사용해도 이 작업을 할 수 있다는 것을 알아내었다. 바스프사는 오파우에 암모니아를 질산염으로 변환시키는 공장을 짓는 문제에 대한 협상에서, 공장이 완공되면 육칠 개월 내에 질산염을 생산해내겠다는 약속을 했다.

물론 하버도 이 협상 과정에 참석했지만, 그는 이해관계가 상충되었다. 즉 그는 정부의 이익을 위한 협상을 해야 하는 황제의 자문관이었지만 바스프사의 자문위원이기도 했다. 자신의 기술인 하버–보슈 공정을 이용하여 만든 암모니아의 로열티를 그 회사에서 받고 있었기 때문에 바스프사의 이익을 위한 협상도 해야 했다. 정부로서는 신설된 바스프 공장에서 질산염 제조에 사용될 수만 있다면 코크스나 사이나마이드 공정으로 생산되는 암모니아를 포함하여 어떤 암모니아라도 상관없었다. 그러나 하버와 바스프사로서는 질산염으로 변환되기 위해 사용되는 암모니아는 반드시 하버–보슈 공정을 거친 것이라야 했다. 라테나우 회장이 주재한 회의에 정부의 자문관 자격으로 참석했던 하버는 자신이 재정적 문제에도 관심이 있다는 것을 피력했지만 어느 정도의 돈을 원하는지는 명확히 밝히지 않았다. 그는 독일 제국에 대한 애국심이 대단했지만, 탄약 생산을 위해 암모니아를 사용하는 기술에 대한 로열티를 포기할 생각은 없었다.

하버는 1918년 한해에만 현재 돈으로 400만 달러에 상응하는 로열티를 받았다.[5] 신설 질소 공장을 짓겠다고 동의한 보상으로 바스프사는 원료 암모니아의 독점 공급권을 받았다. 오파우 공장에서 생산되는 암모니아의 양은 네 배로 증가하였고, 하루에 80톤씩 생산되었다. 멀리 동쪽에 있는 로이나에도 거대한 암모니아 공장이 신설되었다. 1차 대전 4년 동안 연합군을 서부 전선의 참호에서 교착 상태로 머무르게 했던 것은 바스프사와 하버–보슈 공정이 대포와 기관총에 쓸 탄약을 공급했기 때문이라 할 수 있다.

93인의 성명서

연합군 언론은 독일이 중립국 벨기에를 침공한 뒤 아기들을 총검으로 찌르고 여자들을 무차별적으로 성폭행했다는 기사를 실으며 독일군을 야만인으로 묘사하였다. 독일은 중립국 벨기에를 침공할 계획을 세웠고, 이 전략이 프랑스를 침공하기 위한 슐리펜계획*의 핵심이었다. 연합군 언론이 벨기에에서 저지른 독일군의 학살을 과장되게 보도한 면도 있지만, 학살 자체는 명백한 사실이었다. 6,500명이나 되는 민간인과 전쟁 포로들이 독일군에게 처형당했고 특히 루뱅 지방에서 가장 심한 학살이 자행되었다.[7] 1914년 10월 많은 과학자를 포함한 93인의 독일 지식인들은 이 학살 기사가 연합군의 정치 선전일 뿐이라고 주장하는 '문명사회에 보내는 성명서'를 발표하였다.

> 우리는 독일 과학계와 예술계의 대표로서 우리의 적들이 자신의 생존을 위한 투쟁의 방편으로 자신의 언론사에 거짓과 비방을 일삼도록 강요하여 독일 제국의 명예를 훼손시키고 있음을 문명사회에 고하고자 한다.
>
> 독일군이 패배하고 있다고 그들이 퍼트리는 뉴스는 사실이 아님이 전쟁이 진행되어 가는 양상에서 증명되었고, 초조해진 적들은 가짜 뉴스를 보도하고 우리를 비방하는 데 더욱 열을 올리고 있다. 진실을 알리는 데 앞장섬으로써 우리는 그들의 행태에 반박하는 성명을 발표하는 바이다.
>
> 독일이 전쟁을 시작했다는 주장은 전혀 사실이 아니다. 독일 국민, 정부, 그리고 황제 폐하 그 누구도 전쟁을 원하지 않았다.
>
> 우리가 중립국 벨기에를 침공했다는 것도 사실과 다르다. 프랑스와 영국이 먼저 독일 침공을 위해 벨기에를 거쳐 가겠다고 결정했고 벨기에도 이에 동의했다. 우리가 벨기에를 선제공격으로 방어하지 않았다면 그

* 제1차 세계대전 때인 1905년 12월에 알프레트 폰 슐리펜이 작성한 독일 제국의 전쟁 계획. 프랑스의 강력한 방어선을 우회하기 위해 벨기에와 네덜란드를 통과하여 프랑스로 침공하는 계획이 핵심이었다. —역자 주

것은 자살행위나 마찬가지였을 것이다.

우리 군이 어쩔 수 없는 방어 목적이 아닌데도 벨기에 국민의 생명과 재산을 훼손했다는 주장은 사실이 아니다.

우리 군이 루뱅 주민을 잔인하게 학살했다는 주장은 사실이 아니다. 성난 루뱅 주민들이 우리 숙소에서 휴식 중인 군인들에게 몰래 접근하여 먼저 공격했기 때문에, 우리 군은 마음은 아프지만 어쩔 수 없이 그 주동자들을 벌하려고 루뱅의 한 지역을 불 질러야만 했다. 그러나 루뱅의 가장 아름다운 지역은 보존되었다…

우리의 전쟁이 국제법을 위반했다는 주장은 사실이 아니다. 우리 군은 군기가 빠져 민간인을 잔혹하게 다룬 일이 없다. 그러나 동부 전선의 우리 땅은 러시아군에 의해 무자비하게 살육된 여자와 아이들의 피로 빨갛게 물들었다. 서부 전선에서 우리 장병들은 덤덤탄*에 맞아 흉부가 적출되어 죽어가고 있다…

적들은 우리를 소위 군국주의 체제라고 칭하며 자신들은 이에 맞서기 위해 싸우는 것일 뿐 우리의 문명을 파괴하려는 것이 아니라며 위선을 부리지만 이 주장은 사실이 아니다. 독일에 군국주의가 없었다면 독일 문명은 진작에 소멸하였을 것이다…

우리는 적의 손에 있는 치명적 무기인 가짜 뉴스를 없앨 수 없다. 우리가 할 수 있는 일이란 적들이 우리에 대한 가짜 뉴스를 퍼트린다는 사실을 전 세계에 알리는 것뿐이다…

우리를 믿어달라! 괴테와 베토벤과 칸트가 남긴 정신적 유산을 소중하고 따뜻한 가정처럼 마음에 품고 사는 우리 독일인은 끝까지 문명인으로서 이 전쟁을 수행할 것임을 믿어달라.[8]

---

* 목표물에 맞으면 여러 조각으로 터지면서 심한 상처를 입히는 포탄. —역자 주

이 책에서 소개된 과학자 중에 네른스트, 하버, 오스트발트, 막스 플랑크, 파울 에를리히, 에밀 피셔, 필리프 레나르트, 빌헬름 빈, 리하르트 빌슈테터는 모두 '93인의 성명서'로 알려진 이 문서에 서명하였다. 작가 스벤 위드맘에 따르면 이들 중 오스트발트는 여기에 서명했을 뿐 아니라 "이 전쟁은 유럽을 더 고귀하고 효율적인 형태의 문명, 즉 독일 문명에 종속되게 이끌기 때문에 좋은 전쟁"이라고 선언하였다.[9] 이를 반박하며 아인슈타인 등은 평화주의적 반대 성명서에 서명했지만, 그 성명서를 지지하는 이는 거의 없었고 발표되지도 않았다.

하버의 카이저 빌헬름 연구소가 참전하다

하버는 자신이 소장으로 근무하던 카이저 빌헬름 연구소를 화학 무기 개발 센터로 이용하였다. 첫 과제는 독일군이 동부 전선에서 혹독한 러시아의 겨울 추위를 견디며 싸울 수 있는 윤활제, 부동액, 연료를 개발하는 것이었다. 그의 지휘하에 있던 과학자들은 또한 포탄에서 발사되는 최루탄도 개발하기 시작하였다.

독일은 1899년과 1907년 두 차례 헤이그에서 개최된 만국 평화 회의에 참석하여 전쟁 시 독가스 사용을 규제하는 문서에 서명했었다. 1899년 회의에서 "가맹국은 오직 질식가스나 유독가스를 살포하려는 목적으로 발사체를 사용하는 것을 자제하는 데 동의한다."라는 조항을 명시하였다. 또한, 1907년 회의에서는 "독 또는 독이 들어있는 무기"와 "불필요한 고통을 초래하도록 설계되어 만들어진 무기, 발사체, 물질의 사용"을 금지한다고 선언하였다.[10] 이 조약에서 최루탄 사용에 대해서는 모호한 용어를 사용하여 논란이 되었다.

그러나 독일은 종전 후 재판과정에서 치명적인 가스 사용조차 법적으로 명시되어있지 않다고 주장하였다. 독일 측은 "독"이 정확히 무엇을 의미하는가에 초점을 맞추었다. 또한, 가스가 주입된 폭탄이 가스를 살포하려는 "유일한 목적"인지(폭탄이 터지는 것도 치명적이므로), 그리고 다른 살상 무기와 비교했을 때 독가스 무기가 "불필요한 고통"을 야기시켰는 지에 대한 의문을 제기하였다. 또한, 프랑스군이 독가스 전을 먼저 시작했다는 주장도 했다.

독일의 독가스 개발은 적을 살상하거나 싸울 수 없는 상태로 만드는 물질이 들어있는 포탄을 만들자고 제안한 막스 폰 바우어 중령의 아이디어에서 시작되었다. 육군참모총장 팔켄하인은 바우어에게 회의 소집 명령을 내렸고 이 회의에 네른스트와 화학회사인 바이엘의 카를 뒤스베르크 회장이 참석하였다. 네른스트는 바우어의 아이디어에 동의하였고, 뒤스베르크 회장은 염화황산 다이아니시딘을 제안하였다. 이 화합물은 걷잡을 수 없이 재채기가 나게 하는데, 바이엘사의 레버쿠젠 공장에 재고로 있는 화학 물질로 쉽게 합성할 수 있다고 하였다.[11] 수백 킬로그램의 염화황산 다이아니시딘이 장전된 포탄을 사용하며, 1914년 10월 27일 뇌브샤벨에서 첫 화학전이 시작되었다. 그러나 성공하지는 못했다. 독가스가 너무 빨리 분산된 탓에 연합군은 포탄 속에 폭약 말고 다른 것이 들어있었다는 것을 인지할 수 없을 정도였다. 그해 말 독일군은 보다 효과적인 최루가스 브로모자일렌을 장전한 T-스토프라는 암호명의 곡사포 포탄을 사용하게 되었다. 또한, 네른스트는 후에 널리 사용하게 되는 독가스 포스젠을 포탄에 장전시킬 것을 제안하였다.[12]

1914년 12월 17일 하버 연구소에서 무기 연구를 하던 두 선임 연구원 게르하르트 저스트와 오토 자쿠르는 저스트가 들고 있던 시험관에 두 화학 물질을 혼합시켰다. 그러자 폭발이 일어나 저스트는 손이 날아갔고 자쿠르는 얼굴 정면에 폭발물을 맞았다. 옆 실험실에 있던 하버의 부인 클라라가 뛰어와 저스트를 도우려 했으나 그는 곧 사망하였다. 하버는 그의 친한 친구이자 화학 무기 개발을 하고 있던 옆 연구소 소장 리하르트 빌슈테터와 함께 장례식에서 애통한 눈물을 하염없이 흘렸다.[13] 그러나 장례식 이튿날부터 연구는 계속되었다. T-스토프 시험 발사에 참석한 하버는 소량의 최루가스를 포탄에 장착하여 발사하면 별 효과를 볼 수 없다고 생각하였다. 하버는 한 드럼의 가스를 짧은 거리로 발사할 수 있는 참호 파괴용 박격포를 사용할 것을 제안하였다. 군에 박격포가 없다는 말을 들은 하버는, 가스 실린더에 들어있는 염소가스를 방출시킨 다음, 바람에 의해 가스가 연합군 쪽으로 날아가게 만드는 더 좋은 아이디어를 생각해 내었다.[14]

1914년 말 발터 라테나우와 하버는 관리 스타일 차이로 인한 갈등을 빚으며 관계가 나빠졌다.[15] 그러나 이것은 표면상의 이유였다. 하버가 자기 잇속만 챙기려 한다고 생각한 라테나우가 그를 해고하려고 했을 가능성이 크다. 하버는 자신과 이해관계에 있던 바스프사와 자신의 카이저 빌헬름 연구소에 많은 돈을 기부했던 후원자 레오폴트 코펠이 운영하던 아우어 게젤샤프트 사에 유리하게 거래를 하고 있다는 의심을 받고 있었다. 그렇지만 하버의 재능은 분명히 독일군에게 큰 가치가 있었으므로 그는 화학전의 책임자로 임명되었다. 하버의 아들 루트비히는 그에 대해 이렇게 말했다. "(독일군 총사령부는) 아버지가 명석한 두뇌를 가졌고 원기 왕성하게 조직을 구성할 수 있으며, 결단력도 있지만 부도덕한 사람인 것으로 인지하고 있었다."[16]

하버는 군에서 예비역 부사관이라는 낮은 계급이었지만 민간인으로서는 카이저 빌헬름 연구소 소장으로 훨씬 높은 지위에 있었기 때문에 황제의 자문위원인 게하임라트가 될 수 있었다. 황제는 정상 절차를 무시하고 하버를 육군 대위로 승진시켜 군복을 하사하고 장교로서의 권위도 갖게 해 주었다. 사실 하버는 25년 전 의무병으로 소집되었을 때 예비역 장교로 지원했으나 거부당했었다.

4월 초 하버는 염소가스를 시험해 볼 준비가 되어있었다. 1915년 4월 22일 이프르 전투에서 최초로 독가스 공격을 할 때, 미래의 노벨상 수상자가 될 세 명의 과학자, 즉 하버 자신과 그의 조수인 제임스 프랑크, 오토 한도 이 전투에 참여하였다. 종전 후 영국의 물리화학자 해롤드 하틀리 경이 하버와 네른스트와 대면하고 그들의 이야기를 들은 기록을 남겼다. 독가스 전쟁에 연합군 과학자로 참전했었던 해롤드 하틀리 경은 종전 후 독가스전에 관여한 독일 과학자들을 조사해 보라는 임무를 부여받았었다. 이때 하버와 네른스트 둘 다 자신들이 늘 하던 보통의 기술적 문제를 해결하듯 화학전에 접근했다고 말했다. 둘 다 이프르 전투에서 가스가 충분히 사용되지 않았고 병사들의 상상력이 부족했었다며 염소가스 공격을 '실험'이라고 불렀다.[17]

실린더에서 가스를 방출시킨 후, 바람이 그 가스를 적의 참호 쪽으로 불어 보내도록 하려면 바람의 속도와 방향에 대한 신뢰할 만한 정보가 있어야 했다. 바람이 너무 세면 가스가 흩어져 없어져 버리고 바람의 방향이 바뀌면 가스 마스크를 보급받지 못한 독일군에게도 독가스가 날아올 수 있었다. 여러 번 미루어진 뒤 이루어진 첫 공격에서 프랑스군 방어선이 붕괴되었고 이를 목격한 독일 최고 사령부는 독가스 공격이 성공적이리라는 확신을 갖게 되었다. 하버는 군사 무기로 독가스를 사용하는 연구를 할 때의 접근 방법은, 여러 요소를 고려하여 가스의 적합도를 평가하던 암모니아 합성 실험 접근 방법과 동일했다고 말했다.

사실 수많은 종류의 독가스가 있지만, 그들 대부분은 전장에서 사용하기에는 적합하지 않다. 화학전 전문가에게 '하버 상수'로 알려진 값은 가스의 독성을 수치화한 것으로, 사망에 이르게 하는 가스의 무게와 시간을 측정한 것이다. 하버 상수가 작을수록 독성이 강하다. 짧은 시간에 많은 양의 가스를 사용하는 것과 적은 양의 가스를 긴 시간 동안 사용하는 것의 효과는 같다. 염소가스를 먼저 고양이에게 시험해 살해해본 뒤 인간의 몸무게만큼 염소가스의 양을 늘려보았다. 그 결과 독일군은 염소의 하버 상수가 7,500이라 추정했는데 이는 7,500 mg/m^{3}의 염소가스를 사용하면 일 분 만에, 750 mg/m^{3}의 염소가스를 사용하면 10분 만에 사람이 사망함을 의미한다. 이프르 전투에서 사용된 염소의 밀도는 5,000 mg/m^{3}이었다.

그러나 하버 상수만으로 가스가 전투에 사용될 가치가 있는지가 결정되는 것은 아니다. 예를 들어 사이안화 수소(HCN)의 하버 상수는 1,000으로 염소의 7,500보다 독성이 강하다. 실제로 이후에 미국에서는 수년간 사이안화 수소를 사형 집행에 사용하기도 하였다. 그러나 사이안화 수소는 공기보다 가볍다는 단점이 있다. 사이안화 수소 구름은 참호 바닥에 깔리지 않으므로 무기로서는 적합하지 않다.

포스젠($COCl_2$)이 최적의 가스로 여겨지기도 했다. 독일군이 추정한 포스젠의 하버 상수는 450으로 염소보다 16배나 더 독성이 강했고, 염소가스만큼 무거우므로 땅으로 가라앉는다. 도랑, 포탄 구멍, 개인 참호를 가리지 않고 스며들게 된다. 끓는점이 7.5℃로 높아서 추운 겨울에 사용하기에는 부적합하나 염소와 섞어 쓰면 이 문제도 해결된다. 포스젠은 염소가스보다 더 은밀하게 확산된다. 포스젠 가스 냄새는 막 깎은 잔디 냄새와 유사해서 별로 불쾌하지 않으므로, 가스를 맡은 희생자는 자기가 독가스에 노출된 것을 즉각 인지하지 못한다. 그대로 몇 시간이 지나면 염소가스를 흡입했을 때처럼 폐가 손상되어 희생자는 자신의 체액 속에 빠져 사망하게 된다.

하버가 다양한 가스를 시험하는 동안, 네른스트는 독가스 살포를 효과적으로 개선하는 방법을 연구하고 있었다. 그는 하버가 고밀도의 가스를 분사시키려면 대포보다 더 유리할 것이라고 처음 제안했던 참호 파괴용 박격포로 가스를 살포하는 실험을 했다.[18] 대포의 유효 사거리는 박격포보다 더 길지만, 포탄의 탑재량이 적고 너무 빨리 날아가기 때문에 종종 폭발되기도 전에 지면에 박혀버리곤 했다. 반면 박격포탄에는 한 드럼 분량의 가스를 탑재할 수 있었다. 또한, 드럼이 느린 속도로 떨어지며 터지기 때문에 가스를 효과적으로 살포할 수 있었다. 실험실에서 조심성이 없다고 알려져 있던 네른스트는 박격포에 대한 몇 가지 연구를 하고 있었다.

> 네른스트는 베를린에 있는 그의 실험실에서 늘 그래왔듯 성급하게 새로운 폭발물을 취급하고 있었다. 그의 동료들은 놀라움과 함께 공포를 느끼며 지켜보고 있었다. 통상 예비 실험은 10마일 떨어진 스판다우에 위치한 시험 시설에서 행해지곤 했었다.
>
> 그러나 한번은 그렇게 멀리까지 가는 것이 귀찮았던 네른스트가 연구소 마당에 있는 사용되지 않고 버려진 작은 우물에 폭발물을 채워 넣은 적이 있었다. 우물 바닥에는 작은 돌들이 쌓여있는 것으로 보였고 위는 뚫려 있었다. 네른스트는 여기에서 폭발시키면 어떤 다른 손상도 입히지 않고 하늘을 향해 폭발이 일어날 것이라고 주장하였다. 정오가 막 지났을 때 폭발이 일어났다.
>
> 그 시간은 루벤스 교수가 300명의 학생 앞에서 매일 기초 물리학 강의를 하던 시간이었다. 엄청난 폭발음에 이어 강의실이 암흑천지가 되자 교수와 학생들은 기겁하였다. 강의실이 깜깜해진 것은 폭발로 인한 짙은 먼지구름이 강의실로 밀려 들어왔기 때문이었다. 네른스트는 서두르다가

그 우물이 원래 왜 만들어졌는지 조사하는 과정을 생략해버렸다. 이 우물 바닥은 막혀 있었지만 여러 개의 환기 통로가 연결되어 있었다. 강의실에 공기를 공급하던 이 장치는 더 현대적인 환기 시스템으로 대체된 후 사용되지 않고 있었다. 이 환기 통로에는 40여 년 전 헬름홀츠 시절부터 쌓인 먼지와 흙이 가득 차 있었다.[19]

1915년 3월 25일 하버는 포스젠과 염소를 혼합하여 만든 네른스트의 참호 파괴 박격포 시연회를 개최하였다.[20] 이 박격포는 7월 30일과 8월 1일 북부 전선에서 최루가스를 분사하며 최초로 전장에 도입되었다. 그날 네른스트는 직접 현장을 지휘했고 사로잡힌 연합군 포로들에게서 나타난 독가스 효과도 조사하였다. 네른스트가 세운 공로를 치하하기 위해 황제는 그에게 철십자 훈장, 일등 훈장, 그리고 독일의 최고 명예

그림 4-1 1차 세계대전 중의 엠마와 발터 네른스트. 커트 M. 멘델스존, 『발터 네른스트의 세계: 독일 과학의 흥망』, 런던, 맥밀란 출판사(1973), p 97.

인 푸르 르 메리트 훈장을 수여하였다. 그러나 그즈음 네른스트는 독가스와 독가스 살포방법 연구를 중단했던 것 같다.[21] 제1차 세계대전 동안 이루어진 화학전 역사에 관한 책을 저술했던 하버의 아들 루트비히는, 네른스트가 이 분야에서 자신의 경쟁자가 되리라 예상한 하버가 그를 화학전 연구에서 퇴출시켰던 것이라고 믿었다.[22] 전쟁이라는 최악의 상황에서도 과학자들 간에 극심한 경쟁이 있었음을 알 수 있는 대목이다. 하지만 돌이켜보았을 때, 하버가 네른스트를 화학전에서 퇴출시켰다는 루트비히의 주장이 사실이라면 하버는 네른스트에게 도움이 되는 일을 한 것이라 할 수 있다. 하틀리 경이 종전 후 네른스트를 심문했을 때 네른스트는 하버가 자신이 제안한 박격포 살포방법을 사용하지 않은 것 때문에 불만을 품고 있었다고 말했다.[23] 그러나 사실 독일군은 박격포 살포나 실린더 분사 어느 것도 전쟁에 사용하는 데 적극적이지 않았다. 독가스가 독일군 참호선 가까이에 배치되어서 자칫 바람의 방향이 바뀐다면 독일군 쪽으로 독가스가 퍼질 위험이 존재했기 때문이었다. 네른스트의 박격포 분사법을 지지하던 로테스 소령이 베르됭 전투에서 사망했고 이후 네른스트 방식을 지지하는 사람은 없었다.[24]

화학전 책임을 맡은 하버, 가정에 재앙을 불러오다

하버의 학생이었던 영국 화학자 조셉 코츠는 하버에 대해 이렇게 말했다.

> 전쟁 기간은 하버 인생의 전성기였다. 극적으로 중요한 무엇인가를 성취하고 싶은 욕망이 강했던 하버는 전쟁 중에 자신의 야망을 충족시키기 위

한 거대한 규모의 연구에 매진할 수 있었다. 명령을 내리고 명령을 받는 위대한 군인, 그것은 하버 내면에 자리 잡고 있던 이상이었으며 그의 친한 친구들은 그것을 모두 알고 있었다… 그렇다고 그가 전쟁 그 자체를 찬양하거나 즐겼다고 여겨지지는 않지만, 전쟁으로 인해 잠재되었던 그의 또 다른 본성이 드러났던 것이다. 그는 승리를 위해서라면 물불을 가리지 않는 독재적이고 무자비한 프로이센 장교로 변해 있었다.[25]

최고 전성기에 2,000명이 하버를 위해 일했으며 그중 150명은 화학 학위가 있는 연구원이었다.[26] 그의 연구소 빌딩은 철조망으로 둘러싸여 있었고 하버는 근처 연구소 공간도 사용하였다. 연구소는 상명하복식 구조였다. 하틀리 경은 하버에 대해 이렇게 말했다. "하버는 독재자였던 것 같다. 그래서 대부분의 연구는 주어진 과제를 수행하는 것이었고 연구원들은 자신의 연구를 자유롭게 할 수 없었다."[27] 하틀리의 조사에 따르면 하버는 원활한 의사소통이 가능한 유능한 관리자가 아니었다. 자신에 대한 비판을 수용하지 않았으며, 전쟁이 계속되면서 점점 지치고 의기소침해졌다.[28] 하버 자신의 삶은 포템킨 마을*에 있었다. 가족으로 인한 스트레스, 질병, 불안, 걱정으로 가득 찬 내면을 외적 성공이라는 가면으로 가리고 있었던 것이다. 전쟁의 패색이 짙어지면서 내면과 겉모습 간의 괴리가 점점 커져 관리하기 힘들었다.

하버가 그의 연구소를 화학전 연구 센터로 바꿀 때 그의 부인 클라라는 강하게 반대했었다. 처음부터 클라라는 하버가 독가스전 연구를 하는 것을 반대했었고, 그해 1월 자쿠르가 사고로 사망하는 것을 목격한 뒤 자신의 반대가 옳다고 더욱 확신하였다. 실험실에 있는 동안

* 경제학이나 정치학의 관용어로, 화려한 외관으로 그 안에 있는 사람들이 상황이 실제보다 좋다고 믿게 되는 것. –역자 주

클라라는 여러 종류의 독가스를 사용한 동물 실험 결과를 목격하였다. 클라라는 실험을 포기하라고 애원했으나, 하버는 국가와 자신 모두를 위하여 그럴 수 없다고 완강히 거절하였다. 클라라의 예민하고 불안한 성향은 하버와의 14년 결혼생활 동안 변하지 않았다. 클라라는 친구이자 스승이었던 리하르트 아베크와 계속 서신을 교환했는데 그에게 쓴 편지에서 "자신이 우월하다는 오만함 때문에 정상적이고 상식적인 모든 행동을 경멸하는 천재"[29]로 인해 자신이 덫에 갇혀버렸다고 썼다. 아베크가 1910년 사망하자 클라라는 더는 비밀을 털어놓을 수 있는 친구가 없었다. 그녀는 하버가 별 관심을 보이지 않던 일, 즉 가사나 아들 헤르만을 보살피는 일에 집중하였다. 하버는 친구들에게 클라라의 불안·초조한 성격을 다음과 같이 농담조로 이야기한 적이 있다. "폭우로 배에 탔던 탑승객들이 비에 쫄딱 젖어 버렸던 증기선 여행에서 돌아온 어느 저녁, 하버에게 클라라는 지금 어디에 있냐고 물었다. 프리츠 하버는, '아마 집에서 어떤 친척이 무슨 병에 어떻게 걸렸나 걱정하고 있을걸'이라고 대답했다."[30] 결혼 전 클라라는 그와의 결혼을 망설였으나 하버가 너무도 열렬히 구애하여 결혼에 이르게 되었다. 가끔 실험실에 나와 일을 한 적도 있으나 클라라는 사실 결혼 때문에 화학자로서의 경력을 포기했다. 하버 부부는 마리와 피에르 퀴리가 아니었다. 1915년에 이르러 클라라는 남편이 그들의 결혼생활에 더는 관심이 없이, 그녀가 싫어하는 거대 프로젝트를 이끄는 것을 지켜볼 뿐이었다.

이프르 전투에서 염소가스 공격이 있은 지 일주일 후 하버는 짧은 휴가를 받고 전선에서 집으로 돌아왔다. 1915년 5월 1일에서 2일로 넘어가는 밤, 클라라는 정원에서 남편의 권총으로 자살하였다. 아들 헤르만이 총성을 듣고 뛰어나와 보니 어머니가 죽어가고 있었다. 다음

날 아침, 귀대 명령을 받은 하버는 12살의 아들 헤르만을 이모에게 맡긴 뒤, 죽은 아내를 남겨둔 채 전선으로 돌아갔다. 하버의 부대는 동부 전선 볼리모프에서 최초의 염소가스 공격을 하기로 계획되어 있었고,[31] 하버는 그곳 전선을 지키는 것이 자신의 의무라고 생각했었던 것 같다.

사실 클라라가 그날 밤 자살한 이유는 명확하지 않다. 그녀의 결혼생활이 행복하지 않았고 그녀가 하버의 화학 무기 개발 연구를 반대했다는 것은 믿을 만한 증언이 뒷받침하는 사실이다. 하버가 전장에서 최초로 독가스를 분사한 며칠 후 그녀가 자살한 것도 사실이다. 클라라의 동생 로테를 포함한 다른 가족들도 자살했다.[32] 클라라가 느꼈던 우울감은 정신 질환이라고 할 정도로 극심했다. 그러나 근거가 명확하지 않은 소문도 있었다. 하인들 말로는 하버 부부가 그날 밤 하버의 귀향 환영 파티를 열었는데, 여기서 하버가 후에 그의 두 번째 부인이 된 샤를로테 나탄과 밀애를 나누는 장면이 발각되었다고 한다. 클라라가 하버에게 이를 따졌고 질투심 때문에 부부 사이에 다툼이 있었다는 것이다. 나중에 샤를로테는 1917년 봄에 하버를 처음 만났다고 주장했지만,[33] 이는 명백한 거짓이다. 하버가 '1914년 독일 소사이어티'라는 애국 사업가들의 클럽 식당과 살롱을 정기적으로 방문했었을 때, 샤를로테가 그 클럽의 매니저였기 때문이다. 하버 전기 작가 중 한 명은 하버와 샤를로테가 1916년 데이트하는 사진을 그의 전기에 올려놓기도 했다.[34] 자살 이유는 확실하지 않지만, 자살 전 여러 장의 편지를 쓴 것으로 미루어 볼 때, 클라라가 논쟁 후 충동적으로 자살했다고는 보기 힘들다.

부인의 자살에 대한 하버의 반응은 자신의 공적 생활에 더욱 전념하는 것이었다. 그는 즉시 전선으로 돌아왔고 연구에 더욱 매진했다.

체스 게임으로서의 화학전

이프르 전투에서 염소가스 공격이 벌어진 후, 연합군은 즉각 반격 계획을 세우고 방어 전략을 개발하기 시작하였다. 하버의 아들 루트비히는 "화학전은 모방의 이야기다. 독일군이 앞서가면 연합군이 따라왔다."[35] 라고 썼다. 영국군의 염소가스 공격은 1915년 9월 24일 루스 전투에서 처음 시작됐다. 영국군의 공격은 세심하게 잘 계획되지 않아서 독가스로 인한 영국군 사상자 수가 2,500명으로 적군인 독일군 사상자 수보다 훨씬 더 많았다.[36] 화학 포탄을 대규모로 처음 발사한 나라는 프랑스인데, 7월에 있었던 프랑스군의 최루탄 공격은 별 효과가 없었다.[37] 독일군과 연합군 양측 모두 완벽한 방독면과 기타 보호 장비의 개발에 몰두했고, 전쟁이 계속됨에 따라 점점 더 정교한 장비가 만들어졌다. 예를 들어 하버의 친구이자 이웃인 리하르트 빌슈테터는 '삼층 구조 카트리지' 방독면 필터를 개발했는데, 세 개 필터층의 화학적 기능이 모두 달랐다.[38]

하버는 군인들이 폭탄보다 독가스를 더 두려워했으므로 독가스를 심리전 무기라고 생각하였다. 전쟁 중 사망한 영국의 군인이자 시인인 윌프레드 오웬은 독가스의 공포를 다음과 같이 표현했다.

> 조국을 위한 죽음
>
> 자루 멘 늙은 거지처럼, 허리를 숙이고
> 안짱다리 노파처럼 기침하며, 진흙 길 내내 욕설을 내뱉으며 걷다가
> 번쩍이는 조명탄을 보고 발길을 돌려
> 저 멀리 있는 우리 막사로 다시 터벅터벅 발걸음을 향했다.

병사들은 졸면서 행군했다. 우리 중 다수는 신발도 없이, 절뚝이며
피범벅 된 발로 걸었다. 모두가 절름거렸고, 흐려진 시야 속에,
피곤에 쩔어, 등 뒤에 떨어진
독가스탄이 뿜어내는 소리도 듣지 못했다.

가스다! 가스다! 빨리빨리! – 미친 듯이 더듬거리며,
엉성한 방독면을 제때 겨우 썼다.
하지만 누군가 소리 지르고 비틀대며
몸부림쳤다. 불구덩이나 회반죽 속에 빠진 사람처럼.
흐릿한 방독면 유리와 짙은 초록빛 가스탄 사이에서,
익사하는 그를 나는 보았다
마치 초록 바다에서 발버둥 치듯.

꿈을 꿀 때마다 무기력한 내 앞에
그는 쓰러지고, 퍼덕대다가, 질식되어, 가라앉는다.

만일 당신이 숨 막히는 꿈속에서, 그의 시체가 던져진 수레 뒤를 따라 걷다가
고통으로 일그러진 그의 흰 눈자위와,
죄악에 신물 난 악마처럼 축 처진 그의 얼굴을 본다면,
그 수레가 덜컹댈 때마다
거품으로 가득 찬 폐에서,
피가 울컥거리며 올라오는 소리
마치 되새김질처럼
무고한 혀 위에 퍼져있는

온갖 불치의 염증을 본다면
친구여, 열정적으로 이야기하지 못할 것이다
무용담을 갈구하는 아이들에게
오래된 거짓말:
"조국을 위한 죽음은 감미롭고 영예롭다."[39]

하버는 독가스가 "칼을 든 상관의 명령에 따르던 군인을 아무것도 할 수 없는 무기력한 쓰레기 더미"[40]로 바꾸어 버리는 심리적 무기라고 생각하였다. 방독면, 특히 영국군의 무거운 상자형 방독면은 병사들이 전장에 들고 다닐 때 큰 짐이 되었다. 참호 안에 있을 때도 병사들은 혹시 독가스 냄새가 나는지 계속 냄새를 맡아야 했고, 방독면을 쓰면 시야가 반쯤 가리기 때문에 총을 조준하기나 주변을 경계하기가 어려웠다. 또한, 독가스 공격이 시작되면 가스 농도가 너무 높아 필터가 가스를 다 걸러내지 못해서 목구멍에 답답함을 느끼게 되는데, 그러면 방독면을 벗고 공기를 깊이 들이마시고 싶은 욕구를 못이겨 이에 굴복해버리는 병사도 있었다.

하버는 독가스전은 전쟁이 발달함에 따라 나타나는 자연스러운 단계라고 주장하였다. 즉 대포와 기관총의 기술적 진보 때문에 병사들이 참호를 팠고, 병사들이 참호에만 머물러 전쟁이 교착 상태가 되자 병사들을 참호 밖으로 끌어내려고 가스전이 개발되었다는 것이다. 또한, 하버는 독가스전은 산업이 가장 발달한 나라에 가장 유리한 전쟁이라고도 했다. 유리한 순위를 매기자면 독일이 최고고, 영국은 프랑스보다 낫고, 러시아는 절망적이라는 것이다. 그는 보통의 전쟁이 체커 게임이라면, 가스가 하나씩 개발될 때마다 적군이 그 가스에 맞는 필터를 개발해야 하므로 가스전은 체스 게임과 같다고 말했다.[41]

독일군만 가스전 전략을 개발한 것은 아니었다. 1917년 4월, 영국군도 리벤스 발사기라는 박격포를 개발했다. 영국군은 아라스 전투에서 이 박격포로 지름이 8인치, 무게가 30에서 40파운드 나가는 화학 작용제 수백 통을 투하하였다. 대량의 독가스를 집중적인 패턴으로 투하하므로 실린더에서 직접 분사할 때와 동일한 가스 농도를 유지했고, 독일군을 경악시킴과 동시에, 넓은 범위로(1,200~1,900 m) 살포되는 세 가지 효과가 있었다. 리벤스 발사기는 연합군이 화학전에서 개발한 가장 혁신적 공격 무기였다. 독일군은 그로부터 3년 후, 종전되기 석 달 전인 1918년 8월이 되어서야 비로소 그에 상응하는 발사 장치 개발에 성공하였다. 리벤스 발사기는 네른스트가 처음 제안했으나 하버가 지지하지 않아 독일군이 채택하지 않았던 박격포 발사기와 본질적으로 같은 것이었다.

1917년 하버는 비스(2-염화에틸)황이라는 더 좋은 독가스를 개발하였는데, 겨자 냄새가 나서 '겨자 가스'라고 알려지게 되었다. 사실 하버는 1916년에 처음 겨자 가스를 고려해 보았지만, 독성이 너무 낮고 프랑스군이 이미 사용했다는 이유로 배제했었다. 그러나 겨자 가스는 기존의 독가스와 다른 특성이 있었다. 주로 폐를 손상시키는 염소나 포스젠 가스와 달리 겨자 가스는 피부 화상, 시각 장애, 내출혈 및 외부출혈을 일으키는 수포작용제다. 겨자탄에 노출된 병사들은 보통 4~5주 지나 사망하게 되므로 이들을 치료하는 적군의 의료 부담을 가중시키는 효과도 있었다. 너무 심한 통증으로 몸부림치는 병사들을 침대에 묶어 놓아야만 했다. 염소가스보다 훨씬 두려운 가스였다. 겨자 가스가 주로 피부를 공격하기 때문에 병사들은 온몸을 가리는 판쵸를 입어야 했다. 겨자 가스에는 또 다른 장점이 있었다. 빨리 확산되는 염소나 포스젠과 달리 겨자는 기체가 아니라 에어로졸로 뿌리는 액체다. 그것은 오랫동안 끈질기게 풀이나 나무, 땅 전체를 오염시킨다. 그래서 겨자탄을 사용하면, 적이 자신의 영토로 들어오는 것을 억제하고, 보병이 진격할 때 측면을 보호하며, 퇴각 시 엄호를 해 줄 수 있기도 했다. 겨자 가스는 화학전에 사용된 가장 치명적인 무기라 할 수 있다.

하버는 윤리적 이유 때문이 아니라 몇 달 안에 연합군도 따라서 그것을 사용할 것이 분명하고, 그러면 독일군 전선이 무너진다는 것을 알고 있었기 때문에 겨자 가스 사용을 별로 달가워하지 않았다. 그래서 그는 겨자 가스 사용 여부 결정권을 에리히 루덴도르프 장군에게 일임하였다.

에리히 루덴도르프 장군은 1916년 팔켄하인 장군의 뒤를 이어 참모총장이 된 유연한 성향의 파울 폰 힌덴부르크 장군의 부 참모총장이었고 전쟁을 잘 이끌어가고 있었다. 이때 하버는 루덴도르프 장군에게

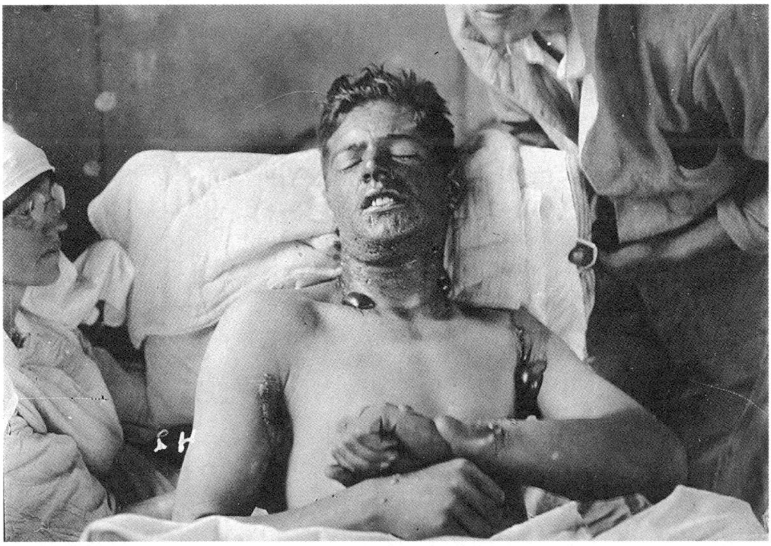

그림 4-2 1차 대전 중 겨자 가스에 의한 화상으로 괴로워하는 캐나다 병사. 캐나다 도서관 및 기록 보관소. W.L. 키드 컬렉션, C-080027.

6개월 안에 전쟁을 끝낼 자신이 없으면 겨자 가스를 사용해서는 안 된다고 조언하였다. 당연히 루덴도르프 장군은 겨자 가스 사용 명령을 내렸고, 하버가 예측했던 대로의 결과가 나왔다. 1917년 독일군이 처음 겨자탄을 사용하자, 영국군은 폭발하지 않은 겨자탄을 수거해 조사하여 삼일 안에 그 성분이 무엇인지 알아내었다.[42] 연합군이 겨자탄을 공업적으로 합성하여 독일을 공격한 것은 1918년 봄이었다. 이때 연합군은 복수심에 불타 독일군을 공격했고 독일군은 이를 방어하지 못했다. 만일 독일군이 1918년 11월에 항복하지 않았더라면, 1919년 연합군은 무한궤도형 장갑차로 독일군 위치를 찾아내서 겨자탄을 살포할 계획이었다.[43]

1916년 7월, 하버를 후원하던 카이저 빌헬름 연구소 소장 코펠이 전쟁성과 접촉하여 군사 기술을 위한 과학과 응용화학 및 생화학(화학전을 위한) 연구를 위하여 독립적인 카이저 빌헬름 연구소를 새로 설립하자고 강력하게 주장하였다. 이는 아마 하버가 코펠을 앞세워 자신의 아이디어를 제안한 것일 수 있다. 이미 군사과학 분야에서 자신의 왕국을 건설한 하버는 종전 후에도 그의 영향력을 유지하고 싶었고, 자신의 물리화학 및 전기화학을 위한 카이저 빌헬름 연구소는 전쟁 전의 민간 연구소 상태로 되돌리기를 원했을 것이다. 전쟁성은 전후 군사 기술 연구비로 육백만 마르크를 주겠다고 약속하였다. 종전 1개월 전인 1918년 10월, 하버는 자신이 화학전에 개입했던 것이 종전 후 문제가 될 수도 있다는 것, 즉 전범으로 기소될 수 있다는 사실을 깨달았다. 그는 새 연구소를 건립하려는 계획을 철회하려 했다. 그러나 휴전 일주일 전인 11월 4일에도, 전쟁성은 그에게 연구 기금을 사용하게 할 계획을 세우고 있었다.[44]

종말에 다가가는 독일, 참전하는 미국

1917년 네른스트의 둘째 아들 구스타프가 베르됭 전투에서 사망하였다. 1917년 12월에 쓴 네른스트의 저서『새로운 열정리』의 서문은 다음과 같은 구절로 시작된다. "우리 국민의 위대한 성취에도 불구하고 애통함이 밀려드는 이 순간, 물리학만큼 나의 마음을 위로해 주는 것은 없다."[45] (독일판의 저서를 영어로 이렇게 번역한 것은 네른스트 연구소에서 근무했었던 그의 전기 작가 커트 멘델스존이다. 종전 후 이 책의 공인 된 번역판에서는 독일 국민을 호전적 민족주의자로 지칭하는 문구를 모두 없애고 다음과 같이 적었다. "역경과 고통의 시간 동안, 많은 그리스인과 로마인들은 철학에서 위로를 찾으려 했고 결국 철학으로 위로받았다."[46]) 네른스트는 슐리펜계획이 실패한 이후 독일이 패전국이 될 것을 알았으나, 끝까지 용감히 싸웠고 두 아들을 전쟁에서 잃었다. 네른스트는 독가스전에 직접 개입하지 않았으므로 하버처럼 손에 피를 묻히지는 않았다. 그러나 그도 포스젠 가스 사용을 제안하였고, 화학전에서 물러난 것도 자의가 아니라 하버에 의해 강압적으로 쫓겨난 것이었다. 네른스트도 하버처럼 연합군의 전범 기소 명단에 올라있었다.

1917년 독일인들은 거의 기아선상에 있었다. 해외로부터의 수입은 끊겼고 전장의 군인들에게 줄 식량을 줄일 수는 없었으므로, 민간인들이 굶주림의 고통을 가장 심하게 겪었다. 식량을 찾아다니는 민간인 무리의 행동을 뜻하는 hamstern, 영어로 hamster(애완용 쥐)라는 신조어도 이때 생겼다.[47] 영국도 식량이 부족해 힘들었지만 그래도 해외, 특히 미국이나 영국 식민지에서 식량을 공급받을 수 있었다. 독일 해군은 주로 잠수함 공격으로 영국으로 향하는 물자를 차단하려 하였다. 그 당시 전시 국제법에 따르면 해군함은 적국의 비무장 상선을 공격할 때 먼저 항복하라고 요구해야 했다. 그러나 잠수함 선장에게는 비현실적인 조약이었다. 잠수함에 나포된 선박을 따로 관리할 선원도 없었고, 연합군 상선 선장이 무전으로 본국에 도움을 요청하도록 기다린 후 공격한다는 것은 있을 수 없는 일이었다.

전쟁 중 독일 해군은 전쟁 물자를 실은 영국이나 중립국 상선에게 미리 통고하지 않고 침몰시켜도 좋다는 무차별적인 공격을 여러 차례 허가하였다. 1915년 독일 잠수함이 영국 선박 루시타니아호를 격침시켰다. 이때 미국 국민이 다수 사망하게 되자 미국은 격분했다. 전쟁 초 영국 해군이 독일의 대양 횡단 전신 케이블을 절단해버려서 미국은 유럽 뉴스를 오직 영국과 프랑스로부터만 들을 수 있었다. 따라서 특히 미국인들은 연합군 정치 선전에 쉽게 영향을 받았다. 연합군 신문에 실린 벨기에 학살이나 독가스전 기사를 접한 미국 여론은 중립에서 점차 연합군 편으로 기울었다. 미국의 우드로 윌슨 대통령은 미국이 연합군과 독일의 전투에 참전할 의사가 없음을 분명히 밝혔으나, 시어도어 루스벨트가 이끄는 '준비 행동' 캠페인은 미국이 참전해야 하고 이를 위해 미국의 군사력을 강화해야 한다고 주장하였다.

1917년 초 국제적인 압박 때문에 독일 정부는 잠수함의 무장상선 공격을 제한하라고 명령하였다. 그러나 이러한 공격 제한 명령에도 불구하고 독일 잠수함이 연합국 상선을 침몰시키는 일이 비일비재했다. 영국 대함대 지휘관 존 젤리코 제독은 이런 추세가 계속되면 영국의 상황은 절망적이 될 것이며, 1917년 여름쯤 독일에 패배를 인정하고 종전 요청을 해야 할 것이라고 경고하였다. 1917년 초 독일 황제는 루덴도르프의 권고에 따라 잠수함의 무제한 공격을 다시 재가하며 연합군을 압박하였다. 이 소식을 들은 네른스트는 미국이 곧 참전할 것이고 결국은 독일이 패배하리라 생각하며 절망했고[48] 그의 예측은 들어맞았다.

랭뮤어의 전쟁

1917년 4월 6일, 미군은 방독면도 없이 이틀 분량의 탄약만 소지한 채, 거의 아무런 준비 없이 전쟁에 뛰어들었다. 전쟁에 과학자를 동원하기 위한 실질적인 노력을 기울인 것은 해군뿐이었다. 미국이 참전했을 때 겪을 문제를 연구하기 위해 1915년 해군 장관 조지퍼스 대니얼스는 해군 자문위원회를 구성했었다. 토머스 에디슨이 자문 위원장으로 추대되었고, 11개의 과학과 공학 학회에 각각 두 명의 위원을 지명 추천해 달라고 요청하였다. 그 결과 어빙 랭뮤어의 스승인 윌리스 휘트니가 미국 화학회의 추천을 받게 되었다. 그 당시 68세의 에디슨은 왕성히 활동하고 있을 때여서 유명무실한 자문 위원장으로 만족하지 못했다. 몇 달을 바다에서 보낸 뒤 에디슨은 잠수함과 어뢰 탐지 방법, 연합군 수송선을 숨길 방법, 어뢰를 피하고 선박 손상을 최소화하는 방법, 선박 간의 안전한 통신 방법, 적군의 잠수함이 아군을 찾지 못하게 하는 방법, 선박 내 전화의 질을 개선하는 방법 등 다양한 아이디어를 생각해 내었다.[49]

랭뮤어는 독일의 네른스트 실험실에서 연구한 적이 있지만(혹은 그랬기 때문에), 연합군의 강력한 지지자였으며, 1916년 '준비 행동' 캠페인 행진에 부인과 함께 참가하기도 했다.[50] 1917년 2월 11일, 휘트니는 랭뮤어를 전쟁 지원그룹에 끌어들였다. 1917년 초 해군 자문위원회는 보스턴 잠수함 신호 회사가 매사추세츠주 나한트시에 연구소를 건립하는 것을 승인했고, 랭뮤어는 전쟁 기간 내내 이 연구소에서 생활했다. 랭뮤어의 일기에 이렇게 적혀있다.

1917년 2월 11일(일요일): 휘트니 박사, 호킨스, 쿨리지와 함께 외출. 휘트니 박사가 우리에게 해군 자문위원회에서 생긴 문제를 말하며 도움을 청함.

1917년 2월 23일: 해군 자문위원회와 함께 "예인선"으로 보스턴 등대선에서 개최된 잠수함 신호 회사의 잠수함 신호 시연회에 참석…

1917년 2월 24일: 우리 여럿이 어뢰 만드는 과정을 보기 위해 뉴포트에 감. 어뢰 세 발의 발사를 참관.

1917년 3월 3일: 해군 자문위원회는 직면한 문제를 해결하기 위해 회의함. 잠수함과 어뢰, 탐지와 방어 문제 등을 논의.[51]

그때 랭뮤어는 대잠수함전 연구를 시작했고 스테레오 음파를 사용하여 잠수함의 방향을 탐지하는 아이디어를 제안하였다. 그가 제안한 장치는 다음과 같은 방식으로 작동한다. 먼저 두 대의 마이크를 서로 떨어트려 수중에서 음파를 발사한다. 두 대의 마이크를 서로 다른 오디오 채널에 연결하고 각 채널에서 나오는 소리를 관찰자가 양쪽 귀에 꽂은 이어폰으로 들을 수 있게 한다. 그런 뒤 잠수함에서 반사된 소리가 관찰자의 양쪽 귀에 동시에 들릴 때까지 음파의 방향을 회전시킨다. 이렇게 되면 잠수함이 음파에 수직임을 알게 되는 원리다.

그 후 랭뮤어는 시각 장애인들이 어떻게 소리로 방향을 찾아내는지 알아보기 위해 시각 장애인 자원봉사자들을 인터뷰했고, 거리에서 나는 소음만 듣고 길을 걸어갈 수 있는 보스턴 출신의 한 남자를 찾아내었다. 그 시각 장애인은 거리의 빌딩, 담, 방의 크기, 그리고 자신과 말하는 사람 사이에 있는 어떤 물체도 모두 소리의 순간적 에코(울림)로 알아낼 수 있었다. 랭뮤어는 일반 방에서 말하는 사람의 소리가 상대방에게 직접 전송되는 것은 단지 10%에서 30%뿐이고 나머지는 그 소리의 에코라는 계산을 하였다. 이 에코가 방향을 찾는 데 사용되며 이 에

코로 그 시각 장애인이 방향을 탐지할 수 있다는 것을 알게 되었다.

전쟁 중이라 랭뮤어는 음파에 관한 이 연구에 원하는 만큼 매진할 수 없었으나, 의사의 스테레오 청진기를 위한 아이디어를 스케치해 놓았다. 종전 후 RCA사 그리고 필라델피아 오케스트라 지휘자 레오폴드 스토코프스키와 공동으로 스테레오 연구를 했다.

미국의 참전 기간이 너무 짧아 랭뮤어의 잠수함 탐지 연구 결과가 실제로 사용되지는 않았다. 종전되기 전 랭뮤어는 해군의 전쟁 연구 업무를 중단하고 앨라배마주의 머슬숄즈에서 수행되는 연구를 위해 차출되었다. 머슬숄즈에서 그가 맡은 임무는 하버–보슈법을 활용하여 암모니아를 대량 생산하는 암모니아 합성 공장을 미국에 건설하는 작업을 시작하는 것이었다. 종전 무렵 미국의 과학 수준은, 하버와 보슈가 그 분야에서 이루어 놓은 업적을 복제조차 할 수 없는 정도였다. 랭뮤어는 휴전 9일 후 작성한 암모니아 생성 과정에 대한 보고서에 다음과 같이 적었다. "1기압에서 작동할 장치가 곧 완성될 예정이다. 30기압을 위한 장치는 아직 못 끝냈다. 지르코늄, 티타늄, 우라늄 등의 희토류 금속과 그 합금을 촉매로 시험해 볼 계획이다."[52] 휴전 협정이 체결되면서 미국의 하버–보슈 공장 건설은 후일로 미루어졌다.

루이스의 전쟁

미국의 참전이 시작될 때 유럽에서는 화학전이 실행되고 있었으나, 일반 미국인들은 화학전에 대해 아는 것이 거의 없었다. 프랑스와 영국은 독일의 최초 독가스 공격 뉴스를 자신들의 정치 선전에 이용했지만, 미국이 이를 두려워하여 참전하지 않을까 봐 독가스 효과에 대한 자세한 언급을 자제하였다. 1917년 봄, 연합군은 독가스 뉴스 보도에 대한 전면적인 통제를 지시하였다. 연합군은 영국 전쟁 차관의 말을 빌려, "미국 국민과 미군에게 독가스에 대한 터무니없는 공포심을 조장"[53]하는 결과를 가져올 우려가 있으므로 독가스에 대한 뉴스 보도를 전면적으로 통제한다고 밝혔다. 미국의 전쟁 준비 기간에도 독가스는 별로 관심을 받지 못했다. 미국 참전 두 달 전인 1917년 2월이 되어서야 비로소 방독면 개발이 고려되었다. 설사 방독면을 사용한다 해도, 독가스 방어 훈련 프로그램을 만들 만큼 독가스전에 대한 충분한 지식을 갖춘 사람이 미군에는 아무도 없었다. 1917년 4월 6일에 미군의 참전이 시작되었고, 7월 중순에는 12,000명의 미군이 독가스에 대한 어떤 방어 훈련도 받지 못하고 방독면도 지급 받지 못한 채 서부 전선 30마일 앞까지 도착하였다. 1917년 8월 17일이 되어서야 비로소 존 퍼싱 장군이 육군 가스 대응 부서를 신설했으나, 그 부서의 책임자 아모스 프라이스의 계급은 중령에 불과했다.

결과는 예상 대로였다. 미군 주력부대는 1918년 독일의 춘계공세와 그 이후 전투에 투입되었다. 그 전투에서 녹색 군복을 입은 미군의 독가스 사상자 수가 너무나 많아 독일군은 날아갈 듯 신이 났다. 결국, 1918년 5월 27일에 미국 원정군은 각 부대에 가스 장교라는 의무 장교직을 두라고 명령하였다. 가스 장교는 각 부대 지휘관의 직접 지휘하에 있었다. 그는 부대원에게 방독면과 가스 대피소를 사용하는 방법을 알려주고, 방독 장비 검사를 하며, 적군의 가스전 전략과 용구에 대한 지식을 갖추어야 했다. 전투 중 모든 부대원에게 방독면을 벗으라는 'all clear' 신호는 반드시 가스 장교만이 내릴 수 있다는 매우 중요한 규칙도 제정되었다.

이것은 원칙적으로 매우 좋은 시스템이었지만, 가스 장교를 찾고 훈련 시키는 일이 남아있었다. 가스 장교 다수를 미국 화학자 중에서 차출했고, 결국 10%의 미국 화학자가 화학 무기 대응 부대(CWS)에 복무하게 되었다.[54] 당시 42세였던 길버트 루이스는 1917년 12월에 소령으로 입대했고 1918년 1월에 파리의 CWS 연구소장이 되었다. 프라이스 중령은 독일군의 1918년 춘계공세 동안 독일군과 미군의 가스전 수행 능력이 어느 정도인지 알아보기 위해 루이스를 서부 전선으로 보냈다. 루이스의 보고서를 보고 감동한 프라이스 중령이 그를 가스 장교 훈련 학교 설립 업무를 담당하는 방위 사단의 책임자로 임명할 정도로 그의 보고서는 훌륭했다. 일주일에 200명이나 되는 가스 장교가 이 학교에서 훈련받았고 그 결과 가스전에서 희생되는 미군 사상자 수는 극감하였다.[55] 그 공로로 루이스는 중령으로 승진했을 뿐 아니라 프랑스의 전쟁 십자가 훈장과 미국의 수훈 훈장을 받았다. 그러나 미국의 수훈 훈장에 그가 "더욱 개선되고 효과가 큰 독가스, 특히 겨자탄을 적군에게 사용하여 우리 정부에 크게 기여했다."[56]라는 언급이 있는 것을 보면, 그의 업무가 방어전에만 국한되었던 것 같지는 않다. 그러나 또 다른 군인이자 화학자였던 윈포드 리 루이스 대위가 개발했으나 전쟁에 사용되지는 않았던 **루이사이트**로 알려진 독가스는 길버트 루이스와는 아무 관련이 없다.

그 시절부터 루이스가 즐겨 이야기하던 이상한 에피소드가 있다. 전쟁 중 연합군의 화학 장교들 사이에서 프랑스인들만 선호하고 다른 국가 사람들은 무용지물이라 여겼던 사이안화 수소 사용에 대한 열띤 논쟁이 있었다(사이안화 수소는 이 장 전반부에 언급했듯 독성은 강하지만 전투 무기로 사용하기에는 적합하지 않다). 루이스도 참석했던 이러한 다국적 장교들 간의 논쟁에서 한 영국 화학자가 프랑스인들이 개 실험에서 사이안화 수소의 맹독성이 증명되었다고 주장하지만, 사람은 개와 달라 사

그림 4-3 제1차 세계대전 군복을 입은 루이스. 길 루이스 제공.

이안화 수소에 그만큼 취약하지 않다고 주장했다. 루이스의 말에 따르면 그 영국 화학자는 방독면도 쓰지 않은 채 덩치가 꽤 큰, 물론 프랑스 개를 끌고 가스실로 들어가 자신의 주장을 입증하려 했다고 한다. 잠시 후 사이안화 수소로 가득 차 있던 그 가스실에서 그 화학자는 죽은 개를 끌고 나왔다. 루이스는 그 영국 화학자의 영웅적인 행동이, 임무에 헌신하는 과학자의 모습이며 자신이 목격한 사람 중 단연 최고라고 했다.[57] 그러나 대부분의 다른 사람들은 그것을 영웅적인 행동이 아니라 어리석거나 잔인한 행동이라 생각했다. 28년 후 루이스는 사이안화 수소로 가득 찬 실험실에서 사망하게 된다.

하버의 재혼과 종전

1917년 10월, 프리츠 하버는 재혼하였다. 클라라가 자살하던 날 밤 클라라가 질투심에 프리츠와 언쟁을 벌였다던 소문의 대상인 샤를로테 나탄이 그의 신부였다. 쾌활한 샤를로테는 프리츠보다 20살 연하였고 유대인이었다. 그녀는 프리츠에게 결혼하자고 졸랐지만, 프리츠는 아마도 아들 헤르만의 감정을 염려해서 재혼 의사가 없었던 것 같다. 결국 프리츠는 결혼하기로 마음먹었으나, 대신 교회에서 결혼식을 올리기 위해 샤를로테가 유대교에서 기독교로 개종해야 한다고 고집하였다. 그녀는 처음에는 거부했으나 그의 주장이 완강해서 결국 그의 뜻을 따랐다.

프리츠는 결혼식에 장교 군복을 입고 뿔이 달린 헬멧까지 썼다. 곧 첫 딸을 낳았고 연이어 1920년 아들을 낳았다. 그 아들이 루트비히 프리츠 하버로 『화학전의 역사』의 저자이다. 중간중간 행복한 기간도 있었으나 이들의 결혼생활은 대체로 불행했다. 하버의 친구들은 샤를로테를 싫어했고, 하버는 일 중독자였으며, 샤를로테는 클라라처럼 참을성이 많지 않았다. 클라라와의 아들 헤르만은 불행하고 원망에 가득 찼으며 하버는 샤를로테 때문에 자신의 병이 재발했다고 불평했다. 둘은 1927년 이혼하게 된다.

1917년 가을 그가 재혼할 무렵, 하버는 네른스트가 삼 년 전 마른 전투를 목격한 후 내렸던 것과 같은 결론, 즉 독일이 패전할 것 같다는 생각을 하게 되었다. 낙담한 하버는 비관적으로 바뀌어 독일군이 방어할 수 없는 독가스 공격 때문에 결국은 궤멸당하리라 믿었다. 1918년 봄, 루덴도르프 장군은 곧 미군이 도착하면 독일 방어선이 무너질 것을 알았다. 그는 독일이 러시아의 항복을 받아내고 휴전 협정을 맺은 후,

그림 4-4 결혼식에서의 헤르만 하버, 샤를로테 나탄, 프리츠 하버. 막스 플랑크 협회의 역사 기록. 베를린-다렘, 독일.

러시아 전선에서 이동하는 500,000명의 병사를 서부 전선에 배치하며 대규모 공격 명령을 내렸다.

1918년 3월 21일 독일군은 백만 발의 포탄을 쏘며 무력으로 영국 전선을 돌파하였다. 독일 황제는 3월 24일을 국경일로 선포했고 많은 독일인은 곧 전쟁이 독일의 승리로 끝나리라 믿었다. 그러나 독일군 사상자 수는 상당히 많았고, 군수품 공급도 부족했다. 굶주린 독일 병사들이 가게나 농장을 약탈하느라 공격이 중단되는 등 전쟁은 교착 상태에 빠지게 되었다. 7월 15일 루덴도르프 장군이 최후 공격 명령을 내렸으나 이번에도 마른강 전투에서 프랑스군의 반격이 시작되었다. 3월에서 7월까지 독일군 사상자 수가 백만 명이나 되었고 독일 국민과 병사들이 기아에 시달리는 와중에 미군의 참전이 시작되었다. 9월 루덴도르프 장군은 황제에게 독일의 패배를 보고하였다.

독일 총참모부는 독일군의 패전을 결코 공식적으로 인정하지 않았다. 이로 인해 종전 후 독일 사회에는 자신들의 패배를 인정하지 않고, 부당 이득자와 유대인들의 공작 때문에 독일군이 '뒤통수를 맞았다'라는 믿음이 생겨났다. 1918년 11월 11일, 휴전 협정이 이루어졌고 가스 공격이 중단되었다.

전후 하버는 한 번도 화학전에 대해 사과하거나 유감을 표명한 적이 없다. 그의 아들 루트비히는 하버가 다음과 같은 주장을 했다고 한다.

> 독성 물질로 총알과 탄환을 먼저 만든 것은 프랑스 군이다. 이와 같은… 하버의 견해는 1921년 하틀리가 기록한 내용이며, 이후 독일 의회 소위원회에서 증언한 내용이다… 하버는 가스는 과도한 고통을 일으키지 않으므로 비인간적인 무기라 할 수 없다고 주장했다. 그의 논리는 비난에 민감한 정치인들을 만족시켰다. 독일 국회의원들은 자신들의 죄가 사면되었다고 느꼈고, 독일군은 연합군이 했던 것을 따라 한 것뿐이라고 생각하게 되었다. 보고서에 따르면 하버는 프랑스에 모든 비난을 돌리려 했다… 비록 독일이 패배했지만 (하버는) 그의 생각을 바꾸지 않았다. 다른 독일인들은 '실수'했다고 말하거나 자신들이 저지른 '도덕적 훼손'에 대해 적었지만, 하버는 절대 자신의 주장을 철회하지 않았다. 그는 자신이 국제법 관례나 규칙을 위반했다는 것을 인지하지 못했다. 그는 조국에 가장 이익이 되는 일을 했을 뿐이라고 믿었다.[58]

결국, 독가스 공격은 하버의 바람과는 달리 성공하지 못했다. 그는 1921년 "돌이켜 보니 가스는 하늘이 독일인에게 주신 선물은 아니었다."라고 하틀리에게 말했다. 독가스로 인한 사상자는 전쟁 사상자의 5%에 불과했다. 독일군이 새로운 독가스나 살포 기술을 개발할 때마다 연합군은 그것을 방어할 수 있는 대응책을 찾아내었다. 물론 늦은 대처로 많은 목숨을 잃은 적도 있었다. 독가스가 참호전의 교착 상태를 깨뜨리지 못했고 기적의 무기로 판명되지도 않았다.[59] 제2차 세계대전에서는 모든 교전국이 독가스 사용을 금지하는 결정을 내렸다. 그것은 물론 윤리 의식에 입각한 결정이었으나 그에 못지않게 제1차 세계대전에서 겪었던 경험에서 나온 것이라고도 할 수 있다. 제2차 세계대전에서 독일군이 독가스를 다시 사용했다면 공격 속도가 느려져서 독일군의 새로운 기습 전술에 차질이 있었을 것이다. 양측 군대 모두 독가스를 혐오하였다. 독가스는 사람을 너무 괴롭게 사망에 이르게 하며, 생각만큼 효과적인 무기도 아니었다.

종전 후 하버와 네른스트는 1920년 연합군의 전범 리스트에 올라 재판을 받게 되었다. 독일 정부는 두 사람에게 가명으로 여권을 발급해 주어 필요할 때 쉽게 도주를 할 수 있게 해 주었다. 하버는 턱수염을 기르고 가족을 스위스로 보냈으며, 하버와 네른스트 둘 다 돈을 스위스 은행에 예치하였다. 연합군은 범죄인 인도를 요구하지 않았고 그 사안을 독일 법원으로 넘겼다. 하버와 네른스트는 기소되지 않았다.

종전 후의 과학

연합군은 독일에 가혹한 평화 협정 조건을 제시하며, 독일이 그 조건을 수락해야 식량 금수 정책을 해제하겠다고 했다. (휴전 후 연합군이 독일 민간인을 기아에 시달리게 한 것 그 자체가 전쟁 범죄로 간주 될 수도 있다.) 연합군은 국제 과학계에도 가혹한 조치를 요구했다. 독일 과학자들의 전쟁 지지를 용서할 수 없었던 연합군은 독일 과학자가 각종 과학 학술회의나 국제 학회에 참가하는 것을 금지하였다. 독일 과학자들은 자금이 부족하여 심지어 연합국에서 발간되는 학술지조차 구독할 수 없었다. 길버트 루이스의 논문지도 교수였던 하버드 대학의 시어도어 리처즈 교수는 특히 독일인에게 냉정했다.

새로운 양자 역학 개발을 선도한 과학자 중 한 명인 독일의 막스 보른이 루이스와 랭뮤어에게 (자신도 잘 모르는) 폴 앱스타인이라는 젊은 물리학자의 연구직 자리를 부탁하는 편지를 썼다. 그 당시 전후 국경선을 새로 확정하는 과정에서 폴란드는 앱스타인을 러시아인으로, 러시아는 폴란드인으로 간주하여 폴 앱스타인은 두 국가 모두에서 직장을 구하지 못하고 있었다. 보른은 딱한 처지에 있던 폴 앱스타인을 도우려 했던 것이다.[60] 루이스와 랭뮤어 둘 다 도움을 주는 데 동의하였다. 또한, 독일에서 학술지를 구독하는 데 어려움이 있다는 것을 알고, 논문의 복사본을 보른에게 보내주었다.

1914년에 93인의 성명서에 서명한 독일 과학자들이 가장 심한 멸시를 받았다. 네덜란드 물리학자 헨드릭 로런츠는 벨기에에서 자행된 독일군의 학살이 사실임을 막스 플랑크에게 확신시켰다. 에밀 피셔가 93인에게 종전을 요구하는 또 다른 성명서를 발표하라고 촉구했지만, 전쟁 중 93인의 성명서에서 자신의 이름을 철회한 유일한 독일 과학자는 플랑크뿐이었다. 자신의 연구 성과로 독일군에게 탄약을 공급한 하버는 국제 과학계에서 가장 경원시했던 사람이었다. 1919년 11월 '원소로부터 암모니아를 합성한 업적'으로 1918년의 노벨 화학상이 하버에게 수여되었을 때, 과학계는 큰 충격을 받았다. 노벨 화학 위원회와 스웨덴 왕립과학원이 노벨상 선정 당시, 화학전에서 하버가 했던 역할을 인지하지 못했을 가능성이 있다.[61] 카를 보슈와 로버트 르 로시뇰이 암모니아 합성법 개발에 중요한 역할을 했으며 중요한 특허에 그들의 이름이 올라있었으나 하버가 단독으로 노벨상을 받았다.

연합국 과학자들 못지않게 연합국 언론도 분노하였다. 독가스 개발을 담당한 영국 기관의 수장이었던 몰튼 경은 독일이 '하버 공장'에서 탄약 제조 준비를 마칠 때까지 기다린 후 전쟁을 시작했다고 독일을 비난하며, 독일이 (특히 하버가) 화학전을 시작했다고 주장하였다.[62] 전쟁 중에는 노벨상 수상자 발표만 하고 노벨상 시상식은 거행하지 않았으므로, 1920년 개최된 노벨상 시상식 및 축하 만찬은 1914년부터 1919년까지의 모든 수상자를 위한 것이었다. 독일의 리하르트 빌슈테터가 1915년 화학상을 받았고, 두 명의 다른 독일인 막스 플랑크와 열렬한 민족주의자인 요하네스 슈타르크(그는 6장에 자세히 소개될 것이다)가 1918년과 1919년의 물리학상을 각각 받았다. 노벨은 유언에서 국수주의자를 수상자에서 배제하고 스웨덴이 정치에서처럼 과학에서도 중립적 입장을 취할 것을 부탁했으나, 연합국은 스웨덴 왕립과학원이 그의 유지를 따르지 않고 중립적이 아닌 친독일 입장을 취한다고 생각했다.

몇몇 연합국 과학자들은 노벨상 시상식 참석을 거부하였다. 영국 과학자 윌리엄 헨리 브래그와 윌리엄 로런스 브래그는 1915년 물리학상을, 미국 과학자 시어도어 리처즈는 1914년 화학상을, 벨기에 과학자 쥘 보르데는 1919년의 생리 의학상을 받게 되어있었으나 모두 시상식에 참석하지 않았다. 특히 리처즈는 반독일 성향이 강해서 93인의 성명서에 서명하고 사과하지 않은 이는 누구도 용서하지 않았다.

하버가 어느 날 갑자기 노벨상을 받은 것은 아니었다. 하버는 1912, 1913, 1915, 1916년에 보슈는 1915, 1916년에 각각 노벨상 후보로 추천됐었다.[63] 1916년 노벨상 위원회는 하버의 암모니아 합성 아이디어가 실현되어 실제로 사용될 수 있다는 것이 증명되었음에 동의했다. 사실, 이 당시 오파우 공장에서 하루에 80톤의 암모니아가 생산되고 있었으므로 이를 부정하기는 힘들었다. 그러나 위원회가 하버의 노벨상 수상 추천을 유보할 두 가지 이유가 있었다. 첫째, 자세한 암모니아 합성 공정이 아직 과학 학술지에 발표되지 않아서(명백히 상업적 및 군사적 이유로), 노벨상을 하버에게 단독으로 수여할지 보슈와 공동으로 수여할지를 결정할 수 없었다. 둘째, 하버 공정을 독일의 군사 자원에 사용한 것이 과연 '인류 발전에 지대한 공헌'을 한 사람에게 상을 수여하라는 노벨의 뜻에 따르는 것인지를 판단하기가 쉽지 않았다. 위원회의 수상 보류에는 기회주의적인 이유도 있었다. 유럽 열강이 무기 경쟁을 하는 와중에 상당한 수준의 전쟁 무기를 생산할 수 있는 기술에 중립국이 상을 수여한다면 많은 항의를 받을 수 있다는 고려를 했을 수도 있다.[64]

1918년 하버는 다시 수상 대상자로 거론되었다. 이때 친독일 성향이 강했던 화학 위원회 위원 페테르 클라손이 하버에 대한 보고서를 작성하였다. 이 보고서에서 그는 하버의 발명이 종전 후 비료 생산을 가능하게 해서 인류를 이롭게 하는 데 큰 공헌을 할 것이라고 피력하였다. 그러나 또 다른 친독일 위원 올로프 하메르스텐은 비록 영국을 혐오하고 독일군의 승리를 기원했음에도 불구하고, 하버 공정을 아직 비밀로 하고 있다는 이유를 들며 하버의 수상에 반대하였다. 위원회가 투표로 하버의 수상을 결정했으나, 하메르스텐은 왕립과학원에 반대의견을 표명하였다. 과학원은 투표로 하메르스텐의 의견을 지지한다는 결론을 내린 후 다음 해에 다시 하버의 수상 여부를 결정하기로 했다. 1919년 종전 후 하버-보슈 공정은 아직 비밀로 유지되고 있었나 하메르스텐이 돌연 하버의 수상 반대의견을 철회하였다. 위원 중 누구도 공식적 반대를 하지 않았으므로 왕립 과학원이 하버를 1918년도 수상자로 소급 결정하였다.[65]

노벨 물리학 위원회 위원이자 화학 위원회에 영향력을 행사하던 스반테 아레니우스는 스웨덴 왕립과학원 내의 친독일 위원과 반독일 위원 사이의 갈등을 중재하려 노력했다. 1919년 하버의 수상 여부를 심사할 당시, 아레니우스는 과학이나 윤리적 이유가 아니고 독일 세율이 너무 높아 하버가 상금을 거의 받지 못할 것이라는 이유로 하버의 수상을 반대했다. 하버와 다른 독일 과학자들의 노벨상 수상에 관한 글을 쓴 스벤 위드맘은 아레니우스의 주장은 정치적인 측면에서 나온 것으로 간주했다. 그가 하버에게 노벨상을 수여하는 것을 반대한 이유는 자신이 반독일 성향임을 밝히고 싶어서가 아니라, 하버에게 노벨상을 수여하면 노골적으로 독일을 지지하는 것으로 보이게 될 것을 우려했기 때문이라는 주장이다.[66]

그 주장이 사실일 수도 있으나 아레니우스가 파울 에를리히(2장)에게 노벨상이 수여되는 것을 막은 적이 있고 그 당시 네른스트의 수상도 막고 있었던 것으로 미루어 볼 때(6장), 아레니우스는 원하면 최소한 얼마 동안이라도 노벨상 수여를 저지할 힘이 있었다. 아레니우스가 강력히 하버의 수상을 저지하지 않았던 것은 그가 암묵적으로 하버의 수상을 지지했거나 별 관심이 없었거나 둘 중 하나일 것이다.

스웨덴은 과학적으로 중립을 지키고자 하버에게 노벨상을 수여했다고 밝혔으나 전쟁 기간 스웨덴은 정치적으로나 과학적으로나 중립이 아니고 편향되어 있었다. 즉, 연합군에게는 '철저한 중립'을 독일군에게는 '호의적인 중립' 입장을 취했다.[67]

노벨상 수락 편지에서 하버는 자신이 그 상을 받는 것은 스웨덴이 독일 과학을 지지하고 하버 자신을 옹호해 주는 의미로 간주한다고 했다. "내 조국의 미래가 비참하고 캄캄한 이 상황에서, 더 강한 국가 사이에서 중립의 위치를 고수해 온 스웨덴의 과학적으로 탁월한 전문가 동료들이 공정한 판단을 하여, 독일 과학의 성취에 대한 찬사로 나에게 이 상을 준 것이라고 생각합니다."[68] 하버는 자신의 행동을 전혀 후회하지 않았다. 그는 자신의 행동이 과학자로서 그리고 애국적인 독일인으로서 한 행동이었다고 믿었고, 그가 받은 노벨상은 자신과 독일을 세계가 인정해 준 것이라 자부하였다.

5장
루이스-랭뮤어 이론

루이스, 랭뮤어, 하킨스

1917년 3월에 길버트 루이스는 『미국 화학회지』 최신 호를 집어 들었다. 논문을 읽어가던 그는 화가 나기 시작했다. 1910년에 MIT에서 그가 지도해서 잘 알고 있는 윌리엄 하킨스의 표면화학에 관한 논문이 게재되어 있었다. 하킨스는 다른 사람이 이미 해 놓은 일을 자신의 업적으로 주장한다는 평판을 받고 있었다. 루이스는 하킨스가 또 한 번 같은 짓을 한 것으로 생각했다. 이번에는 어빙 랭뮤어였다.

루이스와 랭뮤어는 1916년 9월 뉴욕에서 개최된 미국 화학회 학술대회 모임에서 이틀을 함께 지낸 적이 있었는데, 그전까지는 서로 잘 알지 못하는 사이였다. 그러나 루이스는 랭뮤어가 물 위에 기름막이 만들어지는 것과 같이 표면에서 일어나는 화학에 대한 아이디어를 발표했을 때 감명을 받았다. 루이스와 하킨스는 모두 랭뮤어의 강의를 듣고 있었다. 발표가 끝난 후 토의 시간이 되자, 하킨스는 다음과 같은 상식 밖의 코멘트를 하였다. "랭뮤어 박사님, 박사님의 연구 결과가 제 이론에 부합되는 것을 기쁘게 생각합니다." 그러나 그가 말한 이론을 알고 있던 청중은 아무도 없었다. 그 학술대회 6개월 후 발표된 새 논문에서 하킨스가 제시한 아이디어는 랭뮤어의 연구를 그대로 도용한 것처럼 보였다. 누가 시키지도 않았는데, 루이스는 랭뮤어에게 그를 지원하겠다는 편지를 썼다.

> 매우 유감스럽지만, 최근의 『미국 화학회지』(1917년 3월)에 실린 하킨스의 논문이 공정한가에 대해, 하킨스를 매우 잘 알고 있는 저는 의문을 제기해야 할 것 같습니다. 지난가을에 제가 시카고에 있었을 때 하킨스는 자신이 수행 중인 다양한 연구에 대해 몇 시간에 걸쳐 제게 설명을 해 주었는데, 그중 상당 부분은 표면 장력에 관한 내용이었습니다. 당시 그는 표면 막에 대한 기본 이론이 정립되어있지 않았으며, 주요 관심사는 다른

연구자들보다 더 정확한 측정을 하는 것이었다고 저는 확신합니다. 전에 박사님께서 저에게 용액 위의 표면 막에 관한 연구를 설명하면서, 막을 형성하는 분자들의 극성 그룹이 극성인 용액 쪽으로 향하도록 배열되는 방향성을 갖게 된다는 이론에 대해 말해 주신 적이 있지요. 그 이론은 완전히 새로운 것이며, 분자 간에 작용하는 힘의 개념에 매우 중요한 기여를 했다고 생각합니다. 따라서 뉴욕 학회에서 박사님의 발표 논문에 대한 토의 시간에 하킨스가 자신이 다른 연구에서 발견했던 것과 같은 결론에 도달해서 기쁘다고 언급했을 때, 저는 매우 놀랐었습니다. 저는 그가 박사님 발견의 공적을 일부 빌리려 한다고 생각했었습니다. 그의 최근 논문에는 박사님 이론의 핵심이라고 할 수 있는 것과 똑같은 내용이 매우 많이 있습니다. 그는 그것을 전부 차지하려는 것처럼 박사님 이름을 어디에도 언급하지 않았습니다. 하킨스가 그의 아이디어의 출처를 밝히는 데 정직하지 않다는 것은, 그가 저질렀던 몇 가지 사소하지만 유사한 사건들을 생각해 볼 때, 합리적인 의심이라고 생각합니다. 저는 이러한 해적질을 방지하기 위해 뭔가가 이루어져야 한다고 확신하지만, 정확히 어떻게 조처해야 할지는 모르겠습니다. 그러나 저는 이 문제에 대한 제 의견을 박사님에게 알리는 것이 제 의무라고 생각합니다.[1]

2장 마지막 부분에서 루이스와 랭뮤어에 관한 이야기를 마치며, 1912년이 되면서 두 사람은 모두 촉망받는 젊은 물리화학자가 되어있었다고 언급하였다. 루이스는 MIT에서 그리고 랭뮤어는 GE에서 확고한 자리를 잡게 되었다. 루이스는 그의 활동도 개념을 핵심으로 한 '새로운 열역학 시스템'을 개발하고 있었으며, 랭뮤어는 현대적인 기체 충진 백열전구를 개발하는 과정에서 접하게 된 표면화학 연구를 시작하고 있었다. 고작 4년이 지났을 뿐인 1916년, 미국 화학회 학술대회에서의 두 사람은 아마도 미국에서 가장 뛰어난 젊은 물리화학자가 되어 있었다.

버클리에서의 루이스

루이스는 1906년부터 1912년까지 MIT에 있으면서 열역학에 대한 실험 및 이론 논문을 30편 이상 발표하였으며, 정교수로 승진하였다. 그의 선임자였던 아서 노예스는 2년 동안 MIT의 임시 총장직을 맡았으므로, 루이스는 그동안 MIT의 물리화학 연구소 소장 대행으로 있었다. 노예스의 도움으로 루이스는 하버드 시절에 부족했던 사교성과 관리 능력을 키울 수 있었다.

1912년에 루이스는 MIT를 떠나 버클리의 캘리포니아 대학 화학과 학과장 및 화학 단과대학 학장이 되었다. 루이스는 MIT에서 노예스와 함께 만족스러운 연구를 하고 있었지만, 그는 연구와 교육에 대한 자신만의 철학이 있었고, 버클리는 루이스에게 그의 학과를 만들 기회를 제공하였다. 버클리의 캘리포니아 대학은 미국의 최고 대학으로 성장하려는 야심이 있었다. 총장인 벤저민 휠러는 화학 분야에서 그러한 노력을 이끌어 갈 루이스 같은 명망 있는 젊은 과학자를 필요로 했다.

10여 년 전만 해도 버클리의 화학대학은 학생들에게는 '갈피를 못 잡는 라이징'으로 알려진 윌러드 라이징이 이끌고 있었다. 그는 대학의 학장이면서 캘리포니아주 보건청의 고문으로도 일하고 있었다. 또한, 지역 신문에 실린 로열 베이킹파우더 광고에서 순도를 인증하여 부수입을 올리기도 했다. 라이징은 1901년에 학장직에서 사임하고 그 자리에 에드먼드 오닐이 오게 되었다. 오닐은 학과의 전문성을 강화했으며, 휠러를 도와 루이스를 초빙하는 역할을 했다. 휠러에게 교수직 제안을 받은 루이스는 유리한 협상을 할 수 있었다. 그는 매년 대학에서 지원하는 개인 연구 조교를 할당받았고, 교수 채용의 전권을 부여받았으며, 새로운 시설과 직원 그리고 전반적인 봉급 인상을 약속받았다. 루이스는 1941년에 66세를 정년으로 물러날 때까지, 단과대학의 학장과 학과의 학과장직을 유지하였다.

1912년에 루이스가 버클리에 부임했을 당시, 화학과에는 오닐, 에드워드 부스, 월터 블라스데일, 윌리엄 모건, 헨리 비들 등 5명의 교수만 있었다. 나이가 많은 부스는 1917년 은퇴할 때까지만 교수직을 유지하게 되어있었다. 오닐은 루이스를 초빙하였고, 학과 운영에 도움을 주었다. 블라스데일은 1941년 은퇴할 때까지 버클리에 남아있었다. 그러나 루이스는 모건과 비들은 문제가 있다고 생각했다.

모건은 연구에 관심이 없었으며, 1903년 이후 1학년 화학을 맡아 가르치고 있었는데 루이스의 교육 철학과는 맞지 않았다. 루이스는 버클리 총장인 휠러에게 1912~13년에 모건에게 안식년을 줄 것을 요청하였다. 루이스의 뜻을 이해한 모건은 다음 해에 사임하고 리드 대학으로 자리를 옮겼다. 루이스는 그 자리에 펜실베이니아 대학에 있던 조엘 힐데브란트를 채용하였다. 힐데브란트는 그 후 33년 동안 루이스의 가까운 친구이자 조언자가 되며, 제1차 세계대전 중에는 프랑스에서 함께 군 복무를 하기도 했다. 1학년 화학을 담당한 그는 은퇴할 때까지 42,000명에 달하는 학생에게 일반화학을 강의하였다. 1941년에 루이스가 행정직에서 은퇴한 후에는 힐데브란트가 화학과 학과장이 되었다.

비들은 유능한 과학자였지만, 루이스가 아주 싫어하는 기업체 자문 일을 하고 있었다. 1914년부터 비들은 상당한 보상을 받으며 다양한 자문 일을 시작하였다. 더 나쁜 점은(루이스의 관점에서 보면), 그가 자신의 대학원생들을 무보수로 자신의 자문 업무에 동원하였으며, 특허 출원을 대학이 아닌 자신의 이름으로 하고 있다는 것이었다.[2] 루이스는 비들을 설득하여 기업체로 이직하도록 하였고, 그 이후로는 순수 과학 연구에 방해가 되는 모든 기업체 자문을 금지하였다. 그는 버클리의 교육과정에서 석유 화학과 같은 모든 산업 관련 화학 교과목을 폐지하였다.

루이스는 MIT에서 세 명의 과학자를 함께 데려왔다. 윌리엄 브레이와 리처드 톨먼은 조교수로, 그리고 그의 첫 번째 박사 과정 학생이었던 머를 랜들은 개인 연구 조교로 버클리에 오게 되었다. 루이스는 브레이가 1946년 죽을 때까지 친구로 지냈는데, 그가 죽은 후 한 달 만에 루이스도 죽게 된다. 톨먼은 버클리를 곧 떠나 일리노이 대학으로 갔다가 1922년에 캘텍으로 옮겨 이미 이직해 있던 아서 노예스와 같이 근무하게 된다. 루이스는 1913년에 에든버러 대학에 있던 조지 어니스트 깁슨을 채용하였다. 깁슨과 루이스는 친한 친구가 되었고, 이웃한 곳에 여름 별장을 갖고 있었다. 1919년에 깁슨의 학생으로 박사 학위를 받은 웬들 라티머가 버클리 교수진에 합류하였다. 그 후 몇 년 동안 라티머는 학과의 많은 행정 업무를 맡게 되었다. 루이스가 1941년 퇴임한 후에는 라티머가 버클리 화학대학의 학장이 되었다.

하버드 대학에서 시어도어 리처즈 밑에 있는 동안, 루이스는 강의 부담이 너무 커서 생각할 시간조차 없다고 느꼈다. 1906년에 옮긴 MIT의 노예스 물리화학 연구소에서는 가르쳐야 할 학부 학생이 없었고, 루이스는 왕성한 연구를 할 수 있었다. 버클리 대학에서의 34년 동안 루이스는 학부나 대학원의 단 한 과목도 강의하지 않았다. 그 자신은 강의를 전혀 맡지 않았음에도 루이스는 자신의 교육 철학을 학과에 적극적으로 도입하였다. 루이스는 학부생을 교육할 때 암기보다는 화학적인 이해력을 키우는 것이 중요하다고 믿었다. 또한, 우수한 학생은 뛰어난 교수가 가르쳐야 한다고 생각했다. 루이스를 제외한 모든 교수는 학부 실험 강의를 맡도록 하였다. 내가 만났던 많은 버클리 졸업생들은, 윌리엄 지오크나 멜빈 캘빈과 같은 노벨상 수상자들이 1학년의 정량분석 실험 결과 보고서를 채점했던 것을 기억하고 있었다.

대학원 교육에서 루이스는 연구의 중요성을 강조하였다. 화학이나 물리학 과목이 필요하다고 생각하는 대학원생이 그 과목을 수강하는 것을 환영했지만, 성적이 학생을 평가하는 주된 기준은 아니었다. 존 고프만이 대학원 공부를 시작하기 위해 버클리에 처음 와서 루이스를 면담했을 때, 루이스는 "어떤 대학원생들은 한두 개의 과목을 수강해야 하지만, 수업에 크게 신경 쓸 필요는 없어. 몇 주 내에 연구를 시작할 수 있도록 하게."[3]라고 말했다. 루이스는 화학 재료 창고를 관리하는 귀찮은 일에서 대학원생들을 해방시켜 주었고, 학과 내에서 자유롭게 연구할 기회를 주었으며, 교수가 연구 과제를 줄 때까지 기다리지 말고 자신의 아이디어로 연구하도록 격려하였다. 해럴드 유리, 게르하르트 롤레프슨, 조셉 메이어 등은 명목상 루이스의 지도로 박사 학위를 받았지만, 실제로는 루이스의 연구와 관련 없이 자신이 선택한 주제를 연구하였고 그 결과를 자신의 이름으로 발표하였다. 다른 유명한 과학자들과 달리, 루이스는 그가 전적으로 참여하지 않은 연구 결과에 이름을 올리는 것에 관심이 없었다.

루이스는 매주 열리는 연구 세미나를 매우 중요한 주간 행사로 여겼다. 이 세미나에서는 학과 구성원이나 초청 연사가 연구 논문을 발표하고, 모든 참석자가 참여할 수 있는 토론이 진행되었다. 길만 홀의 101호는 계단식 강의실이었으며, 학생과 박사후연구원들은 계단 좌석에, 교수들은 앞쪽에 있는 긴 테이블에 앉았다. 세미나는 매주 화요일 오후 4시 정각에 시작되었다.

루이스는 "시작할까요?"라고 말하며 첫 번째 시가에 불을 붙였다.

세미나에는 의무적으로 참석해야 했으며, 아무에게나(학생이든 교수이든) 미리 통보하지 않고 현재 그의 연구에 관해 토론하자고 요청할 수 있었다. 힐데브란트는 1913년에 학과에 합류한 직후에 루이스가 발표하는 도중에 대학원생인 E.Q. 애덤스가 "아니에요, 그렇지 않아요!"하며 발표를 중단시키는 것을 보고 충격을 받았다. 전에 근무했던 펜실베이니아 대학에서라면 그런 학생은 퇴장당했을 것이다. 그러나 루이스는 그 학생을 흥미 있게 바라보며 "아니라고? 왜 그런 거죠?"라고 말했다.[4] 어떤 경우에는 학생이 코멘트를 하며 발표를 중단시키자 루이스는 잠시 멈춰서 생각을 하고, "그것은 무례한 발언이네요. 하지만 적절한 지적이기도 하네요."라고 대답하기도 했다.[5] 그러나 루이스의 발표를 성공적으로 중단시키려면 어느 정도의 자신감이 필요했다. 1938~39년에 루이스의 연구 조교였던 굴렌 시보그는 "지적으로 뛰어난 루이스는 주제와 관계없이 세미나를 좌지우지했지만, 누구든지 질문하거나 의견을 표명할 수 있었다. 의견을 개진할 때에는 바보 같지 않거나 잘못된 정보를 갖고 말하지 않는 신중함이 필요했다. 루이스의 약점이 있다면, 무식한 사람을 참지 못한다는 것이었다. 사실, 그의 관용 수준은 거의 제로에 가까웠다."[6]라고 말했다. 힐데브란트는 버클리 화학과에 대해 이렇게 말했다.

> 학과 구성원들은 사도 바울의 표현처럼, "다른 어떤 일에도 시간을 낭비하지 않고, 새로운 것에 관해 이야기하거나 듣기를 간절히 바라는" 아테네 시민과 같아졌다. 누군가가 반짝하는 아이디어가 떠오르면 즉시 동료에게 말하려고 달려갔다. 두 명 또는 그 이상이 모여 사무실에서, 칠판 앞에서, 심지어 복도에서 이러한 "반짝 아이디어"에 대해 격렬히 논쟁하는 것을 매일같이 볼 수 있었다. 동료들의 이러한 집중적인 비판을 받지

않고 발표되는 논문이 있었을지 의문이다. 그 결과 각각의 구성원을 합친 것보다 학과 전체로서 훨씬 큰 성과를 낼 수 있었다.[7]

루이스는 대규모 과학 학술회의에서는 자주 불편함을 느끼기도 했지만, 버클리 화학과 내에서는 편안해했다. 그는 버클리의 최고 졸업생 중에서 자신의 연구 조교와 새로운 교수진을 선발하여 학과를 자신을 지원하는 조직으로 만들었다. 1914년부터 1936년까지 루이스의 학과에서 버클리 출신자 외에 정년 보장 교수로 임용된 사람은 없었다. 이 학과는 세계적인 물리화학 연구의 중심지 중 하나로 성장했지만, 완전히 동종교배가 일어난 것이었다. 루이스는 자신의 과학자들로 이 학과를 가득 채웠다. 그는 분야를 한정하는 모든 직함을 없앴다. 유기화학이나 무기화학 교수는 없었고, 오직 화학 교수만이 존재했다. 아무도 특정 연구 분야를 임의로 정할 수 없었다. 사실, 그들은 모두 물리화학 교수였다(물리 유기화학, 물리 무기화학 등등). 그것이 루이스에게 흥미가 있는 주제였기 때문이다.

루이스는 37세에 버클리로 옮길 때, 하버드 대학 철학과 교수의 딸인 메리 힝클리 셸던과 결혼했다. 그들은 세 아이를 두었는데, 1916년에 리처드, 1917년에 마저리, 1920년에 에드워드가 태어났다. 루이스에게는 항상 그의 연구나 화학과 동료와의 교류가 가족보다 중요했다. 루이스 가족은 버클리에서 배로 2시간 거리에 있는 바닷가 주택가인 인버니스에 집을 구입했지만, 버클리에는 고정된 주택을 두지 않고 매년 다른 집을 렌트해서 살았다. 여름에 가족은 인버니스에서 지냈지만, 루이스는 버클리 교수 숙소에서 생활했고 여가에는 브리지를 즐겼다. 그의 두 아들은 모두 화학자가 되었지만, 루이스의 아들 에드워드는 아버지와 단 한 번도 친근한 대화를 한 기억이 없다고 말했다.

랭뮤어, 가족, 그리고 어린이들

루이스와 마찬가지로 랭뮤어도 1912년에 마리온 메르세로와 결혼하였다. 두 사람은 동굴 탐험이나 애디론댁산맥 등반 같은 야외 활동을 같이 즐겼다. 랭뮤어는 아내에게 스키와 빙판 요트 타는 법을 가르쳐 주었다.[8] 랭뮤어의 결혼과 가정생활은 이상적이었다. 그는 결혼 생활 내내 매주 아내에게 꽃을 보냈다. 랭뮤어 부부는 아이를 가질 수 없자, 입양을 결정하였다. 1918년에 2살인 케네스를 아들로 입양했고, 2년 후에는 바바라를 딸로 입양하였다.[9] 랭뮤어는 그의 일생을 통해, 자신의 자식들과 친밀한 관계를 유지했을 뿐만 아니라, 보이스카우트, 어린이 과학 교육, 어린이 야외 캠프 등에 참여하였다. 랭뮤어의 전기 작가인 앨버트 로젠펠드는 다음과 같이 썼다.

> 이웃들이 방문하거나 랭뮤어가 이웃을 방문했을 때, 랭뮤어는 어른들은 뒷전이고 피리 부는 사람처럼 아이들을 모아 그들과 놀았다. 부모들은 뒷마당에서 랭뮤어가 나뭇가지, 돌, 끈 조각, 양동이, 물 호스 등 아무거나 손에 잡히는 것을 이용하여 아이들에게 다양한 속임수를 보여 주며 노는 것을 발견하곤 했다. 그는 끈 끝에 돌을 매달고 "이제 시계추에 관해 이야기해 볼까"라고 말하기도 했다. 또는 그가 양동이에 물을 넣고 머리 위로 돌리면 아이들은 거꾸로 뒤집힌 양동이에서 왜 물이 쏟아지지 않는지 신기해하기도 했다.[10]

그러한 놀이를 하기에 아이가 너무 어리면, 랭뮤어는 아이를 무릎 위에 앉히고 두 무릎을 동시에 올렸다 내렸다 하며 "위상이 일치함", 양쪽 무릎을 번갈아 올렸다 내렸다 하며 "위상이 어긋남"[11]이라고 읊조리

기도 했다. 이웃의 12세 소년이 랭뮤어에게 자신이 발명한 영구 기관에 대한 디자인을 보여 준 적이 있다. 그것은 수은이 수레바퀴의 날개에 떨어지면서 수레바퀴를 돌리고, 수레바퀴가 돌면서 수은을 원래의 위치로 퍼 올려서 다시 떨어지게 만드는 흔히 볼 수 있는 장치였다. 랭뮤어는 아이에게 그것은 작동하지 않을 것이라고 말해 주며, 마찰과 에너지 보존의 법칙에 관해 설명해 줄 수도 있었지만 그러면 아이가 배우는 것이 아무것도 없으리라 생각했다. 랭뮤어는 그 소년을 GE의 작업실로 데리고 가서 디자인대로 장치를 만들게 한 후, 소년이 기대한 대로 작동하지 않는 이유를 함께 찾아낼 수 있도록 도와주었다.[12]

GE에서의 랭뮤어

랭뮤어는 기체로 채워진 백열전구의 성공 이후에도 1910년대에 GE가 직면한 실제적인 문제들을 해결하기 위한 연구를 계속하였다. 하지만 언제나 기체, 전자, 금속의 기본적인 특성을 조사하는 데서 시작하였다. 이때는 무선 통신의 태동기였으며, GE는 무선 신호를 전송, 감지, 여과, 증폭하는 데 필요한 진공관을 개발하고 있었다. 진공관은 전구와 관련이 있었다. 둘 다 금속, 진공, 필라멘트, 전류, 유리관 등과 관련이 있었지만, 근본적인 차이점이 있었다. 전구에서는 전자가 고체 필라멘트를 따라 흘러가지만, 진공관에서는 (−)극인 음극에서 나와 공간을 가로질러 (+)극인 양극으로 이동한다. 진공관을 설계하기 위해 기술자는 진공관 음극에서 얼마나 많은 전자가 방출될지 예측하는 식이 필요했다. GE의 연구원들이 과학 문헌에 나온 방정식을 적용하였을 때, 전자의 방출이 예측치와 다른 것을 발견하였다.

금속을 가열하면, 전자를 끌어당기는 양전하가 없어도 금속 표면에서 공간으로 전자가 방출되며, 이 현상을 열전자 방출이라고 한다. 이러한 현상은 이미 1873년에 프레더릭 거스리, 토머스 에디슨 등에 의해 관찰되었다. 1901년에는 영국 물리학자 오언 리처드슨이 열전자 방출이 얼마나 일어나는지를 설명하는 식을 도출해 내었다. 그러나 1913년까지 리처드슨의 방정식은 실험적 관찰 결과와 너무 많은 차이가 있어, 일부 과학자들은 일관된 이론은 불가능하며 모든 것이 이차적인 화학적 효과로 인한 것으로 생각하기 시작하였다.

랭뮤어는 열에 의해 방출된 전자가 가열된 물체 주변에 축적되어 전자구름 형태의 **공간 전하**를 형성하여 추가적인 전자의 방출을 방해한다는 것을 밝혀내었다. 그는 두 전극 사이에 형성된 공간 전하의 크기가 전압의 3/2 제곱에 비례한다는 식을 유도할 수 있었으며 전극의 형태와는 무관하다는 것을 밝혀내었다. 랭뮤어는 이 식을 기본 원리에서 유도했지만, 이 식은 이미 클레멘트 차일드가 양이온에 대해 유도한 적이 있었으므로 그의 논문을 찾아 읽었었다면 더 빨리 답을 찾을 수 있었을 것이다.[13] 이 방정식은 현재 차일드–랭뮤어식으로 알려져 있으며 전자의 방출을 올바르게 예측한다. 랭뮤어의 연구는 GE가 라디오 붐의 시기에 맞춰 수백 개의 새로운 진공관을 개발하고 도입하는 데 중요한 역할을 하였다.

랭뮤어는 GE의 이익과는 관련 없는 주제를 연구했지만, 결국은 그 연구로 GE가 돈을 벌게 되는 일도 종종 있었다. 그가 이전에 전구에서의 기체 특성을 연구하던 중, 수소 분자가 뜨거운 텅스텐 필라멘트에서 수소 원자로 해리되는 것을 발견한 것도 결국은 GE 제품의 개발로 이어졌다. 랭뮤어는 이 발견이 어떻게 산소–아세틸렌 용접기보다 훨씬 높은 온도의 용접기 개발로 이어졌는지 다음과 같이 설명하였다. “전극으로 사용되는 두 개의 텅스텐 막대를 특정한 각도로 배열하고, 작은 노즐에서 뿜어져 나오는 수소가 막대를 따라 끝부분까지 분사되게 한다. 따라서 수소는 뜨거운 막대를 따라 지나가면서 열을 뒤집어쓴 기체로 흘러가게 되며 두 전극 끝 사이에 만들어진 전기 아크를 지나게 된다. 그러면 원자 상태가 된 수소는 전극에서부터 멀리 날아가게 되어 과도하게 가열되는 것을 피할 수 있다."[14]

이 용접기의 원리는 수소에 의한 에너지 전달에 기초하고 있다. 먼저 전기 에너지가 텅스텐 전극을 가열하면 텅스텐 표면에서 에너지를 흡수한 수소 분자는 해리되어 원자가 된다. 원자들이 용접하려는 물체 쪽으로 날아간 후, 물체 표면에서 수소 원자들은 다시 수소 분자로 결합하면서 많은 열을 방출하게 된다.

또한, 1916년에 랭뮤어는 수은 확산 펌프를 시험하다가 수은 기체의 역류로 인해 진공이 저하되고 있음을 알게 되었다. 그는 수은 기체를 응축시키기 위한 냉각 장치를 추가하여 수은-응축 펌프를 개발하였는데, 이것은 실험실 및 산업의 표준이 되었다.[15]

하지만 랭뮤어의 조수였던 해럴드 모트-스미스는 랭뮤어가 항상 공정하게 공로를 나눈 것은 아니었으며, "그는 임의로 공로를 나누었다"[16]라고 말했다. 모트-스미스는 예를 들어 수소 원자 용접기에 대한 그의 아이디어는 존스 홉킨스 대학교의 물리학자로 GE의 자문위원이던 R.W. 우드가 한 실험에 기초했으나, 랭뮤어는 과학 문헌을 읽는 것을 좋아하지 않아 종종 다른 사람들에게 돌아가야 할 공로를 가져갔다고 말했다. 랭뮤어는 때로 독단적이기도 했다. 그는 빛을 내는 인광 물질을 사용하여 텔레비전 진공관을 만들 수 있다는 아이디어를 받아들이지 않았다. 그는 그렇게 만든 진공관은 너무 어두울 것이라고 믿었다. 하지만 결국에는 인광 물질을 기반으로 한 진공관이 상용 텔레비전의 기초가 된다. 후에 RCA의 연구 책임자가 된 훔볼트 레버렌즈에 따르면, "랭뮤어는 사람들에게 인광체가 텔레비전 화면을 구현하는 데 사용될 수 없음이 분명하다며 이를 신랄하게 비판하였다. 그리고 그는 1957년 그가 죽는 날까지 집에 텔레비전을 놓는 것을 거부하였다."[17] 결국 GE가 아닌 RCA가 텔레비전 개발을 선도하게 된다.

표면화학 - 물 위에 뜬 기름막

GE에서의 랭뮤어는 자신의 연구 주제를 자유롭게 선택할 수 있었다. GE 제품과의 직접적인 연관성을 고려할 필요는 전혀 없었다. 그는 2차원에서의 화학적 특성, 즉 표면에서 일어나는 화학에 관한 연구를 계속하였다. 랭뮤어는 전구 표면에 원자 한 개 두께의 수소층이 형성되는 것을 발견한 이후 표면화학 연구를 시작하였다.

그는 물 위에 떠있는 기름막이 만들어지는 이유에 대한 미스터리를 고민하다가, 유사한 현상이 많은 곳에서 관찰되는 것을 알게 되었다. 왜 어떤 기름은 막을 형성하고 어떤 기름은 그렇지 않은 것일까? 막은 얼마나 넓게 퍼질 수 있으며, 얼마나 두껍게 형성되는 걸까?

그는 두 종류의 기름을 관찰하였다. 한 종류는 물에 대한 친화력이 거의 없는 석유 같은 **소수성**의 순수 탄화수소였다. 다른 종류는 지방 기름과 같이 분자 내에 소수성 부분과 물에 대한 친화력이 있는 알코올이나 산과 같은 **친수성** 화학 그룹을 모두 갖고 있는 기름이었다. 완전히 소수성인 기름 한 방울을 물 위에 떨어뜨리면, 막을 형성하지 않고 물에 녹지 않는 기름방울이 물 위에 만들어진다. 그러나 친수성 그룹을 포함하는 지방 기름은 다른 특성을 보였다. 기름의 소수성 부분이 탄소 원자 5개 정도로 작으면, 기름은 물에 녹는다. 그것은 친수성 부분과 물 사이의 인력이 물속에 녹아 들어갈 정도로 충분히 크기 때문이었다. 그러나 기름의 소수성 부분이 탄소 원자 18개를 늘어놓은 정도로 크면, 기름은 물 표면에 매우 얇은 막을 형성하였다.

물 위의 기름막 현상을 연구한 과학자는 랭뮤어가 처음은 아니었다. 1770년경에 벤저민 프랭클린은 클래팜 커먼에 있는 연못에 '찻숟가락 하나' 정도의 식물성 기름을 부었을 때 "기름이 서서히 퍼져… 약 2,000 m^2 정도의 연못 전체가 유리처럼 매끄럽게 되는" 것을 관찰하고는, "기름 입자들 사이에 상호 반발 작용이 일어나는 것 같았다."라고 말했다.[18] 만약 그가 시도만 했다면, 막의 두께로부터 입자(현대 용어로는 분자)의 최대 크기를 쉽게 계산할 수 있었을 것이다. 막의 두께는 물 위에 부은 기름의 부피와 기름 막의 면적을 이용하여 쉽게 구할 수 있다. 찻숟가락 하나 정도의 기름이 2,000 m^2의 호수 면을 덮었다고 하면, 두께는 천만 분의 1 cm 정도가 된다. 그러나 프랭클린은 기름이 물 위에서 잔잔히 퍼지는 성질(현대 용어로는 표면 장력의 감소)에 더 관심이 있었고 그러한 계산은 하지 않았다. 레일리 경은 1세기 후에 프랭클린의 실험을 반복하여, 필요한 측정과 계산을 수행하였다. 독학으로 공부한 독일의 과학자 아그네스 포켈스는 1890년에 이 주제에 관한 레일리의 논문을 읽었다. 그녀는 1881년부터 주방에서 물 위의 기름에 대한 실험을 해왔으며, 자신이 실험 장치와 이론을 개발했다는 사실을 레일리에게 편지로 알려주었다. 레일리는 그녀의 연구가 자신이 한 것보다 정교하다고 생각했고, 그 결과를 번역하여 학술지 『네이처』지에 몇 주 안에 게재되도록 주선해 주었다.[19]

이 주제에 대한 긴 논문에서, 랭뮤어는 레일리와 포켈스뿐만 아니라 같은 시기에 그 분야를 연구하던 과학자들의 기여를 명확히 언급하였다.[20] 랭뮤어의 이론은 기름 분자의 구체적인 방향성에 주목하였다는 점에서 다른 연구자들의 이론과 차별화되었다. 그는 나중에 이 장에서 다루게 될 루이스의 원자가 이론을 호의적으로 인용하였다. 그는 또한 물리적 힘과 화학적 힘이라는 용어를 도입하여 분자 간에 작용하는 힘을 구분 지었다. 물리적인 힘(중력, 전기력, 자기력과 같은)은 분자를 구형의 입자로 가정하여 거리의 함수로 나타내며 방향성이 없는 힘으로 정의하였다. 반면에, 화학적 힘은 국지적이고 방향성이 있으며, 분자 내의 특정한 원자들과 작용기가 관련된 상호작용에 대한 것을 의미했다. 그는 화학적 힘을 1차 및 2차 원자가 효과로 다시 구분하였다. 1차 효과는 현재 우리가 공유 결합과 이온 결합으로 부르는 화학 결합을 의미한다. 2차 효과는 현재 우리가 수소 결합이라고 부르는 기름 분자의 친수성 부분과 물 분자와의 상호작용을 의미했다(수소 결합은 9장에서 자세히 다룰 것이다). 랭뮤어는 물 위의 기름 막 현상은 1차 및 2차 화학 효과로 완벽하게 기술할 수 있으며, 기름 막의 분자를 공 모양과 비슷하다고 간주하면 안 된다고 믿었다.

랭뮤어가 제시한 기름 막 현상에 대한 설명은 다음과 같다. 큰 분자로 이루어진 지방 기름의 경우에는 소수성 그룹이 너무 커서 물속으로 끌려들어 갈 수 없으므로 나란히 배열된다. 분자의 소수성 부분은 물 바깥에서 서로 밀착되어 뭉치게 되고, 친수성 부분은 물 쪽으로 향하게 되어 분자 한 개 두께의 층이 형성된다. 랭뮤어는 이러한 막의 거동을 표현하는 식들을 도출해 내었다. 그는 이 방정식들이 기체, 액체 및 고체의 일반적인 3차원 방정식의 2차원 모델이라는 것을 발견하였다. 막 안에서 분자의 이동이 가능하면 막은 2차원 기체로, 이동이 제한적이면 2차원 액체로 간주할 수 있었다. 만약 분자가 고정되어 있으면 2차원 고체가 된다.[21] 그는 막의 두께에서 분자의 크기도 계산할 수 있었다. 만약 분자가 포화 탄화수소의 긴 사슬로 이루어져 있고 사슬 끝에 카복실산 그룹이 연결되어 있으면, 사슬이 길어져도 기름 막에서 한 분자가 차지하는 면적은 변함이 없고 막의 두께만이 변한다고 설명하였다. 막의 두께와 다이아몬드에서의 탄소-탄소 결합 길이를 비교하여, 랭뮤어는 소수성 탄소 사슬의 길이로 볼 때, 탄소 원자들은 곧은 일직선으로 연결되어 있지 않고, 아래 그림처럼 꺾여 있을 것이라고 제시하였다.

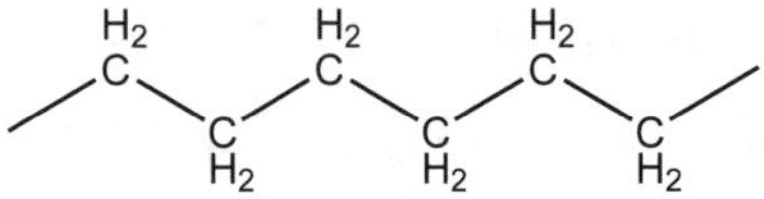

그는 또한 탄소-탄소 이중 결합이 친수성이라는 것도 발견하였다. 그가 실험한 지방 기름 중 하나의 단일 결합을 이중 결합으로 바꾸어 주었을 때, 덮인 면적이 증가하고 막의 두께가 감소한다는 것이 관찰되었다(막의 두께와 덮인 면적을 곱하면 부피가 되며, 기름의 단위 부피는 단일 결합을 이중 결합으로 바꾸어 주어도 거의 변하지 않았다). 이는 이중 결합이 물 쪽으로 향하게 사슬이 눕혀졌다는 것을 의미했다.

랭뮤어는 이러한 결과를 1916년 뉴욕 학회에서 발표하였다. 그 학회에 하킨스와 루이스도 참석하였다. 같은 해에 그의 발표에 대한 짧은 초록을 학술지에 게재했으며,[22] 1917년에 모든 설명이 포함된 완전한 논문을 발표하였다.[23] 이 연구 결과가 이 장을 시작하는 편지에서 루이스가 "완전히 새로운 것이며, 분자 간에 작용하는 힘의 개념에 매우 중요한 기여"라고 언급한 연구였다. 그것을 도용하려는 하킨스의 시도는 과학적 "해적" 행위라고 루이스가 비난했던 것이다.

윌리엄 하킨스

윌리엄 드레이퍼 하킨스는 루이스보다 2년 앞선 1873년에 태어났다. 그는 1900년에 스탠퍼드 대학에서 화학 학사 학위를 받았고, 곧 미줄라에 있는 몬태나 대학의 화학과 교수 겸 학과장이 되었다. 몬태나 대학에 있으면서, 대학원 공부를 계속하였고 1907년에 스탠퍼드 대학의 첫 번째 화학 박사 학위를 받았다. 1909년에는 카를스루에 대학의 프리츠 하버 밑에서 연구를 했다. 하킨스는 그곳에서 표면 장력을 측정하기 위한 새롭고 보다 정확한 방법을 개발하였다. 하킨스는 다음 해에 MIT의 노예스 물리화학 연구소 연구원으로 참여했는데, 그곳에서는 루이스의 지도하에 연구하였다. 몬태나로 잠시 돌아가 근무한 후, 1912년에는 시카고 대학교의 강사로 임용되었다. 6년 후에는 시카고 대학의 정교수가 되었다. 하킨스는 원자핵의 구조를 연구하여 수소에서 헬륨이 만들어지는 가상의 핵융합 과정에서는 엄청난 질량 결손이 일어난다는 것을 처음으로 보여 주었으며, 이러한 핵융합이 별의 에너지원이라고 제시하였다. 또한, 하킨스는 질량수가 짝수인 원자핵이 홀수인 원자핵보다 더 안정하다는 것을 보여 주었다.

표면화학에 관한 하킨스의 연구는 하버 연구실에서 수행한 표면 장력에 관한 연구의 연장선에 있었다. 그는 1917년에 이 주제에 대한 두 편의 논문을 발표하였는데, 그중 두 번째 논문에서는 몇 년 동안 축적한 상당량의 꼼꼼한 실험 데이터를 제시하였다. 이 실험 결과가 하킨스의 연구 결과임은 의심할 여지가 없고, 출간할 가치가 충분히 있는 것이었다. 문제는 그가 표면화학에 대한 이론도 제시했다는 것이었는데, 이 이론은 본질적으로 1년 전에 랭뮤어가 뉴욕에서 개최되었던 미국 화학회 학술대회에서 제시한 이론과 동일하였다. 랭뮤어도 학술지에 논문을 투고하였지만, 아직 출간은 되지 않은 상태였다. 하킨스의 두 논문 중 첫 번째 논문에서는 랭뮤어의 업적에 대해 어떤 언급도 하지 않았으며,[24] 그것을 읽은 루이스가 랭뮤어에게 편지를 쓰게 된 것이었다. 하킨스는 두 번째 논문에서 자신의 이론에 대한 우선권은 자신에게 있다고 강력히 주장하였다.

> 이 논문에 제시한 연구의 일부는 하킨스가 1909년에… 프리츠 하버 교수의 제안으로… 논문의 일부는 1909년에 보스턴 학회에서 발표되었으며, 뉴올리언스 학회에서도 발표된 적이 있다. 논문의 다른 부분은 9월에 개최된 미국 화학회의 콜로이드 심포지엄에서 발표하기 위해 초록으로 제출하였지만, 채택되지는 않았다. 그 심포지엄에서 어빙 랭뮤어가 발표한 논문의 초록은 우리가 수행한 몇 가지 연구 결과와 어느 정도 유사한 점이 있다. 따라서 우리가 축적한 데이터를 모두 모아 한꺼번에 발표하는 것이 적합하다고 판단하였다… 랭뮤어의 연구 결과와 우리가 이 논문에서 제시하는 내용은, 다소 다른 시작점에서 독립적으로 수행된 결과이지만, 우리 둘 다 기본 원리를 밝혀냈다는 점에서 동일하다. 표면 장력 현상은 일반적으로 표면층에 있는 분자의 방향성과 겹쳐짐에 따라 달라지며, 이 작용에 관여하는 힘에 의해 표면층이 분리되거나 흡착된다.[25]

루이스가 랭뮤어에게 보낸 편지에 쓴 것처럼, 하킨스는 확실하지 않은 우선권을 주장하는 것으로 이미 알려져 있었으며, '우선권 하킨스'라는 오명을 듣고 있었다.[26] 1940년대에 시카고 대학에서 하킨스와 함께 일한 제이콥 바이젤리센은 그를 "4야드 선까지 여러 번 볼을 전진시킨 과학자"로 표현했다. 즉, 중요한 발견에 거의 성공했지만 결승선을 넘지는 못했다는 것이다. 실제로 하킨스처럼 불운이 계속된 과학자는 흔하지 않다. 프랜시스 애스턴은 1920년 2월에 질량 분석 결과를 기초로, 질량이 35 및 37인 염소 동위원소가 존재한다는 논문을 발표했는데, 하킨스는 같은 해 4월에 유사한 결과를 발표하였다. 또한, 하킨스는 윌슨의 안개상자를 이용하여 핵반응에서의 에너지와 질량 변화를 측정할 수 있음을 깨닫고 질소와 아르곤 기체 속에서 운동하는 수천 개에 달하는 알파 입자의 경로를 분석하였다. 그러나 패트릭 블래킷은 하킨스와 같은 장비를 이용하여 1925년에 질소가 알파 입자를 포획한 후, 양성자를 방출하며 산소-17이 된다는 최초의 실험 결과를 보여 주었다. 하킨스는 그다음 해에야 그 결과를 확인하였다. 또한, 하킨스는 1920년에 양성자와 전자가 합쳐진 형태의 중성자가 존재한다는 것을 처음으로 예측하였다. 그러나 중성자의 발견은 1932년에 제임스 채드윅에 의해 이루어졌다.[27] 바이젤리센은 하킨스가 실험 노트를 들고 세미나에 참석하곤 했다고 기억한다. 어떤 주제였는지는 기억하지 못하지만, 하킨스는 흐릿한 프로젝터로 실험 노트의 한 페이지를 비추며 자신이 처음으로 그 주제에 관한 중요한 연구를 했다고 주장하였다.[28] 아마도 자기만족을 위해서였을 것이다.

표면화학 이론에 대한 하킨스의 주장에 대해 랭뮤어는 신중하게 반응하였다. 9월에 있었던 그의 발표에서 하킨스가 했던 이상한 코멘트를 들은 후, 랭뮤어는 1917년 1월부터 하킨스와 일련의 편지를 주고받았다. 아마도 하킨스가 표면화학 이론을 급히 논문으로 출간하려 한다는 소문을 들었을 가능성도 있다.[29] 처음 몇 통의 편지는 화학 시료나 정보를 요청하는 정중한 내용이었다. 2월 9일의 편지에서 랭뮤어는 하킨스에게 『미국 화학회지』에 제출한 논문의 사본을 요청하였다. 하킨스는 2월 25일의 편지에 불안해하는 어조로 다음과 같이 답했다. "두 번째 논문에서 박사님의 연구 결과를 여러 번 인용한 것을 찾을 수 있을 것입니다." "이러한 인용 중에 박사님의 업적을 적절히 언급하기 위해 바꾸어야 할 내용이 있으면 바로 알려주셨으면 합니다." 그리고 "두 번째 논문의 일부를 분실하여서 이전에 논문 사본을 보내지 못했습니다." 그는 편지 끝에 다음과 같은 내용을 손으로 직접 써서 추가했다. "저는 편집자로부터 두 번째 논문 심사가 어떻게 진행되고 있는지에 대한 어떠한 연락도 받지 못한 상태이기 때문에, 결과를 알기 전까지는 논문의 일부만 보냅니다."[30]

'강아지가 제 숙제를 먹어 버렸어요'라는 투의 하킨스의 변명은 랭뮤어를 만족시키지 못했다. 랭뮤어는 1917년 3월 9일, 그가 자신의 고유한 아이디어로 그리고 온전히 자신만의 노력으로 결론에 도달하게 된 자세한 과정을 하킨스에게 다시 한번 주지시키는 긴 편지를 보냈다.

> 우리가 이러한 아이디어를 갖고 독립적으로 연구하였으며, 이 연구에 관한 가능한 모든 것을 두 사람 다 논문으로 발표해야 하는 것은 분명합니다. 하지만 저는 사소한 차이점만을 강조하지 말고, 각자가 이룩한 업적의 가치를 인정하는 데 솔직해져야 한다고 생각합니다. 앞으로 중복된 연구를 피하려면, 우리는 서로 긴밀하게 소통하여 어떤 분야를 전문적으로 연구할지를 명확히 합의하여야 할 것입니다. 일반적인 내용의 경우에는 동일한 주제에 대한 논문을 각자 발표하는 것에는 이의가 없습니다. 하지만 다른 사람이 수행하고 있는 연구와 같은 일을 하는 것은 피해야 하며, 다른 사람이 거의 동일한 내용의 논문을 게재하려는 것을 알게 되는 일이 발생해서는 안 됩니다. 그런 의미에서 박사님이 실제로 진행 중인 연구와 향후 계획 중인 연구 주제를 알려주시겠습니까?[31]

그리고 랭뮤어는 자신이 연구하고 있는 주제들을 하킨스에게 알려

주었다.

랭뮤어는 하킨스의 두 논문에 이어 1917년에 발표된 자신의 표면 화학에 관한 논문에 긴 각주를 달았다. 그는 다음과 같이 그 자신에게 우선권이 있다는 주장을 펼쳤으며, 은유적인 말로 하킨스의 행동에 대한 몇 가지 단서를 제시하였다.

> 이 연구에 관한 설명은… 1916년 9월 뉴욕에서 개최된 미국 화학회 학술대회에서… 그 후, 1916년에 짧은 초록이 발표되었다… 그때 이후로 W.D. 하킨스 교수가 본질적으로 나와 유사한 이론을 개발하고 있다는 사실을 알게 되었다… 그는 최근에 이 주제에 대한 두 편의 논문을 발표하였다… 두 번째 논문에 있는 거의 모든 데이터는… 1916년 여름에 내가 연구해서 얻은 결과이며 나는 현재 이 논문에 실린 자료와 함께 게재하려고 했었다. 그러나 하킨스 박사는 친절하게도 그의 논문의 초고를 미리 보내 주었고, 중복되는 데이터를 제외할 수 있었다. 하킨스는 자신의 두 논문이 동시에 나오리라 기대했지만 따로따로 출간되었고, 결과적으로 그는 첫 번째 논문에서 내 이전 출간물에 대해 언급하지 않은 모양이 되었다. 그의 두 번째 논문에서는 내 연구 결과를 언급했지만, 1916년에 내가 발표한 일반적 결과에 대한 논문은 인용하지 않았다… 다만 그는 논문의 끝부분에 각주로 내 논문에 대해 언급하며, 그가 얻은 결과는… 나의 결과와 같다고 밝혔다.[32]

랭뮤어는 그의 우선권을 강하게 주장하기 위해 각주를 끝내면서 1916년에 출간된 초록의 많은 부분을 그대로 인용하였다. 학술지 편집자가 우선권 주장을 문서화하려는 목적밖에 없는 1,000단어가 넘는 각주를 싣도록 허용했다는 사실은, 편집자도 하킨스가 뭔가 의심스러운 행동을 한 것으로 판단했다는 것을 의미한다. 랭뮤어는 하킨스의 주장에 공식적인 이의를 제기하지는 않았지만, 하킨스의 행동에 관한 이야기가 빠르게 퍼져 나갔음이 분명하다. 특히, 루이스가 랭뮤어를 지원하고 랭뮤어가 각주에 하킨스가 그의 업적을 인용하지 않았다고 쓴 효과가 컸을 것이다.

루이스와 화학 결합

버클리 대학에서의 처음 5년 동안, 루이스 연구의 대부분은 그의 활동도 개념을 기반으로 열역학을 재정립하기 위하여 실험적인 근거를 제공하는 데 중점을 두었다. 그는 많은 화합물에 대해, 구성 원소로부터 화합물이 만들어질 때의 생성 자유 에너지를 구하였다. 또한, 다른 연구자들이 네른스트식을 이용하여 더 많은 화합물의 생성 자유 에너지를 구할 수 있게 하려고, 전극 전위를 측정하여 발표하였다. 루이스가 물리화학에서 가장 중요한 과제로 생각했던 것은 강전해질이 질량 작용 법칙을 따르지 않는 문제였는데 열역학은 이를 해결해 주지 않았다. 강전해질의 거동을 예측하기 위해서는 화학 반응 중에 분자 내에서 일어날 수 있는 과정에 대한 어떤 정보가 필수적이라고 생각되었는데, 열역학으로는 이에 대한 어떤 정보도 얻을 수 없었다.[33] 강전해질 분자를 강하게 잡고 있으면서도 용액에서는 전기를 전도하게 하는 힘을 이해하기 위해 루이스는 화학 결합의 본질에 대해 깊이 생각하게 되었다.

화학 결합에 대한 루이스의 혁명적인 아이디어를 이해하기 위해서는 먼저 1916년에 과학자들이 화학 결합을 어떻게 이해하고 있었는지를 살펴볼 필요가 있다. 화학자들이 복잡한 화학식을 구조식으로 그리기 시작한 1850년대 이후, 화학 결합의 개념은 화학의 일부분이 되었다(1장 참조). 원자 사이를 선으로 연결하여 결합을 표시하였고, 결합선을 그리거나 지우는 것으로 화학 반응을 기록하였다. 1897년 J.J. 톰슨이 음전하를 띤 전자를 발견한 이후, 대부분의 과학자는 전자가 화학 결합에 관여하며, 한 원자에서 다른 원자로 전하를 이전하는 과정을 통해 화학 결합이 형성된다고 생각하게 되었다. 양전하 및 음전하의 원자들이 서로 잡아당기는 힘으로 분자가 형성된다는 옌스 베르셀리우스의 이원론적 결합 이론(1장에서 설명)에, 전자의 개념이 더해진 상태였다.

예를 들어, 새로운 이원론적 이론은 염화 나트륨 형성을 다음과 같이 설명할 수 있다. 나트륨 원자에서 염소 원자로 전자가 전달된다. 음전하를 띤 전자의 이동으로 양전하의 나트륨 이온과 음전하의 염소 이온이 만들어지고, 양전하 이온과 음전하 이온 사이의 정전기적 인력으로 염화 나트륨이 만들어지게 된다. 그 시기의 표기법에서는 이 전자 이동으로 생긴 화학 결합을 화살표로 나타내었다.

$$Na \rightarrow Cl$$

이것은 전자를 끌어당기는 힘이 비슷한 두 종류의 원자로부터 만들어지는 분자의 경우 전자 이동의 방향에 따라 두 개의 다른 화합물이 만들어질 수 있다는 것을 암시하였다. '전자이성질체(electromere)'라고 이름 지은 이 가상의 물질들을 이성질체처럼 분리할 수 있을 것으로 생각하였다. 예를 들어 NCl_3의 경우, 하나의 전자이성질체는 염소에서 질소로 전자가 이동하고, 다른 하나는 질소에서 염소로 전자가 이동하여 만들어질 수 있다.

Cl　　　　　　　Cl
↓　　　　　　　↑
N ← Cl　　그리고　　N → Cl
↑　　　　　　　↓
Cl　　　　　　　Cl

미국의 대표적인 화학자인 윌리엄 A. 노예스와 줄리어스 스티글리츠는 각각 일리노이 대학과 시카고 대학의 학과장이었는데, 전자이성질체를 분리하기 위하여 아무 성과 없이 20년을 허비하였다.

1916년, 루이스는 "원자와 분자"라는 논문을 발표하였다.[34] 이 논문에서 그는 화학 결합은 전자 전달이 아니라 전자의 공유로 만들어지며, 전자는 쌍으로 공유된다는 이론을 전개하였고, 이원론적 결합 이론에서 벗어났다. 그러나 그의 아이디어가 1916년에 처음 시작되었던 것은 아니었다. 적어도 1902년부터 그는 화학 구조에 대하여 깊이 생각해 왔으며, 시어도어 리처즈와 공동으로 진행하던 하버드 대학의 강의에서 그 아이디어를 소개하였다. 하지만 리처즈는 그 아이디어를 '헛소리'라고 했는데, 아마도 그래서 루이스가 그 당시 논문으로 발표하지 않았던 것 같다. 1902년의 스케치에서는 원자를 정육면체 모형으로 나타내

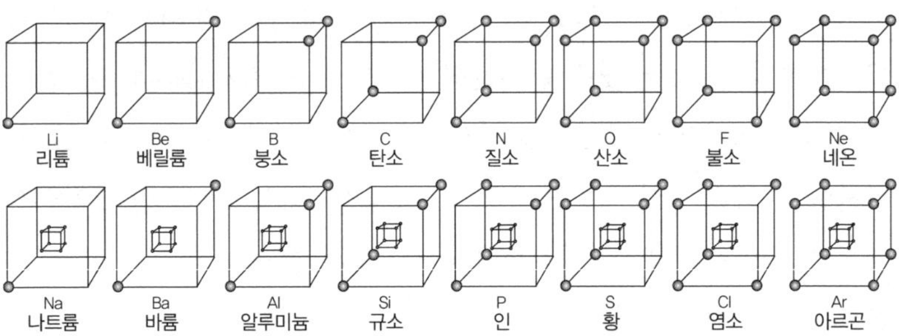

그림 5-1 루이스의 정육면체 원자 모형을 보여 주는 주기율표의 처음 두 개의 주기(가로줄). 두 번째 줄의 정육면체는 전자로 채워진 첫 번째 줄의 정육면체를 내부에 포함하고 있다.

었다. 주기율표의 첫 번째 주기(가로줄) 왼쪽에서 오른쪽으로 가면서 각 원자의 정육면체 꼭짓점에 전자를 하나씩 더해 간다. 주기율표의 첫 번째 주기가 다 채워지면, 채워진 첫 번째 주기의 정육면체가 내부에 있는 새로운 정육면체에 전자를 채우기 시작한다.*

염화 나트륨이 만들어질 때, 루이스의 1902년 모형에서는 나트륨 원자가 염소 원자로 전자를 전달하여 자신의 정육면체는 비워지고, 염소 원자의 정육면체는 채워지게 된다.

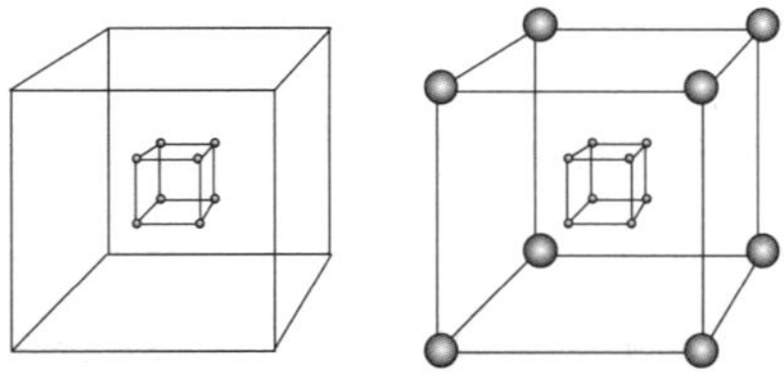

그림 5-2 나트륨과 염소 이온에 대한 루이스 모형.

이러한 종류의 결합을 극성 또는 이온 결합이라고 부르며, 양전하와 음전하를 띤 두 개의 서로 다른 이온 간에 결합이 만들어진다. 여기까지는 베르셀리우스의 이원론적 결합과 별다른 차이가 없다. 다만 전자와 정육면체로 다시 정의했을 뿐이다. 1898년과 1894년에 네온과 아르곤(그림 5-1의 오른쪽 끝에 위치)이 각각 발견되었다. 이 비활성 기체(영족 기체라고도 함)는 화학 반응을 거의 하지 않기 때문에 이 원소들을 포함한 화합물은 자연에서 발견되지 않는다. 이런 이유로 이 원소들의 발견에 오랜 시간이 걸렸다. 루이스의 체계에서 비활성 기체의 정육면체

* 그림 5-1은 루이스가 1902년에 생각했던 것을 단순화한 것이다. 1902년에 루이스는 헬륨은 8개의 전자를 갖고 있으며 네온의 자리에 있다고 생각하였다.

모서리는 여덟 개의 전자로 모두 채워져 있다. 루이스는 각 원자의 바깥쪽 정육면체가 전자로 채워지거나 비워지는 방식으로 전자를 주고받아, 비활성 기체와 같은 전자 구조를 갖게 된다는 점에 주목하였다. 이렇게 됨으로써 원자들은 비활성 기체와 같은 전자 구조를 갖게 된다. 그림 5-2의 염화 나트륨의 예를 보면, 염소 이온은 아르곤과 같이 정육면체가 전자로 채워진 반면에, 나트륨 이온은 바깥쪽 정육면체는 비워지고 안쪽 정육면체는 채워져 네온과 같아진다.

루이스만이 화학 결합을 이해하려고 시도했던 과학자는 아니었다. 루이스가 발표하지 않았던 8개 전자 배열의 안정성에 대한 1902년의 아이디어는 다른 과학자들의 생각과 일치하는 것이었다. 이들 중에는 1장과 2장에서 간단히 언급된 리하르트 아베크도 포함되어 있었다. 그는 전자 전이에 기초한 화학 결합 이론을 1904년에 논문으로 발표하였다. 전자를 발견한 톰슨은 1903년부터 공처럼 퍼져있는 양전하 속에서 음전하를 띤 전자가 순환하는 형태의 원자 모델을 발표하기 시작했다. 이 모델은 일반적으로 '자두 푸딩' 모델로 더 잘 알려져 있었다. 즉, 양전하로 이루어진 쿠키 속에 전자가 건포도처럼 박혀있는 단순한 형태였다. 그러나 이는 물리학 원리를 이용하여 화학 원소의 주기적 성질을 설명하기 위한 정교한 시도였다. 한 점으로 된 핵 주위를 돌고 있는 전자가 갖게 되는 기계적 불안정성은 양전하가 원자 전체에 퍼져있다고 가정하면 해소될 수 있었다. 또한, 전자들의 상호 반발력을 이용하여, 어떤 원자는 전자를 쉽게 제공하는 반면에 어떤 원자는 전자를 잘 받아들이는 특성을 설명할 수 있었다. 톰슨의 화학 결합 모델도 전자 전이에 기초하고 있었는데, 그는 결합하고 있는 두 원자 사이에 위치한 '힘의 튜브'로 전자가 전달되는 것으로 표현하였다. 이 모델은 많은 주목을 받았고, 전자이성질체를 찾고 있던 윌리엄 노예스와 율리우스 스티글리츠의 지지를 받았다.

이러한 이론들은 모두 한 세기 전 베르셀리우스가 주장한 이원론적 이론을 어느 정도는 반복한 것이며, 새롭게 발견된 전자를 기초로 재구성되었다. 극성 분자의 경우는 전기적으로 하전된 이온 간의 결합과 유사한 전자 전이로 설명할 수 있었다. 그러나 염소 기체(Cl_2)와 같이 두 개의 염소 원자가 서로 묶여 있는 형태의 비극성 분자는 설명할 수 없었다. 루이스의 이론에서 보면, 염소 원자는 바깥쪽 정육면체에 일곱 개의 전자가 있다. 전자 배열이 같은 염소 원자로 전자가 전이되는 이유는 무엇인가? 전자 전이가 일어난다고 가정하더라도 두 개의 염소 원자는 바깥쪽 전자가 8개가 되어야 한다는 루이스와 아베크의 매직 넘버 8을 만족시키지 못한다. 즉, 한 원자는 8개, 다른 원자는 6개의 전자를 갖게 된다.

루이스가 필리핀과 MIT에 있을 때 그린 정육면체 원자에 대한 낙서와 스케치가 남아 있는데,[35] 그는 강전해질이 보여 주는 특성의 이유를 규명하려고 시도했던 것 같다. 1913년에 루이스는 극성 및 비극성 결합의 문제에 대해 고민하는 내용의 논문을 발표하였다.[36] 그는 화학 결합에는 두 가지 이상의 결합이 있다고 제안하였다. 즉, 염화 나트륨과 같이 한 원자에서 다른 원자로 전자가 전이되어 만들어지는 극성 결합과 염소 분자와 같은 비극성 결합 등이 있다고 제안하였다.

1915년에 루이스는 결합에 대한 중요한 진전을 이루어냈는데, 그의 정육면체 원자 모델이 그에게 영감을 준 열쇠였다. 그는 두 개의 정육면체를 서로 겹쳐 보았다. 두 원자가 한 쌍의 전자를 공유한다면(단일 결합), 두 개의 정육면체는 한 개의 모서리를 공유하게 된다. 만약 두 쌍의 전자를 공유한다면(이중 결합), 두 정육면체는 한 면을 공유한다. 이를 각각 Cl_2와 O_2를 예로 들어 설명할 수 있다.

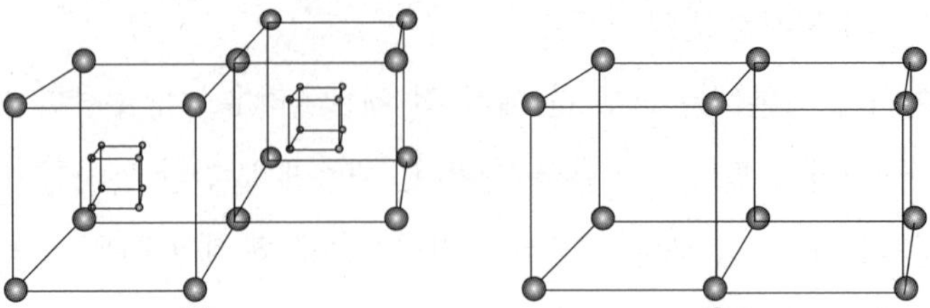

Cl_2 염소 분자　　O_2 산소 분자

그림 5-3 염소와 산소 분자에서 전자쌍이 공유된 것을 보여 주는 루이스의 정육면체 모형. 현재는 공유 결합으로 알려져 있다.

그림 5-3에 나타낸 두 개의 분자에서, 두 원자 모두 바깥쪽 정육면체에 8개의 전자가 위치하게 되며, 이는 전자를 공유함으로써 달성되었다. 루이스는 정육면체를 그릴 필요 없이 전자를 점으로 나타내는 간략한 표기법을 개발하였다. 각 비극성 결합은 두 원자 간에 공유된 한 쌍의 점으로 나타낼 수 있었다. 8개의 점이 모든 원자 주위에 배열될 때, 분자는 특히 안정한 구조가 된다고 여겨졌다.

Cl_2 염소 분자　　O_2 산소 분자

그림 5-4 염소와 산소 분자에 대한 루이스 점 구조식. 이것은 그림 5-3의 정육면체 구조에 대한 간략한 표기법이다.

1916년에 루이스는 "원자와 분자"를 출간함으로써, 1902년에 시작했던 정육면체 원자에 대한 아이디어를 마침내 발표하게 되었다.

루이스가 논문에서 제시한 모형은 실제 원자와는 차이가 있으며 많은 추측에 기반하고 있었다. 움직이지 않는 전자가 정육면체의 모서리에 박혀있는 원자 모델은 기괴하게 보이기도 한다. 그러나 두 원자가 전자쌍을 공유한다는 이 논문의 핵심 개념은 오늘날까지 유효하며 후에 **공유 결합**으로 부르게 되었다. 이것은 전기적인 힘에 대한 모든 물리학적 지식과 상반된다. 왜 음전하를 띤 두 개의 전자가 서로 끌어당겨 결합을 형성하는가? 하지만 대다수의 안정된 화합물에서 전자의 수는 짝수이며, 이 사실이 루이스가 전자쌍의 중요성을 인식하게 된 계기가 되었을 것이다. 그는 전자쌍에 대한 화학적 근거에 기초하여 아주 가까운 거리에서는 전기적인 반발력이 적용되지 않는다고 주장하였다. 1923년에 출간된 그의 책『원자와 전자의 원자가와 구조』에서 루이스는 잡아당기는 힘은 자기력에 의한 것일 수 있다고 추측하였다. 전자는 전하를 띠고 있지만, 매우 작은 자석처럼 행동하기도 한다. 적절하게 정렬된 막대자석 사이에는 잡아당기는 힘이 생기는 것과 같이, 루이스는 전자들이 만드는 자기 쌍이 결합 형성에 작용하는 힘일 수 있다고 생각하였다.[37] 이 아이디어는 1916년에 발표한 논문에서만 제안하였다.

톰슨의 학생이었던 어니스트 러더퍼드는 1910년에 양전하를 띤 원자핵은 원자의 크기에 비해 극히 작으며, 양전하가 퍼져있다는 톰슨의 모델은 틀렸다는 것을 실험적으로 증명하였다. 덴마크의 물리학자인 닐스 보어는 박사 학위를 받은 직후, 1911년부터 1912년까지 톰슨과 러더퍼드의 연구소를 연이어 방문하여 연구하였다. 그는 러더퍼드의 결과를 기본으로 하여 방사능, 화학적 주기성 및 결합, 그리고 관찰되는 원자 방출 스펙트럼을 모두 설명할 수 있는 원자 및 분자 모델을 개발하려 시도하고 있었다.[38] 그는 1913년에 세 편의 논문을 발표했는데, 그중 수소 원자에서 방출되는 빛의 에너지를 양자 가설을 이용하여 설명한 논문이 가장 잘 알려져 있다. 이 논문은 발광 스펙트럼을 매우 정밀하게 설명했지만, 그 자체로는 화학자에게 유용한 방식으로 화학 결합을 설명하지는 못했다. 그는 1913년의 다른 논문에서는 전자 공유를 포함하는 모델을 사용하여 분자 형성에 대해 논의했지만, 전자쌍을 일반적인 경우에서의 화학 결합으로 인식하지는 못했다. 두 개의 원자와 많은 전자로 이루어진 분자의 경우, 그는 대부분의 전자가 두 원자 주위의 궤도를 회전한다는 이론을 제시하였다. 그리고 "일부 바깥쪽 전자들은 두 원자핵을 연결하는 선을 중심으로 한 고리를 따라 회전하고 있으며, 이 고리가 분자 형태를 유지하는 화학 '결합'이다."[39]라고 설명하였다.

루이스의 연구에서는 전자쌍이 화학 결합의 기본이 된다고 한 점에서 아베크, 톰슨, 보어를 비롯한 다른 과학자들의 연구와 구별된다. 그는 1913년에서 1916년 사이의 논문에서 생각이 바뀌었다. 이제 그는 염화 나트륨과 같은 화합물의 극성 결합과 염소 분자와 같은 비극성 결합 간에 극명한 차이가 있다고 더는 보지 않았다. 이제 루이스에게는 한 가지 종류의 결합만이 존재했다. 그는 전자들은 염화 나트륨처럼 극단적으로 한 원자 쪽으로 치우칠 수도 있고(극성화되고), 또는 염소 분자처럼 두 원자 사이에 고르게 공유될 수도 있다고 생각하였다. 그는 대부분의 결합에서 전자쌍은 이 두 극단 사이에 있어서, 부분적으로 극성화되지만 여전히 공유되어 있다고 제시하였다.

보어의 원자에서는 전자가 회전을 하고 있었다. 이에 반해 루이스는 화학 결합이 전자에 기초하고 있다면, 그리고 화합물이 안정하게 존재하려면 전자는 고정되어 있어야 한다고 주장하였다. 만약 전자가 운동을 한다면, 화학적 이성질체의 안정성을 설명하기 어렵다는 것이었다. 보어의 모델과 루이스의 모델 모두 당시의 물리학 법칙과 상반되었다. 보어의 원 궤도 위에 있는 전자의 경우에는 구심 가속도가 생기며, 고전 물리학에 따라 전자는 결과적으로 에너지를 방출하며 원자핵으로 떨어질 것이다. 루이스 원자의 정지된 전자도 단순한 전기적인 인력으로 인해 핵과 합쳐질 것으로 예측되었다. 하지만 보어와 루이스의 이론

중 하나는 '옳고' 다른 하나는 '틀리다'라고 규정짓는 것은 옳지 않다. 보어의 모델은 수소 원자의 스펙트럼을 설명할 수 있었고, 루이스의 모델은 화학 결합을 설명할 수 있었다. 물리학자와 화학자들은 서로 다른 이야기를 하고 있었으며, 때때로 상대를 향해 포격을 하기도 했다. 물리학자 로버트 밀리컨은 루이스의 정지된 정육면체 원자를 '게으름뱅이 이론'이라고 조롱하며, "물건 상자의 모든 꼭짓점에 앉아 있는 전자들이 다른 원자의 또 다른 게으름뱅이 전자와 악수하거나 손을 잡을 준비를 하고 있다"라고 말했다.[40] 양자역학이 화학 및 물리 현상을 모두 설명할 수 있게 된 것은 루이스 이론이 발표되고 10년이 더 지난 후에야 가능했다.

표면화학에 관한 1917년 논문에서 랭뮤어는 화학 결합에 관한 루이스의 논문을 호의적으로 인용하기도 했지만,[41] 처음에는 완전히 무시하였다. 랭뮤어와 루이스는 1916년 가을 뉴욕에서 개최된 물질 구조 심포지엄에서 루이스의 아이디어에 관해 이틀 동안 논의했음이 확실하다. 하킨스가 랭뮤어와 유사한 표면화학 이론을 연구했다고 주장한 그 학술대회였다. 과학사학자 로버트 콜러는 "루이스의 이론이 주목받지 못했던 이유는, 루이스가 명쾌하게 해결한 문제를 대부분의 화학자는 문제 자체로 인식조차 하지 못하고 있었기 때문이었다."[42]라고 이야기한다.

유기 화합물은 대부분 비극성 결합으로 이루어져 있으므로 루이스의 이론이 가장 잘 적용될 수 있었지만, 1916년에 대부분의 유기화학자는 결합 이론에 대한 필요성을 별로 느끼지 못하고 있었다. 그들은 여전히 화합물 구조를 결정하는 문제에 가장 큰 관심을 두고 있었으며, 결합이 만들어지고 깨어지는 과정에 대한 유기 반응 메커니즘 연구는 태동 단계였다. 루이스의 논문을 읽은 대부분의 사람은 공유 전자쌍에 대한 그의 아이디어를 제대로 이해하지 못했고, 알려진 이원론을 부분적으로 확장한 정도로 여겼다.

랭뮤어와 화학 결합

루이스는 "원자와 분자" 논문을 출간한 직후 제1차 세계대전에 참전하러 떠났으며, 그의 아이디어를 즉시 확장하지 못했다. 1919년에 랭뮤어는 루이스의 논문을 재검토하고 루이스의 아이디어를 자신의 연구에 적용하기 시작하였다. 그는 루이스에게 보낸 흥분된 어조의 편지에 원자 모델의 확장에 대한 몇 가지 아이디어를 갖고 있다고 썼으며,[43] 이 분야에 대한 논문을 발표하기 시작하였다. 랭뮤어는 루이스의 정육면체 원자에 매혹되었다. 그의 논문에는 전문가가 그린 연결된 정육면체 그림이 포함되어 있었다. 하지만, 처음에는 공유 전자쌍의 중요성을 간과하였다. 랭뮤어는 자신만의 시각에서 화학 결합을 검토하였고, 최종적으로 1919년 2월의 연구 노트에 전자쌍이 화학 결합의 본질이라는 결론을 내렸다고 썼다. 그는 마침내 전자쌍의 중요성을 불현듯 이해하게 되었고, 자신이 그것을 재발견한 공로를 인정받을 자격이 있다고 생각했던 것 같다.[44]

공유 전자쌍이라는 개념은 오늘날 고등학교 화학에서 처음 배우는 주제 중 하나이지만, 1919년의 화학자들을 그 기준으로 생각할 수는 없다. 1919년 랭뮤어가 루이스의 이론을 '재발견'하기 전까지 거의 아무도 그 중요성을 이해하지 못한 것으로 보인다. 익히 알려진 이론(이 경우는, 화학 결합에 대한 베르셀리우스의 전자 전이를 통한 이원론적 화학 결합)이 보편적으로 받아들여지고 있는 경우에는, 루이스의 이론처럼 단순하고 이해하기 쉬운 아이디어도 기존 이론을 넘어서기가 쉽지 않다. 루이스의 관점에서 보면, 화학 결합에 관한 자신의 아이디어에 대한 공로를 랭뮤어가 공유하려고 시도한 것은, 리처즈가 그의 퓨가시티에 대한 공로를 공유하려 한 주장처럼 보일 수밖에 없었을 것이다. 랭뮤어가 전자쌍의 중요성을 이해한 때는 루이스의 논문이 출간된 지 이미 3년 가까이 지난 후였다.

1919년부터 1920년 사이에 랭뮤어는 여덟 개의 전자로 이루어져 있을 때 분자가 안정하다는 이론에 관해 이야기하기 시작했고, '팔전자 이론(octet theory)'이라고 명명하였다. 랭뮤어는 1919년 4월 9일에 버펄로에서 열린 미국 화학회 학술대회에서 그의 논문을 발표했는데, 이것이 큰 관심을 불러일으켜 다음 날 다시 발표해 달라는 요청을 받았다. 4월 29일에는 워싱턴의 미국 국립과학원에서 400명의 국립 표준 사무국 화

그림 5-5 1923년 톰슨이 GE 연구소를 방문했을 때의 어빙 랭뮤어, J.J. 톰슨(전자를 발견한), 윌리엄 쿨리지. AIP 에밀리오 시그레 시각자료 보관소 제공.

학자들 앞에서 동일한 논문을 발표하였다. 랭뮤어는 전자쌍을 나타내기 위해 루이스의 점 표기법을 사용하지 않고, 분자 내의 전자쌍 결합 수를 예측하기 위한 수학적 식을 개발하였다. 루이스의 접근은 쉽고 직관적이었지만, 랭뮤어의 방식은 수학적이고 추론적이었으며 11개의 가설을 포함하고 있었다. 랭뮤어는 루이스의 통찰력을 받아들여 이를 복잡한 이론으로 전환시켰다.

랭뮤어의 강의는 청중을 사로잡았지만, 루이스에게는 그런 면이 없었다. 루이스는 과학 학술 모임에 참석하는 것을 싫어했고, 학술지에 논문을 게재하는 것으로 충분하다고 믿었다. 랭뮤어가 순회강연을 할 때면 산업체 화학자들은 그를 영웅으로 대접하였다. 랭뮤어는 자신들과 같은 산업체 과학자로, 기체 충진 전구, 원자 상태 수소 용접기, 수은-응축 진공 펌프 등의 개발자였다. 이들은 멀리 떨어진 캘리포니아에 고립되어있는 학구적인 과학자보다는 랭뮤어의 강연을 더 좋아했다.

랭뮤어는 강연을 시작할 때에는 루이스의 공로를 조심스럽게 언급했지만, 그다음 한 시간 동안은 루이스에 대한 언급이 없었다.[45] 랭뮤어는 '팔전자 이론'에 더해 '공유 결합'이라는 용어를 만들어냈는데 이 용어들이 보편적으로 사용되게 되었다. 이에 대해 루이스는 다음과 같이 가볍게 비난하였다. "가끔 부모는 자녀의 이름을 아주 부적절하게 짓기도 하는데, 아마도 그들은 이러한 특권이 있다는 것을 즐기는 것 같다."[46] 새로운 전자 이론은 곧 "루이스-랭뮤어" 이론으로 알려지게 되었는데, 이에 루이스는 가슴이 쓰렸다. 일리노이 주립 대학 화학과의 학과장인 윌리엄 노예스는 그가 쓴 논문의 초고를 루이스에게 보내며 의견을 물은 적이 있다. 노예스의 원고에는 과염소산의 구조식이 포함되어 있었는데, 불행하게도 그는 이를 '루이스-랭뮤어'식이라고 불렀다. 1926년에 루이스는 노예스에게 다음과 같은 답장을 보냈다.

> 교수님이 제시한 과염소산의 구조식은… 루이스와 랭뮤어가 개발했다고 했지만, '루이스, 랭뮤어, 노예스 등등의 식'과 같이 나중에 그 식을 인용한 모든 사람의 이름이 들어가야 할 것입니다. 또는 그 식을 단순히 인용만 한 다른 사람들의 이름은 언급할 필요 없이, 간단하게 루이스식이라고 부르는 것이 적절할 것입니다.[47]

1919년 말에 랭뮤어와 윌리엄 노예스는 일련의 편지를 주고받았다. 랭뮤어는 그의 팔전자 이론을 주장하였고 노예스는 오래된 이원론적 접근법을 고수하였다. 그들은 의견 교환이 매우 흥미롭다고 생각하여 『미국 화학회지』에 두 편의 논문을 발표하여 토론을 이어가기로 합의하였다. 이 사실을 알게 된 루이스는 분노하였다. 루이스의 관점에서 보면 이것은 자신의 이론이며, 그 이론을 방어하는 것이 랭뮤어가 될 수 없다는 것이었다. 학회지의 새로운 편집인으로 지명된 아서 램은 중간에서 곤란한 입장이 되었다. 램은 루이스와 랭뮤어 모두를 진정시키려 하였지만 큰 성과를 거두지 못했다.

두 사람은 우선권 논쟁 자체가 불쾌하다고 램에게 답했지만 결국 논쟁에 참여했다. 루이스는 램에게 랭뮤어의 "흥미롭게 상대방을 설득하는 성격, 훌륭한 발표 방법, 그리고 많은 청중에게 새로운 관점을 전파한 노력이 모든 분야의 화학자들에게 자극을 주었다"[48]라고 썼다. 이어서 랭뮤어의 팔전자 이론은 "내가 논문에서 완벽하고도 간결하게 제시한 이론일 뿐"이라고 썼다. 또한, 랭뮤어가 몇몇 구체적인 예들을 논문으로 발표한 것으로 그에게 우선권이 있는 것처럼 생각할지 모르지만, 전쟁에 참전하지 않았다면 루이스 자신이 먼저 발표했을 것이라고 말했다. 랭뮤어는 "그의 업적이 루이스로부터 이어받은 것이 아니며" 두 사람 이전에도 많은 과학자가 이 문제에 관해 연구해 왔다고 답했다.

램은 루이스가 그에게 보낸 편지 사본을 랭뮤어에게 보냈으며, 해당 사본은 미국 의회 도서관의 랭뮤어 컬렉션에 보관되어 있다. 랭뮤어는 루이스의 편지 사본 뒷면에 다음과 같은 메모를 펜으로 적어 놓았다.

> "코셀, 파슨, 스타크, 톰슨, 보어"(루이스나 랭뮤어 이전에 전자 이론을 연구한 사람들의 일부)
>
> "나는 보다 일반적인 이론에서 추론하였다."
>
> "각자가 어떤 역할을 하였는가를 결정하는 것은 우리가 아니다."
>
> "우리 둘 다 자신이 기여한 것이 더 중요하다고 강조하는 사람들에게 둘러싸여 있다."
>
> "루이스가 논문을 발표하지 않은 것은 불행한 일이다."

랭뮤어는 새벽 시간에 루이스에게 보낼 편지를 좁은 줄 간격으로 11쪽에 걸쳐 타자로 쳤다. 그 편지에서 랭뮤어는 그 이론에 자신이 현저한 기여를 했으며, 자신의 이론이라고 말할 자격이 있다고 주장하였다.[49]

랭뮤어가 루이스에게 보낸 편지를 보면, 이때까지도 랭뮤어는 루이스가 화학 결합을 전자쌍으로 인식한 것에 대한 중요성을 완전히 이해하지 못하고 있었던 것 같다. 루이스의 기여를 최소화하려는 목적으로, 랭뮤어는 루이스에 보낸 편지에서 보어가 루이스보다 먼저 전자쌍의 개념을 확립했다고 적었다. 랭뮤어는 메탄(CH_4) 분자에서 탄소 원자에 결합된 4개의 수소 원자 사이마다 2개의 전자가 회전 운동을 하고 있다는 보어의 모델을 염두에 두고 있었다. 그러나 보어가 예를 든 메탄에서의 전자쌍은 우연히 일치했을 뿐이었다. 4개의 결합에 8개의 전자가 있다는 것은 각 결합당 2개의 전자가 존재한다는 것으로 이해했어야 했다. 또한 랭뮤어는 루이스에게 보낸 편지에서 요하네스 슈타르크가 전자쌍에 대해 먼저 언급했다고 인용하였다. 슈타르크의 전자쌍 역시 특수한 경우로, 슈타르크의 모델에서는 전자 1개를 공유하기도 하고 2개를 공유하기도 했다. 랭뮤어는 루이스의 전자쌍이 자신의 팔전자 이론의 본질임을 인정하고 싶지 않았다. 랭뮤어는 램에게 보낸 짧은 편지에서도 루이스에게 보낸 11쪽의 편지에서와 유사한 주장을 펼쳤다.[50] 어쩔 수 없이 결정해야 했던 램은 루이스의 의견을 받아들였다. 즉, 랭뮤어의 팔전자 이론의 본질은 루이스의 1916년 논문 "원자와 분자"에 있다는 것이었다. 『미국 화학회지』는 랭뮤어와 윌리엄 노예스 간의 토론을 논문으로 게재하지 않기로 하였다.

시간이 흐르면서 랭뮤어는 그의 우선권을 강하게 주장하지 않게 되었는데, 루이스 전자쌍의 중요성을 이해하게 되었던 것 같다. 1920년에 『네이처』지에 쓴 논문에서는 루이스에게 빚을 지고 있다는 것을 분명히 밝혔다. 그의 정적 원자 개념은 루이스에서부터 시작되었다고 언급하며 다른 저자가 "랭뮤어의 이론"이라고 쓴 것은 잘못되었다고 지적하였다. 그는 또한 보어에게 우선권이 있다고 루이스에게 주장했던 것을 수정하여, "일반적으로 볼 때, 보어는 전자쌍을 결합으로 인식하지 않았다"라고 썼다.[51]

루이스의 주장은 화학적인 관찰 사실에 기초하고 있었다. 그는 대다수의 안정된 화합물에는 전자가 짝수로 존재한다는 사실에서 전자쌍의 중요성을 추론하였다. 그는 전자가 자기력으로 묶여 있을 것이라는 제안을 한 이후로 더는 전자쌍에 대한 물리적 모델을 개발하려고 하지 않았으며, 원자에 대한 정육면체 모델에서 세부적인 것들은 중요하지 않다고 생각했다. 랭뮤어는 정육면체 형태가 더 중요하다고 보았으며, 전자쌍을 보어의 이론에 접목하는 방법을 찾기 시작하였다. 랭뮤어는 전자 간 상호작용에 관하여 알프레드 란데가 수행한 연구의 중요성에 대해 막스 본,[52] 아르놀트 조머펠트,[53] 보어[54] 등과 서신을 교환하기 시작하였다. 아마도 전쟁 때문에 루이스의 논문을 모르고 있었던 란데[55]와 본[56]은 정육면체의 꼭짓점에 위치한 전자에 대해서 보어 모델과의 관련성을 찾으려 하였으나, 결국은 포기하였다. 랭뮤어는 보어 모델 기반의 정육면체 모델을 부활시키는 방법을 찾으려고 시도하였다.[57] 잠시, 랭뮤어는 성공했다고 생각했다. 그는 어머니에게 보낸 1921년 3월의 편지에 다음과 같이 썼다.

> 몇 달 전에 저는 전미 연구평의회에서 발표할 원자 구조에 관한 보고서의 일부를 쓰기로 약속했습니다. 약 2주 전부터 본격적으로 작성을 시작하면서, 그 주제에 대한 아이디어가 떠오르기 시작했습니다. 이 아이디어들은 저에게 있어서 가장 중요한 과학적 발견으로 발전했습니다. 특히 지난 일요일 이후, 저는 원자 구조에 대한 새로운 이론을 확장하기 위하여 밤낮없이 일했습니다. 이 이론은 제가 2년 전에 제안한 것을 기반으로 하지만, 정량적으로 계산하여 매우 정확한 결과를 얻을 수 있다는 점이 정말 중요합니다. 저는 이제 물질을 이루는 전자들은 궤도를 돌고 있지 않고 거의 정지된 상태이며, 각 입자에 미치는 힘을 정확하게 계산할 수 있게 되었다고 확신합니다. 이는 매우 큰 진전이에요. 지난 몇 년간, 이 주제에 대해 가장 널리 받아들여졌던 이론은 근본적으로 수정되어야 합니다.[58]

그러나 이후 논문으로 발표되지 않은 것으로 볼 때, 그 이론은 성공하지 못한 것으로 보인다.

이 연구 분야의 문헌에서 루이스가 등장하는 것은 1923년이 마지막이다. 그는 1923년에 『원자와 분자의 원자가와 구조』라는 단행본을 발간하였다. 이 책에서 그보다 먼저 결합을 연구했던 보어, 슈타르크, 아베크, 톰슨 등을 포함한 많은 과학자의 이론을 설명하면서, 루이스는 자신이 처음으로 화학 결합을 전자쌍으로 인식하였다는 점을 분명히 하였다. 그리고 그는 화학 결합의 전자 이론을 뒤로하고 그 분야를 미련 없이 떠나버렸다. 그때는 물리학자들이 화학 현상을 양자 이론으로 설명하기 시작한 때였으므로, 루이스가 그 분야 연구를 멈춘 것은 잘못된 선택이었다.

이즈음 루이스의 점–쌍 그림은 랭뮤어의 방정식보다 더 유용하게 받아들여지고 있었다. 하지만 루이스와 랭뮤어가 주장한 '정적 원자'는 물리학자들로부터 비판을 받았다. 1923년에 발간된 책『원자가』에서 루이스는 화학자와 물리학자의 견해를 조화시키려 시도하였다. 전자쌍이 속한 보어 궤도 안의 전자는 운동을 하고 있지만, 궤도 자체는 핵에 대해서 정적이라고 설명하였고,[59] 랭뮤어도 비슷한 내용을 제안하였다.[60] 모든 물리학자가 이에 동의한 것은 아니었다. 8장에서 다시 소개될 해럴드 유리는 당시 버클리 화학과의 대학원생이었는데, 다음과 같은 증언을 했다. "어느 날 루이스는 세미나에서 보어 이론이 맞다고 선언하였다… 버클리 물리학과 학과장인 레이먼드 비르게는 다음 날 수업 시간에 이렇게 말했다. '우리 모두가 이 문제에 관해 공부하고, 연구하고, 숙고해 왔는데, 그동안 아무런 기여도 하지 않았던 루이스 교수가 갑자기 그 이론에 동의한다고 발표하면 모든 문제가 해결되었다고 생각한다는 말인가.'"[61]

루이스는 이론화학 분야 연구가 앞으로 크게 발전하리라는 것을 알고 있었으며, 화학 결합에 대한 자신의 직관적인 이론이 곧 수학적인 설명으로 대체되리라는 것도 알고 있었다. 그의 지적 능력과 자신감에 비추어 볼 때, 그가 이 분야에 더는 기여할 수 없다고 느꼈을 리는 없다. 그는 이미 더 도전적인 물리학적 문제, 즉 빛이 파동이며 입자라는 이중성 연구에 빠져있었다(7장에서 다루어짐). 그의 단행본『원자가』서문에서 화학 결합에 대한 자신의 아이디어를 "오래지 않아 잊혀질 과학 문헌" 중의 하나로 묘사했지만, 그 후 최소한 16년 동안 대다수 화학자가 가장 확실하게 인용하는 내용이었으며, 1939년에 라이너스 폴링이 "화학 결합의 본질"[62]이라는 논문을 발표할 때까지 유지되었다.

화학 결합 연구에서 랭뮤어가 기여한 부분에 대해 루이스는 그의 책『원자가』에서 다음과 같이 언급하였다.

> 처음 논문에서 나는 이 이론의 주요 결과를 간략히 설명하는 데 만족했으며, 예전의 원자가 이론을 근본적으로 바꾸어 놓은 근거가 된 화학에서의 다양한 현상들에 대해서는 이후 다시 설명하려고 계획했었다. 그러나 전쟁의 긴급한 상황에서 그 계획은 중단되었다. 그동안에 어빙 랭뮤어 박사는 12편에 달하는 일련의 뛰어난 논문과 국내외에서 열린 많은 강연을 통해 나보다 훨씬 성공적으로 이 일을 수행하였다. 이 논문들과 강연들을 통해 이 이론은 과학자들의 광범위한 관심을 이끌어 낼 수 있었다.
>
> 랭뮤어 박사가 뛰어난 통찰력으로 새로운 이론을 적용하는 일련의 과정에서 내가 발전시켰던 이론을 변질시키지 않았다는 것을 기쁘게 생각한다. 그는 여러 논문에서, 이 이론의 규칙이나 경향성을 내가 논문에서 언급했던 것보다 더 넓은 범위에 대해 보편적으로 적용하려고 시도하였다. 이러한 차이점에 대한 문제들은 차후에 논의할 기회가 있을 것이다. 이 이론을 일부에서는 루이스-랭뮤어 이론이라고 부르기도 하는데, 이는 일종의 공동연구를 의미한다고 볼 수 있다. 하지만 랭뮤어 박사의 연구는 완전히 독립적으로 수행되었으며, 내 논문에서 명시하거나 암시한 내용에 더해 그가 추가한 모든 부분은 그만의 업적으로 인정되어야 한다.[63]

루이스의 마지막 문장은 랭뮤어가 기여한 것 중에 중요한 것은 하나도 없다는 것을 의미하지만, 실제로는 그렇지 않다.* 그러나 결국에는 루이스의 직관적인 점 구조식이 랭뮤어의 식보다 더 가치 있는 것으로 받아들여지게 된다. 랭뮤어는 주기율표의 아래 줄에 있는 원소(원자 번호가 큰 원소)들에 대해 그의 아이디어를 적용했지만, 돌이켜보면 제한적인 성공이었다. 랭뮤어가 강조한 팔전자 규칙은 아래 줄에 있는 많은 원자에는 잘 맞지 않았다. 루이스는 랭뮤어의 팔전자 규칙을 엄격히 적용하면, $PtCl_5$와 같은 분자는 $[PtCl_4]^+Cl^-$ 형태와 같이 4개의 공유 결합과 한 개의 이온 결합으로 이루어진 이상한 구조가 된다고 지적하였다.[64] 루이스는 1923년에 발간된 단행본『원자가』에서, 1905년에 배위화학 이론을 발표한 알프레트 베르너의 역사적인 공로를 강조하였다. 베르너의 이론에 따르면, 주기율표의 아랫줄 원소를 포함하는 많은 화합물의 경우 랭뮤어의 팔전자 규칙을 만족하지 않는다. "랭뮤어는 내가 언급했던 것보다 더 넓은 범위에 대해 규칙이나 경향성을 보편적으로 적용하려고 시도하였다"라고 루이스가 언급한 것은 아마도 팔전자 규칙을 모든 원자에 적용하려 했던 것을 의미한 것 같다.

콜러는 루이스와 랭뮤어의 아이디어가 화학계에 받아들여진 정도를 세심하게 조사하여 발표하였다.[65] 미국에서는 루이스-랭뮤어 이론을 어느 정도 받아들였지만, 이전의 결합 이원론을 옹호하는 일부 과학자들의 반대가 있었다. 그러나 독일에서는 몇몇 사람을 제외하고는 그 이론은 무시되었고, 영국에서는 특히 유기화학자들을 중심으로 그 이

---

* 랭뮤어는 그의 수학적 식을 이용해, N_2O와 CO_2같이 전자 구조가 유사한 화합물은 유사한 특성을 갖게 될 것이라고 깨닫게 되었다. 또한, 원자 주위에 여덟 개의 전자를 그려 넣는 구조가 여러 개 가능할 경우, 랭뮤어는 전기적 중성 원리라는 것을 도입하였다. 즉, 인접한 원자가 갖게 되는 형식 전하의 분리가 최소가 되는 구조가 가장 선호된다는 원리이다. 이 두 가지 아이디어는 원래의 루이스 이론을 보충하는 중요한 내용이었다.

론을 열렬히 채택하였다. 전자쌍의 공유로 결합이 만들어진다는 개념은 영국의 물리 유기화학과 물리화학의 기본 개념이 되었다.

전자쌍의 공유로 결합이 만들어진다는 루이스의 1916년 이론은 화학적 사고에 기반하고 있었다. 그에게는 그 이론이 진리라는 것이 너무도 명백해서, 가까운 거리에서는 전자 간의 반발력이 없다는 주장까지 하게 만들었다. 랭뮤어는 단지 3년 후에 루이스 이론을 '재발견'하였지만, 이 아이디어에 대한 공로는 랭뮤어가 아니라 루이스의 것이다.[66] 그 당시 화학 결합에 관한 연구는 루이스와 랭뮤어 모두에게 주요 연구 분야가 아니었다. 루이스는 열역학에 빠져있었고, 랭뮤어는 표면화학을 주로 연구하고 있었다. 1920년대 후반에는 물리학자들의 분자 모델에 화학 결합의 개념이 들어갔고, 전자쌍 공유는 파울리의 배타원리에 포함되었다. 1927년에는 발터 하이틀러와 프리츠 론돈이, 가장 간단한 분자인 H_2의 화학 결합을 양자역학적 계산으로 처음 설명하였다.[67] 1939년에 폴링이 "화학 결합의 본질"을 발표할 때쯤에는 일반 화학자들도 양자화학의 개념에 익숙해지기 시작하였고, 루이스의 원자가 모델의 많은 부분이 새로운 화학 개념에 포함되었다.

아르투어 쇼펜하우어는 "모든 진리는 세 단계를 거친다."라고 말했다. 처음에는 조롱을 받고, 두 번째에는 격렬한 반대에 부딪히고, 마지막에 자명한 사실로 받아들여진다. 물리적 개념이 아닌 화학적 사고에 기초한 루이스의 공유 결합 이론은 쇼펜하우어가 말한 첫 번째 단계에서 마지막 단계까지 단지 10년이 걸렸다. 화학자들은 여전히 루이스의 점 구조식을 화합물의 구조와 반응을 설명하는 약식 표기로 사용하고 있다. 전자쌍이 공유 결합의 본질이라는 아이디어는 루이스가 처음으로 도입하였으며, 현대 화학 및 생화학의 모든 이론의 핵심이 되고 있다.

신뢰의 변화

랭뮤어는 루이스와 화학 결합의 우선권에 대해 논쟁을 벌였지만, 그의 주 관심 분야는 표면화학이었다. 1917년에 표면 이론으로 랭뮤어와 하킨스가 논쟁을 벌인 이후, 두 사람은 모두 그 이론을 정교하게 만들기 위한 연구를 계속하였다. 하지만 하킨스에 대한 평판은 점점 더 나빠지고 있었다.

1922년, 루이스의 오랜 친구였던 에드윈 비드웰 윌슨은 MIT에 총장이 없는 동안 대학을 실질적으로 운영하고 있던 위원회의 간사였다. 윌슨은 루이스에게 MIT 화학과 학과장 추천을 부탁하며 하킨스를 가능한 후보로 언급하였다. 그는 "하킨스가 후보로 거론되고 있으며 그는 학과장직을 수락할 것으로 예상되지만, 결정을 고민하게 하는 문제가 있어요. 그는 자기중심적인 사람으로 보이는데, 진정한 천재가 아니라면 학과를 운영하는 자리에 이기적인 사람을 앉힐 수는 없어요. 게다가, 하킨스는 뛰어난 과학자가 아니고 업적이 부풀려진 과학자라는 생각이 들기도 해요."[68]라고 말했다. 루이스는 직설적으로 답했다. "하킨스는 오랫동안 과도한 야망에 시달려온 병적인 사람이에요. 그 자신과 가족의 문제가 합쳐져, 그의 가치가 크게 훼손되었어요."[69]

1923년에 하킨스는 마침내 랭뮤어를 격분시켜 공식적인 항의를 하게 만드는 일을 저질렀다. 『미국 화학회지』의 편집인 아서 램에게 보낸 편지에서, 하킨스는 에드워드 L. 그리핀이 쓴 논문의 각주에 유화 이론은 랭뮤어에게 귀속된다고 언급한 것은 잘못되었다고 썼다. 하킨스는 자신의 이름만 언급되어야 한다고 믿으며, 랭뮤어는 유화에 대한 어떤 이론도 제시하지 않았고 자신이 그 이론을 완성했다고 주장하였다. 그는 또한 루이스의 동료 교수인 조엘 힐데브란트가 "유화의 새로운 이론"이라는 제목의 논문을 투고했다는 이야기를 듣고, 이미 하킨스의 유화 이론이 있으므로 부적절한 제목이라고 이의를 제기하였다.[70] 램은 랭뮤어와 힐데브란트에게 의견을 묻는 편지를 보냈다.

힐데브란트는 짜증이 났지만, 비교적 온건한 답장을 램에게 보냈다. "사실 액체 계면에서의 방향성에 따라 자연스러운 곡선이 만들어지고, 이로부터 유화의 유형이 결정된다고 하킨스가 제안한 것을 발견했습니다. 하킨스가 그렇게 많은 논문을 발표하지 않았다면, 그의 지식의 핵심을 쉽게 발견할 수 있었을 것입니다." 힐데브란트는 또한 자신의 논문 제목을 "유화의 새로운 이론"이 아니라 "유화작용의 이론"으로 변경하며 이전의 연구 내용을 포함한다고 썼다. 그는 하킨스의 연구를 색인에 추가하는 데 동의하였다.[71]

반면, 하킨스의 이전 주장들은 무시하고 넘어갔던 랭뮤어는, 이번에는 모든 수단을 동원하였다. 그는 이 장 맨 앞에 소개된 루이스의 1917년 편지 사본을 램에게 보내며, 이전에는 하킨스가 자신의 이론을 독립적으로 개발했다는 주장을 수용했지만, 이제는 그것이 사실이 아님을 믿는다고 썼다. 또한, 선의로 생각하면 하킨스가 랭뮤어의 연구를 무시하고 인용하지 않고 있으며, 최악의 경우에는 하킨스가 자신의 아이디어를 훔치고 있다고 언급하였다.

> 나는 하킨스가 나의 연구에 대해 한 발언, 특히 표면 에너지에 관한 나의 연구를 전혀 인정하지 않는 것에 대한 부당함에 대해 그에게 여러 번 이야기했습니다. 이와 관련하여 그는 나에게 비굴한 사과를 한 적도 있습니다. 그런데도 그는 은밀하게 부당한 주장을 반복하고 있습니다… 하킨스의 이러한 태도가 계속되는 것을 고려할 때, 적어도 『미국 화학회지』에는 하킨스의 이런 주장이 더는 게재되지 않도록 할 때가 되었다고 생각합니

다. 나는 앞으로 하킨스가 우선권을 주장하려면 발표된 논문만을 근거로 해야 하며, 이러한 주제들에 대해 내가 이전에 발표했던 것을 솔직하게 인정해야 한다고 생각합니다.[72]

그의 신뢰를 회복하기 위한 노력의 일환으로, 하킨스는 1914년에 그가 했던 한 강의에서 학생이 기록한 수업 노트의 복사본을 루이스에게 보냈다. 학생이 10년 전에 필기한 "산과 H_2O는 모두 극성이기 때문에 산의 COOH가 아래를 향함"이라는 한 구절이 그가 랭뮤어보다 우선한다는 그의 주장을 뒷받침한다고 하킨스는 강변하였다. 그는 이어서 자신은 1916년의 학술대회에 참석한 적도 없다고 주장하는 내용의 편지를 루이스에게 보냈다. 그 학회에서 랭뮤어가 처음으로 액체의 표면화

그림 5–6 윌리엄 하킨스. 시카고 대학 도서관.

학에 관한 논문을 발표하였고, 하킨스는 랭뮤어의 결과가 하킨스의 표면화학 이론(하킨스를 제외하고는 아무도 알지 못했던)을 뒷받침한다고 언급했었다.

> 최근에 랭뮤어 박사가 몇 통의 편지를 유포했는데, 그중 하나를 힐데브란트 박사에게 보낸 것으로 알고 있습니다. 랭뮤어는 그의 주장의 근거 중 하나로 교수님이 쓴 편지를 인용했지만, 불행히도 그는 교수님이 쓴 내용을 잘못 이해한 것이 확실합니다… 랭뮤어는 1916년 9월 뉴욕에서 개최된 미국 화학회 학술대회에서 발표한 논문에 대해… "하킨스 교수와 G.N. 루이스 박사가 이 논문의 발표에 참석했습니다."라고 했는데, 적어도 저에 관해서는 이 말이 전혀 사실이 아닙니다. 저는 그 시간에 남캘리포니아 대학에 있었습니다.[73]

이때쯤 하킨스의 평판은 과학계에서 추방될 위험에 처할 정도로 추락한 상태였다. 당시 시카고 대학 화학과 학과장이었던 줄리어스 스티글리츠는 1926년에 루이스에게 다음과 같은 편지를 썼다.

> 우리 대학의 하킨스 교수와 그의 연구의 가치에 관한 매우 민감한 사안에 대해 귀하의 조언과 판단을 구하고자 편지를 씁니다… 저는 최근 취임한 총장인 맥스 메이슨 박사와 면담할 일이 있었습니다. 총장님은 하킨스 문제로 곤경에 처해있고, 총장으로 부임하기 전부터 그의 행동을 이해하지 못하고 있었다고 말해 꽤 놀랐습니다. 그의 의문점은, 제가 이해한 바로는, 하킨스가 독립적이고 창의적인 연구자인지 아니면 단순히 다른 사람의 아이디어를 정교하게 변형시켜 자신의 연구에 적용한 후 과대 포장하고 있는지에 대한 것입니다. 또한, 주어진 분야에서 다른 연구자에게서

받은 도움을 하킨스가 충분하고 명확하게 밝히지 않고 있는가에 대한 것입니다. 물론 저는 하킨스가 자기 일에 대해 너무 말이 많고, 지나치게 자기중심적이며, 연구 성과의 우선권에 대해 다른 연구자들과 계속해서 충돌한다는 등의 개인적인 결점을 오랫동안 알고 있었습니다. 저는 그에게 이러한 결점을 빨리 고쳐야 한다고 조언하곤 했습니다… 저는 메이슨 총장이 위스콘신 대학에 있을 때부터 하킨스에 대한 이러한 평판의 일부 내용을 알고 있었고, 이것이 현재 그를 괴롭히고 있는 의혹의 원인이라고 확신합니다.[74]

루이스는 스티글리츠에게 다음과 같이 답변했다.

하킨스 교수에 관해 이야기할 기회를 얻게 되어 매우 기쁩니다. 저는 그가 독일에서 돌아와 보스턴에서 저의 지도하에 연구하게 되었을 때 그를 처음 알게 되었습니다… 제가 캘리포니아 대학으로 옮긴 후, 하킨스는 이곳에 지원했고 그는 제가 선발하고 싶은 지원자 중의 한 사람이었습니다… 당시에는 교수님이 지적한 바람직하지 않은 태도를 전혀 보이지 않았는데, 아마도 건강이 나빠져서 그런 성향이 생긴 것 같습니다.

과학적 업적에 대해 평가하자면, 그와 동년배인 우리나라의 화학자 중 그는 매우 높은 수준에 있다고 말할 수 있습니다…

그와 랭뮤어 간의 상대적 우선순위에 관한 논쟁은 알려진 것보다 덜 중요한 문제 같습니다. 왜냐하면, 그들 둘 다 여러 가지 중요한 부분에서 영국과 유럽의 과학자들보다 훨씬 뒤처져있었기 때문입니다…

만약 우리나라의 물리 및 무기화학자를 이론적인 연구 분야와 실험적인 연구 분야로 나누어 연구 성과에 따라 순위를 매긴다면, 저는 두 분야 모두에서 하킨스의 이름이 상위 5, 6등 안에 들 것으로 생각합니다.[75]

스티글리츠에게 보낸 편지에서, 루이스는 하킨스가 '해적질'을 했으며 "랭뮤어의 이론은 완전히 새로운 것이며, 분자 간에 작용하는 힘의 개념에 매우 중요한 기여"를 했다는 언급은 하지 않았다. 그는 이제 랭뮤어의 표면화학을 "여러 가지 중요한 부분에서 영국과 유럽의 과학자들보다 훨씬 뒤처진 것"으로 간주하고 있었다. 1917년에서 1926년 사이에 하킨스와 랭뮤어에 대한 루이스의 생각은 바뀌어 있었다. 루이스는 하킨스 편에 섰다. 하킨스가 다른 사람의 아이디어를 훔치는 어떤 잘못을 했을지라도, 적어도 루이스의 것을 훔치지는 않았다. 그리고 루이스는 랭뮤어가 자신의 아이디어를 훔쳤다고 생각했다.

루이스와 랭뮤어는 모두 자신만의 과학적 영역을 확립하려고 노력하였다. 루이스의 경우 전자 이론이었고, 랭뮤어의 경우는 표면화학이었다. 그리고 다른 사람들이 자신의 영역을 침범하려 한다고 생각하면, 그것에 맞서 싸웠다. 전자 이론에서의 랭뮤어와 표면화학에서의 하킨스 같은 침입자들이 이미 발견한 이론을 재발견하면서 일부 부당한 주장을 한 것은 맞지만, 두 사람 다 그 분야에 중요하게 기여한 것도 사실이다. 그러나 랭뮤어는 매력적인 성격을 갖고 있었으며 공개적이고 자신감 있게 행동한 반면, 하킨스는 무례하고 은밀하며 호감을 얻으려 애쓰는 듯한 모습을 보였다. 이것이 두 과학자와 그들의 업적이 어떻게 평가받고 있는지에 대한 차이를 만든 것으로 보인다.

6장
과학과 나치 정권

네른스트와 하버

1933년 봄, 베를린 대학 물리학과 공동 학과장직을 맡고 있던 발터 네른스트는 출근 후 동료 피터 프링스하임을 만나려 했다. 그러나 그가 유대인이라 실험실 출입이 금지되었다는 소식을 들었다. 네른스트는 곧 공동 학과장인 아서 웨넬트의 사무실로 갔다. 과거의 업적으로 공동 명예 학과장직을 맡고 있던 웨넬트는 평소에 늘 네른스트의 의견을 존중하며 따랐었다. 그러나 오늘은 거들먹거리며 네른스트에게 실험실에서 유대인을 몰아내는 것이 왜 중요한지 또 7월 4일 발표한 법을 왜 준수해야 하는지에 대한 설교를 늘어놓았다. 이것은 새로운 공무원법으로, 프링스하임 같은 비아리아인은 공직에 종사할 수 없다고 규정한 법이다. 그런 말을 들을 기분이 아니었던 네른스트는 곧 학교에서 나와 택시를 타고 자신의 오랜 동료이자 가끔은 경쟁자이기도 한 프리츠 하버를 만나러 갔다.[1]

둘은 의논할 사항이 많았다. 하버가 맡고 있는 카이저 빌헬름 물리화학 연구소 직원의 1/4은 유대인이었다. 하버도 새롭게 제정된 법과 그 법이 가져올 파장에 대해 잘 알고 있었다. 또 본인의 사직도 고려하고 있었다. 그러나 지금 그들에게 하버의 사직 여부보다 더 시급한 것은 연구소의 유대인 직원들을 어떻게 보호할 수 있을까 하는 거였다. 이 법은 모든 유대인에게 가차 없이 적용되었다. 하버처럼 기독교로 개종하고 세례까지 받은 사람이라도 이 법에서 면제되지 않았다. 이 법에 따르면 (세례받지 않은) 유대인 조부가 최소한 한 명이라도 있는 사람은 비아리아인으로 정의된다. 그러나 만일 제1차 세계대전 중 전선에서 독일을 위해 싸웠다면 그 유대인은 이 법으로부터 면제받았다. 하버 자신과 네른스트 연구소 직원인 프란츠 사이먼은 그 조항에 따라 면제 대상이 되었다. 유대인 과학자 중 소수는 이 법에서 면제되겠지만, 대부분은 대학이나 연구소에서 쫓겨나야 할 처지였다. 하버와 네른스트는 그들을 쫓아내는 역할을 해야 할 상황이었다.

과거를 돌아볼 때 우리는 항상 그 이후에 일어난 일들과 연관 짓고 싶은 유혹을 받는다. 1933년으로부터 75년이 지난 오늘, 우리는 그 후 제2차 세계대전과 홀로코스트라는 미래가 기다리고 있음을 안다. 네른스트와 하버가 연구, 사업, 그리고 개인적인 일에 몰두하고 있던 1920년대로 가서 그들의 미래에 닥칠 일을 경고하며 미리 대비하라고 알려 주고 싶지만, 그것은 불가능하다. 그러나 제1차 세계대전 패전 후, 제2차 세계대전이 발발하기 전까지 잠시 존재했던 유약한 민주 정부인 독일 바이마르 공화국 기간에 그들이 어떤 삶을 영위했고 어떤 연구를 했었는지 살펴볼 수는 있다. 우리는 곧 1933년 독일 상황으로 돌아오겠지만, 그 전에 먼저 제1차 세계대전 패전 후 나치 정권이 부상할 때까지 15년간 독일에 일어났던 일들을 살펴보자.

바이마르 공화국

제1차 세계대전이 끝나기 2년 전부터 독일은 파울 폰 힌덴부르크와 에리히 루덴도르프 같은 장군들이 국가의 책임을 맡는 군사 독재 정권 체제하에 있었다. 1918년 말, 독일 최고 사령부는 독일의 패전이 불가피함을 알고 있었다. 그래서 쳐들어오는 연합군에게 독일 영토가 점령되기 전에 미리 항복하기로 결정을 내렸다. 사실 몇 달 전만 해도 독일군이 승리하리라고 예측됐었다. 3월 러시아가 독일에 항복한 후 독일군은 동부전선에 있던 43개 부대를 서부전선으로 이동시켜 극적인 춘계 대공습 작전을 벌였다. 그래서 서부전선의 연합군은 거의 붕괴 상태였다. 그러나 연합군의 독일봉쇄 작전으로 독일 국민은 기아에 시달리고 있었다. 게다가 엄청난 수의 미군이 연합군으로 참전하면서 8월이 되자 전쟁은 다시 교착 상태에 빠졌다. 독일의 병력, 식량, 물자는 모두 고갈되었고 결국 독일은 패전을 선언하게 되었다. 곧 이은 평화 협정에서 연합군은 독일 왕정의 종식을 요구하였고 그 결과 1919년 바이마르 공화국이 탄생하였다.

바이마르 공화국 헌법에는 유대인과 독일인은 동등한 인권을 갖는다고 명시되어 있었다. 그러나 현실은 달랐다. 바이마르 공화국이 시작될 때도 이미 강한 파괴력을 가진 반유대주의가 만연했었다. 또 우익과 좌익 극단주의자 모두 이 헌법 조항을 무시하였다. 1920년에는 우익 언론인 볼프강 카프가 4일간 베를린을 장악하기도 했다. 그는 제1차 세계대전 참전 용사들로 이루어진 우익 준 군사의용대 집단인 **자유군단**의 지지를 받고 있었다. 그래서 바이마르 정부는 슈투트가르트로 피난 가야 했다. 또한, 1921년에는 작센과 하노버에서 공산 혁명을 시도한 공산당이 독일 산업의 심장부인 루르강 일대를 장악하기도 했다. 하지만 곧 정부군과 **자유군단**에 의해 진압되었다.

전쟁 후 연합군은 패전국 독일이 프랑스에 막대한 전쟁 배상금을 지불할 것을 요구하였다. 그러나 독일의 지불 능력이 없다는 것을 파악한 프랑스는 1923년 독일 산업 지대인 루르 지역을 점령해 버렸다. 이에 대항하는 독일인들의 파업과 저항운동이 이어지며 독일 경제는 더욱 피폐해졌다. 1923년 통제 불능 지경에 이른 인플레이션으로 인해 독일 화폐는 휴짓조각이 돼버렸다. 이때 독일 정계에 아돌프 히틀러라는 새로운 인물이 부상하였다. 제1차 세계대전 때 최전선에서 병장으로 복무하며 훈장을 받은 적이 있던 히틀러는 그 당시 국가 사회당, 즉 나치당을 이끌고 있었다. 그는 루덴도르프 장군과 함께 1923년 뮌헨 맥주홀 반란 사건을 일으켜 바이에른 지방을 장악하려 시도하였다. 이 계획이 실패한 후 그는 8개월간 감옥에 수감되었다. 수감 기간 집필한『나의 투쟁』에서 그는 (자연 과학 교육을 경멸할 뿐 아니라) 독일 사회에서 유대인을 박멸하겠다는 의도를 분명히 밝혔다.[2] 히틀러가 감옥에서 석방된 후 나치당은 쿠데타가 아닌 투표로 정권을 잡는 것으로 노선을 바꾸었다. 하지만 거리에서는 좌익 당들에 대한 폭력을 계속 자행하였다.

독일 참모본부는 1차 대전 패배에 대한 자신들의 책임을 인정하지 않았다. 그러나 그 대신 누군가 패전에 책임질 희생양이 필요했다. 그래서 그들은 유대인 은행가들과 전쟁에서 이득을 챙긴 사업가들에 의해 독일 국민이 "등에 칼을 맞았다"라는 음모론을 퍼뜨렸다. 많은 독일인이 이 음모론을 믿었다.

사실 독일에서 반유대주의 역사는 매우 길었다. 이것은 길거리에서 흔히 목도되던 유대인에 대한 편견과 사이비 지식인들이 표현한 언어에서도 짐작할 수 있다. 작곡가 리하르트 바그너의 사위인 영국인 휴스턴 스튜어트 체임벌린은 1898년『19세기의 기초』라는 반유대주의 책을 발간하였다. 이 책은 반유대주의의 이론적 근거를 심층 분석하여 서술했다고 평가받는 책이다. 루덴도르프는 특히 체임벌린의 아이디어에 열광했다. 그는 기독교의 뿌리가 유대인이라는 이유로 기독교도 거부하였다. 사실 제2차 세계대전 이전 독일 인구 중 유대인이 차지하는 비율은 1% 미만이었다. 그러나 독일인 대부분이 '유대인 문제'가 독일 사회가 당면한 매우 중대한 사안이라고 생각했다. 유대인 문제의 해결책으로 유대인을 독일인으로 동화시키자부터 추방하자까지 다양한 의견이 나왔다.

그러나 제2차 세계대전 이전에 일반 독일 국민 그 누구도 나치가 제안한 '최종 해결책'을 해결 방안으로 떠올리지는 않았다. 최종 해결책이란 유대인을 대량으로 학살하는 것이다. 사실 제1차 세계대전 발발

이전 중부 유럽에는 반유대주의가 만연했었으며, 독일이 반유대주의가 가장 만연했던 특별한 나라는 아니었다. 오히려 에드워드 텔러, 레오 실라르드, 존 폰 노이만, 유진 위그너 같은 유대인 과학자들은 독일이 유대인을 더 환영하는 나라라는 믿음으로 헝가리에서 독일로 이민을 왔었다.[3]

그러나 제1차 세계대전 이후 자유군단의 한 단체인 '영사 조직'이 저명한 유대계 독일인을 살해하는 테러 임무를 맡았다. 자유군단은 군사 조직에 준하는 민병대로 별 성과를 올리지 못했었다. 그러다가 1922년 어느 날 대낮에 기관총과 수류탄으로 당시 외무부 장관이던 발터 라테나우를 암살하였다. 라테나우는 유대인 사업가로 거대 전기 회사 AEG 회장이었고 제1차 세계대전 중 독일 경제를 이끌고 전쟁물자를 공급하던 인물이었다(4장 참조). 그는 전쟁 중 군사 독재 정권이 하던 일을 가까이서 목격했던 인물이다. 그러므로 독일인이 유대인에게 뒤통수 맞았다는 주장이 사실이 아님을 그 누구보다 잘 반박할 수 있었고 그래서 이 단체의 가장 중요한 암살 대상이었다.

라테나우와 네른스트는 친구 사이였고 둘 다 황제의 자문관으로 일했었다. 베를린 대학교 총장이던 네른스트는 1922년 이 대학 여름 학기 개강식 때 개인적인 위험을 무릅쓰고 라테나우 추도 연설을 했다. 네른스트와 하버는 둘 다 독일 왕정의 지지자였다. 그러나 패전 후 황제는 폐위되었고, 혼란을 틈타 극좌파와 극우파가 혁명을 일으킬 가능성이 커졌다. 그러자 이를 피하고자, 그들은 유일한 대체 수단이던 바이마르 공화국을 지지했다. 그리고 둘 다 반유대주의로 인해 어려움을 겪었다. 하버는 기독교로 개종했으나 반유대주의자들은 그를 여전히 유대인으로 간주했다. 네른스트는 나치에 의해 '백색 유대인'으로 불렸다. 이는 독일인이라도 유대인 친구와 유대인 가족이 있고(네른스트의 사위 두 명이 유대인이었다) 유대인처럼 생각하는 사람을 칭하는 용어였다.

바이마르 공화국 시절의 과학

20세기가 시작되고 처음 20년 동안 혁명적인 두 가지 물리학 이론인 상대성 이론과 양자 이론이 태동하였다. 독일은 이 두 이론의 중심지였다. 1900년 막스 플랑크는 '흑체(black body)'를 가열할 때 방출되는 빛(전자기파)의 파장을 완벽하게 기술하는 식을 도출하였다. 그의 식은, 방출되는 전자기파의 에너지는 특정한 값(또는 양자)의 정수배에 해당하는 값만 가질 수 있다는 가정에 근거하였다. 이 가정은 후에 '양자 가설'로 알려지게 되었다.

1905년에 아인슈타인은 플랑크의 양자 가설을 이용하여 광전 효과를 완벽하게 설명할 수 있었다. 광전 효과는 금속 표면에 빛을 쪼이면 전자가 방출되는 현상을 말한다. 아인슈타인은 또한, 증명되지 않은 가설에 기초했던 네른스트의 열정리를 1907년에 양자 이론의 도입을 통해 이론적으로 설명하였다.

닐스 보어는 1913년에 수소 원자 내의 전자 운동에 플랑크의 양자 가설을 적용하였다. 그는 수소 원자에서 방출되는 전자기파 스펙트럼의 진동수를 완벽하게 기술하는 식을 도출할 수 있었다. 1910년대부터 1920년대 초에 이르는 동안 아르놀트 조머펠트는 보어의 이론을 두 개 이상의 전자가 있는 원자에도 적용할 수 있도록 확장하였다. 이러한 연구에서는 특정 문제에 국한하여 양자 가설을 적용하였으며, 이때까지의 양자 가설을 '고전(old)' 양자역학이라고도 한다.

1920년대 중반이 되면서, 전체 이론의 틀 안에 각각의 문제를 포괄하는 '신(new)' 양자 이론이 대두되었다. 이러한 양자 이론의 발전 과정에서 결국 보어와 루이스의 이론을 통합하는 이론이 만들어지게 된다. 독일의 괴팅겐 대학은 양자역학의 중심지가 되었다. 막스 보른, 베르너 하이젠베르크, 볼프강 파울리, 에리히 휘켈, 엔리코 페르미, 프리츠 론돈, 프리드리히 훈트, 발터 하이틀러, 블라드미르 포크, 유진 위그너, 게르하르트 헤르츠베르크, 마리아 괴퍼트메이어, 파울 에렌페스트, J. 로버트 오펜하이머, 막스 델브뤼크, 에드워드 텔러 외 많은 과학자들이 정규 연구원으로 또는 임시로 괴팅겐 이론 물리학 연구소에서 연구하였다. 1920년 이후에는 제임스 프랑크의 괴팅겐 실험 물리학 연구소도 설립되었다. 괴팅겐 대학의 수학과에는 다비트 힐베르트, 펠릭스 클라인, 카를 룽게, 헤르만 바일, 리하르트 쿠란트 등이 있었다.

제2차 세계대전 이후에는 미국의 과학자들이 물리화학을 선도하게 되지만, 그전에는 독일의 베를린이 물리화학의 중심지였다. 우선 프란츠 사이먼과 아르놀트 오이켄이 연구하던 네른스트 연구소가 베를린 대학 내에 있었다. 1922년 네른스트가 베를린 대학 총장이 되면서 막스 보덴슈타인이 그의 뒤를 이어 네른스트 연구소의 소장이 되었다. 그리고 다렘 교외에 이보다 더 큰 하버의 카이저 빌헬름 물리화학 연구소가 있었다. 제임스 프랑크, 구스타프 헤르츠, 허버트 프룬디치, 마이클 폴라니, 칼 본회퍼와 파울 하르테크가 주요 연구원이었다.[4]

1913년, 네른스트와 플랑크는 취리히에 있던 아인슈타인에게 베를린으로 옮겨오도록 제안하였다. 아인슈타인은 베를린에서 프로이센 과학 아카데미의 연구직, 베를린 대학교에서 학생들을 가르치지 않고 연구에만 전념할 수 있는 연구 교수직, 그리고 곧 설립될 카이저 빌헬름 물리학 연구소 소장직을 제안받았다. 플랑크와 아인슈타인은 둘 다 음악을 사랑한다는 공통점이 있었다(플랑크는 피아노를, 아인슈타인은 바이올린을 연주하였다). 제1차 세계대전 중 하버와 네른스트는 호전성을 보였고 아인슈타인은 평화주의자로 서로의 신념은 달랐으나, 아인슈타인과 이 둘은 친구 사이였다.

제임스 플랑크가 네른스트와 아인슈타인 사이에 있었던 에피소드를 하나 들려주었다. 네른스트는 일단 논문을 발표하면, 옳건 그르건 자신의 논문이 무조건 맞는다고 주장하였다. 끝까지 자신의 주장이 맞는다며 허세를 부리다가 어쩔 수 없이 자신의 주장을 철회할 수밖에 없게 되면, 그 주제에 관한 연구는 다시는 하지 않았다.[5] 한번은 네른스트가 아인슈타인이 바로 전에 도출했던 결과를 바탕으로 진행했던 연구에 대한 논문을 준비하고 있었다. 아인슈타인이 그에게 "내가 잘못 인

그림 6-1 하버와 아인슈타인. AIP 에밀리오 세그레 시각자료 보관소 소장.

도해서 미안하네만, 내 논문이 틀렸다는 것을 알았네. 사실이 아니더라고."라고 하자 네른스트가 "아인슈타인, 그럴 순 없네. 이미 발표한 논문이잖아. 끝까지 고수해야지."라고 했다. 그러자 아인슈타인은 "그러면 신에게 왜 내가 4개월 전에 생각했던 대로 세상을 만들지 않았느냐고 따져야겠나?"라고 응수했다.[6]

또한, 독일 사회에 받아들여지기를 열망하는 하버의 끊임없는 노력을 아인슈타인은 탐탁지 않게 생각했으나, 하버를 진심으로 좋아했다. 하버는 아인슈타인이 첫 부인 밀레바와 이혼할 때 중재자 역할을 하기도 했다. 하버는 1913년 7월 29일 밀레바가 아이들을 데리고 스위스로 떠날 때 기차 플랫폼에서 흐느끼며 울던 아인슈타인 곁을 지켰고 함께 밤을 보내자며 아인슈타인을 본인의 집으로 데리고 간 적도 있었다.[7]

네른스트의 열정리, 열역학 제3 법칙이 되다.

3장에서 네른스트와 그의 열정리를 소개하였다. 그즈음 네른스트는, 원소로부터 암모니아를 합성하는 하버의 질소 고정법을 포함하여 그때까지 발표된 많은 실험 데이터에 자신의 열정리를 적용하며 자신의 이론을 입증하려는 노력을 기울이고 있었다. 반면에 시어도어 리처즈는 중요한 발견을 한 것은 네른스트가 아니라 자신이라고 확신하고 있었다. 네른스트의 열정리는 후에 열역학 제3 법칙으로 귀결되었다. 결국 이 업적으로 네른스트는 노벨상을 받는다. 그러나 그 노벨상은 한때 친구였던 스반테 아레니우스의 반대로 15년 후에야 받을 수 있었다.

열정리를 이용하면, 반응열만을 측정하여 자유 에너지 변화량을 구하는 것이 가능하다. 즉, 화학 평형을 예측할 수 있다는 것이다. 만일 열정리가 맞다는 것이 입증된다면 그 가치는 어마어마할 것이었고, 잘 입증되어 가는 듯 보였다. 플랑크는 그의 저서 『열역학』(3판, 1910년)의 서문에 이렇게 적었다. "1906년 W. 네른스트가 소개한 열정리는 정말 중요하다. 현시점에서 볼 때 이 정리는 조만간 입증될 것으로 보인다. 만일, 이 정리가 모든 경우에 유효함이 입증된다면, 이론적으로나 실용적으로나 과연 어디까지 적용될지 예측조차 할 수 없으며, 이 원리에 의해 열역학은 더욱 풍요로워질 것이다." 또한, 같은 책 5판(1917년)에는 다음과 같이 썼다. "확장된 이 정리가 유효하다는 것은 그동안 많은 분야에서 확인되었고, 이제는 잘 정립된 이론이라고 할 수 있다."[8]

1907년 아인슈타인은 플랑크의 양자 이론을 결정 상태의 물질에 적용하여 열정리를 이론적으로 유도할 수 있다는 것을 보여주었다. 절대 0도에서는 비열이 0이 되며, 극히 낮은 온도에서는 온도에 따른 비열의 증가가 지수함수 형태가 된다. 즉 절대 0도에 가까워지면, 네른스트가 주장한 것과 같이 열과 자유 에너지를 나타내는 곡선이 점근선 형태로 접근하게 되는 것이다. 자신의 정리가 보편적으로 타당하다는 것을 확립하기 위해 네른스트는 새로운 양자역학에 관심을 두게 되었고, 1920년대 내내 베를린 물리학 콜로키엄에 정기적으로 참석하였다.[9] 열정리에 대한 핵심 질문은 이 정리가 결정 형태가 아닌 일반 물질에도 적용될 수 있는가였다. 네른스트는 이 정리가 모든 고체와 액체에 적용된다고 주장했으나, 많은 과학자는 동의하지 않았다.

열정리는 다양하게 표현할 수 있다. 네른스트는 온도의 함수로 주어진 자유 에너지와 반응열은 절대 0도에 가까워지면 점근선 형태로 접근하게 된다고 간단하게 정리하였다. 열역학 함수인 **엔트로피**는 계의 무질서 정도를 나타내는 척도라고 할 수 있는데, 많은 과학자는 열정리를 엔트로피로 다시 표현하기를 원했다. 온도가 절대 0도에 접근하면,

열정리가 적용되는 물질의 엔트로피도 0에 접근해야 한다. 다시 말해 무질서가 완전히 사라져야 한다는 뜻이다. 네른스트는 이 정리를 엔트로피로 표현하는 것을 좋아하지 않았지만, 이에 대해 이해하고 있었던 것은 분명하다. 엔트로피로 나타낸 식은, 네른스트가 선호한 방식대로 절대 0도에 가까워질 때의 자유 에너지와 반응열의 거동을 나타내는 식과 본질적으로 같다.

플랑크는 두 개 이상의 성분으로 이루어진 고체나 액체 혼합물인 경우, 절대 0도에서 엔트로피가 0이 된다고 한 네른스트의 주장은 과장되었다고 제안하였다.[10] 한 종류의 원자로 이루어진 순물질의 경우에는 각 원자가 같은 종류의 원자로 둘러싸여 있다. 그러나 두 종류의 순물질이 섞이면 원자들의 배열에서 근본적인 무질서가 생긴다. 혼합물의 경우, 한 원자 주위에는 서로 다른 원자들이 무작위로 섞여 배열되게 된다. 이러한 무질서는 온도가 절대 영도에 가까워져도 사라지지 않는다. 1901년 이후 네른스트를 극도로 싫어했던 루이스는 플랑크의 지적이 옳다는 것을 실험으로 보여주었다. 플랑크와 루이스에 따르면, 제3 법칙은 순수한 결정에는 적용되지만 두 개 이상으로 성분으로 이루어진 용액에는 적용되지 않는다.[11] 네른스트가 오랫동안 노벨상을 받지 못했던 데에는 루이스의 이 실험 결과도 일조했다고 할 수 있다.

네른스트가 자신의 연구를 훔쳤다는 리처즈의 계속된 불만도 네른스트가 노벨상 수상자로 지명받지 못한 이유 중 하나였을 것이다. 리처즈는 1902년 발표한 자신의 논문에서 제3 법칙의 본질을 찾을 수 있다고 주장하였다. 자신의 논문에 수록된 그래프가 네른스트가 보편적 원칙으로 주장한 이론을 보여준다는 것이었다. 네른스트는 후에 "(리처즈의 논문에) 언급된 열역학은 모호하고 불완전해서 내 생각에 영향을 미쳤다고 인정할 수 없다."[12]라고 했다. 그러나 그가 열정리 이론을 도출하기 전에 리처즈의 데이터를 봤다는 것은 거의 확실하다. 리처즈는 나중에 아레니우스에게 쓴 편지에, 네른스트가 1904년 미국을 방문했을 때 자신의 1902년 발표 논문을 보고 자신의 아이디어를 훔쳐 갔다고 언급하였다.[13] 그랬을 수도 있지만, 빌헬름 오스트발트가 발간하던 독일 『물리화학지』에 독일어로 번역되어 실린 리처즈의 논문을 네른스트가 집에서 독일어로 읽었을 수도 있다.[14] 리처즈는 1912년부터 1921년까지 계속 출판물과 편지에서 제3 법칙을 발견한 우선권은 자신에게 있다고 주장하였다. 리처즈는 "나의 1902년 논문에 핵심 아이디어가 기술되어 있다."[15]라고 썼으며, 네른스트가 '이 표절 작품'으로 노벨상을 받을지 모른다는 사실이 두렵다고도 했고,[16] "주제 전체를 아우르는 혁신적 주요 아이디어는 1902년에 발표된 후, 근본적인 새로운 원리가 추가된 것은 없다는 것이 명백하다"[17]라고도 주장하였다. 1914년 미국 화학회에서 한 연설에서, 리처즈는 자신의 아이디어가 "수정 없이 네른스트가 [열정리]라고 명명한 이론에 그대로 채택되었다"고 말했다. 이 내용은 후에 논문으로 『미국 화학회지』에 발표되었다. 이런 리처즈의 비난에 화가 난 네른스트는 1917년 발행된 그의 저서 『새로운 열정리』에서 리처즈 논문의 어설픈 수학과 열역학을 신랄하게 비판하였다.[19]

한때는 가까운 친구 사이였던 아레니우스와 네른스트는 1900년 무렵 시작된 일련의 개인적 그리고 과학적 논쟁으로 사이가 틀어졌다. 네른스트가 아레니우스의 해리 이론을 확장하면서 논쟁이 시작되었다. 그러다 아레니우스와 파울 에를리히가 면역학 논쟁을 할 때 네른스트는 파울 에를리히 편을 들게 되었다. 이후 노벨의 유산과 상을 관리하는 아레니우스의 역할(1장 참조)에 대해 네른스트가 불만을 표하면서 그들의 불화는 계속되었다.

아레니우스는 그 후 노벨 물리학 위원회와 화학 위원회에서 자신이 홀로 네른스트의 업적을 심사할 수 있도록 조정하였으며, 여섯 번에 걸쳐 부정적인 비밀 보고서를 작성하여 오랫동안 네른스트의 노벨상 수상을 막았다.[20] 아레니우스는 네른스트의 과학적 업적만을 트집 잡은 것이 아니었다. 그는 네른스트가 학생 선술집에 투자했고 명예훼손죄로 소송 중에 있다는 사실을 언급하며 부도덕한 사람에게 노벨상을 수여할 수 없다고도 했다.[21] 리처즈와 친밀한 관계였던 아레니우스는 1914년 노벨 화학상을 두고 네른스트와 리처즈가 경합을 벌일 때 리처즈를 지지하였다. 결국 제1차 세계대전 종전 후인 1919년, 리처즈는 원자량을 구한 업적으로 1914년 노벨 화학상 수상자로 소급하여 발표되었다.[22]

노벨 화학 및 물리학 위원회 사무총장이었던 스웨덴의 전기 화학자 빌헬름 팔마에르는 네른스트를 노벨상 후보로 강력히 지지하였다. 1920년 노벨 위원회가 그해의 노벨 화학상을 유보하자는 의견을 내자, 빌헬름 팔마에르는 이를 반대하였다. 그는 네른스트를 지지하는 13페이지 분량의 보고서를 제출하며 스웨덴 왕립 과학원 회의장에서 반란을 일으켰다. 한때 네른스트와 경쟁 관계에 있던 하버도 이때는 네른스트를 지지하였다. 네른스트가 자신과 마찬가지로 연합군 전범 재판의 표적이었고 독일 과학을 대표했기 때문이었다.[23]

1921년에 이르자 네른스트에게 노벨상을 수여해야 한다는 압박이 너무 심해서 아레니우스도 더는 막을 수 없었다. 노벨 위원회는 아레니우스가 아닌 다른 사람에게 네른스트에 대한 보고서를 의뢰하였다. 결국, 독일 태생의 물리화학자 한스 폰 오일러켈핀이 아레니우스의 예전 보고서를 조목조목 반박하는 보고서를 제출하였다.[24] 1921년 5월 리처즈에게 쓴 편지에서 아레니우스는 “우리 과학원이 네른스트 정리에 대한 노벨상 수여 여부를 결정할 것 같아요. 이곳의 대다수 화학자가 네른스트의 수상을 강력히 지지하고 있어요."라고 썼다.[25] 그 후 10월 아레니우스는 리처즈에게 다시 편지를 보냈다. "올해 네른스트가 노벨상을 받을 가능성이 매우 커요. 그를 지지하는 여론이 매우 높아요."[26] 오일러켈핀의 보고서를 본 아레니우스는 요청받지 않았음에도, 네른스트 연구에 대한 일곱 번째 부정적인 보고서를 제출하였다. 그러나 이번에는 위원회를 설득할 수 없었다. 결국 1921년, 네른스트는 1920년 노벨 화학상을 소급하여 받게 되었다.[27]

네른스트와 하버, 노벨상 수상자들

하버와 네른스트는 각각 암모니아 합성 공정과 전구로 큰돈을 벌었으며, 1923년의 극심한 인플레이션 상황에서도 재산을 잃지 않았다. 하버는 1919년에 1918년의 노벨상을 소급하여 받았다. 곧이어 1921년 네른스트도 노벨상을 수상하면서 이 둘은 세계에서 가장 유명한 물리화학자가 되었다. 그러나 그 후 둘 다 전과 같은 과학적 성공을 거두지는 못했다.

노벨상 수상 후 네른스트는 전통적인 물리화학을 떠나 다른 여러 분야를 섭렵했지만, 큰 성과는 없었다. 우주 방사선에 관심이 있던 그는, 핵에너지가 별의 에너지원이라고 생각하였다. 또한, 열역학 제2 법칙으로 예측한 우주의 '열죽음'은 일반적으로 생각되는 것보다 훨씬 먼 미래의 일일 수 있다는 생각도 하게 되었다. 그는 또한 '기체 에너지의 축퇴' 문제, 즉 이상 기체의 에너지가 어떻게 양자화되어 있는가에 대한 문제에도 관심이 있었다. 1922년 네른스트는 전기 회사인 지멘스와 피아노 제조사인 벡스타인과의 협업으로 상업용 전자 피아노를 개발하였다. 이때 네른스트는 전구 개발 당시와 같이 판매량에 따른 현금 보상을 받기 위해 협상했지만, 지멘스와 벡스타인은 특허 사용료만 지불하기로 하였다.[28] 그 피아노는 네오-벡스타인 플뤼겔이라는 이름으로 제작되었는데, 1931년이 되어서야 비로소 출시되었다. 그것은 변형된 그랜드 피아노라 할 수 있는데 전기적 소리 변환기가 장착되어 피아노라기보다는 현대의 전기 기타와 비슷한 소리가 났다. 이 피아노는 대략 15~20대 정도가 제작되었고, 그 중 여전히 작동되는 두 대의 피아노가 독일 박물관에 전시되어 있다. 한 대는 아직도 연주용으로 사용된다.[29]

네른스트는 시골 저택을 사들였지만, 여전히 베를린의 밤 문화를 즐겼다. 1920년대 초에는 많은 독일 시민들에게 베를린은 빈곤의 도시였다. 그러나 현금 부자들에게 베를린은 흥미진진한 도시였으며, 환락으로 가득한 나이트클럽과 도박장이 넘쳐났다. 네른스트와 그의 아내 엠마는 베를린의 카지노를 즐겼으며, 그의 딸은 8살 때 바카라 게임을 집중적으로 배웠다고 회상하기도 했다.[30] 네른스트는 과학자 친목 파티를 여는 것도 즐겼는데, 교수들에게는 고급 음식과 술을 제공하였지만, 학생과 하위직 연구원들에게는 그렇지 않았다. 그는 코트 주머니에 두 개의 시가 케이스를 넣고 다니며 저명한 인사들에게는 비싼 시가를, 일반 사람들에게는 저렴한 시가를 권했다.[31]

노벨상 수상 이후 네른스트는 전보다 더 오만하고 까다로워졌다. 특히 그가 주관하던 주간 세미나에서 그의 그런 면이 더 두드러졌다. 그는 자신이 잘 모르는 영역의 질문을 받으면, "그런 질문은 내 세미나에선 허용되지 않아요."라고 대답하는 것으로 유명하였다.[32] 세미나 중 어느 시점이 되면 늘 제복을 입은 하인이 작은 관 크기의 광택이 나는 마호가니 상자를 들고 나타났다. 그러면 네른스트는 그 상자에서 황제와 국제 과학 협회에서 받은 각종 상을 꺼내 자랑하곤 했다.[33] 그는

1933년 주미 독일 대사직을 제안받았지만 현명하게도 이를 거절하였다. 대사라는 타이틀은 분명 좋아했겠지만, 그가 외교관직을 수행할 때 필요한 인내심이나 요령이 있었을 것 같지는 않다. 그는 1922년 국립 물리학 연구소인 제국연구소 소장직을 제안받고 수락하였다. 그러나 소장이 되자 평범한 사람들로 가득 찬 관료주의적 분위기에 실망하였다. 그가 갑자기 화를 낼 때 한 부서장이 "소장님, 마치 프리마 돈나처럼 행동하시네요."라고 말하자 네른스트는 "나는 프리마 돈나예요."라고 대답하였다.[34]

제국연구소 소장직을 사퇴한 후에도 그는 계속 소장님이라는 칭호를 사용했고, 어떤 호칭으로 그를 부를지 몰라 난처해하는 사람들에게는 이런 방법으로 자신의 호칭을 알려 주었다. 먼저 자신의 집에 전화한다. 그리고 전화 받는 하녀에게 나는 **소장님**인데, **소장님 사모님**께 **소장님**이 오늘 점심 식사에 몇 분 늦을 것 같다고 전하라고 말한다.[35] 제국연구소 소장 임기를 마친 후, 네른스트는 1924년 60세 때 다시 학계로 돌아와 베를린 대학교 물리학과 학과장직을 맡았다.

한편 독일 왕정이 무너진 후에도, 여전히 독일을 열렬히 사랑하던 하버는 제1차 세계대전 종전 후 체결된 베르사유 조약에 독가스 연구 금지가 명시됐음에도 불구하고 독가스 연구를 비밀리에 계속하였다. 독일은 휴전협정 조약에 따라 비축된 화학전 무기를 폐기해야 했지만, 화학 무기는 여전히 화물 열차에 많이 보관되어 있었다. 하버는 전쟁 중에 겨자탄 공장 건설 작업을 도왔던 후고 스톨첸버그에게 전후 계속되던 독가스 연구의 책임을 맡기자는 제안을 하였다(후고 스톨첸버그의 아들 디트리히 스톨첸버그는 후에 하버의 전기 작가가 되었다). 독가스는 연합군 감시하에 태워 재로 만들거나 다른 물질로 전환하게 되어 있었다. 그러나 하버와 스톨첸버그는 독가스에 대한 자세한 정보를 독일군에게 알려

주어, 독가스 제조 공정에 대한 지식을 남겨놓았다. 또한, 가능한 한 많은 양의 독가스 원료 물질과 제조 장비가 보존될 수 있게 조처하였다.

하버는 가스전의 최고 전문가로 인정받았고 다른 나라에서도 독가스에 대한 문의가 들어오기 시작하였다. 하버는 스톨첸버그에게 상담을 맡겼다. 스톨첸버그는 스페인의 겨자탄 제조 공장 설립 협상을 성사시켰고, 스페인군은 1922년에 모로코 반군을 진압할 때 이 겨자탄을 사용하였다. 이후 하버는 스톨첸버그에게 비밀 정보를 하나 더 알려 주었다. 소련이 자국 영토 내에 독일과 소련에 공급할 독가스 제조 공장을 짓자는 협정을 제안했다는 것이다. 그러나 정치적 분위기가 바뀌어 1926년의 이 독-소 연합 프로젝트가 결렬되었고 결국 스톨첸버그는 파산하였다. 그의 앞잡이가 파산하자, 하버는 잠시 독가스와 관련된 일에서 손을 뗐다. 그러나 1929년 하버가 독일군의 작전에 자신이 소외되었다고 불평하자, 독일군은 화학 무기와 관련된 일에 하버를 가능한 한 많이 개입시키라는 지시를 내렸다.[36]

1923년 독일 화폐가 붕괴되었을 때, 하버는 바닷물에서 금을 추출하여 국가 부도를 막을 수 있다고 생각하였다. 1903년 아레니우스는 바닷물 속의 금 농도가 1톤당 6 mg으로 추정하여 약 8백만 톤의 금이 바닷물에 존재한다는 계산을 한 적이 있었다. 만일 독일 과학계가 금 추출 방법을 개발하고 이를 다른 나라에 극비로 부친다면, 독일이 전쟁 배상금을 쉽게 청산하고 독일 화폐가 다시 정상화될 수 있다고 하버는 생각하였다. 1920년, 하버는 요하네스 야니케를 팀장으로 한 금 추출 프로젝트팀을 발족시켰다.

야니케는 하버의 동료로 나중에 하버의 전기를 집필하려고 시도하기도 하였다. 하버는 그의 연구소를 들락거리던 연합군 화학 무기 감독관이나 심지어 자기 연구소 직원들에게조차도 금 프로젝트를 비밀로 하였다. 그러나 그 프로젝트는 매우 허술하였다. 하버와 그의 동료들은 바닷물에 들어있는 실제 금 농도를 조사하지도 않은 채, 아레니우스의 추정치가 맞는다고 믿고 1톤당 5 mg 농도의 염화 금 표준 용액을 만들었다. 이 용액을 이용하여 완벽한 금 추출 방법을 개발하는 데 3년을 허비하였다.

1923년이 되어서야 비로소 표준 용액이 아닌 실제 바닷물로 연구를 시작하였다. 하버는 북해에서 바로 바닷물 시료를 채취하는 대신, 평소 가깝게 지내던 회사인 데구사와 메탈게젤샤프트에 세계 여러 지역에서 금 농도를 테스트할 수 있는 해상 실험실을 요청하였다. 독일 여객선 한자 호에 장비를 싣고 하버를 포함한 연구원들은 쉬쉬하며 뉴욕을 향해 출발하였다. 하버와 그의 일행은 급여 담당자나 접시닦이 등으로 선원 명단에 이름을 올려놓았다. 하버는 이 비밀스러운 공작을 즐겼음이 분명하다. 하버 일행이 바닷물 시료를 채취하는 것을 본 다른 승객들이 무슨 일을 하느냐고 묻자, 그들은 새 에너지원을 탐색 중이라는 소문을 퍼트렸다.

이 항해와 이어진 다른 항해에서 하버 팀은 남대서양, 태평양, 남극, 북극에서 수천 개의 바닷물 시료를 채취하고 분석하였다. 그러나 이 모든 노력은 헛수고였다. 바닷물의 평균 금 농도는 아레니우스가 추정한 1톤당 6 mg의 1000분의 1 정도에 불과했고, 가장 농도가 높은 것도 아레니우스 추정치의 100분의 1도 되지 않았다. 이는 추출할 가치가 없을 정도로 경제성이 없는 낮은 수치였다.[37]

하버는 씀씀이가 헤픈 사람으로 알려져 있었다. 최고급 호텔에 체류하고 최고급 레스토랑에서 식사하였다. 친구를 환대했으며 계산은 자신이 기꺼이 했지만 약간 거만한 면도 있었다. 하버의 전기 작가 중 한 명인 다니엘 찰스는 그를 다음과 같이 묘사하였다.

그의 연구소에서 하버는 가장이자 보호자였다. 그는 연구소 복도를 돌아다니며 젊은 연구원들의 연구를 살펴보곤 했다. 후에 프린스턴대학 교수가 된 휴버트 알리아는 이렇게 회상했다. "하버는 내 실험실에 들어와 '알리아 박사, 오늘 무슨 일을 했나요? 이러 이러한 것을 해 봤나요?'라고 묻곤 했다. 그런 뒤 내가 무슨 대답을 하든 그는 고개를 끄덕이며 진지하게 'Aber! Aber! Aber!(그러나! 그러나! 그러나!)'라며 계속 자신의 말만 했다." 이러한 우연한 만남은 종종 긴 강의로 이어지기도 했다. 아침에는 흥미로운 강의일 수 있었지만, 늦은 오후에 시작되어 퇴근 시간을 놓치게 될 때는 그렇지 않았다. 그래서 이 "노인"이 생각에 잠겨 정원을 거쳐 자신의 실험실 쪽으로 걸어오는 모습을 보면, 저녁 약속이 있는 연구원들은 1층 창문을 통해 도망치기도 했다.

하버의 관대함은 거의 전설적이다. 그는 자신의 연구소에 잠깐이라도 근무한 사람은 누구라도 자기가 도와주어야 한다고 생각했고, 헌신적으로 그를 도와주곤 했다. 한 친구는 이렇게 얘기했다. "수준이 좀 떨어지는 오리들이 그의 뒤를 졸졸 따라다녔고, 그가 자리를 찾아 줄 때까지 그에게 매달렸다."

그러나 그것이 온전히 타인에 대한 관대함이라고 할 수는 없다. 하버는 친구들에게 선물을 주고 호의를 베푸는 것을 좋아했는데, 이는 그가 세상에 자신의 부와 영향력을 과시하는 방법이기도 했다. 리제 마이트너의 말처럼, 하버는 "당신의 가장 친한 친구이자 동시에 신"이 되고 싶어 했다.[38]

1927년, 하버의 두 번째 결혼은 이혼으로 끝났다. 하버의 친구들은 샤를로테를 싫어했다. 샤를로테는 당연히 하버의 첫 번째 부인 클라라 사이에서 낳은 아들 헤르만 때문에 힘들었을 터이고 하버는 아주 세심한 남편이 아니었다. 1924년 바스프와의 협상에서 암모니아 생산에 대한 특허권을 일시불로 지불받았기에 하버에게는 이제 큰 수입원이 없었고, 샤를로테와의 이혼 합의는 그에게 재정적인 부담을 안겨 주었다. 1929년 주식 시장 붕괴로 그의 재정 상황은 더욱 안 좋아졌다. 항상 건강이 좋지 않았던 하버는 조기에 노화가 진행되는 것처럼 보였다.

1920년대 중반에 들어서면서, 독일 대학에서 반유대주의가 부상하였고 이는 대학 내에서도 공공연한 사실로 받아들여졌다. 1924년 하버의 가장 가까운 친구이자 노벨상 수상자인 리하르트 빌슈테터가 정책적인 문제로 뮌헨 대학교 화학과 교수직을 사임하게 되었다. 그해 뮌헨 대학교에는 고위직 세 자리가 공석이 되었는데, 각 자리의 유력한 후보자는 모두 유대인이었다. 하지만 그들 모두 종교적인 문제로 임용되지 못했다. 이것은 다가올 일의 신호탄이었다. 사임 후 빌슈테터는 독일 및 해외에서 제안받은 다른 자리들을 모두 거절하고, 연구 조교들에게 전화로 지시하며 자신의 연구를 계속하였다. 그는 1938년 나치에 의해 독일에서 추방될 때까지 독일에 남아있었다.

나치 시대가 시작되기 직전인 1933년 2월, 하버는 친구 빌슈테터에게 이런 편지를 썼다. "점점 고갈되는 에너지로 네 가지 적과 싸우고 있네. 불면증, 전처의 금전적 요구, 미래에 대한 걱정, 내가 인생에서 심각한 실수를 저질렀다는 느낌 등이네."[39] 1933년까지 이어진 하버의 불운한 인생사를 돌이켜볼 때 그 "심각한 실수"가 무엇인지 확실하지는 않지만, 독일이라는 나라를 믿은 것도 아마 그 실수 중 하나였을 것이다. 이 무렵 히틀러가 독일 수상으로 당선되었고 나치당이 과반수는 아니었으나 독일의 가장 큰 단일 정당이 되었다. 1937년 3월 23일의 의회 방화 사건 이후, 나치 돌격대는 "전권을 달라-그렇지 않으면!"이라는 구호를 외치며 경쟁 정당의 의원들을 위협하였다. 하버가 지지하던 독일국가당 의원들조차도 히틀러에게 독재 권한을 부여하는 데 대한 투표에 찬성표를 던졌다.

나치 치하에서의 과학

히틀러가 정권을 잡았을 때, 유대인이건 비유대인이건 많은 독일 과학자들에게는 인내가 요구되었다. 그들은 나치의 반유대주의 구호가 단지 선거에서 표를 모으기 위한 대중 선동에 불과하며, 히틀러가 권력을 잡은 다음에는 반유대주의는 뒷전으로 밀려날 것으로 희망하였다. 당시 유대인은 독일 인구의 1%도 되지 않았으나, 독일 물리학과 화학 연구자의 4분의 1을 차지하고 있었다.[40] 사람들은 히틀러가 세계적인 리더의 위치에 있는 독일 과학을 파괴하려 한다고는 생각하지 않았다. 막스 플랑크나 카를 보슈같이 이성적인 인물들이 독일 과학계의 지도자적 위치에 있었기 때문에, 그들이 히틀러에게 독일에 있어 과학이 얼마나 중요한지, 그리고 유대인 과학자들이 독일 과학에 얼마나 중요한지를 설명할 수 있을 것으로 믿었다. 그러나 2주 후, 나치는 비아리아인(비게르만인)을 모든 정부 기관에서 해고해야 한다는 내용의 공무원법을 통과시켰고, 여기에는 모든 대학교수도 포함되어 있었다. 카이저 빌헬름 연구소는 반(半)사립기관이라 일부 직원은 공무원 해고 법에 적용되지 않았으나, 하버의 연구소는 직접 정부의 통제를 받았기 때문에 전 직원이 이 법에 해당되었다.[41]

많은 사람은 나치당이 일단 정권을 잡고 나면 반유대주의를 완화하리라는 기대를 했으나, 아인슈타인은 그런 환상을 품지 않았다. 아우슈비츠 포로수용소 생존자인 작가 장 아메리는 "모든 유대인은 이미 사형선고를 받고 돌아다니는 사람"이라는 것이 나치당원의 생각이라고 표현했는데, 아인슈타인도 그렇게 믿었던 것 같다.[42] 아인슈타인은 히틀러의 1923년 쿠데타 시도 때 스위스로 떠났고, 쿠데타가 진압된 뒤에야 독일로 돌아왔다.[43] 1933년 히틀러가 정권을 잡았을 때 아인슈타인은 외국에 체류 중이었는데, 자신은 독일로 돌아가지 않을 것이라고 즉시 발표하였다. 곧이어 그는 독일 시민권을 포기하였다.

독일 과학계에는 이미 반유대주의 운동이 존재했으며, 두 명의 노벨 물리학상 수상자인 필리프 레나르트와 요하네스 슈타르크가 주도하고 있었다. 그러나 바이마르 공화국 시절에 대부분의 독일 과학자는 이러한 운동을 혐오했다.[44] 1924년 레나르트와 슈타르크 둘 다 베를린 대학 물리학 교수직에 지원했지만, 그 자리는 네른스트에게 돌아갔다. 그들은 "이론 물리학에 대한 그들의 특이한 견해가 베를린 대학교에 해를 끼칠 것"[45]이라는 이유로 배제되었다. 레나르트는 1905년 노벨상을 받은 후 매년 노벨상 후보를 추천해 달라는 부탁을 받았으나, 그의 답변은 항상 "최근의 좋은 논문은 내 논문뿐이며, 나는 이미 상을 받았기 때문에 다른 사람을 추천하는 것은 의미가 없다"라는 것이었다.[46] 작가 장 메더워와 데이비드 파이크는 레나르트를 이렇게 평했다.

> 그는 대부분의 과학자가 도달할 수 없는 성공을 이루었음에도, 항상 불만으로 가득 차 있었다. 1905년, 43세의 비교적 젊은 나이에 음극선을 발견한 공로로 노벨상을 받았지만, 이것이 그의 마음을 부드럽게 만들지는 못했다… 그는 휴스턴 스튜어트 체임벌린이 주장한 인종 차별론과 독일인, 아리아인, 또는 북유럽인이 다른 인종보다 우수하다는 독일 민족 우월사상에 심취해 있었다.

레나르트의 성품은 그의 학문에도 영향을 미쳤다. 1922년에, 아인슈타인이 1921년의 노벨상 수상자로 발표되자 유대인인 아인슈타인에 대한 그의 증오가 더 깊어졌다. 실제로 레나르트는 노벨 위원회에 항의 서한을 보냈고 언론에 이를 배포하였다… 라테나우의 암살로 선포된 국가 애도의 날에도 그는 자신이 근무하던 하이델베르크 연구소에 조기를 게양하는 것을 거부하였다. 이에 분노한 학생들이 그의 연구소에 모여 항의 행진을 했고 레나르트는 회의 중에 끌려 나왔다. 결국, 그는 보호 차원에서 몇 시간 동안 구금되어 있었다. 반유대주의를 향한 그의 극우적 행보는 히틀러가 1923년 뮌헨 쿠데타를 실패한 후 구속되었을 때 다시 표출되었다. 레나르트는 또 다른 노벨 물리학상 수상자인 요하네스 슈타르크와 함께 히틀러 지지를 공개적으로 선언하였다. 그는 히틀러와 그의 동지들을 "신이 우리에게 주신 선물로 보인다."라고 말했다.[47]

레나르트 자신의 아리아인 혈통은 일부 반유대주의자들 사이에서 의심을 받았다. 1916년경부터 그의 헝가리 조상이 유대인이었다는 보고서가 돌아다녔으며, 와인 판매상이었던 아버지의 동업자는 유대인이었다. 1939년 나치가 그의 혈통을 조사하고 보고서를 작성하였으나, 현재는 보존되어 있지 않다.[48] 레나르트는 젊은 시절 자신의 우상이었던 유대인 물리학자 하인리히 헤르츠의 제자였으며 그의 전기를 쓰기도 했다. 그러나 그의 전기를 쓴 자신의 과거를 끊임없이 변명하였다. 자신이 헤르츠 물리학을 이해하기 어려웠던 것은 헤르츠가 외래 인종의 사고방식을 가졌기 때문이었다는 것을 뒤늦게 깨달았다고도 했다.[49] 독일 물리학회가 독일어 번역 없이 영어로 논문을 게재하자 레나르트는 이에 항의하며 학회에서 탈퇴하였다. 그리고 자신의 사무실 문 앞에 "유대인과 독일 물리학회 회원 출입 금지"라는 팻말을 걸어 놓았다.[50]

요하네스 슈타르크는 전기장에 의해 스펙트럼선이 분리되는 것을 발견한 공로로 1919년 노벨 물리학상을 받았다. 연구 초기에는 아인슈타인과 공동 연구를 한 적도 있으나, 우선권에 관한 논쟁에 휩쓸리며 점점 고립되고 좌절하였다. 플랑크는 슈타르크를 '모든 면에 있어 골칫덩어리'[51]라고 했다. 그는 나치가 유대인 과학자를 해고한 조치에 대한 비판을 자신이 변호해야 한다고 생각하여, 최고의 영국 과학 학술지 『네이처』지에 다음과 같은 편지를 보냈다. "유대인 과학자와 학자들에 영향을 준 국가사회주의당(나치) 정부의 조치는 유대인들이 행사해온 부당한 영향력을 줄이려는 시도에 기인합니다. 독일에는 유대인들이 독점하고 있는 병원과 과학 연구소들이 많이 있으며, 이곳에서 주요한 모든 자리를 유대인이 독차지하고 있었습니다."[52]

'유대 과학'(그리고 '영국 과학', '프랑스 과학' 등)과 대립되는 개념의 '독일 과학'이라는 철학 운동이 전개되었다. 프랑크푸르트 대학교 총장 에른스트 크리크는 이렇게 말했다. "대학 교육의 목적은 무엇인가? 그것은 지금까지 대학 교육의 목적이라고 생각하고 가르쳐왔던 객관적인 과학이 아니다. 군인들의 영웅적 과학, 그리고 공격적이고 전투적인 과학이 우리의 교육 목표다. 우리는 나치에게 적합한 과학만 알고 있다."[53] 1935년 하이델베르크 물리 연구소 헌정 연설에서 레나르트는 에릭 옌쉬를 인용하여 유대 과학은 "수학적이며, 비물질적 영성으로 가득하고, 지적이며, 이상주의적이고, 투영적"이라고 했다. 영국 과학은 "관련이 없는 이론들의 집합체"이며, 독일 과학은 "생명적, 유기적, 흡수적, 그리고 경험적"이라고 말했다.[54]

그러나 나치가 과학 및 교육부 장관으로 선택한 인물은 레나르트나 슈타르크가 아닌 베른하르트 루스트였다. 루스트는 전직 초등학교 교사였다. 그는 1930년에 어린 소녀에게 성범죄를 저지른 혐의로 기소되었고, '정신이 불안정'하다는 이유로 교직에서 해고된 전력이 있었다.

그가 과학 장관 업무를 맡을 능력이 있다고 주장할 수 있는 유일한 근거는 나치당의 초기 당원이었다는 것이었다. 루스트와 나치는 과학자들을 대하는 방법을 전혀 몰랐다.

> 베를린 대학의 모든 교수와 강사가 필수적으로 참석해야 하는 회의가 소집되었다… 연사는 히틀러의 친한 친구인 율리우스 슈트라이허였다. 그는 반유대 신문『디 슈튀르머』의 편집자였으며, 전후에 전범으로 처형당했다. 독일 군화를 신고 늘 들고 다니는 말 채찍을 휘두르며 강단 위를 거만하게 왔다 갔다 하던 슈트라이허는 교수들에게… 그들의 머리를 다 합쳐도 히틀러 머리의 천분의 일도 안 된다…라고 했다. 그것은 히틀러가 교수들을 나치 깃발 아래로 끌어들이려 했던 노력 중 하나였다.[56]

일부 비유대인 과학자들은 나치와 협력하는 것을 거부했는데, 대표적으로 막스 폰 라우에가 있다. 라우에는 1914년에 결정에서의 X-선 회절을 발견한 공로로 노벨 물리학상을 받았다. 그는 프로이센의 귀족 지주인 융커 출신이었다. 나치가 집권했을 때, 라우에는 히틀러식 경례를 하지 않기 위해 항상 양손에 짐을 들고 집을 나섰다. 네른스트의 전기 작가인 커트 멘델스존은 라우에에 대해 이렇게 말했다.

> 라우에는 융커 계층 출신으로 독보적인 과학자가 된 독특한 사례였다. 그러나 그의 외모나 말투는 평생 프로이센 장군처럼 보였다. 강의나 토론할 때 고함지르듯 짧게 몇 마디만 했는데 그마저도 덥수룩한 수염에 막혀 명확히 들리지도 않았다. 그도 자신의 단점을 잘 알고 있어서 언어치료까지 받았으나 별 효과는 없었다. 한 번은 대학 축제에서 네른스트가 손님으로 초대된 은퇴한 장군을 만나게 되었다. 그 장군은 네른스트가 물리학자라

는 사실을 알게 되자, 여러 해 전에 리히터펠데에 있는 유명한 장교 훈련 학교에 군사 생활에 전혀 소질이 없는 한 생도가 있었다고 회상하였다. 그 생도는 훌륭한 프로이센 가문 출신이어서 특히 안타까웠는데, 결국 그는 물리학을 공부하기로 했다고 말했다. 그러나 그 장군은 네른스트가 라우에라는 그 생도를 알고 있을 것이라고는 생각하지 않았다. 네른스트는 장군에게 라우에를 잘 알고 있으며, 그는 노벨상을 받았다고 말해주었다. 그러자 노장군은 눈을 반짝이며, 그 생도가 가문에 완전히 쓸모없는 인간이 되지는 않아서 기쁘다고 말했다.[57]

나치가 집권하여 유대인을 공직에서 배제하는 공무원법을 1933년에 통과시켰을 때, 많은 사람은 독일 물리학의 거장이자 카이저 빌헬름 협회(모든 카이저 빌헬름 연구소의 상위 조직)의 회장인 막스 플랑크가 히틀러를 설득해 이 문제를 해결해 주기를 기대하였다. 제3 제국이 지속된 12년 동안 플랑크는 최선을 다해 중재하려고 노력하였다. 그로 인해 개인적으로 엄청난 대가를 치렀지만 별 성과를 거두지 못했다. 플랑크의 전기 작가인 존 헤일브론은 이렇게 썼다.

> 플랑크 같은 원로들의 원칙은, 나치 체제를 이해하고 동조하지는 못하지만 그들의 반감을 사지 않고 과학을 보호하려 노력하는 것이었다. 그들은 사소한 일에는 공개적으로 따랐고, 큰 불의에 대해 공개적으로 항의하지 않았으며, 수준이 떨어지는 인물들이 그들의 자리를 차지하지 못하도록 노력하였다. 또한, 젊은 과학자들도 자신들과 같이 행동하라고 설득하였다… 프랑크의 부인 마그다 플랑크는 남편에 대해 이렇게 썼다. "그는 자주 모든 공직과 큰 책임에서 벗어나고 싶어했다." 그러나 그럴 수 없었다. "이제 모두가 그의 도움을 기대하고 있었다." 정치적 상황은 노쇠한

그에게 남아있는 모든 힘을 요구했다.[58]

플랑크는 제1차 세계대전 초기에 독일과 비독일 과학자들 사이의 단절을 초래한 93인 성명서에 서명한 인물 중 한 명이었다. 그 성명서에 대한 경험에 비추어 볼 때, 공식적으로 선언문을 선포해도 별 효과가 없을 것이라고 공개 선언에 반대하며 말했다. "이전의 선언은 역효과만 냈다고 생각합니다. 모순되는 일이 필연적으로 발생하고, 오해를 사게 되며, 서명자를 비방하는 데 사용될 것입니다."[59] 그는 조용히 배후에서 일하며 추방을 지연시키고 독일 과학을 보호하려고 노력하였다.

나치가 집권한 후, 강의실마다 나치 문양의 기가 걸렸고, 모든 회의와 세미나는 히틀러에 대한 경례로 시작되었다. 플랑크가 이에 대해 갈등하는 모습을 다음과 같이 말한 사람이 있다. "플랑크는 연단에 서서 손을 반쯤 들었다가 내렸다. 그리고 다시 한번 그런 행동을 반복하였다. 그리고 마침내 손을 올리며 '하일 히틀러'라고 말했다."[60] 새로운 공무원법이 통과된 직후, 플랑크는 과학의 전망에 대해 논의하기 위해 히틀러를 면담할 기회를 얻었다. 히틀러는 플랑크에게 나치는 유대인에 대해 아무런 반감이 없으니 걱정할 필요가 없으며, 실제로는 유대인을 보호할 계획이라고 말했다. 적은 유대인이 아니라 공산주의자들이며, 불행히도 모든 유대인이 공산주의자라고 주장하였다. 이에 대해 플랑크는 아무런 대답도 할 수 없었다.

플랑크의 면담과 히틀러의 발언 소식을 들은 베르너 하이젠베르크는 이를 좋은 소식으로 받아들였고, 당시 괴팅겐에 있던 막스 보른에게 보낸 편지에 이렇게 썼다. "플랑크가 말하기를… 정권의 수장과 이야기를 나눴고, 정부가 과학에 악영향을 줄 수 있는 새로운 공무원법 이상의 조처를 하지 않겠다는 보장을 받았다고 한다. 한편으로는 [참전 용사에 대한 면제 조항 때문에] 법의 영향을 받는 사람이 거의 없으므로 너와 프랑크는 물론이고, 쿠란트도 해당되지 않을 거야. 정치적 혁명에 괴팅겐 물리학은 아무런 피해를 보지 않을 수도 있을 것 같아."[61]

하버 연구소에서 근무하다가 괴팅겐 대학의 교수로 있던 프랑크는 그 말을 믿을 만큼 분별력이 없는 사람이 아니었다. 제1차 세계대전에서 두 개의 철십자 훈장을 받은 그는 해고를 면할 수 있었다. 그 훈장으로 전방 근무를 면제받은 적도 있었다. 그러나 그는 즉시 자신의 직위를 사임하고 집에서 세미나를 개최하며 잠시 독일에 머물러 있었다. 1933년 9월, 보어가 그를 코펜하겐으로 초청하자, 프랑크는 그해 11월에 독일을 떠났다. 그가 괴팅겐을 떠날 때, 그의 친구들은 기차 플랫폼을 가득 메우며 침묵 속에 서 있었다. 그의 동료들도 대부분 독일을 떠났다. 나치 이전에 괴팅겐에서 수학과 물리학을 연구하던 스물여섯 명 중 열한 명만이 남았다.[62] 후에 나치 정부의 한 장관이 괴팅겐의 수학자 다비트 힐베르트에게 "유대인들이 사라진 후 괴팅겐의 수학은 어떻습니까?"라고 묻자, 힐베르트는 "괴팅겐의 수학이요? 더는 존재하지 않습니다."라고 대답하였다.[63]

네른스트의 제자이며 그의 저온 연구를 계승했던 프란츠 사이먼도 독일을 떠나 케임브리지로 향했다(그는 후에 영국의 원자폭탄 프로그램에 적극적으로 참여한 공로로 프랜시스 경이라는 기사 작위를 받게 된다). 그는 제1차 세계대전 중 두 번이나 부상을 당해 받은 1급 철십자 훈장을 갖고 있었다. 그가 망명을 위해 독일을 떠날 때, 국경에서 독일 세관원은 그를 심문하며 주머니를 모두 비우라고 명령했다. 그는 철십자 훈장을 꺼내어, "조국은 항상 감사할 것이다"라는 문구가 새겨진 그 훈장을 테이블에 던지고 영원히 독일을 떠났다.

하버 연구소 연구원의 약 4분의 1이 유대인이었다. 나치 지도자들은 법으로 정한 9월까지 기다릴 것 없이 당장 하버 연구소 과학자들을 해고하라고 카이저 빌헬름 협회에 명령하였다. 협회 이사들은 하버에게 하위직 연구원들을 먼저 해고하라고 권고했지만, 하버는 이들이 가장 보호받아야 할 사람들이라고 생각했다. 그래서 그들 대신 다른 직장을 쉽게 구할 수 있는 저명한 유대인 과학자 허버트 프룬디치와 마이클 폴라니를 해고하였다. 하버는 그의 조상의 혈통을 묻는 질문지에 대각선으로 이렇게 휘갈겨 썼다. "법이 정의하는 바에 따르면 내 부모와 조부모, 그리고 내가 결혼했던 두 아내와 아내의 조상도 모두 비아리아인이다." 하버는 제1차 세계대전에 참전하였기 때문에 연구소에 남아있을 수 있었으나 사직을 결심하였다. 1933년 4월 30일의 사직서에 이렇게 적었다. "나는 과학 연구원을 선발할 때, 지원자의 인종과 상관없이 전문성과 인성만 고려해야 한다고 배웠다." 하버는 자신의 사직서가 5개월 후에 수리되도록 하여, 부하 직원들이 새 직장을 찾기 위한 시간을 벌었다.

플랑크와 보슈는 하버를 만류했지만, 하버는 굽히지 않았다. 플랑크는 하버를 위해 루스트에게 호소했지만, 루스트는 "나는 유대인 하버와는 이제 끝났어요."라고 답했다. 또한, 플랑크는 히틀러와의 면담에서 하버를 부탁했지만, 히틀러가 크게 화를 내서 플랑크는 바로 방을 나와야 했다.[64] 면담에 같이 참석했던 보슈는 히틀러에게 유대인 과학자들을 모두 추방하면 독일 과학계가 심한 타격을 받을 것이라고 하자, 히틀러는 "그러면 앞으로 백 년간 물리학과 화학 없이 지낼 것이다."라고 대답했다.[65]

플랑크와 하버는 하버의 후임자를 자신들이 추천하려 했지만, 성공하지 못했다. 그들의 첫 번째 선택은 어차피 떠날 예정이었던 유대인 프랑크였다. 그들은 또한 카를 본회퍼와 라우에를 후보로 제안하였다.

본회퍼는 나치가 플랑크와 하버의 추천을 받아들이지 않으리라 생각하여 다른 곳으로 가게 되었으며, 나치는 라우에를 신뢰할 수 없는 인물로 간주하고 있었다. 하버는 유대인 연구원들의 해고를 지연시키고 그들에게 해외 일자리를 마련해주려고 시도했지만 대부분 실패하였다. 결국, 그들을 직접 해고해야 했다.[66]

이미 해외에 거주하고 있던 아인슈타인은 하버의 처지를 동정했지만, "왜 이제야?"라는 생각도 했다. 아인슈타인은 하버에게 편지를 보냈다. "자네의 내적 갈등을 이해하네. 아마도 평생 매달리며 연구하던 이론을 폐기해야 하는 것 같은 기분이겠지. 처음부터 전혀 믿지 않았던 나와는 다를 것으로 생각해."[67] 하버도 외국에서 자신의 일자리를 찾기 시작했다. 유대인의 팔레스타인 이주를 장려하던 시온주의자들의 지도자 하임 바이츠만을 만난 후에는 예루살렘에 있는 히브리 대학으로 갈 것을 고려하기도 했다. 이 소식은 오랜 시온주의자였던 아인슈타인을 놀라게 했다. 하버에게 보낸 또 다른 편지에 아인슈타인은 이렇게 썼다. "금발의 야수*에 대한 자네의 사랑이 조금 식었다니 정말 기쁘군. 나의 친애하는 하버가 유대인, 그리고 심지어 팔레스타인의 대변인으로 내 앞에 등장하리라고 누가 생각이나 했겠나?" 아인슈타인은 편지에 이어서 썼다. "독일 과학자들은 범죄자 앞에 바짝 엎드리고 그들에게 어느 정도 동조하기까지 하는 사람들이야. 나는 그들을 존경하거나 존중한 적이 없으므로 그들에게 실망도 하지 않아. 물론 몇몇 훌륭한 사람들(플랑크는 60% 고결하고 라우에는 100%)은 제외하고."[68]

제1차 세계대전 때 영국의 화학전 무기 개발에 적극적으로 참여했던 두 명의 영국 화학자 해럴드 하틀리 경과 프레더릭 도난은 하버를

* 게르만족 –역자 주

위해 케임브리지 대학 연구교수직을 마련해 주었다. 그 제안을 수락하며 하버는 훌륭한 독일인이 되는 것을 드디어 포기하였다. 그는 이렇게 적었다. "이제 나의 가장 중요한 인생 목표는 독일 시민으로 죽지 않는 것과 내 자식들과 손자들에게 독일 법에 따라 2등 시민으로 사는 생을 물려주지 않는 것이다."[69]

1933년 8월 3일 하버는 베를린을 떠났지만, 건강 상태가 너무 안 좋아 케임브리지 대학의 교수직은 포기해야 했다. 그는 생애 마지막 5개월을 요양소와 호텔 방을 전전하며 보내다가 1934년 1월 스위스 바젤에서 사망하였다. 라우에는 그의 부고를 작성하며, 질소 고정에 성공한 하버를 '공기에서 빵을 얻어낸 사람'이라고 불렀다.[70] 나치의 눈치를 보며 그의 추모식을 개최하지 못하던 플랑크는 결국 하버 사망 1주기에 맞추어 일정을 잡았다. 베르나르트 루스트는 자신의 관할권에 있는 모든 직원에게 그 추모식 참석을 금지하였다. 국가 공무원이 아닌 리제 마이트너, 리하르트 빌슈테터, 카를 보슈가 참석하였다. 공무원이었던 라우에는 백여 미터 떨어진 자신의 사무실에 우울하게 앉아 있었다.[71] "추모식은… 참석자로 가득 찬 강당에서 품위 있게 진행되었다. 참석한 외국 고위 인사들, 협회의 비정부 직원들, 루스트의 관할하에 있는 공무원의 아내들, 군 및 대기업 대표들은 잠시나마 나치에 대한 저항이 성공한 것을 즐겼다."[72]

하버의 사망 후, 아인슈타인은 하버의 아들 헤르만에게 이런 편지를 썼다.

> 결국, 하버는 자신이 속한 사람들에게 버림받는 쓴맛을 겪어야 했습니다. 그는 그 사람들의 의심스러운 폭력성을 인식하고 있었지만, 그들은 그에게 매우 중요한 사람들이었습니다. 나는 그와의 대화를 기억합니다. 아마

약 3년 전 [프로이센] 과학 아카데미 회의 후였던 것 같습니다. 그는 학회의 투표에서 자신이 푸대접받은 것에 대해 매우 화가 났고, 그를 달래기 위해 운터 덴 린덴에 있는 슐로스 카페에 함께 갔습니다. 나는 조금은 농담조로 그에게 말했습니다. "나를 보고 위안을 삼으라고. 자네의 도덕적 기준은 부러워할 만해. 나는 자네와 함께라서 행복하고 즐거워!" 그러자 그가 이렇게 말했습니다. "그래, 자네에게 학회 따위가 뭐가 중요하겠나." 그것은 독일 유대인의 비극, 즉 짝사랑의 비극이었습니다.[73]

네른스트와 제3 제국

네른스트는 나치가 그의 연구소에서 유대인 과학자들을 해고하라고 했을 때, 어떤 행동을 해야 하는지에 대한 망설임이 전혀 없었다. 당시 69세였던 그는 새 정부와 어떤 관계도 맺지 않기로 결심하고 은퇴를 선언한 뒤 시골집으로 내려가 버렸다. 그의 전기 작가 멘델스존에 따르면,

> 네른스트가 공직에서 물러났을 때와 히틀러가 정권을 잡았을 때가 일치한다. 1933년 은퇴할 나이에 이르렀던 네른스트는 베를린 교수직에서 사임하였다. 이는 하버와 공무원법에 대해 상의한 지 몇 달 안 된 때였다… 그는 카이저 빌헬름 연구소의 운영위원회에 더는 참석할 필요가 없다는 통지를 받았다… 몇 년 후, 그는 나치에게서 받은 이 모욕이 외국에 있는 친구들에게는 명예의 표시로 여겨졌다는 것을 알게 되었다.[74]

네른스트의 행동과 언행에 비추어, 나치는 네른스트가 유대 혈통일 수도 있다고 의심하기 시작하였다(어쩌면 그러기를 바랐을 수도 있다).

1935년에 대학원생 오토 리히터는 노벨상 수상자들의 인종에 대한 논문을 쓰기 위해, 혈통에 관한 질문지를 대상자들에게 보냈었다. 네른스트가 그에 답장하지 않자 리히터는 문리대 학장인 루트비히 비버바흐 교수에게 이를 불평하였다. 독일 과학계의 슈타르크와 레나르트와 마찬가지로 비버바흐는 독일 수학계에서 반유대주의 운동을 이끌던 인물이었다. 비버바흐는 베르나르트 루스트로부터 네른스트에게 리히터의 질문지에 답하라고 강요해도 좋다는 허락을 받은 후, 자신이 직접 네른스트에게 그 질문지를 보냈다. 그러나 나치의 바람과는 다르게 네른스트는 완벽한 아리안 혈통임이 증명되었다(네른스트의 조상 중 한 명인 헤르만 네른스트 중위는 워털루 전쟁에서 거둔 블뤼허 장군의 승리 소식을 베를린 왕궁으로 전한 전령으로 알려졌다).[75]

지벨에 있는 시골 저택에서 지내던 네른스트는 독일 과학계와 계속 연락하며 지내려 했지만, 그의 뜻대로 되지 않았다. 그는 나치 찬가인 호르스트 베셀의 노래를 부를 때 기립하지 않아 물의를 일으킨 후 더 이상 베를린 학회가 자신을 환영하지 않음을 느꼈다. 네른스트의 영국인 제자였던 프레데릭 린데만(후에 처웰경)이 네른스트를 찾아왔다. 그는 해고된 유대인 과학자들에게 영국이나 다른 어느 나라에서라도 직장을 얻어주려고 힘쓰던 인물이었다. 1935년 린데만은 히틀러를 면담하고자 요청했으나 거절당했고, 당장 독일을 떠나라는 통보를 받았다. 그는 독일에서의 마지막 저녁을 네른스트 가족과 함께 보냈다.[76]

제2차 세계대전이 발발했을 때, 네른스트의 건강은 악화되고 있었다. 그의 두 아들은 제1차 세계대전에서 사망했고, 그에게는 세 딸만 남아있었다. 그중 두 딸 힐데와 안젤라는 유대인과 결혼해서 독일을 떠나야 했다. 힐데는 런던으로, 안젤라는 브라질로 떠났다. 네른스트의 노벨상 수상을 위해 싸웠던 빌헬름 팔마에르는 중립국인 스웨덴 국민이어서, 네른스트 딸들에게 편지가 전달되도록 도와주었다.[77] 독일에 남아있던 네른스트의 딸 에디트는 연합군의 철도 폭격에도 불구하고 3주마다 시골에 있는 아버지를 방문하였다. 네른스트는 1941년 자택에서 숨졌다. 사망 직전 네른스트는 자신의 모든 서류를 불태워 버리라고 지시하였다. 아마도 그와 서신을 교환했던 사람들을 나치의 감시로부터 보호하려는 조치였던 것 같다. 의식이 오락가락하는 중에 부인에게 남긴 그의 마지막 말은 너무나 네른스트다웠다. "나는 이미 천국에 가 보았어. 그곳은 멋진 곳이지만, 내가 더 멋지게 만들 수도 있다고 말했지."[78]

네른스트는 미국 내에서 반나치 인사로서 명성을 얻었다. 미국이 제2차 세계대전에 참전하기 며칠 전, 『뉴욕 타임스』에는 다음과 같은 그의 사망 기사가 실렸다.

> 창의성과 대담한 상상력과 지적 용기가 있는 사람들은 나치 정권에게는 증오의 대상이다. 지금과 같이 운영되는 독일 대학에서, 네른스트처럼 훌륭한 인물이 더는 배출되지 않을 것 같다. 그는 독일 과학자가 자유롭게 생각하고 말할 수 있었던 시대를 상징한다. 그때는 학자가 존경받았고, 지금처럼 사회적으로 유용한 것을 기대할 수 없는 성가신 존재로 여겨지지 않았다.[79]

그러나 그를 가장 잘 알던 미국인 제자들 사이에서 그의 평판은 그리 좋지 않았다. 그의 제자들은 그를 '크로노스'라는 별명으로 불렀다. 아들들을 잡아먹은 그리스 신화 속 인물처럼 그도 자신의 제자들을 잡아먹었기 때문이다.[80] 그의 미국인 제자 중, 어빙 랭뮤어와 전자의 질량을 측정한 로버트 밀리컨은 노벨상을 받았다. 랭뮤어는 네른스트를 추모하는 과학적 부고문 작성를 거절했으며, 밀리컨을 포함한 다른 미국인 제자들 모두 거절할 것이라고 말했다.[81] 그러나 결국 밀리컨이 네른스트 사망 기사를 쓰게 되었다. 그 기사에서 밀리컨은 네른스트의 '프로이센식' 자동차 운전*을 비판했고, "그는 물고기 같은 입을 가진 작달막한 사람"이라는 불필요한 언급을 했다. 또한, 한 회의에서 네른스트의 발언 시간을 조금 빼앗은 장 페렝에 대한 복수로, 1912년에 발간된 자신의 책 『이론화학』의 한 장에서 장 페렝에 관한 모든 참고문헌을 빼버렸다는 일화를 소개하기도 했다. 밀리컨은 네른스트의 후반부 연구는 "매우 잘못된 판단에 기초하고 있다고 생각하지만, 열역학 제3 법칙만은 그가 불멸의 자리를 차지하기에 충분한 업적"[82]이라고 언급하였다.

루이스에게 네른스트에 대한 평을 부탁하는 것은 아무도 생각조차 하지 않았을 것 같다. 당시 루이스의 대학원생이었던 제이콥 바이젤리센에 따르면, 루이스가 직접 언급한 적은 없지만, 버클리에서 그가 네른스트를 싫어한다는 사실을 모르는 사람은 없었다. 네른스트 사망 기사가 난 날 아침, 바이젤리센은 그 기사를 일부러 루이스가 아침마다 검토하는 스펙트럼 더미 위에 올려놓고 방 한쪽에서 루이스의 반응을 지켜보았다고 한다. 그러나 루이스는 그 기사를 그냥 옆으로 밀어놓고 보통 때처럼 스펙트럼 검토 작업을 했다고 한다.[83]

네른스트가 미국인들의 지지를 받지 못했다는 것은 놀랄만한 일은 아니다. 그의 실험실을 거쳐 간 사람들은 네른스트가 제1차 세계대전 중 화학전에 깊이 관여했다는 것을 기억하고 있었다. 그러나 그 당시 미국에 거주하고 있던 아인슈타인은 네른스트가 나치의 반유대주의를 반대했다는 사실을 높이 평가했으며 네른스트에 대한 가감 없는 이야기를 하는 데 앞장섰다.

---

* 네른스트가 거칠고 엄격한 방법으로 학생들을 다루었다는 것을 비판한 것으로 여겨짐. – 역자 주

> 때때로 그의 어린아이 같은 허영심과 자아도취에 대해 실소를 금할 수 없었지만, 우리는 모두 그에게 진심 어린 존경뿐만 아니라 개인적인 애정을 품고 있었다. 그의 약점인 자기중심적인 태도가 나타나지 않을 때, 그는 매우 뛰어난 객관적 사고를 보여주었고, 본질을 꿰뚫는 정확한 감각과 자연의 심오한 상호관계를 규명하고자 하는 진정한 열정을 가지고 있었다. 이러한 열정이 없었다면 그가 이룩한 독창적이고 창의적인 생산성과 이번 세기 첫 30년 동안 과학 발전에 미친 중요한 기여는 불가능했을 것이다… 네른스트는 편협한 학자가 아니었다. 그의 건전한 상식은 일상생활의 모든 면에서 성공적으로 발휘되었고, 그와의 대화는 항상 흥미로웠다. 그를 대부분의 다른 독일 과학자들부터 구별 짓는 것은, 편견을 갖고 사람을 대하지 않는 훌륭한 태도였다. 그는 사회적 또는 도덕적 기준이 아닌, 거의 전적으로 과학적인 성공에 의해서만 일과 사람을 판단했다… 그의 생각은 독창적이었다. 나는 본질적으로 그와 비슷한 사람을 만난 적이 없다.[84]

대탈출

결국, 독일 학계의 물리학자와 화학자의 4분의 1이 유대인이라는 이유만으로 독일을 떠났다.[85] 국제 언론의 주목을 받은 학자들은 하버, 아인슈타인, 지그문트 프로이트 같은 저명한 인물들이었지만, 그들은 모두 왕성한 활동기를 이미 지난 노인들이었다. 떠난 사람 대부분은 사실 젊은 과학자나 학생들이었다. 그들 중 제임스 프랑크, 프란츠 사이먼, 막스 델브뤼크, 맥스 퍼루츠 등은 이 책에서 다루고 있다.

반유대주의를 대하는 독일의 비유대인 과학자들의 태도는 일반 독일인들과 다르지 않았다. 일부는 저항했고, 일부는 그런 일이 일어나지 않은 척했으며, 일부는 이익을 얻었고, 일부는 적극적으로 협력하였다. 유대인 과학자들을 추방한 것은, 이후 강제 수용소에서 유대인들을 학살한 것과 같은 수준의 범죄는 아니었지만, 유사한 점이 있다. 프리모 레비는 라거(강제 수용소)와 홀로코스트에 관한 책을 썼다. "피해자와 가해자 두 집단으로만 나눌 수는 없다. 오늘날 라거의 역사를 읽거나 쓰는 사람은 선과 악을 분리하고 심판의 날에 그리스도가 할 일을 따라 하려고 하거나 그 필요성을 느끼게 된다. 의인은 이쪽으로, 타락한 자는 저쪽으로."[86]

극단적인 경우라면 의인과 악인을 쉽게 구분할 수 있다. 레나르트와 슈타르크의 경우에는 단지 복수심에 가득 찬 악의적 인종주의자라는데 이의가 없다. 라우에처럼 타협을 거부한 사람들은 비판받을 일이 없다. 나치와 협력하기를 거부한 사람들은 처벌받기도 했다. 약리학자 오토 크레이어는 유대인이 예전에 맡았던 정교수직을 이어받기를 거부하였다. 그는 즉시 해고되었고 강제로 이민을 해야 했다. 비유대인 독일 과학자들은 국제 학회에서 자신들의 옛 동료를 만날 때 어떤 행동을 취할지 선택해야 했다. 대부분은 이민 과학자들을 외면했으나, 마치 아무 일도 일어나지 않은 척 행동하며 그들과 대화하는 사람도 있었다. 반면, 한스 베버, 막스 볼머, 하인리히 빌란트, 아돌프 빈다우스(마지막 두 명은 노벨상 수상자임)는 이민자들과 교류하고 그들과 함께한다는 모습을 보여주기 위해 애썼다.[87] 그들은 레비가 말한 "다른 사람이 저지른 범죄를 맞닥뜨렸을 때 정의로운 사람이 느끼는 부끄러움"을 느꼈을 것이다. 레비는 "그 존재 자체 때문에, 그리고 그것이 되돌릴 수 없는 일로 이미 일어나버렸기 때문에, 그리고 그의 의지가 존재하지 않거나 너무 미약해 적절한 방어를 할 수 없었기 때문에 부끄러움을 느낀다"[88]라고 말했다.

처음에는 유대인 과학자들에게 동정심을 느꼈으나 자신이 그들을 도울 수 없다는 것을 깨닫고 무관심해진 사람들도 있었다. 하버가 사임했을 때, 보슈는 그를 지지하는 편지를 보냈고 히틀러에게 부탁도 해봤으나 결국 포기하고 하버의 편지들에 답을 하지 않았다.[89]

일부는 외국의 비판에 방어적으로 대응하기도 했다. 오스트리아계 유대인인 리제 마이트너의 친구이자 상관이었던 오토 한은 한 인터뷰에서 반사적으로 독일을 옹호하였다. 공무원법이 통과되었을 때 그는 미국에서 안식년을 보내고 있었다. 미국에서의 인터뷰에서 그는 나치의 유대인 박해는 공산주의와 싸우는 과정에서의 부수적인 결과이며 히틀러는 너무나 금욕적이어서 "거의 성인처럼 살고 있다"라고 말했다. 그 인터뷰는 "그는 히틀러를 옹호하며, '성인처럼 사는' 사람이 잔혹 행위를 저질렀다는 사실을 부인하다"라는 제목으로 게재되었다.[90]

유대인 과학자들의 추방을 지지한 사람 중 일부는 자신들이 균형 잡힌 견해를 가지고 있다고 생각하기도 했다. 하이델베르크 대학의 유기화학 교수 카를 프로이덴베르크는 유대인 과학자들의 해고를 비판한 에든버러 대학의 조지 바거에게 편지를 썼다.

> 단순히 따라야만 하는 명령이 있습니다. 저는 독일 국민의 몸을 치유하는 것이 필요하다는 확고한 신념을 가지고 있으며, 아마도 이를 부인할 사람은 거의 없을 것입니다. 이러한 방식이 우리나라에서는 길게 논의될 수 없습니다. 일단 명령이 내려졌으면 개개인의 견해는 중요하지 않습니다. 저도 외국에 있는 관찰자의 입장에서는 견해가 다를 수 있다는 것을 이해합니다. 우리가 개인적으로 받은 도움, 특히 영국에서 받은 도움에 감사의 뜻을 표한다는 것을, 우리의 새로운 독일국가를 거부하는 것으로 간주하여서는 안 됩니다… 우리에게는 강력한 권력을 가진 통합 중앙 정부가

있으며 매우 순수한 사람이 그 정점에 서 있습니다. 그는 정력적으로 행정을 간소화하고 있습니다.[91]

프로이덴베르크는 극단적인 반유대주의자는 아니었다. 그는 유대인 물리학자인 맥스 베르그만과 친했고, 1940년 유대인 과학자 허만 마크의 책에 긍정적인 서평을 썼으며, 그의 딸은 유대인과 결혼했다. 그러나 독일을 정화하기 위해 유대인을 추방하여야 한다는 명령이 떨어지면, 프로이덴베르크는 독일 국민이 그 명령에 복종하는 것은 당연하고 그에 따르는 희생은 불가피하다고 생각했다.

일부 독일인은 유대인 과학자의 추방으로 생긴 많은 빈자리를 기쁘게 차지했다. 하버의 학생이었던 파울 하르테크는 유대인 과학자 추방이 시작되었을 때 케임브리지 대학에서 임시직인 박사후연구원으로 일하고 있었다. 그는 1933년 4월 16일 본회퍼에게 보낸 편지에, "베를린에 오시면… [하버 연구소] 전직 연구원들이 설득하려 하는 말을 듣지 마십시오. 그들은 양식있는 아리아인이라면 유대인을 동정해야 한다고 말하고 다니거든요."라고 썼다. 5월 5일에 쓴 편지에는 이렇게 적었다. "독일의 온전한 유대인, 반쪽 유대인, 1/4쪽 유대인들이 런던으로 모여들고 있습니다. 만일 그들이 독일에 대한 애정을 조금이라고 가진 것처럼 보였었다면, 그저 겉으로만 그런 척했던 것입니다. 지금은 전혀 그런 모습을 보이지 않잖아요." 그런 후, 놀랍게도 하버의 후임자가 자신의 제자를 데려오기 위해 하르테크를 하버의 옛 연구소에서 해고하였다. 그러나 이것은 하르테크에게 오히려 전화위복이 되었다. 본회퍼는 1933년 6월 22일 편지에 이렇게 적었다. "빈자리가 동시에 여러 개 생겼어요. 그중 하나만 고르세요." 하르테크는 오토 슈테른이 떠나고 공석이 된 함부르크 대학교 물리화학 정교수 자리를 차지하였다.

추방된 유대인 과학자 중 전후 독일로 돌아간 사람은 거의 없다. 독일로 돌아간 가장 저명한 과학자는 막스 보른일 것이다. 종전 후 연합군 점령군은 나치에게 적극적으로 협력한 교수들을 제거하는 탈나치화 프로그램을 시작하였다. 처음에 라우에조차 독일의 도덕적 붕괴를 변명하며 다른 나라도 독일과 별로 다르지 않았다고 주장하였다. 그는 연합군의 탈나치화 조치를 '히틀러와 같은 방법'이라고 불렀다. 그러나 1945년 이후에 라우에는 독일인이 저지른 부도덕한 행위를 있는 그대로 비판하였다. 뮌헨대학의 물리화학자 클라우스 클라우지우스는 망명한 유대인 과학자들이 전후 곤경에 처한 독일 동료들을 돕지 않는다며 비난하는 뻔뻔함을 보이기도 했다.

종전 후 많은 비유대인 독일 과학자들은 유대인과 비유대인 모두가 고통을 겪었으며 이제는 모두 잊고 앞으로 나아갈 때라는 태도를 보였다. 프란츠 사이먼은 전쟁 후에 이렇게 말했다. "제 생각에 독일 과학자들은 1933년에 집단으로 명예를 잃었고, 그것을 되찾기 위해 아무것도 하지 않았습니다. 나치하에서 모든 사람이 자신의 직위나 생명을 걸었어야 한다고 말할 수는 없지만, 전쟁 후에는 그런 위험이 더는 존재하지 않았습니다. 모든 일이 벌어진 후라도 독일 과학자들 모두가 지난 일에 대해 공개적이고 분명하게 유감을 표명하는 것이 최소한의 도리입니다. 그러나 저는 그런 움직임을 전혀 보지 못했습니다."[92]

7장
노벨상

루이스와 랭뮤어

1926년 여름, 드디어 아인슈타인의 답장이 도착하였다. 복사선과 시간의 본질에 대한 자신의 이론을 아인슈타인이 어떻게 생각하는지 알고 싶었던 길버트 루이스는 깔끔한 아인슈타인의 독일어 편지를 한 자 한 자 영어로 번역하며 꼼꼼하게 읽었다. 편지는 긍정적인 말로 시작되었다. "편지와 논문을 보내주셔서 감사합니다. 아주 재미있게 읽었습니다. '빛의 본질'에서 제시한 귀하의 아이디어는 저도 계속 고민하고 있으나 아직 결론에 도달하지 못한 문제입니다… 저도 귀하가 제안한 '전체 평형의 법칙'이 타당하다는 것을 확신합니다." 그러다가 나쁜 소식이 이어졌다. "그러나 귀하의 이 법칙이 플랑크 법칙에서 유도한 저의 이론이 잘못된 것을 증명한다는 귀하의 의견에는 동의할 수 없습니다… 유도 방출을 생략하는 것은 실제로 불가능합니다. 그것은 특별한 경우에만 적용되는 가정이 절대 아닙니다. 만일 보편적으로 적용되는 이론이 아니었다면 저도 그 이론에 절대 만족하지 않았을 겁니다. 이 점을 확실히 이해하셨기를 바랍니다. 제 의견을 어떻게 생각하시는지 알려 주세요. 행운을 빕니다. 알버트 아인슈타인 드림."[1] 아인슈타인의 이 편지로 루이스의 희망이 사라져 버렸다.

루이스는 1923년부터 1932년까지 이론물리학에서 큰 성과를 올려 자신의 발자국을 남기고자 노력하였다. 그러나 그는 버클리 대학에서 고립된 생활을 하고 있었다. 자신과 같은 생각의 과학자들하고만 교류했는데 그 과학자들은 모두 자신이 가르치거나 뽑았던 사람들이었다. 그는 어떤 주제든 자신이 연구하면 그 분야에 큰 기여를 할 수 있다는 자신감이 있었다. 루이스의 마지막 대학원생이었던 마이클 카샤는 루이스가 새로운 분야에 접근하는 방법을 이렇게 설명하였다.

루이스가 과학에 접근하는 방식은 자신에게 흥미로운 분야를 찾아서 그

> 것에 대해 생각하기 시작하는 것이다. 그는 나에게 그 주제에 대한 문헌을 모두 찾아 읽지는 말라고 했다. 모든 것을 다 읽고 나면, 이미 완성된 분야라는 생각이 든다고 했다. 대신 몇 편의 논문을 읽거나 강연을 듣고 연구를 시작하라고 조언하였다. 이렇게 하면 이미 무엇인가 이루어졌더라도 나는 다른 방법으로 그 분야를 연구할 수 있다는 것이다.[2]

화학 분야에서는 이러한 접근 방식이 루이스에게 효과가 있었으나, 그가 이론 물리학에 발을 들이면서는 문제가 되었다. 중요한 논문들을 읽지 않아 잘못된 길로 가고 있다는 것을 알지 못했던 것이다.

루이스는 1920년대를 순조롭게 시작하였다. 그는 열역학과 화학 결합에 관한 책을 출간하며 처음 25년간의 연구를 통합할 준비가 되어 있었다. 그의 목표는 자신이 개척한 분야의 연구를 마무리하고 더 큰 도전에 나서는 것이었다. 하지만 두 분야를 떠나면서도 여전히 그 분야에 기여할 여지가 있음을 보여주었다. 열역학을 떠나기 전에, 그는 1880년대 스반테 아레니우스의 해리 이론 이후 물리화학자들을 혼란스럽게 했던 강전해질의 비정상적인 거동을 설명할 수 있는 실제적인 해결 방법을 제시하였다. 또한, 화학 결합 연구를 마무리 지으면서, 그는 닐스 보어의 원자 모델에 문제가 있음을 인식하고 있다는 것도 보여주었다. 이 문제를 해결하려는 노력은 독일에서 새로운 양자역학이 발전하게 되는 동기가 되었다.

루이스, 열역학과 화학 결합 연구 분야를 떠나다

1923년, 루이스는 『열역학과 화학 물질의 자유 에너지』의 집필을 끝냈다. 이 책은 자신이 대학원생 시절부터 25년 동안 매진해 오던 연구를 집대성한 것이었다. 루이스의 첫 박사과정 학생이었고 버클리 대학 교수로 재직 중이던 메를 랜달이 이 책의 공동 저자였지만, 사실 이 책은 루이스 단독 저서라 할 수 있다. 또 다른 버클리 대학 화학과 교수 윌리엄 졸리의 말에 따르면, "루이스가 구술하면 랜달이 그것을 받아 적었다"라고 한다.[3] 이 책은 실제적인 화학 연구에 큰 영향을 주었다. 대부분의 화학자와 화학공학자들이 화학 반응을 계획하고 분석하는 방식을 바꾸어 놓았으며, 난해한 분야였던 열역학을 쉽게 접근할 수 있는 학문으로 바꾸어 놓았다. 루이스의 책에는 많은 물질의 자유 에너지와 엔트로피의 표가 포함되어 있었다. 이 표를 이용해 다양한 화학 반응의 평형점을 예측할 수 있었다. 루이스는 화학 반응에서 물질의 활동도를 측정하는 방법을 자세히 설명하였으며, 화학자들이 더 많은 반응에 대한 자유 에너지를 구할 수 있게 하였다. 그는 이 책이 교과서가 아닌 화학 연구의 실용적 지침서로 사용되기를 원했다.

> 교과서는 일종의 정식 코스 요리와 같다. 음식의 원료가 만들어지기까지의 복잡한 농사 과정이나 테이블에 차려진 음식의 예술적인 조리 과정을 생각할 필요 없이, 그저 자리에 앉아 정보를 향한 갈증을 해소할 뿐이다. 우리의 목적은 독자들에게 그러한 만찬을 제공하는 것이 아니다. 우리의 책은 연구에 대한 입문서로서, 생산적인 연구에 열역학을 사용하고자 하는 사람들을 위한 안내서로 설계되었다.[4]

루이스는 자신의 책을 교과서용으로 쓰지 않았지만, 그의 저서는 발간 즉시 미국 대학의 열역학 표준 교재로 자리 잡았다. 루이스의 사망 이후에도 오랫동안 대학 교재로 사용되었으며, 1995년에 버클리 교

수들에 의해 마지막 개정판이 출간될 때까지 두 차례 개정되었다.[5]

『열역학』을 완성하기 직전, 루이스는 강전해질의 특성 연구를 위한 실험적 해결 방법을 제시하였다. 수용액 속에서 일어나는 아세트산이나 암모니아 같은 약전해질의 해리는 아레니우스 이론이 예측하는 대로 질량 작용 법칙을 따른다. 그러나 강전해질의 평형 '상수'는 절대로 상수라고 할 수 없다. 농도가 바뀌면 그 값이 수천 배 이상 달라질 수 있다.

한 종류의 강전해질 용액의 경우에는 루이스가 이미 개발한 열역학적 방법을 사용하여 활동도를 구할 수 있었다. 하지만 여러 전해질 물질이 혼합되어 있을 경우, 특히 공통 이온이 존재하는 용액의 경우에는 특정 물질의 활동도를 결정하는 것은 간단한 문제가 아니었다. 루이스는 MIT에서 이 문제를 연구하기 시작한 1906년 이후 15년 동안 이 연구를 계속했고, 전 세계의 많은 물리화학자들도 이 문제를 연구하였다. 이온들의 상호 작용에 대한 정보가 필요한 이 문제는, 전체 용액의 거시적 특성을 측정하는 열역학적 방법으로는 해결할 수가 없다. 하지만 루이스는 이온 세기라는 개념을 도입하여 데이터를 설명할 수 있는 경험적 식을 만들어내는 데 성공하였다. 이온 세기는 용액 내의 모든 이온의 농도와 전하를 포함하여 나타내는 간단한 식이다. 루이스는 이 식에 대한 이론적 근거는 제시하지 않았지만, 실험적으로 이를 입증하여 1921년에 논문으로 발표하였다.[6] 이것은 강전해질 문제에 대한 최초의 실질적인 해결책을 보여준 것이었다. 2년 후, 피터 디바이와 에르네스트 휘켈은 루이스의 식이 이론적으로 성립함을 증명하였다. 이론에서 예측한 값과 이온 세기를 이용한 루이스 식의 값이 일치함이 확인된 것이다.[7]

루이스는 그의 책 『열역학』에서 열역학 제3 법칙을 최종적으로 정의하였다. 제3 법칙이 모든 액체와 고체에 모두 적용된다는 네른스트의 주장에 비해 루이스의 정의는 훨씬 제한적이었다. 루이스 정의에 따르면 제3 법칙은 순수한 화합물의 완전 결정체에만 적용된다.

> 절대 0도에서 어떤 물질의 결정을 구성하는 각 원소의 엔트로피가 0이라고 가정해도, 그 물질은 0보다 큰 엔트로피를 갖게 된다. 그러나 완전 결정체의 경우에는 절대 0도에서 엔트로피가 0이 된다.[8]

1923년에 이르자 루이스는 열역학 연구에 싫증을 느끼고 다른 연구를 하고 싶어 했다. 그래서 『열역학』을 출간한 이후에는 그 분야의 모든 연구를 중단하였다. 그때 독일에서 새롭게 개발되던 양자역학을 자신의 화학 결합 이론에 적용한 연구를 계속할 수도 있었다. 그러나 그는 화학 결합에 대한 자신의 이론을 요약한 『원자와 분자의 원자가와 구조』라는 책을 발간한 후 그 분야에서도 손을 떼었다.

루이스와 어빙 랭뮤어의 화학 결합 모델은 '정적' 모델이라 불렸다. 전자가 정해진 궤도를 따라 핵 주위를 돌고 있다는 보어의 모델과 다르기 때문이었다. 루이스와 랭뮤어는 원래 자신들의 모델을 보어의 이론에 맞추고자 노력했었다. 루이스의 책 『원자가』에서도 이런 시도가 계속되었다. 또한, 입자의 위치와 속도를 동시에 결정할 수 없다는 불확정성의 원리와 관련되는 사고 실험*을 하게 되었다. 이러한 불확정성은 입자가 작을수록 더 두드러지며, 전자는 가장 작은 아원자 입자이다. 베르너 하이젠베르크의 불확정성 원리가 논문으로 발표된 것은 1927년이다. 다음은 루이스의 1923년 사고 실험 내용이다.

---

* 생각만으로 진행하는 가상의 실험 –역자 주

[그림 7-1]처럼, 보어 모델에 따라 전자가 가장 에너지가 낮은 첫 번째 궤도에 있는 수소 원자가 있다고 가정하자. 수소 원자 옆에는 작은 전선 *AA′*가 놓여 있다고 가정한다. 또한, 궤도에 있는 전자에 의해 어떤 종류의 원거리 힘이 작용한다고 가정하자. 전자가 *X* 위치에 있을 때는 *A* 방향으로 미세한 (+) 전기가 흐르고, 전자가 *X′* 위치에 있을 때는 *A′* 방향으로 미세한 (+) 전기가 흐르게 된다. 그렇다면 원자로부터 특정 거리에 있는 전선에는 교류 전류가 흐르게 되고 이는 영원히 지속될 것이다. 전류가 흐르게 되면 필연적으로 열이 발생하게 된다. 그러나 원자는 가장 낮은 에너지 상태에 있으므로 열을 발생시킬 수 있는 에너지를 갖고 있지 않을 것이다. 다른 말로 하면, 그러한 교류 전류는 발생하지 않을 것이라고… 우리는 결론을 내릴 수밖에 없다. 만약 이런 생각이 맞다면, 궤도에 있는 전자의 위치가 바뀌어도 외부에 작용하는 어떤 힘도 생겨서는 안 된다. 다시 말해, 우리는 보어 모델에 다른 가정을 추가해야 한다. 즉 한 전자의 궤도는 전체적으로는 다른 전자의 궤도에 영향을 미치지만, 궤도에 있는 전자의 순간적인 위치 변화에 따라 발생하는 효과는 기대할 수 없다는 것이다.[9]

루이스의 사고 실험이, 새로운 양자 이론을 개발하던 독일 물리학자 간의 교류 과정에서 도출된 불확정성의 원리보다 역사적으로 앞섰

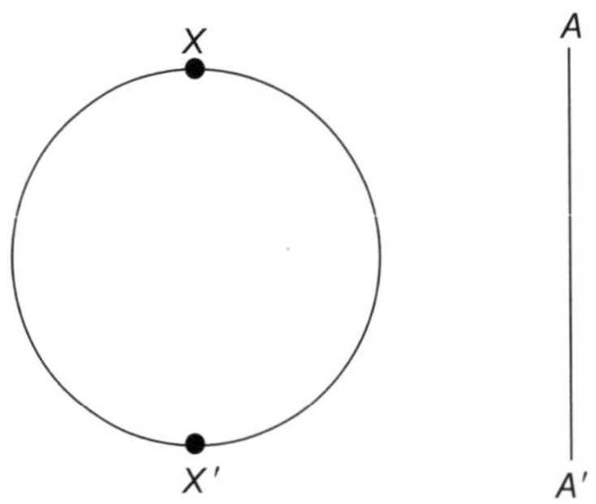

그림 7-1 루이스의 사고 실험 그림: 보어 모델에서 가장 낮은 에너지 준위의 궤도에 있는 전자(왼쪽)와 원자 옆의 전선(오른쪽).

다고 할 수는 없다. 그러나 정해진 궤도에서 전자가 회전하고 있다는 보어 모델을 회의적으로 보았다는 점에서 루이스는 하이젠베르크나 파울리와 유사한 견해를 갖고 있었다는 것을 알 수 있다.[10] 만일 루이스가 화학 결합 연구를 계속했더라면, 그는 이 분야 연구에 훨씬 더 많이 이바지했을 것이다.

루이스는 자신의 화학 결합 연구를 대체할 양자역학 이론이 곧 나올 것을 알고 있었다. 하지만 "이 책에서 언급된 몇 가지 사항들은 곧 철회되어야 할 가능성이 없지 않다. 그러나 나는 그러한 것들이 본질적인 것보다는 세부적인 문제일 것이라고 믿는다"[11]라고 말했다. 그리고 실제로 그랬다. 라이너스 폴링은 1920년대 후반부터 새로운 양자역학을 바탕으로 한 자신의 화학 결합 이론을 발표했으며, 자신의 연구가 루이스의 아이디어를 대체하기보다는 확장한 것이라고 분명히 밝혔다.[12] 1939년 폴링은 『화학 결합의 본질』을 출간하면서 루이스에 대한 헌사를 썼다.

미지의 세계로–복사 이론

루이스는 열역학과 화학 결합 연구를 떠나, 이론물리학에서 가장 시급한 문제인 빛의 파동–입자 이중성에 대한 도전을 시작하였다. 이 문제는 뉴턴과 크리스티안 하위헌스가 빛의 본질에 대해 상반된 이론을 제안했던 1600년대 후반으로 거슬러 올라간다. 뉴턴은 빛을 입자로 설명하였고, 하위헌스는 빛을 파동으로 설명하였다. 많은 실험적 결과(예를 들어 빛의 회절, 간섭, 굴절 등)는 빛이 전자기파와 유사하다는 것을 보여주었다. 19세기 후반에 이루어진 토머스 영, 오귀스탱 장 프레넬 등의 실험과 이론으로, 빛은 파동으로 설명하는 것이 가장 적절하다는 것이 정설로 굳어지고 있었다.

그러나 1920년대가 되자 그 이론이 다시 흔들리기 시작하였다. 빛이 전자(질량이 있는 입자)와의 상호 작용에서 입자처럼 행동한다는 새로운 실험 결과가 다수 관찰되었다. 1905년에 아인슈타인은 파동이 입자라는 가설로, 물질에 자외선을 조사하면 전자가 방출되는 광전 효과를 설명하였다. 그는 이 공로로 1921년에 노벨 물리학상을 받았다. 또한 보어는 수소 원자에서 빛이 방출되는 현상은, 전자가 한 에너지 상태에서 다른 에너지 상태로 전이될 때 일어난다고 설명하였다. X-선은 1895년에 발견되었다. X-선도 빛처럼 직선으로 전파되고 회절된다. 1923년에 아서 콤프턴은 X-선이 전자에 의해 산란되는 현상을 관찰하였다. 산란 과정에서 전자는 방향이 바뀌고 운동량이 증가하게 되며, X-선은 파장이 길어지고 진로가 바뀌게 된다. 콤프턴은 빛의 이중성 문제를 지적했으나 아무도 주목하지 않았다.

아인슈타인은 적어도 1905년부터 빛의 이중성 문제를 연구하였다. 헨드릭 로런츠는 1923년 "결국은 서로 다른 아이디어들을 조화시킬 수 있을 것이다. 이것이 우리가 조만간 풀어야 하는 물리학의 중요한 문제다"라고 했다.[13] 루이스는 지금이야말로 자신이 이 엄청난 수수께끼를 풀 기회라고 생각하였다. 그는 자신이 저명한 물리화학자 중 한 사람이 되는 것에 만족하지 못했다. 그는 우주의 움직임을 설명하는 방정식을 발견한 뉴턴이나 아인슈타인 같은 위대한 과학자가 되고 싶었다. 물리학자이자 과학사 학자인 로저 슈튜워가 "상보성 이론이 나오기 전의 가장 독창적이고 독특한 이론"[14]이라고 부른 이론으로 루이스는 이 문제에 도전하였다.

루이스는 자신이 잘 아는 것, 즉 화학 열역학의 핵심인 평형 이론으로 이 연구를 시작하였다. 물질 *A*가 물질 *B*로 바뀌는 반응을 생각해 보자. 시간이 지나면서 반응 속도가 느려지고 결국은 *A*와 *B*의 농도 변화가 관찰되지 않는 상태가 되어, 모든 반응이 멈춘 것처럼 보이게 된다. 실제로는 정반응($A \rightarrow B$)과 역반응($B \rightarrow A$)이 계속 일어나고 있지만, 정반응의 속도와 역반응의 속도가 정확히 같아서 변화가 관찰되지 않는 상태이다. 즉 정반응에서 *B*가 만들어지는 속도와 역반응으로 *B*가 소모되는 속도가 정확히 일치하는 상태에 도달한 것이다. 화학 반응은 전혀 멈추지 않았지만, 균형 상태 또는 평형 상태에 있는 것이다. 평형 상태는 간단하게 등호를 사용하여 $A=B$로 표기하기도 한다. 만약 *A*와 *B*, *B*와 *C*, *C*와 *A* 사이의 반응으로 서로 바뀔 수 있는 세 가지 종류의 물질이 존재한다면 어떤 일이 일어날 것인가? 세 가지의 반응이 각각 정반응과 역반응의 속도가 같아지는 평형 상태에 도달할 수 있을 것이다. 또는 *A*에서 *B*가 만들어지고, *B*에서 *C*, 그리고 *C*에서 다시 *A*가 만들어지는 순환 반응으로 *A*, *B*, *C*의 농도가 변하지 않는 상태가 될 수도 있을 것이다.

루이스는 순환 평형은 존재하지 않고, 3개의 반응이 각각 독립적으로 평형에 도달할 것이라고 주장하였다. 순환 평형이 존재할 경우에는, 적절한 촉매를 사용하면 평형 상태를 깨는 것이 원칙적으로 가능해진다. 촉매는 정반응이나 역반응의 속도를 변화시킬 수는 있지만, 평형점을 바꿀 수는 없다. 가상의 순환 평형은 정반응에 의해서만 이루어지므로, 촉매는 순환 평형을 방해할 수 있게 되는 것이다. 그러나 이러한 현상은 실험에서는 절대 관찰되지 않음으로, 루이스는 순환 평형이란 불가능한 것이라는 결론을 내렸다. 그는 이렇게 설명하였다.

> 어느 기간 동안 출생과 사망이 전혀 일어나지 않으며, 미국의 여러 도시 인구가 일정하게 유지되고 있다고 가정해 보자. 각 도시를 떠나는 사람의 수와 들어오는 사람의 수가 균형을 이루고 있는 상태이다. 이 정적인 상

태는 우리가 말하는 열평형의 경우와 상응하지는 않는다. 두 경우를 상응시키려면 다른 요구 조건이 추가되어야 한다. 예를 들어 필라델피아에서 뉴욕으로 가는 사람 수와 뉴욕에서 필라델피아로 가는 사람 수가 같아야 한다. 이에 더해, 두 도시 사이에 세 개의 철도 노선이 있다면 각 노선을 통해 두 도시로 오고 가는 기차 승객 수도 모두 같아야 한다는 조건을 충족해야 한다.[15]

그는 이 결론을 '전체 평형의 법칙'이라고 불렀으며, 모든 물리적 과정이 정방향과 역방향에서 동일한 방식으로 진행되어야 한다고 주장하였다. 이 법칙을 제안할 당시 그는 자신이 처음으로 이를 제안했다고 믿었지만, 많은 사람이 이미 비슷한 내용을 제안했거나 가정했었다.[16] 그는 후속 논문에서 자신의 우선권 주장을 철회하였다.[17] 그러나 그는 이 원리를 빛의 복사에 확장 적용하여 다른 사람들보다 앞서갈 수 있었다. 만약 어떤 물질의 원자가 높은 에너지 상태 A^*에서 낮은 에너지 상태 A로 전이되면서 에너지가 $h\nu$인 빛을 방출한다면, 같은 에너지의 전자기파를 흡수하여 원자가 낮은 에너지 상태에서 높은 에너지 상태로 전이되는 정확히 반대되는 과정이 존재해야 한다. 또한, 물질이 복사 평형 상태에 있다면, 방출과 흡수 과정이 정확히 같은 속도로 일어나야 한다. 이 두 과정은 다음과 같이 쓸 수 있다.

$$A^* \rightarrow A + h\nu \quad \text{자발 방출}$$
$$A + h\nu \rightarrow A^* \quad \text{유도 흡수}$$

두 번째의 흡수 과정은 유도 과정이라고 부른다. 높은 에너지 상태에서의 방출은 전자기장과의 상호 작용이 필요하지 않지만, 두 번째 과정은 전자기장에 의해 유도되기 때문이다.

19세기 후반에, 과학자들은 고전 전자기 이론에 기초하여 흑체(black body)에서 방출되는 복사선의 파장과 세기를 이론적으로 설명하려고 노력하였다. 흑체는 빛을 포함한 모든 파장의 전자기파를 흡수하는 물체로, 가열하면 반대로 전자기파가 방출된다. 쇠를 달구면 검붉은색이 되는 것과 같은 현상이다. 빌헬름 빈은 전자기 이론으로 흑체 복사선의 세기를 설명하는 식을 개발하였다. 빈의 계산 결과는 파장이 짧은 영역(자외선)에서는 실험적인 관찰 결과와 일치하지만, 파장이 긴 영역(적외선)에서는 실험 결과와 차이가 크게 났다. 이를 '적외선 파국'이라고 부르기도 하였다. 1900년에 막스 플랑크는 빛 에너지가 양자화되어 있다는 가설을 도입하여 실험 결과와 정확히 일치하는 이론적 식을 도출해 내었다. 에너지가 양자화되어 있다는 것은 에너지는 연속적인 값이 아니라, 특정한 값의 정수배에 해당하는 값만을 갖게 된다는 것을 의미한다. 플랑크는 복사선의 흡수와 방출에 대한 전자기 이론을 근거로 1900년 그의 법칙을 유도하였으며, 아인슈타인은 1917년 통계역학을 근거로 같은 식을 얻을 수 있었다. 플랑크 법칙에 도달하기 위하여, 아인슈타인은 유도 흡수와 자발 방출 과정뿐만 아니라 '유도 방출'도 존재하리라고 추측하였다. 자발 방출의 경우에는 전자기장의 간섭이 일어나지 않지만, 유도 방출일 경우에는 높은 에너지 상태에 있는 원자가 전자기장과의 상호 작용으로 복사선을 방출하게 된다.

$$A^* + h\nu \rightarrow A + 2\,h\nu \quad \text{유도 방출}$$

유도 방출을 포함시키지 않으면, 아인슈타인의 계산 결과는 플랑크 법칙이 아니라 빈의 결과가 되어 버린다. 유도 방출은 루이스의 전체 평형 법칙에 위배되므로 루이스는 이 개념에 문제가 있다고 생각하였다. 그는 자발적 흡수와 유도 방출은 서로의 역과정이라고 생각하였다. 그러나 아인슈타인은 유도 방출의 역과정은 제안하지 않았다. 그래서 루이스는 아인슈타인의 이론에 순환 평형 개념이 들어있다고 생각했었다.

루이스가 전자기파 복사 방정식을 유도할 때의 접근 방식은 그가 물리화학에서 성공한 방법과 거의 같았다. 화학 열역학 방정식을 재구성할 때 사용했던 활동도 개념(2장)을 복사 방정식에도 그대로 적용하였다. 이상 기체 법칙은 복사 법칙과 마찬가지로 통계역학적으로 유도할 수 있다. 다만, 기체 분자 간의 상호 작용이 없다고 가정해야 하므로 이상 기체에만 적용된다. 루이스는 농도를 활동도로 바꾸어주어 실제 기체에도 적용되는 법칙을 만들 수 있었다. 다만, 활동도는 실험적으로 측정하여야만 한다. 그는 흑체 복사에도 이와 같은 방법을 사용하였다. 아인슈타인의 흑체 복사 밀도 계산에서, 유도 흡수와 자발적 방출 과정만을 고려하면 빈의 식이 얻어진다. 따라서 루이스는 빈의 식은 이상 복사의 분포 법칙이고, 플랑크식을 만족하는 실제 복사는 에너지 밀도가 활동도로 대치된 결과라고 생각하였다. 무한히 희석된 화학 용액에서는 활동도와 밀도(농도)가 같은 값이 되는 것과 같이, 복사의 경우에는 단일 원자나 단일 양자의 에너지가 이에 해당할 것으로 생각되었다. 모든 실제 복사 밀도의 경우에 활동도는 이상 농도와 다르므로, 루이스는 빈 법칙이 실험 결과와 다른 것으로 생각하였다.

루이스는 이러한 아이디어를 구체화하는 과정에서, 많은 친구와 서신을 교환하며 그들의 의견을 들었다. 케임브리지 대학의 물리학자 R.H. 파울러는 1925년에 루이스에게 두 통의 편지를 보냈다.[18] 그는 루이스가 올바른 길을 가고 있는지 확신할 수 없다고 하면서, 존 밴 블렉과 사티엔드라나트 보스의 최근 논문을 읽어보라고 조언하였다. 보스는 보스-아인슈타인 통계로 알려진 이론을 제시하였는데, 이는 현재

보손이라고 불리는 입자의 거동과 복사 현상을 설명하였다. 불행히도 루이스는 이 논문들을 읽지 않았다. 그가 만약 읽었더라면 자신의 이론에 문제가 있음을 깨달았을지도 모른다. 루이스의 논문을 읽은 대부분의 물리학자가 처음 보인 반응은 신중한 관심과 회의가 섞인 것이었다. 루이스는 거장, 즉 아인슈타인의 의견을 구하기로 마음을 먹었다. 이 장의 시작 부분에 나온 아인슈타인이 루이스에 보낸 답장은 매우 실망스러웠다. 아인슈타인은 루이스가 자신의 이론을 잘못 이해하고 있다고 말했다. 세 가지 과정이 아니라 두 가지 과정만이 있다는 것이다. 유도 방출과 자발 방출은 단일 과정의 두 부분이며, 그 반대 과정이 유도 흡수라는 것이었다. 아인슈타인은 루이스의 전체 평형 법칙을 지지했지만, 루이스가 그 법칙에서 도출한 결론에는 동의하지 않았다.

루이스는 이론적인 연구를 계속하였으며, 복사 에너지를 운반하는 입자에 '광자(photon)'라는 이름을 붙였다. 광자라는 명칭은 계속 사용되었지만, 현대 물리학에서의 광자와는 그 의미가 다르다. 루이스의 광자는 생성되거나 소멸되지 않으며, 복사선의 원자와 같아서 우주에 일정한 수로 존재하는 입자를 의미했다. 물질이 복사선을 방출할 때, 이미 존재하는 광자에 적절한 에너지를 실어서 방출하는 것으로 루이스는 이해하였다. 다시 말하지만, 문헌을 폭넓게 검토했다면 그가 이와 같은 오류에 빠지는 일은 없었을 것이다. 보스와 아인슈타인은 복사 에너지 양자는 보존되지 않으며, 동적으로 생성되고 소멸된다는 것을 명확히 가정했었다.[19] 1927년에 개최된 제5차 솔베이 물리학 학술회의에서는, 콤프턴의 제안에 따라 빛 입자를 지칭하는 용어로 '광자'를 채택하였다. 그러나 이 용어는 루이스의 복사 원자를 의미하는 것이 아니라 아인슈타인의 광양자를 의미하는 것이었다.

모든 물리적 과정에는 정확한 역과정이 있어야 한다는 루이스의 주장을 따르면, 몇 가지 이상한 결론에 도달하게 된다. 모든 물질의 운동이 가역적이라면, 시간이 거꾸로 흐른다고 가정해도 운동은 동일한 방식으로 작동해야 한다. 물질의 경우에는 뉴턴의 법칙을 따라야 한다. 예를 들어, 당구대에서 공과 공 그리고 공과 당구대 쿠션 사이에는 완전한 탄성 충돌이 일어나며, 굴러가는 공과 테이블 사이에는 마찰이 전혀 없다고 가정해 보자. 공들이 움직이기 시작하면 영원히 굴러가며 쿠션에서 부딪히고 서로 충돌할 것이다. 이 테이블 위 공들의 운동을 영상으로 찍어서 재생하면, 그 영상이 앞으로 재생되는지 아니면 거꾸로 재생되는지 구분할 수 없을 것이다. 루이스는 이것을 '시간의 대칭성 원리'라고 불렀으며, 물질뿐 아니라 복사 에너지에도 적용되는 일반적인 원칙이라고 주장하였다.

하지만 실제 물리적 현상에 대한 영상을 보면, 시간에 대해 앞으로 가고 있는지 또는 뒤로 가고 있는지를 쉽게 구분할 수 있다. 예를 들어, 꽃병이 수백 개의 조각으로 깨어지는 장면을 보면, 그 영상이 앞으로 재생되었는지 아니면 뒤로 재생되었는지를 쉽게 알 수 있다. 루이스는 꽃병이 스스로 복구되지 않고 깨지는 이유가 시간의 단방향성 때문이 아니라, 확률 때문이라고 주장하였다. 이는 루트비히 볼츠만이 반세기 전에 수학적으로 제시한 것을 원용한 것이었다. 온전한 화병은 가능한 상태가 한 개이지만, 수백 조각으로 깨어진 것은 가능한 상태가 매우 많기 때문에 존재할 확률이 훨씬 높다는 논리였다. 루이스는 복사를 포함한 모든 물리적 과정은 시간에 대해 완벽하게 가역적이어야 하며, 시간은 양방향으로 동일하게 흐르고, 복사 과정도 이에 해당한다고 주장하였다.

그는 이러한 생각에 근거하여 논리적인 결론을 도출하였다. 방출되는 모든 원자에 대응하여 흡수되는 원자가 있어야 하며, 흡수 원자가 방출 원자가 되거나, 또는 그 반대가 되는 과정은 시간에 대해 완전히 가역적이어야 한다. 이와 같은 논리는 다름과 같은 역설에 도달하게 된다. “먼 별에서 온 빛이, 최근에 식물에서 만들어진 엽록체에 흡수된다고 가정해 보자. 그리고 이 빛은 백만 년 전에 별에서부터 출발했다고 생각하자. 백만 년 전에 방출된 빛과 지금 바로 생성된 엽록소 분자 사이에는 어떤 관계가 있는가?”[20] 루이스는 자신의 주장을 아인슈타인의 상대성 이론을 확장하여 설명하였다. 그는 1909년에 미국물리학회에서 자신이 처음으로 상대성 이론을 소개했었다는 사실에 자부심을 느끼고 있었다.[21] 루이스가 1906년 MIT에 도착하기 직전, 아인슈타인은 특수 상대성 이론을 발표했으며, 루이스는 이 주제에 깊이 매료되었다. 루이스와 그의 MIT 동료인 리처드 톨먼은 이 이론에서 모순을 찾기 위해 많은 밤을 같이 보냈다. 결국, 틀린 점을 찾지 못한 그들은 이 이론을 받아들이고, 이에 대한 논문을 발표하기 시작하였다.[22]

1910년 또는 1911년에 루이스는 취리히에서 아인슈타인과 맥주를 마시며 물리학을 논의하기 위해 약속을 잡기도 했다.[23] 상대성 이론의 많은 결론은 역설적이었다(곧이어 양자역학에서는 더 많은 역설이 등장하게 된다). 루이스는 인과관계에 대한 상식적인 개념을 부정하는 것처럼 보이는 아인슈타인 이론의 역설을 기꺼이 받아들였다. 그것은 마치 빛이 방출되기도 전에 어디로 가서 흡수될지를 ‘알고 있어야’ 한다는 것과 같은 이야기였다. 그는 ‘가상의 접촉’이라는 개념을 제안하며, “내 눈이 별에 닿는다고 말할 수 있는데, 이는 내 손이 펜에 닿는다고 말하는 것과 같은 의미는 아니지만, 물리적으로는 같은 의미”라고 주장하였다.[24] 루이스는 자신의 역설적 주장에 대해 제임스 보스웰이 사무엘 존슨을 인용한 말을 다시 인용하였다. “선생님, 사람들이 믿지 않을 것을 우려해서 어떤 내용을 책에서 빼는 것은 비겁한 짓입니다.”[25] 루이스의 아이디어

그림 7-2 1928년의 루이스. 캘리포니아 대학(버클리) 밴크로프트 도서관 제공.

는 "두 종류의 시간을 산다"[26]와 같은 제목의 유머 기사로 대중 매체에 실리기도 하였다. 그러나 대부분의 물리학자는 이를 '철학적인 추측'으로 보았고, '영향력이 있는 물리 법칙'으로 받아들이지는 않았다.[27] 1930년에 랭뮤어는 루이스에게 시간의 대칭성에 대한 그의 아이디어를 열렬히 지지한다는 편지를 썼고, 루이스는 이에 친절한 답장을 보냈다.[28] 루이스는 랭뮤어에 대한 원한을 잠시 내려놓은 것처럼 보였다.

과학의 해부

루이스는 1925년 예일대의 실리만 기념 강연에 초대되어 강연하였다. 강연 내용은 후에 『과학의 해부』라는 제목의 책으로 출간되었다. 실리만 기념 강연은 매년 저명한 과학자를 연사로 초청하여 일반인을 대상으로 진행하는 강연이다. 루이스는 자신의 과학 철학에 관해 이야기하며, 다음과 같이 강연을 시작하였다.

> 과학의 강점은 그 순진함에 있습니다. 과학은 삶 그 자체와 같습니다. 만약 우리 앞에 놓여 있는 모든 장애물을 미리 알 수 있다면, 첫 번째 장애물에조차 도전하지 않고, 그냥 현재에 만족하며 살려고 할 것입니다. 대부분의 과학자는 철학이라는 강력한 렌즈를 착용하지 않은 근시안적인 존재입니다. 우리는 앞에 놓인 어려움이 마지막 난관일지도 모른다는 희망으로 기쁘게 도전합니다… 과학적 방법론이라는 이야기를 많이 하지만, 과학자가 문제를 해결하는 방법은 일반적인 문제 해결 방법과 크게 다르지 않습니다. 다만, 편견에서 조금은 벗어나 있으며 훈련으로 약간 다듬은 것에 불과하다고 생각합니다… 과학에서의 측정은 연구의 도구에 불과할 뿐인데, 측정을 과학과 동일시하려고 하거나 그렇게 생각하는 과학자들을 참을 수 없습니다. 또한 다윈, 파스퇴르, 케쿨레와 같은 사람들을 제외하고 과학자를 정의하려는 시도도 참을 수 없습니다… 과학자는 실용적인 사람이며, 그의 목표도 실용적입니다. 과학자는 궁극적인 것이 아닌 비슷한 것을 찾습니다. 대부분의 사람은 궁극적 진리가 존재한다고 믿지만, 그것은 우리가 목표로 삼고 나아가는 지평선일 뿐, 과학에서 유용한 것으로 보이지는 않습니다.[30]

이 강연들은 루이스에게 어떤 주제든 자유롭게 이야기할 수 있는 자리를 마련해 준 것이었고, 그는 마다하지 않았다. 그의 강연 시리즈의 상당 부분은 그가 현재 관심을 두고 있는 주제인 복사의 본질과 시간의 대칭성에 할애되었다. 하지만 그는 자신이 잘 아는 화학, 물리학, 수학뿐만 아니라 생물학에 대해서도 언급하였다. 생물학에서는 자식이 부모가 획득한 형질을 유전받을 수 있다는 라마르크설을 지지하였다. 그의 생물학적 철학은 생기론에 가까웠다.[32] 생기론은 생명 현상은 물리적, 화학적 과정과는 매우 다르며 생명체는 열역학 제2 법칙을 어느 정도 회피할 수 있다고 믿는 이론이다.

그는 흥미로운 생물학적 제안을 하기도 했다. 그는 많은 유기 분자가 두 가지 이성질체로 존재한다는 것을 관찰하였다. 이성질체는 오른손과 왼손 장갑처럼 서로 거울에 비친 이미지와 같은 분자라고 생각할 수 있다(1장 참조). 실험실에서 간단한 화학 물질로부터 합성할 때에는, 오른쪽 및 왼쪽 이성질체가 같은 비율로 혼합되어 만들어진다. 하지만 살아있는 생명체에서는 보통 한 가지 형태만 발견되며, 자연은 어떻게 한 가지 이성질체만을 분리하여 만드는지는 수수께끼의 영역이다. 루이스는 이것이 자체 촉매 작용에 의해 이루어진다고 제안하였다. 즉, 초기에 두 이성질체 사이에 미세한 불균형이 생기면, 순간적으로 상대적 양이 많은 한 종류 이성질체가 증폭되어 만들어지도록 스스로 촉매 작용을 한다는 것이었다.[33] 이러한 이론은 루이스가 처음으로 제안했다고 할 수 있으며,[34] 현재는 가능한 설명으로 받아들여지고 있다.[35] 그는 획득된 형질의 유전에도 유사한 과정이 관련되어 있을 수 있다고 제안했다.

루이스는 1920년대 후반까지 자신의 물리학 이론에 관한 연구를 계속하였으며, 경제학에도 자신의 아이디어를 제안하였다. 또한, 그는 '궁극적이고 합리적인 단위'에 대한 생각도 제시했는데, 이는 모든 물리 상수의 단위를 없앨 수 있으며 과학 공식을 정수와 상수 π로 나타낼 수 있다는, 거의 신비주의적인 믿음이었다. 적절한 단위를 사용하면, 볼츠만 상수, 플랑크 상수, 리드버그 상수, 뉴턴의 중력 상수 같은 값이 모두 정수가 된다고 믿었다. 그는 물리 상수들 사이에서 몇 가지 우연한 관계를 발견했지만, 윌리엄 졸리의 말에 따르면, 그것은 모두 우연의 일치였다고 한다. 마치 자신의 집 주소의 로그값에 대한 제곱근을 구하면 전화번호가 얻어진다는 것과 같은 황당한 주장이었다는 것이다.[38]

루이스의 열역학과 화학 결합 이론은 성공적이었지만, 그는 물리화학 분야 밖의 과학자들 사이에서는 괴짜로 여겨질 위험에 처해 있었다. 그는 아레니우스가 면역화학에서 했던 것처럼, 경험이 거의 없는 분야에 발을 담그며 어쩌면 가장 생산적일 수 있었던 10년을 허비하였다.

랭뮤어는 자신이 잘 아는 분야의 연구를 계속하다

루이스는 이론 물리학 연구를 위해 화학을 떠나 있었지만, 랭뮤어는 자신을 성공으로 이끈 길을 계속 걸어갔다. 그는 필라멘트, 브라운관, 전자, 기체, 방전, 고온과 저압에서의 화학 반응, 고진공 현상 등 GE와 관련된 연구를 계속하였다. 또한 그에 필요한 기초 이론 연구도 소홀히 하지 않았다. 어느 것도 그의 초기 연구에서 거두었던 것과 같은 혁명적인 진전은 없었지만, 자신이 개척한 분야를 견고하게 확장하였다. 그는 과학자이자 엔지니어였다. 그는 문제를 해결하는 것을 즐겼으며 GE에는 다양한 문제가 산재해 있었다. 그의 동료 사울 두쉬만은 그에 대해 이렇게 말했다. "랭뮤어는 생각하는 기계 같다. 사실을 집어넣으면 이론이 나온다."[39]

랭뮤어는 문제를 해결할 때 개별 사례에 집중하지 않고 근본적으로 무슨 일이 일어나고 있는지를 전체적으로 이해하려 노력하였다. 그는 과학을 궁극적인 즐거움으로 여겼다. 1946년 버클리에서 했던 히치콕 기념 강연의 제목은 "즐거움을 위한 과학"이었다. 그리고 그는 언제나 과학적 토론에 참여하는 것을 즐겼다. 루이스 같은 과학자들의 추상적 이론에 별 흥미를 보이지 않던 기업체 소속 과학자들에게, 표면화학과 화학 결합 이론에 성공을 거둔 랭뮤어는 유명 인사였다. 랭뮤어는 대중을 매료시키는 연설가였고, 여행을 즐겼고, 새로운 사람들과 만나는 것을 좋아했다. 과학 토론을 하는 동료들과 나누는 우정을 소중하게 여겼으며, 지도자의 역할도 마다하지 않아 1929년에는 미국 화학회 회장을 맡기도 했다.

1917년 랭뮤어는 19세에 시카고 대학에서 화학 석사학위를 받은 캐서린 블로젯을 조수로 고용하였다. 그녀의 학위논문 주제는 기체가 숯에 흡착되는 현상에 대한 것이었는데 이것은 랭뮤어와 GE에게 아주 흥미로운 주제였다. 그녀는 1924년 잠시 GE를 떠나 (랭뮤어의 추천으로) 케임브리지 대학의 어니스트 러더퍼드 밑에서 연구를 하게 되었고, 1926년 케임브리지에서 박사학위를 받은 최초의 여성 과학자가 되었다. 그녀의 박사학위 논문은 GE의 또 다른 관심 주제였던 이온화된 수은 증기 내에서의 전자의 거동에 관한 것이었다. 그녀와 랭뮤어는 오랫동안 공동으로 연구하는 관계를 유지하였다. 그들의 협업은 기판 위에 분자 두께의 다층막을 증착하여 만들어지는 랭뮤어-블로젯 필름으로 가장 잘 알려져 있다. 이 기술을 이용하여 블로젯은 1938년 무반사 유리를 개발하여 GE에게 엄청난 이익을 안겨주었다. 그럼에도 불구하고 그 당시 기업에 만연한 성차별 때문에 1953년 발행된 GE의 기업 역사 소개 책자에서 블로젯의 이름은 찾아볼 수 없다.[40] 랭뮤어의 수석 연구원 중 한 사람이었던 케네스 킹던은 이렇게 말했다. "랭뮤어는 사람을 최대한으로 활용하는 방법을 알고 있었다. 그는 사람들에게 그들이 가장 잘할 수 있는 일을 하게 했으며, 누구에게도 억지로 일을 시키려 하지 않았다."[41]

1920년대에 루이스는 여행에 시간을 보내고 싶지 않았을 뿐만 아니라 대중 연설을 싫어했기 때문에 거의 모든 명예학위를 거절하였다. 그 반면 랭뮤어는 저명한 과학자로서의 위상을 즐겼다. 그는 휴가를 겸해 장기간의 연설 여행을 하기도 했다. 그는 미국과 유럽에서 각종 상과 명예학위를 받기 시작하였다. 1921년 랭뮤어 부부는 유럽을 여행하고 있었다. 당시 40세였던 랭뮤어와 부인 마리온은 사전 준비 없이 마터호른을 등반하겠다고 결심하였다. 마터호른은 너무나 험난한 고봉이라 알프스산맥 중 마지막으로 1865년에야 정복된 산이었다. 그의 일기에는 해발 3,350미터에 자리 잡은 베이스캠프로부터 등반한 기록이 적혀있다.

> 오전 1:50분에 일어난 우리는 2:40분에 출발했다. 가느다란 초승달이 뜬 아름다운 밤이었다. 어둠 속에서 빠른 속도로 등반하기는 쉽지 않았고 곧 숨이 찼다. 4:30분 경에 솔베이 대피소에 도착해서 약 45분간 휴식했다. 숨이 가빠 고통스러웠고 한두 번은 어지러움과 현기증을 느꼈다. 정상에 오르지 못할 것 같다는 생각이 들기도 했다. 95%~99%를 손으로 기어가며 가파르기만 한 산을 올랐다. 산 어깨 정도에 있는 난코스에는 밧줄이 늘어져 있어 잡고 올라갈 수 있었다. 그 외에는 특별히 어려운 코스는 없었다. 산 정상에서 강한 돌풍이 갑자기 불어와 서로를 붙잡고 몸을 낮춰야 했다. 기온은 아마 영하 6도 정도였을 것이다. 매우 흐렸다. 8:20분에 정상에 올랐다… 매우 피곤했으며(특히 팔이) 내려오는 동안에도 계속 숨이 가빴고 허벅지가 아주 뻣뻣했다… 다음 날: 극심한 근육통을 느꼈고, 저녁 무렵이 되자 더욱 심해졌다. 저녁 식사 후 바로 잠자리에 들었지만, 오른쪽 무릎 윗부분의 통증 때문에 잠을 잘 수 없었다. 무릎이 부어오르고 매우 아팠다.[42]

(루이스와 비교해 보자. 막스 보른은 알프스에서 개최된 과학 모임에서 등산복을 입고 여유롭게 휴식을 취하던 중 루이스를 만났는데, 루이스는 "검은 양복 상의와 회색 줄무늬 바지를 입고, 반짝이는 검은 구두와 중절모" 차림이었다고 회상하였다.[43])

랭뮤어는 1921년에 알프스에서 스코틀랜드의 에든버러로 이동해서 한 학술회의에서 강연하였고 또 다른 명예학위를 받은 후, 존 니콜슨이 진행한 양자 이론을 주제로 한 토론회에 참가하였다(니콜슨은 9장에 소개될 도로시 린치와 그다음 해에 결혼하게 된다). 랭뮤어의 일기에는 그들 부부가 런던, 파리(폴리 베르제르 카바레 극장: 훌륭한 춤, 거의 옷을 벗은 여인들), 브뤼셀, 암스테르담, 베를린, 그리고 랭뮤어가 네른스트 밑에서 연구하던 괴팅겐을 잠깐 방문한 얘기가 있다. 그는 부인 마리온에게 "현재의 방 주인이 결투하러 나가 비어 있어서"[44] 옛날 자기 연구실을 보여줄 수 있었다.

랭뮤어의 일기에는 유명 인사들의 이름이 점점 더 많이 등장하기 시작한다.[45] 허버트 후버와 오빌 라이트가 지인이었고, J.J. 톰슨과 굴리엘모 마르코니(무선 통신 개척자)는 랭뮤어가 집으로 초대한 손님이었다. 또한, 러더퍼드 남작과 막스 보른의 집에 손님으로 초대받기도 했다.

랭뮤어는 1921년부터 보어와 그의 원자 이론에 관한 서신을 주고받았지만, 그를 처음 만난 것은 1923년 매사추세츠주 애머스트 대학에서였다. 보어의 강연이 애머스트에서 있었고, 랭뮤어는 뉴욕주 스키넥터디에서 200 km를 운전하여 그의 강연을 들으러 갔다. 두 사람은 개인적으로 두 시간 동안 이야기를 나누었으며, 랭뮤어는 보어에게 그와 함께 GE를 방문하러 가자고 설득하였다. 그들은 가까운 친구가 되었고, 랭뮤어는 보어에 대해 이렇게 적었다. "과학적으로 나에게 그보다 더 큰 감명과 영감을 준 사람은 만나본 적이 없다. 보어는 내가 아는 가장 경이로운 사람이다."[46]

솔베이 학술회의

5차 솔베이 물리학 학술회의가 1927년 브뤼셀에서 개최되었다. 그림 7-3의 사진에서 볼 수 있듯이 매우 저명한 과학자들이 대거 참석했으며, 루이스가 제안한 '광자'가 광양자의 공식 명칭으로 채택되기도 하였다. 솔베이 회의의 주제는 매번 달라지는데, 1927년의 주제는 루이스가 몰두하고 있던 새로운 양자역학과 에너지 복사에 대한 것이었다. 이 회의에는 초대받은 과학자만 참석할 수 있었는데 루이스는 초대받지 못

그림 7-3 1927년 5회 브뤼셀에서 개최된 솔베이 회의. 앞줄 왼쪽에 지팡이를 든 랭뮤어가 앉아있다. 맨 뒷줄: A. 피카르, E. 앙리오트, P. 에렌페스트, E. 헤르젠, T. 드 동데르, E. 슈뢰딩거, E. 베르샤펠트, W. 파울리, W. 하이젠베르크, R.H. 파울러, L. 브릴루앵. 두 번째 줄: P. 디바이, M. 크누센, W.I. 브래그, H.A. 크라머르스, P.A.M. 디랙, A.H 콤프턴, L. 드 브로이, M. 보른. 앞줄: I. 랭뮤어, M. 플랑크, 마리 퀴리, H.A. 로런츠, A. 아인슈타인, P. 랑주뱅, C.E. 게이, C.T.R. 윌슨, O.W. 리처드슨. 촬영 벤자민 쿠프리. 물리학 솔베이 국제기관, 에밀리오 세그레 시각자료 저장소 제공.

했다. 아마 1927년 참가자들은 그의 이론을 가치 없는 것으로 간주했기 때문이었을 것이다. 루이스는 매우 실망했었음이 틀림없다.

그러나 회의가 브뤼셀에서 시작되기 일주일 전, 랭뮤어는 뜻밖에도 초대장을 받았다. 그는 회의에 초대된 유일한 화학자였다. 들뜬 랭뮤어는 어머니에게 편지를 보냈다. "올해의 주제는 '양자 이론'인데, 저는 이 분야에 아무 기여도 한 적이 없는데 어떻게 초대받았는지 모르겠어요".[47] 그때 랭뮤어는 유럽에서 휴가를 보내던 중이었는데, 미국에서 유럽으로 오던 중 배에서 발을 다쳐 목발을 짚고 있었다. 그는 아내와 함께 이탈리아에서 회복 중이었는데, 회의 조직 책임자였던 로런츠로부터 초청 전보를 받았다.

프랑스의 물리학자로 회의에 초대받은 레옹 브릴루앵은 GE와의 자문 계약 협상을 위해 랭뮤어의 상관인 윌리스 휘트니와 접촉하고 있었다. 휘트니는 브릴루앵에게 유럽 여행 중인 랭뮤어와 한번 만나보라고 전했다. 브릴루앵은 솔베이 회의 전 코모에서 개최되었던 회의에서 랭뮤어를 만나려 했으나 그를 볼 수 없었다.[48] 그래서 그는 랭뮤어를 솔베이 회의에서 만날 수 있도록 뒤에서 조종을 좀 한 것 같다. 그는 로런츠에게 랭뮤어가 어차피 그 주에 브뤼셀에 올 예정이었다고 이야기한 후,[49] 랭뮤어에게도 초대장을 보내 달라고 부탁하였다. 초대받은 랭뮤어는 뛸 듯이 기뻤고 이후 휘트니에게 회의에 대한 보고서를 보냈다.

> 우리는 10월 23일 코르티나를 떠나 에인트호벤으로 갈 계획을 세우고 있었는데 19일 네덜란드의 H.A. 로런츠 교수로부터 전보를 받았습니다. 10월 23일부터 1주일간 양자역학을 주제로 브뤼셀에서 개최되는 솔베이 회의에 저를 초대한다는 내용이었어요. L. 브릴루앵이 로런츠에게 나를 초대하라고 제안한 것이었습니다. 9월 코모에서 열린 회의에서 솔베이 회

의에 대해 전해 들어 로런츠에게 문의했지만, 특별히 초대된 25명 정도의 사람들만 참석할 수 있다는 얘기를 들었습니다. 가장 활발하게 양자 이론을 연구하는 과학자들로만 구성되었다는 거예요. 그런데 초대장을 받아서 놀랐습니다… 힘든 회의였어요. 강의실에서 매일 8시간씩 그리고 우리가 같이 체류하던 호텔에서 저녁 내내(때론 새벽 1시까지) 양자역학에 관한 토론을 이어갔습니다. 현재 양자역학을 표현하는 가장 보편적인 방법은 파동역학입니다. 파동역학을 이용하여 양자 이론을 처음으로 완전한 형태로 기술할 수 있게 되었고, 고전적 파동 이론과 양자 현상(그리고 광자 이론) 간의 불일치가 점점 해소되는 것처럼 보입니다. 혼동된다기보다는 희망적이라는 생각이 회의의 분위기였어요.

보어와 하이젠베르크는 완전히 새로운 '불확정성 원리'를 설명했는데, 거의 모든 양자 현상에 적용되며, 상대성 이론이나 대응 원리만큼이나 보편적이라고 주장했습니다. 이 원리는 전자의 위치와 속도의 실체를 부정합니다. 우주 공간에서 지구의 속도가 관점에 따라 달라지듯이 이 값들도 관점에 따라 달라집니다. 만약 s가 전자의 위치를 나타내는 좌표이고, p가 전자의 운동량이며, Δs와 Δp가 주어진 실험 조건에서의 불확정성(측정 정확도의 한계치)이라고 한다면, $\Delta s \times \Delta p = h$(플랑크 상수)가 됩니다. 따라서 전자의 속도를 매우 정확하게 알면, $\Delta s = h/\Delta p$보다 더 정확하게 위치를 알 수 없으며, 이는 전자가 매우 넓은 공간 어딘가에 존재한다는 것을 의미합니다. 반대로 위치를 정확하게 알면 속도는 불확실해집니다. 이 원리는 여러 가지 형태로 나타나며 유용한 결과를 도출하는 데 매우 유용하지만, 한편 매우 이상해 보이기도 합니다.[50]

이 회의 참석 과학자들의 절반 이상이 이미 노벨상을 받았거나 후에 상을 받게 된다. 새로운 양자 이론은 물리학에 혁명을 가져왔다. 하지만 양자역학의 통계적 해석에 동의하지 않은 아인슈타인이 "신은 주사위 던지는 놀이를 하지 않는다"라고 말했고, 보어는 "아인슈타인, 신에게 명령하지 말게나"라고 답했다고 전해진다. 솔베이 회의는 발표보다는 토론에 중점을 두었는데, 1927년에는 아직 영어가 국제 과학의 공용어가 아니었다. 파리에서 학교를 다녔고, 괴팅겐의 네른스트 연구실에서 공부한 랭뮤어는 프랑스어와 독일어가 유창하였으며, 회의에서 잘 어울릴 수 있었다. 그는 참석자들이 쉬는 동안 영화를 촬영하기도 했는데, 그가 기술 회사에서 일하고 있었다는 것을 상징적으로 보여준다. 그의 영화는 보존되어 인터넷에서 볼 수 있으며,[51] 랭뮤어가 목발을 짚고 다니는 방법을 폴 에렌페스트에게 몸짓으로 설명하는 장면도 볼 수 있다.

회의 후 랭뮤어 부부는 유럽 여행을 이어갔다. 네덜란드에서는 로런츠와 에렌페스트 부부와 시간을 보냈고, 베를린과 괴팅겐을 거친 후, 코펜하겐에서는 보어 부부의 집에 초대를 받았으며, 이어 케임브리지로 향했다. 1930년에 랭뮤어는 다시 이탈리아를 방문해 아펜니노 산맥을 등반했으며, 베를린에서 500명의 청중에게 완벽한 독일어로 강연을 하였다. 강연의 청중에는 아인슈타인, 플랑크, 네른스트, 디바이, 마이클 폴라니, 리제 마이트너도 포함되어 있었다. 독일의 주요 전기 회사인 AEG와 지멘스의 대표들도 발표를 하였다. 그들은 자신들 회사의 연구 프로그램이 적절하게 운영되고 있다는 것을 GE가 랭뮤어와 함께 거둔 성공을 예로 들어 설명하였다.[52]

스테레오 음향과 비행기 조종

루이스가 버클리에서 혼자 시간을 보내고 있을 때, 랭뮤어는 과학계와 관련이 없는 사람들과도 친분을 쌓았다. 1930년에 랭뮤어는 필라델피아 교향악단의 지휘자인 레오폴드 스토코프스키와 친해졌고, 그의 초대로 필라델피아를 방문하였다. 그들은 스테레오 사운드를 포함하여 음향의 녹음과 재생 품질을 개선하는 데 공감대를 갖게 되었다. 이것은 랭뮤어가 제1차 세계대전 중 잠수함 탐지를 위해 쌓은 경험의 자연스러운 연장이었다(4장 참조). GE의 허락하에, 그들은 RCA의 빅터와 함께 협업을 시작하였다.[53]

1928년부터 랭뮤어는 비행에도 깊은 관심을 두기 시작했고, 1929년에 찰스 린드버그가 GE 연구소를 방문한 후, 그와 친구가 되었다. 1930년에 랭뮤어는 비행 수업을 받기 시작했으며, 린드버그와 함께 비행하기도 했다. 랭뮤어는 웨이코 사의 경비행기를 구입하고 개인 조종사 면허도 취득하였다. 랭뮤어는 그의 어머니에게 이렇게 썼다.

> 지난 금요일 저녁에 마리온과 저는 린드버그 대령 부부, 그리고 다른 세 사람과 함께 반 카를린 호텔에서 저녁 식사를 했습니다. 린드버그는 매우 인상적인 사람이었고, 그의 부인은 매력적이며 아름다웠어요(사진으로는 잘 모르겠지요). 저녁 식사 후 우리는 모두 공항으로 갔고, 린드버그 부부는 GE에서 설치한 특수 조명들을 시험하기 위해 몇 차례 선회 비행을 했어요. 린드버그는 저에게 조명이 밝혀진 도시 위로 비행을 해보자고 했습니다. 그 비행기는 린드버그 부인의 것이었으며 저의 비행기와 유사한 기종이었어요. 아름다운 밤이었어요.[54]

랭뮤어의 비행에 대한 열정은 GE의 다른 사람들에게도 전염되었고, 랭뮤어는 GE가 회사 업무용 비행기를 구매하도록 요구하기 시작하였다. 그러나 GE 경영진은 탐탁지 않게 생각하였다. 1928년 말, GE의 전 사장이자 당시에는 명예 회장이었던 E.W. 라이스는 GE의 사장인 제라드 스워프에게 우려를 나타내는 편지를 보냈다. 라이스는 랭뮤어, 휘트니(랭뮤어의 상사), 윌리엄 쿨리지(1932년 휘트니가 은퇴한 후 랭뮤어의 상사가 됨), 에른스트 알렉산데르손(교류 발전기를 발명하여 무선 통신을 모스 부호가 아닌 음성으로 할 수 있게 함)에게도 편지 사본을 보냈다. 라이스는 이들에게 "여러분의 열정을 존중하지만, 숙련되지 않은 조종사가 조종하는 최고 수준이 아닌 비행기에 탑승하여 과도한 위험을 감수하는 일은 삼가길 바랍니다. 회사가 비행 기계를 구입하더라도, 회사에서 인증하는 조종사가 조종하는 비행기에만 탑승하여야 합니다. 그것은 우리 회사의 최고 전문가들이 갖고 있는 지혜와 자산을 보호하기 위한 것입니다."[55]라고 그의 뜻을 전했다. 물론, 랭뮤어는 이 경고를 전혀 신경 쓰지 않았고, GE도 그를 해고할 생각은 없었다.

노벨상에 얽힌 이야기

1920년대가 될 때쯤에 루이스와 랭뮤어는 미국 화학자들에게 널리 알려지게 되었다. 루이스는 이론 화학자, 랭뮤어는 에디슨의 뒤를 이을 발명가이자 실험 연구자라는 것이 그들의 이미지였다. 그러나 이러한 이미지가 정확한 것은 아니었다. 루이스는 그가 죽는 날까지 연구실에서 직접 실험을 했고, 랭뮤어의 표면화학, 흡착, 열전자 방출 이론은 루이스의 연구만큼 수학적으로 정교하였다. 그것보다 그들의 성격에서 극명한 차이점을 찾을 수 있다. 루이스는 모르는 사람들 앞에서 불안해하고 그들을 쉽게 신뢰하지 않았지만, 랭뮤어는 사교적이고 친근했다. 또한, 산업체 연구에 대한 태도에서도 차이가 있었다. 루이스는 버클리에서 기업체 컨설팅이나 산업 관련 연구비 수주를 금지했지만, 랭뮤어는 GE에서의 연구를 통해 중요한 미해결 문제들을 해결할 수 있다고 생각하였다.

미국에서의 산업체 화학 분야는 급격히 성장하고 있었고, 특히 제1차 세계대전 중 미국이 유럽 공급업체들과 단절되면서 더욱 두드러졌다. 미국 화학회의 회원 수는 1900년에 1,715명에 불과했지만 1920년에는 15,582명으로 증가하였다.[56] 새로운 화학자들의 대부분이 산업체에서 일하고 있었고, 그중 랭뮤어는 가장 저명한 산업체 화학자였다.

랭뮤어는 37세에 불과했던 1916년에 한 과학자로부터 노벨 물리학상 후보로 추천을 받았고, 1927년부터는 다수로부터 물리학과 화학상 후보로 추천받기 시작하였다. 1927년 11월 27일 그의 일기에는 다음과 같은 기록이 있다. "케임브리지: 오전 9시 50분 도착… 러더퍼드 경을 만나 그의 집에서 차를 마셨다. 그는 나를 노벨상 후보로 추천했으며, 내년에 내가 상을 받을 것으로 기대한다고 말했다."[57] 루이스의 노벨상 추천은 1922년에 시작되었으며, 그의 옛 논문 지도교수였던 테오도어 리처즈가 그를 추천하였다. 리처즈는 1914년 화학상을 받았으며, 1901~1902년 사이의 불편했던 관계(2장 참조)에도 불구하고 루이스를 용서한 듯했다. 루이스는 열역학과 화학 결합 연구로 노벨상에 추천받았지만, 본격적으로 추천을 받기 시작할 즈음에는 이미 두 분야를 떠나 복사의 본질에 관한 연구에 몰두하고 있었다.

1924년, 노벨 화학 위원회는 아레니우스에게 루이스의 연구를 평가하는 특별 보고서를 작성해 달라고 요청하였다.[58] 아레니우스는 해리 이론의 창시자이자 당시 스웨덴의 유일한 노벨 화학상 수상자였다. 그는 스웨덴 과학계의 실세였으며, 오랫동안 노벨상 수상자 선정에 큰 영향을 미쳐왔다. 그는 자기 친구들인 리처즈, 야코부스 반트호프, 빌헬름 오스트발트가 수상자로 선정되는 데 영향력을 행사하였고, 반대로 자신의 적이었던 네른스트와 파울 에를리히의 수상을 상당 기간 저지시켰다.

아레니우스는 루이스의 화학 결합 이론을 단 한 문장으로 무시해 버렸다. "그의 연구는 별 가치가 없다. 대부분의 연구는 랭뮤어에 의해 이루어졌고, 보어의 이론과 상충된다. 보어 이론이 아마도 맞을 것이다." 아레니우스의 평가는 모든 면에서 잘못된 것이었다. 랭뮤어조차도 그 연구의 대부분을 자기가 했다고 주장하지 않았을 것이며, 보어의 이론은 화학 결합을 일반적으로 설명하지 못했기 때문에 화학적 관점에서 맞다고 할 수 없었다. 루이스의 열역학에 대한 아레니우스의 분석은 어느 정도 긍정적이었지만, 그는 루이스가 실제로 했던 사실을 하지 않았다고 비판하였다. 그의 보고서에서 아레니우스는 루이스의 퓨가시티, 활동도 개념, 강전해질에 관한 초기 연구를 설명했지만, 1921년에 루이스가 제안한 이온 세기 공식을 완전히 무시하였다. 그리고는 루이스가 전해질의 거동에 대한 간단한 식도 제시하지 못했다고 비판하였다. 그러면서 실제 기체의 거동을 설명하는 실험적 식인 반데르발스 방정식을 예로 들었다.

> 루이스의 연구 목표는 물질의 활동도에 대한 보다 단순한 법칙을 찾아내는 것이 분명하다. 이 법칙들은 매우 묽은 용액이나 매우 낮은 압력의 기체만이 아니라, 모든 용액이나 기체에 적용되어야 한다. 높은 압력의 기체에 대한 반데르발스 방정식과 유사하게, 농축 용액에 대한 간단한 법칙을 제시했었다면 가치가 있을 것이다⋯ 루이스는 학생들과 다른 연구자들의 작업을 통해 많은 자료를 수집했지만, 여전히 모든 데이터를 설명할 수 있는 법칙을 찾지 못했다. 루이스는 이 분야에서 신중하고 체계적인 작업을 통해 물리화학에 대한 우리의 지식을 넓히는게 크게 기여하였

다… 그러나 루이스의 연구를 새로운 발견이나 발명으로 간주하기는 어렵다. (발표된 논문에서) 저자들 스스로도 "열역학의 넓은 도로"를 따라 연구를 진행했다고 말하고 있다. 루이스는 이 분야에서 새로운 원리를 제시한 것이 아니라, 70년 동안 키르히호프, 굴드버그, 깁스, 헬름홀츠, 클라우지우스, 플랑크 등과 같은 수리 물리학자들이 이미 개발한 방법들을 사용했을 뿐이다. 이 연구가 뛰어나고 중요하긴 하지만, 알프레드 노벨이 제정한 상의 기준에는 미치지 못한다.[60]

아레니우스의 평가가 의미하는 바는 명확했다. 루이스의 연구는 훌륭하지만 노벨상을 받을 정도의 가치는 없다는 것이다. 그 이유는 루이스가 필요한 연구를 하지 않았기 때문이다. 즉, 전해질의 거동을 설명할 수 있는 간단한 실험적 식조차 개발하지 못했다는 것이다. 이런 '발견'을 해야 노벨상을 받을 자격이 있을 것이라는 암시가 담겨 있다. 그러나 문제는 루이스가 **정확히 그것을 해냈다는** 것이다. 그의 이온 세기 이론은 3년 전인 1921년에 발표되었고, 1923년의 저서에도 설명되어 있다. 즉, 간단한 계산만으로도 강전해질의 활동도를 결정하는 실용적인 해결책을 루이스는 이미 제시하였다.

로버트 프리드만*은 아레니우스가 루이스의 수상을 반대한 것은 악의적이라고 봤다. 이는 루이스와 다른 과학자들이 그의 해리 이론을 수정하려는 시도에 아레니우스가 불쾌감을 느꼈기 때문이라는 것이다.[61] 가능성이 있는 지적이다. 아레니우스는 화학 열역학에 관한 연구는 자신과 반트호프에 의해 30년 전에 종결되었다고 생각하는 괴팍한 성격의 소유자였다. 더군다나, 루이스는 1907년에 아레니우스, 네른스

* 미국의 과학사 작가로, 『탁월함의 정치: 노벨 과학상의 이면』 등을 썼다. - 편집 주

트, 반트호프, 오스트발드가 개발한 식이 '근사적'이며 '더 이상 만족할 수 없는 것'이라고 공공연히 말했었다(2장 참조).[62] 그러나 아레니우스가 특히 루이스에게 앙심을 품었을 가능성은 낮다. 루이스는 아레니우스가 적극적으로 지원하여 1914년 화학상을 받은 리처즈의 제자였다. 루이스는 아레니우스의 적인 네른스트의 적이었다. 게다가 루이스는 자신의 연구가 아레니우스의 영향을 받았다는 것을 반복적으로 언급해왔다.[63] 아레니우스의 비판에 대한 다른 설명도 가능하다. 아레니우스는 그의 보고서에 루이스의 이온 세기 식을 누락시켰을 뿐만 아니라, 식을 제시하지 못했다고 비판하였다. 이것은 너무나 치명적인 오류라서 아레니우스가 의도적으로 그 식을 누락시킨 것이 아닐 수도 있다. 아레니우스는 당시 65세였고(그는 3년 후 사망하게 된다), 최신 논문을 읽지 않았을 가능성이 충분히 있다.

노벨 화학 위원회는 아레니우스의 1924년 보고서가 부적절하다는 것을 인식했는지, 1926년 테오도르 스베드베리에게 루이스의 열역학 연구에 대한 특별 보고서를 다시 작성해 달라고 요청하였다.[64] 스베드베리는 스웨덴의 물리화학 분야에서 떠오르는 스타 과학자였다. 당시 그는 42세에 불과했지만, 단백질과 고분자 시스템에 관한 광범위한 연구 결과를 발표하고 있었다. 스베드베리의 보고서는 아레니우스의 보고서보다 훨씬 긍정적이었다. 스베드베리는 열역학을 체계화한 루이스의 이론에 대한 설명으로 시작하였다. 스베드베리는 강전해질에 관한 루이스의 연구가 얼마나 중요한지에 대해 명확하게 평가하였다.

> 전해질의 특성을 수치화하려고 하면 몇 가지 아직 해결되지 않은 문제에 직면하게 된다. 열역학적으로 정의된 데이터만으로는 충분하지 않다… 고전적 이론에 집착한다면, 우리가 논하는 영역을 정량적으로 수치화하

는 것은 불가능하다. 그러나 루이스가 제안한 이온 세기 방법을 적용하고, 그가 정리한 표를 활용하면, 매우 정확한 계산이 가능하다. 이러한 연구를 통해, 루이스는 화학 반응에서의 자유 에너지 변화량을 정확히 구하는 방법을 고안해 내었다. 루이스가 화학 발전에 기여한 공로가 매우 크다는 것을 인정해야 한다. 그의 연구를 통해, 특정 반응이 어떻게 일어날지를 정확하게 예측하는 데 큰 진전이 있었다. 이러한 점에 비추어, 그가 화학 발전에 기여한 업적은, 리처즈의 원자량 측정이나 시그반의 X-선 파장 결정에 필적한다고 할 수 있다. 그는 또한, 열역학 제3 법칙의 의미를 실험 및 이론적으로 분석하여, 네른스트 이후 그 누구보다도 명쾌한 답을 제시하였다. 네른스트를 깎아내리려는 것은 아니지만, 루이스는 네른스트에게 미치지 못한다는 평가에 의문을 제기할 수밖에 없다. 제3 법칙의 중요성을 누구보다 먼저 이해하고, 이 중요한 분야의 실험 연구를 누구보다 먼저 수행한 것은 네른스트였지만, 그는 제3 법칙을 충분히 설명하지는 못했다는 점도 인정해야 한다. 루이스와 그의 공동 연구자들에 의해 비로소 그 개념이 명확해졌다. 따라서 본인은 루이스의 화학 친화도 연구의 중요성에 비추어 볼 때, 노벨 화학상의 영예를 받아 충분하다고 여겨진다. 현재 진행 중이거나 예상되는 그의 연구가 곧 완료될 것이기 때문에 몇 가지 중요한 점들은 가까운 미래에 더욱 명확해질 것이다. 따라서 몇 년간 시상을 연기하는 것이 바람직할 것으로 사료된다.[65]

스베드베리가 제3 법칙을 재평가하기 위한 위원회를 개최하자고 했던 제안은 별로 환영받지 못했던 것 같다. 1920년 네른스트의 노벨상 수여는 노벨상 역사상 가장 격렬한 논쟁을 겪은 후 결정된 것이었으므로, 위원회가 다시 그 문제를 끄집어내고 싶었을 리가 없다. 스베드베리가 몇 년 더 기다린 후에 노벨상 수여를 결정하자고 했던 것은 루이스가 1923년에 그의 저서를 출간한 이후 열역학을 떠났다는 사실을 간과한 것이었다. 따라서 루이스 이론을 보다 명확하게 하는 것은 다른 과학자들이 해야 할 일이었다. 화학 위원회는 루이스의 열역학 연구가 화학상을 받기에 합당하다는 스베드베리의 추천을 인정했지만, 1926년 왕립 스웨덴 과학원에 제출된 화학 위원회의 보고서는 루이스에 대한 평가에서 스베드베리만큼 확신을 보이지 않았다.

> 루이스는 1922년, 1924년, 1925년에 화학상 후보로 지명된 바 있다. 올해 그에게 상을 수여하자는 제안은 물질의 자유 에너지 표를 작성하는 과정에서 그가 수행한 이론 및 실험적 연구를 고려한 것이다… 스베드베리의 보고서에 따르면, 루이스는 화학 반응에서의 자유 에너지 변화량을 정확히 구하는 방법을 고안해 내었으며, 화학 발전에 기여한 공로가 매우 크다. 그의 연구를 통해, 특정 반응이 어떻게 일어날지를 정확하게 예측하는 데 큰 진전이 있었다. 그는 또한 열역학 제3 법칙의 의미를 실험 및 이론적으로 분석하여, 네른스트 이후 그 누구보다도 명쾌한 답을 제시하였다. 하지만 루이스의 화학 친화력 결정에 관한 연구가 노벨 화학상을 받을 만한 가치가 있다는 점을 인정하더라도, 상의 결정을 연기하는 것이 정당하지 않다고 할 수는 없다. 루이스의 추가 연구는 거의 완성 단계에 있으므로, 그의 연구가 얼마나 중요한지는 가까운 미래에 더 명확하게 판단할 수 있기 때문이다.[66]

스베드베리가 루이스에게 상의 수여를 연기하자고 제안한 것은 개인적인 이유 때문이었을 수도 있다. 1926년 그해의 화학상 수상자는 바로 테오도르 스베드베리 자신이었기 때문이다. 그러나 위원회가 후보자의 연구를 몇 년에 걸쳐 평가하고자 하는 것이 드문 일은 아니었다.

빌헬름 팔마에르

비록 위원회가 루이스에게 상을 수여하는 것을 연기했지만, 스베드베리의 1926년 보고서는 루이스를 노벨상에 합당한 최고 수준의 연구를 한 인물로 평가하였다. 또한 스베드베리는 이제 자신이 노벨상 수상자가 되었고, 스웨덴에서 가장 유망한 젊은 물리화학자가 되었다. 앞으로 루이스의 열역학 연구에 대해 상을 수여하는 것을 반대하려는 사람은 스베드베리의 1926년 보고서를 반박할 수 있어야 했다. 앞으로 기술하겠지만, 루이스의 열역학 연구에 대해 스베드베리의 보고서를 반박하는 보고서들이 위원회에 제출되는데, 이 모든 보고서는 위원회의 다른 위원이었던 빌헬름 팔마에르가 작성하였다. 그는 6장에서 언급된 바와 같이 네른스트의 친구이자 네른스트에 대한 노벨상 수여를 적극 지지했던 인물이다. 나는 팔마에르가 위원회 내에서의 지위를 이용하여 루

그림 7-4 빌헬름 팔마에르. 스톡홀름의 왕립 공과대학교 제공.

이스에게 상이 수여되는 것을 막을 목적으로, 후보 지명 및 보고서 작성 과정을 조작했다는 간접적인 증거를 발견하였다. 정황상 의심이 가는 사례를 입증하려면, 법률상의 고소인은 피고가 의심되는 행동을 할 동기와 기회가 있었으며, 피고의 행동을 설명할 수 있는 다른 합리적인 이유가 없다는 것을 보여주어야 한다. 이제 나는 그것을 입증하려고 한다.

첫째, 팔마에르의 동기: 루이스는 하버드에서 박사학위를 받은 후, 1901년에 독일 물리화학계의 거장인 네른스트의 괴팅겐 연구실에서 연구하였다. 이때부터 루이스와 네른스트는 평생 서로에 대한 반감을 갖게 된 것으로 보인다.[67] 두 사람 간에 오간 편지는 전혀 남아있지 않지만, 그 후 20년 동안 루이스는 기회가 있을 때마다 논문에서 네른스트의 오류를 지적하였다. 루이스는 1923년 자신의 저서『열역학』에서 네른스트를 한껏 비판했다. 그는 서문 5페이지에서 "네른스트와 그의 동료들은 이론과 실험 분야 모두에 놀라운 기여를 했다. 기발한 상상력과 독창적 실험으로 얻은 성과가 탁월하여, 가끔 보이는 수학 및 열역학적 부정확성은 사소한 것이라고 할 수 있다."라는 식의 반어적인 칭찬을 한 후, 네른스트나 그의 학생들의 오류를 지적하기 시작했다. 네른스트가 자신의 열정리를 예측할 수 있게 하려고 고안한 '화학 상수'를 "화학 역사의 유감스러운 에피소드"[68]라고 지칭하기도 했다. 네른스트는 이러한 비판에 대해 같은 방식으로 대응하지 않고, 자신의 논문과 책에서 루이스를 철저히 무시하였다.

팔마에르는 스웨덴의 전기화학자로, 아레니우스의 제자였다. 노벨상이 처음 제정되었을 때 그는 화학 및 물리학 노벨 위원회의 총무로 임명되었으며, 1900년부터 1925년까지 그 자리를 유지하였다. 1924년 화학 위원회의 위원 자리를 놓고 스베드베리와 경쟁했으나 선거에서 패배하였다.[69] 그러나 1926년에는 화학 위원회의 투표권 있는 위원으로 선출되었으며, 1942년 사망할 때까지 그 자리를 지켰다. 팔마에르의 출간된 과학 논문은 전기화학 분야의 23편이 전부다.

팔마에르와 네른스트는 가까운 친구였으며, 팔마에르는 네른스트를 노벨상 후보로 반복해서 추천했었다.[70] 1920년 화학 위원회가 네른스트를 노벨상 후보로 지명하지 않기로 결정한 후에는 네른스트가 수상자로 선정되도록 스베드베리와 함께 아레니우스에 대항하여 싸웠다.[71] 또한 네른스트를 지지하는 13페이지 분량의 제안서를 왕립 과학원에 제출하기도 했다. 네른스트는 노벨상 수상 연설에서 팔마에르를 직접 언급하며 감사의 뜻을 표했다.[72] 이들의 우정은 네른스트가 죽을 때까지 계속되었다.

6장에서 언급했듯이, 네른스트의 두 딸은 유대인과 결혼했기 때문에 나치 시대에 영국과 브라질로 이주할 수밖에 없었다. 1939년 전쟁이 발발하면서, 네른스트는 중립국에 거주하고 있던 팔마에르에게 편지를 썼고, 그를 "친애하는 친구 팔마에르"라고 불렀다. 이는 당시 독일 교수 사이에서는 매우 친밀한 표현이었다. 네른스트는 딸들에게 편지가 전달될 수 있도록 팔마에르에게 도움을 요청했으며, 팔마에르는 네른스트를 도와주었다(6장 참조).[73]

네른스트와의 친분 외에도, 팔마에르는 루이스의 수상을 개인적으로 반대할 다른 이유가 있었을 가능성이 있다. 팔마에르는 전기화학자로서 자신의 경력을 쌓았는데, 이는 네른스트식과 관련된 열역학과 밀접하게 연관되어 있었다. 네른스트식을 이용하면 전압을 측정하여 자유 에너지를 구할 수 있다. 루이스가 열역학을 재정립한 것은 은연중에 팔마에르와 네른스트의 연구를 비판한 것일 수 있다. 나이 든 과학자들은 종종 젊은 과학자들의 파격적인 아이디어에 부정적으로 반응하는 경향이 있다.

1932년까지 루이스에 대한 노벨상 추천이 점점 더 많아지기 시작했다. 1929년 한 해에만 루이스는 여섯 명으로부터 추천을 받았다. 루이스의 열역학 연구는 상을 받을 만한 가치가 충분하다고 평가했지만, 몇 년을 더 기다리자고 제안한 1926년의 스베드베리의 보고서도 여전히 보관 중이었다. 1932년 위원회의 보고서(밑에 자세히 언급되어 있음)를 보면, 그해의 주요 후보는 루이스와 랭뮤어였던 것이 확실하다. 1932년 1월 중순까지 루이스는 네 번의 추천을 받았고, 랭뮤어에 대한 추천은 두 번이었다.[74] 팔마에르가 루이스의 수상을 막을 의도가 있었다면, 1932년이 그 행동을 취할 때였을 것으로 여겨진다.

둘째, 팔마에르의 기회: 노벨 화학 위원회의 다섯 명 위원 중 한 명으로서, 그는 단 한 표만 행사할 수 있었다. 만약 그가 루이스에게 상이 수여되는 것을 막으려 한다면, 가장 좋은 방법은 1926년 스베드베리의 보고서를 반박하여 다른 위원들이 루이스에게 반대투표를 하도록 영향을 미치는 것이었다. 위원회 내에서의 일반적인 관행은, 위원이 어떤 후보자를 추천하였고 그 후보자가 수상 대상자로 심각하게 고려되고 있다면, 추천한 위원이 그 후보자의 연구를 평가하는 보고서를 작성하는 것이었다. 위원회는 그 보고서를 다른 과학자에게 맡길 수도 있었지만, 이는 예외적인 경우라 할 수 있다.[75]

셋째, 팔마에르의 행동: 추천 마감일 이틀 전에, 팔마에르는 루이스를 화학 친화도와 표준 전위에 관한 연구, 즉 열역학 연구로 1932년 노벨 화학상 후보로 추천하였다.[76] 그는 이어서 루이스의 연구를 조사하는 임무를 받아들인 후, 부정적인 보고서를 제출하였다.[77] 스베드베리의 긍정적인 1926년 보고서를 반박하려면, 루이스가 1927년부터 1932년까지 열역학 분야에서 활동한 내용을 단순히 추가하는 것 이상의 내용을 제출해야 했다. 하지만 이 시기에 루이스는 해당 분야를 떠나 있었기 때문에 열역학을 연구한 결과가 없었다. 팔마에르는 열역학 전문가가 아니었지만, 스베드베리의 보고서처럼 루이스의 열역학 이론을 설명하는 것으로 그의 보고서를 시작하였다.

> 루이스의 화학 친화도 연구는 이미 아레니우스(1924년)와 스베드베리(1926년)가 작성하여 위원회에 제출한 보고서의 주제이다. 두 보고서에서는 루이스 연구의 이론적 부분에 대해 검토하였다. 따라서 본 보고서에서는 실험적인 연구에만 국한하는 것으로 충분할 것처럼 보일 수도 있다. 그러나 이전의 두 보고서가 루이스의 노벨 화학상 수상 자격에 대해 상반된 결론을 내리고 있다는 점을 고려할 때, 이론의 타당성을 다시 논의해 볼 필요가 있다고 생각한다.[78]

팔마에르는 이어서 루이스의 퓨가시티와 활동도 개념이 기체에 어떻게 적용되는지를 설명하기 시작하였다. 하지만 아레니우스와 스베드베리가 이전에 했던 것처럼 루이스 자신의 설명을 요약하여 언급하지 않았다. 대신, 그는 루이스의 개념을 네른스트의 오래된 열역학 공식에 기초하여 설명하였다. 결국, 팔마에르는 루이스의 기체에 대한 열역학은 30년 전 네른스트와 반트호프가 도출한 결론을 조금 확장한 것에 불과한 것이라고 결론지었다.

기체에 대한 설명을 마친 후, 팔마에르는 루이스의 전해질 용액에 관한 연구로 넘어갔다. 이번에도 그는 루이스가 체계화시킨 방식을 따르지 않고, 용매화된 전해질 이온의 활동도에 대한 루이스의 개념을 자신의 방식으로 설명하였다. 그는 문제에 대한 그의 접근 방식이 루이스가 설명한 것과 다르다는 것을 인정했다. "루이스가 정확히 이와 같은 방식으로 추론한 것은 아니며 굴드베리의 공식도 제시하지 않았다. 하지만 나는 앞에 기술한 내용[팔마에르가 네른스트의 공식을 이용해 루이스의 연구를 설명한 방법]이 충분한 설명이 될 수 있다고 믿는다."[79] 이어서 팔마에르는 루이스가 정당한 이유 없이 스웨덴의 첫 노벨상 수상자인 아레니우스의 연구를 깎아내렸다고 암시하였다.

> 이와 관련하여, 루이스는 전해질의 해리 정도를 구하는 아레니우스식이 유효하지 않을 수 있다는 점을 지적하였는데, 어떤 의미에서 그와 같은 언급을 했는지를 밝혀야 한다고 생각한다… 아레니우스의 식은 반트호프의 삼투압 법칙과 네른스트의 전지 기전력에 관한 식과 더불어 항상 중요한 식으로 인정되어야 하며, 이상 기체 법칙과 같은 등급으로 간주해야 한다고 사료된다. 루이스의 가정은(아레니우스의 이론에 반하여, 이온 이동도가 농도에 따라 변한다고 가정한 것) 허술한 근거에 기초하고 있으며, 루이스는 그 근거를 전혀 제시하지 않았다. 나는 루이스가 이러한 가설을 도입한 것은, 특수한 조건에서 아레니우스의 식이 맞지 않는다는 것을 비난할 목적이었다는 것 외에는 다른 이유를 찾을 수 없다.[80]

팔마에르는 이어 이온 세기에 관한 쟁점으로 넘어갔지만, 이번에도 루이스가 자신의 개념에 대한 이론적 근거를 제시하지 않았다고 비난하였다. 팔마에르는 9년 전 디바이와 휘켈이 이온 세기를 이론적으로 설명했었다는 사실을 언급하지 않았다.

> 루이스는 이 주목할 만한 주장(이온 세기에 대한 그 식)에 대해 어떠한 이론적 근거도 제시하지 않았다. 실험적 증명도 빈약하며, 이온 세기의 가설은 입증되었다고 볼 수 없다. 루이스 자신도 이를 인정하고 있다. 스베드

베리가 언급한 것처럼, 매우 어려운 계산으로 약간의 진전이 있었을 뿐이다. 반면에, 나는 아레니우스의 평가에 동의해야 한다고 생각한다. "루이스의 연구 목표는 물질의 활동도에 대한 보다 단순한 법칙을 찾아내는 것이 분명하다. 높은 압력의 기체에 대한 반데르발스 방정식과 유사하게, 농축 용액에 대한 간단한 법칙을 제시했었다면 가치가 있을 것이다." 아레니우스가 지적한 바와 같아 루이스와 그의 동료들은 방대한 자료를 모았지만, 이를 하나로 묶어 전체를 통합할 수 있는 법칙을 찾는 데 성공하지 못했다. 실제로 루이스의 연구에서는 광범위한 물질을 개괄하는 이론이나 간단한 가설을 찾을 수 없다. 그가 제안한 '활동도' 개념은 이전부터 사용되던 표현이며, 특별하게 평가될 가치가 없다. 농도만으로는 자유 에너지를 성공적으로 계산할 수 없다는 것은 이미 알려진 사실인데, 그것을 다른 표현으로 정리한 것에 불과하기 때문이다. 이온 세기 개념은 더 최근에 나온 것이지만 그 가치가 의심스럽다… 이 분야 전체를 총괄하는 어떤 이론이나 간단한 가설도 루이스의 연구에서는 발견할 수 없으며, 다른 누구에 의해서도 제안된 바 없다.[81]

이 모든 분석을 통해 팔마에르는 루이스의 열역학 연구는 노벨상을 수여할 정도의 가치는 없다고 결론지었다. "지금까지 기술한 내용을 바탕으로, 나는 위에서 언급한 루이스의 연구가 뛰어나기는 하지만 노벨상 수상을 정당화할 만큼 충분하지 않다는 결론에 도달하였다."[82]

루이스의 열역학 이론에 대한 평가를 마친 후, 팔마에르는 루이스의 전기화학 분야에 대한 기여, 특히 표준 전극 전위에 대해 언급하기 시작하였다. 이 분야는 전기화학자인 팔마에르가 자신 있게 평가할 수 있는 분야였다. 그는 지난 20년간 루이스가 했던 연구에서 다른 연구자들의 결과와 상충되는 내용을 아주 세밀하게 검토했다. 팔마에르는 루이스의 연구 결과가 가장 정확한 경우에도, 너무 많은 유효 숫자를 사용했다며 평가절하했다. 마지막으로, 그는 루이스의 전극 전위 기준점 정의가 네른스트나 팔마에르 자신이 사용한 것과 다르다며 불만을 표명했다.

그의 보고서 끝부분에, 팔마에르는 루이스의 기체와 전해질 용액 이론, 전기화학 연구, 제3 법칙 연구, 그리고 수많은 사소한 부분들까지 들추어내며 루이스를 깎아내렸다. 그럼에도 불구하고, 그는 자신의 보고서에 중립적인 결론을 내리고, 전체 위원회에 최종 결정권을 넘겼다.

> 나는 이 보고서에서 루이스의 화학 친화도 세기에 관한 연구와 그의 동료들의 연구를 검토하여 작성하려고 노력하였다. 이들의 공로는 대부분 루이스에게 귀속되어야 한다. 이 연구가 노벨상을 받을 자격이 있는지에 대해 결정적인 의견을 표명하고 싶지는 않았지만, 루이스와 랭뮤어가 올해의 노벨상 후보로 가장 유력하다는 생각을 말하고 싶다.

루이스의 전자 이론을 평가한 스베드베리 보고서

루이스는 화학 결합을 연구한 공로로도 여러 번 노벨상 후보로 추천되었다. 1932년 루이스의 열역학에 대한 팔마에르의 보고서에 더해, 위원회는 루이스의 화학 결합에 대한 특별 보고서를 스베드베리에게 요청하였다.[83] 스베드베리는 루이스의 아이디어가 발전해 가는 과정을 추적한 후, 전자쌍이 화학 결합의 핵심이라는 루이스의 직관에 대해 다음과 같이 평가하였다.

> 루이스는 전자 두 개의 자기장이 서로 상쇄되어 전자의 자기 모멘트가 사

라지는 방식으로 두 전자의 궤도가 연결되면서 전자쌍이 만들어진다고 주장한다. 알려진 화학 결합 유형을 살펴보면, 분자 내에서 전자쌍의 존재가 매우 중요한 요소라는 것은 통계적으로 명백한 사실이다. 원자가 전자의 수가 홀수인 몇몇 분자들은 모두 어느 정도의 반응성이 있으며, 두 개의 같은 분자가 결합하거나 또 다른 '홀수 분자'와 결합하여 원자가 전자의 수가 짝수가 되려는 경향이 있다. 분자 구조에서 전자쌍의 역할을 발견하고 전자쌍을 화학 결합과 동일시한 루이스의 발견은 의심할 여지없이 뛰어난 업적으로 간주해야 한다.

루이스가 전자쌍이 만들어지는 것을 전자 궤도 자기장 간의 상호 작용으로 설명하려 한 시도는 처음에는 긍정적으로 받아들여지지 않았다. 보어의 원자 모형에서는 루이스의 전자쌍이 들어설 자리가 전혀 없었기 때문에, 보어 이론을 신봉하던 시기에는 루이스의 원자 및 분자 구조에 관한 생각이 크게 존중받지 못한 것은 매우 자연스러운 일이었다. 그러나 파동역학에 의해 원자 개념이 확장되면서 루이스의 아이디어는 재평가받게 되었다. 가장 최근의 원자 물리학에서 우리는 루이스의 전자쌍이 다양한 형태로 다시 언급되는 것을 찾을 수 있다. 파울리의 원리는 하나의 원자 내에서 주양자수, 각운동량 양자수, 자기 양자수가 같은 두 전자는 스핀이 반대여야 한다고 규정한다. 이들은 루이스가 상상한 형태로 전자쌍을 형성한다.[84]

그러나 스베드베리의 전체적인 결론은 루이스의 화학 결합 이론이 대단히 중요한 이론은 아니라는 것이었다.

전자쌍에 의해 화학 결합이 만들어진다는 개념에 대한 아이디어를 이끌어낸 루이스의 직관력은 감탄할 만하다. 하지만 루이스의 가설이 이후 연구에 큰 영향을 준 것은 아니라는 사실도 간과할 수 없다. 분광학과 파동역학은 모두 루이스의 아이디어를 훨씬 뛰어넘었다… 결합의 방향성도 파동역학으로 계산할 수 있다… 이와 같은 정량적 설명은 루이스의 분자 구조 이론으로는 불가능한 일이다.

결론적으로, 루이스의 원자가 이론이 노벨상 수상을 정당화할 만큼 화학에 있어 중요한 역할을 했거나 앞으로 할 수 있다고 보기는 어렵다. 그렇지만, 이 이론의 창시자가 대단한 직관력을 가지고 있다는 것은 명확하다. 따라서, 이 업적이 실험 및 이론 열역학 분야에서 루이스가 노벨상 후보 자격이 있는가를 종합적으로 평가하는 데는 도움이 된다고 할 수 있다.[85]

스베드베리는 1916년에 이루어진 화학 결합에 관한 루이스의 연구를 1932년에 평가하면서, 루이스가 해당 분야를 떠난 1923년 이후에 이루어진 양자물리학과 양자화학의 발전에 근거하여 평가하고 있었다. 스베드베리가 "루이스의 가설이 이후 연구에 큰 영향을 미치지 않았다"라고 언급한 것은 물리화학자의 관점에서 나온 의견이었다. 그러나 많은 유기화학자는 이에 동의하지 않았을 것이다. 루이스는 유기화학자들이 반세기 넘게 직선으로만 그려왔던 화학 결합의 본질을 설명했기 때문이다. 그 결합이 전자쌍으로 이루어져 있다고 이해하게 되면서, 유기화학자들은 반응에서 결합이 어떻게 형성되고 끊어질 수 있는지를 설명할 수 있게 되었다.

1932년의 노벨 화학상

팔마에르의 친구인 네른스트의 지도로 박사학위를 받았던 랭뮤어도 1932년 노벨상의 강력한 후보였다. 스베드베리는 1932년 루이스의 원자가 이론에 대한 보고서에서 여전히 루이스가 열역학 연구로 상을 받을 자격이 있다고 믿었지만, 1932년 화학상 후보로는 랭뮤어를 지지하고 있었다. 루이스를 추천한 팔마에르가 무슨 일을 꾸미고 있는지 전혀 모르고 있던 스베드베리는 팔마에르가 루이스를 지지한다고 생각했던 것 같다. 그것은 스베드베리와 위원회 총무였던 아르네 베스트렌 간에 주고받은 편지에서 알 수 있다.

스베드베리가 베스트렌에게, 1932년 5월 10일;

올해 노벨상 수상자 선정에 제가 기여할 여지가 별로 없어 보입니다. 저는 랭뮤어 연구에 대한 간략한 추가 조사를 했을 뿐입니다. 완벽한 근거 자료를 제시해봤자 헛수고가 될 것 같기 때문입니다. S가 P를 지지하는 것 같아요. 저도 루이스에게 노벨상을 수여하는 것을 반대하지는 않아요. 하지만 랭뮤어의 수상을 위해 노력했었던 입장에서는 조금 짜증 나는 일이겠지요.[86] ["S"는 또 다른 위원 쇠데르바움이고 "P"는 팔마에르인 것 같다.]

베스트렌의 답장, 1932년 5월 14일;

팔마에르가 루이스를 추천한 것에 대한 선생님의 생각을 이해합니다. 최악의 상황으로 가고 있습니다. 팔마에르는 루이스를 전혀 이해하지 못하고 있습니다. 어쨌든, 지금까지 저는 그로부터 어떤 보고서도 받지 못했고, 아마도 시간이 걸릴 겁니다.[89]

베스트렌이 "팔마에르는 루이스에 대해 전혀 이해하지 못한다"라고 언급한 대목은 흥미롭다. 팔마에르가 활동도와 퓨가시티에 관한 루이스의 이론적 개념에 대해 작성한 보고서는 루이스의 연구를 매우 면밀하게 공부하고 작성된 것이다. 하지만 팔마에르가 루이스의 열역학을 자세히 분석하고 비판할 만한 이론적 배경을 갖고 있었다고 믿기 어렵다. 보고서의 열역학 부분을 작성하는 데 팔마에르가 네른스트의 도움을 받은 것은 아닐까? 그의 보고서는 루이스의 연구를 신중하게 따라가며 모순과 오류를 지적했지만, 업적은 철저히 무시하였다. 이것은 마치 루이스가 이전에 네른스트에게 했던 것과 같은 방식으로 팔마에르가 (아마도 네른스트의 도움을 받아) 루이스에게 앙갚음한 것처럼 보인다. 루이스는 1년 동안 네른스트의 모든 오류를 찾아내는 데 몰두했던 적이 있다. 팔마에르는 네른스트의 표기법과 명명법을 사용했으며, 보고서에는 네른스트의 연구에 대한 여러 참고 문헌이 있다.

하지만 네른스트가 팔마에르의 보고서 작성과 편집에 관여했다는 증거는 찾을 수 없었으며, 그가 보고서의 존재 자체를 알았다는 증거도 없다. 네른스트가 팔마에르에게 보낸 편지들은 보존되어 있는데 루이스에 대한 언급은 없으며, 팔마에르가 네른스트에게 보낸 편지는 보존되어 있지 않다. 그러나 만약 네른스트가 루이스에 대한 보고서 준비에 관여했다면, 노벨상의 기밀 유지 규약을 위반하는 것이므로, 네른스트와 팔마에르는 어떤 증거도 남기지 않으려고 신중하게 행동했을 가능성이 크다. 실제 작성자가 아닌 다른 사람의 이름으로 보고서가 제출된 사례는 과거에도 있었다. 전기작가 엘리자베스 크로퍼드는 아레니우스가 에를리히를 깎아내리고 오스트발트를 지지하는 보고서의 비밀 저자였다고 믿고 있다(1장 참조).

노벨 위원회는 투표 기록이나 회의록을 보존하지 않기 때문에, 팔마에르가 루이스에게 투표했는지 또는 위원회 토론 중에 그를 지지했는지는 알 수 없다. 1932년 위원회가 왕립 과학원에 제출한 보고서에서는 루이스의 수상 가능성을 논의한 내용이 있다.[88] 먼저 스베드베리의 보고서에 기초하여 루이스의 원자가 이론에 대한 업적은 기각한 후, 위원회는 루이스의 열역학 연구로 논의를 옮겨갔다.

> 루이스의 열역학 연구, 화학 친화력의 세기에 관한 세밀한 연구, 그리고 많은 화학 원소의 표준 전위를 신중하게 측정한 업적은 매우 중요하며, 이에 대해 팔마에르가 보고서를 작성하였다… 그러나 루이스의 연구에 대한 두 개의 보고서를 검토한 후, 위원회는 루이스의 업적이 랭뮤어의 업적에 비해 더 우수하다고 판단하지 못했다. 두 사람의 업적을 비교할 때, 그 무게추가 랭뮤어 쪽으로 기운다는 의견이 많았다.[89]

1932년 11월 10일, 랭뮤어는 스웨덴 신문사로부터 자신이 노벨 화학상을 받게 되었다는 두 통의 전화를 받았다. 그리고 오후 5시, "노벨 화학상이 귀하에게 수여됩니다. 귀하께서 12월 10일 스톡홀름으로 오실 수 있는지 알려 주시기 바랍니다. 왕립 과학원 사무총장."이라고 쓰인 전보를 받았다.[90]

랭뮤어는 브레멘 호를 타고 부인과 자녀들과 함께 스톡홀름으로 갔다. 떠나기 전 그는 NBC 라디오 토크쇼에 초대받았고 뉴욕 화학 클럽에서도 연설 요청을 받았다. 그는 코펜하겐에서 가족과 함께 보어의 집에 머물고 있었으며, 어머니에게 노벨상 수상식에 대한 편지를 보냈다.

> 스톡홀름에 도착했을 때, 노벨상 수상자이자 노벨 재단의 회원인 폰 오일러 박사가 우리를 맞이하여 그랜드 호텔로 안내해 주었어요. 아름다운 강 건너 국왕의 궁전이 보이는 방 세 개를 배정받았어요. 다음 날인 12월 9일… 우리는 미국 대사 모어헤드가 그의 아주 아름다운 집에서 주최한 공

식 만찬에 참석했어요… 노벨상 시상식은 그다음 날인 12월 10일 오후 5시에 약 2,000명을 수용할 수 있는 큰 콘서트홀에서 열렸으며, 모든 좌석이 가득 찼어요. 지금까지 참석한 행사 중 가장 멋진 행사였어요. 정확히 오후 5시에 왕과 왕실 가족 등 25명 정도가 홀에 입장하여 강당 맨 앞줄에 앉더군요. 단상 양옆의 거대한 기둥 주위에 늘어선 트럼펫 주자들이 트럼펫을 연주하여 국왕이 입장하였음을 알렸어요. 은색과 검은색 제복을 입은 트럼펫 주자들이 아이다 공연에 나오는 것 같은 6피트 정도의 긴 트럼펫을 위로 향하여 힘차게 불었어요… 아름다운 음악이 연주된 후, 재단의 회장이 알프레드 노벨과 노벨상에 대해 15분간 연설을 했습니다. 그 다음에는 또 다른 연주가 이어졌고, 스웨덴 왕립 과학원의 사무총장인 쇠데르바움 교수가 (스웨덴어로) 제 연구에 관해 설명했지요. 그런 다음 그는 영어로 2~3분 동안 저를 위해 연설을 했고, 그가 말을 마치자마자 저는 단상에서 내려와 왕 앞에 섰어요. 다시 트럼펫 연주가 시작되며 깃발이 펼쳐졌고, 모든 청중이 자리에서 일어섰어요. 왕은 저에게 금으로 된 메달, 손으로 화려하게 쓴 큰 증서, 그리고 상금을 수여했습니다.[91]

랭뮤어가 노벨상 수상식에 참석했을 때, 루이스는 버클리 자택에 있었다. 물론 그가 팔마에르의 보고서나 위원회의 평가에 대해 전혀 알았을 리 없지만, 랭뮤어의 노벨상 수상 소식은 그를 화나게 했음이 틀림없다.

팔마에르, 또다시 반복하다

팔마에르가 1932년 루이스를 노벨상 후보로 추천한 것은 부정직한 행위였다고 할 수 있을까? 가장 관대한 시각에서 보자면, 팔마에르는 1932년에 선의로 루이스를 추천하였고, 루이스의 연구를 신중히 검토한 후 자신의 추천이 실수였음을 깨닫자, 부정적인 결론을 위원회에 제출했다고 할 수 있을 것이다. 그러나 만약 그렇다면, 팔마에르가 그 후에 했던 행동, 즉 1933년에도 루이스를 다시 추천한 이유는 무엇일까? 그는 보고서 작성 과정을 계속 통제하고 루이스의 수상을 막으려 했던 것으로 볼 수밖에 없다. 1933년에 팔마에르는 화학 위원회 위원장이었으며, 루이스에 대한 보고서를 직접 작성하지는 않았다. 하지만 위원장으로서 과학원에 제출하는 모든 후보에 대한 위원회의 요약 보고서[92] 작성에 책임이 있었을 것이다.[93] 위원회의 보고서에는 각 구성원의 서명은 없지만, 그 보고서의 장황하고 복잡한 문체는 팔마에르가 서명한 1932년 루이스에 대한 특별 보고서와 유사하다. (저자를 위해 스웨덴어를 번역해 준 번역가는, 팔마에르의 글이 "스웨덴어보다는 독일어에 더 가깝다"라고 말했으며 그의 글을 번역하는 데 큰 어려움을 겪었다.) 위원회는 과학원에 해당 연도의 화학상을 유보할 것을 권고했으며, 그 결정에 대한 논의는 루이스를 직접 겨냥한 것으로 보인다.

> 과학원은 매년 후보로 올라오지만, 아슬아슬하게 수상자가 되지 못하는 과학자들에게 주목하지 않을 수 없다. 그러나 그들보다 뛰어난 다른 과학자들이 계속 등장하므로 그들은 몇 번이고 수상자에서 제외될 수밖에 없다. 과학원에 이러한 예비 후보들을 노벨상 후보로 지명하는 것이 분명히 가장 편안한 방법일 것이다. 수상자 선정의 기준이 매번 바뀌는 것도 아닌데, 후보자들을 추천 순서로 지명하지 않는 이유는 무엇인가? 그 방법대로 수상자를 지명한다면 아마도 누구를 불쾌하게 하거나 심각한 반대 의견을 불러오는 일도 없을 것이다. 그러나 이런 방법은 매우 위험하다. 수상자를 확실하게 예측할 수 있다면, 노벨상의 가치가 떨어질 것이다. 노벨상 재단은 이렇게 상의 권위가 떨어지는 것을 강력하게 반대할 것이다.

우리 위원회는 학문의 핵심이 되는 획기적인 발견에 상을 수여해야 한다고 생각한다. 이러한 발견은 이론 또는 실용적인 면에서 과학자들의 연구에 필요한 새로운 관점을 제공하는 것이라야 한다. 반면에, 결과가 아무리 뛰어날지라도 동일하거나 유사한 분야의 이전 연구에 직접적으로 의존하는 연구라면, 위원회는 매우 신중하게 결정을 내려야 한다….

올해의 심사 결과 그 같은 경우가 발생하였다. 따라서 위원회의 다수는 올해의 화학 부문 노벨상은 유보하고, 내년까지 기다릴 것을 권고하기로 결정하였다.[94]

"동일하거나 유사한 분야의 이전 연구에 직접적으로 의존하는 연구"란 루이스의 연구를 지칭하는 것으로 보인다. 루이스는 네른스트를 모방하는 2류 연구자로 격하되었고, 그에게 상을 수여한다면 노벨상의 가치가 떨어질 것이라는 말이다.

위원회가 1933년 화학 부문 노벨상 후보에서 루이스를 제외해야 한다고 결정했지만, 팔마에르는 1934년에도 그를 다시 한번 추천하였고, 1934년 루이스에 대한 추가 보고서를 작성하였다.[95] 루이스가 1923년 이후 열역학 분야에서 활발하게 활동하지 않고 있음을 모두가 알고 있음에도 불구하고, 팔마에르는 "이 분야에서 루이스가 저자로 명시된 새로운 연구 논문을 전혀 찾을 수 없었다. 버클리 대학에서 루이스의 동료들이나 제자들에 의해 수행된 몇 가지 연구가 있을 뿐이다"라는 언급으로 보고서를 시작하였다.[96] 팔마에르는 자신의 1932년 보고서가 틀렸음을 마지못해 인정하였다. 그 보고서에서 팔마에르는 루이스의 이온 세기 개념에 대한 이론적 근거가 없다고 주장했었는데, 아마도 스베드베리가 이 점을 지적했기 때문일 것이다. "이온 세기에 대한 루이스의 가설은… 루이스가 그 용어를 만들어내었으며, 디바이와 휘켈의 이론적 연구를 통해 어느 정도 근거가 확보된 것으로 보인다."[97]

디바이와 휘켈의 이론은 이미 11년 전에 논문으로 발표되었었다. 그러나 팔마에르가 1932년 보고서에서 루이스의 강전해질 연구가 노벨상을 받을 자격이 없다고 주장한 근거 중의 하나는, 이온 세기의 개념은 이론적으로 증명된 적이 없다는 것이었다. 1934년 보고서에서 팔마에르는 루이스 연구를 이론적으로 뒷받침하는 연구가 있음을 인정했지만, 그래도 루이스의 연구에 대한 그의 평가는 바뀌지 않았다. 팔마에르는 1932년에 그랬던 것처럼 1934년 보충 보고서도 중립 의견으로 마무리 지었다.

> 이전에 표준 전극 전위를 연구한 업적에 대해 내가 언급한 내용을 고려해 볼 때, 루이스에게 상을 수여한다면, 부분적으로는 그의 열역학 연구 업적에 대한 것이다. 또 다른 업적은 화학 친화력 연구에 대한 것인데, 루이스와 그의 동료들은 비활성 전극을 사용하여 화합물의 생성 자유 에너지를 구하는 것을 가능하게 하였다.[98]

1934년에도 팔마에르는 위원회 위원장이었다. 1934년 과학원에 제출된 위원회의 보고서는 아마도 팔마에르가 작성한 것으로 보이며, 그 보고서에는 이런 내용이 포함되어 있다. "루이스가 화학 친화력 연구로 상을 받을 자격이 있는지를 검토하기 위하여, 팔마에르의 추가 보고서가 작성되었다(보고서 6). 1932년에 처음 작성된 이후 새롭게 추가된 내용은 거의 없다. 몇몇 분야에서 새로 언급된 내용들이 있지만, 상 수여에 대한 위원들의 망설임이 줄어들기보다는 오히려 증가하였다."[99] 결국 루이스가 열역학 분야에서(다른 분야라면 몰라도) 노벨상을 받을 가능성은 사실상 사라졌다.

나는 위원회 다른 위원들의 편지에서, 팔마에르가 반복해서 루이스를 추천하는 이유 뒤에 숨겨진 음모를 의심하는 내용은 찾을 수 없었다. 팔마에르가 루이스를 세 번이나 추천한 후, 부정적 보고서를 두 번에 걸쳐 작성한 것을 보고, 위원들은 팔마에르의 의심스러운 행동을 인지했을 것이다. 팔마에르가 처음에는 루이스를 지지했으나, 그의 보고서를 읽고 위원들이 숙고하여 수상 여부를 자유롭게 결정하도록 위임했을 가능성도 있다. 하지만 팔마에르의 보고서에 일관되게 나타나는 부정적인 어조, 중립적인 최종 결론(이는 자신이 계속해서 루이스를 지지하는 것처럼 보이게 하려는 의도일 수 있음), 그리고 반복된 추천 패턴을 고려할 때, 나는 팔마에르가 추천자와 보고자로서의 위치를 악용해 루이스의 수상을 막고 있었다고 믿을 수밖에 없다.

루이스의 열역학 연구는 노벨상을 받을 만한 업적인가?

팔마에르가 부정직하게 행동했거나 네른스트와 공모했다고 하더라도, 그것이 곧 루이스의 열역학 연구가 노벨상을 받을 만한 업적이라는 것을 의미하는 것은 아니다. 많은 면에서 루이스는 열역학의 헨리 포드와 같다고 할 수 있다.[100] 포드가 자동차를 발명한 것은 아니지만 자동차를 대중화시킨 것처럼, 루이스가 화학 열역학을 발명한 것은 아니지만 열역학을 화학 연구의 표준 도구로 사용할 수 있게 하였다. 그는 화학 열역학을 측정 가능한 양(압력과 농도)으로 나타낼 수 있도록 재정립하면서도 당시 사용되던 식의 형태를 유지하였다. 또한 연구에 종사하는 화학자가 이해할 수 있는 용어로 열역학을 설명하였다. 그는 그 당시까지 알려진 광범위한 화학 열역학 데이터를 모아 정리하였다. 루이스의 업적은 위대한 '개선'으로 간주될 수 있다.

리처즈는 원자량을 정확히 측정한 공로로 1914년 화학상을 받았으며, 만네 시그반은 X-선 스펙트럼을 측정한 업적으로 1924년 물리학상을 받았다. 이러한 기준에 비추어 볼 때 루이스는 노벨상을 받을 자격이 있으며, 이것은 스베드베리가 1926년 보고서에서 언급한 내용이다. 그렇지만 아레니우스가 1924년 보고서에서 지적했듯이, 이 모든 것이 상을 받을 만한 충분한 업적이 되지 못할 수도 있다. 단 하나의 '발견'도 이루어진 것이 없다고 할 수 있다.

그러나 1887~1923년 기간 동안, 물리화학에서 해결되지 않은 중요한 문제는 강전해질의 비정상적인 거동이었으며, 이는 아레니우스의 해리 이론으로는 설명이 되지 않았다. 루이스는 1921년 이온 세기라는 개념을 통해 경험적 해결책을 제시했으며, 1923년 디바이와 휘켈은 이 개념에 대한 이론적 근거를 제시하였다. 이온 세기는 아레니우스의 1924년 보고서에서 완전히 무시되었지만, 스베드베리의 1926년 보고서에서는 긍정적으로 언급되었으며 루이스를 수상 대상으로 지명하였다. 그러나 이후 팔마에르의 1932년 보고서에서는 다시 폄하되었다가, 1934년 보고서에서 팔마에르는 마지못해 그 가치를 인정하였다. 강전해질 문제는 20세기 초 물리화학에서 가장 시급히 해결해야 할 문제였지만, 이 분야에 대한 노벨상이 수여된 적은 없었다. 루이스, 디바이, 휘켈이 공동으로 화학상을 수상하였다면 가장 적절했을 것이다.

위원회가 직면했던 또 다른 문제는 많은 과학자가 이 분야의 연구를 했다는 것이었다. 이 분야에 화학상이 수여되기를 원했던 위원회 위원 루드윅 렘버그는 강전해질 거동 이론을 개발한 덴마크 과학자 닐스 비에룸과 요하네스 브뢴스테드에게도 상을 주고 싶어 했다.[101] 그러나 노벨상 규정상 공동 수상자는 최대 세 명까지로 제한되어있다. 디바이는 1936년 노벨 화학상을 받았으나 강전해질 연구로 수상한 것은 아니었다. 휘켈도 결국 루이스처럼 노벨상을 받지 못했다. 1939년, 스웨덴 왕립 과학 과학원은 루이스에게 위로의 의미로 제1회 아레니우스 메달을 수여하였다. "열역학적 방법을 엄격히 적용하여 해리 이론에 획기적인 기여를 한 공로"[102]에 대한 것이었다. 이 상을 받은 루이스는 착잡한 심정이었을 것 같다.

8장
핵화학

루이스, 유리, 시보그

U.C.의 루이스 박사의 노벨상이 유력하다

캘리포니아 대학(버클리)의 길버트 뉴턴 루이스 박사와 같은 대학의 학생이었던 해럴드 클레이턴 유리 박사가 올해의 노벨 화학상 수상자로 거론되었다고 오늘 스톡홀름의 소식통이 전했다.

현재 컬럼비아 대학 화학과 교수인 유리 박사는 '중수'를 발견하여 많은 주목을 받았고, 루이스 박사는 이러한 물(중수)을 농축시키는 탁월한 방법을 개발하였다. 유리 박사는 버클리의 캘리포니아 대학 재학 중에는 루이스 박사의 지도를 받는 학생이었다.

세계적으로 뛰어난 화학자 중의 한 사람인 루이스 박사는 전에도 여러 번 노벨상 수상자로 거론되었었다. 그의 뛰어난 과학적 업적은 전 세계적으로 인정받고 있다.

전쟁 중에 그는 가스전 방위사업부의 책임자였다.

이 신문 기사는 1934년 10월 25일, 캘리포니아주 오클랜드의 「포스트-엔콰이어」지 1면에 게재된 것이다.[1] 오클랜드시는 버클리시에 인접해 있으며 버클리보다 큰 도시다. 이 기사를 누가 썼는지는 밝혀지지 않았지만, 노벨상 위원회에서 흘러나온 정보를 기초로 작성되었던 것 같다. 몇 달 전에 테오도르 스베드베리는 노벨상 화학 위원회에 유리와 루이스를 1934년 수상자로 추천하는 보고서를 제출하였다. 하지만, 위원회의 내부 보고서와 토의 내용은 기밀 사항이었다.

이론물리학의 황야에서 10년을 방황한 루이스는 1932년경에 물리화학으로 돌아왔다. 그는 물리화학의 새로운 분야로, 원자의 핵에 관해 연구하는 핵화학 연구를 시작하였다. 10년이란 기간 동안 어떤 분야에서 멀어져 있었다면, 대부분의 과학자는 그 분야의 연구를 다시는 계속할 수 없을 것이다. 그러나 루이스는 10년간의 공백 기간으로 과학계에서 점점 고립되어 가는 것 같았지만, 물리화학 분야에서 루이스가 이룩한 가장 결실 있는 연구의 일부는 1932년 이후에도 계속되었다.

그의 시가 흡연량도 같이 증가하고 있었다. 이즈음 루이스는 필리핀에서 수입한 알함브라카지노 시가를 늘 줄담배로 피워 댔다. 그의 아들 에드워드는 하루에 12~20개라고 말했지만,[2] 이는 가족을 안심시키기 위해 루이스가 한 말일 수 있다(그는 담배 연기를 깊이 들이마시지 않는다고 주장하기도 했다). 버클리 대학원생들은 몇 년 후에 그의 시가 소비량을 가늠할 수 있었다. 아서 왈은 루이스의 빈 시가 상자를 플루토늄 시료를 보관하는 데 사용했는데, 루이스의 비서로부터 시가 50개가 들어 있던 상자를 거의 매일 한 개씩 얻을 수 있었다.[3] (하루에 8시간을 잔다고 가정하면, 깨어 있는 시간 동안에는 15분에서 20분 간격으로 시가 한 개씩을 피워야 한다. 쉽지 않아 보이지만 할 수는 있고, 루이스는 그럴 만한 사람이었다.)

진주만 기습 후 첫 월요일에 루이스와 동료들이 일본의 공격에 관해 이야기하고 있을 때, 루이스의 연구 조교인 데이비드 립킨이 "루이스 교수님, 이제 필리핀 시가를 어떻게 하죠?"라고 물었다. 한동안 말이 없던 루이스는 "립킨, 이거는 내가 생각했던 것보다 심각한 문제구나."라고 말했다. 그는 비서에게 지역 시가 도매상에 공급되는 모든 필리핀 시가를 사라고 시켰지만, 그것만으로는 충분하지 않았다. 루이스는 더글러스 맥아더가 필리핀을 탈환할 때까지, 필리핀 시가를 절약하고 다른 브랜드와 섞어 피워야만 했다.[4]

1938년에 루이스는 필라델피아에 있는 프랭클린 과학박물관에서 개최되는 산과 염기에 관한 강연을 하기 위해 여행 준비를 하고 있었다. 그는 연구 조교인 글렌 시보그(이 장 뒷부분에 자세히 나온다)와 함께 염산과 염기의 반응에 관한 시범 실험을 할 예정이었기 있었기 때문에 유리 기구와 시약을 기차에 싣고 가야 했다. 시보그는 실험 장비를 챙기려고 버클리 교수 아파트에 있는 루이스의 집으로 찾아갔지만 마침 루이스는 방에 없었다. 큰 여행 가방이 열린 채, 방바닥에 놓여 있는 것을 본 시보그는 모든 실험 장비를 그 가방에 조심스럽게 담았다. 방에 돌아와 그것을 본 루이스는 "아니, 아니야! 그 가방에는 시가를 담아야 해!"라고 말했다. 그는 시보그에게 가방을 비우게 한 뒤, 시가 상자로 가방을 채웠다.[5]

핵화학과 중수

1803년에 발표된 돌턴의 원자 이론은, 각 원소*는 다른 원자로 이루어져 있으며 다른 원자는 원자량이 다르다는 앙투안 라부아지에의 화학 원소 개념을 고대의 원자 개념과 결합한 것이었다. 돌턴 이론이 나온 지 백여 년이 지난 후에, 어떤 원소는 화학적 성질은 비슷하지만, 원자량이 다른 원자들로 이루어져 있음이 밝혀지기 시작하였다. 이것을 그 원소의 **동위원소**라고 부르며, 동위원소를 확인하고 분리하는 핵화학이 새로운 분야로 등장하였다. 몇 년 후에 버클리의 과학자들은 최초로 한 원소의 동위원소를 완전히 다른 원소의 동위원소로 변환할 수 있게 된다. 현대의 입문용 화학 교재는 동위원소를 다음과 같이 설명하고 있다.

> "각 원자의 핵에는 일정한 수의 양성자가 있으며, 이에 따라 핵전하와 전자 배치가 결정되고, 주기율표에서의 위치가 고정된다. 동위원소는 원자핵 속의 양성자 수는 같지만, 중성자 수가 다르므로 질량이 다르다."

그러나 이 설명은 1920년대의 관점으로 보면 수정된 개념이다. '동위원

* 원자(atom)는 물질을 이루는 기본 입자이며, 원소(element)는 한 가지 종류의 원자로 이루어진 순수한 물질을 말한다. –역자 주

소'라는 용어는 1913년에 프레더릭 소디에 의해 제안되었지만, 중성자는 1932년이 되어서야 실험적으로 발견되었다. 소디는 동위원소를 원자량은 다르지만, 화학적 성질이 같은 물질로 단순하게 정의하였다. 어떤 원소의 경우에는 두 개 이상의 동위원소가 상당량 존재한다. 자연적으로 존재하는 염소의 원자량은 약 35.5로 측정되는데, 원자량이 35인 ^{35}Cl과 원자량이 37인 ^{37}Cl이 약 3대 1의 비율로 혼합되어 있기 때문이다. 다른 원소들, 예를 들어 수소의 경우에는 자연 상태 수소의 99.98%가 주된 동위원소인 ^{1}H로 이루어져 있기 때문에, 다른 동위원소가 존재한다는 것조차 확인하기 어려웠다. 일반적으로, 같은 원소의 동위원소 간의 화학적 차이는 크지 않다. 양성자의 수가 중성자 수보다 화학적으로 더 중요하기 때문이다. 동위원소는 화학적으로 분리하기가 매우 어려웠으며, 방사화학이 등장하기 전까지는 그 존재조차 확인되지 않았다. 예를 들어 염소의 경우, ^{35}Cl에서 ^{37}Cl로 되면 원자량의 상대적인 크기가 5% 증가하는데, 이러한 작은 변화의 화학적 효과는 일반적으로 크지 않다. 그러나 수소의 경우, 가장 흔한 동위원소의 원자량은 1이며 (가상의) 동위원소의 원자량은 2가 되기 때문에 원자량이 100% 증가하게 되고, 화학적 효과가 상당히 클 것으로 예상되고 있었다. 수소의 경우 새로운 동위원소를 발견하는 것은 거의 새로운 원소를 발견하는 것과 같을 것으로 여겨졌다. (사실 소디는 수소의 무거운 동위원소는 그의 동위원소 정의-원자량은 다르지만, 화학적 성질이 같은 물질-에 맞지 않는다고 생각했다.)

이 장의 처음에 소개된 신문 기사에 언급된 '중수(heavy water)'는 물(H_2O)이지만 수소 원자의 원자량이 정상 질량인 1이 아닌 2인 분자로, 중수의 분자량은 18이 아닌 20이 된다. 이미 1928년부터 일반 수소보다 더 무거운 동위원소가 존재할 것이라는 과학 논문이 발표되고 있었다.

루이스는 1920년대 후반부터 수소의 가능한 무거운 동위원소에 관심을 두고 있었다고 알려져 있다. 버클리에서의 세미나에서 물리학과 학과장이었던 레이몬드 벌지는, 수소를 생산하는 방법에 따라 원자량의 값이 일관되지 않게 구해진다고 발표하였다. 그는 물리학과에서 몇 해 전부터 해오던 방식대로 물을 전기분해하여 수소를 포집하였는데, 그렇게 만든 수소는 다른 방법으로 발생시킨 수소에 비해 무거워 보인다고 말했다. 루이스는 증류를 오랫동안 반복하면 무거운 수소를 농축시킬 수 있지 않을까 생각하였다. 그는 1927년부터 1929년까지 버클리에서 강사로 있었던 사이먼 프리드에게 벌지의 증류기에서 사용되었던 물의 밀도를 일반 증류수와 비교해 보라고 지시하였다. 프리드가 밀도를 어느 정도까지 정확히 측정해야 하는지 루이스에게 물었을 때, 루이스는 "아, 소수점 넷째 자리까지 측정하면 충분할 거야."라고 대답했다. 그것은 충분하지 않았다. 만약, 프리드가 다섯째 자리까지 측정했었다면 무거운 수소가 존재한다는 증거를 찾을 수 있었을 것이다.[6]

중수소를 발견한 유리의 공동연구자 중 하나였던 페르디난드 브릭웨드는 수소의 동위원소에 관한 관심을 다음과 같이 회상하였다.

> 나는 유리와 버클리 화학과 교수였던 조엘 힐데브란트가 1929년에 주고받은 대화를 기억한다. 호텔에서 워싱턴의 학술대회장으로 가는 택시 안에서 나눈 대화였다. 유리가 힐데브란트에게 버클리에서 이루어지고 있는 새로운 연구 분야에 관해 물었을 때, 윌리엄 지오크와 헤릭 존스턴이 원자량이 17과 18인 산소 동위원소(가장 흔한 산소 동위원소의 원자량은 16이다)들을 얼마 전에 발견했다고 힐데브란트가 말했다… 힐데브란트는 이어서 "더 중요한 원소의 동위원소는 아직 발견하지 못했다"라고 덧붙였다. 유리는 "아니겠죠, 설마 수소는 아니겠죠?"라고 응답했다.[7]

해럴드 유리

해럴드 유리는 1893년에 인디애나주의 한 농장에서 태어났으나, 부모와 함께 몬태나로 이주하여 그곳에 정착하였다. 그는 고등학교를 졸업한 후 3년 동안 학교에서 교편을 잡았으며, 이후 몬태나 대학에 입학하여 화학을 부전공으로 동물학 학위를 취득하였다. 그는 학교에 다니는 동안에는 텐트에서 생활하며 공부했고, 여름에는 철도 노동자로 일했다. 1917년에 대학을 졸업한 그는 몇 년간 회사에서 일하다가 1921년에 버클리 대학 화학과 대학원에 입학하였다.

명목상 루이스가 유리의 지도교수였지만, 유리는 자신만의 연구 분야를 선택하였다. 그는 원자 2개로 이루어진 분자의 열용량과 엔트로피에 회전 운동이 어떤 기여를 하는가에 관한 연구를 하였는데, 일반적으로 화학이 아닌 물리 분야로 생각되던 연구 주제였다. 박사학위 연구 결과를 학술지에 논문으로 게재할 때,[8] 아마도 루이스와 유리 둘 다 루이스의 이름이 같이 들어갈 필요는 없다고 생각했던 것 같다.

물리화학의 미래는 양자화학이라고 믿었던 유리는 1923년에 버클리에서 박사학위를 받은 후 닐스 보어 그룹에서 1년간 연구하기 위해 코펜하겐으로 떠났다. 유리는 버클리를 떠난 후에도 루이스와 편지를 주고받았다. 1923년에 유리는 코펜하겐에서 루이스에게 대학의 정규직 교수로 갈 수 있도록 도와달라는 편지를 쓰며, 버클리 화학과로 돌아가고 싶다는 뜻을 강력하게 암시하였다.[9] 루이스는 그가 선호하는 화학자의 기준으로는 유리가 너무 수학에 편향되어 있다고 보았던 것 같다. (루이스 자신이 수학에 능통했음에도 불구하고, 과도하게 수학적인 내용이 포함된 발표를 싫어했다. 루이스는 어느 날 신진교수인 케네스 피처가 수학식으로 가득 찬 세미나를 마치자, "이런 세미나는 다시 보고 싶지 않다"라며 공개적으로 질책하기도 했다.[10]) 루이스는 유리가 버클리 물리학과에 교수로 임용되도록 주선하였다. 유리는 별로 흥미를 보이지 않았던 것 같으며, 어쨌든 임용은 이뤄지지 않았다.[11]

유리는 1924년에 존스 홉킨스 대학의 교수를 거쳐, 1927년에는 컬럼비아 대학의 교수가 되었는데, 이 과정에서 루이스의 도움은 별로 없었음이 분명하다. 이후, 루이스와 유리는 보다 동등한 관계에서 편지를 주고받았다. 1930년에 유리와 물리학자 아서 루아크는『원자, 분자, 양자』를 저술하였다. 이 책은 몇 년 동안 양자화학 이론에 관한 미국의 표준 교재가 되었으며, 유리는 이 분야의 권위자로 알려지게 되었다.

수소의 무거운 동위원소?

버클리 물리학과에서 벌지와 도널드 멘젤은 수소의 원자량이 차이가 나는 것에 대해 계속 고민하고 있었다. 그들은 질량 분석기로 한 번에 수소 원자 1개의 질량을 측정해 구한 원자량과, 다량의 수소에서 구한 원자량 간에 약간의 차이가 있으며, 다량의 수소에서 구한 원자량이 약간 더 큰 것을 발견하였다. 그들은 이 결과가 무거운 수소 동위원소가 존재한다는 것을 의미한다고 이해하였다. 만약 그 동위원소의 원자량이 2라면, 4,500개의 수소 원자 중 1개의 무거운 수소가 존재할 것으로 판단하였다.[12]

1931년 7월에 벌지와 멘젤의 논문을 읽은 유리는 즉시 수소의 무거운 동위원소를 찾는 방법을 개발하기 시작하였다. 유리는 그의 조수인 조지 머피와 함께 전자기파의 진동수를 정밀하게 식별할 수 있는 21피트 길이의 회절격자를 사용하여, 일반 수소의 원자 스펙트럼을 관찰하였다. 유리는 질량 2의 수소 동위원소에 해당할 것으로 예측한 위치에 희미한 선이 관찰되는 것을 발견하였다. 하지만 아직 발표하기는 일렀다. 이러한 선들은 수소의 불순물에서 비롯될 수 있거나 기기의 특성으로 인한 유령 피크*일 수도 있었다. 그는 찾고 있는 무거운 동위원소의 농도를 높였을 때 이러한 선들이 더 명확해진다면, 동위원소의 존재를 증명하는 것이라고 판단하였다.

유리는 통계역학과 피터 디바이의 고체 이론을 기반으로 계산하여, 액체 수소를 증류하면 무거운 동위원소를 농축시킬 수 있다고 예측하였다. 일반 수소가 먼저 증발하면 무거운 동위원소로 농축된 액체가 남을 것으로 생각한 것이다. 그러나 적은 양의 농축된 무거운 액체 수소를 얻기 위해서도 상당한 양의 일반 액체 수소가 필요했다. 그의 계산에 따르면 5~6 L의 수소를 증발시킬 때 단지 2 mL의 무거운 수소가 남을 것이었다. 1931년에 미국에서 5~6 L의 액체 수소를 생산할 수 있는 곳은 버클리의 윌리엄 지오크의 연구실과 워싱턴 D.C.의 국립 표준연구소 두 곳뿐이었다. 유리는 국립 표준연구소의 브릭웨드에게 도움을 청했고, 그가 수소를 제공하였다. 그 액체 수소를 증류하자 스펙트럼선은 6~7배까지 강해졌으며, 이는 질량 2의 동위원소가 존재함을 증명하였다.[13] 그날은 추수감사절이었고, 유리는 아내와 손님들이 기다리고 있던 집에 늦게 도착하였다. 그가 아내에게 한 유일한 변명은 "그래, 프리다, 우리가 해냈어"[14]라는 말뿐이었다. 그는 1931년 말에 뉴올리언스에서 열린 과학 학술회의에서 이 발견에 대해 발표하고 그 후 곧바로 논문으로 게재하였다.[15]

1934년에 유리가 노벨상을 수상하기 직전에, 벌지와 멘젤은 그들

---

* ghost peak. 시료나 기기의 문제로 인해 스펙트럼에 나타나는 알 수 없는 피크. −역자 주

이 새로운 동위원소가 존재한다고 믿은 계기가 되었던 계산에 착오가 있었음을 발견하였다. 계산을 정확히 했었다면, 질량 분석기로 1개의 원자를 측정하여 구한 원자량과 다량의 수소에서 측정한 원자량 사이의 차이는 무의미한 오차범위 안에 들어갔다. 만약 정확한 결과로 발표되었다면, 유리는 동위원소에 대한 확신이 없었을 것이고 그의 실험을 시작하지도 않았을지 모른다. 유리는 노벨상 수상 기념 강연 끝에 이에 대해 언급하였다. 그는 잘못된 계산 결과가 없었다면 무거운 동위원소를 찾기 위한 연구를 시작하지 않았을지도 모르며 동위원소 발견은 상당히 늦춰졌을 것이라고 말했다.[16] 이처럼 틀린 데이터에 기반하여 중요한 발견을 하게 되는 것은 일반인이 생각하는 것보다 흔하게 일어난다. 루이스는 돌턴의 원자 이론에 대해 언급한 적이 있다. 1803년에 발표된 돌턴의 원자 이론은 배수 비례의 법칙*이 성립한다는 사실에 기초하였으며, 그는 질소 산화물에 대한 분석 결과를 보편적인 자연법칙으로 확장하였다. 루이스는 "돌턴의 이론은 부정확한 실험 결과에 기초하고 있다. 그는 질소 산화물 중 한 물질을 완전히 틀리게 분석하였기 때문에, 그가 원하던 경향성을 얻을 수 있었다."[17]라고 말했다.

유리는 질량이 2인 수소의 동위원소 이름으로 '중수소(deuterium)'를 제안하였다. 일반적으로 동위원소에는 따로 이름을 붙이지 않는다. 산소의 다양한 동위원소에는 별도의 이름이 없고 ^{16}O, ^{17}O, ^{18}O 등으로 표기하였다. 그러나 수소의 무거운 동위원소는 질량이 두 배이기 때문에 일반 수소와 화학적으로 매우 다를 것으로 예측되었으며 고유한 이름의 필요성도 제기되었다.

이즈음에 루이스는 실험 화학으로 다시 돌아와 있었다. 루이스와

* A와 B의 두 원소가 결합하여 두 가지 이상의 화합물(예를 들어, NO와 NO_2)이 만들어질 때, 일정한 양의 A와 결합하는 B의 질량 사이에는 간단한 정수비가 성립한다. −역자 주

그의 연구 조교 로널드 T. 맥도널드는 동위원소에 관한 연구를 시작하며, 리튬과 산소의 동위원소를 분리하려고 시도하였다. 중수소가 훨씬 더 흥미 있는 과제였지만 루이스는 중수소 분리는 시도하지 않았다. 그는 중수소의 자연적 존재 비가 30,000분의 1 정도로 너무 낮다고 믿었고[18] 농축과 검출이 쉽지 않다고 생각했던 것 같다.

비록 유리가 중수소가 자연에 존재한다는 것을 증명했지만, 화학적 특성을 조사할 수 있을 정도로 충분한 양의 순수한 중수소를 아무도 생산할 수 없었다. 벌지와 멘젤은 자연에 있는 수소 원자 약 4,500개 중 1개의 비율로 중수소가 존재한다고 처음으로 추정하였고, 유리의 연구 결과는 이 추정치와 대체로 일치하였다(정확한 값은 7,000개 중 1개임). 심지어 수소의 중수소 농도를 100배 증가시켜도(약 2%의 중수소), 측정 가능한 화학적 특성이 정상 수소와 큰 차이가 없을 것으로 예상되었다. 중수소의 화학적 특성을 연구하기 위해서는, 대부분의 중요한 수소 원자가 중수소로 치환된 화합물을 합성할 필요가 있었다. 벌지와 멘젤의 논문과 유리와 공동 연구자들의 논문이 모두 중수소의 정상 농도가 루이스가 추정한 값보다 훨씬 높게 나오자, 루이스는 순수한 중수를 최초로 만드는 경쟁에 참여하기로 하였다. 중수만 만들 수 있다면 중수소로 치환된 다양한 화합물을 합성할 수 있을 것으로 여겨지고 있었다.

버클리에는 루이스가 중수 연구를 시작한 동기에 대한 풍문이 돌고 있었다. 이 내용은 제삼자를 통한 것이었다. 1935년에 버클리에서 박사학위를 받은 프랭클린 롱이 루이스의 대학원생 제이콥 바이젤리센에게 루이스가 중수를 찾는 경쟁에 돌입한 것은, 그의 동료이자 친구인 웬들 라티머의 영향이 크다고 말했다는 것이다. 라티머가 루이스에게 이 연구가 노벨상을 받을 수 있는 빠르고 확실한 방법이라고 조언했다고 롱이 말했다.[19]

액체 수소를 증류하여 중수소를 정제하는 것은 힘들 뿐만 아니라 적절하지 않은 방법이었고, 국립 표준연구소의 에드워드 워시번은 증류수를 전기분해하면 비슷하거나 더 좋은 결과를 얻을 수 있을 것이라고 제안하였다. 물을 전기분해하면(배터리의 두 단자를 물속에 넣으면), 한 단자에서 수소 기체가 발생한다. 무거운 수소는 가벼운 수소에 비해 적은 비율로 기체가 되므로, 액체에는 중수가 농축되게 된다. 이것은 루이스와 프리드가 벌지의 증류기에 남아있는 물을 조사할 때 이미 생각했던 방법이었다. 워시번은 유리와 협력하여 전기분해 방법으로 중수를 농축한 결과를 논문으로 발표했지만, 초기 결과에서는 단지 몇 퍼센트의 중수가 들어있는 소량의 물이 만들어졌을 뿐이다.[20] 유리는 이 방법의 발견자는 이것을 제안한 워시번이라고 인정하였다.[21]

루이스도 다른 과학자들과 마찬가지로 워시번–유리의 정제 기술을 이용한 중수 생산을 시작하였다. 루이스는 다른 과학자들보다 유리한 위치에 있었다. 버클리의 교수인 지오크는 여러 해 동안 두 개의 대형 전기분해 장치를 이용하여 수소를 생산하고 있었는데, 의도하지는 않았지만 사실상 워시번과 유리의 전기분해 정제 방법을 적용하고 있었던 셈이다. 루이스와 그의 연구 조교 맥도널드는 이러한 전지에 남아있는 물의 밀도가 보통의 증류수보다 상당히 높다는 것을 확인하였다. 루이스와 로버트 코니쉬는 중수를 분리하는 다른 방법을 조사하여, 분별 증류 방법이 가장 유망하다고 결론지었다.[22] 이는 근본적으로 와인을 브랜디로 증류하는 과정과 거의 동일한 방법이다. 그러나 워시번과 그의 동료들이 1주일 먼저 분별 증류를 이용한 유사한 결과를 논문으로 게재하여 선수를 쳤다.[23]

증류관은 직경에 대한 높이의 비가 클수록 물질을 효과적 분리할 수 있다. 증류관 안에는 끓어오르는 증기가 반복하여 액화 및 기화되도록 활성이 없는 작은 조각들(일반적으로 작은 유리구슬)로 채워져 있다. 매우 길고 가는 관을 사용하면 높은 순도의 물질을 얻을 수 있지만 처리할 수 있는 물질의 양이 제한적이다. 보통은 크기가 다른 증류관을 단계적으로 사용한다. 먼저 두꺼운 관을 사용하여 초기 분리를 한 후, 농축된 증류 물질을 가는 증류관으로 다시 증류하여 순도를 더욱 높이는 방법을 사용한다. 루이스는 버클리의 연구원이자 전 학생이었던 메를 랜달의 도움을 받아, 감압 상태에서 작동하는 분별 증류 관을 만들었다. 한 개는 지름이 1피트이고 높이가 72피트였으며 다른 한 개는 높이는 같지만 지름이 2인치였다.[24] 루이스는 이러한 증류관에 대해 다음과 같이 말했다. "세계적인 자원난으로 인하여 [가장 큰] 증류관은 최상의 충진재가 아닌 가장 저렴한 충진재로 채워져야 했다. 그래서 공장에서 나오는 알루미늄 부스러기를 사용했는데, 알루미늄 수산화물이 만들어져 어려움이 있었다."[25] 전기분해로 농축한 후에 분별 증류를 함으로써 루이스와 맥도널드는 순도 99% 이상의 중수를 매주 1 g 이상씩 만들어 낼 수 있었다. 이를 사용하여 물리적 및 화학적 특성을 측정하고 화학 반응에 사용할 수 있었다.[26] 루이스는 화학공학을 무시했지만, 세계 최초의 중수 생산 공장을 건설한 셈이었다.

이후 16개월 동안 루이스는 중수와 중수소에 관한 짧은 논문 26편을 학술지에 게재하였다. 그는 중수의 끓는점, 녹는점, 증기 압력, 유전 상수, 굴절률 등등을 측정하였다. 루이스는 중수의 생물학적 특성도 조사하였다. 생명 유지에 문제가 없을 것인가? 중수만을 주었더니 담배가 자라지 않았고(시가 애호가인 루이스의 흥미로운 선택이었다), 효모 배양이 잘되지 않았으며, 편형동물이 죽었다. 그리고 최종 테스트를 했다.

마지막으로 나는 중수가 온혈동물에 미치는 영향을 테스트하고 싶었다.

이를 위해 혈통이 우수한 어린 흰 쥐 세 마리를 얻어왔는데 각각의 무게는 약 10 g 정도였다. 쥐들을 실험실에 두고 며칠 동안 정상적인 습관을 관찰하였다. 그런 다음, 모든 쥐에게 하룻밤 동안 물을 주지 않은 후, 두 마리에게는 일반 물을 주고 세 번째 쥐에게는 중수만을 주었다… 아무튼 비용이 매우 많이 드는 실험이었는데, 중수가 치명적인지 아닌지만을 확인하려고 수행되었기 때문에 중수의 효과를 신중하게 임상적으로 연구할 준비는 되어있지 않았다.

가장 중요한 질문에 대한 답은 명확하였다. 다음 날 쥐는 살아남았으며 그 이후로도 완전히 정상적으로 보였다. 그러나 실험이 진행되는 동안 그 쥐는 확실한 중독 증상을 보였다. 일반 물을 먹는 쥐는 정상적으로 먹고 자며 시간을 보냈지만, 중수를 먹는 쥐는 먹지도 자지도 않았으며 매우 활동적이었다. 어떤 이유인지 유리로 된 우리 벽을 핥으며 많은 시간을 보냈다. 그 쥐는 중수를 마시면 마실수록 더 목말라했고, 준비했던 중수가 다 떨어지지 않았다면 더 많이 마셨을 것으로 생각된다. 그 쥐가 보인 고통의 증상은 중수를 투여할 때마다 더욱 명확해지는 것 같았지만, 투여량이 계속 증가해도 누적되지는 않았다. 이를 볼 때, 중수가 쥐의 몸에서 빠르게 배설된다고 생각된다. 임상에 대해 적절한 준비를 했다면 이것을 확인할 수 있었을 것이다.[27]

이 쥐는 전 세계에 공급되는 모든 중수를 마셔버렸지만, 우리 주위를 돌아다니고, 벽을 핥고, 지푸라기 위에 소변을 본 것 외에는 아무것도 하지 않았다. 버클리 화학과 내에서는 이 쥐를 'G. N. 루이스를 바보로 만든 쥐'로 알려졌다. 이 모든 생물학적 연구를 통해 루이스는 중수 자체는 독성이 없지만, 정상적인 물은 배제하고 중수만 공급할 경우 생물학적 기능에 변화를 일으켜 결국 생명체는 살 수 없다고 결론지었다.

루이스는 어니스트 로런스에게 중수를 제공하기로 약속했었다. 로런스는 중수에서 중수소 원자핵을 발생시킨 다음 그의 버클리 사이클로트론(입자가속기)에서 가속 실험을 할 계획이었다. 루이스와 로런스는 좋은 관계를 유지하고 있었다. 교수 위원회의 의장이던 루이스는 로런스에 대한 예산 위원회의 결정을 뒤집는 투표를 했다. 그 결과 1930년에 노스웨스턴대학으로 옮기려던 29세의 로런스는 버클리에서 정교수로 승진할 수 있었다.[28] 그러나 로런스는 중수 공급을 무작정 기다려야 했다. 그는 루이스가 그에게 제공하기로 한 중수를 쥐에게 모두 먹인 것을 알고는 매우 분노하였다.[29]

신생아 이름짓기

루이스는 그가 생산한 중수를 전 세계의 다른 연구자들에게 관대하게 제공해 주었다. 그중에는 오토 슈테른도 있었다. 슈테른은 양성자의 자기 모멘트를 측정하는 데 사용하였고, 그 연구로 1943년에 노벨 물리학상을 받는다. 루이스는 중수소 핵의 이름을 '듀톤(deuton)'으로 밀어붙이려고 했는데, 약간의 문제가 있었다. 루이스가 아닌 유리가 중수소(deuterium)를 발견했으며, 그 이름도 지었다. 유리가 명명한 중수소에 기초하면 중양성자(deuteron)가 논리에 맞는 이름이며, 현재 그 이름이 사용되고 있다. 루이스는 어빙 랭뮤어가 루이스의 전자 이론을 '팔전자 이론'이라고 명명한 것에 대해 "가끔 부모는 자녀의 이름을 아주 부적절하게 짓기도 하는데, 아마도 그들은 이러한 특권이 있다는 것을 즐기는 것 같다."[30]라고 불만을 표시했던 것을 잊어버렸음이 틀림없다.

유리와 루이스는 새로운 수소 동위원소 핵의 이름에 관해 서신을 주고받았다. 유리는 루이스의 말을 예의 바르게 경청했지만, 이름을 선택할 권리는 자신에게 있다는 것을 명확히 하였다.[31] 루이스는 유리에게 다음과 같은 편지를 보내 이름을 선점하려 했다.

> 나와 같이 연구하고 있는 물리학자들이… 수소 동위원소의 원자핵 이름에 관해서 우리가 이미 결정한 것을 그대로 밀어붙였던 것을 미안하게 생각합니다… 우리는 『피지컬 리뷰』지에 초록을 보낼 때, '듀톤(deuton)'이라는 이름을 사용했습니다. 만약 로런스가 파사데나에서 그 논문을 직접 전달하지 않았었다면, 이름을 바꿀 시간이 있었을 것입니다. 하지만 학술지의 발빠른 홍보팀을 통해 이 이름이 들어간 기사가 이미 전 세계에 타전되고 말았습니다.[32]

러더퍼드 경도 수소 동위원소와 그 원자핵의 이름을 각각 '다이프로젠'과 '다이프론'이라고 명명하며 이름 짓는 경쟁에 뛰어들었다.[33] 유리는 『네이처』지의 편집인들에게 러더퍼드가 지은 이름에 항의하는 내용의 편지를 보냈다. 그리고 그가 받은 러더퍼드의 편지 사본과, 학술지에 보낸 편지 사본을 루이스에게 보내며 도움을 청했다.[34] 유리와 러더퍼드가 이름 짓는 문제로 논쟁한 내용은 『타임』지에 기사화되기도 했다.[35] 결국, 유리의 이름이 보편적으로 쓰이게 되었다.

1934년 노벨상

1934년에 노벨 화학 위원회는 중수소가 "최근의 중요한 발견으로, 의심할 여지 없이 노벨상을 받을 만한 훌륭한 업적"[36]이라고 언급하였다. 문제는 누구를 수상자로 결정하는 가였다. 세 명의 강력한 후보가 있었다. 중수소 동위원소의 존재를 분광학적으로 처음 증명한 유리, 화학적으로 의미 있는 상당량의 중수를 처음으로 정제했으며 중수소가 포함된 화합물의 특성을 연구한 루이스, 유리와의 공동연구를 통해 전기분해로 중수를 분리하는 방법을 개발한 워시번이었다. 워시번은 추천받은 후, 위원회의 보고서가 스웨덴 왕립 과학원에 제출되기 전에 사망하였다. 워시번도 원칙적으로는 자격이 있었지만(추천받을 때 생존해 있었다면 사망한 사람도 그해의 상을 받을 수 있었다), 위원회는 사후에 상을 수여하는 것에 거부감을 갖고 있었다. 또한 워시번의 역할은 유리와 루이스의 업적에 비해 덜 중요해 보였다. 이제 유리 단독인가 아니면 유리와 루이스의 공동 수상인가로 좁혀졌다.

루이스에게 유리한 점은 화학상이라는 것이었다. 루이스의 일은 유리의 일에 비해 화학 연구자들이 관심 있어 하는 것과 직접 연관이 있었다. 다시 한번 스베드베리가 소환되었고 그는 보고서를 작성하여 제출하였다.[37] 1934년 5월 18일의 보고서에서, 스베드베리는 유리, 루이스, 워시번의 공로를 자세히 적었으며 다음과 같이 결론을 내렸다.

> 수소의 무거운 동위원소(중수소)의 발견과 분리, 그리고 물리 및 화학적 특성에 관한 연구에서 유리, 워시번, 루이스가 각각 어떤 역할을 했는지를 밝히는 것은 매우 어려운 일이다. 중수소 발견의 가장 큰 공적은 의심할 여지 없이 유리에게 돌아가야 한다. 그와 그의 공동 연구자들의 연구가 훌륭한 결과를 이루어 낸 것에 더해, 그 연구는 논리적인 계획에 따라 진행되었다는 점도 평가받아야 한다. 그는 통계 역학적 계산에 기초하여 알려지지도 않은 원소의 양을 추정하여 연구 계획을 수립하였다. 워시번과 루이스의 공적을 산정하는 것은 훨씬 더 어려운 일이다. 루이스는 전

기화학적으로 분리하는 방법으로, 화학 연구에 충분할 정도로 많은 양의 중수소를 생산하는 것이 가능하게 하였다. 높은 순도의 중수소를 실험에 이용하기에 충분한 양만큼 모을 수 있었던 것도 이 방법 덕분이다. 또한 루이스는 누구보다도 폭넓게 중수소에 대한 화학 및 물리화학 연구를 해오고 있다. 그는 누구보다도 먼저 순수한 상태의 중수를 만들었으며 중수의 특성과 반응을 연구하여 중수소로 치환된 많은 화합물을 합성하였다. 버클리에 있는 로런스의 연구실에서 고전압 가속기를 이용하여 진행된 이전의 핵분열 연구에 루이스가 얼마나 관여하였는지는 잘 알지 못한다. 다만, 이 연구와 관련된 논문들에 루이스의 이름이 들어있으며, 한 논문에는 제1 저자로 표시되어 있다. 순수한 중수를 정제한 후, 루이스는 미국뿐만 아니라 유럽의 여러 연구자에게 중수 시료를 제공하였다. 이 분야의 다른 선구적인 연구가 가능했던 것은 루이스의 지원이 있었기 때문이다… 따라서 노벨상을 루이스와 유리에게 나누어 시상할 수 있을 것이다. 다만 루이스에게 불리한 점은, 그의 연구가 워시번의 아이디어에 기초하고 있다는 것이다. 루이스에게 유리한 점은 과거나 현재나 그가 이 분야를 선도하는 연구자이며, 지금까지의 연구에 누구보다도 많은 기여를 했다는 것이다. 만약 중수소의 역사에서 루이스의 업적을 지워버린다면 단편적인 조각들만 남게 될 것이고 중수소 발견의 중요성도 불명확해질 것이며, 노벨 화학상으로 선정한 동기에 대해 의문을 제기하는 사람도 있을 것이다. 이러한 점들을 고려하여, 서명한 사람(스베드베리)은 공동으로 시상하는 것이 적절하다고 생각한다.

스베드베리의 보고서는 유리와 루이스의 공동 수상을 제안하고 있지만, 그는 다른 생각으로 갈등을 겪고 있었던 것이 분명하다. 위원회의 간사인 아르네 베스트렌에게 보고서를 보내며 첨부한 스베드베리의 편지에는 이러한 점이 더 명확히 나와 있다. "중수소에 관한 보고서를 동봉합니다. 오랫동안 주저한 끝에, 유리와 루이스의 공동 수상을 제안하였습니다. 그러나 위원회가 유리의 단독 수상으로 결정한다면, 저도 동의할 것입니다. 어떤 의견을 갖고 계시는지요?"[38]

8장 맨 앞에 있는 신문 기사는 오래된 뉴스에 기초하여 작성되었다. 그 기사가 게재될 즈음에 스베드베리는 이미 마음을 바꾼 뒤였다. 다른 연구자들도 중수를 정제하기 시작하였으며, 중수소의 화학적 특성 연구에 관한 루이스의 독점은 끝나가고 있었다. 1934년 8월 18일에 제출된 보충 보고서에서, 스베드베리는 이 분야의 최신 연구 동향을 개괄하여 정리하고 다음과 같이 결론지었다.

> 위에서 언급한 무거운 수소에 관한 연구는 이 동위원소의 발견이 매우 중요하다는 것을 보여준다. 이것은 또한 초기 연구가 중요하다는 것을 명확히 보여준다. 이제 유리의 연구가 매우 중요했다는 점이 더욱 분명해졌다. 전기분해 방법을 도입한 워시번의 독창성도 중요하게 평가받아야 한다. 반면에, 루이스의 연구는 다른 연구자들, 특히 프린스턴 대학 연구자들의 결과와 비교해 볼 때, 이제는 덜 중요해 보인다. 심지어 어떤 측면에서는 루이스가 속도 경쟁을 하고 있었다는 느낌이 들기도 한다. 유리나 프린스턴의 연구자들은 중수소에 관한 루이스의 연구와는 무관하게 워시번이 제안한 방법만으로 동일한 결과를 얻었을 것으로 생각된다.[39]

스베드베리가 스스로 결론을 수정했는지, 아니면 위원회의 다른 구성원들과 상의하고 얻은 결과인지는 명확하지 않다. 그러나 1934년 화학상은 유리가 단독으로 수상하였다. 유리는 자녀 출생으로 인해 시상식에 참석할 수 없었으며, 수상 연설은 그해의 노벨 화학 위원회 위원장이었던 빌헬름 팔마에르가 대신하였다.

유리는 관대한 사람으로 알려져 있다. 노벨상은 유리에게 단독으로 수여되었는데, 유리의 공동연구원이었던 브릭웨드는 유리의 단독 수상을 지지하며 이렇게 적었다. "조지 M. 머피와 나는 그 발견에 대한 논문의 공동 저자이지만, 그 연구를 제안하고 계획하며 주도한 것은 유리였다. 수소의 무거운 동위원소 발견에 대한 공로로 유리에게 노벨상을 수여한 것은 적절한 결정이었다."[40] 그럼에도 불구하고, 유리는 노벨상 상금의 절반을 브릭웨드와 머피에게 나누어 주었다. 유리는 노벨상 수상 직후 카네기 재단에서 연구비를 받게 되었는데, 컬럼비아 대학 물리학과 교수였던 이지도어 라비에게 반을 나누어 주었다.[41] 라비는 이 연구비로 원자핵의 자기적 특성을 연구하기 위한 그의 첫 번째 분자 빔 장치를 제작하였으며, 1944년에 노벨 물리학상을 받았다.

1930년대에 컬럼비아 대학에서 유리의 대학원생이었던 밀드레드 콘은 다음과 같이 증언했다. "유리는 대공황 시기에 컬럼비아 대학 화학과에서 대학원생들의 복지에 관심을 가졌던 유일한 교수였다. 강의 조교가 충분한 보수를 받고 있는지, 조교 일이 너무 많아 연구에 지장은 없는지 등등을 묻곤 했다."[42] 그녀가 여름방학 동안 재정 지원을 받지 못했을 때, 유리는 "미스 콘, 재정 문제를 어떻게 해결하려 하나요?"라고 물었다. 그녀가 돈을 빌리고 있다고 말하자, 유리는 "나는 노벨상을 받은 이후로 상금 일부를 내 학생들을 돕는 데 사용하고 싶었어요. 내가 빌려줄 테니까, 나중에 직장을 가졌을 때 갚으면 돼요."라고 말했다. 그녀는 직장을 찾는 데 어려움을 겪었다. 유대인 여성 과학자라는 두 가지 불리한 조건을 갖고 있었기 때문이다. 많은 구인 광고는 '기독교인 남성'으로 자격을 제한하고 있었다. 유리는 그녀가 직장을 찾을 수 있도록 물심양면으로 도와주었다.[43] 유리는 컬럼비아 대학이 특히 반유

그림 8-1 1934년에서 1939년 사이의 어느 날, 컬럼비아 대학 화학과에서 질량 분석기로 동위원소 효과를 측정하고 있는 해럴드 유리. 캘리포니아 대학교(버클리) 화학대학 제공.

대적이라고 느끼고 있었다. 코넬 대학 출신의 젊은 유대인 화학자 데이비드 알트만은 컬럼비아와 버클리 대학원에 지원하였다. 버클리로부터 합격 통지서를 받고 결정을 해야 했지만, 동부에 머물 수 있는 컬럼비아 대학에 입학하기를 원했다. 루이스의 권고로 그는 뉴욕행 심야버스를 타고 유리의 사무실에 나타났다. 유리는 문을 닫고 깊은숨을 내쉬고는, 버클리에 대해 그가 아는 것과 컬럼비아 대학의 일부 교수들이 유대인을 대하는 태도를 고려할 때, 알트만이 버클리를 선택하는 편이 나을 것이라고 조언하였다.[44]

중수에 관한 그의 연구로 루이스는 노벨상을 받을 자격이 있었을까? 1941년부터 1943년까지 루이스의 학생이자 연구원이었고 평생 동위원소 화학을 연구했던 제이콥 바이젤리센의 대답은 부정적이다.

> 1934년 노벨상을 중수소를 발견한 업적에 수여하기로 했다면 더 이상의 논란은 필요 없다. 그 상은 해럴드 유리에게 가야 했으며 또 그렇게 되었다… 루이스는 시류에 편승했다고 할 수 있다. 지오크가 액화 수소를 만들기 위해 수소 기체를 발생시켰던 전해 전지 속에는 중수로 농축된 물이 대량으로 있었고, 루이스는 이를 공급받을 수 있었다. 상을 수여할 범위에 [중수소의 발견] 이상의 연구를 포함했다면, 루이스 외의 다른 과학자들도 고려 대상이어야 한다. 중수소 발견 이후, 유리도 거기서 파생된 분야의 연구를 했다. 1934년까지 많은 과학자가 중수소의 특성에 관한 논문을 발표하였다. 루이스의 독특한 점은 그가 1년에 26편의 논문을 게재했다는 것이었다! 그러나 그는 워시번과 유리의 연구를 재현할 실험 재료를 쉽게 공급받을 수 있었으며, 버클리 화학과에서 경수소(^1H)와 중수소(^2H)의 차이를 측정할 수 있는 모든 사람을 '공동연구원'으로 동원하였다.
>
> 나의 견해로는, 상의 선정 범위를 중수소의 발견보다 더 넓게 확대한다고 할지라도 루이스가 1934년의 노벨상을 받았으리라고 보장할 수는 없다.[45]

유리가 단독으로 노벨상을 수상한 것은 루이스에게 큰 충격이었음이 분명하다. 그는 중수소에 관한 모든 연구를 중단하였다. 그는 18개월 동안 논문을 한 편도 발표하지 않았는데, 하버드에서 강사로 일한 이후 가장 긴 논문 공백 기간이었다. 7년 후, 이전에 루이스와 맥도널드가 리튬과 산소 동위원소에 관한 연구에서 사용했던 시료와 실험 노트를 바이젤리센이 발견하자 루이스는 그에게 그것들을 파기하라고 말했다(바이젤리센은 지시대로 했지만, 파기하기 전에 실험 노트를 읽어 보았다).[46] 랜들이 만든 70피트 높이의 분별 증류탑은 여전히 버클리 화학과 건물 앞에 서 있었고, 몇 년 후 해체되기 전까지 중수를 계속 생산하였다.

유리는 1933년에 발간하기 시작한 『화학 물리지』의 창간 편집인이 되었다. 루이스는 새로운 학술지에 힘을 실어 주었다. 루이스와 다른 과학자들은 새로운 학술지를 와일더 밴크로프트의 『물리 화학지』의 결점을 보완할 수 있는 학술지로 생각하였다.[47] 루이스는 30년 전에 밴크로프트가 그의 학위논문을 모욕적으로 비평한 이후, 그의 학술지에는 절대 투고하지 않았다(2장 참조). 루이스는 유리의 새로운 학술지 창간호(1933년 1월)에 "화학 결합"[48]이라는 제목의 논문을 게재하였고, 같은 해 6월호에는 중수의 농축에 대한 첫 번째 포괄적 논문을 게재하였다.[49] 하지만 유리가 노벨상을 수상한 후에는 그 학술지에도 더는 논문을 투고하지 않았다. 그러나 루이스가 사망한 후인 1946년에, 루이스의 동료였던 멜빈 캘빈과 루이스의 연구 조교였던 마이클 카샤는 루이스를 제1저자로 한 논문을 여기에 투고하였다.[50]

루이스 관련 자료를 보면, 새로운 수소 동위원소의 이름에 대해 논의한 1933년 6월 1일 자 편지가 루이스가 유리에게 보낸 마지막 편지다. 루이스가 편지나 전보로 유리에게 노벨상을 축하한 내용은 없다. 노벨상 수상 이후 유리가 루이스에게 보낸 편지들은 남아있는데, 중수나 중수소에 대한 다양한 심포지엄과 전시회를 소개하는 내용이다. 루이스가 답장했는지는 알 수 없지만, 유리의 편지 내용으로 볼 때 루이스가 퉁명하게 참석을 거절했던 것으로 추측된다.[51] 유리는 랭뮤어, 발터 네른스트, 시오도어 리처즈와 함께 루이스가 배척한 사람의 대열에 합류했지만, 유리는 루이스에게 같은 감정을 갖고 있지는 않았다. 루이스가 사망한 몇 달 후에 유리는 시보그에게 루이스의 사진 한 장만 보내 달라고 부탁하였다.[52]

루이스의 탈퇴

유리의 노벨상은 1934년 11월 15일에 발표되었다. 6주 후인 12월 29일에 루이스는 미국 국립과학원을 갑작스럽게 탈퇴하였다. 그의 편지 전문은 다음과 같다. "많은 고민 끝에 저는 국립과학원의 회원 자격을 포기하기로 했습니다. 이 편지를 저의 공식적인 탈퇴로 간주하여 주시기 바랍니다."[53] 국립과학원의 회원이 된다는 것은 큰 영광으로 여겨진다. 루이스는 1913년에 회원으로 선출되었으며, 그의 사임은 전체 미국 과학계에 충격을 주었다. 과학원은 루이스의 친구들을 동원하여 탈퇴 이유를 묻고 생각을 바꾸도록 설득했지만, 그는 어떠한 설명도 하지 않았다. 자신이 추천한 후보자들이 거부되었기 때문에, 루이스가 과학원을 미국 동부 원로들의 친목 단체로 생각했다는 추측이 있다. 루이스의 사임 후 에드윈 비드웰 윌슨은 루이스에게 버클리 교수인 윌리엄 지오크가 곧 회원으로 선출될 것이라는 편지를 보내 그를 설득하였다.[54] 그러나 루이스의 아들은 또 다른 저명한 버클리 교수인 조지 어니스트 깁슨이 선출되지 않아 마음이 상했다고 증언한다.[55] 그런 이유도 있었겠지만, 루이스가 탈퇴한 시점을 보면 1934년 노벨상에 대한 실망이 가장 유력한 이유로 추측된다. 전에 하버드에서 했던 것처럼, 인정을 받지 못하거나 모욕을 받았다고 생각했을 때 루이스의 반응은 그 자리를 떠나는 것이었다.

유리의 노벨상 수상 이후 이어진 18개월 동안의 논문 공백기를 거쳐, 루이스는 중성자 연구를 시작으로 다시 연구에 뛰어들었다. 하지만 1936년과 1937년의 중성자 연구는 성과가 별로 없었고 실망스러웠다. 루이스는 핵의 스핀과 중성자의 스핀 간의 상호 작용으로 느린 중성자가 핵 외부의 양자화된 궤도에 포획된 후, 이어서 핵 내부로 붕괴되어

들어간다는 이론을 제시하였다.[56] 그는 또한 중성자의 회절에 성공했다고 믿었다.[57] 이는 물리학 분야에서 루이스가 수행한 마지막 연구였으나, 물리학자들로부터는 지지를 받지 못했다. 물리학자 한스 베테는 루이스의 투고 논문을 심사하고는, "나는 이것이 정성적인 추론의 위험성을 교훈으로 보여주는 극단적인 예라고 생각한다."[58]라고 혹평하였다. 로런스 실험실의 한 연구원은 루이스의 연구에 대해 "효과가 너무 미약한데 장치조차 너무 원시적이어서(그는 방사선 계수기에 대해 들으려고 하지 않았다), 여기서 그를 믿는 사람은 아무도 없다"라고 썼다.[59] 당시 버클리에서 조지 깁슨의 지도하에 핵화학을 연구하고 있던 대학원생 시보그는 루이스에게 중성자에 관한 그의 연구가 어디서 잘못되었는지에 대해 용기를 내어 말했다. 다음은 1937년 4월 20일 자의 시보그 일지 기록이다.

> 오늘 오후에 루이스 교수가 그의 연구실로 나를 불렀는데… 거기에서 그는 필 슈츠와 함께 일하며 새로운 현상을 발견했다고 믿고 실험을 하고 있었다. 그것은 느린 중성자의 회절과 파라핀 렌즈를 이용한 중성자의 집속이었다… 그는 나에게 자신들의 연구를 어떻게 생각하느냐고 물었다. 나는 침을 꿀꺽 삼키고 그를 바라보며 "제 생각에는 잘못된 실험 같습니다"라고 말했다. 루이스는 그들이 관찰한 현상이 '중성자 회절'에 의한 것이 아니라면 달리 어떻게 설명할 수 있겠냐고 물었다. 나는 그들의 느린 중성자 활성화의 최댓값이… 잘못되었으며, 파라핀 렌즈에 의해 집속된 것이 아니라 중성자의 산란에 의한 것이라고 말했다. 루이스는 고맙다고 말했고, 나는 불안한 마음으로 방을 나왔다.[60]

그리고 한 달 후 시보그의 일지에는 다음과 같은 글이 있다. "지난

달 내가 루이스 교수와 나눈 대화 때문이었는지, 루이스 교수와 필 슈츠는 야외에 그들의 장치를 설치하고 느린 중성자 집속 실험을 반복하였다. 주위 물질로부터의 중성자 산란을 최소화하기 위한 목적이었을 것이다. 오늘 그들은 『피지컬 리뷰』지의 편집인에게 논문 투고를 취소한다는 편지를 보냈다."[61] 루이스는 시보그에게 깊은 인상을 받았다. 1937년 시보그가 졸업할 때, 루이스는 시보그가 버클리에 남을 수 있도록 연봉 $1,800인 그의 연구 조교 자리를 제안하였다.* 시보그는 기꺼이 그 제안을 수락하였다.[62]

글렌 시보그

글렌 시보그는 스웨덴에서 미시간주 이쉬페밍으로 이민 온 부모 밑에서 1912년에 태어났다. 그의 아버지는 정비공이었고, 가족은 스웨덴인들만 모여 사는 동네에서 살았다. 그는 어린 시절 부끄러움을 많이 탔다. 쑥스러워 손을 못 들던 그를 위해, 어머니는 선생님들과 상의하여 허락을 받지 않고 화장실에 갈 수 있도록 해 주었다. 그러나 어린 시절의 소심함은 성인이 된 후에는 문제가 되지 않았던 것처럼 보인다. 다음은 로런스 버클리 연구소의 웹 사이트에 그를 소개하는 내용의 시작 부분이다.

> 1월의 어느 오후, 방사선 연구소의 전화벨이 울렸을 때, 나는 뉴스에서 들어본 보스턴 사투리를 듣고 전화 건 사람이 누군지 바로 알 수 있었다. 대통령에 당선된 존 F. 케네디가 나에게 물었다. 원자력 위원회 의장으로

* $1,800는 2024년 기준 약 $38,000 정도에 해당한다. 당시는 대공황의 여파가 여전히 지속되던 시기로, 연봉 $1,800이면 꽤 높은 수준의 급여로 보인다. –편집 주

그의 행정부에 참여할 의향이 있는가였다.

나는 심사숙고해 보겠다고 답했다.

"천천히 생각하세요"라고 그가 말했고 나는 내일 아침에 전화하겠다고 대답했다.

나는 정부와 국가 정책 수립을 위해 연구소를 떠날 준비가 되어있는가? 나의 과학적 능력을 관료 조직에 적용할 수 있을까? 무기 시험과 개발 감시, 신생 원자력 산업의 육성, 그리고 국제 협력 촉진 등의 부담감을 견딜 준비가 되어 있는가?[63]

시보그가 열 살 때, 자식들에게 더 많은 기회를 주고 싶다는 어머니의 주장으로 그의 가족은 미시간에서 로스앤젤레스 교외로 이사하였다. 스웨덴어만 할 줄 알았던 아버지는 캘리포니아에서는 정규직 일자리를 찾지 못했고, 가족은 경제적으로 힘들었다. 시보그는 고등학교 3학년 때부터 과학에 흥미를 갖게 되었고, 1929년에 UCLA에 입학하였다. 그는 항만 노동자로 일하면서 학비를 마련하였다. 졸업 후 버클리 대학원에 입학하여 1937년에 조지 깁슨의 지도로 박사학위를 받았다. 시보그는 루이스의 연구 조교로 일하며, 루이스의 가장 오랫동안 인정받고 있는 업적 중 하나인 산-염기 이론의 재해석 연구에 참여하게 된다.

산과 염기

1923년에 출간된 『원자와 분자의 원자가와 구조』에서 루이스는 전자쌍으로 산과 염기 이론을 정의할 수 있다고 아주 간략하게 언급하였다. 중수에 관한 연구 후인 1938년에 그는 이 아이디어를 다시 검토하기 시작하였다. 산은 화학에서 가장 오래된 개념 중 하나로, 연금술 시대로 거슬러 올라간다. 1880년대 이전까지는 산과 염기를 경험적으로 정의하였다. 산은 신맛이 나며, 리트머스 시험지를 빨갛게 변화시키고, 일부 금속을 부식시키거나 녹이며, 염기와 중화되어 염을 형성하는 수용액이었다. 마찬가지로 염기는 미끈거리며, 쓴맛이 나고, 리트머스 시험지를 파랗게 변화시키고, 유리를 부식시키며, 산을 중화시켜 염을 생성하는 수용액이었다. 산과 염기의 이해되지 않는 특성 중 하나는 강산과 강염기의 중화열이 항상 비슷하다는 것이었다. 예를 들어 염산과 수산화 나트륨의 중화 반응에서 발생하는 열은 동등한 양의 황산과 수산화 포타슘의 반응에서 발생하는 열과 동일하게 측정되었다. 1887년 스반테 아레니우스는 해리 이론으로 이를 설명할 수 있었다. 강산과 강염기는 물속에서 이온으로 분리된다. 산은 양전하를 띤 수소 이온(H^+ 또는 양성자)과 음전하를 띤 상대 이온으로 분리되며, 염기는 음전하를 띤 수산화 이온(OH^-)과 양전하를 띤 상대 이온으로 분리된다. 아레니우스는 강산과 강염기의 중화 반응에서는 항상 동일한 반응이 일어난다고 제안하였다. 즉, 수소 이온과 수산화 이온 간의 반응이었다.

$$H^+ + OH^- \rightarrow H_2O$$

상대 이온들(예를 들어, 염산과 수산화 나트륨의 반응에서의 염화 이온과 나트륨 이온)은 중화 과정에서 용해된 채 남아있으며 반응에는 참여하지 않는다. 따라서 아레니우스의 해리 이론으로 산과 염기의 이론적 토대가 마련되었다. 산은 물에 녹아 수소 이온을 발생시키는 물질이며, 염기는 물에 녹아 수산화 이온을 발생시키는 물질이다.

아레니우스의 이론은 수용액 속에서 일어나는 산-염기 반응을 설명하기에 충분하였다. 하지만 다음 반응처럼, 물이나 수산화 이온이 존재하지 않는 상태에서 산의 양성자(수소 이온)와 순수한 암모니아가 반응한다면 이것은 어떤 반응인가?

$$H^{+} + NH_3 \rightarrow NH_4^{+}$$

1923년에 요하네스 브뢴스테드와 토마스 로우리는 암모니아와 같은 염기를 포함하여 산-염기에 대한 새로운 개념을 정의하였다. 브뢴스테드와 로우리에 따르면, 산은 양성자(H^{+})를 제공하는 물질이고, 염기는 양성자를 받아들이는 물질로 정의되며, 위의 반응은 산-염기 반응이 된다.

1923년에 출간된 『원자가』에서(브뢴스테드와 로우리가 그들의 이론을 발표한 때와 비슷한 시기였다) 루이스는 그의 전자쌍 개념으로 양성자가 전혀 포함되지 않은 반응에서도 산과 염기를 정의할 수 있다고 제안하였다. 루이스의 전자점식을 이용하면, 아레니우스 및 브뢴스테드-로우리의 중화 반응과 유사한 식을 나타낼 수 있다.

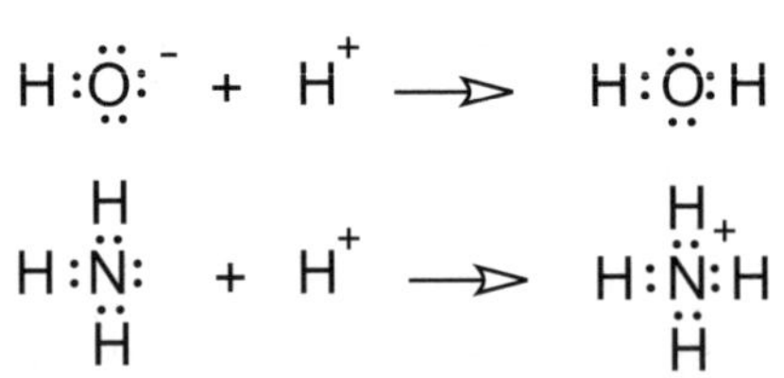

위의 각 반응에서 염기(왼쪽의 분자)는 고립(결합에 참여하지 않은) 전자쌍을 양성자에 제공하는 것으로 생각할 수 있으며, 염기와 양성자가 전자쌍을 공유하여 염(오른쪽의 분자)이 만들어진다. 루이스는 이 개념이 양성자와 전혀 관련이 없는 다른 반응에도 확장될 수 있다고 언급하였다. 다음과 같은 암모니아와 삼불화 붕소의 반응이 그 예이다(반응만을 명확하게 보여주기 위해, 불소 원자 주위의 추가 전자는 그림에서 생략하였다).

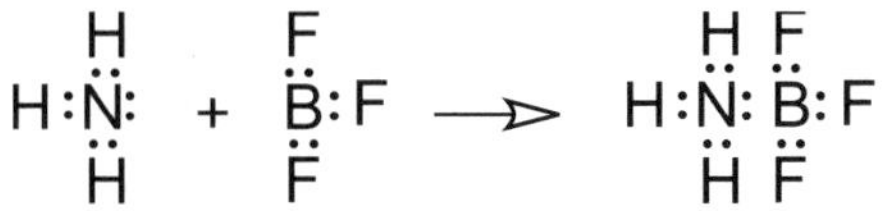

루이스는 위의 반응도 산–염기 반응으로도 보았다. 루이스는, "염기성 물질은 고립 전자쌍(결합에 사용되지 않는 전자쌍)을 갖고 있는 물질로, 이 고립 전자쌍을 다른 분자의 원자에 제공하여 안정된 화합물을 만들 수 있는 물질이고… 산은 다른 분자의 원자에서 전자쌍을 받아 안정된 화합물을 만들 수 있는 물질"[64]로 정의하였다. 위의 예에서 암모니아는 나중에 루이스 염기로 불리게 되며, 삼불화 붕소는 루이스 산이 된다.

1938년 5월, 루이스는 필리핀의 프랭클린 연구소에서 개최된 거대한 신축 건물의 헌정식에서 명예박사학위를 받고 강연을 하게 되었다. 그는 1923년에 자신이 새롭게 정의한 산–염기 아이디어를 강연 주제로 정하고, 이 이론을 뒷받침하는 실험적인 증거를 찾기 시작하였다. 학창시절 화학 수업을 조금이라도 주의깊게 들었다면, 비커에 들어있는 산 용액에 페놀프탈레인 지시약을 넣어준 후 뷰렛에 들어있는 염기 용액으로 적정할 때, 한 방울을 더 넣어주면 무색투명한 산 용액이 갑자기 빨갛게 변했던 것을 기억할 것이다. 루이스는 양성자가 없는 용매(아세톤과 같은 용매로, 이 용매 자체는 양성자를 내어놓지 않는다)에 대해 이와 유사한 반응을 조사하기 시작하였다. 그는 다음과 같이 썼다.

> 나는 이러한 실험을 통해, 물에서의 중화 반응처럼 정밀한 적정이 가능하며 지시약의 색이 선명하게 변하는 반응을 보여주고 싶었다. 그러나 수소산에서 볼 수 있는 것과 같이 색깔이 극적으로 변화는 효과를 보여

주는 일반 산은 아직 찾지 못한 상태였다. 나는 이러한 산을 찾아 적정 실험을 해본다면, 산을 현재의 제한된 범위로 생각하지 않게 될 것으로 생각한다.[65]

루이스는 그의 일반화된 산과 염기가 종래의 산과 염기와 거의 동일한 특성을 나타낸다는 것을 보여주었다. 물이나 양성자를 포함한 용매가 없어도 중화 과정은 매우 빠르게 일어나며 활성화 에너지가 없다. 더 강한 산이나 염기는 더 약산 산이나 염기보다 먼저 이온화한다. 산과 염기로 각각을 서로 적정할 수 있으며, 양성자를 포함하는 용매에서와 같은 지시약을 사용할 수 있다. 또한, 산과 염기는 촉매로 작용하여 화학 반응 속도를 높이는 중요한 역할을 한다. 이 발견은 양성자가 없는 용매를 주로 사용하는 유기화학자에게 매우 유용한 것으로 판명되었다. 루이스의 이론은 유기화학자들이 촉매 효과를 설명하는 기초가 되었고 대체 촉매를 찾을 수 있게 되었다. 어떤 루이스 산이나 염기가 특정 반응에 촉매 효과가 있다는 것을 알게 되면, 효과가 더 우수한 촉매를 찾는 데 이용할 수 있었다. 처음에는 루이스의 산-염기 이론이 광범위하게 인정받지는 못했지만, 1947년에 W. F. 루더와 사베리오 주판티가 『산과 염기의 전자 이론』을 출간하였다.[66] 이 책은 루이스의 이론이 다양한 화학 분야에 적용될 수 있다는 것을 설명하고 있다. 루이스는 죽기 직전인 1946년에 이 책의 원고를 읽고 자신의 의견과 비평을 써 보냈다.[67] 저자들은 이 책을 루이스에게 헌정하였다.

루이스의 산-염기 실험은 간단하고, 비용이 거의 들지 않았으며, 몇 달 만에 완료되었다. 시보그는 다음과 같이 회상하였다.

나는 간결하면서도 매우 효율적인 루이스의 연구 스타일에 처음부터 강한 충격을 받았고, 이러한 감동은 그와 함께 일하면서 점점 더 강렬해졌다. 그는 복잡한 실험 장비와 측정을 거부하였다. 그는 복잡하지 않지만 중요한 의미가 있는 실험을 즐겼다. 그는 기초적인 실험으로부터 평형 및 활성화 에너지의 데이터 같은 유용한 정보를 최대한으로 추론해 낼 수 있는 능력이 있었다. 나는 그의 추론 능력과, 목표를 달성하기 위해 다음 단계를 논리적으로 설계하는 능력에 항상 감탄했다. 나는 그로부터 생각하고 추리하는 습관을 배웠고, 그것은 이후 나의 과학 연구에 평생 도움이 되었다.[68]

바이젤리센도 루이스에 대해 비슷한 의견을 말했다. "루이스는 자연 현상에 대한 기본적인 이해를 바탕으로, 매우 독창적인 사고를 하는 과학자였다. 그는 매우 꼼꼼하고 기발하게 자신의 연구를 계획하고 실험을 경제적으로 설계하였다. 루이스의 실험은 긍정적인 결과가 나오면 이론을 확인하고, 부정적인 결과가 나오면 향후 연구를 위한 방향을 수립할 수 있도록 고안되었다. 그는 실험 자체를 위해 정교한 실험 장치를 고안해 내는 데에는 관심이 없었다."[69] 오늘날, 루이스 산과 염기는 유기화학의 주요한 주제 중 하나이다(한 예로 『유기 합성에서의 루이스 산』[70]이라는 책은 2권으로 이루어졌으며 분량이 1,200페이지에 달한다).

버클리의 교수가 된 시보그가 플루토늄에 관한 연구를 시작하다

1939년 6월, 루이스는 시보그를 버클리 대학교 강사로 임용하였고, 1940년 8월에는 조교수로 승진될 것이라고 알려주기도 했다. 그때쯤 시보그는 새로운 원소를 만들어내는 연구를 하고 있었다. 1939년의 주기율표에서는 우라늄(원자 번호 92)이 마지막 원소였다. 1940년에는 버클리 물리학과의 에드윈 맥밀런과 필립 아벨슨이 핵분열을 하지 않는 우라늄의 동위원소 ^{238}U에 중성자를 충돌시켜 반감기가 23분에 불과한 방사성이 높은 동위원소 ^{239}U를 만들어 내었다. 이 동위원소는 즉시 베타 입자(전자)를 방출하면서 핵전하가 증가하게 되어 넵투늄(Np, 원자 번호 93)이 만들어진다. 넵투늄 또한 반감기가 23일인 고방사성 동위원소였다. 맥밀런은 넵투늄이 베타 입자를 방출하여 원자 번호는 94이며 원자량이 239인 안정한 동위원소가 만들어질 것으로 예측하였다. 하지만 전쟁 관련 업무를 위해 MIT로 떠나야 했기 때문에 이것을 확인할 시간이 없었다. 이 동위원소가 현재 플루토늄(^{239}Pu)이라고 부르는 원소이다.

시보그는 맥밀런에게 자신, 조 케네디(버클리의 강사), 아서 왈(시보그의 학생)이 그와 공동으로 연구하여 그의 연구를 확장하고 싶다는 편지를 보냈고, 맥밀런은 동의하였다. 시보그와 그의 연구원들은 중성자 대신 중양성자(중수소의 원자핵)를 ^{238}U에 충돌시켰다. 그들은 넵투늄의 또 다른 고방사성 동위원소(^{238}Np로 나중에 확인됨)를 만들어내는 데 성공했으며, 이것이 플루토늄의 동위원소(^{238}Pu로 나중에 확인됨)로 붕괴될 것으로 예측하였다. 왈은 넵투늄을 화학적으로 분리한 후 중성자와 중양성자를 충돌시켰을 때, 서로 다른 동위원소가 만들어짐을 확인하였다. 그는 웬들 라티머가 제안한 방법에 기초하여 마침내 플루토늄을 분리하는 데 성공하였다. (적절한 보안 승인을 받지 못했던 라티머는, 사실은 이 실험에 대해 알고 있으면 안 되었다.)[71]

시보그의 1941년 1월 10일자 일지에 "루이스 교수를 만나 알파 입자를 방출하는 94번 원소의 동위원소(^{238}Pu)를 발견한 것 같다고 말했다. 그는 흥미를 보이며 궁금해했다"[72]라고 적혀있다. 이 발견은 1941년 2월 말에야 최종적으로 확인되었다. 시보그는 맥밀런에게 "우라늄 위원회를 위해 수행하고 있는 $^{239}94$ 프로젝트에 필요한 결과가 적절한 시점에 얻어졌어요."[73]라고 편지를 썼다. 시보그-왈-케네디 팀에 로런스의 실험실을 방문하고 있던 이탈리아계 유대인 물리학자 에밀리오 세그레가 합류하였다. 그들은 로런스의 입자가속기로 우라늄에 중성자를 충돌시켜 충분한 양의 플루토늄을 만들 수 있었다. 이 시료를 이용한 실험으로, 플루토늄은 우라늄보다 핵 연쇄 반응이 더 잘 일어나며 핵분열이 가능하다는 것이 입증되었다.

이때는 제2차 세계대전이 임박한 시점이었고, 정부는 이러한 연구가 군사적으로 응용 가능하다는 것을 인식하기 시작하였다. 시보그와 그의 연구팀은 플루토늄 실험 결과를 논문으로 작성하여 『피지컬 리뷰』지에 투고했지만, 국가 안보의 이유로 전쟁이 끝난 후에야 게재되었다.[74] 버클리 화학과에는 기본적인 보안 조치가 시행되었지만, 보안을 그다지 심각하게 받아들이지는 않았던 것으로 보인다. 시보그는 1941년 3월 1일 일기에 "루이스 교수를 만나 94번 원소의 동위원소를 산화시키는 데 성공했다고 말했다. 엄밀히 말해 루이스 교수와 라티머 교수는 그러한 정보에 대한 보안 승인을 받지 못했지만, 그들에게 우리의 실험 결과를 알려주고 있다. 나는 그들이 비밀을 지킬 것이라고 확신한다."[75]라고 적었다. 루이스는 더 실질적인 역할을 하기도 했다. 시보그는 나중에, "나는 느린 중성자를 이용한 $^{239}94$(플루토늄)의 분열을 처음으로 확인한 날의 25주년을 기념하는 1966년 3월 28일 행사에서, 원래의 플루토늄 시료 중 하나를 스미스소니언 박물관에 기증하였다. 그 시료는 그때까지 대부분 G. N. 루이스 교수의 시가 상자 중 하나에 보관되어 있었다."[76]라고 말했다. 1941년 6월 3일 시보그의 일기에는 "오늘 루이스 교수를 만나, $^{239}94$(플루토늄)의 분열 가능성을 입증했다고 알렸다."[77]라고 적혀 있다. 루이스와 시보그는 넵투늄과 플루토늄의 자연 상태 동위원소를 찾기 위한 정부 과제의 책임 연구원으로 계약하였고, 이 계약은 1941년 12월에 만료된다.[78]

자연 상태의 우라늄은 99.3%의 ^{238}U과 0.7%의 ^{235}U로 이루어져 있다. 이 중 ^{235}U만이 핵분열이 가능한 동위원소이다. 우라늄 핵폭탄을 만들려면 분열 가능한 ^{235}U 동위원소를 농축해야만 한다. 이것은 쉬운 일이 아니다. 두 동위원소는 화학적 성질이 거의 비슷해서, 확산 속도의 차이 같은 물리적 특성을 기반으로 분리하여야 한다. 그러나 비활성 동위원소(^{238}U) 사이사이에 핵분열이 가능한 우라늄 동위원소(^{235}U)가 농축되어 있다면, 제어된 연쇄 반응으로 방출된 중성자가 주위의 비활성 우라늄(^{238}U)을 플루토늄으로 변환시킬 수 있다. 이것은 현재의 증식 원자로가 작동되는 방식이다. 즉, 원자로에서 연료로도 사용될 수 있는 플루토늄은 우라늄 원자로의 정상적인 운영 중에 생성되는 부산물이다. 만일, 원자폭탄을 만들기로 결정된다면, 우라늄 폭탄과 플루토늄 폭탄을 동시에 만드는 것이 타당한 선택이 될 것으로 여겨졌다.[79]

시보그와 맨해튼 프로젝트

1942년 3월 9일경에 프랭클린 D. 루스벨트 대통령은 원자폭탄 개발을 진행하라는 명령을 내렸고, 이로써 맨해튼 프로젝트가 시작되었다. 물리학자 아서 컴프턴은 가장 중요한 분과 중 하나의 책임자였는데, 이 분과는 '야금 연구소'라는 위장 명으로 불렸다. 시카고 대학에 있는 야금 연구소는 핵폭탄 제조를 위한 플루토늄을 생산하고 정제하는 임무를 맡고 있었다. 1942년 4월 19일, 시보그는 컴프턴의 요청으로 플루토늄 정제의 책임을 맡게 되었다.[80] 그날은 그의 30번째 생일이었다.

우라늄 동위원소를 화학적으로 분리하는 것은 불가능했지만, 플루토늄 정제는 화학적으로 가능하기 때문에, 우라늄 농축에 비하여 상대적으로 쉬운 과제로 생각되었다. 그러나 원자로에서 생산된 플루토늄은 방사능 덩어리에 박혀있기 때문에 어렵고 복잡한 과정을 거쳐 추출해야 했다. 시보그는 나중에 이렇게 적었다.

> 새로운 원소인 플루토늄을 우라늄 및 다른 분열 생성물에서 분리하는 과제는 주로 화학적인 문제여서 처음에는 어려워 보이지 않았다. 그러나 많은 측면에서 일반적인 화학적 문제와 달랐다… 처음부터 시간적인 제약이 가장 넘기 어려운 문제로 부각되었다. 설계와 테스트가 완결되기도 전에 실제 공정을 시작해야 했다. 아주 간단한 화학 공정도 대규모 생산에 적용되기까지는 플루토늄 분리 공정보다 훨씬 많은 시간이 필요했을 것이다. 물론, 플루토늄 분리가 절대 간단하거나 짧은 공정이 아니었다.
>
> 1942년 가을 동안 풀어야 할 문제는 플루토늄이 함유된 수 톤의 우라늄에서 높은 수율과 순도로 플루토늄을 분리할 수 있는 분리 공정을 개발하는 것이었다… 동시에 플루토늄과 함께 생성된 다른 방사성 물질도 분리 공정의 최종 생성물인 플루토늄에서 분리해야 했다. 플루토늄을 안전하게 취급하기 위해 이 과정이 필요했다.*… 따라서, 다양한 원소를 최종 생성물에서 완전히 분리해야 하는데, 작업자를 방사선으로부터 보호하기 위한 다양한 보호장치 뒤에서 원격으로 제어되어야 한다는 것이 이 분리 공정의 독특한 특징이었다… 또한, 장비 설계상의 오류 가능성을 최소화하기 위해 공정을 사전에 철저히 시험해야 했다… 이러한 모든 사항을 고려할 때, 공정을 가능한 한 짧고 간단하게 만드는 것이 절대적으로 필요

* 플루토늄은 알파 입자를 방출한다. 하지만 삼키거나 흡입하지 않고, 상처를 통해 인체에 들어오지 않는다면 위험하지 않다.

했다. 같은 이유로, 공정의 각 단계가 근본적으로 다를 경우 단계마다 완전히 다른 장비를 사용해야 하므로, 각 단계에 유사한 장비를 사용할 수 있도록 공정을 설계하여야 했다. 동시에, 실패할 경우 쉽게 변경할 수 있도록 공정 및 장비를 설계할 필요가 있었다.[81]

시보그는 야금 연구소의 C-1 그룹을 책임지게 되었고, 이 그룹에는 '무거운 원소의 분리와 화학 기초 연구'라는 코드명이 부여되었다. 프로젝트가 진행되는 동안 시보그는 시카고에 있는 큰 그룹 외에도 버클리 화학과에 플루토늄 정제를 위한 작은 그룹을 계속 유지하고 있었다. 버클리에서 플루토늄 정제를 담당했던 마이클 카샤는 안전 기준이 허술했다고 기억한다.

전쟁 중에 버클리 화학과에는 약 14명의 대학원생만 남아있었다. 나도 몇 번이나 1-A(징집) 등급을 받았다. 전적으로 루이스 밑에서만 일했다면 예외로 인정되지 않았겠지만, 나는 플루토늄 분리 작업에 참여하고 있어서 징집을 면제받았다. 나는 몇 개의 순수한 플루토늄 조각들을 받았다. 우리는 폭발성이 있는 뜨거운 포화 과염소산과 질산으로 작업하였다. 플루토늄으로 포화된 용액은 아름다운 색깔을 내고 있었다. 우리에게는 고무장갑도 없었고 실험대는 나무로 되어있었다. 실험실에는 연속해서 측정을 하는 '팝피'라고 부르는 가이거 계수기가 있었다. 기계가 '팝, 팝, 팝'하다가 갑자기 '파파파파파'하는 소리가 나면… 우리는 모두 방에서 뛰어나오곤 했다. 무언가 누출되었다는 신호였다. 그러나 우리 중 누구에게도 눈에 보이는 부작용은 없었다. 사망 사고가 한 건 있었다. 분말을 취급하던 대학원생이 플루토늄 먼지를 흡입하였다. 그는 한 달 후에 사망하였다. 나도 살을 베는 사고를 당해서 병원에 가야 했다. 우리는 아무것도 말할 수 없게 되어 있었다. 병원에서 피부 조직은 제거했지만, 방사성 물질 일부가 핏속으로 흘러 들어갔을 가능성이 있었다. 로버트 코닉이 과제를 주관했는데, 그와 함께 일하는 것은 즐거웠다. 방사성 물질이 손에 남아 있으면 실험실 밖으로 나가지 못했다. 그래서 매일 일이 끝날 때 우리의 손을 가이거 계수기로 확인해야 했다. 우리는 장갑도 착용하지 않았다. 코닉은 방사성 물질을 쉽게 제거하는 한 가지 방법을 생각해 냈다. 크로뮴산 세정 용액*이 주위에 있었다. 우리는 손을 그 속에 담갔다. 손을 빼냈을 때는 아무 느낌이 없었다. 그러나 수돗물에 손을 씻으면 세정 용액이 희석되면서 엄청난 열이 났다. 한 달에 한 번 안전에 관한 모임이 있었지만, 우선순위가 낮았다. 우리는 소변 검사를 받았지만, 방사능 측정 배지는 착용하지 않았다. 피펫 필러는 구할 수 없었으며, 피펫에 입을 대고 농축된 플루토늄 용액을 직접 빨아들였다. 우리는 진한 과염소산 용액을 사용하였는데 그 안에 무언가를 넣으면 폭발할 수 있었으며 정확한 양의 질산을 넣어야 했다. 우리는 우리가 무슨 일을 하고 있는지 숙지하고 있었다. 정말로 위험한 작업은 로스앨러모스에서 진행되고 있었다.[82]

1941년, 루이스는 규정에 정해진 나이가 되어 학장과 학과장직을 사임하게 되었다. 1943년, 시보그는 컴프턴에게 루이스를 맨해튼 프로젝트 자문역으로 추천하였지만,[83] 구체적으로 진행된 것은 없었다. 아마도 컴프턴을 비롯한 관계자들은 까다로운 성격의 루이스와 일하고 싶어 하지 않았을 것이다. 라티머 교수가 학장이 되었으며, 에몬 이스트먼 교수는 버클리를 대표해서 플루토늄에 관한 정부와의 협약을 책임지고 있었다.[84] 비록 두 교수가 시보그에게 공식적인 보고를 하는 것

* 다이크로뮴산 나트륨과 진한 황산을 혼합하여 만든 유리기구 세척 용액. 매우 유독하여 손에 닿으면 안 된다. –역자 주

은 아니었지만, 몇 년 전까지 버클리의 대학원생이었던 30세의 젊은 교수를 보조하여 일하고 있었던 셈이다.

시보그가 플루토늄 정제 과제를 시작했을 때, 플루토늄을 얻는 유일한 방법은 입자가속기를 이용하여 우라늄에 중성자를 충돌시키는 것이었다. 플루토늄을 대량으로 생산할 우라늄 핵 원자로는 아직 존재하지도 않았다. 입자가속기에서 만들어진 플루토늄은 2 mg에 불과했지만, 대량 생산 계획을 수립하기 위한 시료로는 충분한 양이었다. 워싱턴주 한포드에 원자력 발전소가 건설되면서, 시보그 팀이 개발한 방법을 사용하여 생산량을 십억 배 이상으로 증가시킬 수 있었다. 시보그는 다음과 같이 언급하였다.

> 증산을 위해 이렇게 단기간에 규모를 키운 공장은 없었을 것으로 확신하다… 이 화학 공장에서 취급하는 물질은 극도로 높은 수준의 방사선을 방출하는데, 이에 따른 심각한 문제를 방지하기 위해 정교하게 설계된 대규모 구조물이었다. 플루토늄이 공장으로 들어가는 것을 목격한 사람은 아무도 없었을 것이다. 또한, 상대적으로 순수한 물질로 바뀌어 등장하기 직전까지 플루토늄을 본 사람도 없었다. 그동안에 플루토늄은 수천 피트의 파이프라인을 통해 연결된 미로 같은 반응기들을 통과해 갔으며, 진행 상황을 기록하기 위한 시료 채취만이 때때로 이루어졌다.[85]

환경 문제

시보그는 한포드 공장에 대한 찬사에서 몇 가지 문제를 간과했다. 돌이켜보면 한포드에서는 심각한 환경 문제가 존재하고 있었으며, 시보그가 위의 인용문을 작성할 때에는 이미 일반 대중에게도 잘 알려진 문제들이었다. 공장 및 공정 설계에 관한 결정이 전부 시보그의 통제 아래에 있었던 것은 아니었지만, 그는 환경 문제에 대해 논의해 볼 수 있었을 것이다. 한포드에서 수행한 플루토늄 정제는 매우 성공적이었지만, 환경 재앙을 초래하였다. 인산 비스무트를 사용한 플루토늄 정제 공정의 수율은 약 90%에 불과했고, 회수하지 못한 플루토늄과 핵분열 폐생성물은 컬럼비아강, 지하수, 그리고 공기 중으로 흘러나갔다. 이것은 제2차 세계대전 시기의 긴박한 개발 압력하에서는 불가피한 면이 있었을지 모르지만, 장기적인 문제를 초래하였다. 한포드에서는 몇 년에 걸쳐 방사성 물질이 대규모로 유출되었으며, 시보그는 1970년대에도 플루토늄 생산 관리에 참여하였다. 워싱턴주 보건국에 따르면,

> 핵무기 생산에 관련된 기밀 때문에 일반 시민은 1986년까지 한포드의 세부적인 운영 내용을 잘 알지 못했다. 미국 에너지부는 그전까지 공개되지 않았던 19,000페이지에 달하는 한포드의 기록 문서를 그해 2월이 돼서야 시민들의 압력으로 공개하게 되었다. 이 문서로 방대한 양의 방사성 물질이 누출되어 컬럼비아강과 75,000제곱마일 이상의 토양을 오염시켰음이 드러났다….
>
> 또한, 한포드가 미국 핵무기 경쟁의 중심에 있었음이 밝혀졌다. 1943년 연방 정부는 한포드를 세계 최초의 대규모 핵 생산 공장으로 선정하였다. 한포드는 제2차 세계대전 중 일본 나가사키에 떨어진 원자폭탄을 만든 장소였다. 미국의 모든 핵무기의 약 절반은 한포드에서 생산된 플루토늄으로 만들어졌다. 한포드 관리자들은 국가 안보를 이유로 기밀을 정당화했다.
>
> 문서에는 한포드 공장 가동으로 방사성 물질이 어떻게 누출되었는지

에 대한 설명이 포함되어 있었다. 플루토늄은 컬럼비아강을 따라 설치된 핵 반응기에서 생산되었다. 반응기의 냉각을 위해 대량의 강물이 필요했다. 강물은 반응기를 통과하면서 방사성 물질로 변했고, 이 물이 다른 방사성 물질들과 뒤섞여 다시 강으로 흘러 들어갔다. 방사선은 물과 수중 생물을 오염시켰으며, 워싱턴과 오리건 해안의 태평양 굴 양식장까지 흘러 들어갔다. 컬럼비아강으로의 오염수 방출은 1955년부터 1965년 사이에 최고조에 이르렀다.

핵 반응기에서 추출된 플루토늄은 핵무기에 사용하기 위해 분리 및 정제되어야 했다. 플루토늄을 분리하는 과정에서 공기 중으로 방사선이 방출되었다. 한포드에서 대기로 방출된 방사선은 바람에 의해 워싱턴 동부, 오리건 북동부, 아이다호 북부, 몬태나 및 캐나다로 흘러갔다. 오염된 토양에서 재배된 식품을 먹거나, 그곳에서 방목된 젖소의 우유를 마신 사람들에게 방사선이 전이되었다. 대기로의 방출이 심했던 시기는 1944년부터 1951년까지였으며, 1945년이 가장 심했다.[86]

전쟁이 끝난 직후인 1945년에 발간된 스미스 보고서는 맨해튼 프로젝트에 대한 공식 역사 기록물이며,* 한포드의 환경파괴 우려에 대해 이렇게 적혀있다.

가장 문제가 되는 물질은 우라늄 핵이 쪼개지면서 만들어지는 핵분열 생성물들이다. 핵분열 생성물은 매우 강한 방사성 물질들이며 약 30종의 원소가 포함되어 있다. 이 중에는 방사성 제논과 방사성 요오드가 있다. 이

* 스미스 보고서는 주목할만한 문서이며, 핵폭탄 개발 과정에서 이루어진 과학 및 공학적 결단에 대해 자세히 설명하고 있다. 이 보고서는 핵폭탄을 개발하려는 다른 나라에 매우 귀중한 지침서가 되었다.

물질들이 대량으로 방출되는데… 특별히 주의 깊게 처리하여야 한다. 이 기체들을 산 증기를 이용하여 포집할 수 있도록 높은 굴뚝을 건설하여야 한다…. 또한, 방사성 기체와 대기가 혼합되어 인근 지역이 위험에 빠지지 않도록 철저하게 조치하여야 한다. (모든 건강 관련 사항에서 설정된 허용 기준을 엄격하게 준수하여, 지역 사회와 작업자의 건강을 위험하게 할 어떤 가능성도 배제할 수 있어야 한다.)

대부분의 다른 핵분열 생성물들은 용액 속에 보관할 수 있으나, 결국은 처리하여야 한다. 물론, 주변 강이 오염되지 않도록 고려하여야 한다. (사실, 강의 오염과 관련된 안전 기준은 매우 엄격하여, 강 아래의 사람이나 물고기에 어떠한 영향도 없을 것이다.)[87]

원자폭탄

전쟁과 맨해튼 프로젝트가 막바지에 접어들면서 플루토늄의 특허권, 특히 맨해튼 프로젝트가 시작되기 전에 있었던 플루토늄의 발견에 대한 권리가 중요한 문제로 대두되었다. 정부는 발견한 과학자와 캘리포니아 대학에 플루토늄에 관한 특허 청구를 포기하도록 압박하였다. 전쟁 후의 평화적 핵에너지 수요를 고려하면 상당한 금액이 관련될 수 있었고, 시보그는 쉽게 물러나려고 하지 않았다. 그 시기의 시보그 일지에는 특허 권리에 대해 그가 계속 우려하는 내용이 실려 있다. 협상과 소송은 1950년대로 이어졌으며 많은 과학자가 관련되어 있었다.[88]

독일이 항복하고 한 달이 지난 1945년 6월, 우라늄과 플루토늄 폭탄이 모두 준비되었다. 독일이 원자폭탄을 만드는 것을 두려워한 아인슈타인을 비롯한 과학자들의 촉구에 따라 원자폭탄이 개발되었으며,

유럽에서 탈출한 많은 과학자가 맨해튼 프로젝트에서 주도적인 역할을 하였다. 이제 독일과의 전쟁은 끝났고, 사용 가능성이 있는 유일한 대상은 일본이었다. 독일에서 탈출한 유대인 과학자 중 한 명인 제임스 프랑크는 맨해튼 프로젝트의 정치 및 사회 문제에 관한 임시 위원회의 의장이었다. 위원회는 폭탄을 시험해 보기만 하고 일본에는 사용하지 말 것을 제안하였다. 시보그도 위원으로 있던 그 위원회는 6월 11일에 보고서를 발표하였다. 시보그는 그날의 일지에 보고서의 요지를 인용해 적었다.*

> 핵에너지 개발은 미국의 기술력 및 군사력에 중요한 보탬이 될 뿐만 아니라, 이 나라의 미래에 심각한 정치 및 경제적 문제도 초래할 것이다.
>
> 핵폭탄이 미국만이 독점적으로 소유한 '비밀 무기'로 남아있을 수 있는 것은 단 몇 년밖에 되지 못할 것이다. 핵무기 제조의 기초가 되는 과학적 현상은 다른 나라의 과학자들에게도 잘 알려져 있다. 핵폭탄의 국제적인 통제가 이루어지지 않는다면, 우리가 핵무기를 소유하고 있다는 것이 세계에 공개되자마자 핵무기 경쟁이 벌어질 것은 명백하다. 십 년 이내에 다른 나라들도 핵폭탄을 만들 것이며, 1톤 미만의 핵폭탄 한 개가 10제곱 마일 이상의 도시 지역을 파괴할 수 있다. 이러한 무기 경쟁으로 전쟁이 일어난다면, 인구와 산업이 상대적으로 적은 수의 대도시 지역에 집중되어있는 미국은, 인구와 산업이 넓은 지역에 흩어져있는 나라에 비해 불리할 것이다.
>
> 이러한 사항들을 고려할 때, 예고 없이 핵폭탄을 일본에 대한 공격에

---

* 전쟁 기간에 해당하는 시보그 일지(8장의 주석 89, 90, 91, 93)는 그 시기의 일지와 편지를 기초하여 시보그와 그의 참모들이 재구성한 것이다. 그 시기의 일지 원본은 기밀 사항 때문에 미국 정부가 보관하고 있다.

사용하는 것은 바람직하지 않다. 만약 미국이 이 새로운 무차별적 파괴 수단을 인간에게 처음으로 사용한다면, 미국에 대한 전 세계의 신뢰가 손상될 것이며, 무기 경쟁을 촉발하고, 이러한 무기의 통제에 대한 미래의 국제적 합의 가능성을 저해할 것이다.

만약 사람이 살지 않는 지역을 적절히 선택하여 핵폭탄을 시험한 후 그 결과를 세계에 알린다면, 국제적인 합의를 최종적으로 이루어낼 수 있는 훨씬 더 유리한 조건이 조성될 것이다.[89]

6월 13일 자의 일지에 따르면 시보그는 위원회의 제안에 동의하였다. 하지만 해리 S. 트루먼 대통령의 의견은 달랐다. 전쟁 50년 후, 시보그는 결론을 수정했던 것 같다. 그는 "결국 전쟁은 일본이 진주만을 공격하여 시작됐다…. 따라서 이것이 일본에 대한 공격이라고 볼 수 없다. 미국은 어떤 면에서는 자신을 방어하고 전쟁을 최대한 빨리 끝내려 했던 것이다."라고 말했다. 시보그는 프랑크 보고서에서 핵폭탄의 직접 사용보다는 시험 결과를 일본과 다른 국가에 알려야 한다고 제안한 것에 대해, "그 보고서는 꽤 많은 주목을 받았지만, 어떤 면에서는 내부적으로 다른 의견이 더 우세했다."라고 말했다. 그리고 그는 미국이 보유한 우라늄과 플루토늄은 단지 3개의 원자폭탄만을 제조할 수 있는 양이었다고 언급했다. 하나는 시험용이고 나머지 둘은 직접 사용하기 위한 것이었다. 시보그는 "이것이 시험 폭발을 먼저 하자는 우리의 권고를 받아들이지 않은 이유 중 하나이다. 만약 그 시험이 실패했다면 상당 기간 다른 폭탄을 만들 플루토늄이 없었을 것이고, 전쟁이 계속 이어질 수도 있었다."라고 말했다.[90]

우라늄 폭탄과 플루토늄 폭탄의 작동 방법에는 차이가 있었다. 우라늄 폭탄에는 간단한 기폭장치가 사용되었다. 두 부분으로 나누어져 있던 우라늄이 기폭장치에 의해 합쳐지면 임계 질량에 도달하게 되는 방식이었다. 반면에 플루토늄 폭탄에서는, 여러 조각으로 나누어져 있던 플루토늄이 일반 폭발물에 의한 압력으로 폭탄 내부에서 압축되어 임계 질량에 도달하도록 설계되었다. 따라서 시험이 필요했다. 1945년 7월 16일의 '트리니티 시험 폭발'은 플루토늄 폭탄의 성공적인 시험이었다. 시보그는 지난 3년간 플루토늄의 정제에 몰두하였으며 폭탄 시험의 결과에 울컥한 심정이었을 것으로 생각된다. 시카고에 있었던 그는 뉴멕시코의 시험에 참석하지 않았지만, 그와 함께 버클리에서 플루토늄을 발견한 조 케네디는 로스앨러모스에 배치되어 있었다. 그는 시보그에게 폭발에 관해 설명해 주었다. 그날의 시보그 일지를 보면, 폭탄 시험에 관한 관심 못지않게, 시보그는 전쟁 후의 버클리 및 시카고 대학과의 교수 자리에 대한 협상에도 신경을 쓰고 있었음을 알 수 있다.

> 마운틴 표준 시간으로는 오전 5시 30분, 뉴멕시코주 앨버커키에서 남서쪽으로 100마일 떨어진 알라모고도에서 원자폭탄의 첫 폭발이 있었다. 후에 나는 그날의 경과에 관해 쓴 조 케네디의 일기를 읽었다. [시보그는 이 부분에 원폭 시험에 관한 케네디의 설명을 삽입하였다.]
>
> 7월 9일에 쓴 내 편지에 대한 라티머의 답장을 받았다. 그의 답이다. "우리의 가장 중요한 문제를 정확히 지적했네요. 전반적으로 볼 때, 우리 대학의 화학과와 물리학과는 이 분야에서 일어나고 있는 엄청난 발전을 따라가지 못하고 있어요. 이에 더해 원자력 분야의 발전에 관한 문제도 있습니다. 시카고 대학의 허친스 총장은 이 상황을 잘 파악한 것 같습니다. 시카고에서 시보그 교수의 연봉을 $8,000에서 $10,000으로 올려주고 화학과에 12명의 새로운 조교수와 부교수를 뽑겠다는 제안은 고무적인 일입니다. 버클리의 총장에게 상황을 적절하게 설명하면, 이곳에서도 비

슷한 결과를 얻을 수 있으리라 확신합니다."… 그는 맨해튼 프로젝트의 많은 부분이 산업 분야에 적절하게 이용될 수 있을 것으로 생각한다고 덧붙였다. 라티머는 또한, 7월 23일에 테네시에 있을 예정이며 그때 나를 만나기를 희망한다고도 언급했다.[91]

1945년 8월 6일에 히로시마에 투하한 원자폭탄은 우라늄 폭탄이었으며, 8월 9일 나가사키에 투하한 두 번째 폭탄은 시보그의 플루토늄으로 만들어졌다. 물론 시보그는 폭탄을 사용할지 여부, 그리고 언제 어느 곳에 사용할지에 대한 권한이 없었다. 폭탄의 사용이 정당화될 수 있는지에 대한 많은 논의가 있었다. 또한, 첫 번째 폭탄 투하 후 일본이 항복할 시간을 주기 위해 다음 폭탄의 투하를 얼마나 연기해야 하는가에 대한 논의도 있었다. 이와 같은 논의와는 별개로, 나가사키의 폭탄으로 70,000명이 즉시 또는 후유증으로 사망하였으며, 훨씬 많은 사람이 부상을 당하거나 방사선 피폭으로 고통받았다.[92] 이들의 대부분은 민간인이었다. 폭탄 투하 소식에 시보그는 승리, 의심, 후회, 공포 등의 다양한 반응을 보였으리라고 상상할 수 있다. 시보그의 일지에는 점심으로 무엇을 먹었는지까지 매우 세세하게 기록되어 있다. 출간된 일지는 책꽂이 전체를 채울 정도다. 그러나 1945년 8월 9일의 기록은 아래 내용이 전부다.

캘빈 가족과 함께 아직 버클리에 머무르고 있다.

플루토늄 폭탄이 일본 시각으로 8월 9일 오전 11시 직전에 나가사키에 투하되었다(우리 시간 기준으로는 어제). 이 소식은 오늘 아침 이곳 신문의 최상단 머리기사였다.

나는 버클리의 교무처장 도이치를 면담했다. (총장 스프라울은 출장 중이다.) 그에게 시카고 대학에서 교수직(연봉 $10,000)을 제안받았으며, 대학원생뿐만 아니라 화학과에서 나와 함께 일할 수 있는 교수 선발권도 추가로 제안받았다는 것을 이야기했다. 도이치는 시카고 대학에서 제안한 조건과의 격차를 줄일 수 있도록 캘리포니아 대학도 노력할 것이라며 긍정적인 답변을 하였다. 맨해튼 계획에 참여하기 위해 떠나기 전, 나는 단 6개월 동안만 조교수로 근무했기 때문에, 당장 정교수로 승진시켜주는 것은 버클리 대학 본부로서는 어려운 일이었을 것임에도 불구하고 이미 지난달에 정교수로 발령을 내주었다.

라티머 그룹의 주간 모임에서 발표를 했다.

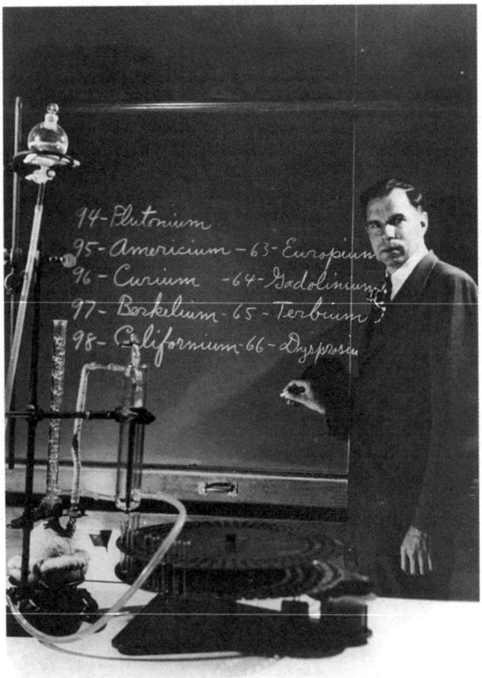

그림 8-2 노벨 화학상을 받은 1951년에 그가 참여해서 발견한 원소들을 적고 있는 시보그. 플루토늄, 아메리슘, 퀴륨, 버클륨, 캘리포늄 등. 캘리포니아 대학교(버클리)의 화학대학 제공.

> 소련은 일본에 선전 포고를 하고 만주 동쪽 국경에서 첫 공격을 시작했다고 한다.[93]

시보그는 캘리포니아 대학과의 협상에서 정교수 자격, 연봉, 직원, 시설 및 예산 등 그가 원하는 모든 것을 얻었다. 그는 후에 버클리의 로런스 방사선 연구소의 부소장, 버클리의 총장, 원자력 위원회 위원장, 미국 화학회 회장 등을 역임하였다. 1951년에 노벨 화학상을 받았으며, 106번 원소는 시보귬으로 명명되었다. 시보귬은 살아있는 사람의 이름을 딴 유일한 원소이다. 그는 트루먼부터 리처드 M. 닉슨까지의 모든 대통령과 일했으며, 자서전 제목을 『백악관의 화학자』로 지었다.

유리와 맨해튼 프로젝트

해럴드 유리 또한 맨해튼 프로젝트의 주요 인물 중 한 명이었다. 시보그와는 달리 유리는 전쟁 훨씬 이전부터 정치적으로 활발히 활동하였다. 유리는 1932년부터 확고한 반나치 및 반파시스트 주의자였고, 세계정부의 옹호자였다. 유리 부부는 유럽의 과학자들이 무솔리니와 히틀러를 피해 미국으로 들어올 때 그들을 환영하였다. 아인슈타인과 마찬가지로 유리도 히틀러가 먼저 원자폭탄을 개발할 것을 우려하였고 미국의 원자폭탄 프로그램을 지원하였다. 제2차 세계대전이 가까워지면서 유리는 우라늄 동위원소의 분리를 위한 책임을 맡게 되었다. 이는 사실상 시보그의 플루토늄과 유사한 목표를 가지고 있었다. 즉, 방사성 동위원소를 폭탄에 사용할 수 있도록 농축시키는 것이었다. 유리의 주도하에 동위원소를 분리하기 위한 많은 방법을 시험하였다. 1942년 5

월, 유리는 1938년에 발명한 역류 원심분리기(현재 대부분의 국가에서 선호하는 우라늄 농축 방법)를 사용할 것을 제안했으나, 그의 의견은 받아들여지지 않았다. 우라늄 분리 프로그램은 효율적으로 관리되지 못했던 것 같다. 한 가지 분리 방법을 선택하여 효과적으로 작동하게 하는 대신 가능한 모든 방법을 동원하였다. 1943년 말에는 700명 이상의 사람들이 유리의 가스 확산 공정을 이용한 우라늄 농축에 동원되었다. 1차 농축된 우라늄은 로런스의 전자기 공정으로 최종 농축되어 히로시마 폭탄에 사용되었다.[94] 1만 명 이상의 노동자가 테네시주의 오크리지에 열확산 공정을 위한 공장을 건설하기 시작하였다. 아벨슨이 책임자였던 그 공정은 매우 비효율적이었지만, 전자기 공정에 원료로 사용된 저농축 우라늄 일부를 제공하였다.

유리는 나중에 이 시기에 대해 이렇게 말했다. "전쟁 동안 나는 아주 괴로웠다. 워싱턴에는 나를 싫어하는 상관들이 있었고, 내 밑에서 일하는 사람들도 나를 싫어했다. 주위에 있는 모든 사람이 내가 옆에 있는 것을 원하지 않지만, 그렇다고 사임할 수도 없는 상황보다 더 비참한 때도 있는지 상상해 보라! 전쟁이 끝나자 나는 바로 그곳을 떠났다. 전쟁 중에 나는 신경 쇠약 직전이었다."[95] 그의 전기작가들은 다음과 같이 썼다. "1944년 초에… 유리는 열확산 공정 공장은 전쟁 수행을 위한 노력과는 별 관련이 없음이 명백하다고 생각했다…. 유리는 1945년까지 컬럼비아(맨해튼 프로젝트) 연구소의 명목상 소장이었지만, 그의 마음은 그곳에 없었다. 그 이후로 그는 원자력의 응용이 아닌 통제를 위해 노력하였다."[96]

유리는 자신이 전에 지도했던 학생인 밀드레드 콘에게 일본에 대한 핵폭탄 사용에 너무나 화가 나서 그는 다시는 국방 관련 연구에 참여하지 않을 것이라고 말했다.[97] 제2차 세계대전 이후 그는 아인슈타인이 의장으로 있던 원자 과학자 긴급위원회의 부위원장으로 활동하면서, 핵무기 사용에 반대하며 원자력의 평화적 이용을 주창하였다. 1948년에는 하원 반미 활동 위원회의 의장 J. 파넬 토마스가 에드워드 콘던을 "우리의 원자력 안보에서 가장 취약한 고리 중 하나"라고 공격하였다. 콘던은 맨해튼 프로젝트에서 주요한 역할을 하였으며, 당시 미국 국립 표준국 소장이었다. 유리와 아인슈타인은 콘던을 지지하며 "그러한 비난은 미국의 이익에 해가 될 뿐이다"[98]라는 의견을 표명하였다. 유리는 줄리어스와 에텔 로젠버그 부부가 원자력 스파이 혐의로 사형을 선고받을 때, 드와이트 D. 아이젠하워 대통령에게 전보를 보내 그들의 처형을 막아달라고 간청하였다. 그는 나중에 "정의가 살아있는지 심각하게 의심된다"[99]고까지 말했다. 유리는 공산주의 동조자(공산당원은 아니지만, 공산주의자와 같은 견해를 공유하는 사람)로 취급받았으며, 1953년에는 미 육군–매카시 청문회에서 증언하도록 요청받았다. 텔레비전으로 생중계된 이 청문회는 미 육군이 매카시와 그의 주요 자문위원들을 고소하자, 매카시도 미 육군을 고소한 사건을 조사하기 위해 개최되었다.

9장
생명의 비밀

폴링, 린치, 랭뮤어

1938년 초, 라이너스 폴링은 영국의 수학자 출신 생물학자 도로시 린치와 과학적 논쟁에 휘말리게 되었다. 단백질 구조에 대하여 린치가 제안한 '사이클롤(cyclol) 이론'은 폴링의 아이디어와 반대되는 이론이었다. 록펠러 재단의 자연과학 기금을 관리하던 워렌 위버는 폴링과 린치 두 사람 모두에게 연구비를 지원하고 있었다. 위버는 폴링에게 린치의 연구에 관한 보고서를 작성해 달라고 비공개로 요청하였다. (그러나 린치에게는 폴링의 연구에 관한 보고서 작성을 요청하지 않았다.) 폴링은 린치의 논문이 "부정직"하며, 그녀가 "화학자와 생물학자들이 사용하는 용어를 능숙하게 사용하지만, 그녀의 주장은 때때로 신뢰할 수 없으며 정보가 피상적"[1]이라고 평했다. 폴링은 린치의 연구를 검토하면서, 이제는 단백질 구조에 대한 자신의 아이디어를 발표할 시점이 된 것 같다고 하였고 위버도 그 의견에 동의하였다. 그 결과 발표된 논문이 "단백질의 구조"[2]라는 제목의 논문이었으며, 칼 니만이 공저자였다. 폴링의 지인은 그 논문은 차라리 '린치 이론의 실체'[3]라는 제목이 더 어울린다는 편지를 폴링에게 보냈다. 폴링의 보고서와 논문 이후 린치의 경력은 나락으로 떨어졌다. 위버는 그녀의 연구비 갱신을 거부했으며, 그녀는 다른 연구비도 받을 수 없게 되었다.

라이너스 폴링

라이너스 폴링은 일반 대중에게 널리 알려진 몇 안 되는 화학 연구자 중 한 명이다. 그러나 그는 화학 연구보다는 정치 활동과 비타민 C가 감기를 치료할 수 있다고 주장한 과학자로 더 잘 알려진 인물이다. 폴링은 1954년에 노벨 화학상을, 그리고 1962년에는 노벨 평화상을 받았다.

폴링은 1901년 오리건주 포틀랜드에서 태어났다. 그의 어머니 벨은 평생 정신적인 문제로 어려움을 겪었고, 모자 관계도 원만하지 않았다. 그의 아버지 허만은 약사였다. 그러나 오리건주의 다른 소도시에서 약사가 아닌 새로운 일을 해보려고 돌아다니느라 집을 비울 때가 많았다. 그러다 라이너스 폴링이 아홉 살 되던 해 아버지는 별 유산도 남겨 놓지 않고 사망하였다. 생계를 유지하기 위해 벨은 약국을 팔고 그 돈으로 포틀랜드에 하숙집을 열었다. 몇 년 후, 그녀는 악성 빈혈에 걸려 일을 할 수 없게 되었고, 재정적으로 자녀들에게 의존하게 되었다. 13세의 폴링은 가계를 돕기 위해 방과 후에 일을 나가야 했다. 그의 어머니는 당시 17세였던 딸 폴린에게 30대의 부유한 남자와 데이트를 하라고 종용하기까지 했다. 폴링이 경찰에 신고하면서 그러한 일은 다행히 일어나지 않았다. 라이너스는 학교 성적이 뛰어났으며 과학, 특히 화학에 관심이 많았다. 졸업 후, 오리건 농업대학에 입학하고 싶었지만, 그가 계속 돈을 벌어 가족을 부양하기를 바라는 어머니의 반대에 부딪혔다. 그렇지만 폴링은 대학에 입학하였고, 여름방학 동안 일을 하며 학비를 마련하였다. 하지만 3학년이 되기 전 여름에 그가 모아둔 돈을 어머니가 모두 가져가 버려서 학비를 낼 수 없게 되었다.[4]

다행히 그의 재능을 알아본 대학 본부가 그를 정량 분석 강사로 채용하고 도서관 옆에 붙어있는 사무실도 사용할 수 있게 해 주었다. 도서관에서 그는 어빙 랭뮤어와 길버트 루이스의 화학 결합에 관한 논문을 읽을 수 있었다. 화학 이론에 매료된 폴링은, 4학년 때 루이스가 학장으로 있던 버클리 대학원에 지원하였다. 그러나 불행히도 폴링의 지원서는 버클리에서 분실되었고, 그는 결국 캘리포니아 공과대학(캘텍)에 입학하였다. 그것은 루이스와 버클리에 큰 손실이었다. 캘텍에서는 MIT 시절 루이스의 선임자였던 아서 노예스가 화학 프로그램을 책임지고 있었다. (폴링의 지원서가 분실된 사건 후, 루이스는 대학원 입학 절차를 좀 더 체계화할 필요성이 있다고 생각하여 웬들 라티머에게 학생을 모집하는 일을 맡기게 된다.)[5] 캘텍으로 떠나기 전, 폴링은 대학 시절 연인이었던 아바 헬렌 밀러와 결혼하였다. 그녀는 그의 인생에서 가장 중요한 인물이 되었고, 1981년 그녀가 사망할 때까지 60년 동안 폴링은 그녀에게 의지하게 된다.

캘텍 대학원생 시절

노예스는 폴링에게 로스코 디킨슨의 연구실에서 X-선 결정학 연구를 하도록 추천하였다. X-선 결정학은 결정 내 원자의 배열을 밝혀낼 수 있을 것으로 기대되고 있던 새로운 분야였다. X-선은 파장이 원자 크기 정도로 짧은 전자기파를 말하는데, X-선을 다양한 방향에서 결정에 조사하면 결정의 원자에 의한 회절 패턴이 나타난다. 회절은 결정 격자에 의해 X-선이 특정한 방향으로 산란되는 현상으로, 회절 패턴으로부터 원자들 간의 결합 길이와 각도에 대한 정보를 얻을 수 있다. 그러나 이러한 정보를 추출하기 위해서는 매우 복잡한 계산 과정을 거쳐야 한다. 특히 컴퓨터를 활용할 수 없었던 그 당시에는 복잡한 구조의 결정에 대한 문제를 푸는 것은 사실상 불가능했다. 실험의 특성상 원자의 정확한 위치를 정확히 특정하는 것은 불가능했는데, 이는 마치 초점이 안 맞아 흐릿한 사진을 보는 것과 같았다. 게다가, X-선 이미지에서는 '위상' 정보가 손실된다. 즉, 회절된 파동의 세기는 측정할 수 있지만, 파동의 골과 마루의 위치는 알 수 없다.

소리를 차단하고 무대의 막을 내린 채 내용을 모르는 연극을 관람한다고 가정해 보자. 막에 비추어진 배우들의 그림자만을 보고 연극의 내용을 파악하는 것은 어려운 일이다. X-선 이미지에서 결정 구조를 유추해 내는 것은 그만큼 어려운 과정이다. 다양한 방향에서 빛을 비춰 그림자 방향을 바꿀 수 있었지만, 연극의 줄거리를 파악하는 것은 여전히 어려운 일이다. 전등을 손에 비춰 토끼나 코끼리 모양의 그림자를 벽에 만드는 것을 본 적이 있을 것이다. 손 모양이 달라도 같은 형태의 그림자가 만들어지는 것과 같이, 결정 구조의 배열이 다르더라도 같은 X-선 이미지로 나타날 수 있다. 헨리와 로런스 브래그 부자는 케임브리지 대학과 맨체스터 대학에서 X-선 회절법을 개발하여, 염화 나트륨이나 다이아몬드같이 단순한 결정의 구조를 규명할 수 있었다. 하지만 결정 구조가 복잡해지면 회절 패턴 해석의 난도는 급격히 증가했다.

폴링은 캘텍에서 바로 주목을 받기 시작했으나, 세심하지 못한 점이 있음이 드러나기도 했다. 폴링이 결정 구조를 결정하려는 첫 시도에서 실패한 후, 디킨슨 교수는 황화 몰리브데넘(MoS_2) 결정을 연구해 보라고 제안하였다. 폴링은 성공적으로 결정 구조를 규명하였고, 그 결과를 『미국 화학회지』에 투고하려고 논문을 작성하였다. 폴링은 본인의 이름만 들어있는 논문 사본을 디킨슨에게 보여주었다. 노예스는 폴링을 자신의 사무실로 불러 과학적 공적이 어떻게 배분되는지를 설명하였다. 디킨슨이 황화 몰리브데넘 연구를 제안하였고, 폴링에게 결정학을 가르쳤으며, 실험을 지도하고 검토하였으므로, 가장 큰 공적은 디킨슨에게 돌아가야 한다는 것이었다. 결국 논문의 저자는 디킨슨, 폴링 순으로 명기되었다.

스반테 아레니우스, 루이스, 랭뮤어 모두 지도교수와 갈등을 겪은 적이 있었지만, 폴링과 디킨슨의 경우는 다소 달랐다. 황화 몰리브데넘의 구조를 풀어낸 것은 디킨슨이 개발한 기법을 폴링이 단순히 적용해서 얻은 결과였다. 루이스의 졸업논문 첫 부분에 언급된 아연 및 카드뮴 전극 연구는 시어도어 리처즈의 지도로 이루어졌고, 학술지 논문에 리처즈가 제1 저자로 등재된 것은 적절한 일이었다. 폴링은 후에 "이 경험은 다른 사람이 기여한 부분을 과소평가하기가 얼마나 쉬운지 깨닫게 해 준 좋은 경험이었다"[6]라고 말했다. 그러나 폴링의 경력 내내 그의 동료나 공동연구자들은, 특히 캘텍의 총장이었던 로버트 밀리컨은 그를 자기 과시적이고 독단적인 인물로 여겼다.[7]

폴링은 결정 구조를 풀어내기 위한 연구를 계속하였고, 주변 원자의 영향에 따라 결합 길이와 결합각이 바뀌는 패턴을 관찰하였다. 그는 루이스의 공유 결합 이론을 적용하여, 결합된 원자들의 주기율표상에서의 상대적 위치가 가까워짐에 따라, 이온 결합에서 공유 결합으로 점진적으로 변하는 것을 관찰하였으며, 공유 결합이 일반적으로 더 강하고 짧다는 것을 발견하였다. 또한, 결정이 달라져도 결합한 원자들이 같으면, 결합 길이와 결합각이 같다는 사실도 찾아내었다. 이러한 일반화는 그가 이후 무기화학, 유기화학, 생물학 연구에서 성공을 거두는 기초가 되었다.

아직 대학원생이던 폴링은 캘텍의 선도적인 이론 화학자였던 리처드 톨만과 함께 일하기 시작했다. 톨만은 MIT에서 노예스 및 루이스와 함께 연구했으며, 1910년에 MIT에서 박사 학위를 받았다. 톨만은 루이스와 함께 아인슈타인의 특수 상대성 이론에 매료되었고, 이 주제에 대해 루이스와 공동으로, 그리고 독자적으로 논문을 발표하였다. 루이스가 1912년에 MIT를 떠나 버클리로 갈 때 톨만을 같이 데려갔으나, 1922년에 노예스가 높은 연봉을 제시하며 그를 캘텍으로 스카우트해왔다. 톨만은 통계 열역학의 전문가였는데, 통계 열역학 계산으로 물질 내의 무질서 정도에 대한 척도인 엔트로피를 직접 구할 수 있었다. 발터 네른스트의 열역학 제3 법칙 식에 따르면, 절대 0도에 가까워지면 물질의 엔트로피가 0이 된다. 네른스트는 제3 법칙이 모든 고체와 액체에 일반적으로 적용된다고 주장하였다. 그러나 막스 플랑크나 루이스 등은 제3

법칙은 순수한 결정에만 적용되고 유리나 용액에는 적용되지 않는다는 이론적, 실험적 증거를 제시하였다(2~4장과 7장 참조). 1925년, 폴링과 톨만은 제3 법칙에 관한 공동 논문을 발표하였다.[8] 이 논문에서는 절대 0도에서 완전 결정체와 유리 같은 불완전 결정체의 엔트로피 차이를 통계역학을 이용하여 계산하였다. 폴링은 자신이 논문의 제1 저자가 되어야 한다고 고집하였다. 톨만은 이에 동의했지만 불쾌하게 생각했고, 이후로도 캘텍에서 폴링과 동료로 지냈지만 더는 그와 공동으로 논문을 발표하지 않았다.[9]

톨만의 지도로, 폴링은 물리학자들의 원자 이론을 이해하기 위한 물리 및 수학적 방법을 배우고 발전시키기 시작하였다. 톨만은 닐스 보어가 1912년에 맨체스터대에서 수소 원자에 관한 연구를 시작하면서 비롯된 새로운 분야인, 원자와 분자의 양자역학을 주시하고 있었다. 보어는 코펜하겐 대학의 교수가 되었고, 뮌헨 대학의 아르놀트 조머펠트는 다전자 원자를 설명하기 위하여 모델을 확장하였다. 보어와 조머펠트의 모델은 빠르게 궤도를 도는 동적 전자에 기초하고 있었지만, 루이스는 화학 결합을 설명하기 위해 정적 전자 모델을 개발하였다. 에르빈 슈뢰딩거, 베르너 하이젠베르크, 볼프강 파울리, 막스 보른 등의 물리학자들은 독일에서 양자역학에 대한 보다 일반적인 수학적 식을 개발하고 있었다. 하지만 루이스의 화학 결합 개념의 핵심 요소인 전자쌍의 역할이 포함되어 있지는 않았기 때문에 1920년대 초반까지는 화학자들의 관심을 끌지 못하고 있었다. 폴링은 노예스의 도움으로 미국연구평의회(NRC)의 연구 장학금을 받아 박사후연구원으로 양자역학 분야의 연구를 할 수 있게 되었다.

이즈음 폴링의 능력을 높게 평가한 노예스는, 폴링이 박사 학위를 받으면 그를 바로 캘텍 교수로 영입하려 하고 있었다. 노예스의 계획에 가장 큰 잠재적 장애물은 루이스였다. 폴링은 연구 장학금으로 버클리에서 연구를 이어가고 싶어 했으며, 노예스는 루이스가 그에게 교수직을 제안할 것이라고 확신하고 있었다. 폴링은 이 시기에 대해 나중에 다음과 같이 말했다.

> 박사 과정을 마무리할 즈음에, 패서디나*에는 미국연구평의회(NRC)의 장학금을 받는 연구원들이 많이 있었다. 나도 NRC 장학금을 신청하였다. 신청서에는 버클리로 가서 길버트 뉴턴 루이스와 함께 일하겠다고 적었다. NRC 규정에 따르면, 연구 장학생은 박사 학위를 받은 기관 이외의 곳에서 연구하게 되어 있었다….
>
> NRC 장학금을 받고 버클리로 떠날 준비를 하고 있을 때, 노예스가 나를 부르더니 이렇게 말했다. "아직 발표하지 않은 X-선 연구 결과가 많이 있지? 여기 패서디나에 잠시 남아서 논문을 완성하여 투고하는 것이 좋을 듯하네." 그래서 장학금 수령을 연기해 놓고 4개월쯤 되었을 때, 노예스가 나에게 다시 말했다. "새로운 장학금이 생겼는데… 존 사이먼 구겐하임 기념 장학금이라고 해. 과학 연구의 중심지인 유럽에서 연구 경험을 쌓는 게 좋을 테니, 내년도 구겐하임 장학금을 신청해 보는 게 어떻겠나?" 그래서 나는 장학금을 신청하고 아내와 함께 다시 버클리로 갈 준비를 하고 있었다. 그러자 노예스는 구겐하임 장학금이 4월 말에나 결정된다고 말하면서, "자네가 구겐하임 장학금을 받을 게 확실하니, 내가 유럽으로 가는 여비와 3월 말부터 구겐하임 장학금이 시작될 때까지의 생활비를 지원해 줄 수 있어. 버클리로 옮긴 후 다시 유럽으로 이사하는 것은 번거롭기만 할 것 같네."라고 했다. 나도 그 말에 동의하였다….
>
> 내가 버클리에서 박사후연구원으로 일하게 되면, 자연스럽게 버클리

* 캘리포니아 공과대학(캘텍)이 있는 도시 –역자 주

> 교수가 되지 않을까 하고 노예스가 걱정했었다는 것을 20년이 지나서야 깨닫게 되었다… 사실 길버트 루이스가 몇 달 전 내가 박사 학위를 취득할 무렵 패서디나를 방문한 적이 있었다. 그때 루이스는 나에게 교수직을 제안하러 왔었지만, 노예스가 그를 설득해 그 제안을 철회하게 만들었다는 사실을 훨씬 후에야 알게 되었다.[10]

루이스가 폴링을 채용하려고 패서디나에 왔을 때, 노예스는 루이스에게 1905년에 그에게 진 빚을 상기시켰을지도 모른다. 노예스는 그 당시 필리핀에서 돌아온 루이스를 MIT에 채용해주었었다.

폴링은 양자화학에서 두각을 나타내다

폴링은 구겐하임 장학금을 받으며 뮌헨 대학에서 조머펠트 교수의 지도로 연구를 시작하였다. 짧은 여행을 통해 코펜하겐과 취리히에서 보어와 슈뢰딩거를 만나기도 했다. 폴링은 자신이 유능한 응용 수학자이지만, 새로운 양자역학을 개척하고 있는 독일 물리학자들과는 수준이 다르다는 것도 인식하였다. 그러나 그에게는 그들에게 없는 것이 하나 있었다. 바로 화학에 대한 깊은 이해였다. 그는 자신이 알고 있는 것들, 즉 양자역학의 새로운 식들, X-선 회절을 통해 실험적으로 구한 결합 길이와 각도에 대한 지식, 그리고 중요한 화학 문제에 대한 감각을 결합하기 시작하였다. 교수가 되어 캘텍으로 돌아온 후, 폴링은 실험적으로 관찰된 화학적 특성을 새로운 양자 이론으로 설명하는 논문을 발표하기 시작하였다. 슈뢰딩거는 원자핵 주위에서 운동하는 전자의 가능한 에너지 상태를 '파동함수'로 나타내었다. 폴링은 슈뢰딩거의 식을 '혼성 궤도함수'라는 개념으로 재구성하여, 알려진 화학 결합의 방향성을 설명하였다. 물, 사이안화 수소, 메탄(methane), 에탄(ethane), 에틸렌,

아세틸렌과 같이 간단한 분자에 이 혼성 궤도함수 이론을 적용하여 얻은 결과는 실험적으로 확인된 결합 각도와 일치하였다.

폴링은 자신의 아이디어를 루이스의 전자쌍 결합 이론의 확장으로 보았다. 1931년에 발표한 논문의 초록에서 그는 자신의 연구 결과가 "1916년에 G. N. 루이스가 확립한 전자쌍 결합 규칙의 타당성을 공식적으로 확인했다"라고 언급했으며, "루이스의 규칙을 보완하여 전자쌍 결합에 대한 광범위하고 강력한 새로운 규칙들을 제공한다"[11]라고 설명하였다. 폴링은 전체 분자의 결합 에너지(개별 원소들로부터의 생성열로 표기)를 각각의 화학 결합에 분배할 수 있으며, 각각의 결합 에너지를 더하면 새로운 분자의 결합 에너지를 예측할 수 있음을 발견하였다. 하지만 이중 결합과 단일 결합이 번갈아 이어져 있는 분자의 경우, 실험에서 구한 결합 에너지는 각각의 개별 결합 에너지를 더하여 예측한 값보다 종종 낮다는 것도 발견하였다. 폴링은 이를 결합 전자가 인접한 결합 사이를 자유롭게 이동함으로써 분자의 에너지가 안정화되는 것으로 해석하였다. 루이스도 1923년 그의 저서 『원자가와 원자 및 분자의 구조』에서 유사한 아이디어를 제안하였지만, 폴링은 이를 보다 정량적인 값에 기초하여 설명하였다. 폴링은 분자의 실제 결합 에너지와 자신의 표준 개별 결합 에너지를 합한 값 사이의 차이를 '공명 에너지'라고 불렀다.

루이스는 염화 나트륨(NaCl)과 같은 이온 결합과 염소 분자(Cl_2)와 같은 공유 결합 사이에 연결 고리가 있다고 말했었다. 폴링은 화학에서 오랫동안 존재해 온 개념인 **전기 음성도**를 되살려내었다. 전기 음성도는 양전하를 띤 원자와 음전하를 띤 원자 간의 전기적 인력에 의해 분자로 결합된다는 옌스 베르셀리우스의 아이디어에 기초하고 있으며, 원자가 음전하를 띠게 되는 경향과 연관되어 있었다. 폴링은 열역학과 양자역학을 이용하여 전기 음성도 척도를 개발하였다. 전기 음성도는, 원자들이 결합할 때 특정 원자가 전자쌍을 자기 쪽으로 끌어당기는 능력에 기반한 정량적인 값이었다. 폴링의 전기 음성도 개념으로 화학자들은 특정 화학 결합의 이온성 정도와 공유성 정도를 비율로 할당할 수 있게 되었다. 전기 음성도가 가장 큰 원소는 주기율표의 오른쪽 위에 위치한 산소, 질소, 불소(fluorine), 염소, 황과 같은 원소들이다(그림 1-4 참조). 전기 음성도가 큰 원자가 전기 음성도가 작은 원자와 결합할 때에는, 전기 음성도가 큰 원자는 부분적인 음전하를 띠게 되고, 전기 음성도가 작은 원자는 부분적인 양전하를 띠게 된다. 이는 화학 결합의 분극성에 대한 루이스의 아이디어를 확장한 것이다.

폴링은 특히 **수소 결합**에 관심이 있었는데, 이는 이후 생물학적 시스템에서의 결합에 대한 그의 아이디어의 근간이 되었다. 이름에서 알 수 있듯이, 수소 결합은 수소 원자와 관련되어있다. 수소 결합이 형성되려면, 전기 음성도가 높은 산소, 질소 등의 원자와 수소와의 공유 결합이 있어야 한다. 전기 음성도가 높은 원자들은 수소로부터 전자쌍을 끌어당겨 수소에 부분적인 양전하가 남게 된다. 그렇게 되면, 수소 원자는 부분적인 음전하를 띠고 있는 전기 음성도가 큰 다른 원자(같은 분자 내에 또는 다른 분자에 있을 수 있음)에 끌리게 된다. 이 정전기적 인력으로 수소 결합이 만들어지게 된다. 폴링과 다른 연구자들은 물과 얼음에서 볼 수 있는 물 분자의 정렬을 수소 결합으로 설명하였다(그림 9-1). 수소 결합은 1920년에 버클리에서 길버트 루이스의 동료 과학자 2명이 루이스의 화학 결합 이론을 사용하여 처음 제안하였지만,[12] 폴링은 이 아이디어를 더욱 확장시킨 것이다.

폴링이 루이스의 이론을 성공적으로 확장하는 동안, 루이스는 빛의 파동-입자 이중성 문제를 해결하려던 꿈이 사라지고 있었다(7장 참조). 루이스는 1923년에 떠났던 게임(화학 결합)으로 돌아오려고 시도하

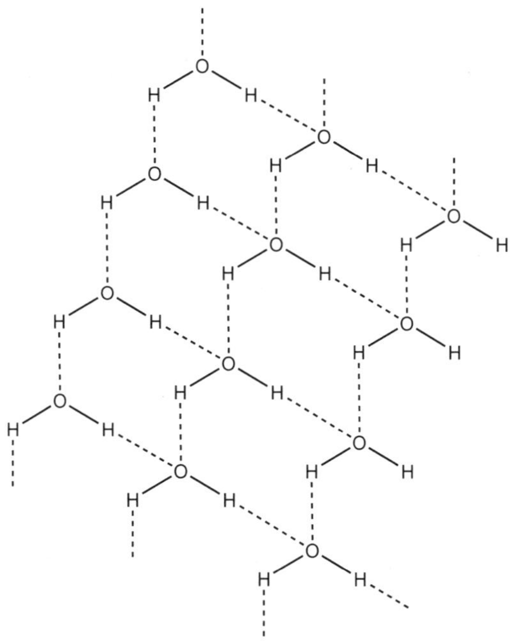

그림 9-1 물속에서의 수소 결합. 수소 결합을 점선으로 나타내었다. 전기 음성도가 더 큰 산소 원자는 부분적인 음전하를 띠고 있으며, 부분적인 양전하를 띠고 있는 수소 원자와 연결되어 있다(이것은 대략적인 그림이다. 물속에서의 수소 결합은 3차원적으로 연결되어 있다).

게 되었다. 1932년 5월, 루이스는 친구인 일리노이 대학의 윌리엄 노예스로부터 전자 이론에 관한 책을 폴링과 함께 집필해보라고 제안하는 편지를 받았다.[13] 그동안 폴링이 여름방학 동안 버클리에서 몇 차례 강의를 했었기 때문에 루이스와 폴링 간에는 친밀한 관계가 형성되어 있었다. 루이스는 노예스의 제안에 대해 "함께 작업하기에 더 바람직한 사람은 없다"[14]라며 들뜬 듯한 답장을 보냈다. 그리고 루이스는 노예스에게 받은 편지와 자신이 보낸 답장 사본을 폴링에게 보냈다.[15] 그러나 폴링은 답장에서 "교수님과 W.A. 노예스 교수님의 편지를 흥미롭게 읽었습니다"[16]라는 말 외에는 공동 집필에 대해서 더는 언급하지 않았다.

이 서신 교환은 1932년 11월 해럴드 유리의 『화학 물리지』 창간호에 실린 루이스의 논문 "화학 결합"을 설명하는 데 중요한 힌트가 된다.[17] 이 논문은 루이스가 화학 결합에 대한 자신의 아이디어를 새로운 양자 이론의 관점에서 정리하려는 시도로, 두서없이 산만하게 작성되었다. 이 논문이 의도하는 독자는 아마도 폴링 한 명이었을 것이며, 공동 연구의 중요성을 설득하려는 목적이 있었을 것이다.

폴링은 1932년 루이스의 공동 집필 제안을 받아들이지 않았지만, 1939년에 출판한 자신의 책 『화학 결합의 본질』을 루이스에게 헌정하였다. 루이스와 메를 랜달이 1923년에 공동 저술한 책 『열역학과 화학 물질의 자유 에너지』가 화학 열역학 분야에 기여한 것처럼, 폴링의 책은 양자화학 분야에서 큰 기여를 하였다. 루이스의 책은 모호한 개념인 열역학을 현장의 화학 연구자가 쉽게 접근할 수 있게 하였다. 루이스의 책처럼, 폴링의 책도 저자의 독특한 관점에서 쓰였지만, 다른 연구자들의 결과를 모아 소개하였다. 이 책은 결합 길이, 결합각, 결합 에너지 등의 실험값에 기초하고 있다. 이 책의 출간으로 폴링은 루이스의 자연스러운 후계자로 인식되게 되었다. 화학자 피에르 라즐로가 언급한 대로, 폴링의 성공은 물리학자나 수학자의 언어가 아닌 화학자의 언어를 사용한 덕분이었다.

> 폴링이 영향력 있는 화학자가 될 수 있었던 것은 그가 복잡한 개념을 쉽게 설명할 수 있었기 때문이다… 그의 일은 루이스의 분자 구조 이론과의 연결 선상에 있으며, 원자가 개념 등과 같은 기존의 화학 이론을 기반으로 하고 있다. 폴링은 이미 잘 알려진 현상들, 예를 들어 메탄의 사면체 구조, 굽은 형태의 물 분자, 사이안화 수소(HCN)의 선형 구조, 단일 결합의 자유 회전 등과 같은 주제를 다루었다… 또한, 폴링은 탁월한 강의 능

력을 지닌 인물로, 그의 설명은 쉽게 이해할 수 있으며, 복잡한 수학을 모두 건너뛰었다. 폴링이 제시한 규칙들은 간단하면서도 원자 일반에 광범위하게 적용될 수 있었다.[18]

폴링의 새로운 아이디어는 일반적인 화합물의 특징을 설명하였다. 그리고 이러한 아이디어를 더 큰 것, 즉 생명 현상의 화학에도 적용될 수 있다고 폴링은 생각하였다.

록펠러 재단과 분자생물학

1930년대에 이르러 록펠러 재단은 미국 과학의 주요 연구비 지원기관이 되었다. 제2차 세계대전 전에는 지금과 달리 연방 정부가 아닌 민간 재단이 과학계에 많은 연구비를 지원하고 있었다. 1932년, 캘텍에서 밀리컨의 제자였던 위버가 록펠러 재단의 자연과학 부문 책임자가 되어 막대한 자금을 관리하게 되었다. 1936년, 위버는 '분자생물학'이라는 용어를 만들어 내었다. 그는 생물학과 심리학에 화학, 물리학, 수학적 방법론을 적용하면 생명체가 생성되는 과정과 생명체의 구성 요소를 실험실에서 연구할 수 있다고 믿었다. 그렇게 되면 생물학뿐 아니라 심리학까지도 그 연구 형태가 바뀔 수 있다고 생각한 것이다. 그는 자신의 새로운 프로그램을 '인간의 과학'이라고 불렀으며, 록펠러 재단의 모든 연구비를 이 분야에 집중시켰다. 이로 인해 많은 물리학자, 화학자, 생물학자들이 자신의 연구에서 생물학적 관련성을 찾게 되었다.

록펠러 재단의 연구비에 의존하던 폴링도 연구비를 받기 위해 새로운 분야에 뛰어들었다. 그는 유기화학을 거의 알지 못했고 생물학은 전혀 몰랐지만, 혈액에서 산소를 운반하는 단백질 분자인 헤모글로빈의 자기적 성질을 연구하여 위버에게 깊은 인상을 주었다. 위버와 폴링은 캘텍의 총장인 밀리컨에게 폴링에 대한 연구비 지원을 늘리도록 압박했으며, 위버도 그에게 3년간 연구비를 제공하였다. 폴링과 위버의 협업이 시작된 것이다.[19] 헤모글로빈 연구를 시작으로, 폴링은 화학 결합에 대한 자신의 아이디어를 기초로 생명체를 이루는 기본 단위인 단백질을 설명하기 시작하였다.

단백질과 생명의 비밀

단백질은 근육, 깃털, 손톱, 머리카락, 혈액, 뇌 세포, 생식 세포 등 생명체의 거의 모든 곳에서 발견된다. 지금 우리는 유전자 정보가 DNA에 암호화되어 저장되어 있음을 알고 있지만, 1930년대에는 단백질이 유전자 정보를 전달한다고 생각했었다. 단백질은 염색체의 주요 구성 요소이며, 당시에는 DNA가 단백질의 구조를 지지하는 역할만 하는 것으로 여겨졌다. 단백질의 구조를 밝힐 수 있다면 생명의 비밀을 이해하는 열쇠가 될 것으로 생각되었다.

단백질의 본질, 구조, 기능을 규명하는 것은 위버의 새로운 분자생물학에서 가장 시급히 해결해야 할 과제였다. 과학자들은 오랫동안 단백질의 본질에 대해 여러 가지 추측을 해 왔다. 일부 과학자들은 단백질이 다른 분자들과는 다르며 생명 원리를 지니고 있다는 생기론을 지지하였다. 그러나 독일의 유기화학자 에밀 피셔는 1899년부터 1908년 사이에 단백질에 대한 기초 연구를 하였으며, 단백질의 본질은 화학물질이라고 확고히 믿게 되었다. 그는 단백질이 몇 가지 α-아미노산[아민기($-NH_2$)와 카복실기($-COOH$) 그룹이 한 탄소 원자에 결합된 유기산]으로 분해될 수 있음을 밝혀내었다. 오늘날에는 20종류의 아미노산이 자연에 존재하는 것이 알려져 있으며, 그중 많은 아미노산이 피셔에 의해 확인되었다. 또한, 피셔는 곁가지가 달라지면 다른 아미노산이 만들어진다는 것을 보여주었다. 그림 9-2에서 R_1과 R_2로 표시된 유기 그룹이 곁가지에 해당한다. 그림 9-2는 아미노산이 펩타이드 결합으로 연결되어 폴리펩타이드 사슬을 형성할 수 있다는 것도 보여준다.

피셔는 그의 실험실에서 많은 종류의 폴리펩타이드를 합성했으며, 마침내 18개의 아미노산을 하나의 사슬로 연결하는 데 성공하였다. 그는 단백질은 길게 연결된 폴리펩타이드에 불과하다고 제안하였다. 당시 단백질의 생리학적 작용은 매우 선택적으로 일어난다는 것도 알려져 있었다. 한 단백질은 특정한 단백질과는 매우 선택적으로 강하게 결합하지만, 대부분의 다른 단백질과는 결합하지 않는다. 피셔는 단백질-단백질 상호 작용의 생물학적 특이성은 곁가지 사이에서 일어나는 화학적 상호 작용에 의한 것이라고 제안하며, '자물쇠와 열쇠' 모델을 처음으로 제시하였다. 1930년대까지 펩타이드 결합이 단백질 형성에서 중요한 역할을 한다는 것은 대부분이 동의했지만, 단백질이 긴 폴리펩타이드라는 피셔의 주장이 일반적으로 받아들여진 것은 아니었다. 그의 모델은 가능한 여러 가지 모델 중 하나에 불과했다.

유기화학자, 물리화학자, 생물학자들은 단백질 연구의 접근 방식이 서로 달랐다. 삼투압 같은 보편적인 화학 분석법으로 측정했을 때, 단백질은 분자량이 매우 크며, 때로는 백만을 초과하기도 했다. 이렇게 큰 분자를 고분자라고 부른다. 물리화학의 한 분야로 '콜로이드 화학'이 있으며 테오도르 스베드베리로부터 시작되었다. 스베드베리는 그렇게 큰 분자는 존재할 수 없으며 작은 폴리펩타이드 가닥들이 무정형으로

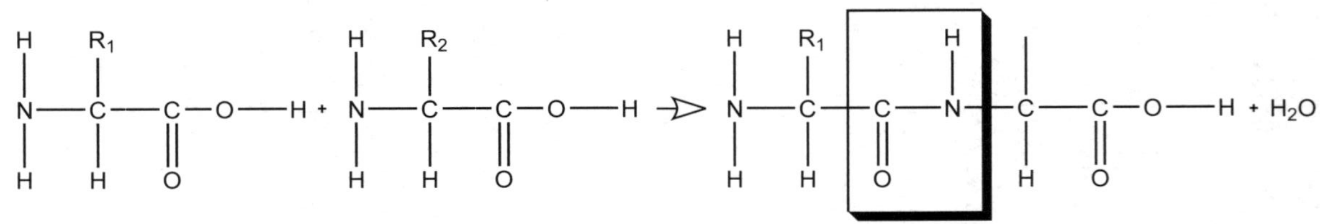

그림 9–2 곁가지가 각각 R_1과 R_2인 두 개의 아미노산은 펩타이드 결합으로 연결될 수 있다. 그 결과 생성된 분자는 곁가지가 R_3인 또 다른 아미노산과 반응할 수 있고, 이때 생성된 분자는 다시 곁가지가 R_4인 다른 아미노산과 반응할 수 있다. 이와 같은 방식으로 아미노산이 계속 연결되면 폴리펩타이드라고 부르는 분자가 만들어진다.

응집된 덩어리라고 주장하였다. 하지만 스베드베리는 1920년대 중반에 자신의 초원심분리기를 이용한 연구를 통해 단백질은 매우 큰 분자이며, 특정한 분자량을 가진 고분자임을 확신하게 되었다.

폴링은 피셔의 가설이 본질적으로 옳다고 믿었다. 즉, 단백질은 펩타이드 결합으로 연결된 아미노산의 선형 사슬이라는 것이다. 폴링은 피셔의 아이디어를 3차원으로 확장하였다. 단백질이 특정한 3차원 형태로 유지되는 것은 단백질 사슬의 서로 다른 부분 사이에 형성된 수소 결합 때문이며, 이러한 구조로 단백질은 특정한 생리적 활성을 갖게 된다고 주장하였다. 1936년 알프레드 머스키와 함께 쓴 논문에서 폴링은 다음과 같이 설명하였다. "(특정 성질을 갖는) 천연 단백질 분자에 대한 우리의 생각은 다음과 같다. 단백질 분자는 단일한 폴리펩타이드 사슬로 구성되어 있으며, 이 사슬은 분자 전체에 걸쳐 처음부터 끝까지 이어져 있다(또는, 특정한 경우에 두 개 이상의 사슬로 구성될 수 있다). 이 사슬은 수소 결합으로 접혀 고유한 형태가 만들어진다."[20] 하지만 가설에 불과하다는 것을 머스키와 폴링은 명확히 밝혔다. 그들은 특정 단백질이 그러한 구조로 형성되어 있다는 증거를 제시하지는 않았다.

1930년대 중반, 단백질 구조 연구에 가장 두각을 나타낸 연구팀은 케임브리지 대학의 X-선 결정학자 존 데스먼드 버널이 이끄는 그룹이었다. 1934년, 버널은 그의 학생인 도로시 크로풋(결혼 후, 도로시 호지킨이 됨)과 함께 수화된 펩신 단백질 결정의 첫 번째 X-선 사진을 촬영하였다. 이 펩신과 그들이 이후 연구한 몇 가지 다른 단백질의 사진은 놀라운 대칭성을 보여주었다. 폴링과 마찬가지로 버널도 수소 결합이 단백질 구조에 중요한 역할을 한다고 믿었다.[21] 폴링과 버널은 과학에서의 경쟁자였지만, 단백질 구조를 규명하려는 접근 방식은 대체로 일치하였다. 두 사람은 실험적 검증의 중요성을 믿었고, 아이디어를 주장할 때는 신중한 태도를 보였다. 그러나 두 사람이 중점을 둔 연구 방법에는 차이가 있었다. 버널은 단백질에 대한 X-선 회절 데이터에 더 의존했다. 반면에 폴링은 X-선 회절에 능통했지만, 더 작은 분자의 구조로부터 단백질의 구조를 추론하려 하였다. 그는 단백질에서도 다른 분자들과 마찬가지로 동일한 결합 형태, 결합 길이, 결합각, 결합 세기, 공명 안정화가 발견될 것이라고 믿었다. 폴링은 단백질이 너무 복잡해서 X-선 회절 결과로부터 삼차원 구조를 추론하는 것은 불가능하다고 생각했다. 다만, 가능한 구조 중에서 적절한 구조를 선택하는 데는 도움이 될 것이라고 보았다.

도로시 린치와 사이클롤 이론

위버는 폴링과 버널 모두에게 록펠러 재단의 연구비를 지원했으며, 1935년에는 생물학을 계량화하려는 위버의 계획에 부합하는 연구를 하고자 희망했던 영국의 수학자 도로시 린치가 지원한 연구비도 승인해 주었다. 린치는 수학 이론을 적용하여 단백질 구조에 대한 문제를 해결하고자 했다. 그녀는 1894년 아르헨티나에서, 영국인 수력 공학자의 딸로 태어났다. 그녀는 런던에서 자랐으며 공립 학교에 다녔다. 아마추어 수학자였던 그녀의 아버지는 린치가 수학을 공부하도록 조언하였다. 그녀는 케임브리지의 거튼 칼리지에 입학하여 우수한 성적으로 졸업한 후, 영국의 수학자 G.F. 하디의 지도하에 대학원 공부를 계속하였다. 1921년 런던 대학교에서 박사 학위를 받았고, 버널뿐만 아니라 철학자이자 수학자인 버트런드 러셀과도 같이 연구를 하였다. 1931년부터는 유럽에 머무르며 화학과 생물학 공부를 하기 시작하였다. 그녀는 1930

년대 초반에 물리적, 화학적, 수학적 기반의 생물학에 관심이 있는 과학자들의 비공식 모임인 옥스퍼드 생물이론 연구회의 회원으로 참여하였다. 1935년에 린치는 한 편의 논문을 발표했는데, 시간이 지나고 나서야 그 중요성이 빛을 보게 된다. 논문의 초록은 다음과 같이 시작된다. "염색체의 유전적 특성은 단백질의 패턴에 있으며, 이는 아미노산의 1차원 배열로 표현될 수 있다."[22] 이것은 아미노산 서열과 유전자 암호의 연관성을 언급한 최초의 논문이라고 할 수 있다.

린치는 1922년 존 니콜슨과 첫 결혼을 했으나 1930년부터 별거에 들어갔다. 결국, 1937년 이혼하고 어린 딸 파멜라를 혼자 키웠다. 니콜슨도 수학자였고 양자역학 발전에 중요한 역할을 하였으나, 1930년부터는 알코올 중독과 정신 이상으로 정신병원에 입원해 그곳에서 생을 마감했다. 린치는 홀로 아이를 부양하는 여성 과학자라는 힘겨운 일을 해내야 했다. 『부모 역할에서 물러남』이라는 제목의 책을 익명으로 발간하기도 했는데, 부모 역할과 사회생활을 동시에 수행해야 하는 전문직 여성의 고충을 다룬 책이다. 그녀는 로즈 재단과 록펠러 재단에 사회학 연구비를 신청했으며, 동시에 록펠러 재단에 수학 연구비도 신청하였다. 하지만 그녀는 여성 과학자가 과학계에서 직면하는 어려움을 곧 알게 되었다. 모든 연구비 신청이 거절된 것이다. 로즈 연구비 심사위원 중 한 명은 여성이라는 이유만으로 지원을 거부하였고,[23] 록펠러 재단은 그녀가 사회학과 수학 분야에 동시 지원한 것은 수학에 전념하지 않고 있다는 의미라며 수학 연구비 지원을 거부하였다.[24]

그러나 위버는 달랐다. 그는 린치를 새로운 분자생물학에 관심을 보이는 수학자, 즉 그가 원하던 유형의 연구자라고 생각했다. 1935년 위버는 옥스퍼드 대학에 머무른다는 조건으로 그녀에게 5년간의 연구비를 지원하였다. 린치에게는 자신의 실험실이 없었기 때문에, 위버는 그녀가 옥스퍼드의 화학자 및 생물학자들과 협력하여 그들의 실험 데이터를 수집하고, 그것을 아직 개발되지 않은 그녀의 수학 이론에 적용하기를 기대했다.

린치는 최초의 생물 수학자로 부르기도 하는 다시 톰슨의 영향을 많이 받았다. 스코틀랜드인인 톰슨은 1917년『성장과 형태에 대하여』라는 책을 출간한 수학자이자 자연주의자다.[25] 그는 육각형 벌집과 나선형 앵무조개 껍데기를 예로 들며 자연에서 볼 수 있는 대칭 구조에 주목하였다. 린치는 톰슨이 제시한 방법으로 단백질 구조를 연구하였으며, 단백질의 독특한 생리적 특성을 설명하기 위해서 단백질의 대칭 구조를 찾으려 했다. 1936년 린치는 버널에게서 F.C. 프랑크가 펩타이드 결합 외에도 다른 방식으로 폴리펩타이드의 재배열이 이루어질 수도 있다고 제안했다는 말을 들었다. 락팀–락탄 토토머화*라고 불리는 이 가상의 반응은 앞으로 린치가 '사이클롤' 이론이라 부르게 될 단백질 구조 이론의 기초가 된다.

1936년과 1937년에 린치는 단백질 구조에 대한 자신이 이론을 두 편의 논문으로 발표하였다. 그 중 첫 번째는 조던 로이드와 공동으로 발표한 것으로, 머스키–폴링 논문에 대한 답변 형식의 짧은 논문이었다.[26] 린치와 로이드는 논문에서 로이드가 이미 단백질 구조에서 수소 결합의 중요성을 제안했다고 언급하였으며, 수소 결합이 프랑크와 린치가 이미 논의한 락팀–락탐 토토머화와 밀접한 관련이 있다고 주장하였다. 첫 번째 언급은 폴링을 화나게 했음에 틀림이 없다. 또한, 수소 결합을 폴링이 표현한 방식으로 이해했다면, 두 번째 주장은 사실이 아니었다. 폴링의 수소 결합은 락팀–락탐 토토머화와 같이 공유 결합이

* 수소 원자의 위치가 바뀌면서 만들어지는 구조 이성질체를 토토머(tautomer)라고 하며, 두 이성질체 사이의 상호 변환을 토토머화(tautomerism)라고 한다. –역자 주

끊어지고 다시 만들어지는 반응을 포함하고 있지 않았다. "단백질의 패턴에 대하여"[27]라는 제목의 두 번째 논문은 훨씬 혁신적이었다. 그녀는 단백질이 피셔가 처음 제안하고 폴링이 지지한 1차원 외에도 공유 결합

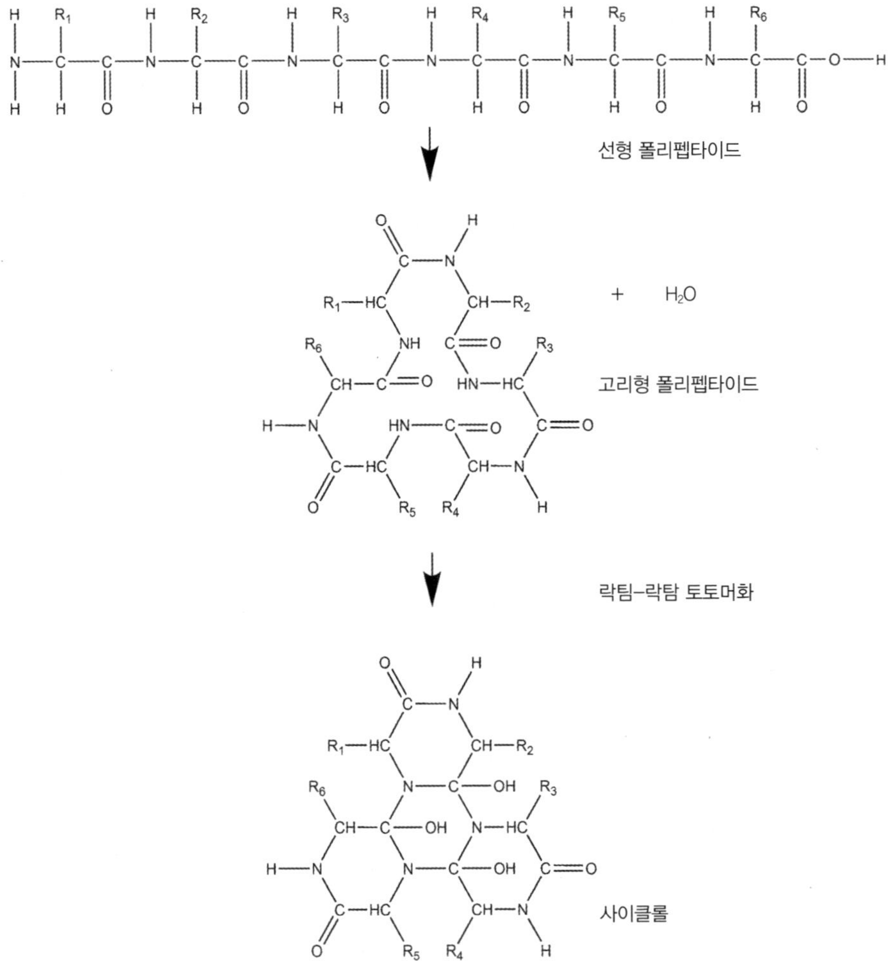

그림 9-3 도로시 린치가 제안한 단백질의 사이클롤 구조 가설. 선형 폴리펩타이드에서 고리형 폴리펩타이드가 만들어진 후, 락팀-락탐 토토머화가 일어나며 6개의 원자로 이루어진 고리의 네트워크가 형성된다. 그림은 6개의 아미노산으로 이루어진 폴리펩타이드에서부터 린치가 '사이클롤 6'라고 명명한 구조로 바뀌는 과정을 보여준다.

을 통해 스스로 2차원적인 구조로 배열될 수 있다고 제안했으며, 락팀-락탐 토토머화가 이 아이디어의 핵심이었다. 선형 폴리펩타이드의 양 끝에 있는 아미노산 사이에 펩타이드 결합이 일어나, 마치 뱀이 자신의 꼬리를 문 형태의 고리 모양이 된다는 것이었다. 일단 전체 분자가 고리로 만들어지면, 락팀-락탐 반응으로 고리화된 폴리펩타이드를 조여주게 되고, 단백질 평면 시트 내에 6개의 원자로 이루어진 고리의 네트워크가 형성된다는 이론이었다.

사이클롤 내의 모든 곁가지 그룹은 단백질 시트의 한쪽에 위치하게 되고, 다양한 곁가지 그룹의 2차원 배열에 의해 단백질의 생물학적 특성이 나타나게 된다. 또한 각각의 시트가 쌓이거나 접히는 방식으로 배열되어, 공 모양의 3차원 단백질 구조가 만들어질 수 있다. 린치는 이후 논문에서 이 아이디어를 더 자세히 설명하였다.[28] 시트가 어떻게 대칭적인 삼차원 고체로 접힐 수 있는지를 논의하였고, 단백질 결정에 대한 X-선 회절 분석 결과에서 볼 수 있는 대칭성과 일치한다는 것도 보여주었다. 린치는 논문에 다음과 같이 적었다. "따라서 우리는 사이클롤 패턴이… 대략 단일 분자 두께의 단분자 필름 구조의 기초가 된다고 제안한다."[29] 단분자로 이루어진 표면에서의 화학은 랭뮤어 연구의 연장선에 있는 개념이었다! 랭뮤어는 린치가 초기 사이클롤 논문을 발표한 직후부터 협력하기 시작하였다. 그의 관점에서는, 25년 전의 전구 연구에서 나온 표면화학에 관한 그의 아이디어가 '생명의 비밀'을 푸는 문제의 기초가 될 수 있다고 보였을 것이다. 그는 생물학이나 X-선 결정학에 대해 잘 알지 못했지만, 새로운 문제에 도전하는 것을 항상 즐겼다. 랭뮤어는 린치와의 본격적인 협력 이전에 벌써 단백질 막에 대한 논문을 발표하고 있었다. 랭뮤어는 단순한 단백질 막은 폴리펩타이드 사슬로 구성되어 있다고 믿었지만, 구형 단백질은 린치의 사이클롤 가

설에서 설명한 대로 이루어져 있을 가능성이 크다고 생각했다.[30]

이것은 과학자에게 반복적으로 나타나는 패턴의 또 다른 사례이다. 과학자들이 물리화학에서의 성공을 관련 없는 분야에 적용하려고 시도한 경우이다. 아레니우스는 질량 작용 법칙을 면역화학에 적용하려 했고(1장), 루이스는 화학 평형과 활동도 개념을 이론 물리학에 적용했으며(7장), 이제 우리는 랭뮤어가 생물학을 표면화학의 한 분야로 만들려는 시도를 보고 있다.

린치는 1937년에 개최된 많은 중요한 과학 회의에서 자신의 아이디어를 발표하였다. 이 아이디어들은 흥미롭지만 증명되지 않은 가설로 받아들여졌다. 심지어 폴링도 1937년에 위버에게 보낸 편지에서 이 이론에 어느 정도의 관심을 보였다.

> 15년 전쯤, 많은 사람이 실험적 방법으로 검증하기보다는, 자신들의 일관된 주관에 기초하여 결정 구조에 대해 광범위한 추측을 했었습니다. 그들이 제안한 대칭적인 구조는 아름다웠지만, 이러한 추측들은 결국 잘못된 것으로 판명되었습니다. 저는 린치 박사의 연구도 유사하다고 생각합니다. 지나치게 추상적이며, 대칭적인 구조가 옳다는 가정에 너무 많이 의존하고 있다고 느껴집니다. 반면에, 그녀는 단백질에 대해 상당한 지식이 있는 것 같습니다. 그녀의 아이디어와 지식을 구조 해석에 조화시키려는 시도는 궁극적으로 단백질 구조라는 거대한 문제를 해결하는 데 충분히 기여할 수 있을 것으로 사료됩니다.[31]

폴링의 위 인용문은 문제에 접근하는 그와 린치의 차이점을 잘 보여주고 있다. 화학자인 폴링은 새로운 이론이 맞는지 틀리는지는 철저한 실험적 검증에 의해서만 결정될 수 있다고 믿었다. 반면에 린치는 수학자로서 이론의 일관성에 많이 의존하였다.

1936년부터 린치는 자신의 사이클롤 가설을 실험으로 확인할 보조 연구원을 지원해달라고 위버와 록펠러 재단에 지속해서 요청해 왔다. 하지만 위버와 그의 동료로 파리에 있는 재단 사무소를 운영하며 린치와 접촉하고 있던 W.E. 티스데일은 이러한 모든 요청을 거절하였다. 그 이유는 이해할 만했다. 린치는 수학자로, 화학 연구를 이끈 경험이 없었으며, 무엇보다 실험실도 없었다. 록펠러 재단은 실험실을 만들어주는 책임까지 지고 싶지는 않았다. 위버는 린치에게 그녀의 연구에 관심 있는 과학자들을 찾아서 그들에게 검증을 부탁해야 한다는 점을 분명히 했다. 하지만 티스데일과 위버 간의 편지는 1930년대 기준으로도 상당한 성차별적인 내용을 담고 있었다. 티스데일이 위버에게 보낸 편지에는 다음과 같은 내용이 있다.

> 저는 그녀에게 단백질 화학자를 조수로 붙여주는 것은 어리석은 일이라고 생각합니다. 그뿐만 아니라, 유전학이나 다른 분야의 조수도 필요하다는 요구들을 미리 차단하기 위해서라도 이번에 거절하여야 한다고 생각합니다. 제가 의구심을 표현하는 이유가 잘 아시다시피, 부드러운 성별(여성)을 다루어 본 경험이 제한적이기 때문일 수도 있습니다. 하지만 여성과의 논쟁에서 남성이 기대할 수 있는 최고의 결과는, 스포츠 용어로 무승부라는 것을 저도 알고 있습니다.[32]

위버의 일기장 내용이다. "그녀는 끊임없이 자기 감독하에 일하는 보조 연구원을 한 명 지원해 달라고 요청한다. 마치 '오, 위버 박사님, 저와 함께 시험관을 만지며 놀 잘생긴 젊은 남자 하나만 있으면 얼마나 좋을까요!'라고 하는 것 같다. 그러나 WET[티스데일]과 WW[위버]로부터 계속 거절을 당했으니 이제는 우리가 그런 목적으로 연구비를 지원할 생각이 없다는 것을 눈치챘으면 한다."[33] 결국 린치는 다른 과학자에게 본인의 아이디어를 실험으로 입증해 달라고 부탁하였다. 그러나 공동 연구를 제안하는 그녀의 방식 때문에 좋은 결과를 얻지 못했다. 펩타이드 화학자이자 옥스퍼드 대학교 베일리올 컬리지의 문서 보관 담당자였던 존 존스에 따르면, 린치는 영국의 저명한 유기화학자 중 한 명인 로버트 로빈슨에게 자신의 사이클롤 가설을 검증하기 위한 실험을 해달라고 요청하였다. 로빈슨은 실험을 수행했으나, 그녀의 아이디어와 상반되는 결과가 얻어졌다. 그러자 린치는 스위스의 한 화학자에게 동일한 실험을 해달라고 부탁했는데, 그에게 로빈슨의 실험을 반복하는 것이라는 사실을 알리지 않았다. 스위스 화학자가 로빈슨과 연락을 취하면서 게임은 끝나버렸다. 존스는 "그녀는 매우 끈질겼다"라고 말했다.[34]

단백질 화학자이며 린치의 친구가 된 해리 소보트카, 그리고 해럴드 유리가 사이클롤 이론에 관심을 갖게 되었다. 그들은 뉴욕의 마운트 시나이 병원에서 사이클롤 가설을 실험해 보기로 했다. 그리고 리즈 대학의 윌리엄 애스트버리도 실험을 해 주기로 하였다. 유리는 비록 단백질 화학에 대한 지식이 랭뮤어보다도 부족했지만, 린치의 이론에 감명을 받았다. 그러나 린치는 많은 과학자를 화나게도 했다. 위버의 일기에는 다음과 같은 기록이 있다.

> 나는 이타카에 있는 라이너스 폴링을 방문한 적이 있다… 그는 감기에 걸려 침대에 누워있었고, 영연방 장학금으로 옥스퍼드에서 온 연구자도 그를 방문하고 있었다. 도로시 린치의 이름이 언급되자 그의 얼굴이 벌게졌다. 그는 영국인 특유의 자제심으로 폴링 부인 앞에서 상스러운 표현을 삼가려고 애쓰며, 옥스퍼드 대학 사람들이 린치에 대해 어떻게 생각

하는지를 이야기했다… 반면에, 유리와 이야기를 나눈 적이 있었는데… 그의 실험실에서 일하는 여성[아마도 밀드레드 콘]에 관한 이야기였다. 그녀는 매우 뛰어나지만, 도로시 린치만큼은 물론 아니라고 말했다. 그게 무슨 의미냐고 묻자, 그는 "그녀는 뛰어난 천재는 아니라는 의미죠"라고 말했다.[35]

린치는 일반 언론의 주목을 받기 시작했고, 이는 위버가 우려하던 일이었다. 1937년 9월, 그는 일기장에 "P.[폴링]는 W.[린치]가 모호하고, 추측에 의존하며, 사실이라 해도 중요하지 아이디어들에 대해 지나치게 많은 주목을 받고 있다고 생각한다! 그는 W.가 정교하게 만들어

그림 9-4 사이클롤 모형을 들고 있는 랭뮤어와 린치. 출처: 매사추세츠주 노샘프턴 대학의 소피 스미스 컬렉션 중 도로시 린치 관련 문서.

진 공 모양의 단백질 모형을 흐뭇한 표정으로 들고 있는 최근의 『타임』[36]지에 실린 사진을 언급하고 있다."[37]라고 기록했다. 위버는 폴링과 린치의 만남을 주선하여 그녀의 연구에 대한 폴링의 평가를 들어보기로 하였다. 경쟁 관계에 있는 두 연구자 중 한 명이 다른 연구자를 평가하는 것이 적절한가에 대해 위버는 심각하게 생각하지 않았던 것 같다. 폴링과 린치는 1938년 1월 뉴욕주의 이타카시에서 만나기로 하였지만, 그들이 만나기도 전에 폴링은 이미 그녀의 연구가 아무 가치도 없다고 결론지었다.[38] 폴링은 위버에게 보낸 보고서에 이렇게 썼다.

> 나는 화학 및 생물학적 문제에 물리적 그리고 수학적 방법을 적용하는 것에 대해 공감하고 있으며, 출판된 그녀의 연구 논문에서 미흡했던 부분들이 토론을 통해 해결되기를 기대하며 린치 박사와의 인터뷰를 시작하였다. 그러나 나는 그녀의 방법과 결과가 그녀의 논문에서 보였던 것보다도 과학적이지 않다는 것을 알게 되었다. 나는 그녀의 단백질 구조 문제에 대한 도전이 어떠한 유용한 결과도 이끌어내지 못할 것으로 생각한다.[39]

위버는 처음으로 "Dear Linus"라고 시작되는 편지를 답장으로 보냈다(이전의 모든 편지는 "Dear Dr. Pauling"이라고 시작되었다). 그는 편지에 "박사님께 많은 빚을 졌습니다··· 박사님의 모든 의견은 우리에게 매우 유용한 내용입니다."[40]라고 적었다.

실제로 린치는 대중 언론의 많은 주목을 받았다. 『타임』지 기사 외에도, 『뉴욕 타임스』에 그녀를 집중 조명하는 기사가 네 번에 걸쳐 게재되었다. 그 외의 다른 기사에도 그녀가 자주 언급되었다. 이러한 기사에서는 사이클롤 모델에 대한 그녀의 추측이 확인된 사실로 언급되었다. 이렇게 추측이 사실로 바뀌는 과정은 아마도 신문 기자들의 작품이었을 가능성이 크지만, 이러한 일이 여러 차례 발생했다는 것은 그녀가 신중하지 않았음을 나타낸다. 예를 들어, 한 신문은 이렇게 보도하였다.

> 그녀는 바이러스가 증식하는 방법을 설명하였다. 바이러스는 먼저 자신을 평평하게 만든 뒤 그 표면 위에 자신과 똑같이 생긴 두 번째 층을 형성하면서 자기 복제를 하는 방식으로 한 개의 단백질이 또 다른 단백질을 낳게 된다.
>
> 단백질 내부는 새장처럼 비어있는데, 그 안에 어떤 물질이 채워지는가에 따라 분자 구조가 비슷한 단백질이라도 다른 특성을 갖게 된다고 그녀가 설명하였다.[41]

『뉴욕 포스트』에는 "여자 아인슈타인-린치 박사"라는 제목으로 사이클롤 모형을 들고 있는 커다란 사진과 함께 린치에 관한 긴 기사가 실렸다.

> 보통 이러한 문제에 대한 답은 시험관 속의 물질을 다루는 화학자나 생물학자로부터 나온다. 그러나 단백질을 연구해 온 화학자들은 단백질의 구조가 너무 빨리 바뀌기 때문에 자신들이 단백질을 완벽하게 이해했다고 확신하지 못했다. 린치 박사의 연구는 다음과 같은 점에서 매우 참신하다. 그녀는 단백질에 대한 기존 지식을 먼저 학습했다. 그런 다음 그녀는 메모지와 연필, 그리고 자신의 수학적 재능을 활용하여 그 사실들을 일관되고 명료한 그림으로 그려내었다.[42]

여성 과학자의 이야기가 당시 신문 기자들의 관심을 끈 것은 아주 자연스러운 일이었다. 그러나 이러한 홍보성 기사는 폴링뿐만 아니라 대부분 남성이었던 화학자와 생물학자들을 불쾌하게 만들었다.

사이클롤 이론의 '증명'

린치는 사이클롤 가설을 완벽하게 확인시켜준다고 생각되는 논문 한 편을 찾아내었다. 나치 독일을 떠난 후 록펠러 연구소로 자리를 옮긴 맥스 베르그만이 칼 니만과 함께 발표한 논문인데, 단백질을 구성하는 아미노산 단위의 수가 $2^m \times 3^n$의 식으로 나타낼 수 있다고 제안하였다.[43] 여기서 m과 n은 정수이다. 이는 단백질의 분자량에는 특이한 패턴이 보인다는 스베드베리의 제안과, 베르그만과 니만이 달걀 알부민에서 288개의 아미노산을 발견한 것에 기초하고 있었다. 알부민은 m = 5, n = 2인 경우에 해당한다. 지금 보면 이 식은 단순한 숫자놀이로 보이지만, 당시에는 진지하게 받아들여졌다. 린치는 그녀가 '끝이 잘린 4면체'라고 부른 특정 형태의 사이클롤 모델에 관심을 갖게 되었는데, 이 모델에서는 아미노산 단위 수가 $72n^2$이 되어야 한다. n = 2일 때는 288이 되어 베르그만의 숫자와 일치한다. 린치는 이렇게 숫자가 우연히 일치한 것을 그녀의 "사이클롤 이론"[44]에 대한 강력한 증거로 받아들였다. 이는 이전의 작업 가설*에서 진일보한 것이었다. 린치는 베르그만에게 편지를 보내며, "당신의 훌륭한 논문을 방금 봤습니다… 숫자들이 제 이론과 아주 잘 맞아 매우 감동적입니다. 제가 처음 박사님을 만났던 작년 10월에 288개의 아미노산 단위가 정확히 포함된 단백질 모델을 가져갔던 것을 기억하시리라 믿습니다. 박사님의 연구와 제 판타지 사이에 확실한 접점이 있어 기쁩니다!"[45]라고 썼다.

---

* working hypothesis: 증명은 되지 않았지만, 현재 진행되고 있는 연구의 기초로 잠정적으로 받아들여지는 가설 -역자 주

많은 사람이 베르그만의 숫자 아이디어를 회의적으로 보았다. 그는 모두가 의심하는 린치의 사이클롤 가설과 연관되어 언급되는 것을 가능한 한 피하고 싶었다. 그는 린치에게, "제가 이해하지 못하는 것은, 박사님이 언급한 288이라는 숫자가 모든 종류의 단백질 구조와 호환되어야 하는데, 어떻게 이 숫자가 사이클롤 가설의 증거로 간주될 수 있는가입니다."[46] 몇 달 후, 그는 린치에게 다시 적대적인 편지를 보냈다.

> 논문 복사본들을 보내주신 데 대해 감사드립니다. 그중 하나에는 다음과 같은 후기가 포함되어 있었습니다. "논문의 심사위원들은 저자에게 베르그만과 공동연구자들의 최근 연구를 주목하도록 일깨워 주었는데, 그들의 의견에 따르면 베르그만의 연구는 이 논문의 결론을 강력히 확인해 준다고 함." 유사한 후기가 1937년 6월『네이처』지에 게재된 박사님의 논문에도 포함되어 있습니다. 박사님은 1936년 가을에 이미 우리 연구실을 여러 번 방문하였고, 최근의 우리 연구와 단백질의 아미노산 수에 대해 발견한 내용을 잘 알고 있으면서도, 논문에서는 그 사실을 그렇게도 열심히 숨기려 한 이유가 무엇인지 궁금합니다.[47]

베르그만과 린치 사이에 오간 편지가 두 편 더 있다. 두 편지 모두 그 전 만남에서 정보를 감추고 있었다며 서로를 비난하는 내용이다.[48]

린치는 친구인 도로시 크로풋으로부터 인슐린 단백질의 X-선 데이터를 얻었고, 이를 자신의 사이클롤 구조를 입증하는 증거로 여겼다. 크로풋의 인슐린, 펩신 그리고 다른 단백질 결정들의 X-선 분석에서 보여주는 내부 대칭성에 비추어 볼 때, 단백질 분자 자체도 매우 대칭적이어야 한다고 생각하였다. 그녀는 자신의 이름으로 짧은 논문을 발표하였으며,[49] 랭뮤어와 공동으로 더 긴 논문을 발표하였다. 논문에서 린치는 다음과 같이 언급하였다. "크로풋의 X-선 사진에서 볼 수 있는 주요한 모든 특징은 사이클론 구조로 설명할 수 있다… 우리는 더 섬세한 특징들을 하나씩 도입할 때마다, 사이클롤 구조에 기초하여 도출한 패터슨-하커 도표와 X-선 사진이 점점 더 완벽하게 일치해 가는 것을 반복적으로 발견하였다. 이 X-선 데이터는 사이클롤 구조를 완벽하게 뒷받침하는 실험적 근거가 된다고 생각한다."[50]

린치가 언급한 패터슨-하커 도표는 X-선 데이터에서 유도된 것으로, 결정 구조 내 원자 간의 거리에 대한 정보를 제공한다. 캘텍에서 폴링의 제자였으며 그 당시 존스 홉킨스 대학에 있었던 데이비드 하커는 이 도표 개념의 공동 개발자였으며, 린치의 해석에 관심을 두고 있었다. 당시 도표의 의미에 대한 논쟁이 있었는데, 이는 원자들이 결정 내에서 진동하기 때문에 정확히 정의된 한 점으로 간주할 수 없다는 점에

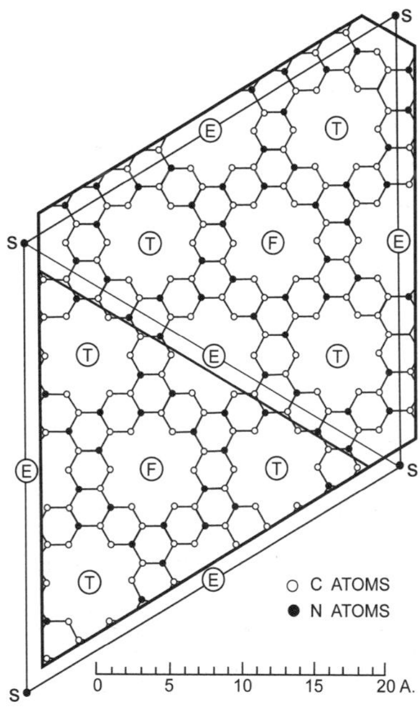

그림 9-5 단백질 막의 사이클롤 모형. 도로시 린치와 어빙 랭뮤어. "인슐린 분자 구조", 『미국 화학회지』 **60** (1938) pp. 2247-55.

서 비롯되었다. 많은 결정학자는 하나의 도표로부터 도출 가능한 결정 구조가 무한히 많다고 비판하였다. 그러나 린치는 이를 기하학적 문제로 축소시켜 문제를 해결하는 방법을 제시하였고, 가능한 해답은 최대 몇 가지에 불과하다는 것을 보여줌으로써 도표와 가능한 구조 간의 1:1 대응이 가능하다고 주장하였다. 립슨과 코크런은 나중에 『결정 구조의 확인』이라는 책에서 이렇게 언급하였다. "사이클롤에 관한 논쟁이 진행되는 동안, 린치는 패터슨 함수의 해석 이론에 중요한 기여를 했지만, 10년 후에 유사한 결과가 발견되기 전까지는 거의 주목받지 못했다."[51]

폴링의 공격

크로풋의 X-선 데이터가 사이클롤 이론의 타당성을 입증한다는 린치의 주장은 특히 버널과 그가 소속한 학교를 화나게 했다. 린치와 랭뮤어는 X-선 데이터를 해석한 경험이 많지 않았다. 버널은 『네이처』지에 게재된 논문에서 그들의 X-선 데이터 분석을 강하게 비판하였다.[52] 그는 이 논문에서 패터슨-하커 도표에 대한 린치의 새로운 접근 방법을 이해하지는 못하지만, 린치와 랭뮤어가 데이터를 과대 해석하여 단백질 구조에 대한 부적절한 결론을 내리고 있다는 점을 정확히 지적하였다.

1938년에 린치와 만난 후 폴링은 이제 사이클롤 이론은 신뢰할 수 없다는 사실을 알릴 때가 됐다고 마음먹었다. 단백질에 대한 폴링과 린치의 생각은 전혀 달랐다: 폴링의 단백질은, 긴 실이 휘감긴 것처럼 대칭성이 없으며, 적절한 위치에 수소 결합이 생겨 자물쇠처럼 맞물리면서 가볍게 뭉쳐져 있는 구조였다. 반면에 린치의 단백질은, 정확히 육각형 대칭성이 내재되어 있는 막 형태이며, 공유 결합으로 강하게 잡혀 있고, 대칭성이 있는 3차원적인 다면체 형태로 접혀있는 구조였다.

니만과 함께 쓴 논문에서 폴링은 체계적인 공격을 시작하였다. 그는 먼저 락팀-락탐 토토머화에 대한 아이디어는 프랑크에서 비롯되었고, 린치가 발전시켰다는 점을 지적하였다. 그는 다음과 같이 썼다.

> 이 분야의 연구자들에 의해[폴링은 구체적으로 누구인지 밝히지 않았지만, 아마도 자신을 의미하는 것 같다] 단순한 분자에서 적용되는 규칙들이 사이클롤 구조에는 맞지 않는다는 것이 밝혀졌으며, 이는 어떠한 단백질 분자도 이러한 유형의 구조적 요소를 포함할 가능성이 매우 낮다는 것을 시사한다. 최근까지 사이클롤 가설을 입증할 만한 어떤 증거도 제시되지 않았다(베르그만의 아이디어가 그녀의 가설을 뒷받침한다는 린치의 주장은 무시되었다). 그러나 린치는 결정성 인슐린에 대한 크로풋의 귀중한 X-선 데이터를 해석한 결과를 최근에 논문으로 발표하면서, 인슐린 분자에는 공간을 에워싸는 사이클롤 구조가 존재하는 증거라고 주장하였다.[53]

그는 이어 사이클롤 이론을 조목조목 공격하였다.

- 섬유질 단백질은 길게 연장된 폴리펩타이드 사슬임을 보여주는 강력한 X-선 증거가 있다.
- 크로풋은 자신의 데이터가 개별 원자의 위치를 결정하는 데 사용될 수 없고, 인슐린이 폴리펩타이드 구조인지 사이클롤 구조인지 알려주지 못한다고 말했다.
- 린치와 랭뮤어는 크로풋의 데이터를 분석하는 과정에서 부적절한 가정을 했으며, 그들이 도입한 7개의 변수를 사용하면 어떠한 구조도 데이터에 꿰맞출 수 있다.
- 동일한 데이터를 갖고 분석한 버널의 결론은 린치의 결론과 전

혀 다르다.

- 랭뮤어 자신도 단백질 막의 구조는 연장된 사슬 형태임을 뒷받침하는 증거를 발견했었다.
- 린치가 제안한 사이클롤 구조의 결합 에너지는 열역학에 부합하지 않는 것이 거의 확실하다.
- 사이클롤 구조가 포함된 유기화합물은 합성된 적이 없다.
- 사이클롤 구조가 형성된다면 결합하고 있지 않은 원자들 사이의 거리가 다른 분자에서 관찰되는 것보다 훨씬 짧아야 한다.
- 사이클롤 가설에 따르면 단백질 내에 매우 많은 수의 수산화기(-OH)가 존재해야 하는데, 그렇게 많은 수산화기는 실험적으로 관찰되지 않았다.
- 사이클롤 이론에 따르면 단백질 변성이 일어나려면 공유 결합이 끊어져야 하는데, 단백질 변성은 공유 결합이 끊어지는 속도보다 훨씬 빨리 일어난다.

폴링은 단백질 구조에 대한 자신의 생각을 간략히 요약하며 논문을 마무리했는데, 자신의 아이디어는 아직 실험적으로 확인되지 않았다는 것도 인정하였다. 그는 알프레드 머스키와 함께 1936년에 발표한 논문에서 단백질은 수소 결합에 의해 위치가 고정된 긴 폴리펩타이드 사슬이라고 제안하였었다. 폴링은 그에 더해서 폴리펩타이드 가닥이 단순한 선형 펩타이드 결합 외에도 다른 방식으로 단백질 내에서 연결될 수 있다고 제안하였다. 이러한 연결은 곁사슬의 아미노기와 카복실기 사이에서 부분적으로 일어나는 펩타이드 결합이나, 곁사슬 에스터 결합, 또는 S-S(황-황) 결합에서 비롯될 수 있다고 언급하였다.

폴링과 니만의 논문은 매우 독특했다. 제목은 "단백질의 구조"였지만, 논문의 대부분은 '단백질의 구조는 사이클롤이 아니다'라는 폴링의 생각에 할애되었다. 자신의 주장을 뒷받침하는 실험적 증거를 제시하지 않고, 다른 과학자의 아이디어와 주장을 단순히 반박하기 위한 논문은 흔하지 않다. 이 논문은 화학자인 폴링과 수학자인 린치의 접근 방식의 차이를 잘 보여준다. 그들은 심지어 과학적 방법론조차 서로 인정하지 않았다. 폴링은 자신의 단백질 구조에 대한 아이디어에 대해 명확한 증거를 가지고 있지는 않았지만, 린치의 사이클롤 이론이 잘못되었음을 보여주는 압도적인 실험적 증거를 발견하였다. 폴링의 과학적 방법론은 '실험으로 반박되는 가설은 기각되어야 한다'는 것이었다. 반면 린치는, 만족스러운 다른 이론이 제시되지 않았으며 사이클롤 이론에는 아름다움과 대칭성이 있다는 사실 자체가 그 이론 어딘가에 진실이 들어있다는 것을 의미한다고 믿었다. 물론, 세부 사항 중 일부는 잘못되었을 수도 있다고 생각했다.

린치는 폴링과 니만의 논문에 대해 21페이지 분량의 독설에 찬 논문을 작성해 반박하고, 이를 발표하기 위해 『미국 화학회지』에 투고하였다. 하지만 『미국 화학회지』의 편집자였던 아서 램은 새로운 발견에만 관심이 있었고, 장황하고 반복적인 논쟁은 좋아하지 않았다. 그는 린치의 논문을 폴링과 니만에게 보내, 그들의 평을 논문에 첨부하여 심사위원에게 보냈다(하지만 폴링과 니만의 논문이 린치의 이론에 대한 직접적인 공격이었음에도, 그녀에게 평을 요청하지 않았음은 명백하다). 폴링과 니만은 린치에 대해 그녀가 그들에 대해 했던 것만큼이나 악의적인 평을 남겼다. 심사위원들과 램은 양측이 사용한 언어에 충격을 받았다. 랭뮤어는 폴링의 논문이 출간될 무렵에 린치를 강력히 지지했으며,[54] 1939년에는 린치를 노벨 화학상 후보로 추천하기도 했다.[55] 그는 램에게 편지를 썼다. "저는 폴링과 니만의 논문이 매우 불공정했다고 생각하며, J.A.C.S.(미국 화학회지)는 그런 종류의 논문은 출간되면 안 된다고 생각합니다… 그녀는 매우 온화하게 견해를 밝히고 있으며, J.A.C.S.에 자신의 견해를 발표할 자격이 있다고 생각합니다."[56] 램은 린치에게 짧은 반론의 기회를 제공하겠다고 제안하였다. 랭뮤어는 그녀에게 이를 수락하라고 조언했고, 이는 1941년에 『미국 화학회지』에 발표되었다.[57] 이 무렵 랭뮤어는 전쟁 관련 업무로 단백질 분야를 떠났지만, 1942년까지도 한 책에서 사이클롤 가설을 지지하며 "일반적으로 이 구조에 대한 최고의 설명은 린치 박사의 사이클롤 구조 이론이다."[58]라고 언급하였다. 랭뮤어는 사이클롤 이론과 관련되어 린치와 같은 개인적인 공격은 받지 않았다. 그는 너무 저명한 과학자였고 또한 많은 사람이 그를 좋아했기 때문에 모든 비난은 린치에게 돌아갔다.

이즈음, 대부분 과학자는 린치에 반대하는 입장이었다. 폴링에게 특히 원한이 깊었던 린치는 친구인 에릭 네빌에게 다음과 같은 편지를 썼다.

> 새롭게 대두된 폴링과의 문제로 나는 너무 힘들어. 그는 매우 위험한 인간이야. 심지어 괜찮은 사람들도 LP[라이너스 폴링]에게 맞서기를 주저하는 것 같아. 그는 영리하고 재빠르며, 내키는 대로 무자비하게 대응하는 타입이야. 그래서 사람들은 그를 두려워하는 것 같아. 결국, 그가 틀린 부분을 지적하는 것은 이 불쌍한 델타[린치가 좋아했던 별칭]가 해야 할 일이야. 사실 그 누구도 어떤 상황에서도 그에게 맞서지 않을 거야. 『화학 물리지』에 투고했던 결합 세기와 길이에 대한 장편의 논문을 심사위원 6명의 심사보고서와 함께 돌려받았어. 그들은 모두 내가 폴링에 대해 언급한 부분에 집착하며 그것들을 삭제하라고 요구하고 있어. 그들은 겁쟁이들이야."[59]

그녀가 학술회의에서 자신의 아이디어를 발표할 때에는, 마치 늑대 무리에게 공격받아 몸부림치는 사슴 같다고 느껴졌을 것이다. 네빌에게 보낸 같은 편지에서 그녀는 이어서 이렇게 썼다. "내가 말했나? 어떤 사람이 내 친구에게 이렇게 전한 적이 있어… '나는 깁슨 섬[학술회의가 열린 장소]에서 며칠 밤을 계속해서 이 남자들 그룹에 끼어있었는데, 그들의 유일한 대화 주제는 린치가 논문을 발표할 때 어떻게 그녀를 깎아내릴 것인가를 고민하는 것이었어요.'"

위버는 록펠러 재단이 이 논란에 휘말리는 것을 극도로 꺼렸으며, 린치와의 관계를 끝내고 싶어 했을 것이다. 폴링을 포기할 생각은 전혀 없었기 때문이다. 그러나 위버의 문제는 린치를 지지하는 저명한 과학자들이 많이 있다는 것이었다. 화학자들과 생물학자들은 대부분 그녀에게 반대했지만, 랭뮤어와 유리는 물리화학 분야의 전문가로 생물학을 거의 알지 못하면서도 그녀를 지지했다. 위버와 티즈데일을 놀라게 한 것은 또 다른 노벨상 수상자가 그녀를 지지하려 한다는 사실이었다. 티즈데일의 기록에는 린치에 대한 재단의 지원을 종료하려는 계획과 함께, 랭뮤어의 친한 친구 닐스 보어가 생물학에 대해 거의 알지 못하면서도 사이클롤에 관심을 두고 있다는 보고가 간간이 들어있다. 보어는 사이클롤 구조의 금속 모형을 만들어 린치에게 보내기도 하였다.[60]

폴링은 자신의 영향력을 이용하여 다른 사람들이 린치와 관계를 맺지 않도록 방해하였다. 폴링의 제자였던 하커가 린치와 함께 논문을 발표하자,[61] 폴링은 그에게 다음과 같은 편지를 보냈다. "방금 『화학 물리지』 6월호에 실린 자네와 도로시 린치의 짧은 논문을 다시 보게 되었고, 자네에게 조언이 필요하다고 생각하게 되었네… 나는 자네가 더 나은 연구를 더 나은 동료와 함께하는 것이 좋다고 생각하네."[62] 하커는 이런 답장을 보냈다.

> 저는 7월 8일 자 교수님의 편지를 받고 꽤 놀랐고 충격을 받았습니다… 저는 교수님이 린치 박사에 대해, 그리고 그녀가 자신의 이론을 논문을 통해 주장할 권리에 대해 부당한 태도를 보인다는 소문을 종종 들었습니다. 그래도 저는 항상 교수님이 그럴 리가 없다고 생각했고 또 남들에게도 그렇게 말해왔었죠. 교수님에 대한 그런 비판이 교수님 말씀을 곡해했거나 다른 과학자들이 교수님을 터무니없이 질시해서 나왔으리라고 생각했습니다. 그런데 제 생각이 틀렸다는 걸 알게 되어 정말 착잡하네요.[63]

린치에 대한 록펠러 재단 지원금은 1940년에 만료될 예정이었고, 위버와 티즈데일은 재계약은 생각조차 하지 않고 있었다. 다만, 그녀가 새로운 직장을 찾을 수 있도록 2년 동안의 임시 연장을 제안하였다. 이 무렵 린치는 딸 파멜라와 함께 미국으로 이주한 상태였다. 제2차 세계대전이 시작되었고, 그녀는 폭격을 받고있는 영국으로 돌아가고 싶지 않았다. 그녀는 미국에서 직장을 찾으려 했지만, 폴링과 버널의 방해로 어려움을 겪고 있었다. 그러던 중, 후에 그녀와 결혼하게 되는 친구 오토 글레이저의 도움으로 매사추세츠 서부에 있는 애머스트대, 스미스대, 마운트 홀리오크 대학에서 공동 방문 교수로 임용될 수 있었다. 린치는 후에 스미스 대학교 교수로 정식 임용되었다. 그녀는 1960년대까지도 사이클롤 이론에 대한 논문을 계속 발표했지만, 그녀의 연구에 관심을 보이는 사람은 거의 없었다.

결론을 말하면, 단백질 구조에 대한 린치의 주장은 거의 틀렸고, 폴링의 이론이 (완벽히는 아니지만) 맞았다는 점에는 의심의 여지가 없다. 단백질은 폴링과 니만이 주장한 대로 폴리펩타이드의 긴 사슬이며, 곁사슬 간의 황–황 결합으로 교차 연결된 구조임이 확인되었다. 단백질의 3차원 형태는 린치의 사이클롤 이론에 따른 공유 결합이 아니라, 폴링이 예측한 대로 비공유성 결합력에 의해 결정된다는 것이 밝혀졌다. 그러나 폴링의 수소 결합만으로는 단백질의 3차원 구조를 완벽히 설명할 수는 없다.

사이클롤 이론을 지지하는 과정에서, 랭뮤어는 그의 초기 표면화학 이론과 물 위의 기름 막의 배향과 직접적으로 관련된 중요한 아이디어를 제시했었다(5장 참조). 그는 단백질 분자 내의 소수성* 부분들이 주변의 물 분자들에게서 멀어지기 위해 서로 뭉쳐지면서 생기는 상호작용으로 구조가 결정된다는 생각을 제안했었다. 폴링은 단백질 사슬의 서로 다른 부분 사이에 형성되는 수소 결합이 특정한 3차원 구조를 안정화하는 힘이라고 강조했지만, 수소 결합은 또 다른 중요한 역할을 하고 있다. 단백질과 주변의 물 분자 사이에 형성되는 다수의 수소 결합이 단백질의 안정화에 크게 기여한다는 것이 밝혀졌다. 일반적으로 단백질의 소수성 부분은 물로부터 멀리 떨어진 내부에 위치하고, 친수성 부분이 외부에 위치해 물과 수소 결합을 형성할 수 있는 3차원 구조를 형성한다. 랭뮤어는 사이클롤 이론을 지지하기 위해 소수성 상호작용의 아이디어를 제시했지만, 버널은 이것이 더 일반적인 개념임을 깨닫게 되었다. 그는 다음과 같이 언급하였다. "랭뮤어는 새장과 같은 형태의 사이클롤 구조를 정당화하기 위해 소수성 상호작용을 제안했지만, 그 구조와는 전혀 관계가 없다."[64] 반면에, 소수성 상호작용에 관련된 에너지가 너무 작다고 믿은 폴링은 소수성 상호작용을 간과했다.[65]

그러나 모든 것이 밝혀진 후에 이루어지는 누가 옳았고 누가 틀렸는지에 대한 논의는 당시의 시점과는 별개이다. 1936년 당시, 심지어 1941년에도 단백질 구조에 대한 과학적 논쟁의 여지는 충분히 있었다.

---

* 분자의 소수성 부분은 물을 밀어내고, 친수성 부분은 물을 끌어들인다(5장 참조).

하지만 린치는 침묵을 강요당했고, 재정적 지원이 차단되었으며, 학계에서 단절되었다. 다음은 수학자이자 역사학자인 마조리 세네찰의 글이다.

> 실험 결과가 명확한 답을 제시하지 못할 때, 어떤 이론을 선택할지는 당분간 미루어지게 되고, 논쟁은 계속되는 것이 일반적이다. 하지만, 다른 근거를 바탕으로 과학자들 사이에서 합의가 이루어질 수도 있다. 예를 들어, 하나의 이론이 다른 이론보다 더 그럴듯해 보이거나, 가정이 더 적기 때문에 선호될 수 있다. 단백질 구조를 확인할 수 있는 기술이 개발되기 몇 년 전부터, 대부분 과학자의 마음속에서는 사이클롤이 아닌 사슬 이론을 지지하는 방향으로 이미 결론이 나 있었다.[66]

1984년에, 린치와 오랜 기간 서신을 교환하던 도로시 크로풋 호지킨에게 린치가 어디서부터 잘못되었는지를 묻자, 호지킨은 이렇게 답했다.

> 돌이켜보면, 그 당시 단백질을 관찰하여 얻은 세 가지 과학적 사실이 사이클롤 가설과 대체로 일치했던 것이 린치의 불행이었다. 첫 번째는 단백질 분자가 매우 대칭적이라는 것이었는데, 이는 우리가 처음 선택했던 몇 개의 단백질에 국한된 것이었다… 두 번째는 베르그만-니만 숫자였다… 세 번째는 화학 분석과 원심 분리로 예측한 알부민 단백질의 분자량이 사이클롤 가설에서 추정한 숫자 288과 정확히 일치했다는 것이다. 이러한 모든 것들은 극히 일부 지식으로부터 추론한 것이었지만, 1937년까지 대부분의 단백질 과학자들은 그렇게 인식하였다.[67]

세네찰은 도로시 린치와 도로시 호지킨의 차이점에 대해 다음과 같이 언급하였다. "호지킨은 상냥하고, 경쟁적이지 않고, 그녀의 멘토인 버널에게 충성스러웠고, 누구에게도 위협이 되지 않았다. 그리고 그녀는 여성이라는 것이 경력에 장애가 되지는 않는다고 항상 주장하였다. 그때나 지금이나 사람들은 두 명의 도로시를 비교하려 했다."[68]

린치는 오만하고, 신랄했으며, 대중의 주목을 받고자 했다. 이러한 특성은 폴링과 그의 여러 남성 동료들도 마찬가지였다. 린치는 수학자였으며, 화학자와 생물학자들인 청중과 소통하는 방법을 몰랐다. 그녀는 그들을 수학을 배우는 좀 멍청한 학생으로 대했고, 일반적인 화학 표기법을 사용하지 않고 자신만의 약칭 기호를 고안해서 사용하였다. 린치는 화학을 위상수학으로 보았으며, 수학이 화학보다 우위에 있다고 믿었다. 사이클롤 모델의 비현실적인 원자 간의 거리와 결합 길이에 대한 비판에 그녀는 다음과 같이 썼다. "이 각도와 거리의 실제 값이 알려지면, 이러한 구조는 아마도 수정될 수 있다. 하지만 부분적인 또는 체계적인 변형이 일어난다고 해도 위상은 변하지 않는다. 앞으로 알게 되겠지만… 논의의 상당 부분은 전적으로 위상적 고려에 관한 것이며, 어떠한 측정 데이터와도 관련이 없다."[69] 이것은 화학자들을 설득할 수 있는 용어도 아니며 논리에도 맞지 않는 것이었다. 화학 결합에 관한 15년간의 연구를 바탕으로, 폴링은 단백질이 다른 유기 분자에서 볼 수 있는 것과 같은 결합 특성을 가질 것이라고 믿었다. 반면, 다른 사람들의 연구실에서 얻은 화학 지식만이 있는 린치는, "단백질은 다른 물질들과 너무 다르다. 유기화학에서 유사한 구조를 찾을 수 없다는 이유로 내가 제안한 단백질 구조를 믿지 않는다는 것이 오히려 놀랍다."[70]라고 했다.

300년 전, 요하네스 케플러는 행성 궤도의 반지름이 궤도 안에 끼워 넣어진 정다면체 크기의 비율에 따라 결정된다고 제안했지만, 이 아이디어는 결국 과학자들에 의해 폐기되었다. 케플러처럼, 린치도 우주가 받아들일 준비가 되어있지 않은 많은 수학적 개념을 우주에 적용하려 했다.[71] 린치는 생물학자나 화학자보다는 이론 물리학자들의 접근방식을 따랐다. 폴 디랙은 이렇게 썼다. "이 결과는 너무 아름다워서 틀릴 수가 없다. 실험 결과에 꿰맞추는 것보다 아름다운 방정식을 도출하는 것이 더 중요하다… 만약 누군가가 방정식에서 아름다움을 찾고자 연구한다면, 그리고 진정한 통찰력을 가지고 있다면, 그 사람은 틀림없이 앞으로 나아가고 있는 것이다."[72] 수학자 헤르만 바일도 "나는 항상 진리와 아름다움을 결합하려고 일했지만, 둘 중 하나를 선택해야 할 때는 보통 아름다움을 선택했다."[73]라고 말한 바 있다.

단백질 구조에 대한 폴링의 접근법

폴링과 머스키의 1936년 논문 이후, 단일 사슬 폴리펩타이드 모델이 완전히 입증되기까지 거의 15년이 걸렸다. 폴링은 신중했다. 그는 린치와 같은 운명은 피하고 싶었다. 그는 여러 가지 가정 아래 연구를 진행하였다.[74]

1. 단백질 구조를 결정하려고 시도하기 전에, 먼저 그 구성 요소인 아미노산의 구조부터 알아야 한다. 1939년의 폴링-니만 논문에서, 폴링은 이렇게 적었다.

> "수백 개의 단위 아미노산을 포함하는 단백질 분자는 아미노산 분자보다 구조가 훨씬 더 복잡하다. 하지만… 어떤 아미노산에 대해서도 완전한 구

조를 밝혀내지 못했다. 지난해에야 알브레히트와 코리가 글리신 결정에서 원자들의 위치를 정확히 찾아내는 데 성공하였다… 많은 연구 기관에서 단백질과 관련된 비교적 간단한 물질의 결정에 관한 연구를 계속 진행하고 있다."[75]

1937년에 로버트 코리가 폴링의 연구팀에 합류하였다. 그는 X-선 결정학 전문가였는데, 유년기에 앓은 소아마비로 인해 다리를 절뚝거리는 조용한 사람이었다. 그는 아미노산과 작은 폴리펩타이드의 구조를 결정하는 연구에 착수하였다. 폴링이 연구팀을 관리하는 스타일은 루이스와는 매우 달랐다. 루이스는 직접 실험실에서 일하며, 보통 한두 명의 연구 조교와 같이 일하는 경우가 많았다. 반면 폴링은 연구실을 공장처럼 운영하며, 자신은 관리자고 연구원들은 자신의 지시 아래 일하는 작업자들로 여기고 있었다. 이러한 방식 때문에 아서 노예스나 로버트 밀리컨과의 갈등을 초래하기도 했다.[76] 하지만 폴링과 코리의 공동 연구는 보다 친밀하게 진행되었던 것 같다. 1951년의 중요한 논문들에는 폴링과 코리가 공동 저자로 이름을 올렸다.

2. 단백질의 결합각, 길이, 그리고 에너지는 다른 유기 분자들과 동일하다. 폴링은 X-선 회절 사진으로부터의 계산을 통해 단백질 구조를 직접 결정하려고 시도하지 않았다. 대신, 원자를 나타내는 구슬과 결합을 나타내는 막대를 조립식 장난감처럼 사용하여 가능한 모델 구조들을 만들었다. 그런 후, X-선 데이터와 비교하여 가능성이 큰 모델은 수용하고, 가능성이 작은 모델은 폐기하는 방식을 취했다. 버널은 나중에 이렇게 말했다.

1940년까지 완전한 단백질 구조를 성공적으로 찾아낼 방법은 명확해졌지만, 여전히 많은 어려움이 남아 있었다. 두 가지 접근 방식이 제안되었다. 첫 번째는 결정 분석의 고급 기술을 모두 사용하여 단백질 결정 구조를 X-선 결정학적으로 직접 연구하는 방법이었다. 이를 위해서는 복잡한 계산이 필수적이었으나, 계산을 위한 컴퓨터는 1950년대 중반이 되어서야 사용할 수 있었다. 두 번째는 아미노산과 작은 펩타이드의 구조에 대한 정확한 지식을 바탕으로 가능한 단백질 구조를 먼저 추론한 후, X-선 분석법으로 그 구조를 하나하나 확인하는 모델 구축 방법이었다. 전쟁 직전 폴링과 이 문제에 대해 논의했던 것을 잘 기억한다. 그는 두 번째 방법을 선호했는데, 나는 그 방법은 간접적이고 시간이 더 오래 걸릴 것으로 생각했다. 그렇지만, 결과에 결정적인 영향을 준 것은 폴링의 아이디어였다. 폴링은 원자와 그들의 다양한 상태 및 결합 조건을 매우 잘 알고 있었다. 이러한 조건에 맞지 않는 모델은 고전 결정학의 이론과는 관계없이 과감히 버릴 준비가 되어 있었다.[77]

X-선 회절 사진으로부터 단백질 구조를 결정하는 것은, 소리를 차단하고 무대의 막을 내린 채, 막에 비추어진 배우들의 그림자만 보고 연극의 내용을 파악해야 하는 것처럼 어려운 일이라고 앞에서 비유하였다. 하지만 그림자의 움직임만 보고도 그 연극이 '오클라호마'인지 '솔직함의 중요성'인지 정도는 알 수 있다. 이것이 단백질 구조를 유추하기 위하여 폴링이 접근한 방법이었다.

3. **공명 에너지에 의해 안정화되는 O=C-N-H 펩타이드 결합은 평면 구조이고, C-N 결합을 중심으로 한 자유 회전은 일어나지 않는다.** 폴링은 자신의 공명 에너지 개념을 통해 이 결론에 도달하였다. 그는 전자들이 비편재화되면서 C-N 결합이 부분적인 이중 결합 성격을 띠게 되어 회전이 방해될 것이라고 믿었다. 그는 1954년 노벨상 수상 강연에서 이 점

을 강조하며,[75] 1935년에 단일 결합–이중 결합 공명에 대해 발표한 논문을 언급하였다. 폴링은 가능한 단백질 모형을 평면 펩타이드 결합이 포함된 구조로만 제한하여 문제를 훨씬 더 간단하게 만들었다.

4. 단백질의 형태뿐만 아니라, 단백질 분자 사이에서 일어나는 면역학적 상호작용도 비공유성 상호작용(주로 수소 결합)에 의해서만 결정된다. 폴링은 1939년에 니만과 함께 쓴 논문에서 공유 결합이 형성되고 끊어지는 속도는 너무 느리므로, 단백질의 형태가 바뀌는 속도를 설명할 수 없다고 명확히 밝혔다. 그러나 같은 논문에서 소수성 효과의 중요성에 대해서는 반대 의견을 제시했지만, 소수성 상호작용은 비공유성 상호작용에서 중요한 요인 중의 하나로 밝혀지게 된다.

5. 어떤 원리로 단백질의 형태가 결정되든, 모든 아미노산에 그 원리가 동일하게 적용된다. 폴링은 특정 곁사슬보다는 펩타이드 결합에 초점을 맞춘 모형을 찾고 있었다. 곁사슬은 펩타이드 사슬을 꼬이게 하거나 추가적인 수소 결합과 교차 결합이 일어나게 할 수 있지만, 아미노산을 사슬로 연결하는 펩타이드 결합이 문제 해결의 핵심이 되어야 한다고 생각했다.

린치처럼 폴링도 확실한 실험적 증거 없이 다양한 추측을 하고 있었다. 그는 1940년에 단백질의 구조에 대해 '팬케이크 쌓기' 모델을 제안하였다. 이 모델에서는 펩타이드 사슬이 앞뒤로 움직이며 수소 결합으로 고정되어 팬케이크 모양이 만들어진다. 그런 다음 여러 개의 팬케이크가 서로 간의 수소 결합으로 차곡차곡 쌓이는 구조를 제안하였다.

그러나 1940년대의 폴링에게 단백질 구조가 가장 중요한 연구 주제는 아니었다. 전쟁 관련 지원 연구 때문이기도 했지만, 폴링은 단백질 구조보다는 단백질의 생리학적 기능, 특히 항체–항원 상호작용에 더 관심이 있었다.[81] 이는 40년 전 파울 에를리히와 스반테 아레니우스가 논쟁을 벌였던 주제였다. 1948년, 폴링은 독감에 걸려 호텔 방에 머무는 동안 단백질 구조 문제를 다시 생각하기 시작하였다. 그는 종이에 평면 펩타이드 결합으로 이루어진 폴리펩타이드의 화학 구조를 그린 후, 종이를 튜브 모양으로 말아보았다. 그리고는 나선형이 된 펩타이드 결합 사슬에서, 사슬을 가로질러 수소 결합이 생길 수 있는 위치를 찾아보았다. 그는 각각 세 번째 아미노산이나 다섯 번째 아미노산 사이에 수소 결합이 형성될 수 있다는 것을 발견하였다. 폴링은 첫 번째 경우를 α-헬릭스(나선), 두 번째 경우를 γ-헬릭스라고 명명하였다.

놀라운 점은 두 구조 모두 나선이 한 번 회전할 때의 아미노산 수가 정수로 나오지 않는다는 것이었다. α-헬릭스의 경우 회전당 약 3.7개의 아미노산이, γ-헬릭스의 경우 회전당 약 5.1개의 아미노산이 포함되어 있었다. 그러나 두 구조 모두 X-선 스펙트럼의 일부 실험적 결과와 일치하지 않았기 때문에 논문 발표를 망설이고 있었다. 그러나 케임브리지의 로런스 브래그 경의 연구팀이 자신의 결과와 유사한 "결정성 단백질에서 폴리펩타이드 사슬의 배열"이라는 제목의 논문을 발표하자, 폴링은 자신이 생각하는 구조를 논문으로 발표하는 위험을 감수하기로 하였다. 그뿐만 아니라 린치와 공동으로 논문을 발표한 그의 제자 데이비드 하커가 랭뮤어의 지원을 받아 단백질 연구를 위한 연구소를 설립하고 있는 데 대한 경쟁심도 있었다.[82]

브래그 연구팀이 제안한 구조에도 나선형 구조가 포함되어 있었지만, 폴링은 그들의 구조가 잘못되었다는 것을 알고 있었다. 그 구조에서는 펩타이드 결합이 평면이 아니었기 때문이다. 또한 브래그는 나선의 한 회전당 아미노산의 수가 정수로 나오는 구조만을 고려하였다. "한 번 회전에 세 개의 단위 아미노산이 포함되는 구조가 가장 유력하

그림 9-6 평면 펩타이드 결합과 단백질 구조를 강의하고 있는 라이너스 폴링. 오레곤 주립대학, 1957. 아바 헬렌과 라이너스 관련 문서

다… 그러나 네 개의 아미노산이 포함된 구조도 완전히 배제할 수는 없다."[83] 폴링과 코리는 자신들의 구조의 핵심, 즉 나선의 한 회전당 아미노산 수가 정수가 아니라는 점과 평면 펩타이드 결합을 포함한다는 점을 설명하는 짧은 논문을 『미국 화학회지』에 보냈으며, 이 구조를 캘텍의 생물학자들 앞에서 발표하였다. 발표가 절정에 도달한 순간, 폴링은 나선형 구조의 분자 모델을 덮고 있던 천을 벗겨내었다.[84]

그 후 얼마 지나지 않아 폴링은 단백질에 대한 β-시트 구조도 제안하였다(이는 그가 예전에 제안한 팬케이크 구조와 어느 정도 유사하다). 그의 나선 구조와 β-시트 구조는 단백질이 아닌 아미노산과 작은 폴리펩타이드의 X-선 연구를 기반으로 했지만, 결국 많은 단백질 구조에서 기본적인 소단위임이 밝혀졌다. 브래그 논문의 공동 저자 중 한 명인 맥

스 퍼루츠는 α–헬릭스가 헤모글로빈의 X–선 사진에서 확인되는 것을 발견하였다. 그는 그 결과를 논문으로 발표하면서 브래그의 구조를 포기하였다.[85] 브래그의 패배였다. 브래그는 흥분한 상태로 옥스퍼드 대학의 유기화학자이자 폴링의 친구인 알렉산더 토드의 사무실로 들어와, 왜 폴링–코리 구조가 자신의 구조보다 더 우선시되어야 하는지 물었다. 토드가 폴링의 구조에는 브래그의 구조와 달리 평면 펩타이드 결합이 명확하다는 것과, 폴링의 공명 이론에 관해 설명하자 브래그는 낙담했다. 폴링은 나중에 토드에게 "그는 내 책 『화학 결합의 본질』을 꼼꼼히 읽지 않은 것 같군요!"라고 자랑스럽게 말했다.[86]

미국 『국립과학원 회보』 1951년 5월 호에 단백질 구조를 자세히 설명하는 폴링과 코리의 논문 7편이 연이어 게재되었다.[87] 이 논문들에서 그들은 α–헬릭스, γ–헬릭스, β–시트 소단위에 대한 좌표를 제공하고, 폴리펩타이드, 구형 단백질, 깃털의 중심축 단백질, 콜라겐과 근육 단백질에 대한 상세한 모델을 제안하였다.

폴링은 화학자들의 화학자였다. 1939년에 루이스가 간 길을 따라 『화학 결합의 본질』을 출간하면서, 폴링은 양자역학이라는 어려운 주제를 일반 화학자들에게 유용한 용어로 설명하였다. 화학과 물리학은 같은 양자역학 식에 기초하고 있다. 두 학문에서 결과를 활용하는 분야는 매우 다르지만, 기본 원리에 대한 논쟁은 없다. 단백질 구조에 관한 폴링–코리 모델을 발표하면서, 폴링은 화학과 생물학의 융합 분야에서도 선두주자가 되었다. 위버의 '분자생물학'에 대한 꿈이 실현되어가고 있었다. 폴링은 1954년에 "화학 결합의 본질에 관한 연구와 이를 이용하여 복잡한 물질의 구조를 규명한 공로"로 노벨 화학상을 받았다.

10장
병적 과학

랭뮤어

1950년 1월 25일, 어빙 랭뮤어는 미국 기상학회에서 논문을 발표하였다. 그는 자신의 일기에 "평생 가장 중요한 발표"[1]라고 썼다. 그는 미국의 기상 및 기후 전문가들 앞에서, 어떤 사람이 뉴멕시코에서 매주 소량의 질산 은을 방출함으로써 미국 전체의 날씨 패턴을 바꾸었다고 주장하였다. 그 주장의 근거는 질산 은의 방출과 같은 주기로 비가 내렸다는 것이었다. 그러나 청중 대부분은 랭뮤어의 주장을 납득하지 못했다. 그들은 랭뮤어가 다른 연구자들의 연구에 대해 여러 차례 언급했던 함정에 스스로 빠진 것으로 생각했다. 그는 "비양심적인 의도로 연구를 수행한 것은 아닐지라도, 자신의 잘못된 결과에 연구자 스스로가 현혹되게 된다. 주관적이고 희망적인 생각을 갖고 또는 경계선상에 있는 현상들을 보고 연구자는 길을 잃고 헤매다가, 자신이 무엇을 하고 있는지를 충분히 파악하지 못한 채 잘못된 결론을 내리게 된다."[2]라고 지적하곤 했다. 랭뮤어가 이러한 연구를 지칭한 용어를 기상학자들은 알지 못했을 것이다. 만약 그들이 알고 있었다면 발표 이후의 토론 시간에 그에게 이 용어, 즉 '병적 과학(pathological science)'을 사용했을 것이다.

4년 후인 1953년, 72세가 된 랭뮤어는 GE의 놀스 연구소에서 '병적 과학'이라는 제목의 강연을 하게 된다. (이 강연에서 그가 수행한 비를 내리게 하는 연구에 대해서는 언급하지 않았다. 사실 그는 1957년에 사망할 때까지 인공 강우가 성공했다고 굳게 믿고 있었다.) 강연에서 그는 과학 문헌에서 자주 나타나는 패턴을 발견했다고 말했다. 존경받는 과학자들이 놀라운 주장을 하여 큰 관심을 불러일으키지만 결국은 아무 성과 없이 끝난다는 것이다. 그러나 그의 '병적'이라는 용어는 단순히 '잘못된' 것 이상의 의미가 있으며, '부정직한' 것을 의미하는 것은 전혀 아니다. 2006년 한국의 황우석 박사가 줄기세포 연구에서 데이터를 조작한 것과 같이 고의로 결과를 속이는 행위는 병적 과학과는 관련이 없다. 병적 과학은 연구자가 특정 결론에 도달하려는 욕망에서 스스로 속임수에 빠지는 것에 기초하고 있다. 여기에는 랭뮤어가 '경계선상에 있는 현상'이라고 부르는 관찰 결과가 자주 포함된다. 즉, 명쾌하게 결론을 내릴 수 없는 현상을 관찰한 연구자가, 원하는 결과에 도달하도록 자기도 모르게 자의적으로 그 결과를 해석한다는 것이다.

랭뮤어의 1953년 강연이 병적 과학에 종지부를 찍은 것은 아니었다. 1960년대 중반에 러시아 과학자들이 '중합수'라는 소량의 중합된 물을 만들었다고 주장하였다. 이 중합수는 보통의 물과 다르게 시럽 같은 특성이 있는 물이었다. 1960년대 후반까지 많은 과학자가 중합수의 존재를 인정했으며, 어떤 사람들은 조절할 수 없는 화학적 연쇄반응이 일어나면 정상적인 바닷물이 모두 중합수로 변할 수 있다고 우려하기도 했다(이는 커트 보니것의 소설『고양이 요람』의 소재가 되었으며*, 스타 트렉 시리즈의 주제로도 사용되었다). 1970년에는 벨 연구소의 데니스 루소가 핸드볼 시합을 한 후 흘린 자신의 땀을 분석한 결과 중합수와 같은 특성이 있다는 것을 발견하기도 했다.[3] 하지만 중합수는 합성 과정에 사용되는 장비가 오염되어 만들어지는 것으로 판명되었으며, 완벽하게 세척된 유리 기구를 사용하면 더는 만들어지지 않는다.

병적 과학의 가장 대표적인 예는 '상온 핵융합'이다. 1989년, 화학자 스탠리 폰스와 마틴 플라이슈만은 핵융합 반응의 제어에 성공했다

* 커트 보니것은 랭뮤어와 공동연구를 했던 버나드 보니것의 남동생이다. 버나드 보니것에 관한 이야기는 이 장의 뒷부분에 나온다. 커트 보니것은 GE에서 홍보 담당으로 일하였으며 랭뮤어를 알고 있었다. 보니것의 소설『고양이 요람』에서 허구의 중합수를 일컫는 "아이스 나인"에 대한 아이디어는 실제로 랭뮤어로부터 비롯되었다. 랭뮤어는 GE를 방문했던 작가 H.G. 웰스에게 소설의 줄거리로 제안한 적이 있다. 그러나 웰스가 이 아이디어를 사용하지 않자, 커트 보니것이 랭뮤어의 사후에 이 아이디어로 소설을 창작하였다. 보니것은 랭뮤어를 모델로 소설 속 괴짜 과학자 펠릭스 회니커를 탄생시켰다. [로저 숨메르헤이 감독의 다큐멘터리 영화 "랭뮤어의 세계"(1996년, CustomFlix 영화사)에 나오는 커트 보니것의 인터뷰 내용]

고 기자 회견에서 발표하였다. 핵융합은 극히 높은 온도와 압력하에서만 가능하며, 수십억 달러가 투입된 장치에서도 융합 반응은 매우 짧은 시간 동안만 지속된다. 폰스와 플라이슈만은 상온에서 실험실 테이블 위에 놓인 간단한 장치를 사용하여 핵융합에 성공했다는 것이었다. 그러나 그들의 주장은 핵의 특성에 대해서 알려진 물리 이론에 전혀 맞지 않았으며, 그들의 실험 결과는 재현되지 않거나 일관성이 없었다. 상온 핵융합 신봉자들은 여전히 존재하며, 이 분야에 관한 연구도 일부에서 이루어지고 있다.[4] 하지만 주류 물리학계에서는 '버림받은 과학'으로 취급되고 있다.[5]

이어지는 내용은 병적 과학에 대한 랭뮤어의 1953년 강연 일부이다. 이는 의회 도서관에 보관된 강연 녹음을 R.N. 홀이 기록한 것이다. 전체 내용은 온라인으로 확인할 수 있다.* 이 강연 내용은 『GE 기술 보고서』에 실려있으며,[6] 나중에 『피직스 투데이』지에도 게재되었다.[7] 또한 의회 도서관의 랭뮤어 기록 중 "병적 과학"이라는 제목의 1953년 폴더에는 강연 초안이 포함되어 있다. 아래 인용문에서는 일부 구두점을 수정하였고, 랭뮤어의 의도를 명확히 하기 위해 각주를 몇 가지 추가하였다. 여기에 포함된 그림들은 '병적' 이론이 발표된 논문에서 가져왔으며, 랭뮤어가 발표할 때 사용한 슬라이드에 포함되어 있었을 것으로 생각된다. 랭뮤어가 칠판이나 스크린을 가리키는 것으로 생각되는 부분은 대괄호로 표시하였다.

이 책에서는 GE의 과학자와 엔지니어를 대상으로 이루어진 강연의 한 부분을 그대로 인용하였으며, 일부 독자들에게는 과학적인 내용이 조금 어려울 수 있다. 인용문에서 이해하기 어려운 부분이 있으면 건너뛰고 랭뮤어의 분석과 발표에 집중하는 것도 괜찮은 방법이다. 발

* www.cs.princeton.edu/~ken/Langmuir/langmuir.htm

표 내용은 랭뮤어가 말한 그대로, 즉 즉흥적이고 문법적으로 다소 완벽하지 않아도 그대로 옮겼다. 강연은 랭뮤어의 개성을 담고 있으며, 그가 왜 뛰어난 연설가로 인정받았는지를 보여준다. 나는 소리를 내서 읽으면 효과가 더 커진다는 것을 느꼈다. 랭뮤어는 병적 과학이라고 분류한 여섯 가지 예를 말하였다. 이 중 하나인 데이비스-반스 효과에 대한 발표가 아래 인용문에 재현되어 있다. 다른 예로는 N-선, 생체방사선, 앨리슨 효과(이 내용도 뒤에 부분적으로 설명하였다), 듀크 대학에서 행해진 J.B. 라인의 ESP 실험, 비행접시가 포함되어 있다. 자, 이제 1953년의 랭뮤어가 GE에서 데이비스-반스 효과에 대해 말하기 시작한다.

> 이 사건은 이렇게 시작되었습니다. 1928년 4월 23일, 콜롬비아 대학의 버겐 데이비스 교수가 여기(GE 연구소)에서 발표를 진행했고, 그것은 매우 흥미로웠습니다. 그는 휘트니 박사와 저를 포함한 몇몇 사람들에게 발표하려는 내용에 대해 미리 말해 주었습니다. 그는 매우 열정적으로 이야기했고 우리는 그의 이야기에 빠져들었지요. 자, 무슨 일이 있었는지 이 그림을 보며 바로 이야기하겠습니다.

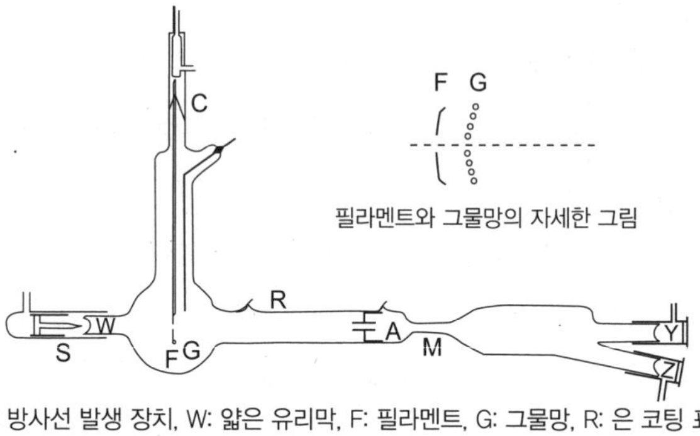

S: 방사선 발생 장치, W: 얇은 유리막, F: 필라멘트, G: 그물망, R: 은 코팅 표면, A: 2번째 양극, M: 자기장, C: 구리 마개, Y와 Z: 황화 아연 스크린.

그림 10-1 데이비스-반스 효과 측정 장치. 아서 반스의 논문 "알파 입자에 의한 전자 포획"에 사용된 그림. 『피지컬 리뷰』 **36** (1930) pp. 217-228의 p. 218. 판권: 미국 물리학회.

[그림 10-1의 방사선 발생 장치 S에서 볼 수 있는 것과 같이] 그는 진공관 안에서 폴로늄으로부터 알파 입자선을 발생시켰습니다. 그의 장치에는 가운데 구멍이 뚫린 포물선 모양의 음극[F]가 있는데, 이 필라멘트를 가열하면 전자가 방출됩니다. 그리고 알파 입자가 가운데 구멍을 통과한 후, 황화 아연 스크린[Y]에 충돌하여 발생하는 섬광의 개수를 현미경으로 셀 수 있게 만들어져 있습니다. 전자는 이 양극판에 모이게 되어 있으므로, 일정한 거리까지는 알파 입자와 함께 이동하는 전자의 흐름이 만들어집니다. 이제 전자를 가속시켜 알파 입자의 속도에 도달하게 할 수 있습니다. 전자를 그 속도로 가속시키려면 약 590 V가 필요합니다. 따라서 여기[F와 A 사이에] 590 V를 걸어주면, 전자는 알파 입자와 함께 이동하게 되겠지요. 이 실험의 아이디어는 −1 전하의 전자와 +2 전하의 알파 입자가 같은 속도로 함께 이동한다면, 알파 입자가 전자 1개를 포획하여 전하가 +1인 헬륨 이온이 만들어질 수 있다는 거지요. 자, +2 전하의 알파 입자에 전자 1개가 포획된다면 이것은 보어 이론의 수소 원자와 같아지고, 잘 알다시피 에너지 준위가 생기게 됩니다. 이것은 발머 계열의 수소 원자와 유사하며, 전자를 포획하는 데 필요한 에너지를 구할 수 있습니다.*

자, 데이비스와 반스가 무엇을 발견했는지 봅시다. 만약 이 전자의 속도가 알파 입자의 속도와 같게 되면, 굴절된 입자의 수가 감소한다는 것이었습니다. 예를 들어, 만약 전자가 없고 자기장도 없다면, 모든 알파

---

* 데이비스와 반스의 장치에서는 발생 장치 S에서 스크린 Y로 알파 입자의 흐름이 만들어진다. 알파 입자는 헬륨의 원자핵으로 전하가 +2이며 전자는 갖고 있지 않다. 만약 입자가 스크린에 충돌하면 섬광(밝은 점)이 만들어지고 현미경으로 그 수를 셀 수 있다. 동시에 데이비스와 반스는 −1의 음전하를 띤 전자의 흐름을 추가하였다. 전자의 속도는 F와 A 사이의 전압에 의해 결정되므로, 전압을 조절하여 전자가 알파 입자와 같은 경로를 같은 속도로 이동하도록 장치가 고안되었다. 데이비스와 반스는 양전하(+2)를 띤 알파 입자와 음전하(−1)를 띤 전자가 결합하여 전하가 +1인 헬륨 이온이 만들어질 것으로 추측하였다. 전자가 1개인 헬륨 이온의 에너지 준위는 보어 이론으로 정확히 구할 수 있으며, 따라서 그 에너지 궤도에 있는 전자의 속도를 정확히 구할 수 있다.

입자는 여기[Y]에서 검출될 것입니다. 그 수는 대략 1분에 50개 정도였습니다. 이제 만약 자기장이 작동되면 알파 입자는 여기[Z]로 굴절되게 됩니다. 그러나 만약 알파 입자가 전자를 포획한다면 전하가 절반이 되기 때문에 굴절이 적게 일어나 스크린에 충돌하지 않게 되겠죠.*

그들의 결과, 아니면 그들이 얻었다고 주장한 결과는 매우 놀라운 것이었습니다. 그들은 전자가 590 V의 전압으로 가속되었을 때뿐만 아니라, 일련의 다른 전압값에서도 전자가 알파 입자와 합쳐지는 것을 관찰하였습니다. 전자가 590 V로 가속되었을 때의 전자의 속도보다 특정한 값만큼 느리거나 빠른 경우에도 전자의 포획이 일어나는 것입니다. 모든 결과는 대략 80% 정도가 결합한다는 것을 보여주었습니다. 다시 말해, 조건이 맞으면 전자에 의한 전류의 변화가 80% 정도 된다는 것입니다. 또한, 전자의 속도 차이가 보어 이론의 각 전자 궤도에 해당하는 속도의 차이와 일치할 경우에만 전자 포획이 이루어진다는 것을 발견했습니다. 다시 말해, 알파 입자와 같이 날아가는 전자의 속도가 보어 전자 궤도의 속도와 같을 경우에만 전자 포획이 이루어진다는 것입니다.**

여기서 문제가 발생합니다. 보어 이론에 따르면 무한히 먼 곳에서 보어 궤도에 진입하는 전자는 궤도에 안착하기 위해 에너지의 반을 잃게 됩니다. 에너지가 보존되어야 하므로 전자기파가 방출되며, 방출되는 에너지의 크기는 궤도에 안착한 전자에 남아있는 에너지와 동일합니다. 따라

---

* 데이비스와 반스는 자기장을 켜서 알파 입자의 흐름을 원래의 경로 Y에서 아래쪽으로 굴절되게 하였다. 전자를 포획하지 않은 전하 +2의 알파 입자는 자기장에 의해 굴절되어 스크린 Z에 충돌하도록 장치를 고안하였다. 만약 알파 입자가 전자 1개를 포획하여 전하가 +1인 헬륨 이온이 만들어지면, 충분히 굴절되지 않기 때문에 스크린을 비껴가게 되어 관찰하지 못할 것이다.

** 전하가 +1인 헬륨 이온의 스펙트럼은 보어 이론으로 완벽하게 설명할 수 있으며, 특정한 에너지 준위만이 가능하다는 것을 보여준다. 데이비스와 반스는 전자가 정확히 그 에너지 준위에 해당하는 속도를 갖도록 조절하면, 80%의 전자가 포획되어 Z에서의 섬광 숫자가 80% 감소한다고 주장하였다.

서 전자가 최종적으로 갖게 되는 에너지와 같은 크기의 에너지를 갖고 접근하는 전자의 경우에는 방출되는 전자기파의 에너지가 두 배가 되어야 합니다. 그러나 이에 대한 증거는 없었습니다. 그래서 문제가 생기는데, 독일 물리학자를 비롯한 몇 명의 연구자들이 그것을 설명하기 위해 노력했지만 해결되지 않았습니다. 그중 한 사람이 독일의 조머펠트입니다. 그는 전자가 궤도에 안착했을 때의 속도와 같은 속도의 전자가 어떻게 포획될 수 있는가를 설명하기 위한 이론적 연구를 했습니다.*

여기 분리된 피크들을 볼 수 있는데, 각각의 피크는 보어 이론으로

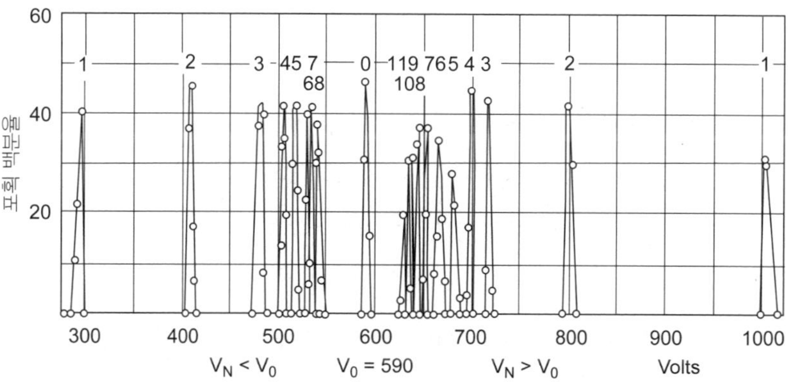

그림 10–2 전압에 따른 데이비스–반스의 전자 포획. 아서 반스의 논문 "알파 입자에 의한 전자 포획"에 사용된 그림. 『피지칼 리뷰』 **36** (1930) pp. 217–228의 p. 218. 판권: 미국 물리학회.

* 보어 궤도에 있는 전자에는 두 종류의 에너지가 있다. 하나는 전자의 속도에 의한 운동 에너지로, 데이비스와 반스가 특정 전압으로 전자를 가속시켜 전자의 속도를 궤도 전자와 일치시키려고 했다. 다른 하나는 음전하를 띤 전자와 양전하를 띤 알파 입자 사이의 인력으로 인한 퍼텐셜 에너지이다. 보어 이론에 따르면 퍼텐셜 에너지는 운동 에너지의 2배이며 부호가 반대이다. 즉, 운동 에너지는 플러스 값이며 퍼텐셜 에너지는 마이너스 값이다(현대 양자 이론의 결과도 같다). 전자가 알파 입자에 의해 포획되었다고 가정하면, 에너지가 보존되어야 하므로 퍼텐셜 에너지에 해당하는 에너지가 빛(전자기파)으로 방출되어야 한다. 하지만 빛의 방출은 관찰되지 않았다. 1920년대에 독일의 물리학자 아르놀트 조머펠트는 보어 이론을 확장하였으며, 폴링은 박사 학위를 받은 후 그와 함께 연구하였다.

계산한 헬륨 원자의 에너지 준위에 해당합니다. 이 결과가 그들이 기록한 것의 전부입니다. 피크들의 폭이 얼마나 될까요? 0.01 V 정도입니다. 590 V에서 피크가 관찰되어야겠지요. 그 전압에서 전자의 속도가 알파 입자의 속도와 같아지니까요. 다른 피크들은 어떨까요. 다음 속도는 대략 325.1 V가 될 듯합니다. 590에서 325.1 V로 바꾸어주면 전자 포획이 멋지게 일어나겠죠. 하지만 그 값에서 0.01 V만 바뀌어도 아무 일도 일어나지 않았습니다. 피크의 세기가 80%에서 0으로 바로 바뀌게 됩니다. 피크는 그만큼 날카로웠습니다. 그들의 장치는 0.01 V까지만 조절 가능했기 때문에 피크의 세기는 최곳값 아니면 0만이 관찰되었을 것입니다. 발머 계열에 해당하는 10 또는 12개의 선들을 모두 관찰할 수 있었으며, 모두 80%의 포획 효율이 있었습니다. 즉, 정확히 피크에 해당하는 전압을 가하면 거의 모든 전자를 포획할 수 있다는 이야기지요.

토의 시간에 우리는 전체 스펙트럼에 해당하는 모든 값을 실험적으로 어떻게 측정했는지에 의문을 제기했습니다. 어떤 전압에서의 알파 입자 수를 세려면 2분 정도 소요되는데 이를 10~15번 정도 반복 측정해야 할 것입니다. 만약 330에서 900 V까지 전 범위를 0.01 V 간격으로 측정한다는 것은 엄청난 작업이었을 것입니다. (웃음) 그들은 그런 방법으로 실험하지 않았다고 말했습니다. 그들은 보어 궤도의 속도를 알고 있었기 때문에, 예비 실험을 통해서 그 속도에 해당하는 전압을 설정하고 측정을 하였다고 합니다. 때로는 예상했던 전압에서 정확하게 피크가 나타나지 않았지만, 그 근처를 조사하여 피크를 찾았고 놀랍도록 정밀한 결과를 얻었다고 말했습니다. 사실 너무 정밀했기 때문에, 그들은 정확도가 1억분의 1인 뤼드베리 상수*를 더 정확히 구하기 위해서 수소 원자 스펙트럼을

* 뤼드베리 상수는 수소의 선 스펙트럼 사이의 간격을 측정하여 구해진다.

다시 연구할 필요도 있었다고 합니다. 어쨌든, 그들은 0.01V 단위로 측정했기 때문에, 이 방법으로 얻을 수 있는 정확도에 대해 어떤 제약도 없었다고 했습니다.

누구든 이 장치의 구조를 보게 되면 전자가 0.01 V 차이로 완벽하게 다른 속도를 갖게 되는지 의심하지 않을 수 없습니다. 왜냐하면, 이 장치의 전기장이 완벽하게 균일할 수 없기 때문이지요. 그들[알파 입자와 전자들]이 함께 날아가는 거리는 약 5 mm에 불과합니다.

또한, 이 발표에서는 매우 흥미로운 다른 결과들도 있었습니다. 그중 하나는 포획 비율이 항상 80% 정도였다는 것이었습니다. 전압의 함수로 나타낸 곡선의 형태가 이 그림과 같습니다.* 여기에 날카로운 피크가 있고, 또 여기에 날카로운 피크가 있는데, 모든 피크의 높이는 대략 80%로 동일합니다.

우리가 "전류 밀도에는 어떤 영향을 받나요?"†라고 질문했습니다.

그는 "아주 흥미 있는 질문이네요."라고 하더니, "전류 밀도에는 전혀 영향을 받지 않습니다."라고 대답했습니다

"음극의 온도는 얼마나 바꾸어 줄 수 있나요?"라고 우리가 질문했어요.

"글쎄요." 그가 말했어요. "그것은 별 의미 없는 질문 같네요. 온도야 상온까지 낮춰줄 수 있지요." (웃음)

"잠깐만요." 내가 말했어요. "그러면 전자가 전혀 방출되지 않을 텐데요."

"그럴까요?" 그가 말했어요. "리처드슨 방정식으로 계산해 보면, 상

---

* 그림 10-2에서는 피크의 세기가 80%가 아닌 40%이다. 이 그림은 GE에서의 구두 발표 후 약 1년 뒤에 게재된 논문에서 가져왔다. 아마도 그사이에 수정을 한 것 같다.

† 전류 밀도는 전자의 수로부터 계산할 수 있다.

온에서도 전자 방출이 일어난다는 것을 알 수 있을 거예요. 그 전자가 포획되는 것입니다."[†]

"글쎄요." 내가 말했어요. "모든 알파 입자와 결합하기에는 전자의 수가 너무 적을 텐데요. 그에 더해 알파 입자는 짧은 시간 안에 지나갈 텐데, 그렇게 낮은 전류 밀도, 아마도 10^{-20} A에서는 전자 간의 거리가 아주 멀어서 알파 입자를 만나기가 어려울 텐데요." (웃음)

그가 다시 말했어요. "몹시 어려워 보이죠. 하지만, 그렇게 어렵지는 않을 거예요. 다 알다시피 전자는 파동이에요. 따라서 다른 무엇과 만나기 위해 반드시 그곳에 있어야 할 필요는 없어요. 파동의 세기가 약하더라도 양자 이론에 따르면 필요한 바로 그곳에 전자가 모일 수 있어요." 그는 어렵지 않다고 봤고 세미나는 그렇게 끝났어요.

아무튼, 휘트니 박사는 그 실험 방법에 흥미를 보였어요. 그 실험은 세심하게 이루어졌고, 매우 자세히 설명되었으며, 이론적인 관점에서 볼 때 결과가 매우 흥미로웠죠. 그래서 휘트니 박사는 섬광의 수를 직접 세는 대신, 가이거 계수기를 사용할 것을 제안했지요. 이곳에서 가이거 계수기를 사용한 연구를 하고 있던 C. W. 휴렛이 장치를 갖고 있었는데, 수천 달러에 해당하는 장치를 데이비스에게 제공하여 더 좋은 데이터를 얻을 수 있게 해주자고 제안했습니다. 그러나 나는 조금 더 신중히 판단하자고 했습니다. 나는 휘트니 박사에게 데이비스에게 장치를 넘겨주어 그가 전적으로 사용하게 하기 전에 그의 연구실에 찾아가서 직접 실험 과정을 살펴보는 것이 좋겠다고 말했습니다. 휴렛은 세미나를 매우 흥미롭게 들었고, 나 역시 흥미를 느꼈기 때문에 세미나 후 이틀 만에 우리는 모두 뉴욕으로 향했습니다. 우리는 컬럼비아 대학교의 데이비스 연구실로 갔

† 리처드슨 방정식은 열에 의한 전자 방출에 대한 것이고, 랭뮤어는 그에 관해 폭넓은 연구를 하였다(5장 참조).

습니다. 데이비스는 우리를 기쁘게 맞아주었고 모든 결과를 직접 보여주는 것을 자랑스럽게 생각하는 듯했습니다. 우리는 아침 일찍 시작했습니다.

우리는 눈이 어둠에 적응되어 섬광을 셀 수 있도록 암실에서 30분 동안 앉아 있었어요. 나는 먼저 자기장이 켜진 상태와 꺼진 상태에서 이 섬광을 보고 싶다고 했습니다.* 그래서 2분 동안 50에서 60개의 섬광을 셀 수 있었습니다. 휴렛은 나보다 좀 더 많은 70개를 세었습니다. 하지만 우리 둘 다 실험 장치가 정상적으로 작동한다는 데 동의했습니다. 우리가 발견한 것은 이렇습니다. 눈이 어둠에 적응된 상태에서, 알파 입자가 스크린에 충돌하는 것을 관찰하는 데 아무 지장이 없을 정도로 섬광은 충분히 밝았습니다. 섬광은 초당 1개 정도씩 나타났습니다. 자기장을 켜서 알파 입자를 굴절시키면, 섬광 숫자가 17 정도로 내려갔어요. 이는 배경 입자에 의한 것인데 25% 정도로 상당히 높은 비율이었어요. 반스가 우리 옆에 앉아 있었는데, "아마도 스크린이 방사선에 오염된 것 같아요"라고 말했습니다. 이번에는 반스가 섬광 숫자를 세었는데, 첫 번째는 230, 두 번째는 200 정도가 나왔습니다. 그리고 자기장을 켰을 때는 25 정도로 줄어들었습니다. 휴렛과 나는 230 정도까지는 셀 수 없었는데, 우리는 그 이유를 몰랐어요. 나중에 우리는 그 이유를 알게 됩니다.

그때 우리는 접안경을 사용하는 것에 대해 잠시 이야기를 나누었어요. 접안경을 통해 보면 불빛이 보이는데, 나는 그것을 시야 밖에 있는 불빛이 희미하게 눈에 들어오는 것으로 생각했어요. 원한다면 그것을 섬

---

* 랭뮤어는 그림 10-1의 스크린 Z를 관찰하고 있었다. 알파 입자는 자기장에 의해 스크린 Z로 굴절된다. 자기장을 켜면 모든 알파 입자는 스크린 Z에 충돌하여야 하며, 자기장을 끄면 스크린 Z에는 아무것도 충돌하지 않아야 한다. 자기장을 껐을 때 관찰되는 섬광은 알파 입자 흐름이 아니며 배경에 존재하는 무언가에 의한 것이다. 실험 결과는 이 숫자로 보정되어야 한다.

광으로 셀 수도 있는 정도였지요. 휴렛은 그것들을 섬광으로 세었고 나는 그렇지 않았던 거지요. 그게 차이점이었던 겁니다. 우리는 그것을 대수롭지 않게 받아들이고 실험을 계속했지요.

아무튼, 이 실험 설명을 너무 길게 하지는 않으려고 해요. 이에 관해 내가 쓴 22페이지 분량의 편지와 많은 메모가 있습니다. 실험실에서는 긴 테이블에 반스가 앉아 있었고, 이쯤에 있는 다른 테이블에는 그의 조교인 헐이 앉아 눈금 단위가 큰 전압계, 정확히 말하면 전위차계를 보고 있었어요. 그 전위차계는 0에서 1000 V까지 읽을 수 있게 눈금이 그려져 있었는데, 그는 그 기계로 0.01 V까지 읽고 있었지요. (웃음) 그는 그것보다 더 정확하게 읽을 수 있을 것으로 생각하는 것 같았어요. 어쨌든 한 눈금을 수십 개로 쪼개어 값을 읽고 숫자로 기록할 수는 있겠지요. 이제 방은 다시 전위차계의 눈금을 읽을 정도의 작은 불빛과 시곗바늘 외에는 깜깜해졌습니다. 그는 2분 동안 섬광의 수를 세었는데, 그는 항상 2분 동안 세었다고 말했습니다. 실제로 나는 스톱워치가 있어 시간을 확인했어요. 어떨 때는 1분 10초 정도로 짧았고, 어떨 때는 1분 55초였는데, 그는 모두 2분으로 기록했어요. 그런데도 그 실험의 결과가 아주 높은 정확도로 얻어졌다는 겁니다!

그리고 우리는 여러 가지 제안을 했었습니다. 먼저 전압을 완전히 꺼 달라고 했습니다. 그런데 반스의 측정 결과 섬광이 20 또는 30번 정도, 때로는 50번이 측정되었습니다. 그리고 피크가 나오는 조건인 200 V로 맞추었는데, 이상하게도 전압은 325.01 V로 측정되었습니다. 이것이 내가 적어놓은 수치인데 52 정도였어요. 반스는 이전의 실험 결과에서는 피크가 나올 때의 수치가 80 정도였습니다. 만족스런 결과가 나오지 않자 그는 전압을 325.02로 바꾸었어요. 0.01 V 바꾼 거예요. 그러자 48이 나왔습니다. 값이 줄어든 거예요. 그러자 그는 중간값인 325.015 V로 다시 시도했어요. (웃음) 그러자 107이 나왔습니다. 그렇게 피크가 만들어진 겁니다.

잠시 후에, 여기쯤에서 전압이 일정하게 유지되도록 전위차계를 조종하고 있던 헐에게 0.1 V만큼 바꾸어 보라고 속삭였습니다. 반스는 이를 알지 못했고 96이라는 값을 얻었습니다. 그런데 내가 0.1 V만큼 바꾸어 보라고 헐에게 제안했을 때, 그는 놀란 듯 쳐다보았어요. 그는 "왜죠, 이건 너무 크게 바꾸는 거예요. 피크에서 한참 멀어질 텐데요."라고 말하더라구요. 그건 단지 1 V의 10분에 1에 불과한데도 말입니다. 나중에 나는 1 V씩 변화시켜보라고 제안했어요. (웃음)

그런 다음 점심을 먹었습니다. 어두운 방에서 눈을 다시 적응시키기 위해 암실에서 30분 동안 기다려야 했어요. 그런 후 0 V에서 몇 번 측정했고 325.03 V로 돌아갔습니다. 0.01 V씩 변경하며 측정을 하다가 반스는 마침내 110이라는 값을 얻었고, 두세 번 그 값이 측정되었습니다.

그런 다음 나는 조금은 비열한 방법을 썼습니다. 종이 카드에 반스는 모르게 서로 다른 전압값 10개를 적었습니다. 그리고 헐에게 적어 준 전압까지 올렸다가 0으로 낮춰주는 과정을 순서대로 반복해 달라고 요청했습니다. 하지만 이것은 좋은 방법이 아니라는 것을 곧 깨달았어요. 왜냐하면, 전압이 0이 되도록 헐이 전위차계를 껐을 때는 의자에 등을 대고 물러나 앉는 거예요. 기기를 조종할 필요가 없었기 때문이지요. 실험실은 어두웠지만, 반스는 헐이 의자에 등을 대고 앉았다는 것을 알 수 있었고 그때의 전압은 0이라는 것을 눈치챘을 거예요. 그리고 0 V에 해당하는 결과가 얻어졌지요. 그래서 헐에게 속삭이듯 말했습니다. "전압계를 조절하지 않고 있다는 것을 모르게 해 보세요." 그에게 전압을 325에서 320으로 변경하라고 부탁했어요. 그리고 "피크가 나오는 위치의 전압인 것처럼 정밀하게 조절해 주세요."라고 속삭였습니다. 헐은 어떤 전압을 걸었는지 눈치채지 못하게 연기를 하기 시작했고, 그때부터 반스가 세는 섬광의 숫자는 걸어준 전압과는 전혀 관계가 없었습니다. 전압을 한 값에서 다른 값으로 바꾸어주어도 전혀 차이가 없었어요. 이후에 반스는 측정을 12번 진행했는데 그중 반은 맞았고 나머지 반은 틀렸습니다.

나는 "이제 됐어요. 박사님은 오늘 측정한 것이 아무것도 없어요. 전에도 측정한 것은 아무것도 없었고요."라고 말했죠.

"글쎄요."라고 반스가 말했어요. "유리관에 기체가 들어간 것 같네요." (웃음) "온도가 바뀌어서 니켈 판이 변형된 게 틀림없어요. 그래서 전극들이 제대로 정렬되지 못했을 거예요."

"그럴까요?" 내가 말했어요. "이 유리관이 필라멘트가 완전히 꺼져 있었을 때도 데이비스가 같은 결과를 얻었다는 그 장치 아닌가요?"

"그건 맞아요." 그가 대답했어요. "하지만 우리는 항상 전압을 켜고 꺼 가면서 영점을 조절했어요."

그는 깊이 생각하지 않고 즉시 변명을 늘어놓았어요. 그가 잘못된 결과에 전혀 주목하지 않는 데에는 이유가 있었지요. 편향된 생각이 그의 머릿속에 박혀있었던 거지요. 그는 항상 그런 방식으로 일해왔고 또 그렇게 일할 것입니다. 그가 정직하다는 사실에는 의심의 여지가 없어요. 그는 이것을 철저하게 믿고 있었던 것입니다.

휴렛은 실험실에 남아 반스와 한동안 실험을 계속했고 나는 사무실로 가서 데이비스와 이에 관해 이야기했습니다. 그는 말문이 막힌 것처럼 보였어요. 그는 그날 결과를 전혀 믿을 수 없었어요. 그는 "절대 그럴 리가 없어요."라고 말했습니다. 이어서 "우리는 보어 이론에 대해 알지 못했을 때, 그 피크들을 찾아냈었어요. 우리는 그 값들을 갖고 계산해 보았더니 정확히 들어맞았어요. 그다음부터는 계산을 먼저 한 후, 그 위치에서 피크가 나오는지 확인한 거예요."라고 설명했어요. 그는 그 연구의 모든 과정에 대해 확신하고 있었기 때문에, 어떤 측정도 이루어지지 않았다는 사실을 절대 받아들일 수 없었으며 그 사실을 믿으려고 하지 않았습니다.

그는 우리 연구소에서 논문을 발표한 뒤에, 다음 토요일에는 국립과학원에서 논문을 발표할 예정이었어요. 그는 예정대로 전체 내용에 대한 논문을 발표했습니다. 그는 24일에 그곳에서 발표할 것이라고 나에게 편지를 보냈어요. 나도 돌아오자마자 그에게 편지를 썼었고, 우리의 편지는 서로 어긋났어요. 그는 내가 말했던 여러 가지를 생각해 보았지만, 그의 확신은 전혀 흔들리지 않았으며, 국립과학원에서 논문을 발표하기로 했다고 편지에 썼어요. 그 편지를 받고 나는 그에게 우리의 모든 데이터를 보내주면서, 그 연구에 대한 모든 접근 방법이 잘못되었음을 지적하는 22페이지 분량의 편지를 썼습니다. 즉, 그는 환영을 세고 있었으며, 섬광을 너무 오래 바라보고 있는 사람에게 흔히 있을 수 있는 일이라고 썼습니다. 반스는 하루에 여섯 시간 동안 섬광의 수를 세었지만, 전혀 피곤하지 않았다 합니다. 물론 그의 머릿속에서 모든 것이 나왔기 때문에 피곤하지 않았겠죠. (웃음) 그는 밝은 입자는 제외해야 한다고 우리에게 말했습니다. 그는 밝게 빛나는 번쩍임은 무시해야 할 그 자신만의 당당한 이유가 있었습니다. 휴렛이 그의 데이터를 검토하려 할 때, 반스가 "그렇게 하면 안 돼요. 저 밝은 섬광을 세고 있었네요. 그런 번쩍임은 방사능 오염이나 다른 것 때문에 일어나는 것뿐이에요."라고 말했습니다. 그는 핵심이 되는 중요한 사실을 거부할 이유가 있었던 거지요. 그래서 나는 편지에 이 모든 것을 적었고, 어떤 답장도 받지 못했습니다. 오랫동안 데이비스는 그 연구에 대해 아무것도 하지 않았습니다. 그는 6개월간 휴가를 내고 유럽으로 갔다가 나중에야 돌아왔습니다. 나는 다시 그 문제에 대해 그와 논의를 시작했습니다.*

그동안 나는 데이비스에게 쓴 편지의 사본을 보어에게 보냈어요. 비밀을 유지해달라고 요청하면서도 조머펠트를 비롯하여 이 실험을 재현해 볼 수 있는 사람들에게 전해달라고 했습니다. 그 후 그 실험을 재현했다는 말은 듣지 못했는데, 영국의 한 과학자가 데이비스의 실험을 시도해 보았던 것 같아요. 그는 내가 보어에게 보낸 편지를 전달받은 것은 아니었는데 데이비스의 결과를 전혀 재현하지 못했습니다. 1년 반이 지난 1931년에 『피지컬 리뷰』에 데이비스의 어떤 결과도 재현할 수 없었다는 짧은 논문이 실렸습니다. "이전의 논문에 보고된 결과는 섬광을 시각적으로 관찰하여 얻어진 것이다. 황화 아연 스크린에 알파 입자가 충돌하여 생기는 섬광은 시각적으로 보일 듯 말 듯 한 경계선에 있는 현상이다. 섬광의 수는 외부적인 요인이나 자기 암시에 의해 영향을 받을 수 있다."라는 내용이 논문에 실려 있습니다. 그리고 논문의 끝에 이전 논문에 제시되었던 어떤 데이터도 확인할 수 없었다고 썼습니다. 유리관 속 기체의 영향을 받을 수 있다는 언급은 하지도 않았습니다. (웃음) 정말 흥미로운 것은 자기 일에 열정적이며 아주 정직한 사람들이 자기 자신을 스스로 완벽하게 속일 수 있다는 것입니다….

이러한 경우들이 비양심적인 생각으로 연구를 수행한 것은 아닐지라도, 잘못된 결과에 연구자가 자기 자신에게 속게 되는 예입니다. 주관적이고 희망적인 생각 또는 경계선상에 있는 현상들에 의해 연구자는 길을 잃고 헤매다가, 자신이 무엇을 하고 있는지에 대한 이해가 결여된 채 잘못된 결과를 얻게 된다는 거죠. 이것이 병적 과학의 예입니다. 이러한 결과들은 처음에 많은 관심을 끌게 되지요. 보통 수백 편의 관련된 논문이

* 8개월 후, 데이비스와 반스는 『피지컬 리뷰』지에 논문을 투고했고, 채택되어 게재되었다.

발표되기도 합니다. 때로는 15~20년 동안 지속되기도 하지만 결국에는 서서히 사라지게 됩니다.

(다음은 랭뮤어가 얘기한 병적 과학의 특징이다.)

병적 과학의 증상

1. 감지하기 어려울 정도로 미약한 관찰 값에 의해 실험 전체의 결과가 좌우되지만, 관찰 값의 세기 자체는 결과에 큰 영향을 주지 않는다… 필라멘트가 꺼져 있는 경우에도 데이비스-반스 실험은 잘 작동했다.

2. 관찰 값은 감지할 수 있는 한계에 가깝다. 측정 결과의 통계적 유의성이 낮기 때문에 많은 측정이 필요하다… 대부분의 사람은 유의성이 낮은 측정 결과가 얻어졌을 때, 그 데이터를 폐기할 이유를 찾게 된다. 이런 것들이 경계선상의 값이며, 데이터를 폐기할 여러 가지 이유가 있다. 데이비스와 반스도 그렇게 했다. 다만, 이론과 맞는가 또는 틀리는가에 따라 의심스러운 실험 결과를 임의로 살리거나 폐기하였다. 그들은 그것을 의식하지 못했지만, 그것이 그들의 방식이었다.

3. 매우 정밀하다고 주장한다. 반스는 분광학자들이 구한 결과보다 더 정확한 뤼드베리 상수를 구하려고 했다….

4. 경험에 반하는 환상적인 이론. 보어 이론을 인용하면서, 전자는 파동이기 때문에 정확한 곳에 있지 않아도 알파 입자에 의해 포획될 수 있다는 아이디어는 합리적인 이론이 될 수 없다.

5. 비판에 대해 충동적이고 즉각적인 변명을 한다. 그들은 항상 답을 갖고 있었다.

6. 지지자 대 비판자의 비율은 약 5:5까지 올라간 후 서서히 사라져간다. 비판자들은 결과를 재현할 수 없다. 그걸 할 수 있는 건 지지자들뿐이다. 그러

나 결국에는 아무것도 남지 않는다. 왜 그럴까? 원래 아무것도 없었기 때문이다. 이것이 병적 과학의 특징이다.

앨리슨 효과

병적 과학에 대한 랭뮤어의 강연에서는 앨라배마 대학의 물리화학 교수인 프레드 앨리슨의 이름에서 따온 앨리슨 효과도 포함되어 있었다. 랭뮤어의 말이다. "이것은 1927년에 시작되었고, 수백 편의 관련 논문이 발표되었습니다… 그들은 5, 6가지 새로운 원소를 발견했었고… 앨라배민, 버지니움 등 여러 가지 원소와 동위원소가 앨리슨에 의해 발견되었습니다." 앨리슨 효과는 패러데이 효과에 기반하고 있었는데, 편광된 광선이 액체를 통과할 때, 광선 진행 방향으로 자기장을 걸어주면 편광이 회전되는 현상을 말한다. 앨리슨은 자기장을 걸어준 후 광선의 회전이 관찰될 때까지의 시간 지연을 조사하였다. 시간이 지연되는 정도는 액체에 따라 다르다는 것을 발견하였다. 예를 들어 이황화 탄소에서의 시간 지연은 사염화 탄소에서의 시간 지연과 달랐다. 만약 황산구리 같은 금속염을 액체에 넣어주면, 염에 의한 시간 지연이 관찰되고, 여러 종류의 염을 첨가하면 그 각각의 효과가 더해져서 나타났다. 하지만 랭뮤어는 이상한 점들이 있었다고 언급했다. 다음은 강연 내용이다.

> 그들은 금속 원소만이 영향을 미치지만, 이온으로 작용하는 것은 아니라는 것을 발견했다. 즉, 모든 칼륨(potassium) 이온의 효과가 같지 않았으며 질산 칼륨, 염화 칼륨, 황산 칼륨 등의 효과가 달랐기 때문에 마치 화합

물로 작용하는 것 같았다. 이는 오직 양이온만의 효과이지만, 음이온이 보조적인 역할을 한다는 것이다. 하지만 음이온의 직접적인 효과는 관찰하지 못했다.

또한 그들은 그 효과가 얼마나 민감한지 조사해 보았다. 농도가 약 10^{-8} mol보다 높아지기만 하면, 어떤 농도에서나 최대 효과를 나타내는 것을 발견하였다. 이것은 분석적인 관점에서는 쉽지 않은 실험이지만, 그들에게는 전혀 문제가 되지 않았던 것 같았다. 효과가 사라질 때까지 용액을 계속 희석하여 유효숫자가 3자리인 데이터를 얻을 수 있었다….

그들은 이후에 아주 규칙적으로 등장하는 그 모든 동위원소를 발견했다. 납의 경우, 그들은 16가지 동위원소를 발견했다… 아무튼 그 방법은 아직 발견되지 않은 원소를 찾아내는 중요한 수단이 되었다. 지금은 알려졌지만, 그 당시에는 주기율표에 빈칸으로 남아있던 원소를 발견하여 앨라배민으로 명명하였다. 주기율표상에서 비어 있던 모든 원소들이 그렇게 발견되었고 논문으로 발표되었다.

그런데, 1945 또는 1946년에 나는 캘리포니아 대학교에 가게 되었는데….

웬들 라티머는 1932년에 G.N. 루이스와 내기를 했던 이야기를 했다. 라티머는 루이스에게 "이 앨리슨 효과라는 게 좀 우스워 보입니다. 동위원소를 어떻게 검출한다는 것인지… 앨라배마에 가서 앨리슨을 만나 실제 어떻게 하는지 알아보려고 합니다"라고 말했다.

그때는 과학자들이 원자량이 3인 미량의 수소 동위원소*가 존재할 수도 있다는 분광학적 증거에 관해 이야기를 시작할 때였다… 라티머는 앨리슨의 방법으로 수소 동위원소를 찾을 수도 있다고 생각했다. 그래서 그

* 현재는 3중수소로 알려져 있다.

는 앨라배마에 가서 3주 동안 앨리슨과 함께 시간을 보냈다. 가기 전에 그는 G.N. 루이스와 그가 기대하는 것에 관해 이야기했다. 루이스는 "아무것도 얻지 못한다에 10달러를 걸게요."라고 내기를 제안했다. 라티머는 앨라배마로 갔다가 돌아왔다. 그는 장비를 설치하였고, 장비가 잘 작동하자 G.N. 루이스는 그에게 10달러를 주었다고 한다. 그는 삼중수소를 발견했고, 『피지컬 리뷰』지에 논문을 발표하기도 했다… 7, 8년 후 그를 다시 만났을 때, 나는 앨리슨 효과는 병적 과학의 전형적인 특징을 보인다고 얘기했다… 아무튼, 라티머는 "당시 내가 무슨 생각을 했었는지 모르겠어요."라고 말했다. 그리고는 이어서 다음과 같이 말했다. "논문을 발표한 후, 그 실험을 전혀 재현하지 못했어요. 왜 그런지 전혀 알 방법이 없었어요. 하지만… 처음 결과는 환상적이었어요. 루이스에게 보여주었을 때, 우리 둘 다 문제없는 결과라는 데 동의했었어요. 결과가 너무 명백했거든요. 나는 할 수 있는 모든 방법을 동원하여 다시 확인해 보았어요. 더 해 볼 수 있는 것이 무엇인지 모르겠지만, 다시는 그 결과를 재현할 수 없었어요."

강연 후 토론 시간에, 랭뮤어는 "루이스가 10달러를 돌려받았다고 알고 있어요."라고 말했다. 앨리슨 효과에 기초하여 발견했다고 공표했던 모든 원소는 취소되었다. 나중에 해당하는 원소들이 실제로 발견되었을 때에는 발견자들이 다시 이름을 부여하였다. 앨라배민은 아스타틴이 되었으며, 버지니움은 프랑슘이 되었다. 삼중수소를 발견한 사람은 1933년의 라티머가 아니라, 1938년의 루이스 앨버레즈와 로버트 코녹이었다. 앨리슨과 에드거 머피가 그들의 논문에 덧붙인 말은 랭뮤어의 병적 과학의 증상과 정확히 일치한다. "그러나 이 실험 방법에 따라 제대로 된 결과를 얻으려면, 상당한 경험과 기술이 있는 연구자가 필요하다. 현재의 기술 수준에서 볼 때, 보통의 연구자가 신뢰할 수 있는 결과를 얻을 수 있다고 기대하기는 어렵다."[8]

랭뮤어 자신의 병적 과학?

랭뮤어의 강연은 이 책의 반복되는 주제 중 하나를 직접 보여준다. 즉, 과학적 이론이 어떻게 개발되고 검증되어 최종적으로 받아들여지거나 폐기되는가에 대한 것이다. 그 강연은 또한 랭뮤어의 매력적인 연설 스타일과 신랄한 비판을 보여주면서, 다른 사람의 잘못을 지적할 때 전혀 주저함이 없다는 것도 보여준다. 랭뮤어의 전기 작가 앨버트 로젠펠드는, "랭뮤어는 항상 다른 사람의 일에 대해 '오류를 지적'했다. 가끔 잘못을 지적받은 사람이 화를 내면, 그 반응에 놀라며 이해하지 못하곤 했다… 그의 동료 중 한 사람은 '랭뮤어에게 잘못을 지적받는 것은 엄청난 벽돌 더미에 깔리는 것과 같았다'는 말도 했다"라고 언급하였다.[9]

물론 랭뮤어가 다른 사람들의 오류를 지적하는 것을 즐긴 유일한 과학자는 아니었다. 발터 네른스트는 스반테 아레니우스의 면역화학을 조목조목 비판하였고, 길버트 루이스는 네른스트가 범한 모든 오류를 찾아내어 책으로 발간하였으며, 라이너스 폴링은 도로시 린치의 사이클롤 이론을 비판하기 위한 논문을 발표하기도 했다. 그러나 랭뮤어는 때로 거친 면은 있었지만, 상대방을 개인적인 적으로 간주하여 그를 집중적으로 공격하기 위해서 또는 복수를 하려고 오류를 지적한 것은 아니었던 것 같다.

이제 잠시 입장을 바꿔서 살펴보자. 랭뮤어 그 자신은 병적 과학에서 자유로울 수 있을까? 린치와 함께 단백질 형태에 대한 문제에 도

전했던 시도는 성공하지 못했다. 그러나 이것은 랭뮤어가 지적한 병적 과학의 마지막 증상인 "지지자 대 비판자의 비율은 5:5까지 올라간 후 서서히 사라져간다."에 해당하지 않는다.[10] 사이클롤 이론은 틀렸지만, 결국은 실험으로 확인할 수 있었으며, 경계선상의 효과를 포함한 것도 아니며, 연구자의 자기기만도 아니었다. 그러나 다른 분야의 연구, 즉 인공 강우가 있다. 인공 강우는 그가 말년에 열정적으로 연구한 분야인데, 그가 묘사한 병적 과학에 매우 근접해 있다. 전구에 관한 그의 연구가 결국 표면화학 이론으로 이어졌듯이, 비를 내리게 하는 연구는 일련의 다른 연구의 마지막 연결 고리에 해당한다. 그 연결 고리는 다음과 같다. 유독한 연기로부터 보호하기 위한 방독면 → 연기 발생 장치 → 무선 송신에서의 전기 간섭 → 비행기의 동결 → 과냉각 수증기 → 연기 발생 장치를 이용하여 구름에 씨 뿌리기. 모든 과정이 끝까지 연결되어있는데, 랭뮤어의 연구 과정을 따라가려면 몇 페이지가 필요하다.

인공 강우로 가는 길

1940년, 랭뮤어의 연구 보조원이 은퇴하게 되자, 랭뮤어는 숙련된 기계공인 빈센트 쉐퍼를 그 자리에 고용하였다. 랭뮤어와 그의 공동 연구원 캐서린 블로젯은 모두 조지 호수에 별장을 갖고 있었고, 환경 보호 활동을 하던 쉐퍼와 친분을 쌓게 되었다.[11] 제2차 세계대전이 점점 가까워짐에 따라 랭뮤어는 국방 관련 업무에 소집되었다. 미군은 독일이 유독한 연기를 개발할 수 있으며 군대에서 사용 중인 방독면이 효과적이지 않을 것을 우려하였다. 방독면에는 연기를 차단할 효과적인 필터가 필요했다. 랭뮤어와 쉐퍼는 필터를 테스트하기 위해서는, 균일한 크기의 입자로 이루어진 연기를 발생시킬 수 있어야 했다. 발생한 연기는 시험 중 입자 크기가 변하지 않고 안정적이어야 했으며, 필터로 걸러내기 힘들 정도로 입자 크기가 작아야 했다. 전쟁 후에, 랭뮤어는 그와 쉐퍼가 이를 위해 연구한 내용을 이야기했다.

> 균일한 크기의 입자를 만들고, 그 크기를 측정하는 방법을 결정하고, 필터를 통과하는 물질의 양을 알아내는 것이 목표였다. 이 일은 약 1년 동안 계속되었다. 우리는 상당히 성공적인 이론적 결과를 얻었고, 좋은 필터를 만드는 방법을 더 잘 이해할 수 있었다. 그러나 우리가 부수적으로 한 일에 주목하기 바란다. 우리는 비휘발성 연기를 만드는 방법에 대한 상세한 지식을 갖게 되었으며, 그 연기는 일반적인 연기에 비해 훨씬 작은 입자로 이루어져 있었으며, 그 입자들의 광학적 특성에 대해 많은 것을 알게 되었다.[12]

1941년 8월까지, 랭뮤어와 쉐퍼는 필터를 개발하는 문제를 거의 해결했으며, 균일한 크기의 작은 입자로 이루어진 연기를 발생시킬 수 있었다. 미국은 아직 전쟁에 참전하지 않고 있었지만, 연합군 폭격기 조종사들은 독일이 연기 보호막을 사용하여 연합군의 폭격으로부터 산업 시설을 효과적으로 보호하고 있다는 것을 알게 되었다. 이에 미국 육군성은 같은 목적으로 넓은 지역에 인공의 안개나 연기를 발생시키는 방법을 찾기 시작했다. 빛을 산란시키기에 최적인 입자는 크기가 빛의 파장과 거의 비슷해야 하므로, 입자의 크기는 0.6 μm 정도가 적당하다. 필터를 시험하기 위해 랭뮤어와 쉐퍼가 발생시킨 연기 입자의 크기는 0.5 μm로 우연하게도 적당한 크기였다. 그러나 그들이 발생시킬 수 있는 연기의 양은 1초에 0.01 g에 불과했다. 연기 보호막을 만들기 위해서는 훨씬 많은 양이 필요했다.

두 사람은 일을 분담하였다. 쉐퍼는 시행착오를 거쳐 가며 연기 발생 장치를 설계하였고, 랭뮤어는 이론적인 연구를 하였다. 그들이 일주일 후에 다시 만났을 때, 두 사람은 기기에 대한 거의 같은 설계를 생각하고 있었다. 그들은 뉴욕주의 스코하리 계곡에서 테스트를 진행하였다. 그곳은 두 사람이 자주 등산하던 곳으로 바닥이 평평하고 주위의 경사가 가파른 계곡이었다. 새로운 시험 장치는 최종적으로 만들려고 하는 연기 발생 장치보다 훨씬 작았다. 필요한 양의 10분의 1인 시간당 10갤런의 기름을 사용했지만, 그것으로 충분했다. 새로운 발생 장치의 초기 테스트 결과는 군에서 당시 구입하고 있던 기기보다 400배 효과적이라는 것을 보여주었다. 랭뮤어는 군을 위한 시연 날짜를 1942년 6월 24일로 잡았다. 고위 장교들이 아침 9시에 계곡으로 떠나자고 하자, 랭뮤어는 바람이 거의 없는 일출 시간에 시험해야 한다고 말했다. 모두 2:30에 알람을 맞춰야 했다. 시연은 아주 성공적이었다. 계곡은 짧은 시간 내에 연기로 완전히 가득 찼으며 약 1시간 후에나 바람이 불면서 공기가 맑아졌다. 연합군은 새로운 연기 발생 장치를 사용하여 네덜란드와 북아프리카에서의 군대 이동을 은폐했고, 라인강을 건너고 이탈리아로 진격하는 군대를 보호했으며, 태평양의 해군함을 가미카제의 공격으로부터 보호하였다.[13]

1943년 초, 연합군은 알래스카에서 시베리아까지 이어진 알류샨 열도를 통해 일본을 공격할 계획을 하고 있었다. 하지만 비행기가 눈 폭풍을 통과하면서 전기적으로 충전되어 코로나 방전이 발생할 것이 우려되었다. 방전으로 무선교신이 끊기고 항법 장치가 방해를 받기도 했다. 랭뮤어와 쉐퍼는 이 문제에 도전하면서, 적당한 시험 환경을 찾기 시작하였다. 가까이에 있는 적절한 장소는 뉴햄프셔주 화이트산맥의 워싱턴산이었다. 화이트산맥은 기후가 세계에서 가장 혹독한 곳 중 하나로, 시속 231마일의 지표면 풍속은 세계 기록이며, 겨울에는 통상

20피트 이상의 눈이 쌓인다. 랭뮤어와 쉐퍼는 서로 다른 물질로 코팅이 된 다양한 소재를 산 정상까지 가지고 가서 눈이 표면에 부딪힐 때 발생하는 전기적 충전을 측정할 계획을 세웠다. 하지만 불가능하다는 것을 알게 되었다. 상고대(안개 방울이 얼 때 형성되는 흰색 얼음)가 그들이 가지고 간 모든 것을 빠르게 덮어버렸다. 그들은 환경을 더 잘 제어할 수 있는 실내에서 전기 충전 실험을 하게 되었다.

그러나 워싱턴산의 상고대는 항공기 표면 결빙에 대한 훌륭한 실험실이었고, 육군성도 그에 관심을 갖게 되었다. 랭뮤어와 쉐퍼는 워싱턴산과 B-17 폭격기를 실험실로 활용하여 항공기 표면 결빙을 연구하기 시작하였다. 실험 장비를 워싱턴산 정상까지 옮기기 위해, 60이 넘은 랭뮤어는 스키를 타고 산을 오르내리거나 설상화를 신고 등반을 했다.[14]

전쟁이 끝나자 GE는 기후 관련 사업에서 철수하였다. 랭뮤어는 GE에서 자신이 원하는 연구를 자유롭게 할 수 있는 위치에 있었고, 그의 보조 연구원이었던 쉐퍼도 같은 특권을 누리고 있었다. 그들 둘은 여전히 얼음 생성에 관심이 있었고, 쉐퍼는 집의 냉동고를 사용하여 연구를 계속하였다. 그는 냉동고 내부를 검은 천으로 감싼 후 가는 광선을 안으로 비추었다. 광선에 숨을 불어넣자 안개가 형성되는 것을 관찰할 수 있었다. 냉동고 내부 온도는 −23℃이었지만 얼음 결정은 만들어지지 않았다. 물의 어는점인 0℃보다 훨씬 낮은 온도에도 불구하고, 공기 중의 물 입자는 얼지 않고 과냉각 상태를 유지하고 있었다. 온도를 더 낮추기 위해 쉐퍼는 냉동고에 드라이아이스(고체 이산화탄소) 조각을 던져 넣자, 냉동고 내부가 얼음 결정으로 가득 차기 시작하였다.

이 효과는 드라이아이스 조각의 크기에는 관계가 없었으며, 가장 작은 드라이아이스 조각도 같은 효과를 냈다. 또한, 이 효과는 드라이

아이스라는 물질과도 관련이 없었다. 액체 공기에 담가 냉각시킨 바늘도 같은 효과를 내었다. 온도가 −40℃보다 낮기만 하면 모든 물질이 공기 중의 물을 결정화시키는 연쇄 반응을 일으켰다. 다만, 얼음 결정의 확산이나 혼합 속도에 제한을 받을 뿐이었다. 일단 얼음 결정들이 형성되면 그것들이 추가적인 얼음 결정을 만드는 핵으로 작용하여, 결국 냉동고를 가득 채우게 되었다.

쉐퍼는 이 실험을 구름 사이에서 시도해 보기로 하였다. 그는 스키넥터디에서 6파운드의 드라이아이스 가루를 실은 경비행기를 타고 구름 위로 날아갔다. 그는 4마일에 걸쳐 층적운 구름 위에 드라이아이스를 뿌렸다. 그 결과는 다음과 같이 『타임』지에 실렸다. "평화롭게 떠다니던 구름이, 갑자기 괴로운 듯 요동치기 시작했다. 하얀색 작은 혹

그림 10-3 애디론댁산맥에서의 랭뮤어. 빈센트 쉐퍼가 찍음. 로저 서머헤이스 제공.

들이 표면 위로 돋아나기 시작했다. 5분이 지나자 구름 전체가 녹아 없어지고 옅은 눈이 유령처럼 남았다. 떨어지는 과정에서 얼음이 증발해 버려 땅에까지 닿은 얼음 조각은 없었다. 하지만 드라이아이스는 구름을 성공적으로 흐트러지게 했다."[15]

쉐퍼와 랭뮤어는 구름에 씨 뿌리기를 계속하였다. 랭뮤어는 GE와의 협약에 따라 그가 원하는 연구를 할 수 있었다. 랭뮤어가 말했다. "한번은, 씨가 뿌려지고 있는 구름 아래를 운전하고 있었다. 내 생애에서 그렇게 세찬 비는 보지 못했다. 약 15분 동안 폭우가 쏟아졌다… 그런 다음 비가 조금 잦아져서 운전을 계속했다. 아마 0.5마일도 못 갔을 거다. 비가 멈췄다. 차에서 내려 보니 도로는 말라 있었다. 그곳에는 비가 전혀 내리지 않았다."[16] 1946년 겨울에는 스키넥터디 상공의 구름에 씨를 뿌리고 나서 잠시 후 눈보라가 몰아쳤다.

GE 법률팀의 걱정이 시작되었다. 회사가 폭풍에 의한 피해 또는 다른 곳에 내렸을 비를 훔쳐 온 것에 대한 책임을 져야 하는가? 회사는 공공의 이익을 위한 명분으로 이 분야의 모든 특허권을 포기하기로 하였고, 미국 정부가 인공 강우 사업을 인수하여 "권운 프로젝트"라고 명명하였다. 랭뮤어와 쉐퍼는 이 프로젝트에 계속해서 관여하였지만, GE의 직원으로 남아있었다. 1947년 10월, 두 사람은 플로리다 해안에서 벗어나 북동쪽으로 이동하던 대서양의 허리케인에 인공 강우 씨를 뿌렸다. 잠시 후, 허리케인은 갑자기 서쪽으로 방향을 틀어 조지아주를 강타하였다. 그로 인해 허리케인 피해를 본 사람 중 일부가 GE에 소송을 제기하면서 GE의 변호사들은 공황상태에 빠졌다.

랭뮤어는 인공 강우에 대한 수학적 이론을 연구하기 시작했고, 이를 1948년에 논문으로 발표하였다. 그는 물방울이 구름 속에서 핵반응처럼 연쇄적으로 형성되는 것이 가능하며, 적절한 조건만 만족되면 한

방울의 물방울로 구름 전체를 비로 내리게 할 수 있다고 예측하였다.[17]

랭뮤어의 또 다른 보조 연구원이었던 버나드 보니것은 요오드화 은을 뿌리는 것이 드라이아이스보다 더 효과적임을 발견하였다.[18] 드라이아이스는 대기압하에서 물 입자가 과냉각 상태로 있을 수 있는 온도보다 온도를 더 낮추어줌으로써 물 입자의 응결이 시작되도록 한다. 하지만, 따뜻한 구름 속에서는 드라이아이스가 빠르게 이산화탄소로 증발되어 버린다. 얼음 결정과 모양이 비슷한 요오드화 은은 드라이아이스와 다르게 작용한다. 보니것은 크기와 대칭성이 얼음 결정과 일치하는 화합물을 찾기 위해 과학 문헌을 조사하여 요오드화 은이 가장 유망하다는 결론을 내렸다. 요오드화 은은 심지어 상온에서도 결정 상태로 존재하기 때문에 지상에서 연기 형태로 발생시켜 적절한 구름 속으로 흘러가게 할 수도 있었다. 랭뮤어, 쉐퍼, 보니것은 군용으로 개발했던 연기 발생 장치와 유사하게 요오드화 은 연기 발생 장치를 개발하였다. 요오드화 은으로 코팅된 천을 태우면, 미세한 입자로 이루어진 연기가 발생하였다.

과장된 주장

여기까지는 괜찮았다. 병적 과학이라고 할 징조는 없었다. 수증기 응축에 대한 기본적인 기상학 원리는 1870년대부터 알려져 있었다.[19] 하지만 1946년 이전까지는 비를 내리게 한다는 것은 사기꾼이 만든 이야기거나, 원시적인 기우제 수준의 이야기였다. 랭뮤어와 쉐퍼가 한 일은 인공 강우에 대한 최초의 계획적이고 실질적인 도전이었다. '병적 과학'이라는 비난을 받게 된 것은 그들이 실제 수행한 일이나 개발한 이론 때문이 아니라, 실용적인 중요성에 대한 주장과 언론을 대상으로 한 발표였다. 예를 들어, 『타임』지는 다음과 같이 보도하였다.

> 1949년 7월 랭뮤어는 앨버커키 근처에서 기상학계에서 여전히 격렬하게 논쟁 중인 실험을 하였다. 그는 기상청이 많은 비는 내리지 않으리라고 예보한 날 이른 아침에 요오드화 은 연기 발생 장치를 가동시켰다. 그리고 비구름이 발달하는 것을 레이더로 관찰하였다.
>
> 오전 8시 30분에 25마일 떨어진 곳에서 구름이 만들어지며 흘러가기 시작했다. 구름이 26마일 지점에 이르렀을 때, 갑자기 부풀어 오르며 시속 15마일의 속력으로 솟구치기 시작했다. 곧이어 레이더는 구름이 비나 눈으로 가득 채워져 있음을 보여주었다. 맨자노산 근처에 폭우가 쏟아졌다. 잠시 후, 두 번째 구름도 비슷한 이변을 보였고 많은 비가 내렸다.
>
> 랭뮤어는 이 두 번의 폭풍우가 그의 요오드화 은 입자가 날아가는 궤적을 따라 일어났으며, 구름 밑으로 입자가 주입되면서 시작되었다고 주장했다. 따라서 처음 내린 비뿐만 아니라, 이후의 폭풍우에 따른 비도 그가 만들어 낸 것이 되었다.[20]

랭뮤어는 이러한 데이터에 통계적인 분석을 추가해 논문으로 발표하였다. 논문에서 그는 "그 당시 2일 동안 뉴멕시코주에 내린 거의 모든 비는 요오드화 은 씨 뿌리기에 의해 만들어졌다는 사실이 명백히 입증됐다"[21]라고 언급하였다. 요오드화 은이 과냉각된 수증기를 응축되게 하는 핵으로 작용한다는 것은 과학적으로 의심할 여지가 없다. 보니것은 이를 실험적으로 명확히 입증하기도 했다. 하지만, 인공 강우의 실제적인 효용성에 대해서는 논란이 많이 있다. 높은 고도에 있는 과냉각 상태의 구름에 드라이아이스를 뿌리면 눈이 오게 되는 것도 사실이다. 랭뮤어와 쉐퍼는 그러한 구름 위를 여러 비행경로로 통과하면서 드라이아이스를 뿌린 후, 구름이 동일한 패턴으로 흩어지는 것을 저속 촬영으로 확인하여 보여주기도 하였다. 하지만 여름에 내리는 비는 훨씬 따뜻한 뭉게구름에 의한 것인데, 같은 방법으로 비를 내리게 할 수 있느냐는 것은 의문이었다.

특정한 인공 강우 실험에서 비의 원인과 효과를 특정하는 것은 어려운 문제다. 구름에 씨를 뿌리지 않았어도 비가 내리지 않았을까? 관측자는 편향적으로 특정 구름을 선택하거나 배제하지 않았는가? 또는 원하는 결과가 얻어지지 않아 실패한 경우에는 임의로 그 내용을 폐기하지 않았는가? 랭뮤어는 병적 과학에 대해 다음과 같이 언급하였었다. "비양심적인 의도로 연구를 수행한 것은 아닐지라도, 자신의 잘못된 결과에 연구자는 스스로 현혹된다. 주관적이고 희망적인 생각을 갖고 또는 경계선상에 있는 현상들을 보고 연구자는 길을 잃고 헤매다가, 자신이 무엇을 하고 있는지를 충분히 파악하지 못한 채 잘못된 결론을 내리게 된다." 그는 결과를 스스로 돌아보아야 했다. 인공 강우 실험은 경계선상에 있는 현상을 포함하고 있었다.

회의적인 기상학자들

기상학자들은 랭뮤어의 통계적 주장이 설득력이 없다고 말했다. 미국 기상청의 기상학자인 퍼거슨 홀은 랭뮤어가 뉴멕시코에 많은 비를 내리게 했다는 주장은, 주변 지역의 강우량이 통계적으로 서로 독립되어 있다는 가정에 기초했다는 점을 지적하였다.[22] 그것은 맞는 지적이었다. 같은 논문에 참여한 뉴욕 대학교와 MIT의 다섯 명의 과학자 및 수학자들은 "이번 경우에서 나타나는 주기적 특성은 단순히 우연에 의한 것일 가능성이 크고… 우리는 소코로(뉴멕시코주)에서 일어난 기본적인 날씨 패턴의 비정상적 변화가 요오드화 은에 의한 것이라는 추론에 동의할 수 없다"라는 결론을 내렸다.

랭뮤어는 이 장의 처음에 기술한 대로 기상학자들 앞에서 결과를 발표했지만, 좋은 반응을 얻지는 못했다. 그의 1950년 1월 25일 자 일기에는 다음과 같이 기록되어 있다. "나는 미국 기상학회의 오후 발표 시간에 약 1시간 반에 걸쳐 내가 지금까지 한 가장 중요한 논문을 발표하였다. 라이히펠더가 좌장이었다. 웩슬러와 루이스는 지지하지 않았다."[23] 이들 세 명은 랭뮤어의 이론을 믿지 않은 기상학자들이었으며, 그들 자신이 했던 인공 강우 실험에서는 부정적인 결과를 얻었다. 전문가들을 설득하기 위해 랭뮤어는 1949년 여름에 뉴멕시코주 엘버커키에서 1주 간격으로 1 kg의 요오드화 은을 규칙적으로 공중에 방출하였다. 그는 통계 분석을 기반으로, 자신의 인공 강우 실험이 그해 여름부터 다음 해까지 미국 동부 전역에 내린 대규모의 주기적 강우를 유발했다고 주장하였다. 뉴멕시코에서 1 kg의 요오드화 은을 방출하는 것이 어떻게 뉴잉글랜드에 대규모의 비가 내릴 수 있게 하는지에 대한 물리적 설명은 하지 않았다. 물리학자인 클라이드 해리스는 요오드화 은은 햇빛에 파괴되며, 바람에 실려 미국 동부까지 날아가서 폭풍을 일으킬 수는 없다는 것을 보여주었다.

기상학자들과 통계학자들은 실험적 편향성의 문제를 알고 있었다. 예를 들어, 실험자는 무의식중에 '숙성된' 것으로 보이는 구름에만 씨를 뿌릴 수 있다. 그들은 오직 무작위로 진행된 실험만 인정할 수 있었다. 그러나 랭뮤어는 그런 무작위 방식으로 실험하지 않았다. 기상학자 제임스 맥도날드는 다음과 같이 썼다.

> 씨를 뿌리는(인공 강우 실험을 하는) 사람은 먼저 '씨뿌리기에 적합한' 시간과 간격을 선택하여야 한다. 이어서 그의 선택을 공표한 다음 실제로 씨를 뿌릴 것인가는 동전을 던져서(무작위로) 결정하여야 한다. 이러한 과정을 여러 번 반복하면, '씨뿌리기에 적합함- 실제로 씨를 뿌림'과 '씨뿌리

기 적합함–씨를 뿌리지 않음'과 같은 두 부류의 결과가 얻어질 것이다. 이러한 방법으로 축적된 데이터라야 객관적인 표본의 조건을 만족한다고 할 수 있다.[24]

맥도날드는 이것을 실제로 실천하기는 어렵다고 지적하였다. 왜냐하면, 인공 강우 업자들은 '씨뿌리기에 적합한' 구름을 그냥 지나가게 두지는 않을 것이기 때문이다. 랭뮤어를 병적 과학으로 비난하는 것은 공정하지 않을 수 있다. 랭뮤어, 쉐퍼, 보니것에 의한 응결핵 실험은 정확하고 또 중요했으며, 응결 및 구름 역학에 대한 랭뮤어의 이론은 타당했다. 랭뮤어가 실패했던 것은 루이스의 복사 이론 그리고 린치의 단백질 구조 이론이 실패했던 것과 같은 이유에서였다. 그는 새로운 분야인 기상학에 진입하며 아이디어로 가득 차 있었다. 그는 그 분야의 문헌에 얽매이지 않았다. 또한 기상학자들은 이미 경계선상의 현상을 다루고 있다는 것을 알고 있었으며, 실험적 편향성 없이 구한 통계적 증거만 받아들일 수 있다는 것을 랭뮤어는 간과하였다. 린치와 마찬가지로, 그 분야의 과학자들이 약간은 어리석은 것처럼 생각했고, 이미 사용되고 있는 식을 그들이 익숙하지 않은 방법으로 다시 유도하여 소개하기도 하였다. 그리고는 린치와 마찬가지로, 랭뮤어도 그 분야에 실질적인 기여를 했으나, 그의 비논리적 주장으로 그 공이 가려지는 결과가 되었다.

현재 기상학자들은 인공 강우가 강우량을 어느 정도 증가시킨다는 데 일반적으로 동의한다. 미국 기상학회는 기상 조작에 대해 다음과 같은 원칙을 공식적으로 발표하였다.

일부 공항에서는 빙정 물질(드라이아이스, 액체 질소, 압축 공기, 요오드화 은

등)을 사용하여 과냉각 안개와 낮은 층운(어는점보다 낮은 온도에서 물방울을 포함하고 있는 구름)을 없애는 작업이 일상적으로 이루어지고 있다… 과냉각된 지형성 구름(산 위에 발달한 구름)에서의 강우량이 계절에 따라 약 10% 정도 증가했다는 통계적 증거가 있다. 그러나 물리적 인과 관계에 대해서는 완전히 밝혀지지 않았다… 따뜻한 대류성 구름(저층 온도가 10℃ 이상)에 대한 일부 실험에서는 요오드화 은이 개별 대류 세포에 긍정적인 효과를 나타냈지만, 다중 세포 폭풍에서 강우량을 증가시킨다는 결정적인 증거는 아직 확립되지 않았다. (1998: 2771)

1950년대와 1960년대에 행해졌던 허리케인 변경 실험은 결론이 나지 않았다. 1970년대까지 연구에 관한 관심은 지속되었지만 체계화된 연구 노력은 없었으며, 지난 20년 동안 이 문제에 전념한 연구는 거의 없었다. (1992: 334, 1998: 2776)

심각한 가뭄 기간에 검증되지 않은 기상 변경 기술을 사용하여 강우량을 증가시키는 것은 권장되지 않는다. 가뭄 기간 강우량을 증가시킬 확률은 일반적으로 매우 낮으며, 잘 검증된 방법만을 고려해야 한다. 강우량 증가는 제한적일 것이다. (1992: 336, 1998: 2772, 1998: 2778)[25]

랭뮤어의 결론은 과장되었을 수 있지만, 그 핵심 아이디어가 틀렸다고 증명된 바는 없으며, 결론을 뒷받침하는 일부 연구도 있다. 이런 점에서 랭뮤어가 병적 과학의 예로 언급한 데이비스-반스 및 앨리슨 효과와는 차이가 있다. 아무튼, 랭뮤어는 자신이 틀렸을 수 있다는 가능성을 전혀 인정하지 않았으며, 1957년에 그가 죽을 때까지 자신의 주장을 굽히지 않았다.

랭뮤어는 그의 일기에 인공 강우에 관한 자신의 논문을 "내가 발표했던 논문 중 가장 중요한 논문"이라고 언급하기도 하였다. 이는 표면화학보다 더 중요하며 그의 전자 이론보다도 더 중요하게 생각한다는 것이다. 그는 실용적인 사람이었으며 항상 많은 사람에게 영향을 미칠 문제에 가장 큰 관심을 가졌다. 날씨를 조절하는 데 성공했다면, 그것은 그가 생각했던 대로 매우 중요했을 것이다.

원자력과 러시아 여행

랭뮤어는 맨해튼 프로젝트에 직접 참여하지는 않았다. 하지만 미국의 가장 잘 알려진 과학자 중 한 명이었던 그는 전쟁이 끝난 후에 원자력 정책에 대한 그의 견해를 요청받게 된다. 반면 버클리에서 고립된 루이스에게 의견을 묻는 일은 없었다.

일본에 원자폭탄이 투하되고 전쟁이 종료된 지 한 달 후인 1945년 9월 9일부터 원자력 에너지 통제에 관한 회의가 시카고 대학에서 개최되었다. 미국이 원자폭탄을 국가 비밀로 유지할지 아니면 국제적인 통제 기구에 이관할지에 대한 문제가 다루어졌다. 40명의 참가자가 초청되었는데, 그중에는 미국을 대표하는 물리학자, 화학자, 정치과학자, 경제학자, 대학 총장, 연방준비제도 의장, 그리고 몇몇 사업가들이 포함되어 있었다. 과학자 중에는 글렌 시보그, 해럴드 유리, 랭뮤어가 포함되어 있었다. 시보그의 일지를 보면, 과학자 대부분은 비밀을 지킬 수 없을 것이며, 다른 나라들도 몇 년 안에 원자폭탄을 보유하게 될 것이므로 어떤 형태든 국제적인 통제가 필요하다는 견해에 동의하였다. 시보그에 따르면, 랭뮤어는 적극적으로 회의를 주도하였다. 랭뮤어는

"비밀로 붙이는 데에 찬성하지 않는다는 선언을 하고… 이를 전쟁부의 동의를 얻어 발표할 것"을 제안하였으며, "이를 국무부, 대통령 등과 논의할 의향이 있다"[26]고 말했다. 그후, 같은 해에 랭뮤어는 원자력 에너지에 관한 상원 청문회에서 같은 입장을 천명하였는데, 그는 미국이 원자폭탄을 보유한 유일한 나라임을 고려할 때 러시아의 불안감을 이해할 수 있다고 말했다.[27] 1945년 말과 1946년 초 사이에 원자력의 국제적 통제를 위한 시도가 있었다. 하지만 트루먼-애들리-매킨지 선언, 에치슨-릴리엔탈 보고서, 그리고 바루크 계획을 포함하여 통제를 위한 모든 시도가 1947년 말경에 폐기되었고, 핵무기 경쟁이 시작되었다.

원자력 통제에 대한 랭뮤어의 제안은 선의에서 시작되었고 적절한 제안으로 여겨질 수도 있었다. 하지만 소련의 상황에 대한 이해는 아주 순진했으며, 어쩌면 '병적 사회과학'이라고 부를 수도 있었다. 유럽에서는 전쟁이 끝났지만 아직 미국이 일본에 원자폭탄을 사용하기 전인 1945년 6월에, 소련은 랭뮤어를 비롯한 몇몇 유명한 과학자들을 소련 과학 아카데미에 초청하였다. 소련 정보기관이 원자폭탄에 관한 정보를 얻게 될 것을 우려한 미국 전쟁부는 원자폭탄 개발과 관련된 모든 사람의 해외여행을 금지하였고, 영국에도 같은 조처를 할 것을 강요하였다. 랭뮤어는 상원 청문회에서, 출국을 금지하는 것은 출국 못 한 과학자들이 폭탄 개발에 참여한 사람들이라는 결정적인 증거를 러시아에 제공하는 것이라고 정확히 지적하였다. 그러나 맨해튼 프로젝트에는 거의 관여하지 않았던 랭뮤어는 여행을 단념하라는 압력을 여러 번 받았지만 결국 여행 허가를 받았다. 과학자들은 뉴욕의 라과디아 공항에서 러시아 비행기를 이용하여 여행하기로 계획되어 있었다.

여행 예정자들이 뉴욕의 하버드 클럽에 모였을 때, 샌프란시스코와 시카고에서 같은 러시아 비행기를 타고 온 두 명의 미국인이 합류하였다. 그들로부터 러시아까지의 여행이 어떨지에 대해 듣게 되었다. 러시아 비행기는 여객기가 아니라 가득 적재된 화물 사이에 아홉 개의 좌석을 쑤셔 넣은 화물기였다. 여행하려는 과학자는 모두 18명이었기 때문에 절반은 서서 가야 했다. 비행기는 난방이 되지 않았으며, 북극권을 거치는 5~6일간의 여행이 예정되어 있었다. 그 비행기를 이미 탔던 한 명은 뉴욕으로 오는 길에 너무 추워서 다리의 혈액순환이 되지 않아 죽을 뻔했다고 회고했다. 비행기의 무선 교신기는 주파수가 달라서 미국 내에서는 교신이나 비행기 운항에 사용할 수 없었다. 즉, 미국 영공 내에서는 계기나 무선교신 없이 위험한 비행을 해야 했다. (실제로 뉴욕으로 향하던 러시아 비행기가 기상 악화로 무선교신 없이 덴버에 착륙한 후, 지상에서 미국 비행기와 충돌하는 사고도 있었다.) 일부 과학자들은 여전히 러시아에 가기를 원했지만, 러시아 비행기가 라과디아 공항에서 트럭과 충돌하여 수리 중이라는 이야기를 듣고 그들은 낙담하게 되었다. 결국은 트루먼 대통령이 자신의 비행기 중 하나를 제공하여 여행이 이루어지게 되었다.

랭뮤어는 소련 방문에 깊은 감명을 받았고, 여행 중에 러시아인들이 말한 모든 것을 믿은 것으로 보인다. 그는 상원 위원회에서의 추가 증언에서 자신이 새롭게 알게 된 지식을 기쁘게 공유했는데, 그는 소련에서 선도적인 과학자들을 대우하는 방법이 미국보다 훨씬 더 나았다고 말했다.

> 소련 정부는 자본주의 체제에서 우리가 전통적으로 누려왔던 인센티브 정책과 유사하게 효과적이고 적절한 인센티브 정책을 적극적으로 채택하고 있다. 하지만 현재 우리는 정부의 제제로 인센티브 정책이 원활하게 이루어지고 있지 않다. 러시아 과학 아카데미 소속의 과학 연구소 소장들

을 만나보고, 그들의 우대 정책이 매우 뛰어남을 알 수 있었다. 이들에게는 새벽 3시에도 호출할 수 있는 자동차와 운전기사가 정부 비용으로 제공되고 있다. 한 소장은 이미 그에게 제공된 여름 별장이 있음에도 불구하고, 산 중턱에 또 다른 여름 별장을 지어줄 것을 최근에 정부에 제안했다고 말했다… 국가에서 과학의 중요성을 인식하고 있다는 것을 보여주는 예로써 나는 『모스크바 뉴스』(아침마다 호텔에서 제공했을 것으로 예상되는 소련의 영어 신문)의 "과학은 인민에게 봉사한다"라는 기사를 인용하고자 한다. "지금의 소련에서는 과학자가 국가로부터 주목을 받으며 사회로부터 존경을 받고 있는데, 지금까지 그런 예는 없었다. 국가는 과학자에게 최대한의 생활 편의와 연구 시설을 제공하고 있으며, 과학자의 사후에도 그의 가족이 안락한 생활을 할 수 있도록 보장한다."[28]

랭뮤어가 소련의 과학자 우대 정책을 평가할 때, 트로핌 리센코의 이상한 유전학 이론에 반대하여 강제노동수용소에 유폐된 수백 명의 농업 과학자나 생물학자에게 물어보았다면 다른 평가를 내렸을 것이다. 소련의 가장 저명한 생물학자인 니콜라이 바빌로프는 1943년에 감옥에서 기아로 사망하였다. 미국의 많은 좌파 과학자들이 소련의 이러한 학대를 정당화했던 것은 확실하지만, 랭뮤어가 특정한 정치적 편향성을 갖고 있었던 것은 아니었다. 랭뮤어는 특히 정치와 경제에 대해서는 순진했던 것 같다. 과학 분야에서는 절대 그렇게 하지 않았던 그가, 정치적 주장은 액면 그대로 받아들였다.

11장

루이스의 마지막 나날

길버트 루이스가 산과 염기에 관한 연구를 종료했던 1938년, 그의 실험실은 산-염기 지시약으로 사용되던 유기 염료로 가득 차 있었다. 많은 염료는 산성 용액에서의 색과 염기성 용액에서의 색이 달랐다. 색을 띠게 되는 이유에 대한 아이디어는 오랫동안 루이스를 매료시켜 왔다. 색에 관한 그의 첫 번째 논문은 1906년에 발표되었다.[1] 1916년에 발표한 논문 "원자와 분자"에서 그는 전자쌍이 화합물의 색깔을 결정하는 중요한 역할을 한다는 아이디어를 제시하였다. 그는 빛과 화학 물질의 상호작용에 의해 발생한 결과물이 색이라고 생각하였다. 즉, 빛에 의해 분자의 전자 상태가 한 에너지 준위에서 다른 에너지 준위로 바뀌게 된다. 이때의 에너지 차이에 해당하는 진동수를 가진 빛이 흡수되거나 방출된다. 이러한 현상을 연구하는 분야는 후에 '광화학'으로 불리게 된다. 1939년에 루이스는 당시 버클리의 신진 교수였던 멜빈 캘빈과 함께 색 이론에 대한 논문을 발표하였다.[2]

로버트 코닉은 그들이 함께 일하던 모습을 이렇게 기억했다. "루이스와 캘빈이 색에 관한 연구를 하던 때가 기억난다. 길만 홀의 세미나실 뒤쪽에는 긴 테이블이 하나 있었다. 들어가 보니 그 테이블 위에는 30권쯤 되는 책이 모두 펼쳐진 채 놓여 있었다. 루이스는 책들 사이를 돌아다니며, 한 책을 보다가 이동하여 다음 책을 보는 것을 반복하고 있었다. 그는 색이 도대체 어디서 나오는 것인지를 알아내려고 애쓰는 것 같았다."[3]

컴퓨터 시대 이전에는 정밀한 양자화학 계산은 불가능했기 때문에, 루이스와 캘빈은 근사적인 방법을 사용해야 했다. 각 분자에 대해, 그들은 실험 데이터에 기초하여 다양한 전자 상태에 해당하는 에너지 준위를 할당하였다. 이러한 에너지 준위 간의 전이 과정이 물질의 색을 설명하는 핵심이었다. 루이스는 전자쌍의 재배치가 분자의 색을 결정하는 근본적인 요소라고 생각하였다. 특히 여러 개의 이중 결합이 엇갈리게 배열된 분자가 종종 강렬한 색을 띠었다. 그가 사용한 산-염기 지시약과 대부분의 유기 염료가 이에 해당했다. 예를 들어, 아래 분자가 색을 띠는 것은 이중 결합의 분극에 의한 것이라고 루이스는 설명하였다.

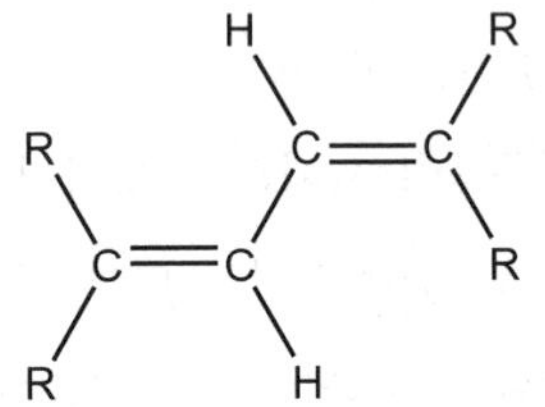

여기서 R 그룹은 임의의 유기 치환기를 나타낸다. 루이스의 전자 점 구조로 다시 그리면 아래 그림과 같다.

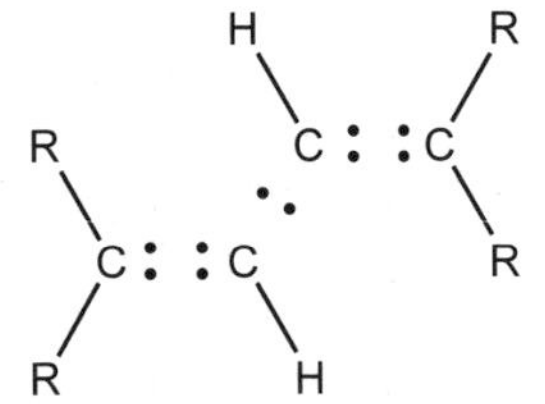

분극이 일어난 전형적인 구조는 아래 그림과 같다.

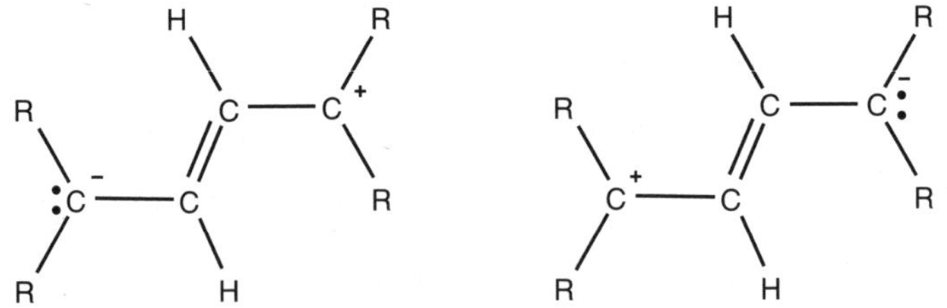

여기서 전자쌍은 분자 전체를 비교적 자유롭게 이동한다. (1940년경이 되면, 루이스는 점 구조식을 이렇게 자세하기 그리지 않았다. 이때쯤에는 그의 점 구조식의 개념과 표기가 보편화되어 있었기 때문이다. 위의 점 구조식은 루이스의 이전 연구와의 연속성을 보여줄 수 있도록 저자가 그린 그림이다.)

화학 반응 내부를 깊숙이 들여다보기

루이스는 그의 실험실에 남아 있던 유기 염료들을 실험해 보기 시작하였다. 모든 분자가 전자쌍으로만 이루어진 것은 아니었다. 전자의 수가 짝수가 아닌 분자를 루이스는 '홀수 분자'라고 불렀는데, 오늘날에는 자유 라디칼이라고 알려진 분자이다. 부피가 큰 여러 개의 치환기가 인접해 있는 분자의 경우에는, 정상적인 원자가 구조를 유지하는 것이 에너지적으로 불리할 때가 있다. 예를 들어, 네 개의 큰 치환기를 가진 탄소 원자는 이 중 하나를 잃음으로써 스트레스를 일부 완화할 수 있다. 이러한 분자들은 종종 빛에 민감하게 반응하는데, 빛이 분자를 때리면 전자쌍 결합이 끊어지면서 두 개의 자유 라디칼이 생성될 수 있다.

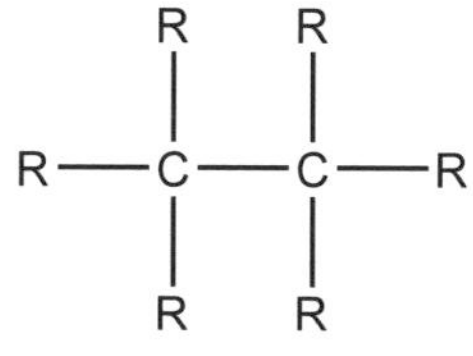

여기서 R은 부피가 큰 대형 치환기를 나타내고, 빛에 의한 반응을 루이스 전자쌍으로 나타내면 다음과 같다.

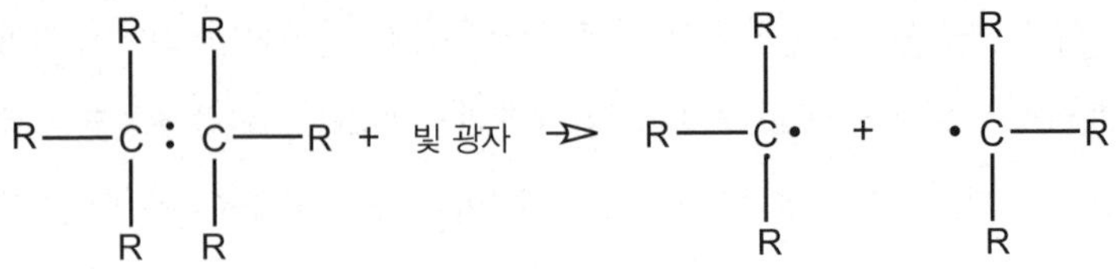

이렇게 만들어지는 자유 라디칼 생성물은 일반적으로 불안정하다. 자유 라디칼 중 한 개 또는 두 개 모두 빠르게 전자를 잃거나 얻어, 각각 양이온이나 음이온이 만들어지며 짝수의 전자를 갖게 된다. 루이스 이론에 따르면, 이렇게 만들어지는 이온들은 자유 라디칼보다 더 안정적일 것으로 예측되었다. 자유 라디칼이나 생성된 이온은 보통 몇 마이크로초 내에 다른 분자와 결합하게 되지만, 이러한 자유 라디칼과 이온들은 많은 반응에서 중요한 중간체로 작용한다고 믿어졌다. 중간체는 불안정해서, 정상 조건에서 분리하여 관찰하는 것은 불가능했다. 루이스와 그의 연구원들은 자유 라디칼과 이온 중간체를 그가 '단단한 매질'이라고 부른 물질 속에 가두는 방법을 개발하였다. 그는 화합물이 희석되어있는 용액을 냉각하여 유리처럼 투명하고 단단한 고체 상태를 만든 후, 그 용액에 빛을 조사하여 중간체가 만들어지게 하였다. 이 중간체들은 단단한 매질에 갇혀있기 때문에 다른 분자와의 반응을 위해 이동할 수 없는 상태가 된다. 루이스는 분광기를 사용하여, 그가 산과 염기 이론을 개발할 때 사용한 산-염기 지시약 분자들의 색을 조사하였다. 분광기는 빛의 진동수와 세기를 정량적으로 측정할 수 있는 기기다.

루이스, 시어도어 마젤, 데이비드 리프킨이 조사한 분자 중 하나인 크리스털 바이올렛 양이온의 예를 보자.[4] 크리스탈 바이올렛의 화학 구조는 다음과 같다.

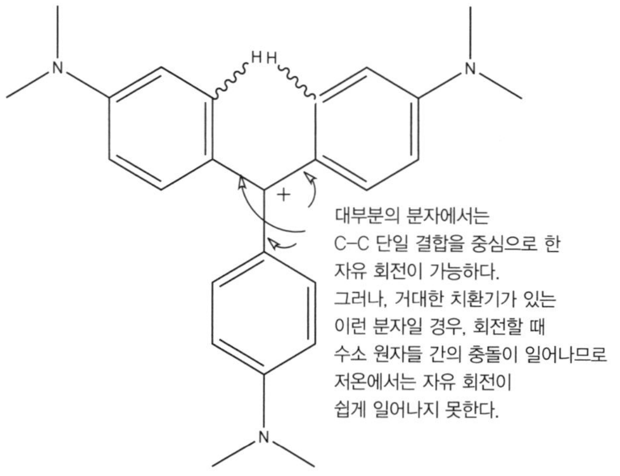

정상 온도에서, 위 분자 모형에 표시된 세 개의 C-C 단일 결합 중 하나를 중심축으로 회전이 일어날 때, 수소 원자 두 개(그림에서 물결 모양 결합으로 표시되어 있으며, 세 개의 동등한 위치가 분자에 존재함)가 서로 충돌함을 알 수 있다. 루이스가 단단한 매질에 포획된 분자를 분광기로 조사했더니 두 개의 흡수 띠가 관찰되었다. 이는 미세하게 색이 다른(또는, 파장이 다른) 두 종류의 전자기파가 방출된다는 것을 나타낸다. 즉, 낮은 온도에서 분자는 표시된 결합을 중심축으로 회전할 만큼 충분한 에너지가 없으므로, 두 가지 다른 형태로 존재한다는 것을 의미한다. 또한, 수소 원자 간의 상호 작용으로 야기되는 긴장을 완화시키기 위해, 고리들이 같은 평면에 있지 않고 비틀린 구조의 분자가 된다. 따라서 루이스는 두 개의 흡수 띠를 다음 그림과 같은 두 개의 회전 이성질체에 할당하였다. 다음 분자 그림에서 굵은 선으로 나타낸 결합은 종이 평면에서 위로 튀어나와 있다는 것을 의미한다.

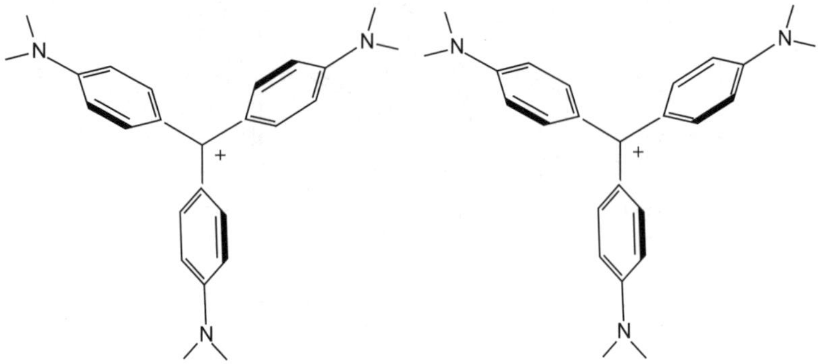

루이스는 한 이성질체는 날개가 비틀어진 비행기 프로펠러와 같고(왼쪽 구조), 다른 이성질체는 날개 중 하나가 잘못된 방향으로 돌아간 프로펠러와 같다고 설명하였다(오른쪽 구조). 저온에서는, C-C 결합을 중심으로 회전할 때 발생하는 수소 원자들 간의 충돌을 극복할 수 있는 충분한 에너지가 없기 때문에, 한 형태에서 다른 형태로 바뀔 수 없다. 온도에 따라 흡수 띠의 세기가 변화하는 것을 관찰할 수 있었는데, 이는 두 이성질체의 농도가 변화하고 있음을 나타내었다. 온도가 올라감에 따라, 분자는 마침내 수소 원자들의 충돌을 극복할 충분한 에너지를 갖게 되며, 두 이성질체는 매우 빠르게 서로 전환되어 결국 하나의 흡수 띠만 관찰되었다. 이것은 1941년 당시로써는 놀라운 연구 결과였다. 이제 화학자들은 반응의 과정을 추적하며, 매우 짧은 순간 동안 존재하는 중간체들을 관찰할 수 있게 된 것이다.

색과 전자 전이에 대한 루이스의 관심은 형광과 인광에 관한 연구로 이어졌다. 형광이 발생할 때, 분자는 전자기파를 흡수하여 높은 전자 에너지 준위의 들뜬 상태가 되었다가, 제3의 에너지 준위로 이완되면서 전자기파를 방출하게 된다. 방출되는 전자기파의 진동수는 흡수되는 전자기파보다 작은 값이 된다. 이 모든 과정은 매우 빠르게 일어나기 때문에, 사람의 눈에는 순식간에 일어나는 현상으로 인식된다. 형광 페인트가 그 예로, 높은 세기의 전자기파(빛)가 방출되기 때문에, 페인트는 강렬한 색을 띠게 된다. 인광도 그 과정은 유사하지만, 방출이 지연되어 일어나기 때문에 훨씬 긴 시간 동안 관찰할 수 있다. 인광은 몇 시간 동안 지속될 때도 있다. 흔한 예로는 해조류에서 볼 수 있는 지속적인 발광 현상이 있다. 단단한 매질을 이용한 연구를 정리한 1941년의 첫 번째 논문에서,[5] 루이스는 인광이 분자의 삼중항 상태(두 전자가 같은 스핀을 갖거나, 자기 모멘트가 같은 방향인 상태)에서 더 낮은 에너지의 단일항 상태(두 전자가 다른 스핀을 갖거나, 자기 모멘트가 반대 방향인 상태)로 전이될 때 발생한다는 가설을 세웠다.

1916년의 논문 "원자와 분자"에서 루이스는 전자의 자기 모멘트 짝지음에 대해 처음으로 언급하였다. 1942년 화학물리학자 로버트 멀리컨이 버클리를 방문했을 때, 루이스는 인광에 관한 자신의 생각이 맞다는 것을 확인했던 것 같다. 루이스는 그의 학생인 제이콥 바이젤리센에게 "멀리컨이 말한 에틸렌에 있어서의 삼중항 상태는 아마도 인광 상태인 것 같다"[6]라고 말했다. 루이스의 이러한 언급은 논란을 불러일으켰다. 삼중항 상태에서 단일항 상태로의 전자 전이는 양자역학 법칙에서 '금지'되어 있었기 때문이다. 이 아이디어는 에드워드 텔러, 제임스 프랑크 등 여러 과학자의 반대에 부딪혔다. 삼중항 상태에 대한 논란은 루이스의 제자였던 마이클 카샤의 논문에 자세하게 설명되어 있다.[7] 루이스의 아이디어가 옳았다는 사실은 그가 죽은 후에야 증명되었다.

프랑크는 한 인터뷰에서 "나는 그의 생애 마지막에 그에게 부당한 평가를 했으며, 아직도 그것을 후회하고 있다. 나는 삼중항 상태가 인광에 관련되어있다는 아이디어를 이해할 수 없다고 항상 말했었다… 그러나 그의 말이 맞았다"[8]라고 말했다. 삼중항–단일항 전이의 금지 규칙은 절대적인 것은 아니었으며, 인광이 일어나는 데 오랜 시간이 걸리는 이유였다. 60대에 접어든 루이스는 전자쌍이 중요하다는 자신의 개념으로 돌아와, 빛과 화학의 상호 작용과 색에 관한 연구, 즉 광화학에 그 개념을 적용했던 것이다.

루이스와 (다시 한번) 노벨상

루이스가 65세가 되던 1940년에, 노벨 화학 위원회는 그의 전자쌍과 화학 결합 이론에 관한 보고서를 다시 한번 받게 된다. 이번에 보고서 작성을 요청받은 사람은 노벨 화학 위원회 위원이자 웁살라 대학 유기화학 교수인 루드윅 램버그였다. 그는 유기 화학자였지만 물리화학에 관심이 더 많았다. 루이스의 이론에 대한 램버그의 의견이 긍정적일 가능성은 낮았다. 웁살라 대학 화학과의 공개되지 않은 역사에 대한 고란 베르그송의 말을 인용하려고 한다.

> 어떤 면에서 램버그는 시대를 앞서간 사람이었다. 그는 소위 유기화학의 전자 이론(양자역학 이전에 확립된 루이스-랭뮤어 이론)을 아주 싫어했다. 양자역학에 기반을 둔 전자 이론은 1920년대부터 1950년대까지 보편적인 이론이 된다. 1919년에 있었던 교수 취임 강연에서, 이미 램버그는 양자 이론이 분자 수준에서의 화학 현상을 설명하는 유일하고도 최종적인 기본 이론이 될 것이라는 확신을 밝힌 바 있었다.[9]

램버그가 루이스의 원자가 이론에 대한 보고서를 제출해 달라는 요청을 받았을 때, 스베드베리가 8년 전에 이미 이 주제에 대한 보고서를 제출했다는 사실을 아무도(시어도어 스베드베리를 포함하여) 기억하지 못했다. 1940년 화학 위원회에 보고서를 제출하는 편지에서 램버그는 다음과 같이 썼다. "루이스의 원자가 이론에 대한 제 보고서를 제출합니다. 보고서가 길어진 것은, 모두가 잊고 있었던 스베드베리의 1932년 보고서를 발견했기 때문입니다. 그 보고서는 루이스의 원자가 이론에 대한 모든 것이 간략히 언급되어 있었습니다. 저는 다만 그 내용을 좀 더 자세하고 길게 서술하였습니다." 램버그의 1940년 보고서는 루이스 이론을 무시하는 듯한 내용이었다. 그가 루이스의 이론에 대해 찾을 수 있었던 최선의 평가는 "교육적인 관점에서 보면, 루이스의 원자가 이론에는 부정할 수 없는 몇 가지 장점이 있다. 아마도 초급단계 학습자를 위한 교육용으로 이 이론을 이용하면 도움이 될 것이다."[10]라는 것이었다.

그것이 루이스의 화학 결합 이론에 대해 노벨 위원회가 남긴 마지막 평가였다. 그의 산-염기 이론에 대해서는 1944년에 노리스 홀로부터 단 한 번의 추천만 받았으며, 위원회는 이 주제에 대해서는 특별 보고서를 의뢰하지 않았다. 루이스의 산과 염기 이론은 그의 생전에는 널리 채택되지 않았지만, 그가 사망한 후에는 물리유기화학에서의 중요한 개념이 되었다.

1944년에 루이스는 광화학 연구에 대해 노벨상 후보로 추천을 받았다. 이는 노벨 위원회가 루이스를 마지막으로 평가하는 기회가 되었다. 그때는 램버그와 빌헬름 팔마에르는 위원회를 떠난 상태였다. 만약 루이스의 공유 결합, 산-염기 이론, 광화학을 통합한 이론을 평가했다면, 루이스가 수상자로 선정되었을 가능성도 있었을 것이다. 루이스의 머릿속에서는 이 모든 연구와 아이디어가 전자쌍의 중요성이라는 하나의 개념으로 연결되어 있었다. 그는 전자쌍과 관련된 여러 분야(화학 결합 이론, 산-염기 이론, 광화학)에서의 연구로 여러 번 노벨상 후보에 올랐지만, 노벨 위원회는 이를 단일 이론의 구성 요소로 보기보다는 서로 관계없는 독립된 주제로 간주하였다. 노벨상 규정에 따라 단일 '발견'을 찾으려는 위원회의 접근은 이러한 일반 개념의 중요성을 간과하는 결과를 초래하였다.

루이스의 광화학 연구에 대한 보고서는 램버그의 제자였으며 노벨 위원회 위원이었던 아르네 프레드가에 의해 작성되었다. 1944년에 작성된 그의 보고서는 이렇게 시작된다. "올해 두 건의 추천은 루이스의 종합적인 과학적 업적에 관한 것이며, 세 번째 추천은 유기 분자의 빛 흡수에 관한 지난 2년간의 그의 논문에 대한 것이다. 이는 1942~1943년에 『미국 화학회지』에 실린 9편의 논문으로 구성되어 있다."[11] 그러나 프레드가의 평가 범위는 광화학으로 제한되었고, 루이스의 '종합적인 과학적 업적'은 다루지 않게 되어 있었다. 프레드가의 보고서는 이렇게 계속된다.

> 이 논문 중 일부는 '단단한 용매'(유리처럼 될 때까지 냉각된 용매)에서의 광화학 실험을 다루거나 이와 관련되어 있다… 루이스는 아마 형광 연구 중에 이 아이디어를 생각해낸 것 같다. 형광 물질은 유리 같은 상태로 냉각된 용매 속에서는 인광 현상을 나타낼 수 있다. 이 현상을 부분적으로는 지연된 형광으로 간주할 수 있다는 것은 오래전부터 알려진 사실이다. 용해된 물질에 빛을 비추면 다양한 반응이 일어날 수 있다. 라디칼로의 해리, 이온으로의 해리, 또는 전자의 방출에 의한 이온 생성 등이 그것이다. 정상적인 조건에서는 초기 생성물의 수명이 매우 짧은 경우가 많다. 하지만 단단한 용매 속에서는 분자 간의 반응이 배제되고, 방출되는 전자도 용매에 포획되므로 초기 생성물이 수명이 상당 시간 연장될 수 있다. 따라서, 이들 생성물을 분광학적으로 연구할 수 있다… 이러한 사실

에 기초하여 루이스가 색깔과 분자 구조 사이의 연관성 문제를 광범위하게 다루었다는 것은 명백하다. 명확하고 결정적인 결과는 아직 나오지 않은 것 같지만, 그렇더라도 그의 연구는 매우 흥미롭다. 광학 현상에 대한 그의 화학적 설명은 독창적이고 타당해 보이지만, 어떤 경우에는 다른 설명도 배제할 수는 없을 것이다. 현재 종종 관찰되는 변칙적인 결과는 화합물 간의 결합이나 용매화 등에 기인한 것으로 볼 수도 있으며, 이에 대한 설명이 독립된 연구 대상이 되기도 한다. 가장 중요한 것은 단단한 매질에서의 광화학적 효과에 관한 연구로, 아주 흥미로운 결과를 얻었으며 주목할 만한 중요성이 있다. 하지만, 더 면밀한 검토가 필요해 보인다.[12]

위원회는 프레드가의 보고서를 채택하였으며, 그 연구는 중요하다고 판단했다. 그러나 스웨덴 왕립 과학원에 보낸 보고서에는 다음과 같이 결론지었다. "그러나 위원회는 이 분야가 좀 더 발전하기를 기다리고자 하며, 아직 루이스에게 상을 수여할 준비가 되어있지 않다."[13]

아레니우스(1924년), 스베드베리(1932년), 램버그(1940년), 프레드가(1944년)의 네 차례에 걸친 평가에도 불구하고, 위원회는 루이스의 전자쌍에 관한 연구를 노벨상 대상으로 추천하지 않았다. 되돌아보면, 전자쌍 연구는 루이스의 가장 중요한 업적이었다. 특히, 공유 결합의 발견뿐만 아니라, 그의 산-염기 이론과 광화학 연구도 전자쌍 이론에서 비롯되었다고 생각하면 더더욱 그렇다. 스베드베리(1932년)와 램버그(1940년)가 루이스의 화학 결합 연구를 기각한 이유는 1920년대와 1930년대의 양자역학을 바탕으로 루이스의 1916년 논문을 평가했기 때문이다. 또한, 당시 유럽 대륙에서는 단순한 기계적 모델로 어떤 현상을 설명하는 것을 경시하던 풍조가 있었던 것과 관련이 있었다고도 볼 수 있다.

그러나 루이스의 연구, 특히 산-염기 이론과 광화학에 관한 그의 연구의 중요성은 그가 죽은 후에야 비로소 충분히 이해되었으므로, 스베드베리와 램버그를 지나치게 비판하는 것은 역사적으로 볼 때 공정하지 않다. 루이스는 물리화학자로 인식되었고, 그가 상을 받으려면 위원회의 물리화학자들의 지지가 필요했을 것이다. 양자 혁명 이후 스웨덴 물리화학자들 사이에 만연했던 태도는, 다른 화학 분야에서 얼마나 유용하든 간에 전자쌍을 기반으로 한 단순한 비수학적 모델에 호의적이지 않았던 것이 분명하다.

그러나 루이스를 노벨상 후보로 추천한 루이스 해밋과 크리스토퍼 인골드와 같은 물리유기화학자들은 스베드베리와 램버그의 의견에 동의하지 않았을 것이다. 역설적이게도, 루이스의 가장 큰 공헌은 그가 하버드 대학 학부 시절에 D 학점을 받았던 유기화학 분야일지도 모른다. 루이스의 비극성 결합에 대한 설명은 반응 메커니즘 연구에 중요한 역할을 했으며, 비양성자성 용매에서의 산-염기 이론은 유기 반응의 촉매 작용을 설명하는 데 이용되고, 그의 열역학 이론은 유기 반응의 평형과 반응 속도론을 표현하는 공통 언어가 되었으며, 수명이 짧은 중간체의 분리와 분석은 유기 반응 내부를 들여다보는 최초의 연구 방법의 하나였다. 또한, 수소를 중수소로 치환한 표지 유기 화합물을 사용하는 것은, 현재 유기화학에서 반응 메커니즘을 연구하는 표준 방법이 되었다.

루이스의 전자쌍 아이디어에 대한 편견은 이후에도 계속되었다. 1976년 노벨 화학상을 수상한 윌리엄 립스콤은 "루이스가 공유 결합을 발견했지만, 그는 그 결합을 이해하지 못했다"[14]라고 말했다고 한다. 이는 아마도 루이스가 양자역학을 이해하지 못했다는 의미일 것이다. 물론 이는 사실이지만, 멘델레예프가 원자 번호, 전자, 비활성 기체의 존재를 몰랐기 때문에 주기율표를 완전히 이해하지 못했다고 말하는 것과 같은 맥락이다. 또는 에너지 보존의 원리를 알지 못한 뉴턴은 뉴턴 역학을 이해하지 못했다고 말하는 것과도 같다. 라이너스 폴링은 양자역학적 방법으로 화학 결합의 방향성을 설명하는 등 루이스의 화학 결합 이론을 확장하였다. 루이스와 폴링이 노벨상을 공동으로 수상했다면 적절했을 것이다. 폴링은 루이스와 마찬가지로 전자 이론을 많은 화학자가 쉽게 접근할 수 있게 만들었고, 루이스가 죽은 후인 1954년 노벨 화학상을 받았다. 수상 이유는 "화학 결합의 본질과 복잡한 물질의 구조 해석에 관한 연구"[15]였다. 폴링은 1939년 출간한 책 『화학 결합의 본질』을 루이스에게 헌정했었다.

초창기 노벨상은 이론적 연구보다는 실험적 연구를 더 선호하는 경향이 있었다. 예를 들어, 아인슈타인은 상대성 이론으로는 노벨상을 받지 못했고, 막스 플랑크는 양자 이론을 1900년에 발표했으나 1918년에야 노벨 물리학상을 받을 수 있었다. 이러한 실험에 대한 선호는 물리학보다 화학에서 더욱 두드러졌다. 노벨 화학 위원회 내에서는 전자 이론에 대한 편견이 보편적으로 존재했으며, 이론 연구는 물리학상을 받는 것이 더 적절하다는 인식이 있었다. 화학 전자 이론의 선구자인 발터 하이틀러, 프리츠 런던, 존 슬레이터, 에리히 휘켈 등은 모두 노벨상을 받지 못했다.

하지만 설령 루이스의 전자쌍에 관한 연구, 즉 공유 결합, 산-염기 이론, 광화학 등이 모두 하나의 연구 업적으로 고려되었더라도, 1944년에 그가 노벨상을 받았을 가능성은 여전히 낮았다. 1929년에 한스 폰 오일러켈핀이 노벨 화학 위원회에 합류했는데, 그는 생화학 분야를 매우 선호하였다.[16] 1936년 이후, 화학 분야의 노벨상 수상은 생화학 쪽으로 크게 기울었으며, 1937년에서 1939년까지의 노벨 화학상은 모두 생화학 분야에 수여되었다. 1940년에서 1942년까지는 전쟁으로 인해 수상이 보류되었지만, 1943년과 1944년에는 동위원소 연구에 상이 수여되었고, 1945년과 1946년에는 다시 생화학에 초점이 맞춰졌다. 1945년에는 동물 사료 보관 방법을 개선한 연구가 상을 받기도 했다! 1934년에 루이스의 연구가 마지막으로 진지하게 평가된 후, 그의 물리화학 연구는 노벨 화학 위원회의 관심에서 멀어져갔다.

1926년 노벨 물리학상을 받은 오언 리처드슨은 1940년부터 계속하여 루이스를 노벨 화학상 후보로 추천하였다. 그의 마지막 몇 개의 추천서는 항상 같은 내용의 간청으로 끝났다. "제가 이 위원회에 추가로 말씀드리고 싶은 것은 루이스가 이미 고령이며, 그에게 노벨상 수상의 영예를 안겨주고 싶다면(저는 그가 해낸 연구가 그럴 자격이 충분히 있다고 생각합니다) 지금이 바로 그때입니다."[17] 프레드가의 광화학에 관한 보고서가 작성된 지 2년 후인 1946년, 루이스는 광화학 실험을 하던 중 70세의 나이로 실험실에서 사망하였다. "이 분야가 좀 더 발전하기를 기다리자"라는 위원회의 1944년 선택은 이제 실행될 수 없게 되었다.

루이스의 노벨상 수상에 장애가 되었던 많은 문제는 그가 자초한 면이 있다. 그는 버클리에 자신을 스스로 고립시키고 자신만의 과학적 지원 시스템을 구축하였다. 그리고 그곳에서 확신을 갖고 자신 있게 연구를 수행했지만, 더 넓은 과학계에 대해서는 종종 방어적이었고 작은 비판에도 민감하게 반응하였다. 과학적 인정을 받기 위해 자신의 연구를 홍보하는 것은 필요악일 수도 있는데, 루이스는 그럴 의향이 별로 없었다. 발터 네른스트는 "나의 열정리"라고 외치며 북을 치고 다녔지만, 루이스는 항상 새로운 분야에 도전할 준비가 되어 있었다. 그는 60대에 들어서면서 산-염기 이론과 광화학 연구를 시작하였다. 루이스는 새로운 분야의 연구를 시작하면 이전 분야에 대한 논문 발표는 완전히 중단하였다. 논문 발표는 그의 유일한 자기 홍보 수단이었으므로, 비록 흥미를 잃었더라도 그 분야에서의 명목상 존재감을 유지하기 위해 논문을 발표할 수도 있었다. 그러나 루이스는 버클리 화학과의 누군가가 자신이 이미 떠난 분야인 열역학이나 전자 이론에 관한 논문을 발표할 때, 그 논문에 자신의 이름을 절대로 올리지 않았다. 노벨 위원회가 그의 열역학 이론을 평가하기 시작했을 때, 그는 이미 그 분야를 떠난 지 오래였다. 1926년에 스베드베리가 노벨 위원회에 루이스의 더 많은 열역학 연구 결과를 기다려 보자고 권고했지만, 루이스는 1923년에 열역학 연구를 중단했기 때문에 더는 새로운 연구 결과가 나올 수 없었다. 마찬가지로, 그가 1923년에 화학 결합 이론을 떠난 후, 1938년에 산-염기 이론에 관한 연구를 다시 시작할 때까지 이 이론에 관한 연구에서 완전히 떠나 있었다. 그 사이에 라이너스 폴링을 비롯한 다른 과학자들은 새로운 양자 이론을 화학에 적용한 연구를 이어나갔다.

고립된 삶 때문에 루이스는 더욱 쉽게 남들과 적이 되었다. 그는 불필요하게 네른스트를 공격했고, 결국 그 공격의 대가를 네른스트의 친구인 팔마에르에게 받았다. 네른스트 외에도 루이스를 좋아하지 않은 사람들은 더 많이 있었을 것이다. 루이스의 제자 바이젤리센에 따르면 루이스가 새로운 연구 분야에 접근하는 방법은 다음과 같다. 루이스는 그전에 이루어졌던 연구를 빠짐없이 다 인용했는지 확인한 후, 가능한 한 많은 영역에서 자신의 소유권을 주장했다. 만일 누구라도 자신의 소유권을 인정하지 않거나 자신이 공헌한 부분을 인용하지 않고 그 분야 연구를 시작한다면, 루이스는 그를 적으로 간주했다.[18] 그러나 그가 적으로 간주했던 사람들은 당연히 왜 루이스가 자신에게 적대적인지 알 길이 없었다. 바이젤리센에 따르면 1941~43년 루이스와 사적인 대화를 나눌 때 루이스가 물리유기화학자 루이스 해밋을 몇 차례 비방했다고 한다. 해밋이 그의 산-염기 이론을 무시했다고 믿었기 때문이다. 그러나 1943년 해밋을 만난 바이젤리센은 사실은 해밋이 루이스를 높이 평가하고 있다는 것을 알게 되었다. 1944년 해밋은 루이스를 노벨상 후보로 추천하기도 했다.[19]

하지만 루이스가 적들로부터만 고립되어있었던 것은 아니었다. 예를 들자면 닐스 보어와 막스 보른 같은 친구를 둔 랭뮤어와 달리, 루이스는 유럽을 방문하거나 국제학회에 참석한 적이 별로 없었으며, 유럽이나 스칸디나비아에 그를 지지하는 세력을 확보하지 못했다. 심지어 루이스를 지지하는 미국 내 과학자들에게도 확신을 주지 못했다. 원칙적으로 노벨 위원회는 추천자의 수, 이름, 국적과 상관없이 추천된 과학자의 연구만으로 그 과학자를 평가해야 한다. 수상 대상자의 국적도 고려 대상이 아니다. 그러나 한 나라의 과학자들이 하나로 뭉쳐 자국의 과학자를 지명한다면 이는 당연히 도움이 된다. 아레니우스가 계속해서 네른스트의 노벨상 지명을 방해하자, 1921년에 7명의 독일 과학자들이 네른스트를 추천하였다. 독일 과학자들 외에도 14명의 스웨덴과 노르웨이 과학자들이 두 개의 스웨덴 추천서에 공동 서명하면서 아레니우스는 결국 포기할 수밖에 없었다. (팔마에르가 이러한 지원을 조직한 사람 중 한 명이었다.)[20] 루이스의 친구들은 이러한 연대를 이루어내지 못했는데, 이는 아마도 그의 까다로운 성격과 고립 때문이었을 것이다. 1934년, 루이스는 미국 국립과학원에서 사임했는데, 이는 1934년에 화학 분야 노벨상을 수상한 해럴드 유리 때문이었을 가능성이 크다(8장 참조). 이러한 성급한 행동은 많은 지지자에게 실망을 안겨주었을 것이고, 이후로 루이스를 위한 미국에서의 노벨상 추천은 급격히 줄어들었다.

루이스가 노벨상을 받지 못한 데에 민족주의적인 요소가 있었던 것 같지는 않다. 하지만 국가에 따라 평가 기준이 달라질 수는 있었을 것이다. 학문 분야는 국가의 정체성이나 전문 분야에 따라 여러 개의 하위 분야로 세분화되며, 화학도 예외는 아니다. 노벨상은 국제적인 상이지만, 스웨덴 왕립 과학원에서 주관하며, 루이스가 후보로 거론되던 때에 화학 위원회의 위원 대부분은 스웨덴인이었다.[21] 예외적으로 오일러-켈핀은 독일 출신이었는데 네른스트의 제자이자 아레니우스의 조수였고, 이후 스톡홀름 대학의 교수가 되었다. 즉, 루이스를 평가한 스웨덴 위원들은 영국이나 미국 과학자들보다는 자신들이 교육받았던 독일의 과학자들에 더 많은 영향을 받았음이 분명하다. 독일 과학자들은 일반적으로 네른스트의 열역학 공식을 선호했고, 루이스와 랭뮤어의 전자 이론은 지지하지 않았다.

사후에 노벨상이 수여되는 일은 없으므로 노벨상을 받으려면 오래 살아야 한다. 1946년 이후 위원회의 관심이 다시 물리화학으로 돌아섰다. 만약 루이스가 몇 년 더 살면서 유망한 광화학 연구를 계속할 수 있었다면, 이 분야의 연구로 상을 받을 가능성도 있었을 것이다. 또한, 열역학 분야로 상을 받았을 가능성도 있다. 버클리를 졸업하고 교수로 있던 윌리엄 지오크는 "화학 열역학 분야, 특히 극저온에서의 물질의 거동에 대한 그의 공헌"[22]으로 1949년 화학상을 받았다. 팔마에르는 이미 위원회를 떠난 상태였기 때문에, 1926년 루이스를 추천했던 스베드베리가 1949년의 열역학 분야에 대한 상이 루이스를 포함한 두 명의 버클리 교수에게 돌아가도록 추진했을지도 모른다.

루이스와 그의 마지막 제자, 바이젤리센과 카샤

1941년, 루이스는 66세가 되었다. 그는 1912년부터 화학 단과대학 학장과 화학과 학과장을 겸직하고 있었으며, 그동안 계속해서 대학 본부를 불편하게 했다.[23] 대학 본부는 과학계에서 상당한 위상을 가진 그를 교수직에서 은퇴시킬 생각은 없었지만, 정년 이후에는 더 이상 학과 리더의 역할을 맡을 수 없다는 점을 분명히 했다. 웬들 라티머가 학장이 되었고, 조엘 힐데브란트가 학과장 자리를 맡게 되었다.[24] 이들은 모두 루이스의 친구였지만, 루이스가 고집했던 비정상적 정책 일부를 바로잡기 시작하였다. 예를 들어, 화학공학을 소홀히 한 것, 물리화학에 지나치게 중점을 둔 것, 그리고 교수진으로 버클리 졸업생만을 선호해 채용한 것 등이 그것이다.

1941년, 제이콥 바이젤리센이 버클리 대학원에 입학했을 때, 루이스는 모든 보직을 막 내려놓은 상태였다. 바이젤리센은 오리건 주립대학 출신으로, 루이스와 랜들의 열역학을 독일어로 번역했던 오토 레들리히가 그의 석사학위 지도교수였다. 그는 탄소-14 동위원소를 공동 발견한 샘 루벤의 지도하에 핵화학을 공부할 생각으로 버클리에 왔었다. 바이젤리센이 학장인 웬들 라티머를 면담했을 때, 라티머는 핵화학은 장래성이 없으니(1941년에!) 루벤 말고 윌리엄 브레이를 지도교수로 정하면 어떻겠냐고 제안하였다. 브레이는 1912년 루이스와 함께 MIT에서 버클리로 왔던 물리무기화학 교수였다. 바이젤리센은 라티머의 말을 공손히 듣고 있었지만, 그의 말에 전혀 동의할 수 없었다. 그는 루벤을 지도교수로 정하기로 결심을 굳혔다. 하지만 레들리히의 제자로서 루이스에게 먼저 인사를 하는 것이 예의라고 생각하였다.

바이젤리센은 오랫동안 루이스의 비서로 일하고 있던 메이블 키트리지에게 연락하여 약속을 정했다(루이스는 오래전부터 화학과의 일상 업무를 키트리지에게 많이 위임해 왔다). 루이스는 바이젤리센을 자신의 사무실에서 맞이하며 현재 진행 중인 자신의 연구에 관해 설명하고, 최근 출간된 논문의 별쇄본 몇 개를 건네주며 다음 주에 다시 오라고 말했다. 바이젤리센이 다시 방문했을 때, 루이스는 "자네를 내 대학원생으로 받아주겠네. 주 6일, 하루 14시간씩 일해야 하네. 괜찮겠나? 립킨 박사를 만나 보게. 그가 자리를 마련해주고 연구를 시작할 수 있도록 도와줄 거야."라고 말했다. 바이젤리센은 덫에 걸린 듯한 느낌이 들었다. 루이스의 제안을 거절하고 버클리에 계속 남아 있을 수는 없을 것 같았기 때문에, 루벤과 함께 일하고 싶었음에도 불구하고 루이스의 제안을 수락하였다.

1941년 12월, 립킨이 전쟁 관련 업무에 투입되기 위해 루이스의 연구 보조원을 그만두면서 바이젤리센은 루이스의 실험실에 남은 유일한 사람이 되었다. 그는 강의 조교(TA)로 월급을 받고 있었다. 루이스는 실험실에 들어와 "바이젤리센, TA를 그만두고 내 연구 조교가 될 준비가 되었나?"라고 물었다. 바이젤리센이 동의하자 루이스는 그의 급여를 두 배로 올려주었다.[25]

바이젤리센은 루이스와 함께 광화학 실험을 시작하였으며, 형광과 분자 배향 간의 관계를 이해하려고 노력하였다. 바이젤리센은 자신의 연구에 대해 다음과 같이 이야기했다.

> 나는 전날 밤 형광과 분자 배향 관계에 관한 물리 문제를 해결하고 사무엘 와이즈만과 립킨에게 그 내용을 설명하고 있었는데, 루이스가 실험실로 들어왔다. 루이스는 설명을 처음부터 듣고 싶어 했다. 나는 칠판에 y축과 z축을 그리고, 칠판 면에 수직인 x축을 따라 빛이 이동하는 좌표계를 설정하였다. 그러자 루이스는 바로 내 말을 끊고 말했다. "우리 실험실에서는 항상 빛이 z축을 따라 이동하는 좌표를 사용한다네." 나는 모든 좌표 기호를 다 바꾸어야 했는데, 그것은 그리 간단한 일이 아니었다. 나

는 최선을 다해 설명하였고, 우리는 점심을 먹기 위해 잠시 멈추게 되었다. 점심 후에 루이스는 돌아와 나에게 전체 유도 과정을 아주 천천히 다시 설명하라고 하였다. 설명이 끝나자 그는 "이 내용을 지금 나에게 설명한 것처럼 박사 논문으로 작성하게. 논문에 다른 내용이 무엇이든 간에 상관없으니 이 내용만 들어있으면 심사를 통과할 거야."라고 말했다. 내 박사 학위 논문은 28페이지가 전부였다.

루이스는 나중에 나에게 자신이 3차원에서 생각하는 데 어려움을 겪었기 때문에 내 유도를 이해하는 데 시간이 걸렸다고 말했다. 아인슈타인이 상대성 이론을 발표했을 때, 그는 리처드 톨먼과 함께 저녁 시간 내내 이 이론을 공부하여 반박하려고 시도했지만, 반박하려던 모든 노력이 실패한 후 결국 이를 받아들였다고 했다. 이후 루이스는 아인슈타인의 연구를 물리학자들 앞에서 발표했지만, 그들이 루이스의 설명을 받아들이지 않아 야유를 받으며 단상을 내려와야 했다고 한다. 나는 그에게 "4차원적인 상대성 이론을 이해하셨는데, 3차원이 왜 어려운가요?"라고 물었다. 그러자 그는 2차원에서 3차원으로 전환하는 것이 어렵기 때문에, 3차원과 4차원은 똑같이 어렵다고 대답했다.[26]

그 당시 루이스는 열심히 일하고 있지 않았다. 적어도 물리화학 연구에 대해서는 그렇다. 그는 매일 아침 약 10시 30분에 출근해서, 전날의 실험 결과를 검토하기 위해 바이젤리센과 잠시 만난 후, 교수 식당으로 가서 점심을 먹고, 브리지 게임을 즐겼다. 그는 2시경에 다시 돌아와, 오후 4시 30분까지 실험실에서 일한 후 집으로 갔다. 반면 바이젤리센은 당연히 아침 9시부터 밤 11시까지 실험실에 남아 있었다. 하지만 이것이 모든 것을 다 설명해 주는 것은 아니었다. 루이스는 대학 업무와는 거의 관련이 없는 두 가지 분야를 열심히 연구하고 있었는데, 그것은 빙하기에 대한 설명과 아메리카 대륙의 인류학에 관한 것이었다. 바이젤리센은 루이스와 함께 8편의 논문을 공동으로 출간하였다. 그는 루이스가 논문을 작성하는 과정이 어떠했는지에 대해 말해주었다. 루이스는 어떤 메모도 없이 논문 내용을 불러주었다.

> 루이스는 논문 작성 때문에 연구 시간이 줄어드는 것을 좋아하지 않았다. 우리는 논문 작성을 위해 저녁에 그의 사무실에서 만나곤 했다. 그곳에는 두꺼운 사전이 받침대 위에 놓여 있었다. 우리는 보통 밤 10시나 11시까지 일했다. 나는 루이스가 불러주는 대로 받아 적었다. 그런 다음 내가 받아 적은 내용을 다시 읽어주면, 그는 사전에서 단어를 확인하고 몇 가지 수정을 했다. 그런 뒤 그는 "이제 타자로 치면 되겠다"라고 말했다. 나는 다음 날 아침 그의 비서인 메이블 키트리지에게 그것을 가져다주었고, 그녀는 루이스가 출근하기 전까지 타이핑을 완료하였다. 루이스는 그녀가 타자로 작성한 문서를 수정하곤 했다. 8편의 논문 중 하나에서 루이스는 나에게 실험 부분을 작성하도록 허락했는데, 나는 그것을 큰 영광으로 생각했다.[27]

바이젤리센은 루이스와의 연구가 끝나기 직전, 그의 하숙집에 화재가 발생했던 얘기를 해주었다. 그는 루이스에게 살 곳을 알아봐야 해서 이틀 정도 학교에 못 올 것 같다고 했다. 점심 식사 후 실험실로 돌아온 루이스가 그에게 교수 회관에 있는 방의 열쇠를 건네주었다. 그러면서 방값은 이미 그가 지불했다고 했다. 나는 이 얘기를 바이젤리센에게 들은 뒤 루이스가 매우 너그러운 분인 것 같다고 하자, 루이스는 실험이 중단되는 것을 걱정했을 뿐이었다고 그가 말했다.[28]

바이젤리센이 1943년 6월 버클리를 떠나기 직전, 루이스의 마지막 학생인 카샤가 도착하였다. 바이젤리센과 달리 카샤는 루이스 밑에서 일하겠다는 확고한 뜻을 갖고 버클리에 입학하였다.

> 내 친구와 나는 대학을 최우수 성적으로 졸업했는데, 학과장이 우리를 불러 축하해 주었다. 그는 우리에게 "나는 자네들이 매우 자랑스럽네. 아서, 나는 자네를 스쿼덩크 대학교로 보낼 것이고, 마이클, 자네는 포덩크 대학교로 가게 될 거야."라며 전혀 들어본 적 없는 두 학교로 보내겠다고 했다. 우리는 복도로 나와 서로 멀뚱히 쳐다보았다. 내 친구는 "나는 피터 디바이 밑에서 일할 거야"라고 말했다. 나는 "그래? 나는 G.N. 루이스한테 갈 거야"라고 대답했다. 그리고 우리는 실제로 그렇게 했다. 내가 버클리에 도착했을 때, 전쟁으로 모든 연구원이 떠나고 있었다. 바이젤리센은 한 달 더 있었고, 와이스만은 단 이틀만 같이 있었다. 그들은 모두 떠났고, 나는 루이스의 유일한 대학원생이 되었다. 사람들은 나이 많은 루이스에게 무엇을 배우려고 하냐고 물었다. 하지만 나는 그와 정말 멋진 시간을 보냈다.
>
> 나는 루이스의 논문을 모두 읽었다. 당연히 그가 제안하는 일을 하게 되었다. 그의 실험실은 염료로 가득 차 있었다. 사실 나는 염료에 별 흥미를 느끼지 않았다. 염료는 이미 충분히 연구되었다고 생각했기 때문이다. 하지만 루이스는 새로운 유형의 염료를 발견했다. 그것은 여러 개의 고리로 이루어진 거대한 탄화수소 분자였다. 우리 과에는 전자 기기가 하나 있었는데, 배터리로 작동되는 베크만 DU였다.* 루이스는 내가 완전한

---

* 베크만 DU는 분광광도계로 가시광선과 자외선(UV)의 흡광도를 측정하여 그 파장(색깔)과 세기를 알 수 있게 해 주는 장치다. 분광광도계는 페인트 가게에서 쉽게 볼 수 있는데, 페인트 색상 표본과 일치하는 색깔을 찾을 때 사용된다. 베크만 DU는 가시광선뿐 아니라 사람의 눈으로 볼 수 없는 (파장이 2,000 Å까지의) 자외선과 (파장이 20,000 Å까지의) 근적외선도 측정할 수 있었다.

스펙트럼을 찍어 오기를 원했다. '완전한'이란 파장이 20,000 Å에서 2,000 Å에 이르는 범위를 의미했다. 아무도 20,000 Å까지는 생각해 본 적이 없었다. 그 범위에 무엇이 있다는 것인가? 그러나 나는 그동안 아무도 본 적이 없는 스펙트럼 띠를 발견하였다!

루이스는 매우 놀랐다. 우리는 파장이 긴 적외선 영역의 스펙트럼에서 흡수 띠를 발견했기 때문이었다. 근적외선 영역에서 어떻게 흡수 띠가 관찰될 수 있는가? 이틀 안에 우리는 이를 설명할 수 있는 이론을 생각해 내었다. 여러 개의 고리를 포함하는 거대 분자에서는 전자가 원을 그리며 이동할 수 있으므로 아주 낮은 에너지에 해당하는 흡수 띠가 관찰된다는 것이었다. 하지만 내가 조사한 모든 분자에서 동일한 위치에 흡수 띠가 발견되었다. 루이스는 "이 화합물로 시험해 보자"라고 했다. 우리는 긴 막대 모양으로 생긴 분자의 스펙트럼을 구했는데, 역시 같은 위치에서 흡수 띠가 관찰되었다. 단색화 장치*에 문제가 있음이 틀림없었다. 우리는 각 파장에서 색을 관찰하며 분광기를 테스트했다. 적외선 영역에 도달했을 때, 루이스는 "내가 적외선을 처음으로 본 사람이 되었구나, 그건 녹색이야!"라고 말했다. 우리는 이 문제를 찾아내는 데 몇 달을 허비했다.[29]

루이스의 우울증

바이젤리센은 1943년 버클리를 떠나면서 루이스가 매우 우울해하고 있다고 생각했다. 그가 세계적인 물리화학의 중심지로 키운 버클리 화학과는 이제 전쟁과 맨해튼 프로젝트 때문에 쪼개져 분열되었다. 어느 일

* 분광기로 들어오는 빛의 파장을 분리해주는 장치 –역자 주

요일 아침, 루이스와 바이젤리센이 그들의 마지막 논문을 마무리했을 때, 바이젤리센은 루이스에게 그동안 함께 일할 기회를 준 것에 대해 감사를 표했다. 그러자 루이스는 "이젠 옛날 같지 않아"라고 말하며, 목이 메어 방을 나갔다.[30]

루이스가 사망 당시 겪었던 우울증의 정도는 명확하지 않다. 바이젤리센은 마이클 카샤가 도착한 직후인 1943년에 버클리를 떠났다. 루이스에 대한 카샤의 기억은 바이젤리센의 이야기와는 완전히 달랐다. 카샤가 기억하는 루이스는 활기차며 자기 일과 삶을 즐기는 사람이었다. 그러나 루이스의 동료 교수였던 케네스 피처와 조엘 힐데브란트는 루이스 사후 그의 우울증에 관해 언급하였다. 우리가 앞으로 살펴볼 여러 가지 이유로 루이스에게 우울증이 있었다고 짐작할 수 있다. 그중 하나는 그가 제2차 세계대전 중 전쟁 지원 활동에서 완전히 배제되었다는 점이다.

제1차 세계대전 동안, 루이스는 42세의 나이에도 불구하고 중요한 역할을 할 수 있었다(4장 참조). 하지만 제2차 세계대전 동안 그는 홀로 남겨져 화학과를 어슬렁대고 있었다. 그는 나이가 많았고, 너무 고립된 성격이어서 전쟁 지원 활동에 참여할 기회를 찾지 못했다. 그는 회의에 들러리 서는 '떠돌이 가방' 신세가 되고 싶지는 않다고 말했다. 몇 년 전만 해도 루이스의 연구 조교였던 글렌 시보그는 루이스의 길만 홀 실험실에서 몇 발짝 떨어지지 않은 곳에서 플루토늄에 관한 초기 연구를 진행하고 있었다. 1942년까지 시보그는 맨해튼 프로젝트에서 플루토늄 정제 작업을 지휘하고 있었지만, 루이스는 이 프로젝트와 관련된 일들을 공식적으로는 알지 못하게 되어 있었다(하지만 그는 알고 있었다). 시보그는 루이스가 맨해튼 프로젝트의 자문위원으로 임명될 수 있도록 노력했지만, 아무런 성과도 얻지 못했다(8장 참조). 그 당시 버클리에서 플루토늄 정제 작업을 하던 버클리의 젊은 교수 로버트 코닉은 이런 이야기를 했다.

> 플루토늄 프로젝트의 본부는 시카고에 있었고, 시보그는 그곳으로 가서 화학 부문을 총괄하게 되었다. 하지만 여기에 남은 그룹도 있었다. 그 일이 어떻게 정리되었는지는 모르지만, 라티머가 시보그를 설득해 버클리에 플루토늄 작업을 위한 그룹을 남기도록 한 것 같았다. 라티머와 게르하르트 롤레프슨이 공동 책임자였는데, 롤레프슨이 프로젝트 도중 사망하자 라티머가 홀로 맡게 되었다. 레오 브루어와 잭 고프만이 이 그룹에 참여했고, 아트 월은 로스앨러모스로 떠날 계획이었다. 아트 월은 실제로 플루토늄 발견에 크게 기여한 화학자였다. 그것은 1942년 늦은 여름의 일이었고, 시보그는 이미 시카고로 떠난 상태였다. 같이 박사과정에 있었던 아트는 나의 좋은 친구였는데, 로스앨러모스로 떠나기 전 플루토늄 분리에 대해 모든 것을 내게 이야기해 주었다. 그 후 고프만과 나는 그 작업을 이어나가는 작은 그룹을 이끌게 되었다. 그리고 루이스에 관한 이야기를 하나 하겠다.
>
> 누구였는지 정확히 기억이 나지 않지만, 아마도 케네디였을 것 같다. 그는 길만 홀의 최상층에 있는 루이스의 실험실 근처에서 두 명의 연구원(아마도 학부생이었을 것 같다)에게 에테르로 질산 우라닐을 추출하게 했었다. 그 당시 루이스는 바이젤리센과 함께 일하고 있었고, 그곳에는 형광 실험을 위한 암실이 있었다. 어둠을 유지하기 위해 암실은 이중 출입구로 되어있었다. 추출 작업이 이루어지고 있던 곳은 처마 밑의 긴 방이었다. 루이스의 특성상 그는 실험실에 들어와서 무슨 일을 하고 있는지 확인하곤 했다. 암실로 들어가는 유일한 길은 에테르 추출이 진행되고 있는 긴 방을 통과하는 것이었다. 질산 우라닐 추출 작업을 하고 있던 두 젊은 학

생들은 루이스가 (폭발성이 매우 강한) 에테르 증기 사이로 시가를 피우며 이 방을 지나갈 때 매우 불안해했다. 결국, 그들 중 한 명이 용기를 내어 루이스에게 다가가, 시가가 폭발을 일으킬 수 있다는 우려를 전했다. 이에 대해 루이스는 "아, 그렇군. 좀 더 조심해야겠네."라고 말한 후, 그때부터는 방을 지날 때 시가를 등 뒤에 숨겨서 들고 다녔다고 한다.[31]

맨해튼 프로젝트에 참가하던 두 젊은 과학자 데이비드 립킨과 사무엘 와이즈만은 오펜하이머에게 루이스를 그 프로젝트에 참여시키자고 제안했다. 수년간 버클리에서 물리학 교수로 근무했던 오펜하이머는 루이스를 잘 알고 있었다. 그가 그 두 사람을 바라보며 이렇게 말했다고 한다. "루이스가 누구랑 같이 일할 수 있을 것 같나요?"[32]

해롤드 존스턴은 1966년 화학대학의 학장이 되자, 루이스가 쓰던

그림 11-1 사망하기 직전 70세 생일날의 루이스. 마이클 카샤가 찍은 사진.

옛 사무실로 자리를 옮겼다. 서류를 정리하던 중, 그는 루이스가 쓴 전쟁 소설 원고를 발견하였다. 이 소설은 태평양의 한 섬에서 벌어지는 미군과 일본군 간의 치열한 전투를 다루고 있었다. 존스턴에 따르면, 루이스는 이 소설을 출판하려고 시도했으며, 그가 출판사와 주고받은 서신도 발견되었다. 하지만 존스턴은 루이스가 싸구려 소설가보다는 물리화학자로서 훨씬 뛰어났다고 생각했다. 그 원고는 보존되지 않았다. 존스턴은 이 소설을 루이스가 전쟁 지원 노력에 기여하려고 한 시도였던 것 같다고 했다.[33]

그리고 루이스는 여전히 앙심을 품고 있었다. 바이젤리센은 1942년, "루이스-랭뮤어 이론"에 관한 논쟁이 있은 지 20년이 지났음에도 불구하고, 루이스는 여전히 랭뮤어를 용서하지 않았음을 시사하는 이야기를 했다.

> 화학과의 청소부였던 카를로스는 영어를 읽거나 쓰지 못했다. 그러나 그는 유명한 우표 수집가였고, 전 세계의 다른 수집가들과 교류하고 있었다. 매년 그는 자신의 편지를 대신 써 줄 신입 대학원생을 골랐는데, 내가 그 역할을 맡게 되었다. 카를로스는 루이스를 매우 존경했고, 두 사람은 친구 사이였다. 늦은 밤이 되면, 카를로스는 나를 루이스의 사무실로 불러 루이스가 책상 서랍에 보관하던 제1차 세계대전의 메달을 보여주곤 했다. 사실, 루이스의 사무실은 카를로스가 화학과에서 실제로 청소한 유일한 방이었다. 다른 방에서는 그냥 먼지를 밀고 다녀서 방을 청소하기 전이나 후나 별반 다르지 않았다. 카를로스는 또한 루이스의 휴지통에서 시가 꽁초를 찾아내어 자신의 파이프용 담배로 사용하곤 했다. 그는 루이스와 관련된 화학과의 전설적인 이야기들을 모두 알고 있었으며, 그중에는 랭뮤어와 관련된 이야기들도 포함되어 있었다.

어느 월요일 저녁, 카를로스가 내 실험실에 와서 말했다. "내일 큰일이 날 거야. 오늘 오후 한 남자가 건물로 들어왔어. 내가 '도와드릴까요?'라고 물었더니, 그는 '랭뮤어'라고 자신의 이름을 말하더군. 그래서 그를 라티머에게 안내해 주었지. 그 노인이 프랑스로 가서 전쟁에서 승리하고 돌아왔더니, 그 사이에 랭뮤어가 그의 아이디어를 훔쳐서 노벨상을 받았잖아. 내일 큰일이 날 거야." 카를로스의 말이 맞았다. 랭뮤어는 다음 날 학과 세미나에 연사로 초청받은 상태였다. 오후 4시가 되어 랭뮤어가 발표할 준비를 끝냈지만, 루이스는 나타나지 않았다. 랭뮤어를 초대했을 힐데브란트는 초조하게 서성거리고 있었다. 그는 딜레마에 빠졌던 것 같다. 지금 시작해서 루이스를 불쾌하게 할 것인가, 아니면 기다려서 랭뮤어를 불쾌하게 할 것인가? 마침내 루이스가 나타났다. 루이스는 시가를 손에 들고 랭뮤어를 다음과 같이 소개했다. "오늘의 연사는 우리가 너무나도 많은 이야기를 들었지만, 본 적은 별로 없는 분입니다."[34]

루이스의 죽음

1946년 3월 23일 토요일 오후, 루이스는 사이안화 수소로 가득 찬 실험실에서 사망하였다. 사망 원인은 명확히 밝혀지지 않았으며 부검은 이루어지지 않았다. 대학 본부와 루이스 가족 모두 검시관이 사망 원인을 자연사라고 판결 내려주기를 바랬다. 검시관은 사망 원인치고는 좀 이상한 동맥 경화증으로 루이스가 사망했다고 판정하였다.[35] 그러나 화학과 동료 몇몇은 루이스가 우울증으로 자살했다고 생각했다. 버클리 화학과 역사를 기록한 윌리엄 졸리는 다음과 같이 적었다.

전쟁이 끝난 후의 우울감, 노벨상에 대한 실망, 그리고 건강 악화가 루이스를 생의 마지막 해에 비탄에 빠지게 했을 가능성이 있다. 루이스의 브리지 친구였던 제럴드 마쉬는 1946년 3월 23일 오후에 루이스가 교수 회관에서 카드 게임을 하는 내내 침울해 보였다고 한다. 이후 루이스는 길만 홀의 실험실로 갔고, 그곳에서 깨어진 사이안화 수소 시약병 근처에서 죽은 채로 발견되었다. 루이스가 실험실에 치명적인 독극물인 사이안화 수소를 가지고 있었다는 사실이 수상하게 보일지 모르지만, 그렇게 비정상적인 일은 아니다. 그는 용매의 유전율에 따른 염료의 흡수 스펙트럼 변화를 연구하고 있었는데, 사이안화 수소는 유전 상수 값이 매우 크며, 루이스가 사용하던 용매 중 하나였다. G.N. 루이스를 추모하기 위한 회고 심포지엄에서 마이클 카샤는 루이스가 자살했다는 추측을 반박하려 했지만, 그의 주장은 설득력이 없었다. 힐데브란트는 루이스가 스스로 목숨을 끊었다고 믿었고, 피처는 루이스만큼 똑똑한 사람이라면 자살을 사고처럼 보이게 할 방법을 찾았을 가능성이 있다고 지적했다.[36]

루이스는 토요일에 실험실에 오는 경우는 거의 없었지만, 그날은 교수 회관에서 점심 약속이 있었다고 카샤가 증언한다. 카샤의 기억에 따르면, 그날 아침 그들이 연구 계획을 의논할 때 루이스는 굉장히 활기찼었으나, 손님과 점심 식사를 마치고 돌아왔을 때 그는 침울해 보였고 곧장 실험실로 향했다. 그리고 잠시 후, 카샤는 실험실 바닥에 죽은 채로 누워있는 루이스를 발견하였다.

나는 루이스가 사망한 1946년 3월 23일 토요일 오후 그와 함께 실험을 하고 있었으며, 그의 생애 마지막 날에 있었던 일들을 기록할 가치가 있다고 생각한다. 특히 그의 죽음과 관련된 상황에 대한 오해가 있기 때문이다. 그날 아침은 과학적 연구에 관한 한 매우 맑은 날이었다. 우리는 평소보다 훨씬 생산적인 토론을 하였다. 나는 연구에 대한 많은 아이디어로 가득 차 있던 것이 기억나는데, 1년 동안 연구를 지속할 만큼 충분한 아이디어였다. 나는 삼중항–삼중항 흡수에 대한 새로운 아이디어가 있었으며, 루이스는 당시 내가 시작하게 될 광자성 실험에 대한 자신의 아이디어를 설명해 주었다.

루이스는 그날 오후에 진공 장치가 설치된 실험대에서 직접 실험을 할 계획이었다. 며칠 전, 그는『패러데이 학회 회보』최신 호에 실린 한 논문을 보여주었다. 그 논문에는 액체 사이안화 수소의 유전 상수 값이 특정 온도 범위에서 100배 이상 변화한다는 그래프가 있었다. 루이스는 "염료의 색상에 대한 유전 상수의 영향을 시험하기에 매우 흥미로운 매질일 거야!"라고 말했다. 그는 토요일 늦은 오후에 그 실험을 할 계획이었다.

루이스는 한 저명한 손님과의 점심 약속이 있어 나갔다가 오후 2시에 돌아왔다. 토요일에 루이스가 교수 회관에 가는 것은 드문 일이었다. 그는 돌아와서 진공 장치가 설치된 실험실로 갔다. 그 실험실과 루이스의 사무실은 복도 양 끝에 있었고, 내 실험실은 그 중간에 있었다.

나는 실험실에서 분광광도계로 실험을 하고 있었다. 20분마다 와서 작동이 잘 되고 있는지 수시로 확인하였다. 오후 4시쯤, 아래층으로 내려가던 중 진공 장치가 있는 실험실 안을 들여다보았는데 루이스가 보이지 않았다. 실험실 문을 열자 HCN(아몬드 냄새가 나는 사이안화 수소) 특유의 냄새가 코를 찔렀다. 뒤로 물러나다가 보니 실험실 뒤로 루이스의 발이 살짝 보였다. 나는 다니엘 큐비치오티가 아마도 실험하고 있을 복도 끝에 있는 실험실을 향해 도와달라고 소리쳤다. 그리고는 왼손으로 코를 막고 실험실로 뛰어 들어가 후드*를 켰다. 복도로 돌아와 보니 후드 안에 탄산수소나트륨(베이킹소다) 병이 있는 것이 보였다. 다시 실험실로 뛰어 들어가 진공 실험대 위의 액체에 베이킹소다를 뿌렸다. 거품이 부글부글 일어나는 것을 보니 액체 HCN이 방금 쏟아진 것 같았다. 곧이어 큐비치오티와 나는 루이스를 복도로 끌어내고 응급 구조를 요청했다. 그의 이마 한가운데가 크게 부어있었는데, 그가 앞으로 넘어지면서 진공 실험대의 클램프에 머리를 부딪쳐 생긴 것 같았다. 대학 병원에 도착했을 때 루이스는 이미 사망한 상태였으며, 부검 결과 심장마비로 사망한 것으로 나타났다. [사실 부검은 이루어지지 않았다.] 우리는 그가 심장마비를 일으키면서 액체 사이안화 수소 용기를 냉각하던 단열 용기(아마도 드라이아이스와 아세톤으로 채워져 있었을 거다)를 떨어뜨린 것으로 생각했다. 사이안화 수소 온도가 올라가면서 용기의 압력이 높아져 용기가 깨어지고 사이안화 수소가 실험대 위로 쏟아진 것이라고 나는 결론을 내렸다.[37]

그날 시어도어 게발과 프란시스 코닉도 루이스가 쓰러진 것을 발견하였다. 게발은 루이스의 실험실을 지나가다 후드 옆으로 그의 발이 삐져나와 있는 것을 보았다고 증언했다. 그는 소리를 질렀고, 프랜시스 코닉이 달려왔다. 코닉은 수백 미터 떨어진 코웰 병원으로 달려가 도움을 요청했고, 게발은 전화로 자신의 지도교수인 윌리엄 지오크에게 연락하였다. 아마도 게발이 전화를 하는 동안 카샤가 루이스를 발견했을 가능성이 크다. 코닉이 병원에 도착했을 때, 병원에서는 의료진을 보낼 수 없으므로, 인근 도시 오클랜드에서 구급차를 불러야 한다고 했다. 구급차가 도착했을 때, 루이스는 이미 사망한 상태였다.[38]

---

* 유해 화학 물질을 외부로 배출하기 위해 실험실에 설치하는 배기 장치 –역자 주

2004년에 내가 마이클 카샤를 인터뷰했을 때, 그는 그날 루이스의 점심 약속에 관해 이야기해 주었고, 그 후 나를 깜짝 놀라게 하는 사실을 말했다. 거의 60년이 지난 후에도 카샤는 루이스가 사망한 날 함께 점심을 먹었던 손님이 누구였는지 기억하고 있었다. 그 손님은 바로 어빙 랭뮤어였다.

그날의 혼란과 비통함을 이야기하면서 카샤는 루이스의 점심 손님이 누구였는지에 대해 마지막에야 언급하였다. 하지만 나는 오랜 시간이 지난 후 갑자기 떠오른 그의 기억에 대해 의구심을 품었다. 랭뮤어가 정말로 뉴욕 스키넥터디에서 루이스와 점심을 먹기 위해 그의 사망 당일 캘리포니아 버클리까지 왔을까? 나는 랭뮤어의 문서가 보관된 미국 의회도서관에 가서 증거를 찾았다. 1946년 3월 23일, 루이스가 사망한 바로 그 날, 랭뮤어는 버클리에서 명예 학위를 받았다.[39] 또한 랭뮤어는 이후 몇 주간 버클리에서 열리는 연례 강연 시리즈인 히치콕 강연의 연사로 초청받았었다.

랭뮤어는 전날 밤인 3월 22일에 도착하였다. 루이스와 랭뮤어가 단둘이 점심을 먹었는지, 아니면 당시 학장인 웬들 라티머와 학과장인 조엘 힐데브란트가 동석했었는지는 명확하지 않지만, 후자가 더 가능성이 있어 보인다. 라티머는 점심 전 랭뮤어에게 상을 수여했는데, 루이스는 그 시상식에 참석하지 않은 듯하다. 그래서 라티머와 힐데브란트가 루이스를 억지로 점심에 초대한 것으로 보인다. 그들이 일반 식당에서 목격되지 않은 것으로 보아 별실에서 점심을 함께한 것으로 보인다. 점심 자리에서 루이스를 불쾌하게 한 무슨 일이 있었던 것 같다. 루이스는 랭뮤어와의 점심 이후 평소 하던 대로 브리지 게임을 했는데, 제럴드 마쉬에 따르면 카드 게임을 하는 내내 루이스는 침울해 보였다고 한다. 카샤의 말에 따르면 길만 홀로 돌아온 루이스는 우울해 보였다고 한다. 그 후 실험실에 들어간 지 약 한 시간 후 루이스는 사망하였다. 카샤는 루이스와 랭뮤어의 그 만남에 대해 이렇게 말했다.

> 점심 식사를 마치고 돌아온 루이스는 말이 없었다. 그들이 어떤 이야기를 했든, 그가 무슨 생각을 했든, 어떤 면에서는 자신을 능가한 인물과의 만남이 그에게는 받아들이기 쉽지 않았을 것이다. 나는 때때로 위대한 인물들이 그들 내면 깊숙이 숨겨놓은 무언가 때문에 활력을 잃고 시들어 버릴 수 있다고 생각한다. 루이스는 노벨상에 대해 한 번도 언급한 적이 없었고, 누구도 그 앞에서 노벨상 이야기를 꺼내지 않았다. 하지만 그는 분명 그 상에 신경을 썼을 것이다. 누구라도 그랬을 것이다. 그는 자신이 충분히 그 상을 받을 자격이 있다고 믿었을 것이다.[40]

이 말을 하던 카샤는 감정을 억누르기 어려워했고, 그날로부터 거의 60년이 지난 그때도 그의 눈에는 눈물이 고여 있었다.

루이스는 정말 자살했을까? 그에 대한 명확한 답은 나올 수 없지만, 루이스가 자살했을 만한 이유는 분명히 있다. 그는 70세였고, 카샤에 따르면 단기 기억력이 쇠퇴하고 있었으며, 가까운 친구였던 윌리엄 브레이가 한 달 전에 사망하였다. 또한 그에게는 단 한 명의 파트타임 연구 조교(카샤)만 남았는데, 그마저도 곧 떠날 예정이었다. 그에게 모든 것이었던 연구가 끝나가고 있는 것처럼 보였을 것이다. 자존심이 강했던 루이스는 자기 죽음의 시간과 장소를 스스로 결정하려 했을 가능성도 있다. 그는 자살로 보이는 것을 원치 않았을 것이다. 그래서 루이스는 사이안화 수소를 사용하는 실험을 신중하게 계획하고, 사고로 위장할 의도가 있었을 가능성도 있다. 그날 아침 카샤와 연구에 대해 논의할 때, 그는 밝고 열정적인 모습이었다.

그러나 루이스가 그날 랭뮤어를 만났다는 새로운 증거로 볼 때, 나는 그가 계획된 자살을 했을 가능성은 거의 없다고 믿는다. 루이스는 자신이 좋아하지 않았던 랭뮤어와의 점심을 기대하지 않았을 것은 확실하다. 만약 루이스가 이 모든 것을 신중하게 고려했다면, 다른 날을 선택하지 않았을까? 만약 자살이었다면, 랭뮤어와의 만남에서 비롯된 좌절감과 우울증으로 인한 충동적인 자살이었을 가능성이 더 크다. 다시 말해, 루이스가 실험실 사고처럼 보이도록 자살을 신중하게 계획했고, 어떤 이유에서든 그날 해야겠다고 결심했다면, 랭뮤어를 만나기 전에 결행하지 않았을까?

루이스의 죽음이 사고였을 가능성도 있다. 그 당시에는 치명적인 실험실 사고가 드문 일은 아니었다. 탄소-14의 발견자 중 한 명인 샘 루벤도 3년 전 버클리에서 포스겐과 관련된 실험실 사고로 사망하였다. 당시의 화학자들은 오늘날처럼 안전에 민감하지 않았고, 실험실 환기 시스템과 진공 라인 기술은 현대 기준으로 보면 매우 원시적이었다. 랭뮤어와의 점심에서 받은 스트레스 때문에 사고가 일어났을 수도 있다.

하지만 루이스의 시신에서는 청색증이 나타나지 않았다고 한다. 카샤와 다른 학생들의 증언에 따르면 그의 입술과 손톱이 파랗게 변하지 않았다고 한다. 이는 그의 죽음이 자연사였을 가능성을 높인다. 카샤가 말한 것처럼, 루이스가 사망한 후 유리 용기의 압력이 높아져 깨지면서 사이안화 수소가 방출되었을 수도 있고, 심장마비나 뇌졸중으로 쓰러지면서 루이스가 플라스크를 쳐서 넘어뜨렸을 가능성도 있다. 루이스는 70세였고, 음식을 조심하지도 않았으며, 병원에서 검진을 받지도 않았고, 40년 넘게 시가를 피웠으며, 운동도 하지 않았다. 그런 그에게 심장마비나 뇌졸중이 왔을 가능성은 충분히 있다. 특히 랭뮤어와의 만남에서 스트레스를 받았다면 더욱 그렇다. 그가 랭뮤어와의 만남

그림 11-2 1944년 실험실에 있는 루이스. 캘리포니아(버클리) 화학 대학 제공.

에 우울해졌거나 마음이 상했을 수 있는데, 그런 상태에 있는 사람들이 종종 심장마비를 겪곤 한다.

세 가지 의문이 남는다. 그날 루이스가 실험실에서 사이안화 수소로 하려던 실험은 무엇이었나? 랭뮤어의 방문을 주선한 사람은 누구였나? 그리고 루이스와 랭뮤어의 점심 식사가 공개되지 않은 이유는 무엇인가?

카샤는 루이스가 『패러데이 학회 회보』에 실린 논문을 보고 그 실험을 계획했다고 말했다. 그러나 그보다 2년 전에 다른 영국 학술지에 실린 논문을 찾았는데, 그 논문의 내용은 카샤가 설명한 내용과 정확히 일치하였다.[41] 루이스가 계획한 실험은 루이스다운 실험이었고, 그날 루이스가 왜 사이안화 수소를 사용했는지에 대한 좋은 설명이 될 수 있다.

누가 어빙 랭뮤어의 명예 학위와 점심 자리를 주선하였을까? 노벨 화학상 수상자라는 랭뮤어의 위상과 루이스가 랭뮤어에게 오랫동안 나쁜 감정이 있었던 것을 생각해 보면, 그는 분명히 화학과의 원로교수였을 것이다. 그 외에는 감히 그와 같은 일을 주선할 용기를 가진 사람은 없었을 것이다. 이 모든 정황이 루이스의 오랜 친구이자 동료였던 조엘 힐데브란트를 가리킨다. 힐데브란트는 루이스와 함께 제1차 세계대전 중 군 복무를 했고, 루이스의 은퇴 후 학과장이 되었다. 명예 학위 수여를 담당하는 교수회 위원회가 랭뮤어를 후보로 지명했는데, 힐데브란트는 그 위원회에 소속되어 있었다. 나중에 조엘 힐데브란트는 루이스와 랭뮤어가 자신의 지적 자극에 가장 큰 영향을 준 과학자들이라고 말했다.[42] 그는 아마도 루이스가 25년간 품어온 적대감을 해소할 수 있는 절호의 기회라고 생각했을 수도 있다. 랭뮤어를 몇 주간 버클리로 초청하면서 두 사람에게 화해할 시간을 갖게 하려고 했을지도 모른다. 하지만 그날 오후 루이스가 사망하자, 힐데브란트는 극심한 죄책감을 느꼈을 것이다. 친구로서 그는 루이스의 우울증을 걱정하고 있었을 가능성이 크며, 루이스의 죽음은 자살로 생각한다고 후에 말했다. 힐데브란트는 점심 자리에서 루이스가 불편해하는 모습을 목격했을 가능성이 크고, 자신의 초대가 루이스의 죽음으로 이어졌다고 느꼈을 것이다. 이것이 그날의 만남이 공개되지 않은 이유를 설명해 줄 수 있다.

그 후 몇 주 만에, 힐데브란트와 랭뮤어는 친구가 되었다. 힐데브란트는 랭뮤어가 히치콕 강연을 위해 버클리에 머무르는 동안, 랭뮤어를 시에라 산맥의 스키 리조트로 데려가기도 했다. 랭뮤어가 사망한 후, 힐데브란트는 랭뮤어에 관한 회고록을 썼다. 다음은 그 회고록의 첫 두 구절이다. "나와 어빙 랭뮤어의 인연은 우리가 독일에서의 공부를 마치고 돌아온 1908년경에 시작되었다. 그는 1906년에 괴팅겐에서 돌아왔고 나는 1907년에 베를린에서 돌아왔다. 1945년에 그가 히치콕 강연을 위해 버클리에 오기까지는, 가끔 우연히 만나는 관계였다."[43] 힐데브란트는 랭뮤어의 방문 날짜를 잘못 적었다. 1945년이 아니라 1946년이었다. 이는 단순한 오기일 수도 있지만, 랭뮤어의 방문과 루이스의 죽음을 연관 짓지 않으려고 의도적으로 감춘 것일 수도 있다. 혹은 무의식적으로 그 날짜를 피하고 싶은 생각이 발현된 것일 수도 있다. 힐데브란트는 신중한 사람이었고, 특히 버클리 화학과 교수가 1945년과 1946년을 혼동했다고는 보기 어렵다. 1945년 3월이면 미국이 전쟁 중이었고 화학과 학생들은 군대에 갔거나, 맨해튼 프로젝트에 참여하고 있었다. 학부생들도 버클리의 화학 실험실에서 플루토늄을 정제하고 있었다. 1946년에는 화학과가 다시 정상적인 모습을 찾기 시작했다.

나는 라티머, 힐데브란트, 랭뮤어의 자료와 구술 기록을 철저히 살펴보았지만, 그날에 대한 언급을 찾을 수는 없었다. 힐데브란트와 마찬가지로, 랭뮤어도 버클리 방문 날짜를 모호하게 언급했다. 1953년, 그가 72세였을 때 발표한 논문 "병적 과학"에서 랭뮤어는 "1945년 아니면 46년에 나는 캘리포니아 대학교에 있었다"라고 말했다. 이어서 그는 루이스가 앨리슨 효과와 관련해 라티머와 내기를 했던 일화(10장 참조)를 소개했지만, 루이스의 죽음과 관련된 구체적인 상황은 언급하지 않았다.

나는 점심 모임에 참석한 사람들이 모두 랭뮤어도 참석했다는 사실을 오랫동안 숨겨왔었다고 믿는다. 그러나 나는 힐데브란트와 랭뮤어의 판단이 잘못되었다고 믿는다. 루이스는 자살하지 않았으며, 힐데브란트는 그의 죽음에 책임이 없다고 생각한다.

과학의 대성당에서 바라보는 전망

루이스가 태어난 1875년에서 얼마 지나지 않은 1883년에 아레니우스의 박사 논문이 완성되었다. 그때는 화학과 물리학은 서로 관련 없는 별개의 학문이었다. 그즈음 야코부스 반트호프가 열역학을 화학 친화력 연구에 적용하기 시작했지만, 실험 화학자들은 열역학을 이용하지 않았다. 그들에게 화학 반응의 경로를 찾는 것은 과학적 설계가 아닌 시행착오를 거쳐서 얻어지는 것이었다. 마찬가지로, 화학 결합에 대한 물리학과 화학의 공통되는 이론도 존재하지 않았다. 1916년에도 루이스의 원자가 이론과 보어의 양자 이론은 동일한 물리적 대상을 설명하려 했지만, 서로 양립할 수 없었다. 루이스는 화학 결합을 설명할 수 있었고, 보어는 수소 원자의 스펙트럼을 설명할 수 있었다. 그러나 루이스가 사망할 즈음에는 화학과 물리학 이론을 통합하려는 물리화학의 원래 목표가 이루어졌다.

이 통합이 이루어진 시점을 정확히 말하기는 쉽지 않다. 열역학의 경우, 1905년을 그 시점으로 볼 수 있다. 이때 네른스트는 열역학 제3법칙을 제시하였으며, 반응열을 측정하여 자유 에너지를 구하는 연구 분야를 탄생시켰기 때문이다. 또는 1923년, 루이스와 랜달이 『열역학과 화학 물질의 자유 에너지』를 출간하여 열역학을 일반 화학자들이 이해할 수 있게 만든 시점으로 볼 수도 있다. 전자 이론의 경우에는, 볼프강 파울리가 배타 원리를 제안하여 루이스의 전자쌍 개념을 물리학자들의 새로운 양자 이론에 도입한 1926년을 중요한 시점으로 간주할 수 있다.

또는 하이틀러와 런던이 수소 분자의 화학 결합에 대한 양자역학적 계산을 완성한 1927년으로 볼 수도 있다. 그것도 아니라면 1939년, 폴링이 『화학 결합의 본질』을 출간하여 일반 화학자들이 양자역학의 개념을 이용할 수 있게 만든 시점이 될 수도 있다.

화학 친화도를 결정하는 문제는 두 가지 방법으로 해결되었다. 첫 번째는 열역학 이론에 따라 질량, 온도, 압력, 전압 등의 거시적 값을 측정하여 열역학적으로 구하는 방법이다. 두 번째는 루이스의 원자가 이론과 물리학자들의 양자 이론을 통해 분자 내부에서 일어나는 미시적 현상을 이해하는 방법이다. 1789년에 앙투안 라부아지에는 그의 저서 『화학 원론』에 다음과 같이 썼다.

> 나에게는 실험을 통해 완전히 확인되지 않으면 결론을 내리지 않고, 사실이 아닌 것을 절대 언급하지 않는다는 엄격한 원칙이 있다. 이 원칙을 지키기 위해 이 책에는 화학의 한 부분인 친화력에 관한 내용을 포함시키지 못했다… [왜냐하면] 화학의 중요한 토대가 되기 위해서는, 주요 데이터가 여전히 부족하고, 우리가 가진 데이터도 충분히 정의되거나 증명되지 않았기 때문이다.[44]

150년이 지난 후 루이스가 사망할 무렵, 이 토대가 완성되었다.

에필로그

조지 엘리엇의 『미들마치』 마지막 장은 이렇게 시작된다. "모든 한계점은 끝이면서 새로운 시작이다. 오랫동안 함께 한 젊은이들이 떠난다면, 그들이 이후에 어떤 삶을 살게 될 것인지 궁금해하지 않을 사람이 있을까? 아무리 평범한 사람이라도 그 사람의 삶 일부만 보고 그 사람의 인생 전체를 단정할 수는 없다. 처음의 약속이 지켜지지 않을 수도 있으며, 열정적으로 시작한 일이 초라하게 끝날 수도 있다. 오랜 기다림 끝에 잠재되었던 능력이 발휘될 수도 있다. 과거의 실수가 큰 성과로 돌아올 수도 있다." 엘리엇의 생각대로, 이 책에 소개된 몇몇 등장인물들의 후일담을 이야기해 보려 한다. 모든 이야기가 행복한 결말을 맺지는 않는다.

이온 과학자들: 활력이 넘쳤던 빌헬름 오스트발트는 평생 20,000페이지가 넘는 다양한 주제에 글을 출간하였다. 그의 연구 주제는 전기화학의 역사, 과학철학, 색 인지 능력, 세계 공용어, 행복의 공식 등을 망라하였다. 그는 자신의 물감을 직접 만들어 사용한 열정적인 아마추어 화가이기도 했다. 비록 그가 물리화학 이론의 발전에 기여한 정도는

스반테 아레니우스나 야코부스 반트호프, 발터 네른스트에게 미치지 못했지만, 그는 리더이자 대변인으로 물리화학 혁명을 이끌었다. 그가 은퇴할 때까지, 그의 제자 34명이 교수가 되었다.[1] 그는 나치 시대가 시작되기 직전인 1932년에 79세의 나이로 사망하였다. 반트호프는 1901년 첫 노벨 화학상 수상자가 되었으며, 1911년 58세에 결핵으로 사망하였다.

나치 시대의 '독일 과학'을 옹호했던 인물들은 전쟁 후에 그 대가를 치렀다. 베른하르트 루스트는 1945년 5월 자살로 생을 마감하였다. 요하네스 슈타르크는 연합국 전범 재판에서 '중범죄자'로 분류되어 재판을 받고 4년간 복역하였다. 필리프 레나르트는 전쟁이 끝날 무렵 81세였으며, 연합국에 의해 하이델베르크 대학의 명예 교수직을 박탈당했다. 그는 그로부터 2년 후에 사망하였다.

독일에서 유대인이 당한 고초를 돌이켜 보면, 1933년 해고된 후 강제 추방된 유대인 과학자들은 오히려 운이 좋았다고 할 수 있다. 많은 유대인 과학자들이 미국과 영국으로 이주하여 저명한 학자가 되었다. 제임스 프랑크와 프란츠 사이먼(후에 프란시스경)은 각각 미국과 영국의 원폭 프로젝트에서 활발하게 활동하였다. 유대인 과학자를 보호하려고 애썼던 막스 플랑크는 전쟁 중에 극심한 고통을 겪었다. 그의 아들은 1944년 7월 히틀러 암살 미수 사건에 연루되어 처형되었다. 플랑크는 아들을 구하려고 필사적으로 노력했지만 실패하였다. 전쟁이 끝날 무렵, 플랑크는 그의 아내와 함께 미군에 의해 발견되었다. 당시 87세였던 그는 들판에서 생활하고 있었으며, 척추가 유착되어 극심한 통증을 겪고 있었다. 플랑크는 1946년에 사망하였다. 독일의 카이저 빌헬름 연구소는 '막스 플랑크 연구소'로 이름을 바꾸어 연합군 점령지 내에 다시 문을 열었다.

프리츠 하버의 비극적인 가족사는 적어도 그 후 두 세대에 걸쳐 이어졌다. 하버의 아들 헤르만은 어머니가 자살한 후 정원에서 어머니의 시신을 발견하며 충격을 받았었다. 그는 1934년 하버가 사망한 후, 프랑스로 이주했다. 제2차 세계대전이 발발하자 그는 적성국 국민으로 간주되어 프랑스에 의해 억류되었지만 후에 프랑스 외인부대에 합류할 수 있었다. 프랑스가 독일에 항복하자 그와 그의 가족은 독일 점령지 프랑스의 유대인으로 다시 위험에 처하게 되었다. 아인슈타인이 그들을 위해 출국 비자를 주선하여, 그들은 미국으로 피신할 수 있었다. 전쟁이 끝난 직후, 헤르만의 아내 마그다는 백혈병으로 사망했으며, 헤르만은 1946년에 자살했다. 얼마 지나지 않아 헤르만의 큰딸도 같은 방식으로 생을 마감하였다.[2]

제1차 세계대전 동안 프리츠 하버는 사이안화물을 기반으로 하는 살충제를 개발하였으며, '치클론'이라는 상표명으로 판매되었다. 이 살충제는 냄새가 전혀 나지 않기 때문에, 사용하는 사람이 살충제가 뿌려진 방에 무의식적으로 들어갈 위험이 있었다. 그래서 1919년에 하버의 연구소는 역겨운 냄새가 나는 가스를 첨가하여 '치클론 B'라고 이름을 바꾸었다. 하버가 사망한 후, 나치는 이 치클론 B를 사용하여 수백만 명을 가스실에서 학살했다. 이 희생자 중에는 하버의 친척들도 포함되어 있었다.[3]

윌리엄 하킨스는 1951년에 사망하였다. 하킨스는 '과학의 사기꾼'으로 과학계에서 매장될 위기에 처했었지만, 아마도 루이스 덕분으로 시카고 대학교에 남아 있을 수 있었다. 그의 역작 『표면막의 물리화학』은 그가 사망한 직후에 출간되었다. 비록 하킨스의 명성이 어빙 랭뮤어에는 미치지 못했고, 그를 좋아하는 사람도 많지 않았지만, 그는 여전히 생산적인 연구를 계속하였다.

해럴드 유리는 1958년, 65세의 나이로 시카고 대학교에서 은퇴하였다. 이후 1981년에 사망할 때까지 24년간 캘리포니아 대학교(샌디에이고)에서 연구하며, 105편의 논문을 추가로 발표하였다. 이 논문들은 대부분 행성의 기원에 관한 연구, 즉 그가 '우주화학'이라고 이름 지은 분야에 관련된 것이었다. 사람들이 그에게 왜 그렇게 열심히 일하느냐고 물으면, 그는 항상 이렇게 답했다고 한다. "글쎄요, 저는 더 이상 정년보장 교수가 아니니까요."[4]

우리가 도로시 린치 이야기를 마칠 때, 그녀는 애머스트 대학 생물학 교수이자 후에 남편이 된 오토 글레이저의 도움으로 매사추세츠주 노샘프턴에 소재한 스미스 대학에 자리를 얻을 수 있었다고 언급하였다. 글레이저는 1950년 사망하였다. 린치는 단백질 구조가 밝혀져 모든 사람이 받아들이게 된 지 한참이 지난 1960년대까지도 고집스럽게 자신의 사이클롤 연구를 계속하였다. 1950년대에 화학 연구자들이 알칼로이드 구조에서 그녀의 사이클롤 결합과 유사한 결합이 있는 것을 발견하였다. 그녀는 이것을 자신이 맞고 라이너스 폴링이 틀렸다는 증거로 믿었다. 폴링은 사이클롤 결합은 열역학적으로 불안정하며 자연에서 발견되지 않는다고 비판했었다. 자신과 자신의 사이클롤 이론이 입증되었다고 확신한 린치는 마조리 세네찰에게 이렇게 말했다. "처음에는 내 구조가 존재할 수 없다고 했어요. 그러다가 자연에서 발견되자 실험실에서 합성할 수 없다고 했지요. 그런데 합성에 성공하자 그건 중요하지 않다고 말하네요."[5] (사이클롤 구조는 단백질에서는 관찰되지 않았으나, 그녀가 사망하기 5년 전에 작은 고리형 폴리펩타이드에서 발견되었다.)[6] 린치는 점점 더 집착 증세를 보이며, 폴링과 폴링의 동료 로버트 코리에게 원한과 분노로 가득 찬 편지를 썼으나 발송은 하지 않았다.[7] 그녀는 또한 친구인 물리학자 윌리엄 스콧에게 폴링과 서신 교환을 하도록 종용하여 자기가 옳았다는 것을 그가 인정하도록 시도하기도 했다.[8] 그녀의 편향성은 친구들과 지지자들을 지치게 만들었다. 폴링의 제자이지만 폴링에게 맞서 린치를 지지했던 데이비드 하커는 결국 그녀에게 분노의 편지를 보냈다. "나는 거의 20년 동안 당신의 단백질 구조 그림이 고려할 가치가 있다고 방어해왔습니다. 당신처럼 편향된 사람이 제대로 된 이론을 만들 수 없다는 주장에도 불구하고 말입니다. 현재 실험적 증거는 당신의 사이클롤 구조에 매우 불리하며… 그러한 구조는 물질의 구조 연구에 거의 기여할 수 없다고 생각합니다."[9] 린치의 딸 파멜라는 1954년 예일대학교에서 국제관계 박사학위를 받았으며, 밀턴 대학의 강사가 되었다. 파멜라는 1975년 12월 케이프 코드에서 발생한 화재로 사망하였다.[10] 마조리 세네찰에 따르면, "도로시는 그 후 사실상 말을 하지 않았다."[11]라고 했다. 린치는 1976년에 사망하였다.

라이너스 폴링은 1954년 노벨 화학상을 받은 후 정치적 활동이 잦아졌다. 그는 전쟁 전부터 좌익 성향이 있었지만, 캘텍 대학 본부의 압력을 받고 중도적인 활동을 하였다. 1954년 수소폭탄 실험이 있었는데, 그 폭탄이 대규모 방사성 낙진을 일으키도록 의도적으로 설계되었다는 것을 알게 되자 폴링은 핵실험 반대 운동에 적극적으로 나섰다. 상원위원회는 그를 공산주의 활동의 주요 후원자로 지목하는 보고서를 발부했으며, 결국 국무부는 그의 여권을 압수하였다. 대학의 기부자와 졸업생들로부터의 정치적 압박을 받던 캘텍의 총장과 이사회는 폴링이 연구와 교육에 소홀하다고 판단해 그를 화학과 학과장 자리에서 물러나게 하였다. 그는 상원 국내 안보 소위원회에 소환되었는데, 그곳에서 핵실험 반대 청원서를 작성하고 배포한 사람들의 이름을 밝히기를 거부하였다. 1963년 미국과 소련은 대기 중 핵실험 금지 조약을 체결하였고 폴링은 그 해 노벨 평화상을 수상하였다.

평화 운동에 집중하면서 연구 활동을 소홀히 한 폴링의 행동은 점점 더 이상해졌고, 과학계와 멀어졌다. 캘텍의 많은 동료는 그가 연구를 거의 하지 않으면서도 귀중한 실험실 공간을 여전히 포기하지 않는 것에 불만을 나타내었다. 그 당시 그가 하던 연구도 과학 주류에서 벗어난 것이었다. 그는 비타민 C가 감기를 예방할 수 있다고 확신하게 되었고, 비타민 결핍이 많은 정신 질환의 원인이라고 믿게 되었다. 그는 자신이 '분자교정 정신의학'이라고 명명한 분야에 대한 이론을 제시하였다. 그는 많은 생리학적 현상을 단순한 화학적 과정(반응 속도, 촉매, 초기 물질과 생성물의 양 등)으로 설명하려 하였다. 즉, 인체 생리학을 자신이 잘 아는 화학으로 설명하려 한 것이었다. 인체의 생리 기능이 화학 작용 때문에 작동하는 것이라는 생각은 근본적으로 사실이지만, 1960년대 초반에 전적으로 화학에 초점을 맞춘 연구 접근 방식이 받아들여질 수 있는가는 의문이었다. 아레니우스는 1900년대 초반에 면역화학을 질량 작용 법칙만으로 설명하려 하였으나, 파울 에를리히가 그 분야에서 거둔 것과 같은 실질적인 성과로 이어지지는 않았다. 린치가 화학보다 수학이 우위에 있다고 주장했던 것처럼, 폴링은 생물학, 생리학, 의학보다 화학의 우위를 주장하였다. 그리고 린치가 그랬던 것처럼, 그는 자신의 가설이 잘못되었다는 실험적 증거를 받아들이려 하지 않는 듯 보였다. 그는 린치처럼 그를 비판하는 과학자들보다 그 주제에 대해 더 깊이 이해하고 있다고 믿었고, 그들의 실험 결과는 결론에 이르지 못한 단편적인 것에 불과하다고 여겼다. 의학계는 그의 논문을 인정하지 않았고, 그는 연구비를 지원받지 못했다. 그는 캘텍을 떠나 샌타바버라와 샌디에이고의 캘리포니아 대학 및 스탠퍼드 대학 등을 돌아다녔다. 이후 그는 자신의 연구소인 분자교정 의학 연구소와 라이너스 폴링 과학 의학 연구소를 설립하였다. 결국, 폴링 과학 의학 연구소 운영자로 선택했던 전 제자와 골치 아프고 비용이 많이 드는 소송에 휘말렸다. 폴링은 1994년 93세의 나이로 사망할 때까지 자신의 생리학과 의학 이론을 옹호하였다.[12]

어빙 랭뮤어는 은퇴 후에도 과학적으로 활발히 활동하였다. 어린이들의 과학 교육에 관한 그의 열정은 전혀 식지 않았다. 나는 1945년에 쓴 랭뮤어의 편지를 발견했는데, 당시 그는 64세의 노벨상 수상자이자 미국에서 가장 유명한 과학자 중 한 명이었다. 그 편지는 브루클린 출신의 10살 소년 엘리후 럽킨에게 보낸 것이었다. 엘리후는 자신이 작성한 "원자 내의 입자 이론"에 관한 소책자를 랭뮤어에게 보냈었다. 대부분의 저명한 과학자들은 이런 조숙한 아이에게 격려의 메시지를 적은 메모를 비서가 보내도록 했을 것이다. 하지만 랭뮤어는 그렇지 않았다. 그는 엘리후를 매우 존중하며, 그를 마치 자신보다 나이 어린 동료처럼 대했다. 랭뮤어는 엘리후에게 3페이지에 걸친 편지를 보냈다. 편지에서 랭뮤어는 소책자의 페이지 참조와 함께 맞는 부분과 더 발전이 필요한 부분을 세세하게 설명해 주었다.

> 학생의 매우 흥미로운 "원자 내의 입자 이론" 소책자를 잘 받았어요. 읽어보니 학생은 현대 물리학의 여러 특징을 매우 잘 이해하고 있으며 독창적인 아이디어도 많이 갖고 있음을 알겠더군요. 특히 서문에서 귀하가 열 살이며 학교에서 배운 지식이 아니라고 밝힌 점이 매우 흥미롭네요. 그 페이지에는 날짜가 적혀 있지 않아 현재는 몇 살인지 명확하지 않네요. 어떻게 지식을 습득하게 되었는지, 읽은 책은 무엇인지 등 더 많은 이야기를 듣고 싶습니다.
>
> 학생은 솔직한 비평을 원했지요. 앞으로 몇 년 후에 자신이 썼던 것을 되돌아보며 스스로 하게 될 비판과 같은 평을 해보려 합니다. 학생이

하려는 것처럼 물질의 구조를 깊이 파고들려면 수학 공부를 매우 열심히 해야 해요. 대수학을 배우고 나면, 미분과 적분에 대한 기초 지식을 공부하는 데 큰 어려움이 없으리라 생각합니다. 나 역시 학교에서 정식으로 미적분을 배우기 전인 고등학교 2학년 때 혼자 공부를 시작했어요. 나중에 보니 이러한 것들을 배우는 가장 좋은 방법은 스스로 깨우치는 것이더군요. 누군가가 가르쳐준 것보다 스스로 깨우친 것들이 항상 더 큰 가치가 있어요.

학생은 소책자에서 수학을 전혀 이용하지 않았더군요. 현대의 양자 이론은 물질의 구조를 깊이 이해하기 위해 꼭 필요한데, 양자 이론은 수학을 모르면 이해하기가 힘들거든요. 아직은 귀하에게 양자 이론으로 설명하는 것은 적절하지 않아 보이네요.

기본 입자에 대한 학생의 생각은 대체로 맞지만, 세세한 부분에서 틀린 곳이 많아요. 그런 부분 몇 가지를 짚어 볼게요.

1. 2페이지에서 체구가 작아지고 건강이 나빠지고 있으며, 이로 인해 지구상의 생명체가 사라질 수 있다고 학생은 언급했지요. 하지만 나는 건강이 나빠지고 있다는 학생의 생각에 타당한 근거가 있다고 생각하지 않습니다. 오히려 모든 지표는 그 반대라고 나는 생각해요.
2. 또 2페이지에서 학생은 태양이 서서히 식어가고 있다고 했지요. 하지만 최고의 천문학자들 의견에 따르면, 태양의 온도가 점차 올라갈 것이며, 태양의 수명이 다할 무렵에는 현재보다 훨씬 더 뜨거워질 것이라고 합니다. 태양이 식고 있다는 생각은 예전에 제안되었던 아이디어 같네요.
3. 3페이지에 언급한 "원자와 분자" 논문을 갖고 있다면 복사본을 한 부 받고 싶군요.

4. 그리고, 6페이지에서 음에너지와 양에너지에 관한 이야기가 있는데 무엇을 의미하는지 잘 모르겠어요. 디랙이 음의 에너지 준위에 관해 이야기한 것은 사실인데, 그것은 양전자 이론과 관련이 있어요. 그의 연구에 대해 알고 있나요?
5. 중력이 당기는 힘이 아니라 미는 힘이라는 생각은 매우 오래전에 제안되었던 이론이에요. 현대적인 관점에서의 중력은 미는 힘도, 당기는 힘도 아니며 '공간의 곡률'에 의해 발생하는 효과라는 것이 더 맞는 설명일 것입니다. 적어도 이것은 아인슈타인의 이론이며, 이 이론은 충분히 입증된 것으로 보입니다.
6. 18페이지에서 당신은 지구의 반대편에 있는 바다의 조수 높이가 같다는 사실이, 중력은 당기는 힘이 아니라 미는 힘이라는 것을 증명한다고 했지요. 하지만 나는 그렇게 생각하지 않아요. 두 물체 사이에서 작용하는 힘은 거리의 제곱에 반비례한다는 사실을 기억해야 합니다. 지구가 먼 쪽의 조수보다 달에 더 강하게 끌리며, 그로 인해 지구 반대편 바다로부터 멀어지면서 두 바다가 섞이지 않는다는 사실을 학생은 간과한 것 같네요. 이 이론은 수학적으로 분석하면 더 명확해질 것입니다.

내가 지적한 이런 문제를 학생이 어떻게 생각하는지 듣고 싶네요. 이와 관련해서 귀하가 흥미롭게 생각할 만한 논문 몇 편을 동봉합니다.[13]

나는 인터넷 검색을 통해 엘리후 럽킨과 연락할 수 있었다. 그는 이 편지를 받은 후 아버지와 함께 기차를 타고 랭뮤어를 만나러 스키넥터디에 갔었다고 했다. 후에 럽킨은 밀워키의 위스콘신 대학 물리학 교수가 되었다.

랭뮤어는 몇 차례 심장마비를 겪은 후, 1957년 75세의 나이로 가족이 지켜보는 가운데 자택에서 숨을 거두었다. 그 후 미국 화학회는 『랭뮤어』라는 표면화학 분야 학술지를 정기적으로 발간하기 시작하였다.

길버트 루이스 본인은 노벨상을 수상하지 못했지만, 노벨상과 관련된 중요한 유산을 남겼다. 그의 재임 기간에 버클리 화학과의 교수로 있었거나 대학원에서 박사학위를 받은 많은 과학자가 노벨상을 받았다. 해럴드 유리(1934), 윌리엄 지오크(1949), 글렌 시보그(1951), 윌리엄 리비(1960), 멜빈 캘빈(1961), 헨리 토브(1983) 등이 그들이다.

버클리 화학과에서 길버트 루이스의 동료였던 조엘 힐데브란트는 랭뮤어를 버클리로 초청했던 인물로, 루이스가 사망한 날 루이스와 랭뮤어의 점심을 주선했을 가능성이 있다. 그는 1952년에 71세의 나이로 강의에서는 은퇴했지만, 1983년 101세로 사망할 때까지 활발하게 연구를 계속하였다. 은퇴 후에 그가 발표한 논문의 수는 은퇴 전보다 더 많았다. 힐데브란트는 생전에 버클리 캠퍼스에 그의 이름을 딴 건물이 세워진 몇 안 되는 사람 중 한 명이었다. 그는 "학교 이사회가 내가 죽기를 기다리는 것에 지쳤던가 보다"고 농담을 했다.

루이스의 마지막 학생이었던 제이콥 바이젤리센은 동위원소 화학 분야에서, 그리고 마이클 카샤는 광화학 분야에서 활발한 연구 활동을 계속하였다. 두 사람 다 미국 국립과학원 회원이 되었다.

루이스와 그의 후임 학장들의 개인 비서였던 메이블 키트리지는 버클리 캠퍼스에서 한동안 막강한 영향력을 행사하였다. 젊은 교수들은 그녀에게 밉보이면 승진할 수 없다고 생각할 정도였다.[14] 1950년대 중반, 웬들 라티머의 제자였으며 버클리의 젊은 교수였던 윌리엄 졸리는 자신이 가르치던 무기화학 강좌의 교재를 바꾸려 했다. 사용하던 교재는 이미 사망한 라티머가 저술한 것이었고, 졸리는 최신 교재가 필요하다고 생각했다. 하지만 키트리지는 이를 신성 모독으로 여겼고, 당시 학장이었던 케네스 피처를 설득해 졸리의 결정을 번복시켰다.[15] 키트리지는 루이스를 깊이 존경하였다. 1980년대에 버클리 캠퍼스로 돌아온 바이젤리센은 버클리에서 이루어진 동위원소 연구의 역사에 관한 글을 쓰면서, 키트리지가 루이스의 중수 관련 모든 논문을 타자로 친 것을 기억해냈다. 그는 당시 양로원에 있던 그녀에게 전화를 걸어 정보를 얻으려 했다. 바이젤리슨이 그녀에게 자신이 중수소에 관한 글을 쓰고 있다고 말하자, 그녀는 "루이스 교수님이 중수소를 발견했지요."라고 말했다. 바이젤리센이 "아니요, 중수소를 발견한 사람은 해럴드 유리입니다."라고 대답하자, 그녀는 "더 이상 할 말이 없군요."라고 말하며 전화를 끊어버렸다.[16]

루이스의 실험 노트, 개인 일기, 서신 같은 개인적인 서류는 보전되어 있지 않다. 나는 이를 찾기 위해 많은 노력을 했지만 성공하지 못했다. 카샤는 루이스가 사망한 후 루이스의 문서들을 그의 가족에게 보내려고 여러 상자에 담아놓았다고 말했다.[17] 1960년대에 버클리 역사학과 교수인 로저 한이 루이스의 부인에게 그 문서들을 버클리의 밴크로프트 도서관에 기증해달라고 요청했는데, 그녀는 잡동사니 몇 개가 들어있는 신발 상자 하나만을 가지고 왔다.[18] 그녀는 더 이상 다른 것은 없다고 말했으며, 루이스의 아들 에드워드는 가족이 그런 문서들을 받았다는 말을 들은 적이 없다고 나에게 증언하였다.[19] 카샤가 상자를 꾸린 후 가족에게 전달하는 과정에서 메이블 키트리지가 중간에서 역할을 했을 것이므로, 나는 키트리지가 그 문서들을 가로챘거나 파기했을 가능성이 있다고 의심한다.

버클리 화학과의 청소부이자 우표 수집가였던 카를로스는 루이스 사망 후 몇 년간 일을 더 했지만, 더 이상 일할 의욕이 없었다. 그는 메이블 키트리지와는 사이가 좋지 않았고, 친구였던 루이스와 파이프 담배로 쓰기 위해 모으던 루이스의 시가 꽁초들을 그리워했다. 은퇴를 앞두고 있던 어느 날, 카를로스가 더러운 밀대를 들고 라티머의 사무실에 들어가려 하자 키트리지가 "잠깐만요, 그 걸레로 닦으면 안 돼요!"라고 외쳤다. 카를로스는 그녀를 한 번 쳐다보고는 사무실로 들어가 밀대를 라티머에게 던져주며, "라티머 교수! 이제 당신이 바닥 청소를 하세요!" 라고 말했다.[20]

자료 출처와 감사의 글

자료 출처

이 책을 쓰기 위해 내가 한 연구의 대부분은 길버트 루이스와 어빙 랭뮤어에 관한 것이며, 그 외 과학자들의 이야기는 대부분 다른 연구자들의 작업을 기반으로 하고 있다. 2차 자료에서 언급된 편지나 원고를 인용할 때는, 원본의 출처는 명시하지 않았으며 2차 자료를 각주로 표시하였다. 이러한 출처들은 보통 1차 자료보다 접근성이 더 좋고, 내가 발췌한 부분이 어떤 상황에서 나왔는지를 더 광범위하게 살펴볼 수 있다. 이 책의 주제에 대해 더 깊이 알고 싶은 독자를 위해 내가 유용하다고 생각한 2차 자료들을 아래에 적어 놓았다. 전체 참고문헌은 '추천 자료'란 에서 찾을 수 있다.

다니엘 찰스의 『프리츠 하버 전기』와 토마스 헤이거의 『라이너스 폴링 전기』는 내가 읽은 과학자 전기 중 가장 훌륭하다. 찰스의 프리츠 하버 전기는 마르짓 졸로시 얀체의 훨씬 더 긴 하버 전기를 기반으로 하고 있는데, 안타깝게도 그 독일어책의 번역본은 아직 없다. 다이애나 바칸의 『발터 네른스트 전기』에는 중요한 자료들이 많이 들어있다. 특히 네른스트의 램프에 대한 내용과 그가 겪은 스반테 아레니우스 및 노벨 위원회 사이의 갈등에 관한 자세한 이야기가 수록되어 있다. 엘리자베스 크로포드의 『아레니우스 전기』는 빌헬름 오스트발트와 야코뷔스 반트호프에 대한 훌륭한 자료이기도 하다. 오스트발트의 『전기화학 역사』는 물리화학 혁명에 참여한 과학자가 직접 쓴 그 시절 이야기이다.

커트 멘델스존의 『네른스트 전기』와 앨버트 로젠펠드의 『랭뮤어 전기』는 소중한 자료지만, 역사적 자료로서 몇 가지 문제가 있다. 네른스트 연구소에 소속된 과학자였던 멘델스존이 집필한 그 책의 대부분은 그의 기억과 다른 사람에게 들은 이야기에 기반하여 쓴 것이다. 그 책에 적힌 네른스트에 대한 일화는 재미있고 또 사실이라 믿지만, 더 재미있게 하려고 멘델스존이 각색한 부분이 많은 것 같다. 그 책에 수록된 일화 몇 개를 이 책에 소개했으나 역사적인 사실을 보장할 수는 없다.

로젠펠드는 『라이프』지의 과학 부문 편집자였다. 그의 『랭뮤어 전기』는 랭뮤어 사망 후 5년이 지난 1962년 제네럴 일렉트릭사의 재정적 지원으로 출간된 랭뮤어 연구 모음집 중 하나이다. 나는 로젠펠드의 책에 수록된 랭뮤어의 일기와 로젠펠드가 랭뮤어의 동료나 가족들과 인터뷰하며 얻은 자료들을 많이 발췌하여 이 책에 인용하였다. 그의 랭뮤어 전기는 칭송 일색으로 랭뮤어를 부정적으로 생각할 만한 이야기는 모두 생략되어 있다. 표면화학 분야에서 이전 연구자들과 경쟁자들에 관한 내용은 대부분 무시되었으며, 도로시 린치와의 단백질 연구 협력도 거의 다뤄지지 않았다. 그 책에는 각주가 달려 있지 않아 그가 인용한 자료를 찾느라 애를 먹었고, 내가 이 책 끝의 참고문헌에 그 자료를 적어 놓았다. 내가 찾을 수 없는 자료는 그대로 로젠펠드의 책을 참조하도록 했다. 그 책은 랭뮤어의 가족과 동료들의 협조를 받아 썼다는 점에서 매우 귀중한 자료라 할 수 있다. 랭뮤어의 아들 케네스의 수정을 거친 랭뮤어의 개인 일기를 볼 수 있었던 것도 가족의 협조가 있었기에 가능했다. 국회 도서관에 있는 랭뮤어 기록물에서 랭뮤어의 일기를 찾을 수 없는 것으로 미루어보아 현재까지 보전된 것 같지는 않다. 그의 손자 로저 숨메르헤이도 그 일기의 행방을 모른다고 했다. 만일 언젠가 그 일기가 발견된다면 발견한 사람이 숨메르헤이일 가능성이 크다. 그는 랭뮤어가 촬영한 홈 비디오와 버나드와 커트 보네거트 형제를 포함한 랭뮤어의 친척 및 지인들과의 인터뷰를 담은 다큐멘터리 〈랭뮤어의 세계〉를 제작한 바 있다.

현재까지 도로시 린치의 개인사를 가장 완벽하게 기록한 사람은 프니나 아비르암이다. 피에르 라즐로는 린치의 사이클롤 이론에 관한 과학적 논란을 책으로 발간하였다. 적어도 이 책을 쓰고 있는 2008년까지는 내가 찾아본 자료 중에서 사이클롤 이론을 가장 잘 요약해 놓은 것은 위키피디아다. 현재 린치와 스미스 대학 동료였던 마조리 세네찰이 린치에 관한 책을 준비 중인데, 아마 완성되면 매우 유용한 자료가 될 것이다.*

에드워드 루이스가 쓴 그의 아버지 길버트 루이스에 대한 전기는 특히 가족에 대한 정보를 얻을 수 있는 매우 유용한 책이다. 로버트 코흘러 주니어는 루이스의 전자 이론과 루이스-랭뮤어 논쟁에 대하여 정확한 역사적 연구에 기반하여 기록하였다. 로저 스튜어는 루이스의 복사 이론을 훌륭하게 설명하였다. 윌리엄 졸리는 루이스 재임 시기의 버클리 화학과 역사에 관해 썼다. 안타깝게도 루이스의 개인 노트와 문서는 보존되지 않았지만, 그의 전문적인 서신들은 캘리포니아 대학교(버

---

* 이 책은 2012년에 『I Died for Beauty: Dorothy Wrinch and the Cultures of Science』라는 제목으로 출간되었다. -편집 주

클리)의 밴크로프트 도서관에서 찾을 수 있다. 루이스에 관한 최고의 2차 자료 중 일부는 1983년 라스베이거스 심포지엄에서 나왔으며, 이에 관한 논문들은 1984년『화학 교육지』에 여러 차례에 걸쳐 게재되었다. 특히 제이콥 바이젤리센이 그 심포지엄에서 발표한 버클리에서의 동위원소 연구에 관한 논문은 루이스의 중수 연구를 이해하는 데 매우 유용한 자료이다.

나는 루트비히 프리츠 하버와 찰스 헬러의 제1차 세계대전에서의 화학전에 대한 기록, 우테 다이히만의 나치에 의한 유대인 과학자 추방의 역사, 존 헤일브론의 막스 플랑크 전기, 존 헤일브론과 로버트 세이델의 어니스트 로런스 연구소 역사, 존 세르보스의 미국 물리화학의 역사 등도 참조하였다. 마지막 책은 좀 더 광범위한 물리화학 분야 지식을 원하는 독자들에게 특히 유용한 자료이다.

감사의 글

무엇보다 이 책의 편집을 도와주고 정서적인 지지를 해 준 나의 아내 엘렌 풀리블랭크 코피에게 감사의 말을 전한다. 제이콥 바이젤리센은 이 책의 집필 과정 내내 너무도 귀중한 도움을 주었다. 존 헤일브론은 이 책을 감수해 주었고 역사책을 쓰는 것이 무엇을 의미하는지 알려 주었다. 이 세 분께 특별한 감사를 드리고 싶다. 이 책에 수록된 원고와 기록물, 좌담을 검토해 주신 분도 많다. 편집자 제레미 루이스, 교열을 담당한 트리시 왓슨, 제작 편집인 헤더 하트만, 그리고 존 프라우스니츠, 마이클 휘트, 로알드 호프만, 더들리 허슈바흐, 샤손 샤이크, 존 세르보스, 다니엘 코피, 죠나단 오메르만, 로저 한, 에드워드 루이스, 길 루이스, 마조리 세네찰, 조엘 레벤탈과 수잔 라비너가 많은 도움을 주었다. 인터뷰에서 자신의 기억을 공유해준 테드 게발, 프란시스 코닉,

로버트 코닉, 해롤드 존슨, 마이클 카샤, 레오 브루어, 찰스 아우어바흐, 데이비드 알트만, 에드 제브로스키에게도 감사의 말을 전한다. 또한, 역사학자인 캐스린 카슨, 어윈 히버트, 귀도 바치아갈루피, 프니나 아비르엠, 고란 베르그송, 엘런 베이어첸, 안드레아스 클라이네르트와 다이애나 부흐발트에게 감사드린다. 과학 저술가 데이비드 린들리, 조지 존슨, 수잔 퀸과 낸시 그린스펀에게도 감사드린다. 스웨덴어를 번역해 준 브릿마리 기저릭과 노벨상 기록물 연구자인 아드리엔 토마손, 버클리 과학과 기술 역사관에 근무하는 다이애나 웨어, 노벨상 기록 보관소의 칼 그랜딘, 스웨덴 왕립 기술 연구소의 태미 웨스트그렌, 국립 과학원의 제니스 골드블룸, 국회 도서관의 레오 브루노, UC 버클리 도서관의 메리앤 무어와 데이비드 파렐, UC 버클리 화학과의 필 가이슬러, 빌 졸리, 클레이턴 히스콕, 제인 쉐이버, 돈 틸리, 마이클 반스와 찰스 해리스에게 감사드린다. 소장품을 사용하도록 허락해 준 시어도어 코넌트와 푸지 도서관, 뱅크로프트 도서관, 스미스 대학과 노벨 기록 보관소에 깊은 감사를 드린다.

추천 자료

이 책에서 묘사하는 인물, 생각, 사건에 대해 더 폭넓은 이해를 원한다면 다음의 자료들을 읽어 보기를 권한다.

Abir-Am, Pnina. "Disciplinary and Marital Strategies in the Career of Mathematical Biologist Dorothy Wrinch." In *Uneasy Careers and Intimate Lives, Women in Science 1789–1979*, edited by Pnina Abir-Am and D. Outram. New Brunswick, N.J.: Rutgers University Press, 1987; 239-280.

Arnold, James, Jacob Bigeleisen, and Clyde Hutchinson. "Harold Clayton Urey: April 24, 1893-January 5, 1981." In *National Academy of Sciences Biographical Memoirs*. Washington, D.C.: National Academy of Sciences, 1995; 363-412.

Barkan, Diana Kormos. *Walther Nernst and the Transition to Modern Physical Science*. Cambridge: Cambridge University Press, 1999.

Beyerchen, Alan D. *Scientists Under Hitler: Politics and the Physics Community in the Third Reich*. New Haven, Conn.: Yale University Press, 1977.

Bigeleisen, Jacob. "Gilbert N. Lewis and the Beginnings of Isotope Chemistry." *Journal of Chemical Education* 61 (1984): 108-116.

Charles, Daniel. *Master Mind: The Rise and Fall of Fritz Haber, the Nobel Laureate Who Launched the Age of Chemical Warfare*. New York: Ecco, 2005.

Coffey, Patrick. "Chemical Free Energies and the Third Law of Thermodynamics." *Historical Studies in Physical and Biological Sciences* 36 (2006): 365-396.

Crawford, Elisabeth. *Arrhenius: From Ionic Theory to the Greenhouse Effect*. Canton, Ohio: Science History Publications/USA, 1996.

Deichmann, Ute. "The Expulsion of German-Jewish Chemists and Biochemists and Their Correspondence with Colleagues in Germany after 1945: The Impossibility of Normalization?" In *Science in the Third Reich*, edited by Margit Szöllösi-Janze. New York: Oxford University Press, 2000; 243-280.

Greenspan, Nancy. *The End of the Uncertain World: The Life and Science of Max Born*. New York: Basic Books, 2005.

Haber, Ludwig Fritz. *The Poisonous Cloud: Chemical Warfare in the First World War*. Oxford: Clarendon Press, 1986.

Hager, Thomas. *Force of Nature: The Life of Linus Pauling*. New York: Simon and Schuster, 1995.

Heilbron, J.L. *The Dilemmas of an Upright Man: Max Planck as Spokesman for German Science*. Berkeley: University of California Press, 1986.

——. "The Nobel Science Prizes of World War I." In *Historical Studies in the Nobel Archives*, edited by Elisabeth Crawford. Tokyo: Universal Academy Press, 2002; 19-38.

Heilbron, J.L., and Robert W. Seidel. *Lawrence and His Laboratory*. Berkeley: University of California Press, 1989. Available in part at www.lbl.gov/ Science-Articles/Research-Review/Magazine/1981/index.html.

Heller, Charles. *Chemical Warfare in World War I: The American Experience, 1917– 1918, Leavenworth Papers*. Fort Leavenworth, Tex.: Combat Studies Institute, U.S. Army Command and General Staff College, 1984. Available at wwwcgsc.army.mil/carl/resources/csi/Heller/HELLER.asp.

Hewlett, Richard G., and Oscar E. Anderson, Jr. *A History of the United States Atomic Energy Commission*: Vol. 1, *The New World*, 1939 – 1945. Philadelphia: University of Pennsylvania Press, 1962.

Jolly, William. *From Retorts to Lasers*. Berkeley: William Jolly, distributed by the College of Chemistry, University of California, Berkeley, 1987.

Kohler, Robert E., Jr. "G.N. Lewis's Views on Bond Theory 1900 – 1916." *British Journal of the History of Science* 8 (1975): 233 – 239.

——. "Irving Langmuir and the 'Octet' Theory of Valence." *Historical Studies in Physical Sciences* 4 (1972): 39 – 97.

——. "The Lewis-Langmuir Theory of Valence and the Chemical Community, 1920 – 1928." *Historical Studies in Physical Sciences* 6 (1975): 431 – 468.

——. "The Origin of G.N. Lewis's Theory of the Shared Pair Bond." *Historical Studies in Physical Sciences* 3 (1971): 343 – 376.

Kuhn, Thomas. *The Structure of Scientific Revolutions*. Chicago: University of Chicago Press, 1962.

Langmuir, Irving. *Phenomena, Atoms, and Molecules*. New York: Philosophical Library, 1950.

Laszlo, Pierre. *A History of Biochemistry: Molecular Correlates of Biological Concepts*. Vol. 34A in *Comprehensive Biochemistry*, edited by A. Neuberger and L.L.M. Van Deemen. Amsterdam: Elsevier, 1986.

Lewis, Edward. *A Biography of Distinguished Scientist Gilbert Newton Lewis*. New York: Edwin Mellen Press, 1998.

Lewis, Gilbert N. *The Anatomy of Science*. New Haven, Conn.: Yale University Press, 1926.

——. "The Atom and the Molecule." *Journal of the American Chemical Society* 32(1916): 752 – 785.

Lewis, Gilbert N., and Merle Randall. *Thermodynamics and the Free Energy of Chemical Substances*. New York: McGraw-Hill, 1923.

Lindley, David. *Boltzmann's Atom: The Great Debate That Launched a Revolution in Physics*. New York: Free Press, 2001.

Luttenberger, Franz. "Arrhenius vs. Ehrlich on Immunochemistry: Decisions about Scientific Progress in the Context of the Nobel Prize." *Theoretical Medicine and Bioethics* 13 (2005): 137 – 173.

Medawar, Jean, and David Pyke. *Hitler's Gift: The True Story of the Scientists Expelled by the Nazi Regime*. New York: Arcade Publishing, 2001.

Mendelssohn, Kurt M. *The World of Walther Nernst*: The Rise and Fall of German Science. London: Macmillan, 1973.

Nernst, Walther. *The New Heat Theorem*. London: Methuen and Co., 1926.

Ostwald, Wilhelm. *Elektrochemie: Ihre Geschichte und Lehre*. 2 vols. Leipzig: Verlag von Veit and Comp., 1896. English translation, Smithsonian Institution and National Science Foundation. New Delhi: Amerind Pub. Co., 1980.

Pauling, Linus. *The Nature of the Chemical Bond*. Ithaca, N.Y.: Cornell University Press, 1939.

Rosenfeld, Albert. "The Quintessence of Irving Langmuir." In *The Collected Works of Irving Langmuir*, Vol. 12, edited by C. Guy Suits and Harold Way. New York: Pergamon Press, 1962; 5-229.

Servos, John W. *Physical Chemistry from Ostwald to Pauling: The Making of a Science in America*. Princeton, N.J.: Princeton University Press, 1990.

Smil, Vaclav. *Enriching the Earth: Fritz Haber, Carl Bosch, and the Transformation of World Food Production*. Cambridge, Mass.: MIT Press, 2001.

Smyth, Henry DeWolf. *Atomic Energy for Military Purposes*. Princeton, N.J.: Princeton University Press, 1945.

Stoltzenberg, Dietrich. *Fritz Haber: Chemist, Nobel Laureate, German, Jew*. Translated by Charles Passage. Philadelphia: Chemical Heritage Press, 2004.

Stuewer, Roger. "G. N. Lewis on Detailed Balancing, the Symmetry of Time, and the Nature of Light." *Historical Studies in Physical Sciences* 6 (1975): 469-511.

Summerhayes, Roger. *Langmuir's World*. Film. CustomFlix, 1996.

Szöllösi-Janze, Margit. *Fritz Haber 1868–1934: Eine Biographie*. Munich: Verlag C.H. Beck, 1998.

Taylor, Hugh. "Irving Langmuir, 1881-1957." *Biographical Memoirs of Fellows of the Royal Society* 4 (1957): 167-184.

Widmalm, Sven. "Science and Neutrality: The Nobel Prizes of 1919 and Scientific Internationalism in Sweden." *Minerva* 33 (1995): 339-360.

참고문헌

약어

CCP 화학 대학 기록(1874~1955), 길버트 뉴턴 루이스 컬렉션, 캘리포니아 버클리 대학의 뱅크로프트 도서관.

DWP 도로시 린치의 문서들(1919~1975), 소피 스미스 컬렉션, 스미스 칼리지 기록 보관소, 매사추세츠주 노샘프턴.

ILP 어빙 랭뮤어 문서들, 의회도서관, 워싱턴 D.C.

KVA 스웨덴 왕립 과학 아카데미 노벨 기록 보관소, 스톡홀름.

NBL 닐스 보어 도서관, 미국 물리학 연구소, 메릴랜드주 칼리지 파크.

TRP 시어도어 리차즈의 문서들, 하버드 대학의 퓨지 도서관, 매사추세츠주 케임브리지.

프롤로그

1. Author's interview with Ted Geballe, 2005.
2. Arthur Koestler, *The Sleepwalkers: A History of Man's Changing Vision of the Universe* (London: Hutchinson, 1959), 10.
3. Roald Hoffmann, "What Might Philosophy of Science Look Like If Chemists Built It?" *Synthese* 155, no. 3 (2007): 321–336.
4. Thomas Kuhn, *The Structure of Scientific Revolutions* (Chicago: University of Chicago Press, 1962).
5. Nicholas Wade, "Scientists Transplant Genome of Bacteria," *New York Times*, 29 June 2007.

1장

1. Arrhenius to Ostwald, 14 Dec. 1925. Quoted in Elisabeth Crawford, *Arrhenius: From Ionic Theory to the Greenhouse Effect* (Canton, Mass.: Science History Publications/USA, 1996), 43.
2. Olof Arrhenius, "Svante Arrhenius: Det Första Kvartseklet (Svante Arrhenius: The First Quarter Century)," in *Svante Arrhenius Till 100-Årsminnet avhans Födelse* (Svante Arrhenius, on the 100th Anniversary of his Birth) *Kongliga Ventenskap-Akademiens Årsbok 1959 Bilaga* (Stockholm: Almquist and Wicksell, 1959), 43–64, on 63. Quoted in Crawford, *Arrhenius*, 43.
3. Royal Swedish Academy of Sciences, *Le Prix Nobel en 1903* (Stockholm, 1906), 67. Quoted in Crawford, *Arrhenius*, 205.
4. Hermann Kolbe, "Zeichen der Zeit: II," *Journal für Praktische Chemie* 123 (1877): 473–477, on 474. Quoted in Robert Root-Bernstein, "The Ionists: Founding Physical Chemistry, 1872–1890" (Ph.D. thesis, Princeton University, 1980), 195–196.
5. Root-Bernstein, "The Ionists," 31.
6. Crawford, *Arrhenius*, 19.

7. Ibid., 14.
8. Ibid., 20.
9. Ibid.
10. Svante Arrhenius, "Recherches sur la Conductibilité Galvanique des Electrolytes," *Bihang till Kongliga Svenska Ventenskaps-Akademiens Handlingar* 8, no.13 (part 1), 14 (part 2) (1884). Quoted in Root-Bernstein, "The Ionists," 103.
11. Root-Bernstein, "The Ionists," 29.
12. Ibid., 44.
13. Henri le Chatelier, *Recherches Expérimentales et Théoriques sur les Équilibres Chimiques* (Paris: Ve Ch. Dunod, 1888), 11 – 12. Also published in *Annales des Mines* 13, 157 – 382. Quoted in Gilbert N. Lewis and Merle Randall, *Thermodynamics and the Free Energy of Chemical Substances* (New York: McGraw-Hill, 1923), 3.
14. Arrhenius, "Recherches," quoted in Root-Bernstein, "The Ionists," 82.
15. Crawford, *Arrhenius*, 59 – 60.
16. Ostwald to his wife, 17 and 22 Aug. 1884. Quoted in Crawford, *Arrhenius*, 53.
17. Crawford, *Arrhenius*, 60 – 61.
18. Robert Millikan, "Walther Nernst, a Great Physicist, Passes," *Scientific Monthly* 51 (1942): 84 – 86.
19. Kurt M. Mendelssohn, *The World of Walther Nernst: The Rise and Fall of German Science* (London: Macmillan, 1973), 23.
20. Arrhenius to Eric Edlund, 19 Dec. 1886. Quoted in Crawford, *Arrhenius*, 67.
21. Diana Kormos Barkan, *Walther Nernst and the Transition to Modern Physical Science* (Cambridge: Cambridge University Press, 1999), 41.
22. Ibid., 34.
23. Ibid., 51.
24. Arrhenius, "Recherches," part 1, 6. Quoted in Crawford, *Arrhenius*, 30.
25. John W. Servos, *Physical Chemistry from Ostwald to Pauling: The Making of a Science in America* (Princeton, N.J.: Princeton University Press, 1990), 53.
26. Arrhenius to Ostwald, 13 Aug. 1889. Quoted in Crawford, *Arrhenius*, 96.
27. Edvard Hjelt, "Den Nya Electrokemiska Teorin," Finska Ventenskaps-Societetens Översikt 34 (1892): 10 – 11. Quoted in Crawford, *Arrhenius*, 97.
28. Nernst to Ostwald, 17 May 1890. Quoted in Crawford, *Arrhenius*, 101.
29. Crawford, *Arrhenius*, 81 – 108.
30. Hermann von Helmholtz, *Sitzungsberichte Berlin Akademie Ges. Abhandl.*, Vol. 2 (1882). Quoted in Wilhelm Ostwald, *Elektrochemie: Ihre Geschichte und Lehre*, 2 vols. (Leipzig: Verlag von Veit and Comp., 1896). English trans., Smithsonian Institution and National Science Foundation (New Delhi: Amerind Pub. Co., 1980), 1007 – 1008.
31. Jacobus van't Hoff, *Physical Chemistry in the Service of the Sciences* (Chicago: University of Chicago Press, 1903), 33.
32. Jacobus van't Hoff, "Lois de l'Equilibre Chimique dans l'Etat Dilué, Gazeux ou Dissous," *Kongliga Svenska Vetenskaps-Akademiens Handlingar* 21, no. 17 (1885).
33. Barkan, *Walther Nernst*, 50.
34. Thomas Kuhn, *The Structure of Scientific Revolutions* (Chicago: University of Chicago Press, 1962).

35. Mendelssohn, *The World of Walther Nernst*, 40 – 41; Crawford, *Arrhenius*, 84 – 85.
36. Elisabeth Crawford, *The Beginnings of the Nobel Institution: The Science Prizes, 1901–1915* (Cambridge: Cambridge University Press, 1984), 52.
37. Crawford, *Arrhenius*, 125 – 126.
38. Svante Arrhenius, "Naturens Värmehushållning," *Nordisk Tidskrift* 14 (1896): 121 – 130, on 130. Quoted in Crawford, *Arrhenius*, 154.
39. James Franck, oral history interview by Thomas Kuhn and Maria Goeppert Mayer, 9 – 14 July 1962, *NBL*.
40. Mendelssohn, *The World of Walther Nernst*, 49.
41. Ibid., 78.
42. Crawford, *Arrhenius*, 43 – 44.
43. Barkan, *Walther Nernst*, 43.
44. Van't Hoff to Ostwald, around 8 May 1896. Quoted in Barkan, *Walther Nernst*, 63.
45. Mendelssohn, *The World of Walther Nernst*, 45 – 47, 43. Also recounted in Albert Rosenfeld, "The Quintessence of Irving Langmuir," in *The Collected Works of Irving Langmuir*, Vol. 12, ed. C. Guy Suits and Harold Way (New York: Pergamon Press, 1962), 60.
46. Mendelssohn, *The World of Walther Nernst*, 49 – 50.
47. Crawford, *The Beginnings of the Nobel Institution*, 63.
48. Ibid., 81 – 82.
49. Ibid., 69 – 76.
50. Crawford, *Arrhenius*, 144.
51. Nernst to Ostwald, 24 Feb. 1901. Quoted in Barkan, *Walther Nernst*, 222 – 223.
52. Crawford, *The Beginnings of the Nobel Institution*, 116 – 122.
53. Royal Swedish Academy of Sciences, *Le Prix Nobel en 1903* (Stockholm: 1906), 67. Quoted in Crawford, *Arrhenius*, 205.
54. Ibid.
55. Crawford, *Arrhenius*, 205.
56. Crawford, *The Beginnings of the Nobel Institution*, 125 – 126.
57. Ibid., 126.
58. Arthur M. Silverstein, *Paul Ehrlich's Receptor Immunology: The Magnifi cent Obsession* (New York: Academic Press, 2002), 3 – 4.
59. Paul Ehrlich, in *Proceedings VII International Congress of Hygiene and Demography*, Vol. 2 (London: 1891), 211. Quoted in Silverstein, *Paul Ehrlich's Receptor Immunology*, 12.
60. Silverstein, *Paul Ehrlich's Receptor Immunology*, 76 – 84.
61. Arrhenius to Thorvald Madsen, 13 June 1907. Quoted in Franz Luttenberger, "Arrhenius vs. Ehrlich on Immunochemistry: Decisions about Scientific Progress in the Context of the Nobel Prize," *Theoretical Medicine and Bioethics* 13 (2005): 137 – 173, on 155.
62. Silverstein, *Paul Ehrlich's Receptor Immunology*.
63. Luttenberger, "Arrhenius vs. Ehrlich."
64. Silverstein, *Paul Ehrlich's Receptor Immunology*, 71 – 72.
65. Luttenberger, "Arrhenius vs. Ehrlich," 143.
66. Crawford, *Arrhenius*, 231.
67. Paul Ehrlich, "Partial Cell Functions," in *Nobel Lectures: Physiology or Medicine* (Stockholm: Nobel Foundation, 1967), 305. Quoted in Crawford, *Arrhenius*, 232.

2장

1. Langmuir card catalog, *ILP*.
2. *Harvard University Catalog 1902–1903*, 408, Harvard University Archives.
3. John W. Servos, *Physical Chemistry from Ostwald to Pauling: The Making of a Science in America* (Princeton, N.J.: Princeton University Press, 1990), 54 – 55.
4. Ibid., 54.
5. Edward Lewis, *A Biography of Distinguished Scientist Gilbert Newton Lewis* (New York: Edwin Mellen Press, 1998), 7.
6. Lewis student fi le, Harvard University Archives.
7. Richards to Julius Stieglitz, 17 Nov. 1916. Quoted in Servos, *Physical Chemistry*, 118.
8. Servos, *Physical Chemistry*, 81.
9. Thomas Kuhn, interview with J. Robert Oppenheimer, 18 Nov. 1963. Quoted in Alice Kimball Smith and Charles Wiener, eds., *Robert Oppenheimer: Letters and Recollections* (Cambridge: Cambridge University Press, 1980), 6.
10. Manuscripts may be found in the Gilbert Newton Lewis Papers, 1904 – 1946, Bancroft Library, University of California, Berkeley.
11. For an extensive history of Le Sage's and related theories (although not including Lewis's), see Matthew Edwards, ed., *Pushing Gravity: New Perspectives on Le Sage's Theory of Gravitation* (Montreal: Apeiron, 2002).
12. Lewis to R.A. Millikan, 28 Oct. 1919, *CCP*. Quoted in Servos, *Physical Chemistry*, 119.
13. Michael Kasha, "The Triplet State: An Example of G. N. Lewis' Research Style," *Journal of Chemical Education* 61 (1984): 204 – 215. Kasha believed that "The Electron and the Molecule" was Lewis's master's thesis, but the Harvard catalog from that period specifi es that the master's degree did not require a thesis.
14. Gilbert N. Lewis, "A General Equation for Free Energy and Physico-chemical Equilibrium, and Its Application" (Ph.D. thesis, Harvard University, 1899).
15. Theodore Richards and Gilbert N. Lewis, "Some Electrochemical and Thermochemical Relations of Zinc and Cadmium Amalgams," *Proceedings of the American Academy of Arts and Sciences* 34 (1898): 87 – 99.
16. Gilbert N. Lewis, "The Development and Application of a General Equation for Free Energy and Physico-chemical Equilibrium," *Proceedings of the American Academy of Arts and Sciences* 35 (1900): 3 – 38.
17. J.J. Waterston, *The Collected Scientific Papers of John James Waterston*, ed. J.S. Haldane, *Philosophical Transactions of the Royal Society of London*, Series A (Edinburgh: Oliver and Boyd, 1928), 209 – 210.
18. Wilder Bancroft, "Review of the Development and Application of a General Equation for Free Energy and Physico-chemical Equilibrium, by Gilbert Lewis," *Journal of Physical Chemistry* 5 (1901): 405.
19. Theodore Richards, "The Significance of Changing Atomic Volume," *Proceedings of the American Academy of Arts and Sciences* 38 (1902): 291 – 341. In this paper, Richards concludes that free energy is *not* the measure of affinity.
20. Gilbert N. Lewis and Merle Randall, *Thermodynamics and the Free Energy of Chemical Substances* (New York: McGraw-Hill, 1923), 386.
21. Henri le Chatelier, *Recherches Experimentales et Theoriques sur les Equilibres Chimiques* (Paris:

Ve Ch. Dunod, 1888), 184. Also published in *Annales des Mines* 13, 157–382. Quoted in Lewis and Randall, *Thermodynamics*, 435–436.

22. For a more mathematical treatment of the subject, see Patrick Coffey, "Chemical Free Energies and the Third Law of Thermodynamics," *Historical Studies in Physical and Biological Sciences* 36 (2006): 365–396, on 382–390.
23. Lewis to Richards, 5 Apr. 1899, 3 July 1899, 30 July 1899, 8 Aug. 1899, *TRP.*
24. Gilbert N. Lewis, "A New Conception of Thermal Pressure and a Theory of Solutions," *Proceedings of the American Academy of Arts and Sciences* 36 (1900): 145–168.
25. In the kinetic theory of an ideal gas, the temperature is proportional to the average kinetic energy of the molecules. Lewis proposed that for a nonideal gas, the temperature should be considered proportional to the product of the average momentum of the molecules multiplied by the number of molecules passing in one second through unit area. Lewis, "A New Conception," 154.
26. Lewis to Richards, 13 Jan. 1901, *TRP.* Quoted in Coffey, "Chemical Free Energies," 393.
27. Richards to Lewis, 16 Mar. 1901, *TRP.* Quoted in Coffey, "Chemical Free Energies," 385.
28. Richards, undated scrap, apparently sent to Lewis with the letter of 16 Mar. 1901, *TRP.* Quoted in Coffey, "Chemical Free Energies," 386.
29. Theodore Richards, "The Driving Tendency of Physico-chemical Reaction, and Its Temperature Coefficient," *Proceedings of the American Academy of Arts and Sciences* 35 (1900): 471–481.
30. Lewis to Richards, 5 Apr. 1901, *TRP.* Quoted in Coffey, "Chemical Free Energies," 387.
31. Ibid.
32. Gilbert N. Lewis, "The Law of Physico-chemical Change," *Proceedings of the American Academy of Arts and Sciences* 37 (1901): 49–69, on 66.
33. Ostwald to Richards, 30 Mar. 1901, *TRP.*
34. Lewis to Richards, 13 Jan. 1901, *TRP.* Quoted in Coffey, "Chemical Free Energies," 391–92.
35. Lewis to Richards, 5 Apr. 1901, *TRP.* Quoted in Coffey, "Chemical Free Energies," 392.
36. Servos, *Physical Chemistry*, 79.
37. Gilbert N. Lewis, "The Atom and the Molecule," *Journal of the American Chemical Society* 32 (1916).
38. Theodore Richards, Chemistry 8 notebook, 1902, Harvard University Archives. Quoted in Servos, *Physical Chemistry*, 119.
39. Author's interview with Lewis's son Edward Lewis, 2005.
40. Louis Hammett, oral history interview by Leon Gortler, 1 May 1978, *NBL.*
41. "Report of the National Academy of Sciences, 1906" (Washington, D.C.: National Academy of Sciences, 1906), 19.
42. Elisabeth Crawford, J.L. Heilbron, and Rebecca Ullrich, *The Nobel Population, 1901–1937* (Berkeley, Calif.: Office for History of Science and Technology, 1987), 228.
43. Lewis to Richards, 6 Dec. 1915, *CCP.*
44. Author's interview with Jacob Bigeleisen, 2004.
45. Lewis to Hartley, 8 Oct. 1928, *CCP.*
46. J.M. Cottrell to Lewis, 10 May 1928, *CCP.*
47. George Baxter, "Theodore William Richards," *Science* 68 (1928): 338–339.
48. Lewis personnel fi le, Harvard University Archives.
49. Gilbert N. Lewis, "Outlines of a New System of Thermodynamic Chemistry," *Proceedings of*

the American Academy of Arts and Sciences 43 (1907): 259–293.

50. Ibid., 259.
51. Gilbert N. Lewis, *The Anatomy of Science* (New Haven, Conn.: Yale University Press, 1926), 181. Lewis quoted Poincare but did not provide a citation. The quote is from Henri Poincare, *Science and Hypothesis* (New York: Science Press, 1913), 31.
52. For a review of Lewis's work on strong electrolytes, see Kenneth Pitzer, "Gilbert Lewis and the Thermodynamics of Strong Electrolytes," *Journal of Chemical Education* 61 (1984): 104–107.
53. Albert Rosenfeld, "The Quintessence of Irving Langmuir," in *The Collected Works of Irving Langmuir*, Vol. 12, ed. C. Guy Suits and Harold Way (New York: Pergamon Press, 1962), 42.
54. Langmuir to his mother, 25 Jan. 1903, *ILP*.
55. Langmuir to his mother, 21 July 1903, *ILP*.
56. Langmuir to his mother, 26 July 1903, *ILP*.
57. Edward Lewis, *Biography*, 7.
58. Rosenfeld, "The Quintessence of Irving Langmuir," 51–5.
59. Ibid., 9.
60. Probably Walther Nernst, "Uber die Bildung von Stickoxyd bei Hohen Temperaturen," *Nachrichten von der Koniglichen Gesellschaft der Wissenschaften zu Gottingen, Mathematisch-Physikalische Klasse*, no. 4 (1904): 261–276.
61. Langmuir to his mother, 16 May 1904, *ILP*.
62. Langmuir to his mother, 7 June 1904, *ILP*.
63. Langmuir to his mother, 13 June 1904, *ILP*.
64. Percy Bridgman, "Some of the Physical Aspects of the Work of Irving Langmuir," in Suits and Way, *The Collected Works of Irving Langmuir*, Vol. 12, 433–457, on 434; Hugh Taylor, "Irving Langmuir, 1881–957," *Biographical Memoirs of Fellows of the Royal Society* 4 (1957): 167–184, on 168.
65. Langmuir to his mother, 13 Dec. 1904, *ILP*.
66. Irving Langmuir to Arthur Langmuir, 7 Apr. 1905, *ILP*.
67. Langmuir to his mother, 7 July 1905, *ILP*.
68. Langmuir to his mother, 7 Nov. 1905, *ILP*.
69. Irving Langmuir, "The Dissociation of Water Vapor and Carbon Dioxide at High Temperatures," *Journal of the American Chemical Society* 28 (1906): 1357–1379.
70. Irving Langmuir, "The Velocity of Reactions in Gases Moving through Heated Vessels and the Effect of Convection and Diffusion," *Journal of the American Chemical Society* 30 (1908): 1742–1754.
71. Herbert Langmuir to Irving Langmuir, 13 Dec. 1904, *ILP*
72. Langmuir to F.J. Pond, 2 July 1909, *ILP*.
73. Cable from F.J. Pond to Langmuir, 14 July 1909, *ILP*.
74. Irving Langmuir, "Atomic Hydrogen as an Aid to Industrial Research," *Science* 67 (1928): 201–208.

3장

1. Daniel Charles, *Master Mind: The Rise and Fall of Fritz Haber, the Nobel Laureate Who Launched the Age of Chemical Warfare* (New York: Ecco, 2005), 16.

2. Kurt M. Mendelssohn, *The World of Walther Nernst: The Rise and Fall of German Science* (London: Macmillan, 1973), 84.
3. Quoted in Charles, *Master Mind*, 30.
4. Haber to Max Hamburger, 11 Apr. 1889. Quoted in Charles, *Master Mind*, 19.
5. Haber to Max Warburg, 29 July 1891. Quoted in Dietrich Stoltzenberg, *Fritz Haber: Chemist, Nobel Laureate, German, Jew*, trans. Charles Passage (Philadelphia: Chemical Heritage Press, 2004), 28–29.
6. Hannah Arendt, *The Origins of Totalitarianism* (New York: Harvest Books, 1968), 56; following discussion, 56–68.
7. Ibid., 67.
8. Charles, *Master Mind*, 29.
9. Ibid., 30–32.
10. Ibid., 32.
11. Wilhelm Ostwald, *Lebenslinien. Eine Selbstbiographie*, Vol. 2 (Berlin: Klasing, 1926–1927), 252. Quoted in Margit Szollosi-Janze, *Fritz Haber 1868–1934: Eine Biographie* (Munich: Verlag C.H. Beck, 1998), 111. Also quoted in Charles, *Master Mind*, 37–38.
12. Szollosi-Janze, *Fritz Haber*, 151.
13. Theodore Richards, "The Signifi cance of Changing Atomic Volume," *Proceedings of the American Academy of Arts and Sciences* 38 (1902): 291–341.
14. Jacobus van't Hoff, "Einfl uss der Anderung der Spezifi schen Warme auf die Umwandlungsarbeit," in *Festschrift der Ludwig Boltzmann* (Leipzig: Verlag von Johann Ambrosium Barth, 1904), 233–247.
15. Fritz Haber, *Thermodynamik Technischer Gasreaktionen* (Munich: Oldenbourg Verlag, 1905). English trans., Fritz Haber, *Technical Gas Reactions* (London: Longmans, Green, 1908), 48.
16. Walther Nernst, "Uber die Berchnung Chemischer Gleichgewichte aus Thermischen Messungen," *Nachrichten von der Koniglichen Gesellschaft der Wissenschaften zu Gottingen, Mathematisch-Physikalische Klasse*, no. 1 (1906): 1–40.
17. Walther Nernst, *Experimental and Theoretical Applications of Thermodynamics to Chemistry* (New Haven, Conn.: Yale University Press, 1913), 56–57.
18. Elisabeth Crawford, J.L. Heilbron, and Rebecca Ullrich, *The Nobel Population, 1901–1937* (Berkeley, Calif.: Office for History of Science and Technology, 1987), 180, 184.
19. Gilbert N. Lewis and Merle Randall, *Thermodynamics and the Free Energy of Chemical Substances* (New York: McGraw-Hill, 1923), 436–438.
20. Lewis to Sir Harold Hartley, 23 Apr. 1929, *CCP*.
21. Charles, *Master Mind*, 65.
22. William Crookes, *The Wheat Problem* (London: Longmans, Green, 1917), 1–41. Quoted in Charles, *Master Mind*, 80.
23. Vaclav Smil, *Enriching the Earth: Fritz Haber, Carl Bosch, and the Transformation of World Food Production* (Cambridge, Mass.: MIT Press, 2001), 64.
24. Ibid., 24.
25. Fritz Haber, "Uber die Nutzbarmachung des Stickstoffs," *Verhandlungen des Naturwissenschaftlichen Vereins in Karlsruhe* 23 (1909/1910). Quoted in Stoltzenberg, *Fritz Haber*, 90.
26. Koppel to the Kaiser, 10 Mar. 1910. Quoted in Szollosi-Janze, *Fritz Haber*, 218.
27. Jeffrey Johnson, *The Kaiser's Chemists: Science and Modernization in Imperial Germany* (Chapel Hill: University of North Carolina Press, 1990), 126.

28. Richard Willstatter, *Aus Meinem Leben* (Weinheim: Verlag Chemie, 1943), 263. Quoted in Charles, *Master Mind*, 123.
29. Smil, *Enriching the Earth*, 85–86.
30. Szollosi-Janze, *Fritz Haber*, 165.
31. Richard Weidlich, "Erinnerungen" [Memoirs]. Quoted in Stoltzenberg, *Fritz Haber*, 95.
32. Stoltzenberg, *Fritz Haber*, 95.
33. Smil, *Enriching the Earth*, 102.

4장

1. Dietrich Stoltzenberg, *Fritz Haber: Chemist, Nobel Laureate, German, Jew*, trans. Charles Passage (Philadelphia: Chemical Heritage Press, 2004), 127.
2. Kurt M. Mendelssohn, *The World of Walther Nernst: The Rise and Fall of German Science* (London: Macmillan, 1973), 78.
3. Lance Sergeant Elmer Cotton, 1915. Quoted in "Chlorine Gas," www.spartacus.schoolnet.co.uk/FWWchlorine.htm, accessed 23 Jan. 2008.
4. Mendelssohn, *The World of Walther Nernst*, 80–81.
5. Daniel Charles, *Master Mind: The Rise and Fall of Fritz Haber, the Nobel Laureate Who Launched the Age of Chemical Warfare* (New York: Ecco, 2005), 177.
6. Stoltzenberg, *Fritz Haber*, 128–132; Charles, *Master Mind*, 175–177.
7. John Horne and Alan Kramer, *German Atrocities, 1914: A History of Denial* (New Haven, Conn.: Yale University Press, 2006), 8–86.
8. "Manifesto of the Ninety-Three German Intellectuals to the Civilized World," 1914. Reprinted in *The World War I Document Archive*, net.lib.byu.edu/~rdh7/wwi/1914/93intell.html, accessed 21 June 2007.
9. Sven Widmalm, "Science and Neutrality: The Nobel Prizes of 1919 and Scientific Internationalism in Sweden," *Minerva* 33 (1995): 339–360, on 342.
10. Ludwig Fritz Haber, *The Poisonous Cloud: Chemical Warfare in the First World War* (Oxford: Clarendon Press, 1986), 18–19.
11. Ibid., 24–25.
12. Ibid., 25.
13. Charles, *Master Mind*, 155.
14. Haber, *The Poisonous Cloud*, 27.
15. Margit Szollosi-Janze, *Fritz Haber 1868–1934: Eine Biographie* (Munich: Verlag C.H. Beck, 1998), 270.
16. Haber, *The Poisonous Cloud*, 27.
17. Ibid., 34.
18. Ibid., 25.
19. Mendelssohn, *The World of Walther Nernst*, 90–91.
20. Haber, *The Poisonous Cloud*, 25–26.
21. Ibid., 38.
22. Ibid., 38 n. 69.
23. Ibid., 34 n. 55.
24. Ibid., 89 n. 17.

25. J. E. Coates, quoted in Charles, *Master Mind*, 153.
26. Haber, *The Poisonous Cloud*, 107.
27. Ibid., 128.
28. Ibid., 128 – 130.
29. Clara Haber to Abegg, 25 Apr. 1909. Quoted in Stoltzenberg, *Fritz Haber*, 174 – 175.
30. Mrs. Noack, daughter of a friend of Clara Haber. Quoted in Stoltzenberg, *Fritz Haber*, 175.
31. Charles Heller, *Chemical Warfare in World War I: The American Experience, 1917–1918*, Leavenworth Papers No. 10 (Fort Leavenworth, Kans.: Combat Studies Institute, U.S. Army Command and General Staff College, 1984). Available online at www-cgsc.army.mil/carl/resources/csi/Heller/HELLER.asp, accessed 12 Feb. 2008.
32. Stoltzenberg, *Fritz Haber*, 175.
33. Charles, *Master Mind*, 178.
34. Stoltzenberg, *Fritz Haber*, 184.
35. Haber, *The Poisonous Cloud*, 267.
36. Ibid., 57.
37. Ibid., 53.
38. Stoltzenberg, *Fritz Haber*, 143.
39. Wilfred Owen, "The Complete Poems and Fragments," ed. Jon Stallworthy (New York: W.W. Norton, 1986), 117.
40. Fritz Haber, *Funf Vortrage* (Berlin: Verlag von Julius Springer, 1924), 36. Quoted in Charles, *Master Mind*, 173.
41. Charles, *Master Mind*, 173 – 174.
42. Haber, *The Poisonous Cloud*, 192.
43. Stoltzenberg, *Fritz Haber*, 147.
44. Ibid., 148 – 150.
45. Mendelssohn, *The World of Walther Nernst*, 91.
46. Walther Nernst, *The New Heat Theorem* (London: Methuen and Co. Ltd., 1926), v.
47. Mendelssohn, *The World of Walther Nernst*, 90.
48. Ibid.
49. Lloyd Scott, *Naval Consulting Board of the United States* (Washington, D.C.: Government Printing Office, 1920).
50. Albert Rosenfeld, "The Quintessence of Irving Langmuir," in *The Collected Works of Irving Langmuir*, Vol. 12, ed. C. Guy Suits and Harold Way (New York: Pergamon Press, 1962), 103.
51. Rosenfeld, "The Quintessence of Irving Langmuir," 103 – 04.
52. G.H. Fonda to Willis Whitney 20 Nov. 1918, copied to Langmuir, *ILP.*
53. Heller, *Chemical Warfare in World War I*, chapter 3.
54. Haber, *The Poisonous Cloud*, 107.
55. Joel Hildebrand, "Gilbert Newton Lewis 1865 – 946," *Obituary Notices of Fellows of the Royal Society* 5 (1947): 491 – 506, on 494.
56. Ibid., 494.
57. Arthur Lachman, *Borderland of the Unknown: The Life Story of Gilbert Newton Lewis, One of the World's Great Scientists* (New York: Pageant Press, 1955), 69; Edward Lewis, *A Biography of Distinguished Scientist Gilbert Newton Lewis* (New York: Edwin Mellen Press, 1998), 25.
58. Haber, *The Poisonous Cloud*, 291.

59. Ibid., 278.
60. Nancy Greenspan, *The End of the Uncertain World: The Life and Science of Max Born* (New York: Basic Books, 2005), 93 – 95.
61. J.L. Heilbron, "The Nobel Science Prizes of World War I," in *Historical Studies in the Nobel Archives*, ed. Elisabeth Crawford (Tokyo: Universal Academy Press, 2002), 19 – 38.
62. Widmalm, "Science and Neutrality," 343.
63. Elisabeth Crawford, J.L. Heilbron, and Rebecca Ullrich, *The Nobel Population, 1901–1937* (Berkeley, Calif.: Office for History of Science and Technology, 1987).
64. Recommendation of the Nobel Committee for Chemistry, 1916. Quoted in Widmalm, "Science and Neutrality," 349.
65. Widmalm, "Science and Neutrality," 350.
66. Ibid., 354.
67. Ibid., 360.
68. Haber to the Swedish Royal Academy of Sciences, 24 Nov. 1919. Quoted in Widmalm, "Science and Neutrality," 351.

5장

1. Lewis to Langmuir, 17 Mar. 1917, *CCP*.
2. William Jolly, *From Retorts to Lasers* (Berkeley: William Jolly, distributed by the College of Chemistry, University of California, Berkeley, 1987), 54; Arthur Lachman, *Borderland of the Unknown: The Life Story of Gilbert Newton Lewis, One of the World's Great Scientists* (New York: Pageant Press, 1955), 68.
3. John Gofman, "Human Radiation Studies: Remembering the Early Years. Oral History of Dr. John W. Gofman, M.D., Ph.D., Conducted December 20, 1994," U.S. Department of Energy, www.hss.energy.gov/healthsafety/ohre/roadmap/histories/0457/0457toc.html, accessed 12 Feb. 2008.
4. Joel Hildebrand, oral history interview by Thomas Kuhn and John Heilbron, 6 Aug. 1962, *NBL*.
5. Jolly, *From Retorts to Lasers*, 62.
6. Glenn Seaborg, "The Research Style of Gilbert N. Lewis," *Journal of Chemical Education* 61 (1984): 93 – 100, on 93.
7. Joel Hildebrand, "Gilbert Newton Lewis 1865 – 946," *Obituary Notices of Fellows of the Royal Society* 5 (1947): 491 – 506, on 493.
8. Albert Rosenfeld, "The Quintessence of Irving Langmuir," in *The Collected Works of Irving Langmuir*, Vol. 12, ed. C. Guy Suits and Harold Way (New York: Pergamon Press, 1962), 5 – 229, on 99 – 100.
9. Ibid., 117 – 123.
10. Ibid., 121 – 122.
11. Harold Meade Mott-Smith, oral history interview by George Wise, 1 and 2 Mar. 1977, *NBL*.
12. Rosenfeld, "The Quintessence of Irving Langmuir," 93.
13. Mott-Smith, oral history interview.
14. Irving Langmuir, *Phenomena, Atoms, and Molecules* (New York: Philosophical Library, 1950), 144.
15. Percy Bridgman, "Some of the Physical Aspects of the Work of Irving Langmuir," in Suits and Way, *The Collected Works of Irving Langmuir*, Vol. 12, 433 – 457, on 437 – 441.

16. Mott-Smith, oral history interview.
17. Humboldt Leverenz, oral history interview by Michael Wolff, 10 July 1979, *NBL*.
18. Benjamin Franklin, *Philosophical Transactions of the Royal Society of London* 64 (1774); Franklin, *The Works of Benjamin Franklin*, ed. John Bigelow (New York: G.P. Putnam and Sons, 1904), 235 - 250.
19. Agnes Pockels, "Surface Tension," *Nature* 43 (1891): 437 - 439.
20. Irving Langmuir, "The Constitution and Fundamental Properties of Solids and Liquids. II," *Journal of the American Chemical Society* 39 (1917): 1848 - 1906.
21. Langmuir, *Phenomena, Atoms, and Molecules*, 43 - 44; Irving Langmuir, "Surface Chemistry. Nobel Lecture 14 Dec. 1932," in *Nobel Lectures, Chemistry 1922–1941* (Amsterdam: Elsevier, 1966).
22. Irving Langmuir, "The Constitution of Liquids with Especial Reference to Surface Tension Phenomena," *Metallurgical and Chemical Engineering* 15 (1916): 468.
23. Langmuir, "Constitution and Fundamental Properties. II."
24. William Harkins, F.E. Brown, and E.C.H. Davies, "The Structure of the Surfaces of Liquids, and Solubility as Related to the Work Done by the Attractor of Two Liquid Surfaces as They Approach Each Other. [Surface Tension. V.]," *Journal of the American Chemical Society* 39 (1917): 354 - 361.
25. William Harkins, Earl Davies, and George Clark, "The Orientation of Molecules in the Surfaces of Liquids, the Energy Relations at the Surfaces, Solubility, Adsorption Emulsification, Molecular Association, and the Effects of Acids and Bases on Interfacial Tension," *Journal of the American Chemical Society* 39 (1917): 541 - 596, footnote on 541; emphasis in original.
26. George Kauffman, "William Draper Harkins (1873 - 951)," *Journal of Chemical Education* 62 (1985): 758 - 761.
27. Frederick M. Fowkes, "William Harkins," in *Dictionary of Scientific Biography*, Vol. 6 (New York: Charles Scribner and Sons, 1981), 117 - 119.
28. Author's interview with Jacob Bigeleisen, 2006.
29. Langmuir to Harkins, 13 Jan. 1917; Harkins to Langmuir, 15 Jan. 1917; Langmuir to Harkins, 18 Jan. 1917; Langmuir to Harkins, 9 Feb. 1917; Harkins to Langmuir, 25 Feb. 1917; Langmuir to Harkins, 9 Mar. 1917, *ILP*.
30. Harkins to Langmuir, 25 Feb. 1917, *ILP*.
31. Langmuir to Harkins, 9 Mar. 1917, *ILP*.
32. Langmuir, "Constitution and Fundamental Properties," footnote 1, 1848 - 1850.
33. Gilbert N. Lewis, "The Activity of the Ions and the Degree of Dissociation of Strong Electrolytes," *Journal of the American Chemical Society* 34 (1912): 1631 - 1644. Here Lewis is trying to determine whether the anomalies are due to increased mobility of the ions or to a change in the dissociating power of the solvent.
34. Gilbert N. Lewis, "The Atom and the Molecule," *Journal of the American Chemical Society* 38 (1916): 762 - 785.
35. Robert E. Kohler, Jr., "G.N. Lewis's Views on Bond Theory 1900 - 916," *British Journal of the History of Science* 8 (1975): 233 - 239.
36. Gilbert N. Lewis, "Valence and Tautomerism," *Journal of the American Chemical Society* 35 (1913): 1448 - 1455.
37. Gilbert N. Lewis, *Valence and the Structure of Atoms and Molecules* (New York: Chemical Catalog Company, 1923), 147.

38. See J.L. Heilbron, "J. J. Thomson and the Bohr Atom," *Physics Today* 30 (Apr. 1977): 23 – 30.
39. Niels Bohr, "On the Constitution of Atoms and Molecules. Part III—ystems Containing Several Nuclei," *Philosophical Magazine* 26 (1913): 857 – 875, on 862.
40. Robert Millikan, "Atomism in Modern Physics," *Journal of the Chemical Society* 125 (1924): 1405 – 1417.
41. Langmuir, "Constitution and Fundamental Properties," 1853 – 854.
42. Robert E. Kohler, Jr., "Irving Langmuir and the 'Octet' Theory of Valence," *Historical Studies in Physical Sciences* 4 (1972): 39 – 87, on 40.
43. Langmuir to Lewis, 22 Apr. 1919, *ILP*.
44. Kohler, "'Octet' Theory of Valence," 54.
45. Ibid., 63.
46. Lewis to Langmuir, 9 July 1919, *CCP*. Letter may be found in Kohler, "'Octet' Theory of Valence," 73 – 4.
47. Lewis to W.A. Noyes, 13 July 1926, *CCP*. Quoted in Kohler, "'Octet' Theory of Valence," 63.
48. Lewis to Lamb, 13 Jan. 1920, *CCP*. Letter may be found in Kohler, "'Octet' Theory of Valence," 74 – 6.
49. Langmuir to Lewis, 3 Apr. 1920, *ILP*. Letter may be found in Kohler, "'Octet' Theory of Valence," 76 – 7.
50. Langmuir to Lamb, 4 Apr. 1920, *ILP*.
51. Irving Langmuir, "Theories of Atomic Structure," *Science* 105 (1920): 104 – 105.
52. Born to Langmuir, 11 May 1920, *ILP*.
53. Sommerfeld to Langmuir, 3 Sept. 1920, *ILP*.
54. Langmuir to Bohr, 25 Oct. 1920; Bohr to Langmuir, 3 Dec. 1920, *ILP*.
55. Max Born, "On Cubic Atomic Models," *Verhandlungen der Deutschen Physikalischen Gesellschaft* 20 (1918): 230 – 239.
56. Alfred Lande, "Cubed Atoms, Periodic Table and Molecule Formation," *Zeitschrift fur Physik* 2 (1920): 380 – 404.
57. Irving Langmuir, "The Structure of the Helium Atom," *Science* 51 (1920): 605 – 607.
58. Langmuir to his mother, 9 Mar. 1921, *ILP*. Quoted in Kohler, "'Octet' Theory of Valence," 65.
59. Lewis, *Valence*, 55 – 56.
60. Langmuir, "Theories of Atomic Structure."
61. Harold Urey, oral history interview by John Heilbron, 24 Mar. 1964, *NBL*.
62. Linus Pauling, *The Nature of the Chemical Bond* (Ithaca, N.Y.: Cornell University Press, 1939).
63. Lewis, *Valence*, 87.
64. Ibid., 101.
65. Robert E Kohler, Jr., "The Lewis-Langmuir Theory of Valence and the Chemical Community, 1920 – 1928," *Historical Studies in Physical Sciences* 6 (1975): 431 – 468.
66. Kohler, "'Octet' Theory of Valence."
67. Walther Heitler and Fritz London, *Zeitschrift fur Physik* 44 (1927): 455.
68. E.B. Wilson to Lewis, 9 Jan. 1922, *CCP*.
69. Lewis to E.B. Wilson, 27 Jan. 1922, *CCP*.
70. Harkins to Lamb, undated copy sent to Langmuir, 1923 folder, *ILP*.

71. Hildebrand to Lamb, undated copy sent to Langmuir, 1923 folder, *ILP*.
72. Langmuir to Lamb, 8 Sept. 1923, *ILP*.
73. Harkins to Lewis, 31 Mar. 1924, *CCP*.
74. Stieglitz to Lewis, 12 Aug. 1926, *CCP*.
75. Lewis to Stieglitz, 3 Sept. 1926, *CCP*.

6장

1. Kurt M. Mendelssohn, *The World of Walther Nernst: The Rise and Fall of German Science* (London: Macmillan, 1973), 146 - 147. Mendelssohn has Nernst arriving at Haber's laboratory looking for a job, which is unlikely given Nernst's pride, age, and previous relations with Haber. The explanation that he wanted to confer with Haber over how best to help their Jewish colleagues seems more likely.
2. Alan D. Beyerchen, *Scientists under Hitler: Politics and the Physics Community in the Third Reich* (New Haven, Conn.: Yale University Press, 1977), 9.
3. Jean Medawar and David Pyke, *Hitler's Gift: The True Story of the Scientists Expelled by the Nazi Regime* (New York: Arcade Publishing, 2001), 12.
4. Wilhelm Jost, "The First Forty-Five Years of Physical Chemistry in Germany," *Annual Reviews of Physical Chemistry* 17 (1966): 1 - 14.
5. James Franck, oral history interview by Thomas Kuhn and Maria Goeppert Mayer, 9 - 14 July 1962, *NBL*.
6. Ibid.
7. Daniel Charles, *Master Mind: The Rise and Fall of Fritz Haber, the Nobel Laureate Who Launched the Age of Chemical Warfare* (New York: Ecco, 2005), 137.
8. Max Planck, *Vorlesungen uber Thermodynamik*, trans. Alexander Ogg, 7th German, 3rd English ed. (Leipzig: Walter de Gruyter and Co, 1922), xi - xii.
9. Mendelssohn, *World of Walther Nernst*, 137.
10. Max Planck, "Recent Thermodynamic Theories (Nernst Heat-Theorem and Energy Unit Hypothesis)," *Berichte der Deutschen Chemischen Gesellschaft* 45 (1912): 5 - 23.
11. Gilbert N. Lewis and George Gibson, "The Entropy of the Elements and the Third Law of Thermodynamics," *Journal of the American Chemical Society* 39 (1917): 2554 - 2581; Gilbert N. Lewis and George Gibson, "The Third Law of Thermodynamics and the Entropy of Solutions and of Liquids," *Journal of the American Chemical Society* 42 (1920): 1529 - 1533.
12. Walther Nernst, *The New Heat Theorem* (London: Methuen, 1926), 227.
13. Letter from Richards to Arrhenius, 23 Mar. 1916, *TRP*. Cited in Sheldon Jerome Kopperl, "The Scientific Work of Theodore William Richards" (Ph.D. thesis, University of Wisconsin, 1970), 229.
14. Theodore Richards, "Die Bedeutung der Anderung des Atomvolums III," *Zeitschrift fur Physikalische Chemie* 42 (1902): 129 - 154.
15. Theodore Richards, 1912 autobiographical statement, *TRP*. Quoted in Kopperl, "Theodore William Richards," 229.
16. Letter from Richards to Arrhenius, 14 Dec. 1915, *TRP*. Cited in Kopperl, "Theodore William Richards," 228.
17. Theodore Richards, "Note concerning the Third Law of Thermodynamics," *TRP*. Quoted in Kopperl, "Theodore William Richards," 230.

18. Theodore Richards, "The Present Aspect of the Hypothesis of Compressible Atoms," *Journal of the American Chemical Society* 36 (1914), 2417 - 2439, on 2433.
19. Nernst, *The New Heat Theorem*, 227 - 231. Cited in Kopperl, "Theodore William Richards," 230 - 31.
20. Diana Kormos Barkan, *Walther Nernst and the Transition to Modern Physical Science* (Cambridge: Cambridge University Press, 1999), 217.
21. Letter from Arrhenius to Tamman, 22 Dec. 1910. Quoted in Barkan, *Walther Nernst*, 227.
22. Robert Marc Friedman, *The Politics of Excellence: Behind the Nobel Prizes in Science* (New York: Times Books, Henry Holt, 2001), 91 - 92.
23. Barkan, *Walther Nernst*, 232.
24. Ibid., 234 - 236.
25. Letter from Arrhenius to Theodore Richards, 21 May 1921, *TRP*. Quoted in Kopperl, "Theodore William Richards," 229.
26. Letter from Arrhenius to Richards, 29 Oct. 1921, *TRP*. Quoted in Kopperl, "Theodore William Richards," 229.
27. Barkan, *Walther Nernst*, 208 - 240.
28. Mendelssohn, *World of Walther Nernst*, 139.
29. Walther Nernst memorial Web site, www.nernst.de/, accessed 12 June 2007.
30. Mendelssohn, *World of Walther Nernst*, 113.
31. Franck, oral history interview.
32. Author's interview with Jacob Bigeleisen, 2004.
33. Author's interview with Samuel Weissman, 2004.
34. Mendelssohn, *World of Walther Nernst*, 138.
35. Ibid.
36. Dietrich Stoltzenberg, *Fritz Haber: Chemist, Nobel Laureate, German, Jew*, trans. Charles Passage (Philadelphia: Chemical Heritage Press, 2004), 159 - 170.
37. Ibid., 241 - 249.
38. Charles, *Master Mind*, 206 - 207.
39. Haber to Richard Wilstatter, 24 Feb. 1933, quoted by Charles, *Master Mind*, 216.
40. Ute Deichmann, "The Expulsion of German-Jewish Chemists and Biochemists and Their Correspondence with Colleagues in Germany after 1945: The Impossibility of Normalization?" in *Science in the Third Reich*, ed. Margit Szollosi-Janze (New York: Oxford University Press, 2000), 243 - 280, on 245.
41. Ruth Lewin Sime, *Lise Meitner, a Life in Physics* (Berkeley: University of California Press, 1996), 141.
42. Primo Levi, *The Drowned and the Saved*, trans. Raymond Rosenthal (New York: Summit Books, 1988), 128.
43. Medawar and Pyke, *Hitler's Gift*, 37.
44. Beyerchen, *Scientists under Hitler*, 4.
45. Mendelssohn, *World of Walther Nernst*, 149.
46. Franck, oral history interview.
47. Medawar and Pyke, *Hitler's Gift*, 35 - 36.
48. Dieter Hoffmann,"Lenard Fulop—hilipp Lenard: Von Pressburg nach Heidelberg" in Marc Schalenberg and Peter Walther, *"Immer im Forschen Bleiben". Rudiger vom Bruch zum 60. Geburtstag* (Stuttgart: Franz Steiner Verlag 2004), 337 - 350.

49. Joseph Needham, *The Nazi Attack on International Science* (London: Watts, 1941), 21.
50. Mendelssohn, *World of Walther Nernst*, 103.
51. Franck, oral history interview. Quoted in Medawar and Pyke, *Hitler's Gift*, 36.
52. Johannes Stark, "International Status and Obligations of Science," *Nature* 133 (1934): 290. This was in reply to A.V. Hill, "International Status and Obligations of Science," *Nature* 132 (1933): 952–954. See also Hill, "International Status and Obligations of Science," *Nature* 133 (1934): 290; and Johannes Stark, "The Attitude of the German Government towards Science," *Nature* 133 (1934): 614.
53. Needham, *Nazi Attack on International Science*, 12.
54. Ibid., 18.
55. Mendelssohn, *World of Walther Nernst*, 146.
56. Ibid., 154.
57. Ibid., 106.
58. John L Heilbron, *The Dilemmas of an Upright Man: Max Planck as Spokesman for German Science* (Berkeley: University of California Press, 1986), 150–151.
59. Planck to Paul Langevin, 24 Sept. 1924. Quoted in Heilbron, *Dilemmas*, 152.
60. *New York Times*, 12 Jan. 1936. See Planck to R.B. Goldschmidt, 12 July 1936. Quoted in Heilbron, *Dilemmas*, 164.
61. Heisenberg to Born, 2 June 1933. Quoted in Heilbron, *Dilemmas*, 154.
62. Deichmann, "Expulsion," 26–9.
63. Medawar and Pyke, *Hitler's Gift*, 29.
64. Charles, *Master Mind*, 222–224.
65. Mendelssohn, *World of Walther Nernst*, 146.
66. Stoltzenberg, *Fritz Haber*, 282–286.
67. Einstein to Haber, 19 May 1933. Quoted in Charles, *Master Mind*, 225–226.
68. Einstein to Haber, 9 Aug. 1933. Quoted in Charles, *Master Mind*, 229–230.
69. Haber to Sir William Pope, 4 Aug. 1933. Quoted in Charles, *Master Mind*, 228.
70. Charles, *Master Mind*, 241.
71. Ibid., 243–245.
72. Heilbron, *Dilemmas*, 162.
73. Einstein to Hermann and Magda Haber, undated, presumably 1934. Quoted in Charles, *Master Mind*, 239–241.
74. Mendelssohn, *World of Walther Nernst*, 157.
75. Ibid., 152, 8.
76. Ibid., 160–162.
77. Barkan, *Walther Nernst*, 246.
78. Mendelssohn, *World of Walther Nernst*, 160–162.
79. *New York Times*, 20 Nov. 1941.
80. Franck, oral history interview.
81. Barkan, *Walther Nernst*, 185.
82. Robert Millikan, "Walther Nernst, a Great Physicist, Passes," *Scientific Monthly* 51 (1942): 84–86; italics original.
83. Author's interview with Bigeleisen, 2004.
84. Albert Einstein, "Walther Nernst," *Scientific Monthly* 54 (1942): 195–196.

85. Medawar and Pyke, *Hitler's Gift*, 29; Deichmann, "Expulsion," 245.
86. Levi, *The Drowned and the Saved*, 37.
87. Deichmann, "Expulsion," 253.
88. Levi, *The Drowned and the Saved*, 73.
89. Charles, *Master Mind*, 234–235.
90. Sime, *Lise Meitner*, 144.
91. Freudenberg to Barger, 17 July 1933. Quoted in Deichmann, "Expulsion," 240.
92. Franz (Sir Francis) Simon to Karl Bonhoffer, 22 Mar. 1951. Quoted in Deichmann, "Expulsion," 271.

7장

1. Einstein to Lewis, 26 Aug. 1926, *CCP*. This letter has been translated into English and published by Roger Stuewer, "G. N. Lewis on Detailed Balancing, the Symmetry of Time, and the Nature of Light," *Historical Studies in Physical Sciences* 6 (1975): 469–511, on 494–496.
2. Author's interview with Michael Kasha, 2004.
3. William Jolly, *From Retorts to Lasers* (Berkeley: William Jolly, distributed by the College of Chemistry, University of California, Berkeley, 1987), 99.
4. Gilbert N. Lewis and Merle Randall, *Thermodynamics and the Free Energy of Chemical Substances* (New York: McGraw-Hill, 1923), ix.
5. Gilbert N. Lewis and Merle Randall, *Thermodynamics*, 2nd ed., rev. Kenneth S. Pitzer and Leo Brewer (New York: McGraw-Hill, 1961); Kenneth Pitzer, *Thermodynamics*, 3rd ed. (New York: McGraw-Hill, 1995).
6. Gilbert N. Lewis and Merle Randall, "The Activity Coeffi cient of Strong Electrolytes," *Journal of the American Chemical Society* 43 (1921): 1112–1154.
7. Peter Debye and Erich Huckel, "The Theory of Electrolytes. I. Lowering of Freezing Point and Related Phenomena," *Physikalische Zeitschrift* 24 (1923): 185–206. Debye and Huckel made no reference to Lewis's ionic strength in their original paper, but Debye did note that Lewis's work was in agreement with their theory in a later paper: Debye, "Osmotic Equation of State and the Activity of Strong Electrolytes in Dilute Solutions," *Physikalische Zeitschrift* 25 (1924): 97. For a more complete explanation of the relation of the Debye-Huckel theory to Lewis's work, see Kenneth Pitzer, "Gilbert Lewis and the Thermodynamics of Strong Electrolytes," *Journal of Chemical Education* 61 (1984): 104–107.
8. Lewis and Randall, *Thermodynamics and the Free Energy of ChemicalSubstances*, 448; emphasis original.
9. Gilbert N. Lewis, *Valence and the Structure of Atoms and Molecules* (New York: Chemical Catalog Company, 1923), 51. The ellipsis in the quote removes a discussion of whether it is possible that the wire would have exhibited zero resistance, which Lewis rejected.
10. I thank Cathryn Carson and John Heilbron for their comments on this point.
11. Lewis, *Valence*, preface.
12. Linus Pauling, "The Nature of the Chemical Bond. Application of Results Obtained from the Quantum Mechanics and from a Theory of Paramagnetic Susceptibility to the Structure of Molecules," *Journal of the American Chemical Society* 53 (1931): 1367–1400, from the abstract on 1367.

13. Hendrik Lorentz, "The Radiation of Light," *Nature* 113 (1924): 608–611, on 611. As quoted in Stuewer, "G. N. Lewis," 469–511, on 470.
14. Stuewer, "G. N. Lewis," 471.
15. Gilbert N. Lewis, "A New Principle of Equilibrium," *Proceedings of the National Academy of Sciences* 11 (1925): 179–183, on 181.
16. Stuewer, "G. N. Lewis," 472.
17. Gilbert N. Lewis, "The Distribution of Energy in Thermal Radiation and the Law of Entire Equilibrium," *Proceedings of the National Academy of Sciences* 12 (1925): 422–428.
18. R.H. Fowler to Lewis, 6 June 1925, 30 Aug. 1925, *CCP*. Quoted in Stuewer, "G. N. Lewis," 472.
19. Stuewer, "G. N. Lewis," 503.
20. Gilbert N. Lewis, "The Nature of Light," *Proceedings of the National Academy of Sciences* 12 (1926): 22–29, on 25.
21. Gilbert N. Lewis, *The Anatomy of Science* (New Haven, Conn.: Yale University Press, 1926), 85.
22. Gilbert N. Lewis, "A Revision of the Fundamental Laws of Matter and Energy," *Technology Quarterly* 21 (1908): 212–225; Lewis and Richard Tolman, "The Principles of Relativity, and Non-Newtonian Mechanics," *Proceedings of the American Academy of Arts and Sciences* 44 (1909): 711–728; Lewis, "The Fundamental Laws of Matter and Energy," *Science* 30 (1909): 84–86.
23. Lewis to Einstein, 23 Feb. 1921, *CCP*. The meeting was probably in 1911 or earlier, because the letter mentions that Georg Bredig was also present, and Bredig left Zurich to take a position in Karlsruhe that year.
24. Gilbert N. Lewis, "Light Waves and Light Corpuscles," *Nature* 117 (1926): 236–238, on 237.
25. Lewis, *The Anatomy of Science*, 113.
26. Arthur Lachman, *Borderland of the Unknown: The Life Story of Gilbert Newton Lewis, One of the World's Great Scientists* (New York: Pageant Press, 1955), 117.
27. Stuewer, "G. N. Lewis," 510.
28. Langmuir to Lewis, 2 July 1930, *CCP*; Lewis to Langmuir, 5 Aug. 1930, *ILP*.
29. Lewis, *The Anatomy of Science*.
30. Ibid., 1–7.
31. Ibid., 180–189.
32. Ibid., 158, 191–217
33. Ibid., 181–182.
34. I thank Scott Denmark for pointing this out.
35. See, e.g., Yukio Saito and Hiroyuki Hyuga, "Complete Homochirality Induced by Nonlinear Autocatalysis and Recycling," *Journal of the Physical Society of Japan* 73 (2004): 33–35.
36. Gilbert N. Lewis, "A Plan for Stabilizing Prices," *Economic Journal* 35 (1925): 40–46; Lewis, "Europas Skulder och Myntfoten," *Finsk Tidskrfi t* Dec. (1924): 373–390.
37. See, e.g., Gilbert N. Lewis, "Ultimate Rational Units and Dimensional Theory," *Philosophical Magazine* 49 (1925): 739–750.
38. Jolly, *From Retorts to Lasers*, 125.
39. Albert Rosenfeld, "The Quintessence of Irving Langmuir," in *The Collected Works of Irving Langmuir*, Vol. 12, ed. C. Guy Suits and Harold Way (New York: Pergamon Press, 1962), 5–229, on 6.

40. *A General Electric Scrapbook History* (Schenectady, N.Y.: General Electric Company, 1953).
41. Rosenfeld, "The Quintessence of Irving Langmuir," 153.
42. Ibid., 126.
43. Max Born, "Erinnerungen an Fritz Haber," written for Johannes Janicke's uncompleted biography of Haber. Quoted in Nancy Greenspan, *The End of the Uncertain World: The Life and Science of Max Born* (New York: Basic Books, 2005), 93.
44. Rosenfeld, "The Quintessence of Irving Langmuir," 127-28.
45. See, for example, ibid., 126-131.
46. Ibid., 125-126.
47. Langmuir to his mother, 23 Oct. 1927, *ILP*.
48. Brillouin to Langmuir, 6 Sept. 1927, *ILP*.
49. Guido Bacciagaluppi and Antony Valentini, *Quantum Theory at the Crossroads: Reconsidering the 1927 Solvay Conference* (Cambridge: Cambridge University Press, forthcoming).
50. Langmuir to Whitney, 6 Nov. 1927, *ILP*.
51. Available at www.maxborn.net/index.php?page=fi lmnews, accessed 12 Feb. 2008. This link has been provided by Nancy Greenspan, the author of *The End of the Certain World*; Roger Summerhayes, Langmuir's grandson, provided the footage for Greenspan. Additional fi lms made by Langmuir may be found in a documentary DVD by Roger Summerhayes, *Langmuir's World* (CustomFlix, 1996).
52. Rosenfeld, "The Quintessence of Irving Langmuir," 129-31.
53. Ibid., 146-150.
54. Langmuir to his mother, 2 Nov. 1930, *ILP*.
55. Rice to Langmuir, 31 Dec. 1928, *ILP*.
56. Herman Skolnik and Kenneth Reese, *A Century of Chemistry: The Role of Chemists and the American Chemical Society* (Washington, D.C.: American Chemical Society, 1976), 456.
57. Rosenfeld, "The Quintessence of Irving Langmuir," 154.
58. Svante Arrhenius, "1924 Special Report on Gilbert Lewis to the Nobel Chemistry Committee (Report 1)," *KVA*.
59. Ibid.
60. Ibid.
61. Robert Marc Friedman, *The Politics of Excellence: Behind the Nobel Prizes in Science* (New York: Times Books, Henry Holt, 2001), 189, 334.
62. Gilbert N. Lewis, "Outlines of a New System of Thermodynamic Chemistry," *Proceedings of the American Academy of Arts and Sciences* 43 (1907): 259-293, on 259.
63. For example, "In his papers on this subject, brief as they have been, Arrhenius has with great fairness and extraordinary acumen states, as far as our present knowledge permits, the truth, the whole truth, and nothing but the truth about ionic dissociation" and "I venture to predict that the later and better theories will not be substitutes for, but rather development of the simple hypothesis of Arrhenius." Gilbert N. Lewis, "The Use and Abuse of the Ionic Theory," *Science* 30 (1909): 1-6. Also, "The dissociation of acetic acid is of a type fi rst explained by Arrhenius's brilliant theory of electrolytic dissociation, which, in the half century that has elapsed since its inception, has been the subject of bitter contention, but is now universally accepted." Lewis and Randall, *Thermodynamics and the Free Energy of Chemical Substances*, 308.

64. Theodor Svedberg, "1926 Special Report on Gilbert Lewis to the Nobel Chemistry Committee (Report 8)," *KVA*.
65. Ibid.
66. Nobel Chemistry Committee, "1926 Report of the Nobel Chemistry Committee to the Royal Swedish Academy of Sciences," *KVA*.
67. Patrick Coffey, "Chemical Free Energies and the Third Law of Thermodynamics," *Historical Studies in Physical and Biological Sciences* 36 (2006): 365–396.
68. Lewis and Randall, *Thermodynamics and the Free Energy of Chemical Substances*, 5, 454. A full list of Lewis's attacking references to Nernst within *Thermodynamics* can be found in Coffey, "Chemical Free Energies," 365–96, on 394.
69. Friedman, *The Politics of Excellence*, 193.
70. Elisabeth Crawford, J.L. Heilbron, and Rebecca Ullrich, *The Nobel Population, 1901–1937* (Berkeley, Calif.: Office for History of Science and Technology, 1987).
71. Diana Kormos Barkan, *Walther Nernst and the Transition to Modern Physical Science* (Cambridge: Cambridge University Press, 1999), 215, 216, 232, 234.
72. Walther Nernst, "Studies in Chemical Thermodynamics," in *Nobel Lectures* (*KVA*, 1921).
73. Nernst to Palmaer, 2 Sept. 1939, Palmaer papers, Royal Swedish Academy of Sciences. Cited in Barkan, *Walther Nernst*, 245.
74. Crawford, Heilbron, and Ullrich, *The Nobel Population, 1901–1937*, 260.
75. Karl Grandin, Royal Swedish Academy of Sciences, Stockholm, private communication, 2004.
76. Wilhelm Palmaer nominating letter to the Nobel committee, 30 Jan. 1932. Nobel Archive of the Royal Swedish Academy of Sciences, Stockholm.
77. Wilhelm Palmaer, "1932 Special Report on Gilbert Lewis to the Nobel Chemistry Committee (Report 12)," *KVA*.
78. Ibid.
79. Ibid.
80. Ibid.
81. Ibid.
82. Ibid.
83. Theodor Svedberg, "1932 Special Report on Gilbert Lewis to the Nobel Chemistry Committee (Report 11)," *KVA*.
84. Ibid.
85. Ibid.
86. Svedberg to Arne Westgren, 10 May 1932, *KVA*.
87. Westgren to Svedberg, 14 May 1932, *KVA*.
88. Nobel Chemistry Committee, "1932 Report of the Nobel Chemistry Committee to the Royal Swedish Academy of Sciences," *KVA*.
89. Ibid.
90. Rosenfeld, "The Quintessence of Irving Langmuir," 154.
91. Langmuir to his mother, 18 Dec. 1932, *ILP*.
92. Nobel Chemistry Committee, "1933 Report of the Nobel Chemistry Committee to the Royal Swedish Academy of Sciences," *KVA*.
93. Karl Grandin, Royal Swedish Academy of Sciences, Stockholm, private communication, 2005.
94. Nobel Chemistry Committee, "1933 Report."

95. Wilhelm Palmaer, "1934 Supplementary Report on Gilbert Lewis to the Nobel Chemistry Committee (Report 6)," *KVA*.
96. Ibid.
97. Ibid.
98. Ibid.
99. Nobel Chemistry Committee, "1934 Report of the Nobel Chemistry Committee to the Royal Swedish Academy of Sciences," *KVA*.
100. I thank John Prausnitz for this analogy.
101. Friedman, *The Politics of Excellence*, 209.
102. Ibid., 208.

8장

1. The Oakland *Post-Intelligencer* has long been out of business, but archival copies may be found on microfilm at the Oakland, California, public library. The microfilm image did not copy well, and this is a reproduction of the article.
2. Edward Lewis, *A Biography of Distinguished Scientist Gilbert Newton Lewis* (New York: Edwin Mellen Press, 1998), 13.
3. Author's interview with Jacob Bigeleisen, 2006.
4. Ibid.
5. Arthur Lachman, *Borderland of the Unknown: The Life Story of Gilbert Newton Lewis, One of the World's Great Scientists* (New York: Pageant Press, 1955), 142.
6. Author's interview with Michael Kasha, 2004. Kasha was told this story by Simon Freed.
7. Ferdinand Brickwedde, "Harold Urey and the Discovery of Deuterium," *Physics Today* 35, Sept. (1982): 34–39, on 35.
8. Harold Urey, "Heat Capacities and Entropies of Diatomic and Polyatomic Gases," *Journal of the American Chemical Society* 45 (1923): 1445–1455.
9. Urey to Lewis, 9 Sept. 1923, 1 Jan. 1924, *CCP*.
10. Author's interview with Bigeleisen, 2004.
11. Lewis to Urey, 2 Feb. 1924; Urey to Lewis, 8 Apr. 1924, *CCP*.
12. Raymond Birge and D.H. Menzel, "The Relative Abundance of the Oxygen Isotopes, and the Basis of the Atomic Weight System," *Physical Review* 37 (1931): 1669–1671.
13. Brickwedde, "Harold Urey," 35.
14. K.P. Cohen et al., "Harold Clayton Urey, 29 April 1893– January 1981," *Biographical Memoirs of Fellows of the Royal Society* 29 (1983): 622–659, on 629.
15. Harold Urey, Ferdinand Brickwedde, and George Murphy, "A Hydrogen Isotope of Mass 2," *Physical Review* 39 (1932): 164.
16. Harold Urey, "Some Thermodynamic Properties of Hydrogen and Deuterium, 14 February 1935," in *Nobel Lectures, Chemistry 1922–1941* (Amsterdam: Elsevier, 1966).
17. Gilbert N. Lewis, *Valence and the Structure of Atoms and Molecules* (New York: Chemical Catalog Company, 1923), 17.
18. Gilbert N. Lewis and Ronald T. Macdonald, "Concentration of H2 Isotope," *Journal of Chemical Physics* 1 (1933): 341–344, on 342.
19. Author's interview with Bigeleisen, 2004.

20. Edward Washburn and Harold Urey, "Concentration of the H–2 Isotope of Hydrogen by the Fractional Electrolysis of Water," *Proceedings of the National Academy of Sciences* 18 (1932): 496–498.
21. Cohen et al., "Harold Clayton Urey," 630.
22. Gilbert N. Lewis and Robert Cornish, "Separation of the Isotopic Forms of Water by Fractional Distillation," *Journal of the American Chemical Society* 55 (1933): 2616–2617.
23. Edward Washburn, Edgar Smith, and Mikkel Frandsen, "The Isotopic Fractionation of Water," *Journal of Chemical Physics* 1 (1933): 288.
24. Merle Randall and Wells Allen Webb, "Separation of Isotopes by Fractional Distillation of Water," *Journal of Industrial and Engineering Chemistry* 31 (1939): 227–230.
25. Gilbert N. Lewis, "Different Kinds of Water" (paper presented at the IX Congreso Internacional de Quimica Pura y Aplicada, Madrid, 1934), on 14.
26. For a detailed review of isotope research by Lewis, see Jacob Bigeleisen, "Gilbert N. Lewis and the Beginnings of Isotope Chemistry," *Journal of Chemical Education* 61 (1984): 108–116.
27. Gilbert N. Lewis, "The Biology of Heavy Water," *Science* 79 (1934): 151–153, on 152–153.
28. Nuel Pharr Davis, *Lawrence and Oppenheimer* (New York: Simon and Schuster, 1968), 29–30.
29. Davis, *Lawrence and Oppenheimer*, 53–56.
30. Lewis to Langmuir, 9 July 1919, *CCP*. Quoted in Robert E. Kohler, Jr., "Irving Langmuir and the 'Octet' Theory of Valence," *Historical Studies in Physical Sciences* 4 (1972): 73–74.
31. Lewis to Urey, 13 May 1933; Urey to Lewis, 16 May 1933, 18 May 1933, 29 May 1933, *CCP*.
32. Urey to Lewis, 1 June 1933, *CCP*.
33. Lord Rutherford, "Heavy Hydrogen," *Nature* 132 (1933): 955–956.
34. Rutherford to Urey, 6 Jan. 1934, *CCP*; undated copy to Lewis of communication by Urey to *Nature*, *CCP*.
35. "Deuterium vs. Diplogen," *Time*, 19 Feb. 1934. For a more extensive account of the naming dispute, see Roger Stuewer, "The Naming of the Deuteron," *American Journal of Physics* 54 (1986): 206–218.
36. Nobel Chemistry Committee, "1934 Report of the Nobel Chemistry Committee to the Royal Swedish Academy of Sciences," *KVA*.
37. Theodor Svedberg, "1934 Special Report on Gilbert Lewis to the Nobel Chemistry Committee (Report 10)," *KVA*.
38. Svedberg to Westgren, 18 May 1934, *KVA*.
39. Theodor Svedberg, "1934 Supplementary Report on Gilbert Lewis to the Nobel Chemistry Committee (Report 11)," *KVA*.
40. Brickwedde, "Harold Urey," 34.
41. James Arnold, Jacob Bigeleisen, and Clyde Hutchinson, "Harold Clayton Urey: April 24, 1893–January 5, 1981," in *National Academy of Sciences Biographical Memoirs* (Washington, D.C.: National Academy of Sciences, 1995), 363–412, on 375.
42. Mildred Cohn, "Harold Urey: A Personal Remembrance, Part I," *Chemical Heritage* 23, no. 4 (2005): 8–11, 48, on 48.
43. Mildred Cohn, "Harold Urey: A Personal Remembrance, Part II," *Chemical Heritage* 23, no. 5 (2005): 9–13, on 11.
44. Author's interview with David Altman, 2006.

45. Jacob Bigeleisen, private communication, 2005.
46. Bigeleisen, "Gilbert N. Lewis," 108 – 16.
47. John W. Servos, *Physical Chemistry from Ostwald to Pauling: The Making of a Science in America* (Princeton, N.J.: Princeton University Press, 1990), 316 – 320.
48. Gilbert N. Lewis, "The Chemical Bond," *Journal of Chemical Physics* 1 (1933): 17 – 28.
49. Lewis and Macdonald, "Concentration of H2 Isotope."
50. Gilbert N. Lewis, Melvin Calvin, and Michael Kasha, "Photomagnetism. Determination of the Paramagnetic Susceptibility of a Dye in Its Phosphorescent State," *Journal of Chemical Physics* 17 (1947): 804 – 812.
51. Urey to Lewis, 30 Oct. 1935, 3 Dec. 1935, 14 Feb. 1936, *CCP*.
52. Glenn Seaborg, *Journals of Glenn Seaborg, 1946–1958*, Vol. 1 (Berkeley: Lawrence Berkeley Labs, University of California, 1990), 72.
53. Lewis to Home Secretary, National Academy of Sciences, 29 Dec. 1934, *CCP*.
54. Wilson to Lewis, 18 Feb. 1935, *CCP*.
55. Edward Lewis, *A Biography*, 64.
56. Gilbert N. Lewis, "A Theory of Orbital Neutrons," *Physical Review* 50 (1936): 857 – 860.
57. Gilbert N. Lewis and P. Schutz, "Refraction of Neutrons," *Physical Review* 50 (1937): 369.
58. Bethe to R. Buchta, 6 May 1936. Quoted in J.L. Heilbron and Robert W. Seidel, *Lawrence and His Laboratory, Volume I* (Berkeley: University of California Press, 1989), 182.
59. Maurice Nahamias to Frederic Joliot, 28 Apr. 1937. Quoted in Heilbron and Seidel, *Lawrence and His Laboratory*, 182.
60. Glenn Seaborg, *Journal of Glenn Seaborg, August 11, 1934–June 30, 1939*, entry for 20 Apr. 1937, (Berkeley: Lawrence Berkeley Labs, University of California, 1982), 228.
61. Glenn Seaborg, *Journal of Glenn Seaborg, August 11, 1934–June 30, 1939*, entry for 24 May 1937, 242.
62. Glenn Seaborg, "The Research Style of Gilbert N. Lewis," *Journal of Chemical Education* 61 (1984): 93 – 100, on 93 – 94.
63. "Meet Glenn Seaborg," isswprod.lbl.gov/Seaborg/bio.htm, accessed 12 Feb. 2008.
64. Lewis, *Valence*, 142; italics in original.
65. Gilbert N. Lewis, "Acids and Bases," *Journal of the Franklin Institute* 226 (1938): 293 – 313.
66. W.F. Luder and Saverio Zuffanti, *The Electronic Structure of Acids and Bases* (New York: John Wiley and Sons, 1947).
67. Ibid., vii.
68. Seaborg, "Research Style of Gilbert N. Lewis," 94.
69. Author's interview with Bigeleisen, 2004.
70. Hisashi Yamamoto, *Lewis Acids in Organic Synthesis* (New York: Wiley VCH, 2000).
71. Heilbron and Seidel, *Lawrence and His Laboratory*, 461.
72. Glenn Seaborg, Ronald Kathren, and Jerry Gough, *The Plutonium Story: The Journals of Professor Glenn T. Seaborg 1939–1946* (Columbus, Ohio: Battelle Press, 1994), 20.
73. Seaborg to McMillan, 8 Mar. 1941. Quoted in Heilbron and Seidel, *Lawrence and His Laboratory,* 463. The parenthetical exclamation marks are theirs.
74. Seaborg, Kathren, and Gough, *The Plutonium Story*, 45.
75. Ibid., 30.
76. Ibid., 41.

77. Ibid., 45.
78. Ibid.
79. See Richard G. Hewlett and Oscar E. Anderson, Jr., *The New World: A History of the United States Atomic Energy Commission*: Vol. 1, *1939–1946*. (Philadelphia: University of Pennsylvania Press, 1962), 33 - 34; Heilbron and Seidel, *Lawrence and His Laboratory*, 456 - 464.
80. Seaborg, Kathren, and Gough, *The Plutonium Story*, 109 - 110.
81. Glenn Seaborg, *A Chemist in the White House* (Washington, D.C.: American Chemical Society, 1998), 7 - 8.
82. Author's interview with Kasha, 2004.
83. Seaborg, Kathren, and Gough, *The Plutonium Story*, 141.
84. Ibid., 246.
85. Seaborg, *A Chemist in the White House*, 10.
86. Washington State Department of Health, Hanford Health Information Network, "An Overview of Hanford and Health Radiation Effects" (2004), www.doh.wa.gov/Hanford/publications/overview/overview.html, accessed 12 June 2007.
87. Henry DeWolf Smyth, *Atomic Energy for Military Purposes* (Princeton, N.J.: Princeton University Press, 1945), 121.
88. Simone Turchetti, "For Slow Neutrons, Slow Pay," *Isis* 97 (2006): 1 - 27.
89. Seaborg, Kathren, and Gough, *The Plutonium Story*, 698 - 699.
90. "Chemists Reminisce on 50th Anniversary of the Atomic Bomb," *Chemical and Engineering News*, 17 July 1995, 62.
91. Seaborg, Kathren, and Gough, *The Plutonium Story*, 725 - 728.
92. Richard B. Frank, *Downfall: The End of the Imperial Japanese Empire* (New York: Random House, 1999).
93. Seaborg, Kathren, and Gough, *The Plutonium Story*, 745.
94. Arnold, Bigeleisen, and Hutchinson, "Harold Clayton Urey," 382.
95. Harold Urey, oral history interview by John Heilbron, 24 Mar. 1964, *NBL*.
96. Arnold, Bigeleisen, and Hutchinson, "Harold Clayton Urey," 390.
97. Cohn, "Harold Urey, Part II," 12.
98. Jessica Wang, "Science, Security, and the Cold War: The Case of E. U. Condon," *Isis* 83 (1992): 238 - 269.
99. Arnold, Bigeleisen, and Hutchinson, "Harold Clayton Urey," 390.

9장

1. Linus Pauling, "Notes on talks between Dr. D. M. Wrinch and Linus Pauling, January 26 and 27, 1938, Cornell," quoted in Thomas Hager, *Force of Nature: The Life of Linus Pauling* (New York: Simon and Schuster, 1995), 227.
2. Linus Pauling and Carl Niemann, "The Structure of Proteins," *Journal of the American Chemical Society* 61 (1939): 1860 - 1867.
3. Alex Todd to Pauling, 28 July 1939, quoted in Hager, *Force of Nature*, 230.
4. Hager, *Force of Nature*, 56.
5. William Jolly, *From Retorts to Lasers* (Berkeley: William Jolly, distributed by the College of Chemistry, University of California, Berkeley, 1987), 60.

6. Related by Pauling in a 1964 oral history interview with Harriet Zuckerman. Quoted in Hager, *Force of Nature*, 89.
7. Linus Pauling and Richard Tolman, "The Entropy of Supercooled Liquids at the Absolute Zero," *Journal of the American Chemical Society* 47 (1925): 2148-2156.
8. Hager, *Force of Nature*, 200-211.
9. Ibid., 100-101.
10. Linus Pauling, "Arthur Amos Noyes," in *Proceedings of the Robert A. Welch Foundation Conferences on Chemical Research*: Vol. 20, *American Chemistry—Bicentennial*, 8-10 Nov. 1976, Houston, Tex., on 100-101. Quoted with permission of Oregon State University.
11. Linus Pauling, "The Nature of the Chemical Bond. Application of Results Obtained from the Quantum Mechanics and from a Theory of Paramagnetic Susceptibility to the Structure of Molecules," *Journal of the American Chemical Society* 53 (1931): 1367-1400.
12. Wendell Latimer and Worth Rodebush, "Polarity and Ionization from the Standpoint of the Lewis Theory of Valence," *Journal of the American Chemical Society* 52 (1920): 1419-1423.
13. W.A. Noyes to Lewis, 30 Apr. 1932, *CCP*.
14. Lewis to W.A. Noyes, 20 May 1932, *CCP*.
15. Lewis to Pauling, 20 May 1932, *CCP*.
16. Copy of Lewis's letter to Pauling, 20 May 1932, *CCP*.
17. Gilbert N. Lewis, "The Chemical Bond," *Journal of Chemical Physics* 1 (1933), 17-28.
18. Pierre Laszlo, *A History of Biochemistry: Molecular Correlates of Biological Concepts*, Vol. 34A in *Comprehensive Biochemistry*, ed. A. Neuberger and L.L.M. Van Deemen (Amsterdam: Elsevier, 1986), 263; emphasis in original.
19. Hager, *Force of Nature*, 192.
20. A.E. Mirsky and Linus Pauling, "On the Structure of Native, Denatured, and Coagulated Proteins," *Proceedings of the National Academy of Sciences* 22 (1936): 439-447, on 442.
21. John D. Bernal and H.D. Megaw, "The Function of Hydrogen in Intermolecular Forces," *Proceedings of the Royal Society* A151 (1935): 384-420.
22. Dorothy Wrinch, "Chromosome Micelle and the Banded Structure of Chromosomes in the Salivary Gland," *Nature* 136 (1935): 68-69.
23. Hardy to Wrinch, Dec. 1929, *DWP*. Quoted in Marjorie Senechal, "Hardy as Mentor," *Mathematical Intelligencer* 29 (2007): 16-21.
24. Pnina Abir-Am, "Disciplinary and Marital Strategies in the Career of Mathematical Biologist Dorothy Wrinch," in *Uneasy Careers and Intimate Lives, Women in Science 1789–1979*, ed. Pnina Abir-Am and D. Outram (New Brunswick, N.J.: Rutgers University Press, 1987), 239-280, on 257.
25. D'Arcy Thompson, *On Growth and Form* (Cambridge: Cambridge University Press, 1917).
26. Dorothy Wrinch and F. Jordan Lloyd, "The Hydrogen Bond and the Structure of Proteins," *Nature* 138 (1936): 758-759.
27. Dorothy Wrinch, "On the Pattern of Proteins," *Proceedings of the Royal Society of London*, Series A, *Mathematical and Physical Sciences* 160, no. 900 (1937): 59-86.
28. Dorothy Wrinch, "The Cyclol Hypothesis and the 'Globular' Proteins," *Proceedings of the Royal Society of London*, Series A, *Mathematical and Physical Sciences* 161, no. 907 (1937): 505-524.
29. Wrinch, "On the Pattern of Proteins," 76.

30. Irving Langmuir and Vincent Schaeffer, "Properties and Structures of Protein Monolayers," *Chemical Reviews* 24 (1939): 181–202.
31. Pauling to Weaver, 6 Mar. 1937. Quoted in Sibilla Kennedy, "Dorothy Wrinch and the Rockefeller Foundation Grants," in *National History of Science Meeting* (Norwalk, Conn.: 1983), *DWP*.
32. Tisdale to Weaver, 24 Jan. 1936. Quoted in Kennedy, "Dorothy Wrinch."
33. Weaver diary, Oxford, 15 June 1936. Quoted in Kennedy, "Dorothy Wrinch."
34. Personal communication by Jones to Marjorie Senechal, May 2006.
35. Weaver diary, 2 Oct. 1937. Quoted in Kennedy, "Dorothy Wrinch."
36. *Time*, 20 Sept. 1937.
37. Weaver diary, 1 Nov. 1937. Quoted in Kennedy, "Dorothy Wrinch."
38. Hager, *Force of Nature*, 226.
39. Pauling to Weaver, 11 Apr. 1938. Quoted in Kennedy, "Dorothy Wrinch."
40. Weaver to Pauling, 11 Apr. 1938. Quoted in Kennedy, "Dorothy Wrinch."
41. *New York Times*, 19 Apr. 1940, 14.
42. *New York Post*, 3 June 1941. Quoted in Abir-Am, "Disciplinary and Marital Strategies," 265.
43. Max Bergmann and Carl Niemann, "On the Structure of Proteins. Cattle Hemoglobin, Egg Albumin, Cattle Fibrin, and Gelatin," *Journal of Biological Chemistry* 118 (1937): 301–314.
44. Dorothy Wrinch, "Structure of Insulin," *Transactions of the Faraday Society* 33 (1937): 1368–1380.
45. Wrinch to Bergmann, 1 June 1937, *DWP*.
46. Bergmann to Wrinch, 16 June 1937, *DWP*.
47. Bergmann to Wrinch, 19 Nov. 1937, *DWP*.
48. Wrinch to Bergmann, 14 Dec. 1937; Bergmann to Wrinch, 23 Dec. 1937, *DWP*.
49. Dorothy Wrinch, "Structure of the Insulin Molecule," *Science* 88 (1938): 148–149.
50. Dorothy Wrinch and Irving Langmuir, "The Structure of the Insulin Molecule," *Journal of the American Chemical Society* 60 (1938): 2247–2255, on 2253.
51. H. Lipson and W. Cochran, *The Determination of Crystal Structures* (London: G. Bell and Sons, 1953), 163. I thank Marjorie Senechal for pointing this out.
52. John D. Bernal, "The Structure of Proteins," *Nature* 142 (1939): 631–636.
53. Pauling and Niemann, "The Structure of Proteins," 1860.
54. Langmuir to Pauling, 12 May 1939, 17 May 1939, *DWP*.
55. Elisabeth Crawford, *The Nobel Population, 1901–1950* (Tokyo: Universal Academic Press, 2002), 306.
56. Langmuir to Lamb, 22 May 1940, *DWP*.
57. Dorothy Wrinch, "Geometrical Attack on Protein Structure," *Journal of the American Chemical Society* 63 (1941): 330–333.
58. Irving Langmuir, "Molecular Films in Chemistry and Biology," in *Molecular Films, the Cyclotron, and the New Biology: Essays*, ed. H.S. Taylor, Irving Langmuir, and E.O. Lawrence (New Brunswick, N.J.: Rutgers University Press, 1942), 61.
59. Wrinch to Neville, Oct. 1940, *DWP*. Quoted in Abir-Am, "Disciplinary and Marital Strategies," 268.
60. Tisdale's log, Copenhagen, 29 Oct. to 3 Nov. 1938. Quoted in Kennedy, "Dorothy Wrinch."
61. Dorothy Wrinch and David Harker, "Lengths and Strengths of Atomic Bonds," *Journal of*

Chemical Physics 8 (1940): 502–503.
62. Pauling to Harker, 8 July 1940, *DWP*.
63. Harker to Pauling, 16 July 1940, *DWP*.
64. John D. Bernal, "Structure of Proteins," *Nature* 143 (1939): 663–667.
65. Laszlo, *A History of Biochemistry*, 277.
66. Marjorie Senechal, "A Prophet without Honor: Dorothy Wrinch, Scientist, 1894–1976," *Smith Alumnae Quarterly* 48 (1977): 18–23, on 21.
67. Dorothy Crowfoot Hodgkin to Pierre Laszlo, 1984, as quoted in Laszlo, *A History of Biochemistry*, 226.
68. Marjorie Senechal, personal communication, 2007.
69. Wrinch, "The Cyclol Hypothesis," 506–24, on 506. Quoted in Laszlo, *A History of Biochemistry*, 217.
70. Dorothy Wrinch, "The Structure of Globular Proteins," *Nature* 143 (1939): 482–483, on 483. Quoted in Hager, *Force of Nature*, 225.
71. Laszlo, *A History of Biochemistry*, 236.
72. Paul Dirac, "The Evolution of the Physicist's Picture of Nature," *Scientific American* 208 no. 5 (1963): 45–53, on 47.
73. In an obituary by Freeman Dyson, "Prof. Hermann Weyl, For. Mem. R.S.," *Nature* 177 (1956): 457–458, on 458.
74. See Laszlo, *A History of Biochemistry*, 261–287.
75. Pauling and Niemann, "The Structure of Proteins." Quoted in Laszlo, *A History of Biochemistry*, 269.
76. Hager, *Force of Nature*, 203.
77. John D. Bernal, "The Pattern of Linus Pauling's Work in Relation to Molecular Biology," in *Structural Chemistry in Molecular Biology*, ed. Alexander Rich and Norman Davidson (New York: W.H. Freeman, 1968), 370–379, on 372. Quoted in Laszlo, *A History of Biochemistry*, 279.
78. Linus Pauling, "Modern Structural Chemistry. Nobel Lecture 11 December 1954," in *From Nobel Lectures, Chemistry 1942–1962* (Amsterdam: Elsevier, 1964).
79. Linus Pauling, L.O. Bockway, and J.Y. Beach, "The Dependence of Interatomic Distance on Single Bond-Double Bond Resonance," *Journal of the American Chemical Society* 57 (1935): 2705–2709.
80. Linus Pauling, "A Theory of the Structure and Process of Formation of Antibodies," *Journal of the American Chemical Society* 62, no. 10 (1940): 2643–2657.
81. Laszlo, *A History of Biochemistry*, 269.
82. Hager, *Force of Nature*, 372.
83. Lawrence Bragg, J.C. Kendrew, and M.F. Perutz, "Polypeptide Chain Confi gurations in Crystalline Proteins," *Proceedings of the Royal Society of London*, Series A, *Mathematical and Physical Sciences* 203, no. 1074 (1950): 321–357, on 331. Quoted in Laszlo, *A History of Biochemistry*, 281.
84. Hager, *Force of Nature*, 374.
85. M.F. Perutz, "New X-Ray Evidence on the Confi guration of Polypeptide Chains," *Nature* 167 (1951): 1053–1054.
86. Hager, *Force of Nature*, 378.

87. Linus Pauling and Robert B. Corey, *Proceedings of the National Academy of Sciences of the United States of America* 37, no. 5 (1951): "Atomic Coordinates and Structure Factors for Two Helical Confi gurations of Polypeptide Chains," 235 - 240; "The Structure of Synthetic Polypeptides," 241 - 50; "The Pleated Sheet, a New Layer Confi guration of Polypeptide Chains," 251 - 56; "The Structure of Feather Rachis Keratin," 256 - 61; "The Structure of Hair, Muscle, and Related Proteins," 261 - 71; "The Structure of Fibrous Proteins of the Collagen-Gelatin Group," 272 - 81; and "The Polypeptide-Chain Confi guration in Hemoglobin and Other Globular Proteins," 282 - 85.

10장

1. Langmuir's diary, 25 Jan. 1950, quoted in Albert Rosenfeld, "The Quintessence of Irving Langmuir," in *The Collected Works of Irving Langmuir*, Vol. 12, ed. C. Guy Suits and Harold Way (New York: Pergamon Press, 1962), 5 - 229, on 209 - 210.
2. Transcribed by Rupert N. Hall from an audio recording, 25 Jan. 1950, *ILP*. Published as Irving Langmuir, "Pathological Science," Report No. 68—C—035 (Schenectady, N.Y.: General Electric Company, 1968), and as Langmuir, "Pathological Science," *Physics Today* (Oct. 1989): 36 - 48. Available online at www.cs.princeton.edu/~ken/Langmuir/langmuir.htm, accessed 12 Feb. 2008.
3. Dennis Rousseau and S.P.S. Porto, "Polywater: Polymer or Artifact?" *Science* 167 (1970): 1715 - 1719.
4. See, e.g., *New Energy Times* at www.newenergytimes.com, accessed 20 Feb. 2007.
5. David Goodstein, "Whatever Happened to Cold Fusion?" *American Scholar* 63 (1994): 527 - 541. Available online at www.its.caltech.edu/~dg/fusion_art.html, accessed 14 Feb. 2008.
6. Langmuir, "Pathological Science," GE Report No. 68—C—035.
7. Langmuir, "Pathological Science," *Physics Today*.
8. Fred Allison and Edgar Murphey, "A Magneto-optic Method of Chemical Analysis," *Journal of the American Chemical Society* 52 (1930): 3796 - 3806, on 3802.
9. Rosenfeld, "The Quintessence of Irving Langmuir," 127.
10. Pierre Laszlo, *A History of Biochemistry: Molecular Correlates of Biological Concepts*, Vol. 34A in *Comprehensive Biochemistry*, ed. A. Neuberger and L.L.M. Van Deemen (Amsterdam: Elsevier, 1986), 233.
11. Rosenfeld, "The Quintessence of Irving Langmuir," 177.
12. Ibid., 180.
13. Ibid., 180 - 185.
14. Ibid., 186 - 191.
15. *Time*, "Weather or Not," 28 Aug. 1950. Quoted in Rosenfeld, "The Quintessence of Irving Langmuir," 203.
16. Quoted in Rosenfeld, "The Quintessence of Irving Langmuir," 204.
17. Irving Langmuir, "The Production of Rain by a Chain Reaction in Cumulus Clouds at Temperatures above Freezing," *Journal of Meteorology* 5 (1948): 175 - 192, on 191.
18. Bernard Vonnegut, "The Nucleation of Ice Formation by Silver Iodide Smokes," *Journal of Applied Physics* 44 (1949): 277 - 289.
19. James McDonald, "Physics of Cloud Formation," *Advances in Geophysics* 5 (1958): 225 - 365, on 236.

20. *Time*, "Weather or Not."
21. Irving Langmuir, "Control of Precipitation from Cumulus Clouds by Various Seeding Techniques," *Science* 112 (1950): 35-41.
22. Ferguson Hall, Gardner Emmons, Bernhard Haurwitz, George P. Wadsworth, and Hurd C. Willett, "Dr. Langmuir's Article on Precipitation Control," *Science* 113 (1951): 189-192.
23. Langmuir's journal, 25 Jan. 1950. Quoted in Rosenfeld, "The Quintessence of Irving Langmuir," 209-10.
24. McDonald, "Physics of Cloud Formation," 296.
25. American Meteorological Society: Policy Statement, "Planned and Inadvertent Weather Modification," *Bulletin of the American Meteorological Society* 73 (1992): 331-137, available at www.ametsoc.org/AMS/policy/wxmod.html; Policy Statement, "Planned and Inadvertent Weather Modification," *Bulletin of the American Meteorological Society* 79 (1998): 2771-2772, available at www.ametsoc.org/AMS/policy/wxmod98.html; "Scientific Background for the AMS Policy Statement on Planned and Inadvertent Weather Modification," *Bulletin of the American Meteorological Society* 79 (1998): 2773-2778. As quoted in Ronald B. Standler, "History and Problems in Weather Modification" (21 Jan. 2003), www.rbs2.com/w2.htm, accessed 28 Jan. 2008.
26. Glenn Seaborg, Ronald Kathren, and Jerry Gough, *The Plutonium Story: The Journals of Professor Glenn T. Seaborg 1939–1946* (Columbus, Ohio: Battelle Press, 1994), 765.
27. Irving Langmuir, "Testimony on Atomic Energy Control," Senate Hearings on Atomic Energy, 30 Sept. 1945, reprinted in C. Guy Suits and Harold Way, eds., *The Collected Works of Irving Langmuir*, Vol. 12 (New York: Pergamon Press, 1962), 365-370.
28. Irving Langmuir, Joint Hearings on Science Bills before Senate Military Affairs and Commerce Committees, 8 Oct. 1945, reprinted in Suits and Way, *The Collected Works of Irving Langmuir*, 353-364, on 359.

11장

1. Gilbert N. Lewis, "Uber Komplexbildung, Hydration und Farbe," *Zeitschrift fur Physikalische Chemie* 56 (1906).
2. Gilbert N. Lewis and Melvin Calvin, "The Color of Organic Substances," *Chemical Reviews* 25 (1939): 273-328.
3. Author's interview with Robert Connick, 2004.
4. Gilbert N. Lewis, Theodore Magel, and David Lipkin, "The Absorption and Re-emission of Light by Cis- and Trans-Stilbenes and the Effi ciency of Their Photochemical Isomerization," *Journal of the American Chemical Society* 62 (1940): 2973-2980.
5. Gilbert N. Lewis, David Lipkin, and Theodore Magel, "Reversible Photochemical Processes in Rigid Media. A Study of the Phosphorescent State," *Journal of the American Chemical Society* 63 (1941): 3005-3018, on 3013.
6. Jacob Bigeleisen, "Gilbert N. Lewis and the Beginnings of Isotope Chemistry," *Journal of Chemical Education* 61 (1984): 205.
7. Michael Kasha, "The Triplet State: An Example of G. N. Lewis' Research Style," *Journal of Chemical Education* 61 (1984): 204-215.
8. James Franck, oral history interview by Thomas Kuhn and Maria Goeppert Mayer, 9-14 July

1962, *NBL*.

9. Goran Bergson, private communication, 2007.
10. Ludwig Ramberg, "1940 Special Report on Gilbert Lewis to the Nobel Chemistry Committee (Report 6)," *KVA*.
11. Arne Fredga, "1944 Special Report on Gilbert Lewis to the Nobel Chemistry Committee (Report 7)," *KVA*.
12. Ibid.
13. Nobel Chemistry Committee, "1944 Report of the Nobel Chemistry Committee to Royal Swedish Academy of Sciences," *KVA*.
14. Istvan Hargittai, *The Road to Stockholm Nobel Prizes, Science, and Scientists* (Oxford: Oxford University Press, 2002), 228.
15. 1954 Nobel chemistry prize award to Linus Pauling, *KVA*.
16. Robert Marc Friedman, *The Politics of Excellence: Behind the Nobel Prizes in Science* (New York: Times Books, Henry Holt, 2001), 202 – 204.
17. Owen Richardson, Nominating letters for Gilbert Lewis, 27 Oct. 1941, 5 Oct. 1942, 19 Nov. 1943, *KVA*.
18. Author's interview with Jacob Bigeleisen, 2004.
19. Elisabeth Crawford, J.L. Heilbron, and Rebecca Ullrich, *The Nobel Population, 1901–1937* (Berkeley, Calif.: Office for History of Science and Technology, 1987).
20. Diana Kormos Barkan, *Walther Nernst and the Transition to Modern Physical Science* (Cambridge: Cambridge University Press, 1999), 234.
21. Crawford, Heilbron, and Ullrich, *The Nobel Population, 1901–1937*, 6.
22. 1949 Nobel chemistry prize award to William Giauque, *KVA*.
23. Arthur Lachman, *Borderland of the Unknown: The Life Story of Gilbert Newton Lewis, One of the World's Great Scientists* (New York: Pageant Press, 1955), 105.
24. William Jolly, *From Retorts to Lasers* (Berkeley: William Jolly, distributed by the College of Chemistry, University of California, Berkeley, 1987), 284.
25. Author's interview with Bigeleisen, 2004
26. Ibid.
27. Ibid.
28. Ibid.
29. Author's interview with Michael Kasha, 2004.
30. Author's interview with Bigeleisen, 2004.
31. Author's interview with Connick, 2004. I confi rmed this account in an interview with Charles Auerbach, one of the two undergraduates, in 2006. When Jacob Bigeleisen reviewed this chapter, he said that he had witnessed the conversation.
32. Author's interview with Samuel Weissman, 2005.
33. Author's interview with Harold Johnston, 2004.
34. Author's interview with Bigeleisen, 2004.
35. Alameda County, California, coroner's inquest no. 10653, 1946.
36. Jolly, *From Retorts to Lasers*, 76.
37. Kasha, "The Triplet State," 204 – 15, on 213 – 14; interview with Kasha, 2004.
38. Author's interview with Frances Connick, 2004, and with Ted Geballe, 2006.
39. Robert Sproul, president of the University of California, to Langmuir, 13 Dec. 1945, *ILP*.

40. Author's interview with Kasha, 2004.
41. G.E. Coates and J.E. Coates, "Studies on Hydrogen Cyanide. Part XIII. The Dielectric Constant of Anhydrous Hydrogen Cyanide," *Journal of the Chemical Society* (1944): 77–81.
42. Joel Hildebrand, "The Humanism of Irving Langmuir," in *The Collected Works of Irving Langmuir*, Vol. 12, ed. C. Guy Suits and Harold Way (New York: Pergamon Press, 1962), 233–240, on 233.
43. Hildebrand, "The Humanism of Irving Langmuir," 233.
44. Antoine Lavoisier, *Elements of Chemistry in a New Systematic Order, Containing All the Modern Discoveries* (New York: Dover Publications, 1790), xx–xxi.

에필로그

1. Kurt M. Mendelssohn, *The World of Walther Nernst: The Rise and Fall of German Science* (London: Macmillan, 1973), 38.
2. Daniel Charles, *Master Mind: The Rise and Fall of Fritz Haber, the Nobel Laureate Who Launched the Age of Chemical Warfare* (New York: Ecco, 2005), 252–253.
3. Ibid., 245–246.
4. James Arnold, Jacob Bigeleisen, and Clyde Hutchinson, "Harold Clayton Urey: April 24, 1893–January 5, 1981," in *National Academy of Sciences Biographical Memoirs* (Washington, D.C.: National Academy of Sciences, 1995), 363–411, on 393.
5. Marjorie Senechal, "A Prophet without Honor: Dorothy Wrinch, Scientist, 1894–1976," *Smith Alumnae Quarterly* 48 (1977): 18–23, on 23.
6. G. Lucente and A. Romeo, "Synthesis of Cyclols from Small Peptides via Amide-Amide Reaction," *Chemical Communications* (1971).
7. Wrinch to Pauling and Corey (marked "unsent"), 4 July 1951, *DWP*.
8. Undated handwritten letter from Scott to Wrinch; Scott to Pauling, 5 Jan. 1956; Pauling to Scott, 14 Jan. 1956; Scott to Wrinch, 29 Apr. 1956, *DWP*.
9. Harker to Wrinch, 19 Mar. 1954, *DWP*.
10. Pnina Abir-Am, "Disciplinary and Marital Strategies in the Career of Mathematical Biologist Dorothy Wrinch," in *Uneasy Careers and Intimate Lives, Women in Science 1789–1979*, ed. Pnina Abir-Am and D. Outram (New Brunswick, N.J.: Rutgers University Press, 1987), 239–280, on 272–276.
11. Author's interview with Marjorie Senechal, 2006.
12. Thomas Hager, *Force of Nature: The Life of Linus Pauling* (New York: Simon and Schuster, 1995), 565–627.
13. Langmuir to Elihu Lubkin, 17 Aug. 1945, *ILP*.
14. Author's interview with Clayton Heathock, 2005.
15. Author's interview with William Jolly, 2004.
16. Author's interview with Jacob Bigeleisen, 2004.
17. Author's interview with Michael Kasha, 2004.
18. Author's interview with Roger Hahn, 2005.
19. Author's interview with Edward Lewis, 2005.
20. Author's interview with Bigeleisen, 2004.

인명 색인

거스리, 프레더릭(Frederick Guthrie, 1833~1886) 영국의 물리학자.

게발, 테드(Theodore Geballe, 1920~2021) 미국의 물리학자. 캘리포니아(버클리) 대학 화학과에서 박사학위를 받음. 스탠포드 대학 물리학과 교수로 재직.

고프만, 존(John Gofman, 1918~2007) 미국의 화학자. 캘리포니아 대학(버클리) 화학과에서 글렌 시보그를 지도교수로 박사학위를 받음. 맨해튼 프로젝트에 참여하였으며, 리버모어 국립 연구소를 거쳐 캘리포니아 대학(버클리) 분자 및 세포 생물학과 교수로 재직.

괴퍼트메이어, 마리아(Maria Göppert-Mayer, 1906~1972) 독일 출신의 미국 물리학자. 원자핵의 껍질 구조를 발견한 공로로 1963년에 노벨 물리학상 수상.

굴드버그, 카토(Cato Maximilian Guldberg, 1836~1902) 노르웨이의 화학자이자 수학자. 물리화학의 선구자로 알려짐. 보게와 함께 질량 작용 법칙을 제안.

글레이저, 오토(Otto Glaser, 1880~1951) 미국의 동물학자. 도로시 린치의 남편.

깁스, 윌러드(J. Willard Gibbs, 1839~1903) 미국의 물리학자. 열역학 이론의 발전에 크게 기여함.

깁슨, 조지 어니스트(George Ernest Gibson, 1884~1959) 스코틀랜드 태생의 미국의 핵화학자. 캘리포니아 대학(버클리) 화학과 교수. 그의 제자인 윌리엄 지오크와 글렌 시보그가 노벨 화학상을 수상함.

나탄, 샤를로테(Charlotte Nathan, 1889~1976) 프리츠 하버의 두 번째 부인.

네른스트, 발터(Walther Nernst, 1864~1941) 독일의 물리학자이자 화학자. 괴팅겐과 베를린 대학 교수로 재직. 열화학에 관한 연구 공로로 1920년에 노벨 화학상 수상.

네빌, 에릭(Eric Neville, 1989~1961) 영국의 수학자.

노벨, 알프레드(Alfred Nobel, 1833~1896) 스웨덴의 과학자이자 사업가. 그의 유산으로 노벨상이 제정됨.

노예스, 아서(Arthur Noyes, 1866~1936) 미국의 화학자. 독일의 라이프치히 대학 화학과에서 오스트발트의 지도로 박사학위를 받음. MIT 화학과 교수와 총장 직무대리를 거쳐 캘리포니아 공과대학의 교수로 재직.

노예스, 윌리엄(William A. Noyes, 1857~1941) 미국의 화학자. 일리노이 대학 화학과 학과장 역임.

니만, 칼(Carl Niemann, 1908~1964) 미국의 생화학자. 단백질의 화학적 특성과 구조 연구.

니콜슨, 존(John Nicholson, 1981~1955) 영국의 수학자이자 물리학자.

대니얼스, 조지퍼스(Josephus Daniels, 1862~1948) 미국의 해군장관.

데이비, 험프리(Humphry Davy, 1778~1829) 영국의 전기화학자

데이비스, 버겐(Bergen Davis, 1869~1958) 미국의 물리학자. 컬럼비아 대학 교수로 재직.

델브뤼크, 막스(Max Delbrück, 1906~1981) 독일 출신의 미국 생물학자. 바이러스의 복제 메커니즘과 유전 구조에 관한 연구 업적으로 1969년에 노벨 생리의학상 수상.

델브뤼크, 막스(Max Delbruck, 1906~1981) 독일 출신의 미국 생물학자. 바이러스의 복제 메커니즘과 유전적 구조를 발견한 공로로 1969년에 노벨 생리의학상 수상.

도난, 프레더릭(Frederick Donnan, 1870~1956) 실론 출신의 영국 화학자.

돌레잘렉, 프리드리히(Friedrich Dolezalek, 1873~1920) 독일의 화학자. 괴팅겐 대학 교수

돌턴, 존(John Dalton, 1766~1844) 영국의 화학자, 물리학자, 및 기상학자. 원자론을 제창함.

두쉬만, 사울(Saul Dushman, 1883~1954) 러시아 출신의 미국 화학자.

뒤스베르크, 카를(Carl Duisberg, 1861~1945) 독일의 화학자이자 기업가.

뒤엠, 피에르(Pierre Maurice Marie Duhem, 1861~1916) 프랑스의 물리학자이자 과학사 학자.

디랙, 폴(Paul Dirac, 1902~1984) 영국의 물리학자. 새로운 생산적 형태의 원자 이론을 발견한 공로로 1933년에 노벨 물리학상 수상.

디바이, 피터(Peter Debye, 1884~1966) 네덜란드 출신의 미국 화학자. 쌍극자 모멘트와 기체에서의 X-선 및 전자 회절에 관한 연구를 통해 분자 구조에 대한 지식을 확장한 공로로 1936년에 노벨 화학상 수상.

디킨슨, 로스코(Roscoe Dickinson, 1894~1945) 미국의 화학자. X-선 결정학 연구.

라부아지에, 앙투안(Antoine-Laurent de Lavoisier, 1743~1794) 프랑스의 화학자이자 공직자. 화학반응에서의 질량 보존의 법칙을 확립함.

라비, 이지도어(Isidor Rabi, 1898~1988) 폴란드 출신의 유대계 미국 물리학자. 원자핵의 자기적 특성을 기록하는 공명 방법을 개발한 공로로 1944년에 노벨 물리학상 수상

라우에, 막스(Max Laue, 1879~1960) 독일의 물리학자. 결정에서의 X-선 회절을 발견한 공로로 1914년에 노벨 물리학상 수상.

라울, 프랑스와(François Raoult, 1830~1901) 프랑스의 물리 및 화학자. 용액의 물리적 특성을 연구. 용액의 어는점 내림과 증기압 저하로부터 용질 분자의 분자량 측정 방법 제시.

라이스, 에드윈(Edwin W. Rice, 1862~1935) 제너럴 일레트릭(GE)사의 사장을 역임한 전기 기사.

라이징, 윌러드(Willard Rising, 1839~1910) 미국의 화학자. 캘리포니아 대학(버클리) 화학과 교수.

라이트, 오빌(Orville Wright, 1871~1948) 형 윌버 라이트와 함께 세계 최초로 동력 비행에 성공.

라인, 조지프(J.B. Rhine, 1895~1980) 미국의 식물학자이자 심리학자. 초감각적 지각, 염력, 죽음 후의 의식의 생존 등을 연구하는 초심리학을 제안.

라즐로, 피에르(Pierre Laszlo, 1938~) 프랑스의 화학자이자 작가.

라테나우, 발터(Walther Rathenau, 1867~1922), 독일의 유대계 사업가이자 정치가. 아버지인 에밀 라테나우가 설립한 AEG의 회장 및 독일 외무장관 역임.

라테나우, 에밀(Emil Rathenau, 1838~1915), 독일의 기업가. AEG를 설립.

라티머, 웬들(Wendell Mitchell Latimer, 1893~1955) 미국의 화학자. 캘리포니아 대학(버클리) 화학과에서 조지 어니스트 깁슨을 지도교수로 박사학위를 받은 후, 같은 과에서 교수로 재직.

란데, 알프레드(Alfred Landé, 1888~1976) 독일 출신의 미국 물리학자.

랜달, 메를(Merle Randall, 1888~1950) 미국의 화학자. MIT에서 루이스를 지도교수로 박사학위를 받은 후, 캘리포니아(버클리) 대학의 교수로 재직.

램, 아서(Arthur Lamb, 1880~1952) 미국의 화학자. 하버드 대학 화학과 교수로 재직. 『미국 화학회지』의 편집인.

랭뮤어, 어빙(Irving Langmuir, 1881~1957) 미국의 화학자. 독일의 괴팅겐 대학교에서 네른스트를

지도교수로 박사학위를 받은 후, 제너럴 일렉트릭(GE) 연구소에 재직. 가스 충진 전구를 발명하였으며, 표면 화학의 선구자적인 연구를 함. 루이스의 원자가 이론에 기초한 팔전자 규칙을 제안. 표면 화학에서의 발견과 연구에 대한 공로로 1932년에 노벨 화학상 수상.

러더퍼드, 어니스트(Ernest Rutherford, 1871~1937)뉴질랜드 출신의 영국 핵물리학자. 현대적인 원자 구조를 확립함. 원소의 붕괴와 방사성 물질에 관한 연구로 1908년에 노벨 화학상 수상.

레나르트, 필리프(Philipp Lenard, 1862~1947) 반유대주의의 선봉에 있었던 독일의 물리학자. 음극선에 관한 연구로 1905년에 노벨 물리학상 수상.

레들리히, 오토(Otto Redlich, 1896~1978) 오스트리아 출신의 미국 화학자. Redlich-Kwong 상태 방정식을 개발.

레비, 프리모(Primo Levi, 1919~1987) 유대계 이탈리아 화학자. 폴란드의 아우슈비츠 강제 수용소 생존자.

레일리 경(Lord John William Strutt Rayleigh, 1842~1919) 영국의 물리학자. 중요 기체의 밀도에 관한 연구와 아르곤을 발견한 공로로 1904년에 노벨 물리학상 수상.

렘버그, 루드윅(Ludwig Ramberg, 1874~1940) 스웨덴의 화학자.

로런스, 어니스트(Ernest Lawrence, 1901~1958) 미국의 물리학자. 사이클로트론 입자 가속기의 개발과 이를 이용한 연구로 1939년에 노벨 물리학상 수상.

로렌츠, 헨드릭(Hendrik Lorentz, 1853~1928) 네덜란드의 물리학자. 자기장이 복사 현상에 미치는 영향에 관한 연구로 1902년에 노벨 물리학상 수상.

로메이어, 엠마(Emma Lohmeyer, 1871~1946) 네른스트의 부인.

로빈슨, 로버트(Robert Robinson, 1886~1975) 영국의 화학자. 생물학적으로 중요한 식물 물질, 특히 알칼로이드에 관한 연구 공로로 1947년에 노벨 화학상 수상.

로우리, 토마스(Thomas Lowry, 1874~1936) 영국의 화학자. 아레니우스의 산-염기 개념을 확장한 브뢴스테드-로우리 산-염기 개념을 도입.

로젠버그, 에텔(Ethel Rosenberg, 1915~1953) 소련에 원자폭탄 제조 정보를 넘겼다는 혐의로 기소되어 아내 줄리어스 로젠버그와 함께 사형당함.

로젠버그, 줄리어스(Julius Rosenberg, 1918~1953) 소련에 원자폭탄 제조 정보를 넘겼다는 혐의로 기소되어 남편 에텔 로젠버그와 함께 사형당함.

로젠펠드, 앨버트(Albert Rosenfeld, 1920~) 미국의 작가.

론돈, 프리츠(Fritz London, 1900~1954) 독일의 물리학자. 분자 간에 작용하는 힘인 론돈 분산력을 제안.

롤레프슨, 게르하르트 (Gerhard Rollefson, 1900~1955), 미국의 화학자. 캘리포니아 대학(버클리) 화학과에서 길버트 루이스를 지도교수로 박사학위를 받은 후, 같은 과에서 교수로 재직. X-선 조사가 물질에 미치는 영향을 연구.

롱, 프랭클린(Franklin Long, 1910~1999) 미국의 화학자. 캘리포니아(버클리) 대학에서 박사학위를 받음. 코넬 대학 화학과 학과장 역임.

뢰브, 쟈크(Jacques Löb, 1859~1924) 독일 출신의 유대계 미국 생리학자.

루긴, 한스(Hans Luggin, 1863~1899) 독일의 물리학자. 카를스루에 대학 교수

루덴도르프, 에리히(Erich Ludendorff, 1865~1937) 독일 제국의 육군 장교.

루드베크, 소피아(Sofia Rudbeck, 1866~1937) 아레니우스의 부인.

루벤, 샘(Sam Ruben, 1913~1943) 캘리포니아(버클리) 대학 화학과에서 박사학위를 받은 후, 교수로 재직. 탄소-14 동위 원소를 발견함.

루스벨트, 시어도어(Theodore Roosevelt, 1858~1919) 미국의 26대 대통령.

루스트, 베른하르트(Bernhard Rust, 1883~1945) 나치 독일의 정치인이자 히틀러 내각의 교육부 장관. 독일이 연합국에 항복을 선언하자 권총으로 자살함.

루아크, 아서(Arthur Ruark, 1899~1979) 미국의 물리학자. 양자역학의 발전에 기여.

루이스, 길버트 뉴턴(Gilbert Newton Lewis, 1875~1946) 미국의 화학자. 미국 캘리포니아(버클리) 대학 화학과 교수로 재직하며 버클리 화학과를 세계적인 연구 센터로 육성함. 그의 지도를 받은 다수의 학생이 노벨상을 수상함. 용액에서의 활동도 개념을 도입하였으며, 공유결합 이론, 산-염기 이론, 광화학 등에 지대한 공헌을 함.

루이스, 윈포드 리(Winford Lee Lewis, 1917~1943) 미국의 화학자이자 군인. 유기비소화합물인 루이사이트라는 독가스를 개발.

룽게, 카를(Carl Runge, 1856~1927) 독일의 수학자이자 물리학자. 수치해석학의 룽게-쿠타 방법을 개발.

르 로시뇰, 로버트(Robert Le Rossignol, 1884~1976) 영국의 화학자. 하버와 함께 암모니아 합성 공정 개발.

르 샤틀리에, 앙리(Henry Louis Le Châtelier, 1850~1936) 프랑스의 화학자. 르 샤틀리에 법칙을 발견.

르 세이지, 조르주-루이(Georges-Louis Le Sage, 1724~1803) 스위스의 물리학자. 전기 전신기를 발명.

르벨, 조제프(Joseph Le Bel, 1847~1930) 분자 구조와 광학 활성 사이의 관계에 관한 이론을 발표. 입체 화학의 정립에 기여.

르블랑, 막스 율리우스(Max Julius Le Blanc, 1865~1943) 독일의 화학자. 수소 전극을 발명.

르샤틀리에, 앙리(Henri le Chatelier, 1850~1936) 프랑스의 화학자. 르샤틀리에 법칙을 발견.

리센코, 트로핌(Trofim Lysenko, 1898~1976) 러시아의 생물학자. 후천적으로 얻은 형질이 유전된다는 주장을 함.

리처드슨, 오언(Owen Richardson, 1879~1959) 영국의 물리학자. 열이온 방출에 관한 연구로 1928년에 노벨 물리학상 수상.

리처즈, 시어도어(Theodore Richards, 1868~1928) 미국의 화학자. 하버드 대학에서 박사학위를 받은 후 교수로 재직. 많은 수의 화학 원소의 원자량을 정확히 측정한 공로로 1914년에 노벨 화학상 수상.

린더만, 프레더릭(Cherwell, Frederick Lindemann, 1886~1957) 영국의 물리학자. 제2차 세계대전 중 처칠 수상의 과학 자문역으로 활동.

린드버그, 찰스(Charles Lindbergh, 1902~1974) 미국의 작가이자 비행기 조종사. 최초로 대서양을 무착륙으로 단독 횡단비행하는 데 성공.

린드하겐, 칼(Carl Lindhagen, 1860~1946) 스웨덴의 변호사이자 정치인.

린치, 도로시(Dorothy Wrinch, 1894~1976) 영국의 수학자. 수학적 원리를 이용하여 단백질 구조를 추론하였으며, 사이클롤 이론을 제안함.

립스콤, 윌리엄(William Lipscomb, 1919~2011) 미국의 화학자. 보레인의 구조에 관한 연구로 1976년에 노벨 화학상 수상.

립슨, 헨리(Henry Lipson, 1910~1991) 영국의 물리학자. X-선 결정학 연구.

립킨, 데이비드(David Lipkin, 1890~1981) 미국의 화학자. 캘리포니아(버클리) 대학에서 루이스를 지도교수로 박사학위를 받음. 맨해튼 프로젝트에 참여.

마르코니, 굴리엘모(Guglielmo Marconi, 1874~1937) 이탈리아의 전기 공학자. 장거리 무선 통신을 실용화함.

마이트너, 리제(Lise Meitner, 1878~1968) 유대계 스웨덴 및 오스트리아의 물리학자. 오토 한과 함께 우라늄이 중성자를 흡수하면 핵분열을 일으킨다는 것을 처음으로 발견. 독일에서 정교수직에 오른 최초의 여성 과학자.

마젤, 시어도어(Theodore Magel, 1918~2008) 미국의 야금학자. 캘리포니아(버클리) 대학 화학과에서 박사학위를 받음. 맨해튼 프로젝트에 참여.

마크, 허만(Hermann Mark, 1895~1992) 오스트리아 출신의 유대계 미국 화학자.

맥밀런, 에드윈(Edwin McMillan, 1907~1991) 미국의 화학자이자 물리학자. 우라늄 이후 원소를 발견한 공로로 1951년에 노벨 화학상 수상.

머스키, 알프레드(Alfred Mirsky, 1900~1974) 미국 분자 생물학의 개척자.

멀리컨, 로버트(Robert Mulliken, 1896~1986) 미국의 화학자. 분자 오비탈 방법을 사용하여 화학 결합과 분자의 전자 구조에 관하여 연구한 공로로 1966년에 노벨 화학상 수상.

메더워, 장(Jean Medawar, 1913~2005) 영국의 작가.

메르세로, 마리온(Marion Mersereau, 1883~1971) 어빙 랭뮤어의 부인.

메이슨, 맥스(Max Mason, 1877~1961) 미국의 수학자. 시카고 대학 총장 역임.

메이어, 조셉(Joseph Mayer, 1904~1983) 미국의 화학자. 캘리포니아 대학(버클리) 화학과에서 길버트 루이스를 지도교수로 박사학위를 받은 후, 존스 홉킨스, 컬럼비아, 시카고 대학 등에 재직.

메치니코프, 엘리(Élie Metchnikoff, 1845~1916) 러시아의 동물학자이자 세균학자. 1908년에 면역 연구에 관한 공로로 노벨 생리의학상 수상.

멘델레예프, 드미트리(Dmitri Mendeleev, 1834~1907) 러시아의 화학자. 근대적인 주기율표를 고안.

멘델스존, 커트(Kurt Mendelssohn, 1906~1980) 독일 출신의 영국 물리학자. 독일의 베를린 대학에서 물리학 박사학위를 받은 후 영국의 옥스포드 대학에 재직.

몸젠, 테오도어(Theodor Mommsen, 1817~1903) 독일의 고전학자. 기념비적인 저서 『로마 역사』를 비롯한 위대한 역사적 저술 활동의 공로로 1902년에 노벨 문학상 수상.

뫼르네르, 칼(Karl Mörner, 1854~1917) 스웨덴의 화학자이자 생리학자. 노벨 의학위원회 의장을 역임.

민코프스키, 헤르만(Herman Minkowski, 1864~1909) 러시아 출신의 독일 수학자. 수리물리학, 상대성 이론 등의 연구에 기여함.

밀러, 아바 헬렌(Ava Helen Miller, 1903~1981) 미국의 인권 운동가. 라이너스 폴링의 부인.

밀리컨, 로버트(Robert Millikan, 1868~1953) 미국의 물리학자. 컬럼비아 대학에서 물리학 박사학위를 받은 후, 시카고 대학 교수를 거쳐 캘리포니아 공과대학 교수로 재직. 전자의 전하 측정과 광전 효과에 관한 연구로 1923년에 노벨 물리학상 수상.

바거, 조지(George Barger, 1878~1939) 영국의 화학자. 알칼로이드와 생물학적으로 중요한 단순 질소 화합물에 관한 연구를 함.

바빌로프, 니콜라이(Nikolai Vavilov, 1887~1943) 러시아의 식물육종학자. 구소련에서 간첩 혐의로 투옥되어 수용소에서 사망함.

보른, 막스(Max Born, 1882~1970) 독일의 물리학자. 양자역학에 대한 기본적인 연구, 특히 파동 함수의 통계적 해석에 대한 공로로 1954년에 노벨 물리학상 수상.

보슈, 카를(Carl Bosch, 1874~1940) 독일의 화학자. 화학회사 바스프 근무. 화학회사 IG Farben의 이사회 회장. 고압 화학 반응 공정을 개발한 공로로 1931년에 노벨 화학상 수상.

보스, 사티엔드라나트(Satyendra Nath Bose, 1894~1974) 인도의 물리학자. 보스-아인슈타인 통계를 정립.

보스웰, 제임스(James Boswell, 1740~1795) 스코틀랜드의 전기 작가.

보어, 닐스(Niels Bohr, 1885~1962) 덴마크의 물리학자. 원자 내 전자의 운동에 관한 양자역학적 연구로 1922년에 노벨 물리학상 수상.

본회퍼, 칼(Karl Bonhöffer, 1868~1948) 독일의 정신과 의사. 나치에 대한 저항운동 조직의 일원으로 활동.

볼메르, 막스(Max Vollmer, 1885~1965) 독일의 화학자.

볼츠만, 루트비히(Ludwig Boltzmann, 1844~1906) 오스트리아의 물리학자. 기체 운동론을 확립하였으며 통계역학을 정립함.

부스, 에드워드(Edward Booth, 1857~1917) 미국의 화학자. 캘리포니아 대학(버클리) 화학과 교수.

분젠, 로베르트(Robert Bunsen, 1811~1899) 독일의 화학자. 분젠 버너는 그의 이름에서 비롯됨.

분테, 한스(Hans Bunte, 1848~1925) 독일의 화학자. 카를스루에 대학 교수.

브래그 경, 윌리엄 로런스(Sir William Lawrence Bragg, 1890~1971) 영국의 물리학자. X-선을 이용한 결정 구조 연구로 아버지인 윌리엄 헨리 브래그와 공동으로 1915년에 노벨 물리학상 수상.

브래그 경, 윌리엄 헨리(Sir William Henry Bragg, 1862~1942) 영국의 물리학자. X-선을 이용한 결정 구조 연구로 아들인 윌리엄 로런스 브래그와 공동으로 1915년에 노벨 물리학상 수상.

브레이, 윌리엄(William Bray, 1879~1946) 미국의 화학자. 캘리포니아 대학(버클리) 화학과 교수.

브뢴스테드, 요하네스(Johannes Brønsted, 1879~1947) 덴마크의 화학자. 아레니우스의 산-염기 개념을 확장한 브뢴스테드-로우리 산-염기 개념을 도입.

브루어, 레오(Leo Brewer, 1919~2005) 미국의 화학자. 캘리포니아(버클리) 대학 화학과에서 박사 학위를 받은 후, 교수로 재직. 맨해튼 프로젝트에 참여. 고온 화학의 창시자.

브릭웨드, 페르디난드(Ferdinand Brickwedde, 1903~1989) 미국의 물리학자. 미국 국립 표준기술 연구소에서 근무.

브릴루앵, 레옹(Léon Brillouin, 1889~1969) 프랑스 출신의 미국 물리학자. 양자역학과 고체물리학에 큰 공헌을 하였으며 브릴루앵 영역을 정의함.

블라스데일, 월터(Walter Blasdale, 1871~1960), 미국의 화학자. 캘리포니아 대학(버클리) 화학과 교수.

블래킷, 패트릭(Patrick Blackett, 1897~1974) 영국의 물리학자. 윌슨의 안개상자를 이용한 방법으로 핵물리와 우주방사선을 연구한 공로로 1948년에 노벨 물리학상 수상.

블로젯, 캐서린(Katherine Blodgett, 1998~1979) 미국의 물리학자이자 화학자. 표면화학의 발전에 기여하였으며, 제너럴 일렉트릭(GE)에서 비반사 유리를 개발함.

블뤼허, 게르하르트(Gebhard Leberecht von Blücher, 1742~1819) 프로이센의 육군 원수. 1815년 워털루 전투에서 웰링턴 공작과 함께 나폴레옹에 대항하여 전투를 함.

비들, 헨리(Henry Biddle, 1869~1935) 미국의 화학자. 캘리포니아 대학(버클리) 화학과 교수.

비르게, 레이먼드(Raymond Birge, 1887~1980) 미국의 물리학자. 캘리포니아 대학(버클리) 물리학과 교수로 재직.

비버바흐, 루트비히(Ludwig Bieberbach, 1886~1982) 독일의 수학자. 나치당의 열렬한 지지자였으며, 제2차 세계대전 후 교수직에서 파면됨.

비에룸, 닐스(Niels Bjerrum, 1879~1958) 덴마크의 화학자. 분자의 병진, 진동, 회전 에너지의 개념을 처음으로 도입.

빈, 빌헬름(Wilhelm Wien) 독일의 물리학자. 열복사 연구로 1911년에 노벨 물리학상 수상.

빈다우스, 아돌프(Adolf Windaus, 1876~1959) 독일의 화학자. 스테롤의 구조와 비타민과의 관계에 관한 연구 공로로 1928년에 노벨 화학상 수상.

빌란트, 하인리히(Heinrich Wieland, 1877~1957) 독일의 화학자. 담즙산 및 관련 물질의 조성에 관한 연구로 1927년 노벨 화학상 수상.

빌슈테터, 리하르트(Richard Willstätter, 1872~1942) 유대계 독일 화학자. 뮌헨 및 ETH 취리히 교수를 거쳐, 카이저 빌헬름 유기화학 연구소 소장으로 재직.

사이몬, 프란츠(Franz Simon, 1893~1956) 독일 출신의 유대계 영국 화학자이자 물리학자. 후에 프랜시스 사이먼 경이 됨.

세그레, 에밀리오(Emilio Segrè, 1905~1989) 이탈리아 출신의 유대계 미국 물리학자. 반양성자를 발견한 공로로 1959년에 노벨 물리학상 수상.

세네찰, 마조리(Marjorie Senechal, 1939~) 미국의 수학자이자 과학사 학자.

셸던, 메리 힝클리(Mary Hinckley Sheldon, 1890~1988) 길버트 루이스의 부인.

소디, 프레더릭(Frederick Soddy, 1877~1956) 영국의 물리학자. 방사성 물질의 화학에 대한 지식에 기여하고, 동위 원소의 기원과 본질에 관한 연구를 수행한 공로로 1921년에 노벨 화학상 수상.

쇠데르바움, 헨리크 구스타프(Henrik Gustaf Söderbaum, 1862~1933) 스웨덴의 화학자.

쇼펜하우어, 아르투어(Arthur Schopenhauer, 1788~1860) 독일의 철학자.

쉐퍼, 빈센트(Vincent Schaefer, 1906~1993) 미국의 화학자이자 기상학자. 랭뮤어와 함께 인공강우 실험을 함.

슈레딩거, 에르빈(Erwin Schrödinger, 1887~1961) 오스트리아의 물리학자. 새롭고 생산적인 원자 이론 형태를 발견한 공로로 1933년에 노벨 물리학상 수상.

슈츠, 필립(Philip Schutz, 1908~1947) 미국의 화학자. 캘리포니아(버클리) 대학 화학과에서 박사 학위을 받은 후, 화학공학과 교수 역임.

슈타르크, 요하네스(Johannes Stark, 1874~1957) 독일의 물리학자. 유대인을 배척하며 나치 독일의 인종 차별적인 물리학의 선봉에 섬. 양극선의 도플러 효과와 전기장에서 일어나는 스펙트럼선의 갈라짐 현상을 발견한 공로로 1919년에 노벨 물리학상 수상.

슈탈, 게오르크(Georg Stahl, 1659~1734) 독일의 화학자이자 연금술사.

슈테른, 오토(Otto Stern, 1888~1969) 독일 출신의 유대계 미국 물리학자. 분자선 방법의 개발에 기여하고, 양성자의 자기 모멘트를 발견한 공로로 1943년에 노벨 물리학상 수상.

슈튜워, 로저(Roger Stuewer, 1934~2022) 미국의 과학사 학자.

슈트라이허, 율리우스(Julius Streicher, 1885~1946) 나치당 소속의 독일 언론인 겸 정치가. 제2차 세계대전 후 뉘른베르크 국제군사재판에 회부되어 교수형을 당함.

스베드베리, 테어도르(Theodor Svedberg, 1884~1971) 스웨덴의 화학자. 분산 시스템에 대한 연구로 1926년에 노벨 화학상 수상.

스워프, 제라드(Gerard Swope, 1872~1957) 제너럴 일레트릭(GE)사의 사장을 역임한 기업가.

스토코프스키, 레오폴드 앤서니(Leopold Anthony Stokowski, 1882~1977) 폴란드 태생의 영국 지휘자.

스톨첸버그, 디트리히(Dietrich Stolzenberg, 1926~2006) 독일의 화학자. 독일의 화학전에 관여했던 후고 스톨첸버그의 아들.

스톨첸버그, 휴고(Hugo Stoltzenberg, 1883~1974) 독일의 화학자. 프리츠 하버와 함께 독일의 화학전에 관여.

스티글리츠, 줄리어스(Julius Stieglitz, 1867~1937) 독일 출신의 유대계 미국 화학자. 시카고 대학 화학과 학과장 역임.

슬레이터, 존(John Slater, 1900~1976) 미국의 물리학자. 원자, 분자 및 고체의 전자 구조 연구에 기여.

시그반, 만네(Manne Siegbahn, 1886~1978) 스웨덴의 물리학자. X-선 분광학에 관한 연구와 그 응용에 관한 업적으로 1924년에 노벨 물리학상 수상.

시그반, 카이(Kai Siegbahn, 1918~2007) 스웨덴의 물리학자. 만네 시그반의 아들. 화학 분석을 위한 전자 분광학 방법을 개발한 공로로 1981년에 노벨 물리학상 수상.

시보그, 글렌(Glenn Seaborg, 1912~1999) 미국의 핵화학자. 캘리포니아 대학(버클리) 화학과에서 조지 어니스트 깁슨을 지도교수로 박사학위를 받은 후, 같은 과에서 교수로 재직. 맨해튼 프로젝트에 참여. 플루토늄, 아메리슘, 퀴륨, 버클륨, 캘리포늄, 아인슈타이늄, 페르뮴, 멘델레븀, 노벨륨, 로렌슘 등의 원소를 발견. 우라늄 이후 원소들을 발견한 공로로 1951년에 노벨 화학상 수상.

실라르드, 레오(Leo Szilard, 1898~1964) 헝가리 출신의 유대계 미국 물리학자. 독일에서 공부한 후, 나치 정권에서 미국으로 이주하여 맨해튼 프로젝트에 참여.

실버스타인, 아서(Arthur Silverstein, 1928~) 미국의 면역학자이자 과학사 학자.

아레니우스, 스반테(Svante Arrhenius, 1859~1927) 스웨덴의 화학 및 물리학자. 1903년에 전해질 해리 이론을 통해 화학의 발전에 기여한 큰 공로를 인정하여 노벨 화학상 수상.

아렌트, 한나(Hannah Arendt, 1906~1975) 독일 출신의 홀로코스트 생존자. 작가이자 정치학자.

아메리, 장(Jean Améry, 1912~1978) 오스트리아의 작가. 나치에 저항하는 레지스탕스 조직에 참여했다가 게슈타포에 체포되어 강제 수용소에 잡혀 있다가 1945년에 풀려남.

아베크, 리하르트(Richard Abegg, 1869~1910) 독일의 화학자이자 물리학자. 훔볼트 대학교에서 호프만의 지도로 박사학위를 받음. 브레슬라우 대학에서 화학 교수로 재직.

아벨슨, 필립(Phillip Abelson, 1913~2004) 미국의 물리학자. 맨해튼 프로젝트에 참여. 학술지 『사이언스』의 편집인 역임.

아인슈타인, 알베르트(Albert Einstein, 1879~1955) 독일 태생의 유대계 물리학자. 상대성 이론을 개발하였으며 양자역학 이론의 발전에도 중요한 공헌을 함. 이론 물리학 특히 광전 효과의 법칙을 발견한 연구로 1921년에 노벨 물리학상 수상.

알렉산데르손, 에른스트(Ernst Alexanderson, 1878~1975) 스웨덴 출신의 미국 발명가. 텔레비전 개발에 중요한 역할을 함.

알리아, 휴버트(Hubert Alyea, 1903~1996) 미국의 화학자. 프린스턴 대학의 교수였으며, 다양한

와이즈만, 사무엘(Samuel Weissman, 1912~2007) 미국의 화학자. 전자 스핀 공명법을 화학 연구에 적용. 맨해튼 프로젝트에 참여.

왈, 아서(Arthur Wahl, 1917~2006) 미국의 화학자. 캘리포니아(버클리) 대학에서 글렌 시보그를 지도교수로 박사학위를 받음. 플루토늄을 최초로 분리함. 맨해튼 프로젝트에 참여.

우드, 로버트(Robert W. Wood, 1868~1955) 미국의 물리학자. 광학 분야 연구에 많은 공헌을 함.

워시번, 에드워드(Edward Washburn, 1881~1934) 미국의 화학자. 미국 국립 표준기술 연구소의 화학 부문 책임자 역임.

웰스, 허버트(H. G. Wells, 1866~1946) 영국의 소설가. 『타임머신』, 『투명인간』 등의 과학 소설을 씀.

위그너, 유진(Eugene Wigner, 1902~1995) 헝가리 출신의 유대계 미국 물리학자. 독일에서 공부한 후, 미국으로 이주하여 맨해튼 프로젝트에 참여. 원자핵과 기본 입자 이론에 기여한 공로로, 특히 기본 대칭 원리의 발견과 적용을 통한 연구로 1963년에 노벨 물리학상 수상.

위드맘, 스벤(Sven Widmalm, 1956~) 스웨덴의 역사학자. 웁살라 대학의 역사학과 교수.

위버, 워렌(Warren Weaver, 1894~1978) 미국의 과학자이자 과학행정가. 록펠러 재단의 자연과학 부문 책임자 역임.

윌슨, 에드윈 비드웰(Edwin Bidwell Wilson, 1879~1964) 미국의 수학자이자 물리학자. 예일 대학의 수학과 교수를 거쳐, MIT의 수학과와 물리학과의 교수로 재직.

윌슨, 우드로(Thomas Woodrow Wilson, 1856~1924) 미국의 28대 대통령.

유리, 해럴드(Harold Urey, 1893~1981) 미국의 화학자. 캘리포니아 대학(버클리) 화학과에서 길버트 루이스를 지도교수로 박사학위를 받음. 컬럼비아 대학 화학과 교수. 중수소를 발견한 공로로 1934년에 노벨 화학상 수상.

인골드, 크리스토퍼(Christopher Ingold, 1893~1970) 영국의 화학자. 유기화학 반응 메커니즘 연구의 선구자.

임머바르, 클라라(Clara Immerwahr, 1870~1915) 프리츠 하버의 첫 번째 부인.

자쿠르, 오토(Otto Sackur, 1880~1914) 독일의 화학자. 하버 연구소에서 폭약 실험 중 사망.

젤리코, 존(John Jellicoe, 1859~1935) 영국의 해군 제독.

조머펠트, 아르놀트(Arnold Sommerfeld, 1868~1951) 독일의 이론 물리학자. 뮌헨 대학 물리학과 교수로 재직. 그의 지도를 받은 피터 디바이, 한스 베테, 볼프강 파울리, 베르너 하이젠베르크 등이 노벨상을 수상함.

존스턴, 해롤드(Harold Johnston, 1920~2012) 미국의 화학자. 화학 동력학과 대기화학을 연구.

존스톤, 헤릭(Herrick Johnston, 1898~1965) 미국의 화학자. 극저온 연구 전문가.

존슨, 사무엘(Samuel Johnson, 1709~1784) 영국의 시인. 영국에서는 처음으로 근대적인 영어사전을 만들어 영문학 발전에 크게 기여함.

졸리, 윌리엄(William Jolly, 1927~2014) 미국의 화학자. 캘리포니아(버클리) 대학 화학과에서 라티머를 지도교수로 박사학위를 받은 후, 버클리 화학과 교수로 재직.

지오크, 윌리엄(William Giauque, 1895~1982) 미국의 화학자. 캘리포니아 대학(버클리) 화학과에서 조지 어니스트 깁슨을 지도교수로 박사학위를 받은 후, 같은 과에서 교수로 재직. 화학 열역학 연구, 특히 극저온에서의 물질의 거동에 관한 연구로 1949년에 노벨 화학상 수상.

차일드, 클레멘트(Clement Child, 1868~933) 미국의 물리학자. 진공관 속의 두 판 사이에 흐르는 전류에 관한 식을 개발.

채드윅, 제임스(James Chadwick, 1891~1974) 영국의 물리학자. 중성자를 발견한 공로로 1935년에 노벨 물리학상 수상.

체임벌린, 휴스턴 스튜어트(Houston Stewart Chamberlain, 1855~1927) 영국 출신의 독일 작가. 그의 저서 『19세기의 기초』는 20세기 초 범게르만주의 운동에 큰 영향을 미쳤으며, 이후 반유대주의와 결합하여 나치즘으로 발전함.

카샤, 마이클(Michael Kasha, 1920~2013) 미국의 화학자. 미국 캘리포니아(버클리) 대학 화학과에서 길버트 루이스를 지도교수로 박사학위를 받음. 플로리다 주립대 교수로 재직.

카프, 볼프강(Wolfgang Kapp, 1858~1922) 독일의 보수 정치가.

캘빈, 멜빈(Melvin Calvin, 1911~1997) 미국의 화학자. 미네소타 대학에서 화학 박사학위를 받은 후, 캘리포니아 대학(버클리) 화학과 교수로 재직. 식물에서의 이산화 탄소 동화작용에 관한 연구로 1961년에 노벨 화학상 수상.

케네디, 조(Joe Kennedy, 1916~1957) 미국의 화학자. 맨해튼 프로젝트에 참여. 시보그와 함께 플루토늄 정제.

케쿨레, 아우구스투스(August Kekulé, 1829~1896) 독일의 유기화학자. 벤젠의 구조를 밝혀냄.

케플러, 요하네스(Johannes Kepler, 1971~1630) 독일의 수학자이자 천문학자. 천체물리학의 창시자.

코녹, 로버트(Robert Cornog, 1912~1998) 미국의 물리학자. 맨해튼 프로젝트에 참여. 삼중수소를 발견.

코닉, 로버트(Robert Connick, 1917~2014) 미국의 화학자. 캘리포니아(버클리) 대학 화학과에서 박사학위를 받은 후 화학과 교수로 재직. 맨해튼 프로젝트에 참여.

코리, 로버트(Robert Corey, 1897~1971) 미국의 생화학자. 라이너스 폴링과 함께 단백질의 α-헬릭스 구조와 β-시트 구조를 발견.

코츠, 조셉(Joseph E. Coates, 1883~1973) 영국의 화학자. 스완지 대학 최초의 화학과 학과장.

코크란, 윌리엄(William Cochran, 1922~2003) 스코틀랜드의 물리학자. X-선 결정학의 선구자적인 연구를 함.

코펠, 레오폴트(Leopold Koppel, 1848~1933) 독일의 은행가이자 기업가.

콘, 밀드레드(Mildred Cohn, 1913~2009) 미국의 생화학자. 효소 반응 연구에 NMR을 사용한 선구적인 연구자. 컬럼비아 대학 화학과에서 해럴드 유리를 지도교수로 박사학위를 받음.

콘던, 에드워드(Edward Condon, 1902~1974) 미국의 물리학자. 미국의 핵물리학자이자 양자역학의 선구자. 맨해튼 프로젝트에 참여.

콜라우시, 프리드리히(Friedrich Kohlrausch, 1840~1910) 독일의 물리학자. 전해질 용액의 전도도 특성에 관해 연구함.

콜러, 로버트(Robert Kohler, 1937~) 미국의 화학자이자 과학사 연구자.

콜베, 헤르만(Hermann Kolbe, 1818~1884) 독일의 화학자. 현대 유기화학의 정립에 기여.

콤프턴, 아서(Arthur Compton, 1892~1962) 미국의 물리학자. 콤프턴 효과를 발견한 공로로 1927년에 노벨 물리학상 수상.

쾨니히스베르거, 레오(Leo Königsberger, 1837~1921) 독일의 수학자

쿠란트, 리하르트(Richard Courant, 1888~1972) 독일 출신의 유대계 미국 수학자.

쿤, 토머스(Thomas Kuhn, 1922~1996) 미국의 과학철학자이자 과학사학자.

쿨리지, 윌리엄(William Coolidge, 1873~1975) 미국의 물리학자. 독일의 라이프치히 대학에서 박사학위를 받은 후, GE 연구소 재직. X-선 발생 장치에 사용되는 쿨리지관을 개발.

퀴리, 마리(Marie Curie, 1867~1934) 폴란드 출신의 프랑스 물리학자이자 화학자. 앙리 베크렐 교수가 발견한 방사선 현상에 관한 공동 연구를 통해 기여한 공로로 1903년에 노벨물리학상 수상. 1911년에는 라듐과 폴로늄 원소를 발견하고, 라듐을 분리하였으며, 이 놀라운 원소의 성질과 화합물을 연구하여 화학 발전에 기여한 공로로 노벨 화학상 수상.

크레이어, 오토(Otto Krayer, 1899~1982) 독일 출신의 미국 의사이자 약리학자. 나치의 반유대주의에 맞서 미국으로 망명.

크로퍼드, 엘리자베스(Elizabeth Crawford) 영국의 역사가이자 전기작가.

크로풋, 도로시(Dorothy Crowfoot, 1910~1994) 영국의 생화학자. 결혼 후 이름은 도로시 호지킨. 중요한 생화학 물질의 구조를 X-선을 이용하여 밝혀낸 공로로 1964년에 노벨 화학상 수상.

크룩스, 윌리엄(William Crookes, 1832~1919) 영국의 화학자. 탈륨을 발견. 영국과학진흥아카데미 회장을 역임.

크리크, 에른스트(Ernst Krieck, 1882~1947) 독일의 교육 사상가. 독일 국가 사회주의 교원 동맹에 가입하였으며 나치 당원이었음.

클라손, 요한 페테르(Johan Peter Clason, 1848~1937) 스웨덴의 화학자.

클라우지우스, 루돌프(Rudolf Clausius, 1822~1888) 독일의 물리학자. 엔트로피와 열역학 제2 법칙을 정립.

클라우지우스, 클라우스(Klaus Clausius, 1903~1963) 독일의 화학자. 제2차 세계대전 중 독일의 원자 에너지 프로젝트인 우라늄 클럽에 참여.

클라인, 펠릭스(Felix Klein, 1849~1925) 독일의 수학자. 함수론, 방정식론, 군론, 비유클리드 기하학, 역학 등 여러 분야에 큰 공헌을 함.

클레베, 페르 테오도르(Per Theodor Cleve, 1840~1905) 스웨덴의 화학자. 홀뮴, 툴륨, 스칸듐을 발견.

키르히호프, 구스타프(Gustav Robert Kirchoff, 1824~1887) 독일의 물리학자. 전기회로, 분광학, 흑체 복사 등의 분야 연구에 공헌.

탈렌, 토비아스(Tobias Thalén, 1827~1905) 스웨덴의 물리학자.

텔러, 에드워드(Edward Teller, 1908~2003) 헝가리 출신의 유대계 미국 물리학자. 독일에서 공부한 후, 나치 정권에서 미국으로 이주하여 맨해튼 프로젝트에 참여. 수소폭탄 개발에 참여.

토드, 알렉산더(Alexander Robertus Todd, 1897~1978) 영국의 생화학자. 뉴클레오타이드와 뉴클레오타이드 조효소에 관한 연구로 1957년에 노벨 화학상 수상.

토마스, 파넬(J. Parnell Thomas, 1895~1970) 미국의 하원의원. 반공산주의 활동을 함.

톨먼, 리처드(Richard Tolman, 1881~1984) 미국의 수리 물리학자이자 화학자. MIT에서 화학 박사학위를 받은 후, 캘리포니아 대학(버클리) 화학과 교수를 거쳐 캘리포니아 공과대학의 수학 물리학 및 물리화학 교수로 재직.

톰센, 율리우스(Jules Thomsen, 1826~1909) 덴마크의 화학자. 열역학 발전에 기여.

톰슨, 다시(D'Arcy Thompson, 1860~1948) 스코틀랜드의 생물학자이자 수학자. 자연의 수학적 아름다움을 묘사함.

톰슨, 조지프(Joseph John Thomson, 1856~1940) 영국의 물리학자. 기체를 통한 전기의 전도에 대한 이론적 및 실험적 연구의 뛰어난 공로로 1906년에 노벨 물리학상 수상. 그의 아들 조지 톰슨은 전자의 파동성을 실험적으로 발견한 공로로 1937년에 노벨 물리학상 수상.

파울러, 랠프(Ralph H. Fowler, 1889~1944) 영국의 물리학자.

파울리, 볼프강(Wolfgang Pauli, 1900~1958) 독일의 물리학자. 파울리의 배타 원리를 발견한 공로로 1945년에 노벨 물리학상 수상.

팔마에르, 빌헬름(Wilhelm Palmaer, 1868~1942) 스웨덴의 전기화학자. 스웨덴 왕립과학원의 노벨 화학위원회 위원으로 활동.

퍼루츠, 맥스(Max Perutz, 1914~2002) 오스트리아 출신의 유대계 영국 분자생물학자. 나치 독일이 오스트리아를 병합하자 영국으로 망명. 구형 단백질 구조에 관한 연구로 1962년에 노벨 화학상 수상.

페러데이, 마이클(Michael Faraday, 1791~1867) 영국의 물리학자이자 화학자. 전자기장에 대한 기본적인 개념을 확립.

페렝, 장(Jean Perrin, 1870~1942) 프랑스의 물리학자이자 화학자. 물질의 불연속적인 구조에 관한 연구, 특히 침전 평형의 발견에 대한 공로로 1926년에 노벨 물리학상 수상.

페르미, 엔리코(Enrico Fermi, 1901~1954) 이탈리아계 미국 물리학자. 맨해튼 프로젝트에 참여. 중성자 조사에 의해 생성된 새로운 방사성 원소의 존재를 입증하고, 느린 중성자에 의해 유도된 핵반응을 발견한 공로로 1938년에 노벨 물리학상 수상.

페테르손, 오토(Otto Pettersson, 1848~1941) 스웨덴의 화학자. 획스콜라 대학 교수.

포에스터, 프리츠(Fritz Förster, 1866~1931) 독일의 화학자

포켈스, 아그네스(Agnes Pockels, 1862~1935) 독일의 아마추어 과학자. 현대 표면과학 분야의 토대가 된 연구를 함.

포크, 블라드미르(Vladmir Fock, 1898~1974) 러시아의 물리학자. 양자역학의 발전에 공헌.

폰 노이만, 존(John von Neumann, 1903~1957) 헝가리 출신의 유대계 미국 수학자이자 컴퓨터 과학자. 독일에서 공부한 후, 나치 정권에서 미국으로 이주하여 맨해튼 프로젝트에 참여.

폰 바우어, 막스(Max von Bauer, 1875~1929) 독일의 군인. 제1차 세계대전에서의 포병 장교.

폰 브룬크, 하인리히(Heinrich von Brunck, 1847~1911) 독일의 화학자. 화학회사 바스프의 이사회 의장 역임.

폰 오일러, 울프(Ulf von Euler, 1905~1983) 스웨덴의 생리학자. 신경 말단의 체액성 전달 물질과 그것의 저장, 방출 및 비활성화 메커니즘에 관한 연구로 1970년에 노벨 생리의학상 수상.

폰 오일러켈핀, 한스(Hans von Euler-Chelpin, 1873~1964) 독일 출신의 스웨덴 화학자. 당의 발효와 발효 효소에 관한 연구로 1929년에 노벨 화학상 수상.

폰 클루크, 알렉산데르(Alexander von Kluck, 1846~1934) 독일의 군인. 제1차 세계 대전 초기 국경 전투와 마른 전투를 지휘.

폰 트라이치케, 하인리히(Heinrich von Treitschke, 1834~1896) 독일의 역사학자이자 언론인. "유대인은 우리의 불행이다"라는 문장이 들어간 에세이로 독일의 반유대주의를 촉발함.

폰 팔켄하인, 에리히(Erich von Falkenhayn, 1861~1922) 프로이센의 전쟁 장관.

폰 호프만, 아우구스트(August von Hofmann, 1818~1892) 독일의 화학자

폰 힌덴부르크, 파울(Paul von Hindenburg, 1847~1934) 독일 바이마르 공화국의 군인이자 정치가. 바이마르 공화국 대통령 때, 그는 아돌프 히틀러를 내각 수상으로 임명해 나치 정권이 탄생하게 함.

폰스, 스탠리(Stanley Pons, 1943~) 미국의 화학자. 전기화학적으로 상온 핵융합에 성공했다는 발표를 하여 논란이 됨.

폴라니, 마이클(Michael Polanyi, 1891~1976) 헝가리 출신의 영국 화학자이자 철학자.

폴링, 라이너스(Linus Pauling, 1901~1994) 미국의 화학자. 캘리포니아 공과대학에서 박사학위를 받은 후 교수로 재직. 화학 결합의 본질에 관한 연구와 이를 복잡한 물질의 구조 해석에 적용한 공로로 1954년에 노벨 화학상 수상. 1962년에는 동서 간의 핵 군비 경쟁에 맞선 반핵운동의 공로로 노벨 평화상 수상.

푸앙카레, 앙리(Henri Poincaré, 1854~1912) 프랑스의 수학자.

프랑크, 제임스(James Franck, 1882~1964) 유대계 독일 물리학자. 괴팅겐 대학의 교수를 거쳐 미국 존스 홉킨스 대학 교수로 재직. 전자와 원자의 충돌에 관한 연구로 1925년에 노벨 물리학상 수상.

프랑크, 프레데릭(Frederick C. Frank, 1911~1998) 영국의 물리학자. 사이클롤 반응을 제안함.

프랭클린, 벤저민(Benjamin Franklin, 1706~1790) 미국의 사상가이자 과학자.

프레넬, 오귀스탱 장(Augustin-Jean Fresnel, 1788~1827) 프랑스의 물리학자. 파동 광학의 이론적 연구.

프레드가, 아르네(Arne Fredga, 1902~1992) 스웨덴의 화학자.

프로이덴베르크, 카를(Karl Freudenberg, 1886~1983) 독일의 화학자. 셀룰로스 및 기타 다당류의 구조, 리그닌의 성질과 구조에 관한 연구를 함.

프로이트, 지그문트(Sigmund Freud, 1856~1939) 헝가리 출신의 유대계 심리학자로 정신분석학을 창시. 나치 독일이 오스트리아를 병합하자 영국으로 망명.

프룬디치, 허버트(Herbert Freundlich, 1880~1941) 독일 출신의 유대계 화학자로 영국 및 미국으로 이주. 콜로이드 용액의 응집과 안정성에 관하여 연구.

프리드만, 로버트(Robert Friedman, 1949~) 노르웨이의 과학사 학자.

프링스하임, 피터(Peter Pringsheim, 1881~1963) 유대계 독일 물리학자.

플라이슈만, 마틴(Martin Fleischmann, 1927~2012) 영국의 화학자. 전기화학적으로 상온 핵융합에 성공했다는 발표를 하여 논란이 됨.

플랑크, 마그다(Magda Planck, 1882~1948) 막스 프랑크의 두 번째 부인.

플랑크, 막스(Max Planck, 1858~1947) 독일의 물리학자. 에너지 양자의 발견을 통해 물리학 발전에 기여한 공로 1918년에 노벨 물리학상 수상.

피셔, 에밀(Emil Fisher, 1852~1919) 독일의 유기화학자. 당과 퓨린의 합성에 관한 연구로 1902년 노벨 화학상을 수상.

피처, 케네스(Kenneth Pitzer, 1914~1997) 캘리포니아(버클리) 대학에서 라티머를 지도교수로 박사학위를 받은 후 교수로 근무. 물리화학의 다양한 분야를 이론적으로 연구함.

하디, 고드프리(Godfrey F. Hardy, 1877~1947) 영국의 수학자.

하르테크, 파울(Paul Harteck, 1902~1985) 오스트리아의 화학자. 나치의 원자 무기 프로그램에 참여한 혐의로 제2차 세계대전 종전 후 연합군에 체포됨. 후에 미국으로 이주함.

하버, 루트비히(Ludwig Haber, 1921~2004) 프리츠 하버와 그의 두 번째 부인인 샤를로테 사이의 아들. 화학전 역사에 관한 책을 저술.

하버, 지크프리트(Siegfried Haber, 1841~1920) 프리츠 하버의 아버지.

하버, 프리츠(Fritz Haber, 1868~1934) 유대계 독일 화학자. 베를린 공과대학에서 박사학위를 받은 후 카를스루에 공과대학 교수로 재직. 질소와 수소로부터 암모니아를 합성하는 하버-보슈 공정을 개발한 공로로 1918년 노벨 화학상 수상.

하버, 헤르만(Hermann Richard Haber, 1902~1946) 프리츠 하버의 첫 번째 아들.

하위헌스, 크리스티안(Christiaan Huygens, 1629~1695) 네덜란드의 수학자, 물리학자이자 천문학자. 빛의 파동 이론을 제안. 망원경을 개량하여 토성의 위성을 발견.

하이젠베르크, 베르너(Werner Heisenberg, 1901~1976) 독일의 물리학자. 양자역학을 창안하고, 이를 응용하여 특히 수소의 동소체 형태를 발견하는 데 기여한 공로로 1932년에 노벨 물리학상 수상.

하이틀러, 발터(Walther Heitler, 1904~1981) 독일의 물리학자. 원가가 결합 이론으로 양자 역학을 화학에 도입.

하커, 데이비드(David Harker, 1906~1991) 미국의 의학 연구자. 세포의 생명 과정에 관여하는 물질들의 구조를 규명하기 위해 X-선을 이용함.

하킨스, 윌리엄(William Draper Harkins, 1873~1951) 미국의 화학자. 스텐포드 대학 화학과에서 박사학위를 받은 후 시카고 대학 교수로 재직. 1920년에 중성자의 존재를 예측.

하틀리, 해롤드(Harold Hartley, 1878~1972) 영국의 화학자. 제1차 세계대전에 참전하여 무공십자 훈장을 받음.

한, 오토(Otto Hahn, 1879년~1968) 독일의 화학자. 원자핵에 중성자를 충돌시켜 원자핵 분열을 일으키는 연구로 1944년에 노벨 화학상 수상.

해밋, 루이스(Louis Hammett, 1894~1987) 미국의 화학자. 특정 유기 반응에 대한 반응 속도를 평형 상수와 연관시키는 해밋 방정식을 개발.

헤르츠, 구스타프(Gustav Ludwig Hertz, 1887~1975) 독일의 물리학자. 전자와 원자 간의 충돌에 대한 법칙을 발견한 공로로 1925년에 노벨 물리학상 수상.

헤르츠, 하인리히(Heinrich Hertz, 1857~1894) 유대계 독일 물리학자. 라디오파 발생 장치를 개발하였으며 전자기파의 존재를 처음으로 보여줌.

헤르츠베르크, 게르하르트(Gerhard Herzberg, 1904~1999) 독일 출신의 캐나다 물리학자. 분자, 특히 자유 라디칼의 전자 구조와 입체 구조에 대한 지식에 기여한 공로로 1971년에 노벨 화학상 수상.

헤일브론, 존(John Heilbron, 1934~1923) 미국의 과학사 학자.

헬름, 게오르크(Georg Helm, 1851~1923) 독일의 수학자. 수리화학이라는 용어를 만듬.

헬름홀츠, 헤르만 폰(Hermann von Helmholtz, 1821~1894) 독일의 물리학자, 생리학자이자 철학자. 에너지 보존과 열역학 연구를 하였으며 헬름홀츠 에너지를 제안.

헬트, 에드바르드(Edvard Hjelt, 1855~1921) 핀란드의 화학자.

홀, 노리스(Norris Hall, 1891~1962) 미국의 화학자.

홀, 퍼거슨(Ferguson Hall, 1912~1990) 미국의 기상학자. 미국 국립기상국 재직.

후버, 허버트(Herbert Hoover, 1874~1964) 미국의 31대 대통령(1929~1933).

훈트, 프리드리히(Friedrich Hund, 1896~1997) 독일의 물리학자. 전자 배치에 관한 훈트 규칙을 제안.

휘켈, 에리히(Erich Hückel, 1896~1980) 독일의 물리학자이자 화학자. 전해질 용액에서의 디바이-휘켈 이론 및 π-전자 시스템에 대한 근사적인 분자 오비탈 에너지 계산법을 개발.

휘트니, 윌리스(Willis Whitney, 1868~1958) 미국의 화학자. 독일의 라이프치히 대학에서 박사학위를 받은 후, MIT 교수를 거쳐 제너럴 일렉트릭(GE) 연구소를 설립하여 세계적인 연구센터로 육성.

휠러, 벤저민(Benjamin Wheeler, 1854~1927) 미국의 그리스어와 비교언어학 교수. 캘리포니아 대학(버클리) 총장 역임.

힐데브란트, 조엘(Joel Hildebrand, 1881~1983) 미국의 화학자. 캘리포니아 대학(버클리) 화학과 교수로 재직했으며, 화학대학 학장 역임.

힐베르트, 다비트(David Hilbert, 1862~1943) 독일의 수학자. 기하학을 공리화하였으며, 힐베르트 공간을 정의하여 함수해석학의 기초를 닦음.

루이스는 왜 노벨상을 못 받았을까?

현대 화학의 토대를 완성한 라이벌 과학자들 이야기

지 은 이	Patrick Coffey
옮 긴 이	김창민
발 행 인	김지영
발 행 처	자유아카데미
주　　소	경기도 파주시 회동길 37-42 파주출판도시
전　　화	031-955-1321
팩　　스	031-955-1322
홈페이지	www.freeaca.com
전자우편	main@freeaca.com(대표) editor@freeaca.com(편집) crm@freeaca.com(영업)
등　　록	제406-2003-017호, 1980. 7. 12
제1판1쇄	2025년 6월 20일 발행

ISBN 979-11-5808-720-3 93400